Am Ende jedes Abschnitts finden Sie zahlreiche Übungen. Nach jedem Abschnitt (z.B. 3.1) folge...

Übungen zu 3.1

1. Ermitteln Sie für die fünfzehn Beobachtungswerte
12, 13, 14, 15, 12, 18, 12, 15, 14, 12, 14, 15, 11, 13, 12
a) das arithmetische Mittel   b) den Median   c) den Modalwert   d) die Standardabweichung

2. Beurteilen Sie, ob sich Ihre Entscheidung über den Produktionsprozess der Fahrradtachometer ändern sollte (▸ Aufgabe 4, Seite 87), wenn auch die Standardabweichung berücksichtigt wird.

3. Die Durchsicht des Klassenbuchs der Klasse 11 b ergab folgende Liste an Verspätungen (in Minuten):
5, 7, 20, 15, 25, 2, 40, 10, 12, 12, 18, 25, 30, 35, 1, 5, 5, 8, 10, 15, 15, 20, 23, 36, 45, 2, 2, 3, 5, 16, 8, 10, 12, 15, 6, 25, 28, 30, 35, 4
a) Berechnen Sie arithmetisches Mittel, Median und Modalwert. Überprüfen Sie anhand der berechneten Werte die Aussage: „Die Schüler kommen durchschnittlich 16 Minuten zu spät."
b) Nehmen Sie eine Einteilung der Daten in 10 bzw. 5 Klassen vor und bestimmen Sie jeweils die Mitte der Klassen. Berechnen Sie damit das arithmetische Mittel der klassierten Daten. Vergleichen Sie dieses mit dem in a) bestimmten exakten Mittelwert.
c) Stellen Sie die klassierten Daten in Form eines Histogramms dar.
d) Berechnen Sie die Spannweite und die mittlere quadratische Abweichung. Interpretieren Sie Ihre Ergebnisse.
e) Berechnen Sie die Standardabweichung und ermitteln Sie den prozentualen Anteil der Stichprobenwerte, der im Intervall $I = [\bar{x} - s; \bar{x} + s]$ liegt.

4. Die Ergebnisse der Prüfungsarbeiten im Fach Mathematik, getrennt nach Kurs A und Kurs B, lauten:

| A | 48 | 60 | 82 | 63 | 32 | 74 | 78 | 115 | 93 | 20 | 88 | 86 | 80 | 70 | 38 | 82 | 65 | 67 | 93 | 99 | 66 |
| B | 89 | 75 | 58 | 86 | 59 | 87 | 50 | 105 | 74 |

a) Berechnen Sie die Spannweite, den Median, de... weichung.
b) Fertigen Sie jeweils eine Notenübersicht an un...

| Note | 1 | 2 | 3 |
| Punkte | 103–120 | 85–102 | 67–84 |

c) Vergleichen Sie die Leistungen der beiden Kur...

5. Die Stadt Essen erwägt, in der Nähe einer Schu... die Polizei die Geschwindigkeit der vorbeifahr...

| km/h | 30–35 | 36–40 | 41–45 | 46– |
| Anzahl | 15 | 38 | 64 | 8 |

Geben Sie der Stadt Essen eine Empfehlung... Notwendigkeit der Fußgängerampel. Unterstü... Sie Ihre Aussagen graphisch.

92

Die Übungen enthalten mit dem Schloss-Symbol 🔓 gekennzeichnete „offene Aufgaben".
Zu jeder offenen Aufgabe gibt es auch eine passende „geschlossene Variante" 🔒.

Ich kann ...

| | | **Grundbegriffe der Statistik** |

...absolute und relative Häufigkeiten bestimmen.

„4 von 20 Schülern haben die Note 2."
Absolute Häufigkeit: 4
Relative Häufigkeit:
$\frac{4}{20} = 0,2 = 20\%$

Absolute Häufigkeit:
So oft tritt die Merkmalsausprägung auf
Relative Häufigkeit:
Setzt die absolute Häufigkeit ins Verhältnis zum Stichprobenumfang:
$\frac{\text{absolute Häufigkeit}}{\text{Gesamtanzahl}}$

...absolute und relative Häufigkeiten durch Diagramme veranschaulichen.
▸ Aufgabe 4

Freizeitverhalten
Computer/Internet: 32%
Sport: 22%
Sonstiges 9%
Lernen: 7%
Freunde treffen: 30%

Notenverteilung

Kreisdiagramm:
Besonders geeignet für relative Häufigkeiten

Säulendiagramm:
Geeignet für absolute und relative Häufigkeiten

...das arithmetische Mittel berechnen und Modalwert sowie Median bestimmen.
▸ Test-Aufgaben 1, 3.

Noten einer Klausur: 25 Klausuren

| 1 | 2 | 3 | 4 | 5 | 6 |
| 2 | 4 | 10 | 6 | 2 | 1 |

$\bar{x} = \frac{2 \cdot 1 + 4 \cdot 2 + 10 \cdot 3 + 6 \cdot 4 + 2 \cdot ...}{25}$
Die Note 3 ist der Modal...

Arithmetisches Mittel:
Durchschnittswert
(alle Werte zusammenzählen und durch ...

Körpergewicht von 6 Sch...

| A | B | C | D |
| 64 | 56 | 52 | 56 |

Geordnet: 52, 56, 57, 6...
$\bar{x} = \frac{57 + 61}{2} = 59$

...Varianz und Standardabweichung berechnen.
▸ Test-Aufgaben 2, 4

Noten einer Klausur:

| 1 | 2 | 3 | 4 | 5 |
| 2 | 4 | 10 | 6 | 2 |
$\bar{x} = 3,2$

$s^2 = \frac{1}{25}((1 - 3,2)^2 \cdot 2 + (2$
$+ (3 - 3,2)^2 \cdot 10 + ($
$+ (5 - 3,2)^2 \cdot 2 + (6$
$\approx 1,29$

$s = \sqrt{1,29} \approx 1,14$

Grundbegriffe der Statistik

Test zu 3.1

1. Bestimmen Sie das arithmetische Mittel, den Median und den Modalwert folgender Datensätze, soweit dies möglich ist.
a) Kaltmiete pro m² in €: 8; 10; 9,50; 7,50; 8; 9; 11,50; 7,50; 8
b) Anzahl Fehltage: 4, 6, 8, 2, 0, 15, 14, 4, 9, 5, 0, 2, 2
c) Lieblingsfarbe: Lila, Rot, Grün, Grün, Gelb, Türkis, Pink, Rot, Rot

2. Jan und Levent fahren beide mit dem Auto zur Schule. Beide notieren, wie viel Liter Benzin ihr Auto pro 100 km verbraucht.
Jan: 7,4; 6,8; 7,2; 6,6; 6,3; 6,4; 7,1; 7,3; 7,2; 7,2; 7,5; 7,2; 6,6; 6,8; 6,8; 6,6; 6,5; 7,4; 7,2; 7,4; 7,5; 7,8
Levent: 6,6; 6,8; 7,0; 6,8; 7,5; 7,3; 7,1; 6,3; 6,2; 6,3; 6,5; 6,3; 6,7; 6,5; 6,6; 6,8; 6,5; 6,7; 7,1; 7,3; 7,2; 6,8

a) Bestimmen Sie die Varianz und die Standardabweichung.
b) Berechnen Sie den prozentualen Anteil, der im Intervall $I = [\bar{x} - s; \bar{x} + s]$ liegt.
c) Jan behauptet, sein Auto verbrauche weniger Sprit. Nehmen Sie Stellung zu seiner Aussage.

3. Jan gibt im Jahr durchschnittlich 74 € pro Monat für sein Handy aus. Die Tabelle zeigt die monatlichen Telefonkosten (in €). Die Angabe für den Juni ist durch einen Kaffeefleck nicht mehr lesbar. Bestimmen Sie die Telefonkosten für Juni.

| Jan | Feb | Mär | Apr | Mai | Juni |
| 80 | 63 | 73 | 64 | 84 | |

| Juli | Aug | Sep | Okt | Nov | Dez |
| 60 | 82 | 86 | 69 | 72 | 76 |

4. Beim Weitsprung wurden von Eva und Paula folgende Sprungweiten in Metern erfasst.

| Eva | 4,94 | 4,87 | 5,61 | 4,73 | 4,79 | 5,52 |
| Paula | 4,93 | 5,33 | 5,26 | 5,20 | 5,10 | 4,92 |

Nächste Woche findet ein landesweiter Wettkampf statt. Der Trainer muss entscheiden, wen er antreten lässt. Beurteilen Sie die sportlichen Leistungen der beiden Sportlerinnen. Stellen Sie die Daten graphisch dar und geben Sie eine Empfehlung an den Trainer ab. Berücksichtigen Sie bei der Empfehlung auch die Standardabweichung.

94

Zum Abschluss jedes Kapitels finden Sie den Kompetenz-Check „Ich kann..." sowie einen Abschluss-Test. Die Einträge bei „Ich kann..." verweisen auf passende Test-Aufgaben.

MATHEMATIK
TECHNIK

FACHHOCHSCHULREIFE

NRW

Von:

Christoph Berg

Juliane Brüggemann

Berthold Heinrich

Mei-Liem Jakob

Eva Klute

Jörg Rösener

Jens-Oliver Stock

Susanne Viebrock

unter Mitarbeit der Verlagsredaktion

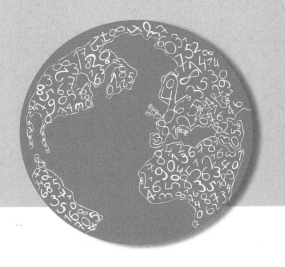

Cornelsen

Dieses Buch enthält Materialien und Aufgaben anderer Bücher des Cornelsen Verlags.
An diesen waren neben den zuvor genannten Personen beteiligt:
Dr. Volker Altrichter, Garnet Becker, Sandra Bödeker, Rudolf Borgmann, Elke Effert, Werner Fielk, Dr. Christoph Fredebeul,
Christa Hermes, Wolfgang Jüschke, Jost Knapp, Daniel Körner, Hildegard Michael, Kathrin Rüsch, Rolf Schöwe,
Dr. Markus Schröder, Reinhard Sobczak, Robert Triftshäuser, Paul Vaßen

Verlagsredaktion: Christian Hering; Leif Harraß
Redaktionelle Mitarbeit: Dimler & Albroscheit Partnerschaft, Müncheberg; Angelika Fallert-Müller, Groß-Zimmern
Bildredaktion: Gertha Maly
Umschlaggestaltung: Elena Blazquez, Recklinghausen
Layout und technische Umsetzung: Da-TeX Gerd Blumenstein, Leipzig
Technische Zeichnungen: Da-TeX Gerd Blumenstein, Leipzig
Illustrationen: Dietmar Griese, Laatzen

www.cornelsen.de

1. Auflage, 1. Druck 2014

Alle Drucke dieser Auflage können im Unterricht nebeneinander verwendet werden.

Druck: Stürtz GmbH, Würzburg

ISBN 978-3-06-450819-4

PEFC zertifiziert
Dieses Produkt stammt aus nachhaltig
bewirtschafteten Wäldern und kontrollierten
Quellen.

www.pefc.de

Vorwort

Dieses Schulbuch wendet sich in erster Linie an Schülerinnen und Schüler der Sekundarstufe II mit dem Schwerpunkt „Technik/Naturwissenschaften", deren Ziel es ist, die Fachhochschulreife für die technische Richtung als Abschluss der Stufe 12 zu erwerben. Die mathematischen Inhalte sind häufig an verschiedenen technischen und naturwissenschaftlichen Problemstellungen orientiert. Sie sind zugleich so gestaltet, dass Schülerinnen und Schüler ohne oder mit unterschiedlichen technischen Vorkenntnissen die anwendungsbezogenen Problemstellungen lösen können. Damit werden fächerübergreifende Lerninhalte in verständlicher Weise mathematisiert, ohne dass die Systematik und die Logik der Mathematik verloren gehen. Die Themen dieses Buches decken auch viele Lerninhalte des Mathematik-Grundkurses in der Gymnasialen Oberstufe ab.

Ein besonderes Augenmerk der Didaktik und Methodik dieses Buches gilt dem Kompetenzerwerb der Schülerinnen und Schüler sowie der Handlungsorientierung: Offene Aufgabenstellung in den Übungen oder im Lehrtext, Angebote zur Selbstkontrolle sowie zusätzliche Online-Materialien bieten in besonderem Maße Möglichkeiten zum Kompetenzerwerb.

Das Buch soll für den Lernenden ein Lernbuch und für den Lehrenden ein Lehrbuch sein: Die mathematischen Inhalte werden in jedem Abschnitt durch eine Vielzahl von Beispielrechnungen in kleine Einheiten zerlegt. Einerseits können so die Lernenden die Problemlösungen durchschauen und selbstständig mit dem Buch arbeiten. Andererseits wird den Lehrenden eine solide Basis geboten, systematisch Mathematik anwendungsbezogen und problemorientiert zu unterrichten, sodass die geforderten Kompetenzen von den Schülerinnen und Schülern erworben werden können. Eine Fülle von Übungsaufgaben dient der Festigung und der Vertiefung des Gelernten und soll zur Übertragung auf andere Problemstellungen anregen.

Das Buch ist als Gesamtband konzipiert, der den Vorgaben des neuen Bildungsplans im Fach Mathematik für den Bereich „Technik/Naturwissenschaften" folgt. Jedes Kapitel im Buch entspricht einer Anforderungssituation des Lehrplans. Auf das Kapitel „Von Daten zu Funktionen" folgen die Teile zu „Wachstum und Zerfall", Stochastik, Analysis und Vektorrechnung. Das letzte Kapitel 7 zum Thema „Herstellung von Zusammenhängen - Themenübergreifende Vernetzung" bietet neben einer Einführung zur Arbeitsmethodik komplexere Aufgabenstellungen, die sowohl das Gelernte verbinden als auch zur Vorbereitung auf Prüfungssituationen dienen.

Der Redaktion des Verlags danken wir für die gute Zusammenarbeit und die Hilfe bei der Überarbeitung der Manuskripte.

Das Team der „Mathematik zur Fachhochschulreife Technik"

Inhaltsverzeichnis

Anforderungssituation 6: Vektorrechnung

Anforderungssituation 7: Die Herstellung von Zusammenhängen Themenübergreifende Vernetzung

Grundlagen

Aussagenlogik

Ein sinnvoller Satz heißt **Aussage**, wenn eindeutig entschieden werden kann, ob die Aussage wahr oder falsch ist.

Aussagen bezeichnen wir mit Großbuchstaben. Sie können sowohl durch Sätze als auch durch Gleichungen oder Ungleichungen angegeben werden.	$A: U = R \times I$ wahre Aussage (w) $B: 5 = 7$ falsche Aussage (f) $C: 7x + - = +$ keine Aussage

Werden Aussagen miteinander verbunden, so entstehen neue, zusammengesetzte Aussagen.
Der Wahrheitswert von Verknüpfungen verschiedener Aussagen lässt sich in der **Wahrheitstafel** ablesen.

Sind zwei Aussagen A und B so verknüpft, dass die zusammengesetzte Aussage genau dann wahr ist, wenn beide Aussagen wahr sind, so heißt diese Verknüpfung **Und-Verknüpfung** oder **Konjunktion**.
Für diese logische Verknüpfung wird das Zeichen $\wedge$ verwendet.

Aussage A	Aussage B	Aussage $A \wedge B$
w	w	w
w	f	f
f	w	f
f	f	f

Sind zwei Aussagen A und B so verknüpft, dass die zusammengesetzte Aussage genau dann wahr ist, wenn entweder die eine oder die andere oder beide Aussagen wahr sind, so heißt diese Verknüpfung **Oder-Verknüpfung** oder **Disjunktion**.
Für diese logische Verknüpfung wird das Zeichen $\vee$ verwendet.

Aussage A	Aussage B	Aussage $A \vee B$
w	w	w
w	f	w
f	w	w
f	f	f

Sind zwei Aussagen A und B so verknüpft, dass aus der Aussage A die Aussage B folgt, so heißt diese Verknüpfung **Folgerung** oder **Implikation**.
Das zugehörige Zeichen ist $\Rightarrow$.

Aussage A	Aussage B	Aussage $A \Rightarrow B$
w	w	w
w	f	f
f	w	w
f	f	w

Sind zwei Aussagen so verknüpft, dass die zusammengesetzte Aussage genau dann wahr ist, wenn beide Aussagen wahr oder beide Aussagen falsch sind, so liegt eine **Äquivalenz** von Aussagen vor.
Für diese Verknüpfung wird das Zeichen $\Leftrightarrow$ benutzt.

Aussage A	Aussage B	Aussage $A \Leftrightarrow B$
w	w	w
w	f	f
f	w	f
f	f	w

Übungen

1. Entscheiden Sie, ob es sich bei den folgenden Beispielen um wahre (falsche) Aussagen handelt – oder um keines von beiden. Begründen Sie Ihre Antwort.
   a) Sommer ist Winter im Regen.
   b) Es gibt ungerade Zahlen, die durch 3 teilbar sind.
   c) Bayern München ist ein guter Fußballverein.

2. Verknüpfen Sie die Aussagen A und B jeweils durch $\wedge$, $\vee$ und $\Rightarrow$. Geben Sie für jede verknüpfte Aussage den Wahrheitswert an.
   a) A: Jede Zahl ist durch 2 teilbar.
   B: 101 ist eine gerade Zahl.
   b) A: Ich drücke den Lichtschalter.
   B: Das Licht geht aus.

G

Zahlen und Zahlenmengen

Die Zahlen 0, 1, 2, 3, ... bilden zusammengefasst die **Menge der natürlichen Zahlen**.

Wenn wir die 0 aus der Menge $\mathbb{N}$ ausschließen wollen, schreiben wir $\mathbb{N} \setminus \{0\}$.

Wird die Menge der natürlichen Zahlen um die Menge der negativen Zahlen erweitert, so erhalten wir die **Menge der ganzen Zahlen $\mathbb{Z}$**.

Alle Zahlen, die als Brüche dargestellt werden können, lassen sich auch zu einer Menge zusammenfassen. Sie bilden die **Menge der rationalen Zahlen $\mathbb{Q}$**.

Alle endlichen und alle periodischen Dezimalzahlen lassen sich als Brüche darstellen. Somit gehören auch diese Dezimalzahlen zu der Menge $\mathbb{Q}$.

Alle Zahlen auf der Zahlengeraden, die nicht rational sind, heißen **irrationale Zahlen**.

Die Menge $\mathbb{R}$ der **reellen Zahlen** enthält sowohl die rationalen als auch die irrationalen Zahlen.

Durch die reellen Zahlen sind alle Punkte der Zahlengeraden lückenlos erfasst.

Oft benötigt man auch die Teilmenge von $\mathbb{R}$, die nur die nicht-negativen reellen Zahlen enthält.

Zusammenhängende Teilmengen von $\mathbb{R}$ werden häufig als **Intervalle** angegeben.

Das **abgeschlossene Intervall** $I = [a;b]$ enthält sowohl a als auch b.

Das **halboffene Intervall** $I = {]}a;b]$ enthält nicht a, aber b. Das halboffene Intervall $I = [a;b{[}$ enthält a, aber nicht b.

Das **offene Intervall** $I = {]}a;b{[}$ enthält weder a noch b.

Menge der natürlichen Zahlen:
$$\mathbb{N} = \{0, 1, 2, 3, \ldots\}$$
$$\mathbb{N} \setminus \{0\} = \{1, 2, 3, \ldots\}$$

$$\mathbb{Z} = \mathbb{N} \cup \{x \mid -x \in \mathbb{N}\}$$
$$= \{\ldots, -3, -2, -1, 0, 1, 2, 3, \ldots\}$$

$$\mathbb{Q} = \left\{ x \,\middle|\, x = \tfrac{p}{q}, p \in \mathbb{Z}, q \in \mathbb{N} \setminus \{0\} \right\}$$

$$2{,}306 = \tfrac{2\,306}{1\,000} = \tfrac{1153}{500} \in \mathbb{Q}$$
$$0{,}111\ldots = 0{,}\overline{1} = \tfrac{1}{9} \in \mathbb{Q}$$

Beispiele für irrationale Zahlen: $\sqrt{2}, -\sqrt{3}, \pi, e$

$$\mathbb{N} \subset \mathbb{Z} \subset \mathbb{Q} \subset \mathbb{R}$$

$$\mathbb{R}_0^+ = \{x \mid x \in \mathbb{R} \text{ und } x \geq 0\}$$

$$I_1 = [-2;5] = \{x \mid x \in \mathbb{R} \text{ und } -2 \leq x \leq 5\}$$

$$I_2 = [2;7{[} = \{x \mid x \in \mathbb{R} \text{ und } 2 \leq x < 7\}$$

$$I_3 = {]}{-}5;1{[} = \{x \mid x \in \mathbb{R} \text{ und } -5 < x < 1\}$$

Übungen

1. Zu welchen Zahlenmengen gehören die folgenden Zahlen? Geben Sie alle Möglichkeiten an.
   a) -5
   b) π
   c) $1{,}23456789$
   d) 69
   e) $0{,}2$
   f) $-\frac{6}{3}$
   g) $\sqrt{5}$
   h) $\frac{3}{7}$

2. Sind die folgenden Aussagen wahr?
   a) $\sqrt{2} \in \mathbb{Q}$
   b) $\pi \in \mathbb{N}$
   c) $\sqrt{9} \in \mathbb{Q}$
   d) $-2 \in \mathbb{N}$

3. Schreiben Sie als Intervall.
   a) $I = \{x \mid -7 \leq x \leq 2\}$
   b) $I = \{x \mid -6 < x \leq 2\}$
   c) $I = \{x \mid -3 \leq x < 2\}$
   d) $I = \{x \mid -8 < x < 1\}$

Rechnen mit reellen Zahlen

Begriffe und Regeln

In der Mathematik nennt man folgende Ausdrücke **Term**:
- Zahlen
- Variablen
- mithilfe von Rechenzeichen, Vorzeichen und Klammern sinnvoll zusammengesetzte Zahlen und Variablen

Rechenoperation	Schreibweise	Namen der einzelnen Terme	Name des Ergebnisses
Addieren	$a+b$	a, b: Summanden	Summe
Subtrahieren	$a-b$	a: Minuend, b: Subtrahend	Differenz
Multiplizieren	$a \cdot b$	a, b: Faktoren	Produkt
Dividieren	$a : b$ oder $\frac{a}{b}$	a: Dividend (Zähler), b: Divisor (Nenner)	Quotient
Potenzieren	a^n	a: Basis (Grundzahl), n: Exponent (Hochzahl)	Potenz
Radizieren	$\sqrt{a}$, allgemein: $\sqrt[n]{a}$	a: Radikand, n: Wurzelexponent	Wurzel

Absolutbetrag

Der **Betrag** einer Zahl gibt ihren „Abstand" zur Null an. Er ist daher nie negativ.

$|4| = 4$ (wir lesen: „Betrag von 4 gleich 4")
$|-4| = 4$ (wir lesen: „Betrag von -4 gleich 4")

$$\text{allgemein: } |a| = \begin{cases} a & \text{falls } a \geq 0 \\ -a & \text{falls } a < 0 \end{cases}$$

Elementare Rechenregeln

„Punktrechnung vor Strichrechnung"
Zuerst führen wir alle „Punktrechnungen" und anschließend die „Strichrechnungen" durch.

$$\underbrace{24 \cdot (-2)}_{} + \underbrace{12 : 4}_{} + \underbrace{5 \cdot 10}_{}$$
$$= \quad -48 \quad + \quad 3 \quad + \quad 50 \quad = 5$$

„Potenzrechnung vor Punktrechnung"
Zuerst berechnen wir die Potenzen, anschließend kann mit einem anderen Faktor multipliziert werden.

$5 \cdot 2^3 = 5 \cdot 8 = 40$
$-5 \cdot 2^3 = -5 \cdot 8 = -40$
$-2^4 = (-1) \cdot 2^4 = (-1) \cdot 16 = -16$
aber: $(-2)^4 = 16$

„Klammerrechung geht vor"
Wenn ein Term Klammern enthält, muss deren Inhalt zuerst berechnet werden. Bei mehreren Klammern rechnen wir von innen (runde Klammer) nach außen (eckige Klammer).

$\left(\frac{7}{2} - \frac{3}{2}\right) \cdot 9 = \frac{4}{2} \cdot 9 = 2 \cdot 9 = 18$
$2 \cdot [7a - (2a + 4a)]$
$= 2 \cdot [7a - \quad 6a \quad]$
$= 2 \cdot \qquad a \qquad = 2a$

Übungen

1. Handelt es sich bei den Ausdrücken um Terme?

a) $2a + b$
b) $8 + \cdot 2$
c) $1,5x$
d) $16(8x - 22$
e) $0 < x| < 5$
f) $1 < 2$

2. Berechnen Sie ohne Taschenrechner.

a) $[-12 + |-6| + 2 \cdot (16 - 3)] : 2 + 1$
b) $5 \cdot 10 - 20 \cdot [25 + (30 - 5) - 50] - 5 \cdot 3$
c) $2 - 3 \cdot (72 + 21 + 8) \cdot x$

G

Rechnen mit Klammern

Ausmultiplizieren und Ausklammern

Wir können einen Faktor, der vor oder hinter einer Klammer steht, mit den Summanden in der Klammer multiplizieren.

$$
\begin{array}{l}
+ \text{ mal } + = + \\
- \text{ mal } + = - \\
+ \text{ mal } - = - \\
- \text{ mal } - = +
\end{array}
$$

Ausmultiplizieren:
$$5 \cdot (3x + 4y) = 5 \cdot 3x + 5 \cdot 4y = 15x + 20y$$
$$-3(2a + 3b) = -6a - 9b$$

Umgekehrt ist es oft sinnvoll, die Summanden einer Summe (oder Differenz) in Produkte mit einem jeweils gleichen Faktor zu zerlegen. Diesen Faktor können wir dann **ausklammern**. Dadurch entsteht aus der Summe (oder Differenz) ein Produkt. Deshalb heißt diese Umformung auch **Faktorisieren**.

Ausklammern (Faktorisieren):
$$15x + 20y = 5 \cdot 3x + 5 \cdot 4y = 5 \cdot (3x + 4y)$$
$$11xy + 33x - 44ax = 11x(y + 3 - 4a)$$
$$18a - 6a^2 + 2 = 2(9a - 3a^2 + 1)$$
$$-x - 5y - 3z = -(x + 5y + 3z)$$

Ein Sonderfall sind Klammern, vor denen nur ein Plus- oder Minuszeichen steht. In diesem Fall fassen wir das Pluszeichen als Faktor $+1$ auf, das Minuszeichen als Faktor -1.

$$
\begin{aligned}
3 + (3x - 7) &= 3 + 1 \cdot (3x - 7) \\
&= 3 + 3x - 7 = 3x - 4 \\
3 - (3x - 7) &= 3 - 1 \cdot (3x - 7) \\
&= 3 - 3x + 7 = -3x + 10
\end{aligned}
$$

Multiplikation von Klammern

Wir multiplizieren zwei Klammern, indem wir jeden Summanden der ersten Klammer mit jedem Summanden der zweiten Klammer multiplizieren:

$$(a + b)(c + d) = ac + ad + bc + bd$$

$$
\begin{aligned}
&(2x + y)(4x - 3) \\
&= 2x \cdot 4x + 2x \cdot (-3) + y \cdot 4x + y \cdot (-3) \\
&= 8x^2 - 6x + 4xy - 3y
\end{aligned}
$$

Die **binomischen Formeln** sind Spezialfälle für die Multiplikation zweier Klammern:

$$
\begin{array}{ll}
(a + b)^2 = a^2 + 2ab + b^2 & \text{1. binomische Formel} \\
(a - b)^2 = a^2 - 2ab + b^2 & \text{2. binomische Formel} \\
(a + b)(a - b) = a^2 - b^2 & \text{3. binomische Formel}
\end{array}
$$

$$
\begin{aligned}
(x + 3)^2 &= x^2 + 6x + 9 \\
(2a - 3b)^2 &= 4a^2 - 12ab + 9b^2 \\
(4x - 3y)(4x + 3y) &= 16x^2 - 9y^2
\end{aligned}
$$

Durch Anwendung der binomischen Formeln „von rechts nach links" lassen sich bestimmte Summen als Produkte schreiben (faktorisieren).

$$
\begin{aligned}
x^2 - 9 &= (x + 3)(x - 3) \\
4x^2 + 4xy + y^2 &= (2x + y)^2 \\
2x^2 - 4x + 2 &= 2(x^2 - 2x + 1) \\
&= 2(x - 1)^2
\end{aligned}
$$

Übungen

1. Lösen Sie die Klammern auf.
Fassen Sie so weit wie möglich zusammen.
a) $5 - (-3x + 6) - 7x$
b) $-(3x + 4a) - (-3x + 40a)$
c) $-(2x - 1) \cdot 19 + 32x$
d) $2(3(-2(x - 5)) + 15)$

2. Multiplizieren Sie möglichst geschickt aus.
a) $(x + y)(3x - 3y)$
b) $(12a - 8b)(15a + 10b)$

3. Faktorisieren Sie.
a) $8x - 2y$
b) $10a + 15b - 10$
c) $36a^2 - 60ab + 25b^2$
d) $\frac{1}{16}a^2 + \frac{1}{4}ab + \frac{1}{4}b^2$

Rechnen mit Brüchen und Bruchtermen

Ein **Bruch** $\frac{a}{b}$ besteht aus seinem **Zähler** a über dem Bruchstrich und seinem **Nenner** b unter dem Bruchstrich. Vertauschen wir Zähler und Nenner eines Bruches, dann erhalten wir den **Kehrwert**: $\frac{b}{a}$ ist der Kehrwert von $\frac{a}{b}$.

$$\frac{2}{3} \overset{\nearrow\ \text{Zähler}}{\underset{\nwarrow\ \text{Nenner}}{}}$$

Der Kehrwert von $\frac{2}{3}$ ist $\frac{3}{2}$.

Addition und Subtraktion von Brüchen

Wir können Brüche nur dann addieren bzw. subtrahieren, wenn sie gleichnamig sind. Sie müssen also beide den gleichen Nenner haben.
Wenn das bereits der Fall ist, addieren wir die Zähler und behalten den Nenner bei.

$$\frac{1}{3} + \frac{5}{3} = \frac{1+5}{3} = \frac{6}{3} = 2$$

Ergebnisse immer gekürzt angeben.

Ungleichnamige Brüche müssen zunächst gleichnamig gemacht werden. Dazu wählen wir eine Zahl als gemeinsamen Nenner und **erweitern** jeden Bruch so, dass er diesen Nenner hat.
Beim Erweitern werden Zähler *und* Nenner eines Bruchs mit dem gleichen Faktor multipliziert.

$$\frac{1}{2} + \frac{5}{3} = \frac{3}{6} + \frac{10}{6} = \frac{13}{6}, \text{ denn:}$$

$$\frac{1}{2} = \frac{1 \cdot 3}{2 \cdot 3} = \frac{3}{6} \text{ und } \frac{5}{3} = \frac{5 \cdot 2}{3 \cdot 2} = \frac{10}{6}$$

Damit die Zahlen nicht unnötig groß werden, wählen wir den gemeinsamen Nenner in der Regel so klein wie möglich. Dazu berechnen wir das kleinste gemeinsame Vielfache (kgV) der einzelnen Nenner.
Dieser kleinste aller gemeinsamen Nenner heißt **Hauptnenner**.

$$\frac{21}{48} - \frac{5}{18} = ?$$

Bestimmung des Hauptnenners:

$$48 = 2^4 \cdot 3$$
$$18 = 2 \cdot 3^2$$

kgV: $\quad 2^4 \cdot 3^2 = 144$

$\Rightarrow$ Hauptnenner: 144

$$\frac{21}{48} - \frac{5}{18} = \frac{21 \cdot 3}{144} - \frac{5 \cdot 8}{144} = \frac{63}{144} - \frac{40}{144} = \frac{23}{144}$$

Übungen

1. Bestimmen Sie das kleinste gemeinsame Vielfache.

a) 2, 3, 9

b) 7, 9, 15

c) 2, 6, 36

d) 4, 18, 28

e) 3, 9, 63, 102

f) 12, 24, 48, 144

g) 2, 3, 8, 16, 72

h) 3, 27, 35, 105

2. Addieren bzw. subtrahieren Sie und kürzen Sie das Ergebnis.

a) $\frac{5}{6} + \frac{7}{3}$

b) $-\frac{1}{2} + \frac{5}{2} - \frac{3}{8}$

c) $\frac{1}{4} + \frac{5}{8} + \frac{11}{24}$

d) $-\frac{7}{12} + \frac{2}{3} - \frac{1}{6}$

e) $\frac{3}{4} + \frac{5}{9} + \frac{18}{25} - \frac{4}{75} + \frac{3}{100} - \frac{17}{36}$

f) $\frac{36}{49} - \frac{13}{98} + \frac{17}{21} - \frac{7}{42} + 1\frac{3}{28} + \frac{11}{12} - \frac{19}{84}$

g) $\frac{3}{4} + \frac{5}{8} + \frac{2}{5} - \frac{1}{9} + \frac{1}{3} - \frac{11}{25} + \frac{17}{50} - \frac{4}{15} + \frac{13}{24} - \frac{17}{45} + \frac{12}{175}$

h) $\frac{8}{3} - \frac{1}{6} + \frac{5}{18} - \frac{4}{9} + \frac{2}{15} - \frac{47}{45} + \frac{29}{10}$

i) $\frac{7}{4} - \frac{5}{98} - \frac{8}{7} + \frac{19}{8} + \frac{25}{21} - \frac{31}{42} + \frac{119}{36} - \frac{5}{84} + \frac{74}{63}$

j) $\frac{1}{x^2 - x} - \frac{x^2}{x+1}$

G

Multiplikation von Brüchen

Wir multiplizieren Brüche, indem wir die Zähler und die Nenner jeweils multiplizieren.

$$\frac{3}{5}\cdot\frac{2}{7}=\frac{3\cdot2}{5\cdot7}=\frac{6}{35}$$

Wenn wir einen Bruch mit einer ganzen Zahl multiplizieren, wird im Unterschied zum Erweitern *nur der Zähler* mit dieser Zahl multipliziert.

$$\frac{3}{8}\cdot2=\frac{3}{8}\cdot\frac{2}{1}=\frac{6}{8}=\frac{3}{4}$$

Zähler mal Zähler, Nenner mal Nenner.

Es ist zu beachten, dass ein Bruchstrich wie eine Klammer wirkt. Wenn also die Zähler bzw. Nenner Summen sind, müssen beim Multiplizieren Klammern gesetzt werden.

$$\frac{2a+b}{4}\cdot\frac{6}{x+y}=\frac{(2a+b)\cdot\overset{3}{\cancel{6}}}{\underset{2}{\cancel{4}}\cdot(x+y)}=\frac{6a+3b}{2x+2y}$$

Division von Brüchen

Wir dividieren zwei Brüche, indem wir den ersten Bruch mit dem Kehrwert des zweiten Bruchs multiplizieren.

$$\frac{3}{5}:\frac{2}{7}=\frac{3}{5}\cdot\frac{7}{2}=\frac{21}{10}$$

Dividieren heißt: mit dem Kehrwert multiplizieren.

Diese Regel wenden wir auch bei Doppelbrüchen an.

$$\frac{\frac{2}{3}}{\frac{5}{6}}=\frac{2}{3}\cdot\frac{6}{5}=\frac{12}{15}=\frac{4}{5}$$

Achtung:
Gemischte Zahlen dürfen nicht verwechselt werden mit der Multiplikation von Bruch und Zahl!

$$2\frac{3}{4}=\frac{11}{4}\neq\frac{6}{4}=2\cdot\frac{3}{4}$$

Übungen

1. Multiplizieren Sie die Brüche und kürzen Sie, wenn möglich.

a) $\frac{1}{2}\cdot\frac{2}{3}$ c) $\frac{7}{8}\cdot\frac{4}{5}$ e) $\frac{5}{3}\cdot\frac{6}{5}$ g) $\frac{29}{7}\cdot\frac{42}{5}$

b) $\frac{5}{7}\cdot\frac{3}{6}$ d) $\frac{9}{4}\cdot\frac{3}{9}$ f) $3\cdot\frac{25}{9}\cdot\frac{3}{5}$ h) $\frac{9}{8}\cdot5\frac{1}{3}$

2. Führen Sie die Division aus und kürzen Sie, wenn möglich.

a) $\frac{1}{3}:\frac{1}{4}$ c) $\frac{7}{9}:\frac{2}{5}$ e) $\frac{17}{3}:\frac{2}{9}$ g) $\frac{36}{11}\cdot\frac{9}{7}$

b) $\frac{5}{7}:\frac{3}{7}$ d) $\frac{8}{3}:\frac{2}{9}$ f) $\frac{9}{7}:\frac{9}{4}$ h) $\dfrac{\frac{3}{7}:\frac{1}{2}}{\frac{4}{5}}$

3. Berechnen Sie.

a) $\frac{25}{3}\cdot\left(\frac{14}{35}:\frac{3}{5}\right)$ b) $\left(\frac{25}{3}\cdot\frac{14}{35}\right):\frac{3}{5}$ c) $\left(\frac{25}{3}:\frac{14}{35}\right):\frac{3}{5}$ d) $\frac{25}{3}:\left(\frac{14}{35}\cdot\frac{3}{5}\right)$

4. Wandeln Sie die Dezimalzahlen in Brüche um und kürzen Sie.

a) 0,2   d) 1,2   g) 0,14   j) −3,25

b) 0,4   e) 1,3   h) 0,001   k) 2,5

c) 0,1   f) 4,4   i) 1,234   l) 0,5

5. Vereinfachen Sie durch Kürzen.

a) $\frac{12a+4ab}{2ab-4a}$ b) $\frac{ab+ac}{a}$ c) $\frac{ab+ac}{ab+ac}$ d) $\frac{ab-ac}{b-c}$

e) $\frac{az-bz}{2z}$ f) $\frac{6a+2b}{12a-16b}$ g) $\frac{36m-9n}{4m-n}$ h) $\frac{-7a-5a}{7a+5a}$

Rechnen mit Potenzen und Wurzeln

Eine **Potenz** a^n besagt, dass eine Zahl a mit sich selbst n-mal multipliziert wird.
Die Zahl a heißt **Basis**, die Zahl n **Exponent**.
Für $a \neq 0$ wird definiert: $a^0 = 1$.
Für $a \in \mathbb{R} \setminus \{0\}$ und $n \in \mathbb{N} \setminus \{0\}$ wird die Potenz $a^{-n} = \frac{1}{a^n}$ definiert.

$$\overset{\text{Exponent}}{a^n} = \underbrace{a \cdot a \cdot \ldots \cdot a}_{n \text{ Faktoren}} \quad \blacktriangleright \; a \in \mathbb{R}; n \in \mathbb{R}; a^0 = 1$$

wobei Basis den Ausgangswert bezeichnet.

$$a^{-n} = \frac{1}{a^n} \quad \blacktriangleright \; a \in \mathbb{R} \setminus \{0\}; n \in \mathbb{N} \setminus \{0\}$$

Beispiel: $2^{-3} = \frac{1}{2^3} = \frac{1}{8}$

Für $a \in \mathbb{R}_0^+$ und $r \in \mathbb{N} \setminus \{0\}$ ist die Potenz $a^{\frac{1}{r}}$ als $\sqrt[r]{a}$ (r-te **Wurzel** aus a) definiert, wobei $\sqrt[1]{a} = a$ gesetzt wird.

$$a^{\frac{1}{r}} = \sqrt[r]{a} \quad \blacktriangleright \; a \in \mathbb{R}_0^+; r \in \mathbb{N} \setminus \{0\}$$

Beispiel: $8^{\frac{1}{3}} = \sqrt[3]{8} = 2$

Potenzgesetze

Zwei Potenzen mit gleicher Basis werden multipliziert oder dividiert, indem man die Exponenten addiert bzw. subtrahiert und die gemeinsame Basis beibehält.

Zwei Potenzen mit gleichen Exponenten werden multipliziert oder dividiert, indem man die Basen multipliziert bzw. dividiert und den gemeinsamen Exponenten beibehält.

Eine Potenz wird potenziert, indem man die Exponenten multipliziert und die Basis beibehält.

Potenzen können nur dann addiert und subtrahiert werden, wenn sie in der Basis *und* im Exponenten übereinstimmen.

Für alle $a, b \in \mathbb{R} \setminus \{0\}$ und $r, s \in \mathbb{Z}$ gilt:
1. $a^r \cdot a^s = a^{r+s} \quad \blacktriangleright \; a^r : a^s = a^{r-s}$
Beispiele: $3^2 \cdot 3^3 = 3^{2+3} = 3^5 = 243$
$\qquad\qquad\quad 3^2 : 3^5 = 3^{2-5} = 3^{-3} = \frac{1}{3^3} = \frac{1}{27}$

2. $a^r \cdot b^r = (a \cdot b)^r \quad \blacktriangleright \; a^r : b^r = (a : b)^r$
Beispiel: $2^3 \cdot 3^3 = (2 \cdot 3)^3 = 6^3 = 216$

3. $(a^r)^s = a^{r \cdot s}$
Beispiel: $(2^3)^4 = 2^{3 \cdot 4} = 2^{12} = 4096$

$5a^6 + 2a^6 = 7a^6$
$5x^2 - 2x^2 = 3x^2$
$3a^5 + b^5 = 3a^5 + b^5$
$a^n + b^m = a^n + b^m$

Übungen

1. Berechnen Sie folgende Potenzen.

a) 3^4 c) $3^{\frac{1}{4}}$ e) $(-3)^4$ g) $\frac{7^2}{8}$ i) $\left(\frac{11}{12}\right)^2$ k) $-\left(\frac{11}{12}\right)^{-2}$

b) $-3^{\frac{1}{4}}$ d) $(-3)^{-4}$ f) $(-3^2)^3$ h) $-\frac{3}{4^2}$ j) $-\left(\frac{2}{3}\right)^2$ l) $\left(\frac{8}{27}\right)^{\frac{1}{3}}$

2. Fassen Sie die Terme so weit wie möglich zusammen.
Geben Sie die Ergebnisse ohne negative Exponenten an.

a) $2^2 + a^2$ d) $a^2 + a^{-2}$ g) $3a^2 \cdot 4a^{-5}$ j) $(5a)^2$ m) $2^3 : 2^2$ p) $a^2 : a^6$

b) $a^2 + b^2$ e) $3a^2 \cdot 4a^5$ h) $-3a^2 \cdot 4a^{-5}$ k) $5a^{-2}$ n) $5^7 : 5^4$ q) $(a \cdot b)^3 : a^2$

c) $a + a^2$ f) $(a+b)^2 - (a-b)^2$ i) $3a^{-2} \cdot 4a^{-5}$ l) $a^4 \cdot 3a^n$ o) $a^6 : a^2$ r) $a^2 : (a \cdot b)^3$

3. Wandeln Sie die folgenden Wurzeln in Potenzen um.

a) $\sqrt[3]{4}$ c) $\sqrt{7}$ e) $\sqrt[6]{5^3}$ g) $\sqrt[3]{a^5}; a \geq 0$ i) $\sqrt{(a \cdot b)^3}; a, b \geq 0$

b) $\sqrt[5]{3}$ d) $\sqrt[3]{2^2}$ f) $\sqrt[8]{a^3}; a \geq 0$ h) $\sqrt[3]{a^2 \cdot b^4}; a, b \geq 0$

G

Der Term einer **Wurzel** $\sqrt[n]{a}$ besteht aus dem **Radikanden** a ($a \geq 0$) und dem **Wurzelexponenten** n. Ein anderes Wort für „Wurzelziehen" ist „Radizieren".

Wurzelexponent

$$\sqrt[n]{a} \quad \blacktriangleright \quad a \in \mathbb{R}_0^+; n \in \mathbb{N} \setminus \{0\}$$

Radikand

Das Radizieren ist die Umkehrung des Potenzierens.

$$(\sqrt[n]{a})^n = a = \sqrt[n]{a^n}$$

Wurzelgesetze

Für alle $a, b \in \mathbb{R}_0^+$ und $n, m, k \in \mathbb{N} \setminus \{0\}$ gilt:

Zwei Wurzelterme mit gleichen Wurzelexponenten werden multipliziert, indem man die Radikanden multipliziert und das Produkt radiziert.

1. $\sqrt[n]{a} \cdot \sqrt[n]{b} = \sqrt[n]{a \cdot b}$
Beispiel: $\sqrt[3]{9} \cdot \sqrt[3]{3} = \sqrt[3]{9 \cdot 3} = \sqrt[3]{27} = 3$

Zwei Wurzelterme mit gleichen Wurzelexponenten werden dividiert, indem man die Radikanden dividiert und den erhaltenen Quotienten radiziert.

2. $\sqrt[n]{a} : \sqrt[n]{b} = \sqrt[n]{a : b}$
Beispiel: $\sqrt[3]{81} : \sqrt[3]{3} = \sqrt[3]{81 : 3} = \sqrt[3]{27} = 3$

Ein Wurzelterm wird potenziert, indem man den Radikanden potenziert und die Potenz dann radiziert.

3. $(\sqrt[n]{a})^m = \sqrt[n]{a^m}$
Beispiel: $(\sqrt[3]{3})^6 = \sqrt[3]{3^6} = \sqrt[3]{729} = 9$

Eine Wurzel wird radiziert, indem man die Wurzelexponenten multipliziert und mit diesem Produkt als Wurzelexponenten die Wurzel aus dem Radikanden des inneren Wurzelzeichens zieht.

4. $\sqrt[m]{\sqrt[n]{a}} = \sqrt[m \cdot n]{a}$
Beispiel: $\sqrt[3]{\sqrt[2]{64}} = \sqrt[3 \cdot 2]{64} = \sqrt[6]{64} = 2$

Man kann den Wurzelexponenten und den Exponenten des Radikanden eines Wurzelterms mit derselben natürlichen Zahl multiplizieren, ohne dass sich der Wert des Wurzelterms ändert.

5. $\sqrt[n \cdot k]{a^{m \cdot k}} = \sqrt[n]{a^m}$
Beispiel: $\sqrt[3 \cdot 5]{3^{6 \cdot 5}} = \sqrt[3]{3^6} = \sqrt[3 \cdot 1]{3^{3 \cdot 2}} = 9$

Die n-te Wurzel aus a ($a \geq 0$, $n \in \mathbb{N} \setminus \{0\}$) lässt sich auch als Potenz schreiben.

$\sqrt[n]{a} = a^{\frac{1}{n}}$ $\quad \blacktriangleright \quad a \geq 0, n \in \mathbb{N} \setminus \{0\}$
Beispiel: $\sqrt[4]{17} = 17^{\frac{1}{4}}$

Übungen

1. Drücken Sie die Wurzelgesetze 1. bis 5. als Gleichungen mit Potenzen aus.

2. Berechnen Sie die folgenden Wurzelterme für alle $a, b \in \mathbb{R}_0^+$.

a) $\sqrt{2} \cdot \sqrt{2}$

b) $\sqrt{6} \cdot \sqrt{54}$

c) $3\sqrt{5} \cdot 2\sqrt{0{,}2}$

d) $\sqrt[3]{8} \cdot \sqrt[4]{16}$

e) $\sqrt[3]{9} \cdot \sqrt[3]{3}$

f) $5\sqrt{2{,}45} \cdot 6\sqrt{5}$

g) $\sqrt{32a + 48b}$

h) $2\sqrt{9a} + 3\sqrt{a}$

i) $\sqrt{49a} - 2\sqrt{16a}$

j) $\sqrt{9a^2 b} \cdot \sqrt{4a^2 b}$

k) $\sqrt{\sqrt{81a}}$

l) $\sqrt[3]{\sqrt[8]{27b}}$

3. Wandeln Sie die Terme in Aufgabe 2 in Potenzen um und wenden Sie die Potenzgesetze an. Vergleichen Sie Ihr Ergebnis mit dem Ergebnis aus Aufgabe 2.

Lösen von Gleichungen

Wir sprechen von einer **Gleichung**, wenn zwei Terme durch das Zeichen = verbunden sind. Enthält eine Gleichung eine Variable, so handelt es sich um eine Aussageform. Jede Zahl aus der Grundmenge, die diese Aussageform zu einer wahren Aussage werden lässt, ist eine **Lösung** der Gleichung. Die Menge aller Lösungen einer Gleichung bezeichnen wir als **Lösungsmenge** L.
Achtung: Nicht jede Gleichung hat eine Lösung.

Gleichungen:
$2+3=5$
$2+x=5$ ▶ Aussageform

3 ist die Lösung von $2+x=5$, denn $2+3=5$ ist eine wahre Aussage.
$L=\{3\}$

Lineare Gleichungen

Eine Gleichung, in der alle Variablen nur in der ersten Potenz vorkommen, heißt **lineare Gleichung**.

Lösungsschritte:
1. Klammern auflösen und zusammenfassen.
2. Terme mit Variable auf eine Seite, Terme ohne Variable auf die andere „bringen".
3. Durch den Faktor vor der Variablen teilen.

Wichtig:
Alle Äquivalenzumformungen müssen *auf beiden Seiten* der Gleichung durchgeführt werden!

Der ermittelte Wert wird „zur **Probe**" in die Ausgangsgleichung eingesetzt. Entsteht dabei eine wahre Aussage, so ist dieser Wert tatsächlich eine Lösung. Ist die entstehende Aussage falsch, so haben wir beim Umformen oder beim Einsetzen einen Fehler gemacht.

$$
\begin{aligned}
& x+40=2\cdot(3+8x)+2x \\
\Leftrightarrow\quad & x+40=6+16x+2x \\
\Leftrightarrow\quad & x+40=6+18x \qquad |-18x-40 \\
\Leftrightarrow\quad & x-18x+40-40=6-40+18x-18x \\
\Leftrightarrow\quad & -17x=-34 \qquad |:(-17) \\
\Leftrightarrow\quad & x=2
\end{aligned}
$$

Probe: $2+40=2\cdot(3+8\cdot2)+2\cdot2$
$\Leftrightarrow \qquad 42=2\cdot19+4$
$\Leftrightarrow \qquad 42=42 \qquad\qquad$ (w)

Lösungsmenge: $L=\{2\}$

Lineare Ungleichungen

Bei einer linearen Ungleichung können wir genauso vorgehen, erhalten aber meist nicht nur eine Lösung.
Achtung: Bei der Multiplikation oder Division mit einer negativen Zahl dreht sich das Relationszeichen um!

$$
\begin{aligned}
& 5x-8<7x+4 \qquad |-7x+8 \\
\Leftrightarrow\quad & -2x<12 \qquad |:(-2) \\
\Leftrightarrow\quad & x>-6
\end{aligned}
$$

▶ Alle reellen Zahlen, die größer als -6 sind, lösen die Gleichung: $L=]-6;\infty[$

Übungen

1. Bestimmen Sie die Lösung.
a) $3x-7=5$
b) $-12x=3x+5$
c) $x+2=7x-6$
d) $x+2\cdot(3x-7)=21$

e) $14\cdot(2y+2)=28$
f) $4-(3{,}5x+2)=x-7$
g) $\frac{1}{3}y-5=-\frac{1}{3}y+3$
h) $12+5=3\cdot(z-8)$

i) $\frac{2}{5}+\left(-\frac{1}{5}z+\frac{3}{5}\right)=9$
j) $3x-(-2x+15)=-35x$
k) $\left(\frac{1}{4}-\frac{a}{2}\right)+\left(-5a+\frac{1}{2}\right)=a-2{,}5$
l) $-(3b-2)+2\cdot(4b-2)=4+2-b$

2. Lösen Sie die folgenden Ungleichungen.
a) $2x-14>22$
b) $1{,}5x-9<7{,}5$
c) $-6x-3<4x+7$

d) $12-(3x+2)<x-6$
e) $(2x-1)\cdot(2x+5)>(-x-1)\cdot(-4x+6)$
f) $(-2x-2)\cdot(3x-5)>-6x\cdot(x+3)$

G

Quadratische Gleichungen

Eine Gleichung, in der x^2 die höchste x-Potenz ist, heißt **quadratische Gleichung**. Jede quadratische Gleichung lässt sich in der **allgemeinen Form** $ax^2 + bx + c = 0$ $(a \neq 0)$ schreiben. a, b und c heißen **Koeffizienten**. Der Faktor a vor der höchsten Potenz heißt auch **Leitkoeffizient**.

Wenn wir die allgemeine Gleichung durch den Leitkoeffizienten a dividieren, erhalten wir die Normalform $x^2 + px + q = 0$ mit $p = \frac{b}{a}$ und $q = \frac{c}{a}$. Dieser Vorgang wird Normierung der Gleichung genannt.
Im Folgenden beschäftigen wir uns mit verschiedenen Lösungsverfahren für quadratische Gleichungen.

Wir bringen die Gleichung auf die Normalform und „sortieren" nach Termen mit und ohne Variablen.
Aus einer Summe wie $x^2 - 3x$ können wir nicht die Wurzel ziehen, um nach x aufzulösen. Bei Termen der Form $(x + b)^2$ bzw. $(x - b)^2$ ist dies jedoch mühelos möglich. Diese Terme kennen wir aus der 1. oder 2. binomischen Formel.

$$3x^2 - 9x + 6 = 0$$
$$\Leftrightarrow \quad x^2 - 3x + 2 = 0$$
$$\Leftrightarrow \quad x^2 - 3x \quad = -2$$

▶ binomische Formeln (mit x und b):
$$(x + b)^2 = x^2 + 2bx + b^2 \text{ und}$$
$$(x - b)^2 = x^2 - 2bx + b^2.$$

Vergleichen wir die rechte Seite der 2. binomischen Formel mit der linken Seite unserer Gleichung, so ergibt sich $2b = 3$, also $b = 1{,}5$. Aber der Term b^2 fehlt.
Wir ergänzen b^2, indem wir auf beiden Seiten der Gleichung $1{,}5^2$ addieren. Diese Addition heißt allgemein **quadratische Ergänzung**. Jetzt können wir die linke Seite zu einem „Binom" zusammenfassen.

$$x^2 - \quad 3x \quad = -2$$
$$\Leftrightarrow x^2 - 2 \cdot 1{,}5x + \ldots = -2$$
$$\Leftrightarrow x^2 - 2 \cdot 1{,}5x + 1{,}5^2 = -2 + 1{,}5^2$$
$$\Leftrightarrow x^2 - 2 \cdot 1{,}5x + 1{,}5^2 = -2 + 2{,}25$$
$$\Leftrightarrow \quad (x - 1{,}5)^2 = 0{,}25$$

Da $0{,}25$ sowohl die Quadratzahl von $-0{,}5$ als auch von $+0{,}5$ ist, ergeben sich **zwei Lösungen**.

$$\Leftrightarrow x - 1{,}5 = -0{,}5 \quad \vee \quad x - 1{,}5 = +0{,}5$$
$$\Leftrightarrow \quad x = 1 \quad \vee \quad x = 2$$

Diese können wir als Lösungsmenge angeben oder in Kurzschreibweise aufzählen.

$$L = \{1; 2\}$$
Lösungen: $x_1 = 1$; $x_2 = 2$

p-q-Formel

Jede quadratische Gleichung können wir durch Normierung in der Normalform $x^2 + px + q = 0$ schreiben. Lösen wir diese Gleichung für allgemeines p und q mit der quadratischen Ergänzung, so erhalten wir dadurch eine **Lösungsformel** für alle normierten quadratischen Gleichungen.

Die Gleichung liegt in der Normalform vor. Wir subtrahieren q, um „Platz zu schaffen" für die quadratische Ergänzung.
Um eine Summe der Form $x^2 + 2bx + b^2$ zu erhalten, müssen wir p halbieren, dann quadrieren und schließlich addieren (quadratische Ergänzung).
Die drei Summanden auf der linken Seite können wir zu einem Binom zusammenfassen.

$$x^2 + px + q = 0 \qquad | -q$$
$$\Leftrightarrow x^2 + px = -q \qquad | \text{ quadr. Erg.}$$
$$\Leftrightarrow x^2 + 2 \cdot \frac{p}{2}x + \left(\frac{p}{2}\right)^2 = -q + \left(\frac{p}{2}\right)^2$$
$$\Leftrightarrow \quad \left(x + \frac{p}{2}\right)^2 = \left(\frac{p}{2}\right)^2 - q$$

Wir erhalten zwei Lösungen.

$$\Leftrightarrow x + \frac{p}{2} = +\sqrt{\left(\frac{p}{2}\right)^2 - q} \quad \vee \quad x + \frac{p}{2} = -\sqrt{\left(\frac{p}{2}\right)^2 - q}$$
$$\Leftrightarrow x = -\frac{p}{2} + \sqrt{\left(\frac{p}{2}\right)^2 - q} \quad \vee \quad x = -\frac{p}{2} - \sqrt{\left(\frac{p}{2}\right)^2 - q}$$

In Kurzschreibweise erhalten wir die *p-q*-Formel:

$$x_{1,2} = -\frac{p}{2} \pm \sqrt{\left(\frac{p}{2}\right)^2 - q}$$

Lösen von quadratischen Gleichungen mit der *p-q*-Formel

Wir normieren die Gleichung, um die *p-q*-Formel anwenden zu können: Der Koeffizient von x^2 muss 1 sein.

$$2x^2 - 12x + 10 = 0 \qquad |:2$$
$$\Leftrightarrow \quad x^2 - 6x + 5 = 0 \qquad \blacktriangleright \; p = -6; q = +5$$
$$x_{1,2} = 3 \pm \sqrt{9-5} = 3 \pm \sqrt{4}$$
$$= 3 \pm 2$$
Lösungen: $x_1 = 1; x_2 = 5$

Alle quadratischen Gleichungen *können*, aber nicht alle *müssen* mit der quadratischen Ergänzung oder der *p-q*-Formel gelöst werden. In bestimmten Fällen führen andere Lösungswege schneller zum Ziel.

Lösen von Gleichungen der Form $x^2 + px = 0$

Durch Ausklammern von x erhalten wir auf der linken Seite ein Produkt. Es besteht aus den beiden Faktoren x und $x - 7$.

$$x^2 - 7x = 0$$
$$\Leftrightarrow x \cdot (x - 7) = 0 \qquad (*)$$

Wir wenden den **Satz vom Nullprodukt** an:
Ein Produkt ist genau dann gleich null, wenn mindestens einer der Faktoren gleich null ist.
Kurz: $a \cdot b = 0 \Leftrightarrow a = 0 \;\vee\; b = 0 \; (a, b \in \mathbb{R})$

$$\Leftrightarrow x = 0 \;\vee\; x - 7 = 0$$
$$\Leftrightarrow x = 0 \;\vee\; x = 7$$
$$L = \{0; 7\}$$
Lösungen: $x_1 = 0; x_2 = 7$

Immer zuerst die Gleichung anschauen und den einfachsten Lösungsweg wählen.

Schon bei der Gleichung $(*)$ ist zu erkennen, dass das Produkt null wird, wenn wir für x die Werte 0 oder 7 einsetzen. Wir können die Lösungen der Gleichung also bereits aus dieser Form ablesen.

Lösen von Gleichungen der Form $x^2 + q = 0$

1. Möglichkeit: Wir wenden die dritte binomische Formel an und zerlegen den Term $x^2 - 9$ in zwei Faktoren. Mithilfe des Satzes vom Nullprodukt können wir die Lösungen unmittelbar bestimmen.

$$x^2 - 9 = 0$$
$$\Leftrightarrow (x + 3) \cdot (x - 3) = 0$$
$$\Leftrightarrow x + 3 = 0 \quad\vee\quad x - 3 = 0$$
$$\Leftrightarrow x = -3 \quad\vee\quad x = 3$$

2. Möglichkeit: Wir lösen die Gleichung nach x^2 auf und ermitteln die beiden Zahlen, deren Quadrat 9 ergibt.
Achtung!
Hierbei wird die Lösung $x = -\sqrt{}$ häufig vergessen, da der Taschenrechner diese nicht anzeigt.

$$x^2 - 9 = 0 \quad |+9$$
$$\Leftrightarrow \quad x^2 = 9$$
$$\Leftrightarrow x = -3 \;\vee\; x = 3$$

$$L = \{-3; 3\}$$
Lösungen: $x_1 = -3; x_2 = 3$

Übungen

Bestimmen Sie die Lösungen.
Wählen Sie ein geeignetes Lösungsverfahren.

a) $x^2 + 4x - 12 = 0$
b) $0 = x^2 - 5x - 6$
c) $x^2 - 6x = 0$
d) $2x^2 + 7x - 4 = 0$
e) $0 = x^2 - 9$
f) $0 = x^2 + 9$
g) $2 - x^2 = -6x - 5$

h) $x \cdot (x - 5) = 0$
i) $3x^2 - 75 = 0$
j) $-\frac{1}{3}x^2 + 3x - 6 = 0$
k) $\frac{5}{6}x^2 + \frac{25}{6}x - 5 = 0$
l) $2x^2 - 2 = 4x^2 + 5x - 9$
m) $0{,}5x^2 - 4 = 8x \cdot (-0{,}25x + 1)$

G

Lösen von Gleichungen der Form $(x - x_1) \cdot (x - x_2) = 0$

Wir lösen die Gleichung, indem wir den Satz vom Nullprodukt anwenden.

Die Form $(x - x_1) \cdot (x - x_2) = 0$ heißt **Produktform** einer normierten quadratischen Gleichung. Die Faktoren $x - x_1$ und $x - x_2$ heißen **Linearfaktoren**, weil sie die Variable x nur in linearer Form enthalten. Man sagt: „Der Term ist in Linearfaktoren zerlegt."

$$(x+3) \cdot (x-4) = 0$$
$$\Leftrightarrow x+3 = 0 \quad \vee \quad x-4 = 0$$
$$\Leftrightarrow x = -3 \quad \vee \quad x = 4$$
$$L = \{-3; 4\}$$
Lösungen: $x_1 = -3$; $x_2 = 4$

Der Satz von Vieta

Wir betrachten noch einmal die Gleichung $(x+3) \cdot (x-4) = 0$. Sie hat die Lösungen $x_1 = -3$ und $x_2 = 4$.

Wir multiplizieren die Klammern aus, um die Gleichung in Normalform zu erhalten.

$$(x+3) \cdot (x-4) = 0$$
$$\Leftrightarrow x^2 + 3x - 4x - 12 = 0$$
$$\Leftrightarrow x^2 - x - 12 = 0$$
$$p = -1; \ q = -12$$
$$p = -((-3)+4) = -1;$$
$$q = (-3) \cdot 4 = -12$$

Der Mathematiker François Viète erkannte einen Zusammenhang zwischen den Lösungen der Gleichung und den Werten für p und q.

Der **Satz von Vieta** drückt diesen Zusammenhang allgemein aus:

Hat eine Gleichung der Form $x^2 + px + q = 0$ die Lösungen x_1 und x_2, so gilt:

$p = -(x_1 + x_2)$ und $q = x_1 \cdot x_2$.

▶ Beweis:
$$(x - x_1)(x - x_2) = 0$$
$$\Leftrightarrow x^2 - xx_2 - xx_1 + x_1 x_2 = 0$$
$$\Leftrightarrow x^2 \underbrace{- (x_1 + x_2)}_{p} x + \underbrace{x_1 x_2}_{q} = 0$$

Mit dem Satz von Vieta können wir schnell prüfen, ob wir die Lösungen einer quadratischen Gleichung richtig ermittelt haben.

Die Gleichung $x^2 - 2x - 8 = 0$ hat tatsächlich die Lösungen $x_1 = -2$ und $x_2 = 4$.

Die Gleichung $x^2 - 5x - 6 = 0$ hat *nicht* die Lösungen $x_1 = 2$ und $x_2 = 3$.

Satz von Vieta:
$$-(x_1 + x_2) = p \qquad x_1 \cdot x_2 = q$$

Probe:
$$-(-2+4) = -2 \quad (w) \qquad -2 \cdot 4 = -8 \quad (w)$$
$$-(3+2) = -5 \quad (w) \qquad 3 \cdot 2 = -5 \quad (f)$$

Übungen

1. Bestimmen Sie die Lösungsmenge.

a) $0 = (x-2)(x-3)$ d) $(x+3)(x-3) = 16$

b) $2 = (x-2)(x-3)$ e) $(4x+20)(x-5) = 0$

c) $0 = (x-\sqrt{3})(x+2)$ f) $(4x+20)(x-5) = 40x$

2. Schreiben Sie die Gleichung so um, dass sie ein Produkt von Linearfaktoren enthalten.

a) $x^2 - 7x + 12 = 0$ d) $3x^2 - 75 = 0$

b) $0 = 0{,}25x^2 - x + 0{,}75$ e) $2x^2 + 8x + 8 = 0$

c) $x^2 - 4x = 0$ f) $x^2 = 16$

3. Lösen Sie die folgenden quadratischen Gleichungen, indem Sie den Term auf der linken Seite der Gleichung zunächst in Linearfaktoren zerlegen. Machen Sie die Probe.

a) $x^2 + x = 0$ b) $5x^2 - 10x = 0$ c) $0{,}2x^2 - 3x = 0$ d) $2{,}4x^2 + 12x = 0$

4. Ermitteln Sie die Lösungen der quadratischen Gleichungen unter Anwendung des Satzes von Vieta.

a) $x^2 - 10x + 25 = 0$ b) $x^2 - 3x - 10 = 0$ c) $x^2 - 3x + 2 = 0$ d) $x^2 + 4x - 21 = 0$ e) $x^2 + 7x + 12 = 0$

Lösen von Gleichungssystemen

Bisher haben wir Gleichungen betrachtet, die nur eine Variable enthalten. Hat eine Gleichung zwei Variablen x und y, so besteht die Lösungsmenge aus unendlich vielen **Zahlenpaaren**.

$$2x + 3y = 5$$
Lösungen: $x = 1$ und $y = 1$;
$\qquad\qquad x = 2,5$ und $y = 0 \ldots$
$$L = \{(1;1),(2,5;0),(-8;7),\ldots\}$$

Ist eine gemeinsame Lösung für mehrere Gleichungen mit mehreren Variablen gesucht, spricht man von einem **Gleichungssystem**. Treten alle Variablen in linearer Form auf, liegt ein **lineares Gleichungssystem** (LGS) vor.

Gleichsetzungsverfahren

Das **Gleichsetzungsverfahren** bietet sich an, wenn beide Gleichungen nach derselben Variablen aufgelöst sind.
Wir lösen das Gleichungssystem, indem wir
1. die rechten Seiten **gleichsetzen**,
2. die sich ergebende Gleichung nach der noch vorhandenen Variablen auflösen,
3. das Ergebnis in eine der beiden gegebenen Gleichungen einsetzen und damit den Wert für die andere Variable bestimmen.

$$\begin{array}{lll} \text{(I)} & y = x + 9 \\ \text{(II)} & y = 3x - 1 \end{array}$$

$$\begin{array}{lll} \text{(III)} & x + 9 = 3x - 1 & |-9;\ -3x \\ & -2x = -10 & |:(-2) \\ & x = 5 \end{array}$$
$x = 5$ in (II):
$$y = 3 \cdot 5 - 1 = 14$$
$$L = \{(5;14)\}$$

Einsetzungsverfahren

Das **Einsetzungsverfahren** bietet sich an, wenn eine der beiden Gleichungen nach einer Variablen aufgelöst ist.
Wir lösen das Gleichungssystem, indem wir
1. den Term aus der bereits aufgelösten Gleichung (II) in die Gleichung (I) **einsetzen**,
2. die neue Gleichung (III) nach der noch vorhandenen Variablen auflösen,
3. das Ergebnis in eine der beiden gegebenen Gleichungen einsetzen und damit den Wert für die andere Variable bestimmen.

$$\begin{array}{lll} \text{(I)} & 2x + 3y = 18 \\ \text{(II)} & x = y - 1 \end{array}$$

$$\begin{array}{lll} \text{(III)} & 2(y-1) + 3y = 18 \\ & 2y - 2 + 3y = 18 & |+2 \\ & 5y = 20 & |:5 \\ & y = 4 \end{array}$$

$y = 4$ in (II):
$$x = 4 - 1 = 3$$
$$L = \{(3;4)\}$$

Additionsverfahren

Das **Additionsverfahren** bietet sich an, wenn keine der beiden Gleichungen nach einer Variablen aufgelöst ist. Es wird von allen Verfahren am häufigsten benutzt.

1. Wir multiplizieren eine der Gleichungen mit einer Zahl, sodass sich die Koeffizienten einer der beiden Variablen nur durch ihr Vorzeichen unterscheiden. In einigen Fällen müssen wir dafür auch beide Gleichungen mit je einer Zahl multiplizieren oder die Gleichungen durch eine Zahl dividieren.
2. Wir **addieren** die beiden Gleichungen und lösen die neue Gleichung (III) nach der noch vorhandenen Variablen auf.
3. Das Ergebnis setzen wir in eine der beiden gegebenen Gleichungen ein und bestimmen damit den Wert für die andere Variable.

$$\begin{array}{lll} \text{(I)} & 6x + 7y = 10 \\ \text{(II)} & 3x + 2y = 2 & |\cdot(-2) \end{array}$$

$$\begin{array}{lll} \text{(I)} & 6x + 7y = 10 \\ \text{(II)} & -6x - 4y = -4 \end{array}$$

$$\begin{array}{lll} \text{(III)} = \text{(I)} + \text{(II)} & 3y = 6 & |:3 \\ & y = 2 \end{array}$$

$y = 2$ in (II): $\quad 3x + 2 \cdot 2 = 2 \qquad |-4$
$$3x = -2$$
$$x = -\tfrac{2}{3} \quad L = \left\{\left(-\tfrac{2}{3};2\right)\right\}$$

G

Der Gauß'sche Algorithmus

Mit den Lösungsverfahren für lineare Gleichungssysteme können wir auch Gleichungssysteme mit mehr als zwei Gleichungen und zwei Variablen lösen. Besonders häufig wird hierbei das Additionsverfahren verwendet. Ein auf dem Additionsverfahren beruhendes Verfahren zum Lösen linearer Gleichungssysteme wurde von Carl Friedrich Gauß entwickelt. Der **Gauß'sche Algorithmus** wird im folgenden Beispiel an einem Gleichungssystem mit drei Gleichungen und den drei Variablen x, y und z vorgestellt:

1. Wir eliminieren die Variable x aus den Gleichungen (II) und (III):
$(-2) \cdot (I) + (II) = (IV)$ und $(-3) \cdot (I) + (III) = (V)$

(I) $\quad x + 2y + 3z = 17 \quad | \cdot (-2) \quad | \cdot (-3)$
(II) $\quad 2x - 3y + 2z = 4$
(III) $\quad 3x - 5y + 4z = 9$

(I) bleibt unverändert.
(IV) ersetzt (II).
(V) ersetzt (III).

(I) $\quad x + 2y + 3z = 17$
(IV) $\quad -7y - 4z = -30 \quad | \cdot (-11)$
(V) $\quad -11y - 5z = -42 \quad | \cdot 7$

2. Wir eliminieren die Variable y aus (V):
$(-11) \cdot (IV) + 7 \cdot (V) = (VI)$

(I) bleibt unverändert.
(IV) bleibt unverändert.
(VI) ersetzt (V).
Das Gleichungssystem hat nun **Dreiecksform**.

(I) $\quad x + 2y + 3z = 17$
(IV) $\quad -7y - 4z = -30$
(VI) $\quad 9z = 36$

3. Aus dieser Dreiecksform bestimmen wir schrittweise die Lösung:

Mithilfe der Gleichung (VI) bestimmen wir z.

$9z = 36$
$\Leftrightarrow z = 4$

Setzen wir den Wert für z in Gleichung (IV) ein, so können wir y berechnen.

$z = 4$ in (IV):
$\quad -7y - 4 \cdot 4 = -30$
$\Leftrightarrow -7y - 16 = -30$
$\Leftrightarrow \quad y = 2$

Schließlich setzen wir die Werte für y und z in Gleichung (I) ein. Wir erhalten die Lösung für x.

$z = 4;\ y = 2$ in (I):
$\quad x + 2 \cdot 2 + 3 \cdot 4 = 17$
$\Leftrightarrow \quad x + 16 = 17$
$\Leftrightarrow \quad x = 1$

Die Lösung ist ein **Zahlentripel**. Es enthält für jede Variable den berechneten Wert.

$L = \{(1; 2; 4)\}$

Übungen

1. Bestimmen Sie die Lösungsmenge. Wählen Sie ein geeignetes Lösungsverfahren.

a) (I) $\quad 15a - b = 2{,}6$
   (II) $\quad 5a + 3b = 2{,}2$

b) (I) $\quad 3x - y = 3{,}5$
   (II) $\quad -y = -6x + 5$

c) (I) $\quad 2u = 6v - 26$
   (II) $\quad u = 12 - 2v$

2. Bestimmen Sie die Lösungsmenge mit dem Gauß'schen Algorithmus.

a) (I) $\quad x - y + z = 4$
   (II) $\quad 3x + y + z = 1$
   (III) $\quad 9x - 3y - z = 9$

b) (I) $\quad 25a + 5b + c = 10$
   (II) $\quad a - b + c = -2$
   (III) $\quad 8a + 2b = 4$

c) (I) $\quad -2x_1 + 3x_3 = 5$
   (II) $\quad 7x_1 - x_3 = 11$
   (III) $\quad -12x_1 + 2x_2 - 4x_3 = -51$

Summenzeichen

Das **Summenzeichen** $\sum$ (griechischer Großbuchstabe **Sigma**) wird in der Mathematik verwendet, wenn eine Summe aus vielen Summanden gebildet wird, die einer Regelmäßigkeit folgen. Das Zeichen wird dann für eine abkürzende Schreibweise für die Summenbildung genutzt.

Sollen beispielsweise die ersten 10 natürlichen Zahlen summiert werden, dann können wir die ausgeschriebene Summe durch das Summenzeichen abkürzen. Nach dem Summenzeichen steht, was summiert werden soll. Dabei ist i die „Laufvariable". Unter dem Summenzeichen wird angegeben, welchen Wert die Laufvariable als Erstes annimmt. Über dem Summenzeichen steht, bis wohin sie läuft.

$$1+2+3+4+5+6+7+8+9+10 = \sum_{i=1}^{10} i$$

Sprechweise: „Summe über i für i von 1 bis 10."

Auch die Summe der ersten 8 Quadratzahlen können wir abgekürzt schreiben.

$$\sum_{i=1}^{8} i^2 = 1^2+2^2+3^2+4^2+5^2+6^2+7^2+8^2$$

Sprechweise: „Summe über i^2 für i von 1 bis 8."

Neben der Abkürzung von Summen mit vielen konkreten Zahlen, verwendet man das Summenzeichen bei den **Summenformeln**:

Summe der ersten n natürlichen Zahlen
$1+2+3+4+5+\ldots+n$

Summe der ersten n Quadratzahlen:
$1^2+2^2+3^2+4^2+5^2+\ldots+n^2$

Summe der ersten n Kubikzahlen:
$1^3+2^3+3^3+4^3+5^3+\ldots+n^3$

Summe der ersten k ungeraden Zahlen:
$1+3+5+7+9+11+\ldots+(2k-1)$

Summe der ersten k geraden Zahlen:
$2+4+6+8+10+\ldots+2k$

$$\sum_{i=1}^{n} i = \frac{n(n+1)}{2}$$

$$\sum_{i=1}^{n} i^2 = \frac{n(n+1)(2n+1)}{6}$$

$$\sum_{i=1}^{n} i^3 = \frac{n^2(n+1)^2}{4}$$

$$\sum_{i=1}^{k} (2i-1) = k^2$$

$$\sum_{i=1}^{k} 2i = k^2+k$$

Übungen

1. Schreiben Sie die Summen mit dem Summenzeichen. Bestimmen Sie die Summe.
a) $1+2+3+4+5+6+7+8+9+10+11+12$
b) Summe der ersten 20 Quadratzahlen
c) $1+3+5+7+9+11+13+15+17+19+21$
d) $2+4+6+8+10+12+14+16+18+20+22+24$
e) Summe der ersten 10 Kubikzahlen
f) Summe der natürlichen Zahlen von 30 bis 70

2. Berechnen Sie die Summen mithilfe der Summenformeln.
a) $\sum_{i=1}^{100} i$
b) $\sum_{i=1}^{50} 2i$
c) $\sum_{i=1}^{50} (2i-1)$
d) $\sum_{i=51}^{100} i$
e) $\sum_{i=1}^{100} i^2$
f) $\sum_{i=10}^{21} i^3$

G

Lösen von Anwendungsaufgaben

Mathematik ist in vielen beruflichen oder privaten Situationen ein notwendiges Hilfsmittel. Das folgende Schema erleichtert das Lösen von Anwendungsaufgaben und den Einsatz von Mathematik im Alltag.

Die Firma Schröder und Partner hat ein geplantes Zweifamilienhaus durch ein Modell aus Pappe dargestellt. In einer Besprechung äußern die Bauherren den Wunsch, einen Kamin einzubauen. Über ein 8 m langes Edelstahlrohr mit einem Durchmesser von 130 mm sollen die Abgase nach draußen geleitet werden. Der Praktikant Max erhält den Auftrag, das Pappmodell zu ergänzen.

1. Verstehen der Aufgabe
Worum geht es eigentlich?

Welche Fragestellungen beinhaltet die Aufgabe?

Welche Informationen enthält der Aufgabentext?

Welche Größen muss ich für das Rohr im Modell wählen, um dieses maßstabgetreu wiederzugeben? Welche Längen muss die rechteckige Pappe haben, aus der ich das Rohr herstelle?
Originalmaße: Länge 8 m, Durchmesser 130 mm

2. Mathematisieren der Aufgabe
Welche mathematischen Begriffe und Aussagen können den einzelnen Fragestellungen zugeordnet werden?

Welche Darstellungsform ist geeignet, um das Problem zu lösen?

Um das geeignete Papierformat zu wählen, benötigen wir den Umfang U des Rohres. Da der Durchmesser d gegeben ist, können wir die Formel $U = \pi \cdot d$ nutzen.

Bei Bedarf Skizzen zur Veranschaulichung anfertigen.

Notwendige Daten ermitteln.

Max sieht an dem vorhandenen Modell den notierten Maßstab 1:40.

3. Lösen der Aufgabe
Mathematische Werkzeuge zur Lösung nutzen (z. B. Äquivalenzumformungen).

$U = \pi \cdot d;\ U = 130 \cdot \pi \ \Rightarrow\ U \approx 408\,\text{mm}$

Eventuell einzelne Teilschritte berechnen.

Übertragung des Maßstabs:
Breite der Pappe: 408 mm : 40 = 10,2 mm
Länge der Pappe: 8000 mm : 40 = 200 mm

4. Rückführung
Welche Ergebnisse sind sinnvoll in Bezug auf die Aufgabe, welche nicht?
Ergebnisse in Antwortsätzen formulieren.

Die Pappe müsste (ohne Kleberand) 1,02 cm breit und 20 cm lang sein. Es wird nicht leicht sein, das Rohr ganz maßstabgerecht zu bauen.

Übungen

Thomas plant mit vier Freunden einen Fußballabend. Sie wollen Pizza bestellen. Die Pizzeria bietet die rechts stehenden Angebote.
Zu welchem Angebot raten Sie Thomas?

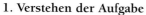

2 Pizza (φ 29 cm), 1 gemischter Salat, Pizzabrötchen, 1 Fl. Wein   15,00 Euro

Pizza-Party-Blech (45 x 45 cm) für 6 Personen mit 4 Belägen   21,00 Euro

1 großer gem. Salat mit Pizzabrötchen   3,50 Euro

Pizza

In vielen Bereichen des Lebens werden Daten erhoben. Es ist wichtig, diese übersichtlich zu präsentieren und Zusammenhänge aufzuzeigen.
- Welche Darstellungsformen gibt es, um Daten und deren Zusammenhänge zu visualisieren?
- Wie entscheidet man, welche Darstellungsform geeignet ist?

Oft lassen sich aufgrund einzelner Daten Zusammenhänge vermuten.
- Können bestimmte Zusammenhänge mathematisch beschrieben werden?
- Liegen funktionale Zusammenhänge zwischen Größen vor?

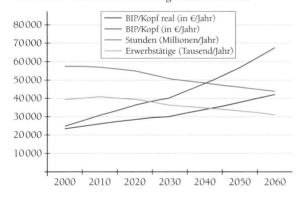

Wachsender Wohlstand trotz demografischem Wandel

Legende:
- BIP/Kopf real (in €/Jahr)
- BIP/Kopf (in €/Jahr)
- Stunden (Millionen/Jahr)
- Erwerbstätige (Tausend/Jahr)

Darstellungen von Zusammenhängen werden genutzt, um Aussagen über zukünftige Entwicklung zu treffen.
- Wie können Graphiken beschrieben und interpretiert werden?
- Lassen sich aufgrund der Daten Prognosen für die Zukunft ableiten?

1.1 Zuordnungen

In vielen Untersuchungen werden mehrere Daten gleichzeitig erhoben. Häufig stellt sich dann die Frage, ob ein Zusammenhang zwischen den erhobenen Daten besteht.

 1 Vergleich Stromanbieter

Eine Familie überlegt, ob sie den Stromanbieter wechseln soll, um ihre Ausgaben zu reduzieren. Im Internet findet sie von vier Anbietern A, B, C und D die folgenden Preise. Die Angaben beziehen sich auf ein Jahr. Beraten Sie die Familie.

Strom-verbrauch in kWh	Preis in €			
	A	B	C	D
1 500	391,50	383,70	353,20	534,61
2 000	483,00	463,90	463,90	679,49
2 500	614,50	590,00	575,40	824,37
3 000	746,00	646,00	679,00	936,26
3 500	827,50	789,10	789,10	1 114,14

In der Tabelle finden wir eine **Zuordnung** zwischen den Elementen zweier Mengen: Dem Stromverbrauch werden Kosten für den Strom zugeordnet. Bei einer Zuordnung heißt die Menge, von der wir ausgehen, **Ausgangsmenge**.
Hier ist die Ausgangsmenge der gemessene Stromverbrauch.
Die **Zielmenge** umfasst alle Elemente, die wir den Elementen der Ausgangsmenge zuordnen können. Hier bilden die Stromkosten die Zielmenge.
Ein bestimmter Stromverbrauch und ein ihm zugeordneter Preis bilden in dieser Reihenfolge ein **geordnetes Paar**. In einem Wertepaar $(x \mid y)$ steht in diesem Fall x für den Stromverbrauch und y für die Stromkosten.

Solche Paare können wir als Punkte in einem Diagramm darstellen.

Zuordnung:
Stromverbrauch $\longmapsto$ Stromkosten

Ausgangsmenge:
Menge des gemessenen Stromverbrauchs (in kWh)

Zielmenge:
Menge der Stromkosten (in €)

Geordnete Paare:
(Stromverbrauch | Stromkosten)
Anbieter A: (1 500 | 391,60); (2 000 | 483,00); …
Anbieter B: (1 500 | 383,70); (2 000 | 463,90); …

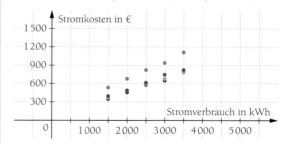

  Finden Sie Zuordnungen in Ihrem Alltag. Geben Sie jeweils Ausgangs- und Zielmenge an.

Koordinatensystem

Im Physikunterricht misst Max die Stromstärke I in Abhängigkeit von der Länge l eines Konstantandrahts bei konstanter Spannung U. Er notiert die Längen und die entsprechenden Stromstärken in einer **Wertetabelle**.

l in m	0,5	1	1,5	2	2,5	3
I in A	0,96	0,5	0,33	0,26	0,2	0,17

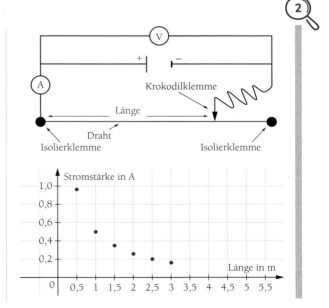

Dabei ist jeder Länge genau eine Stromstärke zugeordnet. Die sechs geordneten Paare trägt Max in ein Diagramm ein.
Die eingezeichneten Punkte stellen die Zuordnung graphisch dar. Sie sind der **Graph** der Zuordnung.

Wir können geordnete Paare also in Wertetabellen oder als Graphen darstellen. Bei der Darstellung als Graph nutzt man in der Regel ein rechtwinkliges **Koordinatensystem**.
Dieses besteht aus zwei zueinander senkrechten Achsen und vier Quadranten, die wie nebenstehend gezählt werden. Die waagerechte Achse heißt x-Achse (Abszissenachse). Die senkrechte Achse heißt y-Achse (Ordinatenachse).

Koordinatensystem

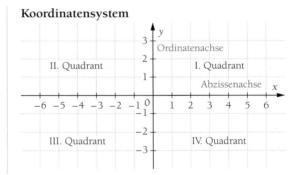

Eine **Zuordnung** stellt eine Beziehung zwischen einer **Ausgangsmenge** und einer **Zielmenge** her. Dabei werden Elemente der Ausgangsmenge mit Elementen der Zielmenge zu geordneten Paaren verknüpft. Geordnete Paare lassen sich in einer **Wertetabelle** erfassen und als **Graph** im Koordinatensystem darstellen.

1. Tragen Sie die folgenden Punkte in ein Koordinatensystem ein.
   $P(1|3)$, $Q(-3|5)$, $R(-4|4)$, $S(-4|-2)$, $T(2,5|-1)$, $U(0|8)$, $V(7|0)$, $W(4,5|3)$

2. Lisa hat bei einem Versuch die Spannung U an einem Ohm'schen Widerstand verändert. Sie schreibt die Spannungswerte U und entsprechende Stromstärken I in eine Tabelle:

U in V	0	20	40	60	80	100
I in A	0	0,8	1,6	2,4	3,2	4

Erstellen Sie den Graphen der Zuordnung.

Zur Veranschaulichung von Zuordnungen können auch Mengendiagramme und Pfeile verwendet werden. Solche Diagramme heißen **Pfeildiagramme**. Sie eignen sich besonders dann, wenn wir nur eine endliche Anzahl von Elementen betrachten (▶ diskrete Zuordnungen, Seite 40)

3　Wahl des Sportkurses

Die Jahrgangsstufe 12 einer Fachoberschule besteht aus vier Klassen 12 a bis 12 d. Die Schülerinnen und Schüler dürfen ihren Sportkurs unter sieben verschiedenen Sportarten wählen.

Jeder Klasse sind die in der Klasse gewählten Sportarten durch Pfeile zugeordnet. In dem Pfeildiagramm der Zuordnung erkennen wir gut Ausgangsmenge (Menge, von der die Pfeile ausgehen) und Zielmenge (Menge, in der die Pfeile enden): Die Ausgangsmenge umfasst die einzelnen Klassen, die Zielmenge die angebotenen Sportarten.

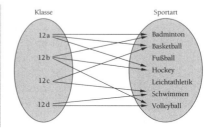

Übungen zu 1.1

1. Listen Sie die Wertepaare auf, die in den Koordinatensystemen abgebildet sind.

a)
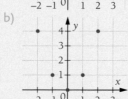

b)

c)
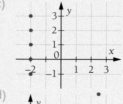

d)
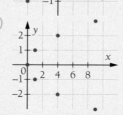

2. Maurice und Farina sind Skater in einem Verein. Gestern haben sie Zeiten und Wegstrecken gemessen und die Werte in Tabellen eingetragen.

Maurice

Zeit t in min	0	5	10	25	28	30
Weg s in km	0	0,8	1,6	3	3	4

Farina

Zeit t in min	0	8	15	18	20	30
Weg s in km	0	0,8	2	2	2,8	4

a) Erstellen Sie die Graphen.
b) Beschreiben Sie den Verlauf der Fahrten.

3. Sind die folgenden Aussagen wahr?
Falls nicht, korrigieren Sie diese, sodass eine wahre Aussage entsteht.
a) Der Punkt $A(-3\,|\,4)$ liegt im II. Quadranten.
b) Der Punkt $B(-2\,|\,-3)$ liegt im I. Quadranten.
c) Im III. Quadranten liegen die Punkte, deren x-Koordinate negativ ist.
d) Die y-Achse heißt Ordinate.
e) Die x-Achse heißt Abszisse.

4. Ordnen Sie die Graphen den Sachverhalten zu.
a) Alter eines Menschen $\mapsto$ Körpergröße
b) Zeit $\mapsto$ Temperatur in der Badewanne
c) Zeit $\mapsto$ Geschwindigkeit eines beschleunigten Wagens
d) Radius eines Kreises $\mapsto$ Fläche eines Kreises

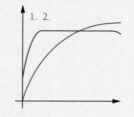
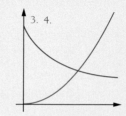

5. Erstellen Sie für die Zuordnungen aus Aufgabe 1 je ein Pfeildiagramm.

1.2 Funktionen

Benzinverbrauch

Cem sucht für ein Referat über die Wirtschaftlichkeit von Autos Daten zum Benzinverbrauch.
In einem Datenblatt aus dem Internet findet er diese Tabelle.

Treibstoffverbrauch bei verschiedenen Geschwindigkeiten unter Verwendung der Klimaanlage

Außentemperatur in °C	20	25	30	35	40	45	50	55	60	65	70	75	80	85	90	95	100	105	110	115	120	125	130	135	140	AC
40	6,4	5,2	4,7	4,4	4,2	3,9	3,7	3,6	3,8	3,8	3,9	4,0	4,1	4,2	4,3	4,4	4,5	4,6	4,8	5,0	5,3	5,5	5,7	6,0	6,3	24°C
36	5,4	4,6	4,7	3,5	3,7	3,6	3,4	3,3	3,5	3,6	3,7	3,8	3,9	4,0	4,1	4,2	4,4	4,5	4,7	4,9	5,2	5,4	5,7	6,0	6,2	24°C
32	4,6	3,9	3,7	3,5	3,4	3,3	3,2	3,2	3,3	3,4	3,5	3,6	3,7	3,9	4,0	4,1	4,3	4,4	4,6	4,9	5,1	5,4	5,7	6,0	6,2	24°C
28	3,8	3,3	3,2	3,1	3,0	3,0	2,9	2,9	3,1	3,2	3,3	3,5	3,6	3,8	3,9	4,1	4,2	4,4	4,6	4,8	5,1	5,4	5,7	6,0	6,2	24°C
24	3,6	3,2	3,1	3,0	3,0	3,0	2,9	2,9	3,1	3,2	3,4	3,5	3,7	3,8	4,0	4,1	4,3	4,5	4,7	4,9	5,2	5,5	5,8	6,1	6,4	24°C
20	3,5	3,2	3,1	3,0	3,0	3,0	2,9	2,9	3,2	3,3	3,4	3,6	3,7	3,9	4,1	4,2	4,4	4,6	4,8	5,0	5,3	5,6	5,9	6,2	6,5	24°C
16	4,0	3,6	3,5	3,3	3,3	3,3	3,2	3,2	3,4	3,5	3,7	3,8	4,0	4,1	4,3	4,4	4,5	4,8	5,0	5,2	5,5	5,8	6,1	6,4	6,7	24°C
12	4,6	4,0	3,8	3,7	3,6	3,5	3,5	3,4	3,7	3,8	3,9	4,0	4,2	4,3	4,5	4,6	4,8	5,0	5,2	5,4	5,7	6,1	6,3	6,6	6,9	24°C
8	5,1	4,5	4,2	4,0	3,9	3,8	3,7	3,7	3,9	4,0	4,1	4,3	4,4	4,6	4,7	4,8	5,0	5,2	5,4	5,6	6,0	6,3	6,5	6,9	7,1	24°C
4	5,7	4,9	4,6	4,4	4,2	4,1	4,0	3,9	4,2	4,2	4,3	4,5	4,6	4,8	4,9	5,0	5,2	5,4	5,6	5,9	6,2	6,5	6,7	7,1	7,4	24°C
0	6,2	5,3	5,0	4,7	4,5	4,4	4,2	4,1	4,4	4,5	4,6	4,7	4,9	5,0	5,1	5,3	5,4	5,6	5,8	6,1	6,4	6,7	7,0	7,3	7,6	24°C
−4	6,8	5,7	5,4	5,0	4,8	4,7	4,5	4,4	4,6	4,7	4,8	4,9	5,1	5,2	5,4	5,5	5,7	5,8	6,0	6,3	6,6	6,9	7,2	7,5	7,8	24°C
−8	7,3	6,2	5,7	5,4	5,2	5,0	4,8	4,6	4,9	4,9	5,0	5,2	5,3	5,4	5,6	5,7	5,8	6,0	6,2	6,5	6,8	7,1	7,4	7,7	8,0	24°C
−12	7,9	6,6	6,1	5,7	5,5	5,2	5,0	4,9	5,1	5,2	5,3	5,4	5,5	5,6	5,8	5,9	6,1	6,2	6,4	6,7	7,0	7,3	7,6	8,0	8,3	24°C
−16	8,5	7,1	6,5	6,1	5,8	5,5	5,3	5,1	5,4	5,4	5,5	5,6	5,7	5,9	6,0	6,1	6,3	6,4	6,5	6,9	7,2	7,6	7,8	8,3	8,5	24°C

Den Verbrauch bei einer Außentemperatur von 0 °C notiert Cem in einer Wertetabelle:

Geschwindigkeit in km/h	20	30	40	50	60	70	80	90	100	110	120	130	140
Verbrauch in ℓ	6,2	5,0	4,5	4,2	4,4	4,6	4,9	5,1	5,4	5,8	6,4	7,0	7,6

Cem zeichnet den Graphen der Zuordnung.
Dazu trägt er die Geschwindigkeit und den zugehörigen Verbrauch in ein Koordinatensystem ein.
Die einzelnen Punkte verbindet Cem zu einer Kurve.
Dies ist möglich, da er auch für alle Werte zwischen den in der Tabelle aufgeführten Geschwindigkeiten den Verbrauch angeben könnte.

Anhand des Graphen sehen wir, dass *jeder* Geschwindigkeit zwischen 20 und 140 $\frac{km}{h}$ bei 0 °C *genau ein* Verbrauch zugeordnet wird.

Eine solche eindeutige Zuordnung heißt **Funktion**.
Der zugehörige Graph heißt **Funktionsgraph**.

Zuordnung: Geschwindigkeit $\longmapsto$ Verbrauch

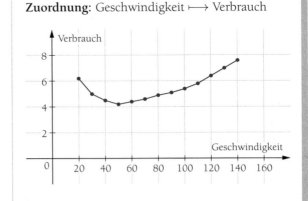

Eine Funktion ist also eine Zuordnung, bei dem *jedem* Element der Ausgangsmenge *genau ein* Element der Zielmenge zugeordnet wird.

2 Keine Funktionen

Begründen Sie, warum die beiden folgenden Graphen keine Funktionen darstellen. Die Ausgangsmenge ist jeweils das Intervall $[x_0; x_2]$.

Beim linken Graphen werden dem Wert x_1 die Werte y_1, y_2 und y_3 zugeordnet. Er ist kein Graph einer Funktion.
Der Graph einer Funktion hat also mit jeder Parallelen zur y-Achse nur höchstens einen Punkt gemeinsam.
Beim rechten Graphen wird dem Wert x_1 kein Wert zugeordnet, obwohl x_1 zur Ausgangsmenge gehört. Daher handelt es sich auch nicht um den Graphen einer Funktion.

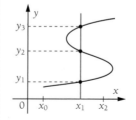
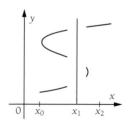

3 Pfeildiagramme bei Funktionen

Erstellen Sie ein Pfeildiagramm für die Zuordnung „Drahtlänge $\mapsto$ Stromstärke" aus Beispiel 2 auf Seite 27.
Vergleichen Sie dieses mit dem Pfeildiagramm aus Beispiel 3 auf Seite 28.
Beschreiben Sie die Unterschiede im Hinblick auf den Begriff der Funktion.

Die Zuordnung aus Beispiel 2 ist durch folgende Wertetabelle gegeben.

l in m	0,5	1	1,5	2	2,5	3
I in A	0,96	0,5	0,33	0,26	0,2	0,17

Das entsprechende Pfeildiagramm lässt sich damit einfach erstellen.

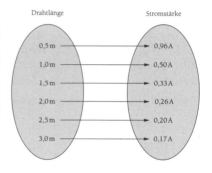

Beim Vergleich mit dem Pfeildiagramm aus Beispiel 3 (Klasse $\mapsto$ Sportart) können wir Folgendes festhalten: In beiden Pfeildiagrammen werden allen Elementen der Ausgangsmengen Elemente der Zielmenge zugeordnet.

Beim zweiten Pfeildiagramm ist diese Zuordnung allerdings nicht eindeutig. Den vier verschiedenen Klassen werden zwei oder drei Sportarten zugeordnet. Damit handelt es sich beim zweiten Pfeildiagramm nicht um eine Funktion.
Eine Funktion erkennen wir im Pfeildiagramm also daran, dass von jedem Element der Ausgangsmenge nur genau ein Pfeil ausgeht.

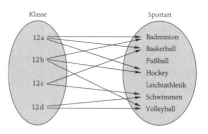

Es muss aber auch bei einer Funktion nicht jedes Element der Zielmenge getroffen werden.

Erstellen Sie ein Pfeildiagramm für eine Zuordnung, bei der einem Element der Ausgangsmenge kein Element der Zielmenge zugeordnet werden kann.
Begründen Sie, warum es sich dabei nicht um eine Funktion handelt.

Wir können uns eine Funktion f auch als eine Zahlenmaschine vorstellen.

Zahlenmaschine: Verdreifachen einer Zahl

Die Maschine f soll jede eingeworfene reelle Zahl verdreifachen.
Zum Beispiel: Aus 3 wird 9 und aus 4 wird 12. Zu jeder eingegebenen Zahl wird genau eine Zahl „ausgeworfen". Jede gewählte Zahl führt zu **genau einem** Ergebnis. Solch eine Maschine stellt also eine Funktion dar.
Könnte die Maschine z. B. die 5 nicht verdreifachen, wäre sie defekt und keine Funktion, denn diese muss jedes Element der Ausgangsmenge verarbeiten.
Eine Maschine, die bei einer Zahl zwei oder mehrere Zahlen liefert, stellt keine Funktion dar.

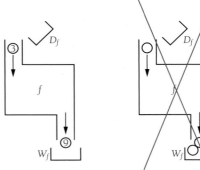
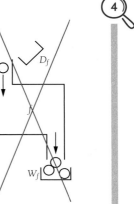

> Eine Zuordnung heißt **Funktion**, wenn **jedem** Element der Ausgangsmenge **genau ein** Element der Zielmenge zugeordnet wird.

1. Entscheiden Sie jeweils, ob es sich um die Wertetabelle einer Funktion handelt. Begründen Sie.

a)
x	1	2	3	4
y	3,5	4	5,5	6

c)
x	1	1	2	3
y	2	3	5	4

b)
x	1	2	3	4
y	−2	−2	−2	−2

d)
x	−2	0	2	
y	4	0	4	16

2. Prüfen Sie, ob es sich um Graphen von Funktionen handelt. Begründen Sie Ihre Antwort.
Bei welchen Graphen lässt sich keine eindeutige Aussage treffen?

a)
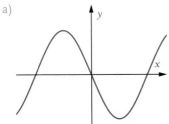

b)
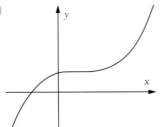

c)
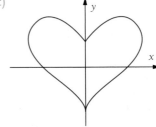

d)
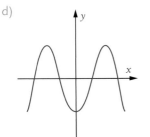

e)
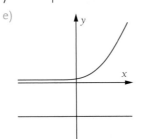

f)
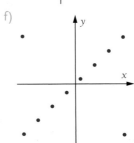

5   Tanklöschfahrzeug

Lukas ist Mitglied der freiwilligen Feuerwehr. Das neue Tanklöschfahrzeug enthält einen Wasservorrat von 2 000 ℓ. Bei einem Feuerwehreinsatz werden pro Minute 125 ℓ aus dem Tank gepumpt. Lukas überlegt, wie lange der Vorrat reicht.
Helfen Sie ihm bei seinen Überlegungen.

Die Wassermenge im Tank beschreiben wir durch eine Zuordnung.
Jedem Zeitpunkt bis zur Entleerung des Tanks wird genau eine bestimmte Wassermenge zugeordnet. Diese Zuordnung ist eindeutig und deshalb eine Funktion.
Zwischen der Zeit und der Wassermenge besteht also ein **funktionaler Zusammenhang**.

Da wir wissen, dass die Wassermenge pro Minute um 125 ℓ abnimmt, können wir eine Wertetabelle aufstellen und den Graphen zeichnen.
Wir entnehmen dem Graphen, dass der Tank nach 16 Stunden leer ist.

Zeit (in Minuten) ↦ Wassermenge (in Litern)

Zeit	0	1	2	3	4	...	16
Wasser-menge	2 000	1 875	1 750	1 625	1 500	...	0

Das Problem in diesem Beispiel konnten wir aufgrund der überschaubaren Datenmenge allein mithilfe der Wertetabelle bzw. dem Zeichnen des Graphen relativ einfach lösen. Auch die Beschreibung der Zuordnung mit Worten war bei der Ermittlung der gesuchten Werte ausreichend.

Viele funktionale Zusammenhänge sind jedoch komplizierter, sodass wir allein mit den bisherigen Mitteln nicht alle Probleme lösen können. Daher benötigen wir Bezeichnungen und Schreibweisen, die vor allem das Rechnen mit Funktionen erleichtern.

Als **Funktionsnamen** werden gewöhnlich Kleinbuchstaben gewählt.
Der Funktion aus Beispiel 5, die die Wassermenge in Abhängigkeit von der Zeit erfasst, geben wir den Namen f.
Die abgelaufene Zeit bezeichnen wir mit der **Variablen** x. Sie wird hier in Minuten gemessen.
Jedem Zeitpunkt (x-Wert) wird durch die Funktion f eindeutig die Wassermenge im Tank zum Zeitpunkt x zugeordnet. Diese zugeordneten Werte werden oft mit der Variablen y bezeichnet.
Um zu verdeutlichen, dass der y-Wert von der Variablen x abhängig ist, schreiben wir für y auch $f(x)$ (gelesen: „f von x"). $f(x)$ heißt **Funktionswert** von f an der Stelle x.

Häufig benutzte Funktionsnamen:
f, g, h
f: Zeit nach erster   ↦   Wassermenge im
   Messung (in Minuten)   Tank (in Litern)
Variable: x

▶ Es können auch andere Buchstaben gewählt werden: Für die Zeit nutzt man z. B. oft die Variable t.

$f: \quad x \quad \mapsto \quad y$
$f: \quad x \quad \mapsto \quad f(x)$

$y = f(x)$ ▶ Wassermenge nach x Minuten
↑
Funktionswert

Beim Graphen liefert f(x) die y-Koordinate.

Mithilfe eines geeigneten Terms können wir in unserem Beispiel die Wassermenge zu jedem Zeitpunkt x direkt berechnen.

Die **Zuordnungsvorschrift** zeigt an, dass jedem x der entsprechende Wert des **Funktionsterms** zugeordnet wird.

Zum Rechnen besser geeignet ist die Darstellung einer Funktion durch ihre **Funktionsgleichung**.

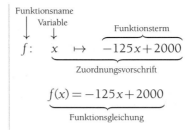

Mit der Funktionsgleichung können wir nun für beliebige Zeiten die Wassermenge im Tank berechnen, etwa nach 2, 4 oder 9 Minuten

$f(2) = -125 \cdot 2 + 2000 = \mathbf{1750}$
Nach 2 Minuten sind noch 1 750 ℓ im Tank.

$f(4) = -125 \cdot 4 + 2000 = \mathbf{1500}$
Nach 4 Minuten sind noch 1 500 ℓ im Tank.

$f(9) = -125 \cdot 9 + 2000 = \mathbf{875}$
Nach 9 Minuten sind noch 875 ℓ im Tank.

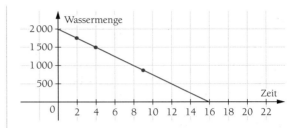

Nicht immer können wir bei gegebener Funktionsgleichung beliebige Werte für x einsetzen. Manchmal ist die Funktionsgleichung nicht für alle Werte definiert. Aber auch in vielen Anwendungssituationen ist es sinnvoll, nur bestimmte x-Werte zuzulassen.

In unserem Beispiel ist es nicht sinnvoll, für x negative Zahlen einzusetzen. Erst ab dem Zeitpunkt $x = 0$ „läuft" die Zeit. Außerdem ist der Tank nach einer bestimmten Zeit leer. Daher sollten wir nur diesen begrenzten Zeitraum betrachten.
Am Graphen erkennen wir, dass der Tank nach 16 Minuten leer ist.

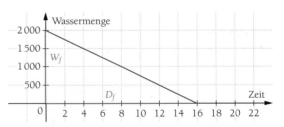

Die Ausgangsmenge, aus der die x-Werte einer Funktion stammen sollen, heißt **Definitionsbereich** (Definitionsmenge) von f, kurz: $\mathbf{D_f}$.

Die Menge aller Funktionswerte einer Funktion f heißt **Wertebereich** (Wertemenge) von f, kurz: $\mathbf{W_f}$.

Definitionsbereich der Wassermenge-Funktion:
$D_f = [0; 16]$

Wertebereich der Wassermenge-Funktion:
$W_f = [0; 2\,000]$

Wir verdeutlichen diesen Zusammenhang noch einmal mit der Rechenmaschine, die die Zahlen verdreifacht (► Seite 31). Eine Zahl aus dem Definitionsbereich nennen wir x.
Für $x = 1$ erhalten wir den Wert 3:
$f(1) = 3$, der Funktionswert von 1 ist 3.

Definitions- und Wertebereich sind hier die reellen Zahlen, da jede Zahl verdreifacht werden kann und wir jede reelle Zahl durch eine Verdreifachung erhalten können.

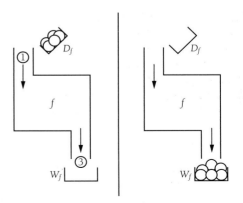

6 Punktprobe

Ein Feuerwehrmitglied meint, dass nach 10 Minuten der Tank des Löschfahrzeugs noch halb voll sei. Wenn dies der Fall wäre, müsste dem Wert $x = 10$ der Funktionswert $f(10) = 1\,000$ zugeordnet werden. Graphisch heißt das: Der Punkt $P(10\,|\,1\,000)$ müsste auf dem Graphen der Funktion f mit $f(x) = -125x + 2\,000$ liegen.

Um dies zu prüfen, machen wir die **Punktprobe**: Wir setzen die Koordinaten von P in die Gleichung von f ein. Dabei entsteht eine falsche Aussage. Also liegt der Punkt P nicht auf dem Graphen von f. Die Behauptung des Feuerwehrmitglieds ist somit falsch.

Dagegen liefert die Punktprobe für $Q(8\,|\,1\,000)$ eine wahre Aussage, d. h., der Punkt Q liegt auf dem Graphen von f.

Der Tank ist also nach 8 Minuten halb leer.

Punktprobe für $P(10\,|\,1\,000)$:
$$f(x) = -125x + 2\,000$$
$$f(10) = -125 \cdot 10 + 2\,000$$
$$1\,000 = 750 \qquad \text{(falsche Aussage)}$$

Punktprobe für $Q(8\,|\,1\,000)$:
$$f(x) = -125x + 2\,000$$
$$f(8) = -125 \cdot 8 + 2\,000$$
$$1\,000 = 1\,000 \qquad \text{(wahre Aussage)}$$

- Eine **Funktion** ist eine eindeutige Zuordnung: Jedem Element der Ausgangsmenge wird genau ein Element der Zielmenge zugeordnet.
- Die Ausgangsmenge nennt man auch **Definitionsbereich**.
- Die Menge der Funktionswerte heißt **Wertebereich**. Er ist eine Teilmenge der Zielmenge.
- Die Zuordnungsvorschrift einer Funktion wird in der Regel durch eine **Funktionsgleichung** angegeben.

1. Berechnen Sie, soweit möglich, bei den folgenden Funktionsgleichungen die Funktionswerte für $x = -1$, $x = 0$ und $x = 3{,}5$.
   a) $f(x) = x - 5$ b) $g(x) = x + 3x^2$ c) $h(x) = 15$ d) $k(x) = 3 + \frac{1}{x}$

2. Bestimmen Sie anhand der Wertetabellen je eine mögliche Funktionsgleichung.

   a)

x	-1	0	1	2	3
$f(x)$	0	1	2	3	4

   c)

x	-3	-2	-1	0	1	2	3
$f(x)$	5	4	3	2	1	0	-1

   b)

x	-1	0	1	2	3
$g(x)$	1	0	1	4	9

   d)

x	-3	-2	-1	0	1	2	3
$g(x)$	8	3	0	$-$	0	3	8

3. Führen Sie die Punktprobe für die Punkte $P(2\,|\,4)$ und $Q(-1\,|\,5)$ bei den Funktionen mit den Gleichungen $f(x) = -5x + 14$ und $g(x) = 3x^2 + 2$ durch.

4. Bestimmen Sie den maximalen Definitionsbereich.
   a) $f(x) = \frac{5}{x}$ b) $f(x) = \frac{5}{x - 3}$ c) $f(x) = \frac{5}{x^2 - 4}$

5. Zeichnen Sie die Funktionsgraphen mithilfe einer Wertetabelle ($D_f = \mathbb{R}$):
   a) $f(x) = 1$ b) $f(x) = 1 + 0{,}5x$ c) $f(x) = x^2$ d) $f(x) = -0{,}1x^3 + x$ e) $f(x) = 1{,}5^x$

Übungen zu 1.2

1. Prüfen Sie, ob die folgenden Zuordnungen Funktionen sind.

a) Jedem Menschen wird sein Geburtsdatum zugeordnet.

b) Jedem Menschen wird seine Handynummer zugeordnet.

c) Jeder natürlichen Zahl wird die um eins größere Zahl zugeordnet.

d) Jeder Zahl wird die Zahl -1 zugeordnet.

e) Jeder natürlichen Zahl wird die Zahl 2 zugeordnet, falls sie eine gerade Zahl ist.

f) Jedem Datum eines Jahres wird der Wochentag zugeordnet.

g) Jedem Kind einer Gruppe wird die Anzahl der Geschwister zugeordnet.

2. Bestimmen Sie $f(1), f(-2)$ und $f(8)$ für die folgenden Funktionen.

a) $f(x) = x + 5$ d) $f(x) = 2$

b) $f(x) = -x^2 + 3$ e) $f(x) = x^3$

c) $f(x) = (-x)^2 - 3x$ f) $f(x) = -x^3 + x^3$

3. Zeichnen Sie die Funktionsgraphen mithilfe einer Wertetabelle.

a) $f(x) = 2x + 1; D_f = \mathbb{R}$ d) $f(x) = -0{,}5x^2 + 4x;$

b) $f(x) = 3x; D_f = \mathbb{N}$ $D_f = [0;8]$

c) $f(x) = \sqrt{x}; D_f = \mathbb{R}_0^+$ e) $f(x) = x^3 - x; D_f = \mathbb{R}$

4. Bestimmen Sie den maximalen Definitionsbereich der folgenden Funktionen.

a) $f(x) = \frac{1}{x}$ c) $f(x) = \frac{1}{x^2 - 4}$

b) $f(x) = \frac{1}{x+3}$ d) $f(x) = x$

5. Bestimmen Sie den Wertebereich.

a) $f(x) = x + 1$ c) $f(x) = 2{,}5$

b) $f(x) = x^2 - 3$ d) $f(x) = -x^2$

6. Führen Sie die Punktprobe durch. Zeichnen Sie anschließend den Graphen mithilfe einer Wertetabelle und überprüfen Sie Ihre Ergebnisse graphisch.

a) $f(x) = 2x - 1$ $P(0{,}5\,|\,0); Q(3\,|\,6); R(-2\,|\,-3)$

b) $g(x) = \frac{x^2 + 3}{2}$ $P\left(0\,|\,\frac{3}{2}\right); Q(0{,}5\,|\,2); R(-2\,|\,0{,}5)$

7. Der Flächeninhalt eines Kreises wird mit der Formel $A = \pi r^2$ bestimmt. Geben Sie für die Flächeninhaltsfunktion A, die Zuordnungsvorschrift, die Funktionsgleichung, den Definitions- sowie den Wertebereich und eine sinnvolle Wertetabelle an.

8. Erläutern Sie die folgenden Begriffe an einer selbst gewählten Funktion:
Zuordnungsvorschrift, Definitionsbereich, Wertebereich, Variable, Funktionsterm.

9. Drücken Sie die folgenden Sachverhalte in mathematischer Symbolsprache aus.

a) Der Definitionsbereich einer Funktion f ist die Menge der reellen Zahlen.

b) Der Definitionsbereich einer Funktion g ist die Menge der positiven rationalen Zahlen.

c) Der Wertebereich einer Funktion g enthält alle reellen Zahlen, die zwischen -1 und 1 liegen, sowie -1 und 1 selbst.

d) Der Funktionswert von f an der Stelle 3 ist 9.

e) Der Funktionswert von f an der Stelle 5 ist gleich dem Funktionswert von f an der Stelle 9.

f) Alle Funktionswerte von f sind gleich 1.

10. Die Kfz-Steuer für Autos richtet sich nach der Schadstoffklasse und nach dem Datum der Erstzulassung. Die Steuer für Autos, die bis zum 30.06.2009 zugelassen sind und der Schadstoffklasse Euro 3 und besser zuzuordnen sind, können der Abbildung entnommen werden.

a) Liegt ein funktionaler Zusammenhang vor?

b) Die Zuordnung lässt sich nicht einheitlich durch einen Term, sondern nur durch verschiedene Terme **abschnittsweise** beschreiben. Geben Sie diese an.

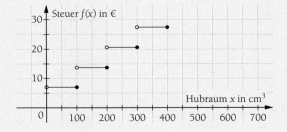

11. Skizzieren Sie die Graphen der folgenden Zuordnungen in einem Koordinatensystem.
Vergleichen Sie in der Klasse und diskutieren Sie, welcher Vorschlag die Zuordnung am besten darstellt.
a) Monate eines Kalenderjahres $\mapsto$ Temperaturverlauf (in °C)
b) Tageszeit von 0 bis 24 Uhr $\mapsto$ Anzahl der Autos im Ortszentrum
c) Alter eines Menschen $\mapsto$ Anzahl der im Leben absolvierten Schulstunden

12. Erstellen Sie gemeinsam in Ihrer Klasse eine Umfrage für die Zuordnung:
Schüler/in in unserer Klasse $\mapsto$ Berufswunsch (Mehrfachnennungen möglich).
Stellen Sie die Ergebnisse in einer Wertetabelle und als Graphen dar.
Entscheiden Sie, ob es sich um eine Funktion handelt.

13. Entscheiden Sie, ob folgende Aussagen wahr sind.
a) Der Graph einer Funktion schneidet die x-Achse stets in mindestens einem Punkt.
b) Eine Parallele zur x-Achse schneidet einen Funktionsgraphen in höchstens einem Punkt.
c) Der Graph einer Funktion schneidet die y-Achse mindestens einmal.
d) Ein Funktionsgraph schneidet die y-Achse höchstens einmal.
e) Eine zur y-Achse parallele Gerade ist kein Funktionsgraph.
f) Die Punkte $A(10|2)$ und $B(0|-97)$ liegen auf dem Graphen von f mit $f(x) = x^2 - 98$.

14. Bestimmen Sie $f(-2)$, $f(0)$, $f(2)$ und $f(10)$ für die folgenden Funktionen.
a) $f(x) = x$ b) $f(x) = -2x + 4$ c) $f(x) = x^2$ d) $f(x) = -x^2 + 4$ e) $f(x) = x^5$

15. Prüfen Sie, welche der Punkte $A(0|7)$, $B(-1|1)$, $C(-2|3)$, $D(-4|0)$, $E(1|9)$ und $F(3|1)$ auf den Graphen der folgenden Funktionen liegen:
a) $f(x) = 2x + 7$ b) $g(x) = x^2 + x + 1$ c) $f(x) = (-x)^2 - 8$ d) $f(x) = -x^3$ e) $f(x) = 3 \cdot 3^x$

16.

Die Tabelle zeigt die Erzeugung von Mais in Millionen Tonnen in Deutschland von 1995 bis 2010.

Jahr	1995	2000	2005	2008	2009	2010
Mais Mio. t	517,3	593,2	713,9	826,2	817,1	844,4

a) Tragen Sie die Werte in ein geeignetes Koordinatensystem ein.
b) Formulieren Sie eine Schlagzeile für einen Artikel über den Maisanbau in der Landwirtschaft.

17. Gegeben ist die Gleichung $x^2 + y^2 = 16$.
a) Überprüfen Sie, ob die Koordinaten des Punktes $P(x|y)$ diese Gleichung erfüllen.
b) Finden Sie in jedem Quadranten weitere Punkte, deren Koordinaten die Gleichung erfüllen.
c) Tragen Sie die Punkte in ein Koordinatensystem ein.
d) Die Gleichung $x^2 + y^2 = 16$ heißt Kreisgleichung. Liegt eine Funktionsgleichung vor?

18. Özlem füllt die beiden nebenstehenden Gefäße mit der Grundfläche von $100\,\text{cm}^2$ und einer Höhe von 10 cm mit Wasser.
Veranschaulichen Sie für jedes Gefäß die vorliegende Zuordnung. Wenn die Zuordnung durch eine Funktionsgleichung beschrieben werden kann, geben Sie diese und den Definitionsbereich an.

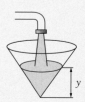

Ich kann ...

...Zuordnungen als **Punkte** im **Koordinatensystem** erfassen.

▶ Test-Aufgabe 4

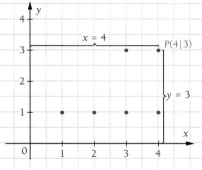

Die Werte für x werden auf der waagerechten Achse (x-Achse), die Werte für y auf der senkrechten Achse (y-Achse) abgetragen.

... erklären, wie eine **Funktion** definiert ist.

▶ Test-Aufgaben 1, 3

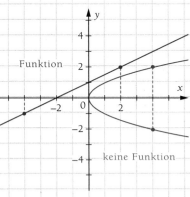

Jedem Element des Definitionsbereichs D wird genau ein Element des Wertebereichs W zugeordnet.

... die Begriffe **Definitions-** und **Wertebereich** erklären.

▶ Test-Aufgabe 5

$f(x) = 4x + 1$ mit $D_f = \{1; 2; 3; 4\}$
$f(1) = 5, f(2) = 9, f(3) = 13, f(4) = 17$
$W_f = \{5; 9; 13; 17\}$

Im Definitionsbereich sind genau die Zahlen enthalten, die für x eingesetzt werden dürfen. Die Funktionswerte bilden den Wertebereich.

... die verschiedenen Teile einer **Funktionsgleichung** benennen.

Funktionsgleichung: $f(x) = 4x + 1$
Funktionsterm: $4x + 1$
Variable: x
Funktionswert: $f(x)$

... mit einer **Punktprobe** überprüfen, ob ein gegebener Punkt auf dem Graphen einer Funktion liegt.

▶ Test-Aufgabe 2

$P(2 \mid 9)$:
$f(2) = 4 \cdot 2 + 1 = 9$
$\Rightarrow P$ liegt auf dem Graphen von f
$Q(1 \mid 6)$:
$f(1) = 4 \cdot 1 + 1 = 5 \neq 6$
$\Rightarrow Q$ liegt nicht auf dem Graphen von f

$P(a \mid b)$:
Die x-Koordinate des Punktes in den Funktionsterm von f einsetzen:
$f(a) = b \Rightarrow P$ liegt auf dem Graphen von f
$f(a) \neq b \Rightarrow P$ liegt nicht auf dem Graphen von f

Test zu 1

1. Entscheiden Sie begründet, welche der im Koordinatensystem dargestellten Zuordnungen Funktionen sind.

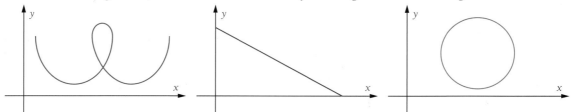

2. Prüfen Sie, ob die Punkte auf dem Graphen der Funktion liegen.
a) $f(x) = 4x + 3$ $P(2 \mid 11)$, $Q(-2 \mid -5)$, $R(5 \mid 20)$
b) $f(x) = 2^x$ $P(2 \mid 2)$, $Q(-2 \mid 0{,}25)$, $R(0 \mid 1)$
c) $f(x) = 3x^2 - 4$ $P(1 \mid 1)$, $Q(-1 \mid -1)$, $R(2 \mid -8)$

3. Sind die folgenden Aussagen wahr oder falsch? Begründen Sie.
Der Graph einer Funktion schneidet ...
a) ... die x-Achse höchstens in einem Punkt.
b) ... die y-Achse höchstens in einem Punkt.
c) ... die x-Achse in mindestens einem Punkt.
d) ... die y-Achse in mindestens einem Punkt.
e) ... eine Parallele zur y-Achse höchstens einmal.
f) ... eine Parallele zur x-Achse höchstens einmal.

4. Der Graph stellt die Fahrt eines Interregios der Deutschen Bahn dar. Der Zug hält nur an den Bahnhöfen.

a) An wie vielen Bahnhöfen hält der Zug?
b) Stellen Sie einen Fahrplan für den Zug auf und bezeichnen Sie die Bahnhöfe mit B_1, B_2 usw.
c) Mit welcher konstanten Geschwindigkeit fährt der Zug zwischen den Bahnhöfen?
d) Mit welcher konstanten Geschwindigkeit könnte der Zug in derselben Zeit dieselbe Strecke ohne Halt zurücklegen?

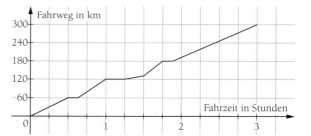

5. Die Stadtwerke einer westfälischen Stadt stellen ihren Stromkunden einen Grundpreis von $92{,}00\,€$ pro Jahr und einen Arbeitspreis von $19{,}70$ ct pro kWh in Rechnung.
Erläutern Sie, welche Zuordnung bei der Rechnungslegung vorliegt und ob diese Zuordnung eine Funktion ist. Geben Sie die Gleichung, den Definitionsbereich und den Wertebereich dieser Zuordnung an, falls es sich um eine Funktion handelt.

In vielen technischen und naturwissenschaftlichen Vorgängen wird untersucht, wie stark eine untersuchte Größe mit der Zeit wächst oder abnimmt.
- Gibt es bestimmte typische Formen bei Wachstums- und Zerfallsprozessen?
- Zu welchem Zeitpunkt über- oder unterschreitet eine Größe einen bestimmten Schwellenwert?

Wachstums- und Zerfallsprozesse können oft nur zu einzelnen festgelegten Zeitpunkten untersucht werden.
- Wie lassen sich Prozesse mathematisch beschreiben, die nur zu einzelnen bestimmten Zeitpunkten untersucht werden?
- Lässt sich aus einzelnen Messdaten auf einen kontinuierlich ablaufenden Prozess schließen?

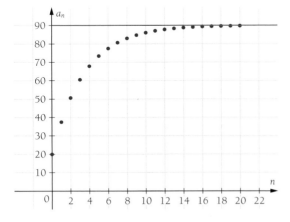

Wachstums- und Zerfallsprozesse lassen sich mithilfe von Funktionen beschreiben.
- Welche Eigenschaften weisen die Funktionen und ihre Graphen bei bestimmten Prozessen auf?
- An welchen Stellen stößt das mathematische Modell an seine Grenzen?

2.1 Diskrete Wachstumsprozesse

2.1.1 Bildungsgesetze und Folgen

(1) Rechenzeit von Sortierverfahren

Beim Sortieren von Datensätzen müssen Computer zeitintensive Speicheroperationen durchführen, deren Anzahl von der Anzahl der zu sortierenden Datensätze abhängt. Die Analyse eines Sortierverfahrens ergab folgende Wertetabelle.

Anzahl der Datensätze n	0	10	20	30	40
Anzahl der Speicheroperationen a_n	0	100	400	900	1 600

Stellen Sie die Zuordnung „Anzahl der Datensätze $\mapsto$ Anzahl der Speicheroperationen" graphisch dar. Leiten Sie einen Term zur Berechnung der Speicheroperationen in Abhängigkeit von der Anzahl der Datensätze her. Berechnen Sie die Anzahl der Speicheroperationen für eine Datei mit 250 000 Datensätzen.

Wir können uns die Zuordnung veranschaulichen, indem wir jedes Wertepaar $(n|a_n)$ als Koordinatenpaar eines Punktes $P_n(n|a_n)$ in der Ebene auffassen. So erhalten wir den **Graphen** der Zuordnung.

Die Punkte des Graphen können jedoch nicht durch eine Kurve verbunden werden, da die Ausgangsmenge unserer Zuordnung aus isoliert liegenden Elementen besteht, nämlich aus den natürlichen Zahlen.

Solche Zuordnungen, mit einer Ausgangsmenge aus isoliert liegenden Elementen, nennt man eine **diskrete Zuordnung**.

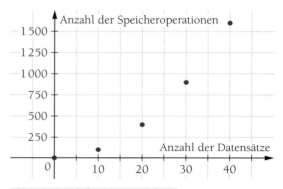

Zuordnung	Schreibweise
$0 \mapsto 10$	$a_0 = 10$
$10 \mapsto 100$	$a_{10} = 100$
$20 \mapsto 400$	$a_{20} = 400$
$30 \mapsto 900$	$a_{30} = 900$
$40 \mapsto 1\,600$	$a_{40} = 1\,600$
$n \mapsto n^2$	$a_n = n^2$

Mithilfe der Wertetabelle erkennen wir, dass zwischen der Anzahl der Datensätze und der Anzahl der Speicheroperationen ein quadratischer Zusammenhang besteht. Dieser Zusammenhang lässt sich durch eine Funktion beschreiben, die als Definitionsmenge die Menge der natürlichen Zahlen $\mathbb{N}$ hat. Solche Funktionen nennt man **Folgen**.

Die Elemente aus dem Definitionsbereich einer Folge heißen **Platznummern**, die Elemente aus dem Bildbereich **Folgenglieder**. Die Gleichung $a_{20} = 400$ besagt, dass 400 das Folgenglied mit der Platznummer 20 ist; kurz gesagt das 20. Folgenglied.

Die Anzahl der Speicheroperationen bei 250 000 Datensätzen beträgt 62,5 Milliarden.

$$a_{20} = 400 \longleftarrow \text{Folgenglied}$$
$$\uparrow$$
Platznummer
$$a_{250\,000} = 250\,000^2 = 6{,}25 \cdot 10^{10}$$

Eine Folge (a_n) lässt sich auf unterschiedliche Arten angeben. Handelt es sich um eine endliche Folge, so kann man die Folge durch Angabe der Folgenglieder notieren. Für einige Folgen lassen sich **Bildungsgesetze** angeben, mit denen man alle Folgenglieder berechnen kann.

Folge (a_n)

$(a_n) = (0, 100, 400, 900, 1\,600)$

Bildungsgesetz $a_n = n^2$

Zahlreiche **Wachstums- und Zerfallsprozesse** in Technik und Naturwissenschaft lassen sich durch Folgen modellieren.

Rekursive und explizite Darstellung von Folgen

Ein Ball fällt aus einer Höhe von 1,50 m auf den Boden. Nach jedem Aufprall erreicht er wieder 75 % der vorherigen Höhe. Bestimmen Sie die Höhe des Balles nach dem ersten und zweiten Aufprall. Leiten Sie ein Bildungsgesetz für die Folge her, die die Höhe in Abhängigkeit von der Anzahl der Bodenkontakte beschreibt, und zeichnen Sie den Graphen der Folge.

Die Höhe h_1 nach dem 1. Bodenkontakt berechnen wir durch Multiplikation der Anfangshöhe mit dem Faktor 0,75. Die Höhe h_2 nach dem 2. Bodenkontakt können wir analog berechnen, indem wir die Höhe nach dem 1. Bodenkontakt mit dem Faktor 0,75 multiplizieren. Wenn wir diese Berechnungen so fortführen, erhalten wir eine Rechenvorschrift zur Berechnung der Höhe h_n nach dem n-ten Bodenkontakt.

$$h_0 = 1,5$$
$$h_1 = h_0 \cdot 0,75 = 1,5 \cdot 0,75 = 1,125$$
$$h_2 = h_1 \cdot 0,75 = 1,125 \cdot 0,75 = 0,844$$

$$h_n = h_{n-1} \cdot 0,75$$

Die Höhe $h_n = h_{n-1} \cdot 0,75$ nach dem n-ten Aufprall lässt sich erst berechnen, wenn die Höhe nach dem $(n-1)$-ten Aufprall bekannt ist. Wir sprechen in diesem Fall von einer **rekursiven Darstellung** der Folge.

Das Folgenglied h_n lässt sich aber auch ohne Kenntnis der vorherigen Folgenglieder berechnen.
Ersetzen wir h_1 durch den Term $h_0 \cdot 0,75$, so lässt sich h_2 auch ohne Berechnung von h_1 ermitteln.
So fortfahrend erhalten wir eine Darstellung der Folge (h_n), mit der sich zu jeder Platznummer $n \in \mathbb{N}$ das Folgenglied h_n direkt berechnen lässt.
Das Bildungsgesetz

$$h_n = 1,5 \cdot 0,75^n \quad \blacktriangleright \quad h_0 = 1,5$$

heißt **explizite Darstellung** der Folge.
Am Graphen der Folge können wir erkennen, dass die Höhe mit jedem Bodenkontakt abnimmt. Es handelt sich deshalb um einen Zerfallsprozess.

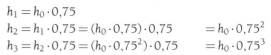

$$h_1 = h_0 \cdot 0,75$$
$$h_2 = h_1 \cdot 0,75 = (h_0 \cdot 0,75) \cdot 0,75 \qquad = h_0 \cdot 0,75^2$$
$$h_3 = h_2 \cdot 0,75 = (h_0 \cdot 0,75^2) \cdot 0,75 \qquad = h_0 \cdot 0,75^3$$

$$h_n = h_{n-1} \cdot 0,75 = (h_0 \cdot 0,75^{n-1}) \cdot 0,75 = h_0 \cdot 0,75^n$$

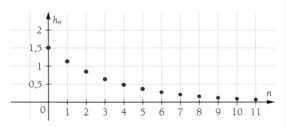

- Eine **Folge** ist eine Funktion mit der Menge $\mathbb{N}$ der natürlichen Zahlen als Definitionsbereich.
- Für jede natürliche Zahl $n \in \mathbb{N}$ ist die Zahl a_n das der Zahl n zugeordnete **Folgenglied**.
  Die Zahl n heißt **Platznummer** von a_n.
- Folgen können auf verschiedene Arten angegeben werden:
  - explizit durch Angabe der Folgenglieder: $(a_n) = (1, 4, 9, 16)$
  - explizit durch eine Bildungsgesetz: $a_n = n^2$
  - rekursiv: $a_0 = 1,5;\ a_n = 0,75 \cdot a_{n-1}$ für $n \geq 1$

---

1. Entscheiden Sie, welche Zuordnungen diskret sind. Welche sind auch Folgen?
   a) Jedem Bundesligisten wird die Anzahl seiner Siege zugeordnet.
   b) Jedem Kreis wird sein Flächeninhalt zugeordnet.
   c) Jeder natürlichen Zahl werden ihre Teiler zugeordnet.
   d) Jeder natürlichen Zahl wird die Anzahl ihrer Teiler zugeordnet.
   e) Jedem Zeitpunkt wird die Höhe eines neu gepflanzten Baums zugeordnet.

2. Berechnen Sie die ersten fünf Folgenglieder und zeichnen Sie den Graphen der Folge.
   a) $a_n = \frac{1}{n}$ b) $b_n = 2 \cdot 0,8^n$ c) $c_n = 1,05 \cdot c_{n-1};\ c_0 = 5$

3 Arithmetische Folgen

Eine Stahlbrücke hat bei einer Umgebungstemperatur von $0\,°C$ eine Länge von 1149 Metern. Steigt die Temperatur des Stahls, so dehnt sich dieser aus. Die Ausdehnung beträgt $0,014\,m$ pro Grad Celsius. Betrachtet man die Temperaturänderung in diskreten Zeitschritten von $1\,°C$, so kann die Länge der Brücke in Abhängigkeit von der Temperatur durch eine Folge (a_n) beschrieben werden.

Berechnen Sie die ersten drei Folgenglieder und leiten Sie das rekursive und explizite Bildungsgesetz der Folge her. Geben Sie die Länge der Brücke bei einer Temperatur von $50\,°C$ an.

Bei einer Temperatur von $0\,°C$ beträgt die Länge der Brücke $1\,149\,m$. Die Länge bei einer Temperatur von $1\,°C$ berechnen wir, indem wir zur Ausgangslänge a_0 die Längenänderung pro Grad Celsius addieren. Ebenso erhalten wir die Länge bei einer Temperatur von $2\,°C$. Die Folge (a_n) hat also das **rekursive** Bildungsgesetz $a_n = a_{n-1} + 0,014$.

$$a_0 = 1149$$
$$a_1 = a_0 + 0,014 = 1149 + 0,014 = 1149,014$$
$$a_2 = a_1 + 0,014 = 1149,014 + 0,014 = 1149,028$$

$$a_n = a_{n-1} + 0,014, \quad n \geq 1; \quad a_0 = 1149$$
▸ rekursives Bildungsgesetz

In jedem Temperaturschritt von jeweils einem Grad Celsius addieren wir die Längenänderung von $0,014\,m$. Bei einem Temperaturanstieg von $0\,°C$ auf $n\,°C$ müssen wir also zur Ausgangslänge a_0 den Term $n \cdot 0,014$ addieren, um die Brückenlänge a_n zu erhalten. Das **explizite** Bildungsgesetz der Folge ist daher $a_n = 1149 + n \cdot 0,014$.

$$a_0 = 1149$$
$$a_1 = a_0 + 0,014$$
$$a_2 = a_0 + 2 \cdot 0,014$$

$$a_n = a_0 + n \cdot 0,014, \quad n \geq 0$$
▸ explizites Bildungsgesetz

Die Länge der Brücke bei einer Temperatur von $50\,°C$ erhalten wir durch die Berechnung des 50. Folgenglieds. Sie beträgt $1\,149,70\,m$.

$$a_{50} = 1149 + 50 \cdot 0,014 = 1149,70$$

Die Folge (a_n) mit $a_n = 1149 + n \cdot 0,014$ aus Beispiel 3 ist eine **arithmetische Folge**. Arithmetische Folgen können durch das rekursive Bildungsgesetz $a_n = a_{n-1} + d$ bzw. durch das explizite Bildungsgesetz $a_n = a_0 + n \cdot d$ beschrieben werden.

Am rekursiven Bildungsgesetz der Folge erkennt man, dass bei arithmetischen Folgen die Differenz zweier benachbarter Folgenglieder konstant ist: $a_n - a_{n-1} = d$.

Man kann Folgen auch mit Platznummer 1 anstelle von 0 beginnen lassen. In diesem Fall lautet das explizite Bildungsgesetz einer arithmetischen Folge $a_n = a_1 + (n-1) \cdot d$. Bezieht sich also in Beispiel 3 die Ausgangslänge der Brücke auf die Temperatur von $1\,°C$ (d. h. $a_1 = 1149$), so lautet das explizite Bildungsgesetz für die Brückenlänge $a_n = 1149 + (n-1) \cdot 0,014$.

- Eine **arithmetische Folge** ist eine Folge, bei der die Differenz zweier aufeinanderfolgender Glieder konstant ist: $a_n - a_{n-1} = d$.
- Das **rekursive Bildungsgesetz** einer arithmetischen Folge lautet: $a_n = a_{n-1} + d$.
- Das **explizite Bildungsgesetz** einer arithmetischen Folge lautet: $a_n = a_0 + n \cdot d$.

Notieren Sie die ersten fünf Folgenglieder der arithmetischen Folge. Geben Sie auch das 10. Glied an.

a) $a_0 = 20, d = 5$ b) $a_0 = 100, d = -2$ c) $a_1 = 15, d = 0,25$

Zinseszinsrechnung

Ein Kapital von 6 000 € wird mit einem Zinssatz von 2 % verzinst. Die jährlich anfallenden Zinsen werden am Jahresende dem Kapital gutgeschrieben und somit im folgenden Jahr mitverzinst. Wir sprechen hierbei vom Zinseszinseffekt. Die Entwicklung des Kapitals nach n Jahren lässt sich durch eine Folge beschreiben. Ermitteln Sie das explizite Bildungsgesetz dieser Folge und zeichnen Sie ihren Graphen.

Wir können das Kapital K_1 am Ende des ersten Jahres berechnen, indem wir die Zinsen des ersten Jahres zum Anfangskapital $K_0 = 6 000$ addieren.

$$K_1 = 6 000 + 6 000 \cdot 0,02 \qquad \blacktriangleright\ 2\% = \tfrac{2}{100}$$
$$= 6 000 \cdot (1 + 0,02)$$
$$= 6 000 \cdot 1,02 = 6120$$

Zur Berechnung des Kapitals K_2 nach dem zweiten Jahr multiplizieren wir das Kapital nach dem ersten Jahr mit dem Zinsfaktor 1,02 oder wir multiplizieren das Anfangskapital mit dem Faktor $1,02^2$.

$$K_2 = \underbrace{6 120}_{K_1} \cdot 1,02$$
$$= \underbrace{6 000}_{K_0} \cdot 1,02^2 = 6242,40$$

Das Kapital nach n Jahren kann also durch das Bildungsgesetz

$$K_n = 6 000 \cdot 1,02^n$$

beschrieben werden.
Der Zinseszinseffekt bewirkt, dass das Kapital in jedem Jahr zunimmt. Es handelt sich hierbei also um einen Wachstumsprozess.

$$K_n = 6 000 \cdot 1,02^n$$

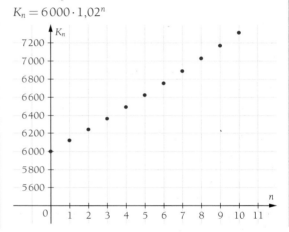

Die Folgen aus den Beispielen 2 (▶ Seite 41) und 4 haben ähnliche Bildungsgesetze. Eine Folge, die sich durch das rekursive Bildungsgesetz $a_n = a_{n-1} \cdot q$ bzw. durch das explizite Bildungsgesetz $a_n = a_0 \cdot q^n$ mit $a_0 \neq 0$ und $q \neq 0$ beschreiben lässt, heißt **geometrische Folge**.
Wenn wir die Rekursionsgleichung nach q auflösen, erhalten wir für beliebiges $n \in \mathbb{N} \setminus \{0\}$: $q = \frac{a_n}{a_{n-1}}$. Geometrische Folgen haben also die Eigenschaft, dass der Quotient zweier benachbarter Folgenglieder konstant ist.
Bei Wachstums- und Zerfallsprozessen ist der Quotient q positiv ($q > 0$) und heißt **Wachstumsfaktor**.

Im Falle $0 < q < 1$ liegt ein Zerfallsprozess vor.   ▶ Beispiel 2 mit $q = 0,75 < 1$

Im Falle $q > 1$ liegt ein Wachstumsprozess vor.   ▶ Beispiel 4 mit $q = 1,02 > 1$

Lassen wir eine geometrische Folge mit der Platznummer 1 beginnen, so lautet das explizite Bildungsgesetz $a_n = a_1 \cdot q^{n-1}$. So hätte die Folge aus Beispiel 4 (bei gleichem Anfangskapital) die Form $K_n = 6 000 \cdot 1,02^{n-1}$.

- Eine **geometrische Folge** ist eine Folge, bei der der Quotient zweier aufeinanderfolgender Glieder konstant ist: $q = \frac{a_n}{a_{n-1}}$.
- Das **rekursive Bildungsgesetz** einer geometrischen Folge lautet: $a_n = a_{n-1} \cdot q$.
- Das **explizite Bildungsgesetz** einer geometrischen Folge lautet: $a_n = a_0 \cdot q^n$.

Notieren Sie die ersten fünf Folgenglieder der geometrischen Folge. Geben Sie auch das 10. Glied an.

a) $a_0 = 2,\ q = 3$ b) $a_0 = 500,\ q = 0,5$ c) $a_1 = 4,\ q = 1,5$

Übungen zu 2.1.1

1. Intelligenztests beinhalten häufig das Fortsetzen von Zahlenfolgen. Geben Sie die nächsten vier Folgenglieder der Zahlenfolge an. Ermitteln Sie auch ein Bildungsgesetz.
   a) $(1, 3, 5, 7, \dots)$
   b) $(0, 2, 8, 18, 32, \dots)$
   c) $(1, 2, 4, 8, 16, 32, \dots)$
   d) $(0, 1, 1, 2, 3, 5, 8, 13, \dots)$

2. Berechnen Sie die ersten fünf Folgenglieder der rekursiv dargestellten Zahlenfolge (a_n).
   a) $a_0 = 1;\ a_{n+1} = 4 + a_n$
   b) $a_0 = 1;\ a_{n+1} = 3 \cdot a_n$
   c) $a_0 = 0;\ a_1 = 1;\ a_{n+2} = a_{n+1} + a_n$
   d) $a_0 = 2;\ a_{n+1} = \frac{1}{2} \cdot \left(a_n + \frac{2}{a_n} \right)$

3. Geben Sie ein rekursives und ein explizites Bildungsgesetz der arithmetischen Folge (a_n) an.
   a) $a_0 = 10,\ a_1 = 15$
   b) $a_0 = 25,\ a_3 = 23{,}5$
   c) $a_1 = 5,\ a_5 = 21$
   d) $a_2 = 40,\ a_6 = 8$

4. Geben Sie ein rekursives und ein explizites Bildungsgesetz der geometrischen Folge (a_n) an.
   a) $a_0 = 4,\ a_1 = 2$
   b) $a_0 = 0{,}5,\ a_4 = 8$
   c) $a_1 = 3,\ a_3 = 6{,}75$
   d) $a_1 = 10,\ a_4 = 1{,}25$

5. Zwei Werkzeugmaschinen mit fünfstufigen Hauptgetrieben und gleicher Anfangs- und Enddrehzahl haben die aus den beiden Tabellen ersichtlichen Drehzahlabstufungen.

   Maschine 1

Stufe	0	1	2	3	4
Drehzahl	10	210	410	610	810

   Maschine 2

Stufe	0	1	2	3	4
Drehzahl	10	30	90	270	810

   Untersuchen Sie, ob sich die beiden Zuordnungen „Stufe $\mapsto$ Drehzahl" durch geometrische bzw. arithmetische Folgen beschreiben lassen. Geben Sie wenn möglich die Bildungsgesetze an.

6. Die Profiltiefe eines Autoreifens nimmt im Laufe der Zeit gleichmäßig ab. Ein Autofahrer hat die Profiltiefe beim Kauf, nach 10 000 km sowie nach 20 000 km gemessen und die Ergebnisse in einer Tabelle notiert.

Gefahrene Strecke in 10 000 km	0	1	2
Profiltiefe in mm	8	6,9	5,8

   a) Leiten Sie aus den Angaben in der Tabelle ein Bildungsgesetz für die Folge her, mit der die Profiltiefe in Abhängigkeit von den gefahrenen Kilometern berechnet werden kann.
   b) Die gesetzlich vorgeschriebene Mindestprofiltiefe beträgt 1,6 mm. Ermitteln Sie, wie viele Kilometer bis zum Erreichen der Mindestprofiltiefe gefahren werden können.

7. Für Bodenuntersuchungen werden Bohrarbeiten an eine Spezialfirma vergeben. Diese verlangt für den ersten Meter 20 € und für jeden weiteren Meter 10 € mehr als für den vorhergehenden.
   a) Beschreiben Sie die Kosten, die für die einzelnen Meter anfallen, durch eine Folge.
   b) Es soll 40 Meter tief gebohrt werden. Berechnen Sie die Bohrkosten für den letzten zu bohrenden Meter.
   c) Ermitteln Sie mithilfe einer Tabellenkalkulation die Gesamtkosten für eine 40 Meter tiefe Bohrung.

8. Die Intensität einer radioaktiven Strahlung nimmt beim Durchgang durch eine Bleiplatte um 12 % des Anfangswertes a_0 ab.
   a) Ermitteln Sie das Bildungsgesetz einer Folge, die die verbleibende Intensität bei Durchgang durch n Bleiplatten derselben Stärke beschreibt.
   b) Untersuchen Sie, wie viel Prozent des Anfangswertes a_0 nach Absorption durch 10 Platten noch vorhanden sind.

2.1.2 Monotonie und Beschränktheit

Beschränktes Wachstum

Um ein Kugellager aus Metall auf eine Welle zu montieren, muss das Kugellager in einem 90 °C heißen Ölbad erwärmt werden. Durch die Erwärmung dehnt sich das Metall aus. Nach der Montage zieht sich das Metall als Folge der Abkühlung wieder zusammen und sitzt somit passgenau auf der Welle. Zu Beginn der Beobachtung hat das Kugellager eine Temperatur von 20 °C. Der Erwärmungsprozess hängt von der Temperaturdifferenz zwischen der Temperatur des Kugellagers und der Öltemperatur ab.

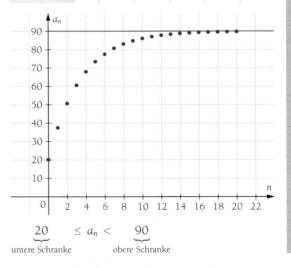

Untersuchen Sie den zeitlichen Verlauf der Erwärmung des Kugellagers, wenn die Temperaturdifferenz pro Minute um 25 % der vorherigen Differenz abnimmt.

Zu Beginn beträgt der Temperaturunterschied zwischen dem Kugellager und dem Öl 70 °C. Er verringert sich pro Minute um 25 %, also auf 75 % des vorherigen Unterschieds.

Die Temperaturdifferenz zu Beginn der n-ten Minute berechnen wir schrittweise und erhalten so

$$90 - a_n = 0{,}75^n \cdot 70$$

Lösen wir diese Gleichung nach a_n auf, ergibt sich für die Temperatur des Kugellagers das Bildungsgesetz

$$a_n = 90 - 70 \cdot 0{,}75^n$$

$a_0 = 20$ ▸ Temperatur des Kugellagers zu Beginn

$90 - a_0 = 70$ ▸ Temperaturdifferenz zu Beginn

$90 - a_1 = 0{,}75 \cdot 70$ ▸ Temperaturdifferenz 1. Minute

$90 - a_2 = 0{,}75 \cdot 0{,}75 \cdot 70 = 0{,}75^2 \cdot 70$

$90 - a_n = \underbrace{0{,}75 \cdot 0{,}75 \cdots 0{,}75}_{n\text{ Faktoren}} \cdot 70 = 0{,}75^n \cdot 70$

$\Rightarrow a_n = 90 - 70 \cdot 0{,}75^n$ ▸ explizites Bildungsgesetz

Zeit in Minuten	0	2	4	6	8	10
Temperatur in °C	20	50,6	67,9	77,5	83,0	86,1

Die Wertetabelle und der Graph der Folge zeigen, dass die Folgenglieder anfangs schnell größer werden. Die Temperatur des Kugellagers steigt also in den ersten Minuten schnell an.

Mit zunehmender Zeit verläuft der Erwärmungsprozess immer langsamer.

Dennoch nimmt die Temperatur von Minute zu Minute zu. Für die Folge gilt also: $a_{n+1} > a_n$ für alle $n \in \mathbb{N}$. Folgen mit dieser Eigenschaft heißen **streng monoton steigend**.

Zu Beginn des Erwärmungsvorgangs hat das Kugellager eine Temperatur von 20 °C. Mit fortschreitender Zeit wird es sich auf fast 90 °C erwärmen. Die Folgenglieder nehmen also Werte zwischen 20 °C und 90 °C an. Die Folge (a_n) ist daher nach **unten** durch 20 und nach **oben** durch 90 **beschränkt**. Die Zahl 90 heißt **obere Schranke** und die Zahl 20 **untere Schranke** der Folge (a_n).

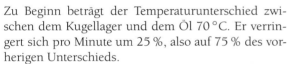

$$\underbrace{20}_{\text{untere Schranke}} \leq a_n < \underbrace{90}_{\text{obere Schranke}}$$

Folgen, die sowohl eine obere als auch eine untere Schranke haben, heißen **beschränkt**. Der Wachstumsprozess in Beispiel 5 heißt **beschränktes Wachstum**, da es eine Schranke S gibt, die nicht überschritten wird.

2 Wachstum und Zerfall

 6 Beschränkter Zerfall

Ein 800 °C heißes Werkstück aus Metall muss zur Weiterverarbeitung auf ca. 25 °C abkühlen. Die Umgebungstemperatur beträgt konstant 20 °C. Die Temperaturdifferenz zwischen dem Werkstück und der Umgebungstemperatur nimmt pro Minute um 30 % der vorherigen Differenz ab. Geben Sie ein Bildungsgesetz der Folge (a_n) an, die die Temperatur des Werkstücks in der n-ten Minute angibt.

Die Herleitung des Bildungsgesetzes unterscheidet sich von Beispiel 5 (▶ Seite 45) dadurch, dass wir hier die Temperaturdifferenz berechnen, indem wir von der Temperatur des Werkstücks die Umgebungstemperatur subtrahieren. In Beispiel 5 war es umgekehrt.

$a_0 = 800$ ▶ Temperatur des Werkstücks zu Beginn
$a_0 - 20 = 780$ ▶ Temperaturdifferenz zu Beginn
$a_n - 20 = 780 \cdot 0{,}7^n$ ▶ Temperaturdifferenz n-te Minute
$\Rightarrow a_n = 20 + 780 \cdot 0{,}7^n$

Beschränkte Wachstums- und Zerfallsprozesse können durch Folgen modelliert werden, die sich durch folgendes Bildungsgesetz beschreiben lassen:

$$a_n = S + (a_0 - S) \cdot q^n \quad \text{mit } 0 < q < 1$$

Hierbei gibt S die Schranke an. Der Term $a_0 - S$ ist die Differenz zwischen dem Anfangswert a_0 der Folge und der Schranke S.
Ersetzen wir den Faktor $(a_0 - S)$ durch $-a$, so erhalten wir für beschränkte Wachstums- und Zerfallsprozesse die allgemeine Form

$$a_n = S - a \cdot q^n \quad \text{mit } 0 < q < 1 \text{ und } a \neq 0$$

Beachte das Minus in der allgemeinen Form.

Ist a positiv wie in Beispiel 5 (▶ $a = 70$), so wird (mit größer werdender Platznummer n) von der Schranke S eine immer kleiner werdende Zahl subtrahiert, d. h., der Term $S - a \cdot q^n$ wird immer größer. Also liegt für positive a **beschränktes Wachstum** vor.
Ist a negativ wie in Beispiel 6 (▶ $a = -780$), so wird (mit größer werdender Platznummer n) zur Schranke S eine immer kleiner werdende Zahl addiert, d. h., der Term $S + (-a \cdot q^n)$ wird immer kleiner. Also liegt für negative a **beschränkter Zerfall** vor.

- Eine Folge (a_n) heißt **streng monoton steigend**, wenn für alle $n \in \mathbb{N}$ gilt: $a_{n+1} > a_n$.
- Eine Folge (a_n) heißt **streng monoton fallend**, wenn für alle $n \in \mathbb{N}$ gilt: $a_{n+1} < a_n$.
- Eine Folge (a_n) heißt **nach oben beschränkt** durch eine reelle Zahl $S \in \mathbb{R}$, wenn für alle $n \in \mathbb{N}$ gilt: $a_n \leq S$. Die Zahl S heißt **obere Schranke**.
- Eine Folge (a_n) heißt **nach unten beschränkt** durch eine reelle Zahl $S \in \mathbb{R}$, wenn für alle $n \in \mathbb{N}$ gilt: $a_n \geq S$. Die Zahl S heißt **untere Schranke**.
- Eine Folge (a_n) heißt **beschränkt**, wenn sie nach oben und nach unten beschränkt ist.
- **Beschränkte Wachstumsprozesse** lassen sich durch streng monoton steigende Folgen der Form $a_n = S - a \cdot q^n$ mit $0 < q < 1$ und $a > 0$ beschreiben.
- **Beschränkte Zerfallsprozesse** lassen sich durch streng monoton fallende Folgen der Form $a_n = S - a \cdot q^n$ mit $0 < q < 1$ und $a < 0$ beschreiben.

 Ein 7 °C kaltes Getränk wird aus dem Kühlschrank genommen. In einer 20 °C warmen Wohnung erwärmt sich das Getränk pro Minute um 7 % der Differenz zwischen der eigenen Temperatur und der konstanten Raumtemperatur.
a) Geben Sie das Bildungsgesetz der zugehörigen Folge an.
b) Geben Sie eine obere und eine untere Schranke der Folge an.
c) Berechnen Sie die Temperatur des Getränks für die ersten fünf Minuten.

2

Untersuchung auf Monotonie und Beschränktheit

(7)

Zeigen Sie, dass die geometrische Folge (a_n) mit $a_n = 3 \cdot \left(\frac{1}{2}\right)^n$ streng monoton fallend und beschränkt ist. Geben Sie eine obere und untere Schranke an.

Wir müssen zeigen, dass die Ungleichung $a_{n+1} < a_n$ für alle natürlichen Zahlen n erfüllt ist. Dazu formen wir die Ungleichung um und erhalten eine für alle $n \in \mathbb{N}$ gültige Aussage. Die Folge (a_n) ist also streng monoton fallend.

Da die Folge streng monoton fallend ist, ist das erste Folgenglied $a_0 = 3$ eine obere Schranke von (a_n). Da Potenzen mit positiver Basis stets positiv sind, ist die Zahl 0 eine untere Schranke der Folge.

Die Folge (a_n) ist also streng monoton fallend und beschränkt.

$$a_{n+1} < a_n$$
$$\Leftrightarrow \quad 3 \cdot \left(\tfrac{1}{2}\right)^{n+1} < 3 \cdot \left(\tfrac{1}{2}\right)^n \quad |:3$$
$$\Leftrightarrow \quad \frac{1}{2^{n+1}} < \frac{1}{2^n}$$
$$\Leftrightarrow \quad \frac{2^{n+1}}{2^n} > 1$$
$$\Leftrightarrow \quad 2 > 1$$

$a_n \leq 3$ für alle $n \in \mathbb{N}$ ▸ obere Schranke

$a_n \geq 0$ für alle $n \in \mathbb{N}$ ▸ untere Schranke

Alternierende Folge

(8)

Zeigen Sie, dass die Folge (a_n) mit $a_n = 2 \cdot (-1)^n$ beschränkt, aber nicht monoton ist.

Anhand der ersten Folgenglieder können wir erkennen, dass die Folgenglieder für gerade Platznummern den Wert 2 und für ungerade Platznummern den Wert -2 annehmen. Die Folge ist also nicht monoton. Da alle Folgenglieder aber größer oder gleich -2 sind, ist -2 eine **untere** Schranke der Folge (a_n). Ebenso ist 2 eine **obere** Schranke. Folgen, die abwechselnd zwei Werte annehmen, heißen **alternierend**.

$(a_n) = (2, -2, 2, -2, 2, \ldots)$

$a_n = 2$, falls n eine gerade Zahl ist

$a_n = -2$, falls n eine ungerade Zahl ist

Schwellenwert

(9)

In einem Netzwerk eines kleinen Betriebs muss jede Woche eine Komplettsicherung der Daten vorgenommen werden. Geht man davon aus, dass jede Woche 10 Gigabyte an Daten neu hinzukommen und die alten Sicherungen nicht gelöscht werden, so lässt sich die auf dem Server gespeicherte Datenmenge näherungsweise durch die Folgenglieder der Folge (a_n) mit $a_n = 5 \cdot n^2 + 5 \cdot n$ beschreiben. ▸ n in Wochen

Untersuchen Sie, nach wie vielen Wochen die gesamte Datenmenge die Schwelle von 10 240 Gigabyte überschreitet.

Da die Folge streng monoton steigend ist, gibt es eine kleinste Platznummer, bei der das zugehörige Folgenglied den **Schwellenwert** von 10 240 Gigabyte überschreitet.

Durch Umformungen der Ungleichung erhalten wir für die kleinste Platznummer $n = 45$. Das zugehörige Folgenglied hat den Wert $a_{45} = 10\,350$. Die Grenze wird also in der 45. Woche überschritten.

$$a_n > 10\,240$$
$$\Leftrightarrow \quad 5n^2 + 5n > 10\,240 \quad |:5$$
$$\Leftrightarrow \quad n^2 + n > 2\,048 \quad ▸ \text{quadratische Ergänzung}$$
$$\Leftrightarrow \quad n^2 + n + 0{,}5^2 > 2\,048 + 0{,}5^2$$
$$\Leftrightarrow \quad (n + 0{,}5)^2 > 2\,048{,}25$$
$$\Leftrightarrow \quad n + 0{,}5 > \pm\sqrt{2\,048{,}25}$$
$$\Leftrightarrow \quad n > 44{,}8 \quad \text{oder} \quad n < -45{,}8$$

Untersuchen Sie die Folge (a_n) auf Monotonie und Beschränktheit.

a) $a_n = 4 \cdot 1{,}05^n$ b) $a_n = \frac{2}{n}$ c) $a_n = 20 \cdot 0{,}8^n + 5$

Übungen zu 2.1.2

1. Untersuchen Sie die Folge (a_n) auf Monotonie und Beschränktheit.

a) $a_n = 2 + \frac{1}{n}$

b) $a_n = (-1)^n$

c) $a_n = 10 \cdot 0{,}5^n$

d) $a_n = 4$

e) $a_n = \frac{n^2 + n}{1000}$

f) $a_n = \frac{n-1}{n+2}$

2. Geben Sie jeweils zwei Folgen in expliziter Darstellung an, die

a) streng monoton fallend und nach unten beschränkt sind,

b) streng monoton steigend und nach oben beschränkt sind,

c) streng monoton fallend und nach unten durch die Zahl 3 beschränkt sind.

3. Untersuchen Sie, welche Folgen (a_n) beschränkte Wachstums- bzw. Zerfallsprozesse beschreiben. Geben Sie bei diesen Folgen jeweils eine obere und eine untere Schranke an.

a) $a_n = 30 - 5 \cdot 0{,}8^n$ c) $a_n = 100 + 20 \cdot 0{,}99^n$

b) $a_n = 27 + 0{,}5 \cdot 1{,}02^n$ d) $a_n = 84 + (20 - 84) \cdot 0{,}82^n$

4. Die Folge (a_n) beschreibt einen Wachstums- bzw. Zerfallsprozess. Geben Sie die kleinste Platznummer an, ab der die Folge den Schwellenwert S über- bzw. unterschreitet.

a) $a_n = 2n + 150$; $S = 5000$

b) $a_n = 0{,}5n^2 + 1000$; $S = 10^9$

c) $a_n = 250 - 0{,}25 \cdot n$; $S = 0$

5. Die Folge (a_n) beschreibt einen beschränkten Wachstums- bzw. Zerfallsprozess der Form $a_n = S - a \cdot q^n$ bzw. $a_n = S + (a_0 - S) \cdot q^n$. Berechnen Sie die fehlenden Werte. Geben Sie auch an, ob ein Wachstums- oder ein Zerfallsprozess vorliegt.

	S	q	a_0	a	a_1	a_4
a)	100	0,65	40			
b)	25	0,8		−20		
c)	70	0,3			76	
d)	60		10		22,5	
e)		0,5	16			31

6. Zur Weiterverarbeitung muss eine Flüssigkeit auf die Raumtemperatur von 20 °C abkühlen. Chemiker haben bei früheren Versuchen den Abkühlungsprozess in einer Tabelle notiert.

Zeitpunkt der Messung in min	0	2	5
Temperatur in °C	100	59,2	33,4456

a) Leiten Sie aus den angegebenen Daten ein explizites Bildungsgesetz für den Abkühlungsprozess her.

b) Ermitteln Sie durch „Probieren" mit dem Taschenrechner oder mithilfe einer Tabellenkalkulation, ab welchem Zeitpunkt die Temperatur des Stoffs um weniger als 1 % von der Raumtemperatur abweicht.

7. In Beispiel 9 (▶ Seite 47) wurde vorausgesetzt, dass sich die angesammelte Datenmenge in der n-ten Woche durch die Folge (a_n) mit $a_n = 5 \cdot n^2 + 5 \cdot n$ berechnen lässt. Leiten Sie das Bildungsgesetz dieser Folge her, indem Sie die Teilaufgaben a), b) und c) bearbeiten.

a) Die Tabelle unten zeigt die Datenmenge der in der n-ten Woche neu abgespeicherten Daten (b_n) und die gesamte Datenmenge (a_n) (jeweils in GB) für die ersten drei Wochen. Setzen die Tabelle bis zur 7. Woche fort.

Wochennummer n	0	1	2	3
Datenmenge (b_n)	0	10	20	30
Datenmenge (a_n)	0	10	30	60

b) Begründen Sie, dass sich die Gesamtdatenmenge auch durch die Folge (a_n) mit $a_n = 10 + 20 + 30 + \cdots + 10 \cdot n$ berechnen lässt.

c) Die Summe der ersten n natürlichen Zahlen kann man mit der Gauß'schen Summenformel berechnen. Es gilt: $1 + 2 + 3 + \cdots + n = \frac{n \cdot (n+1)}{2}$. Leiten Sie mithilfe dieser Summenformel das oben angegebene Bildungsgesetz der Folge (a_n) her.

2.1.3 Grenzwerte

Der Grenzwert einer Folge

Wellenbewegungen in Flüssigkeiten spielen in der Physik eine große Rolle. Die Amplitude einer Welle ist proportional zum Kehrwert des Abstands der Welle vom Erregungszentrum. Betrachtet man das Momentanbild einer Welle, die sich bereits eine zeitlang beliebig weit ausgedehnt hat, so lassen sich die Höhen der Wellenberge und Wellentäler durch die alternierende Folge (a_n) mit $a_n = \frac{(-1)^n}{n}$ beschreiben. Hierbei gibt n die Entfernung eines Wellenbergs bzw. eines Wellentals vom Erregungszentrum an.

Zeichnen Sie den Graphen der Folge (a_n) bis $n = 25$ und bestimmen Sie, ab welchem Abstand vom Erregungszentrum die Amplitude weniger als 0,1 beträgt.

Bei der Folge (a_n) mit $a_n = \frac{(-1)^n}{n}$ nähern sich die Folgenglieder mit steigender Platznummer n der Zahl 0. Dies bedeutet, dass der Abstand der Folgenglieder von der Zahl 0 laufend kleiner wird:

$$|a_n - 0| = \left|\frac{(-1)^n}{n} - 0\right| = \frac{1}{n} \to 0$$

Die Amplitude der Welle nähert sich also der Zahl 0. Am Graphen der Folge erkennen wir, dass ab dem 11. Folgenglied *alle* weiteren Folgenglieder um weniger als 0,1 von 0 abweichen.

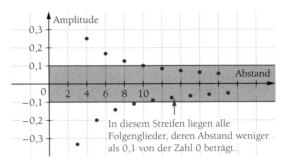

In diesem Streifen liegen alle Folgenglieder, deren Abstand weniger als 0,1 von der Zahl 0 beträgt.

Dieses lässt sich auch rechnerisch nachweisen, wenn wir die Ungleichung $|a_n - 0| < \frac{1}{10}$ umformen und nach n auflösen.

$$|a_n - 0| < \frac{1}{10}$$
$$\Leftrightarrow \quad \left|\frac{(-1)^n}{n}\right| < \frac{1}{10} \qquad \blacktriangleright \quad |(-1)^n| = 1$$
$$\Leftrightarrow \quad \frac{1}{n} < \frac{1}{10}$$
$$\Leftrightarrow \quad n > 10$$

Die Abweichung 0,1 wurde in der Aufgabenstellung willkürlich gewählt. Tatsächlich können wir die Abweichung beliebig klein wählen: Stets gibt es eine Platznummer, ab der alle Folgenglieder um weniger als die vorgegebene Abweichung von der Zahl 0 abweichen. Anschaulich bedeutet dies: Hat die Amplitude der Welle in einer gewissen Entfernung einen Wert unterschritten, so ist in allen größeren Entfernungen die Amplitude kleiner.

Formal bedeutet dies, dass es zu jeder noch so kleinen positiven Zahl $\varepsilon > 0$ (sprich: „epsilon") eine Platznummer n_ε gibt, ab der alle Folgenglieder um weniger als ε von 0 abweichen. Das heißt:

$$|a_n - 0| < \varepsilon$$
$$\Leftrightarrow \quad \left|\frac{(-1)^n}{n} - 0\right| < \varepsilon \qquad \blacktriangleright \quad |(-1)^n| = 1$$
$$\Leftrightarrow \quad \frac{1}{n} < \varepsilon$$
$$\Leftrightarrow \quad n > \frac{1}{\varepsilon}$$

$|a_n - 0| < \varepsilon$ für alle $n \geq n_\varepsilon$

Die Rechnung in der rechten Spalte zeigt, dass diese Ungleichung für alle natürlichen Zahlen erfüllt ist, die größer als $\frac{1}{\varepsilon}$ sind.

Wählt man beispielsweise $\varepsilon = 0{,}001$, so liegen alle Folgenglieder a_n mit Platznummer $n > \frac{1}{0{,}001} = 1000$ weniger als 0,001 von 0 entfernt. Das heißt, für $\varepsilon = 0{,}001$ kann $n_\varepsilon = 1001$ gewählt werden. Anschaulich bedeutet dies, dass alle Folgenglieder ab dem 1001. in dem Streifen um die 0 liegen, der von −0,001 und +0,001 begrenzt ist.

Wir haben gesehen, dass sich die Folgenglieder der Folge (a_n) in Beispiel 10 immer mehr der 0 annähern. Daher heißt die Zahl 0 **Grenzwert** der Folge (a_n). Wir schreiben dafür $\lim\limits_{n \to \infty} (a_n) = 0$.

Folgen, die einen Grenzwert haben, heißen **konvergente** Folgen. Ist der Grenzwert einer Folge Null, so heißt die Folge **Nullfolge**.

Beispiele für konvergente Folgen

Konstante Folgen, wie z. B. $a_n = 3$, sind stets konvergent, hierbei ist der Grenzwert gleich den Folgengliedern.

$$a_n = 3, \lim_{n \to \infty}(a_n) = 3 \quad \blacktriangleright \quad \text{konstante Folge}$$

Es lässt sich nachweisen, dass geometrische Folgen (a_n) mit $a_n = a_0 \cdot q^n$ für $0 < q < 1$ Nullfolgen sind.

$$a_n = 1{,}5 \cdot 0{,}75^n, \lim_{n \to \infty}(a_n) = 0 \quad \blacktriangleright \quad \begin{array}{l}\text{geometrische Folge} \\ \text{mit } 0 < q < 1\end{array}$$

Der in Beispiel 5 (▶ Seite 45) betrachtete beschränkte Wachstumsprozess kann ebenfalls durch eine konvergente Folge beschrieben werden.

$$a_n = 90 - 70 \cdot 0{,}75^n, \lim_{n \to \infty}(a_n) = 90 \quad \blacktriangleright \quad \begin{array}{l}\text{beschränktes} \\ \text{Wachstum}\end{array}$$

Es lässt sich zeigen, dass Folgen, die sowohl monoton steigend als auch nach oben beschränkt sind, immer einen Grenzwert haben. Ebenso sind monoton fallende und nach unten beschränkte Folgen konvergent.

$$a_n = \frac{2}{n}, \lim_{n \to \infty}(a_n) = 0 \quad \blacktriangleright \quad \begin{array}{l}\text{monoton fallende und nach} \\ \text{unten beschränkte Folge}\end{array}$$

Beispiele für divergente Folgen

Folgen, die keinen Grenzwert haben heißen **divergent**. Arithmetische Folgen sind Beispiele für divergente Folgen, ebenso alternierende Folgen.

$$a_n = 6\,000 \cdot 1{,}02^n \quad \blacktriangleright \quad \text{geometrische Folge mit } q > 1$$
$$a_n = n^2 \quad \blacktriangleright \quad \begin{array}{l}\text{monoton steigende, nach oben} \\ \text{unbeschränkte Folge}\end{array}$$
$$a_n = 10 + 2 \cdot n \quad \blacktriangleright \quad \text{arithmetische Folge}$$
$$a_n = 2 \cdot (-1)^n \quad \blacktriangleright \quad \text{alternierende Folge}$$

Aus der Definition des Grenzwerts kann man folgende nützliche Aussage ableiten: Eine Folge (a_n) hat genau dann den Grenzwert g, wenn die Folge $(a_n - g)$ eine Nullfolge ist.

 (11) Grenzwertberechnung mithilfe von Nullfolgen

Die Folge (a_n) mit $a_n = 20 + 50 \cdot 0{,}8^n$ beschreibt einen beschränkten Zerfallsprozess. Bestimmen Sie den Grenzwert der Folge.

Wir vermuten, dass die Folge (a_n) den Grenzwert $g = 20$ hat.

Vermutung: $g = 20$

Die Folge $(a_n - 20)$ wird durch den Term $50 \cdot 0{,}8^n$ einer geometrischen Folge beschrieben.

$$a_n - 20 = 20 + 50 \cdot 0{,}8^n - 20 = 50 \cdot 0{,}8^n$$

Da wir wissen, dass geometrische Folgen für $0 < q < 1$ Nullfolgen sind, wird unsere Vermutung bestätigt.

$$\lim_{n \to \infty}(a_n - 20) = \lim_{n \to \infty}(50 \cdot 0{,}8^n) \quad \blacktriangleright \quad 0 < 0{,}8 < 1$$
$$= 0$$

$$\Rightarrow (a_n) = 20$$

- Eine Zahl g heißt **Grenzwert** einer Folge (a_n), wenn es zu jeder beliebig kleinen Zahl $\varepsilon > 0$ eine Platznummer n_ε gibt, sodass gilt: $|a_n - g| < \varepsilon$ für alle $n \geq n_\varepsilon$. Wir schreiben: $\lim_{n \to \infty}(a_n) = g$.
- Eine Folge, die einen Grenzwert besitzt, heißt **konvergent**. Andernfalls heißt sie **divergent**.
- Eine Folge, die den Grenzwert 0 hat, heißt **Nullfolge**.

1. Die Folge (a_n) mit $a_n = \frac{5}{n}$ ist eine Nullfolge. Geben Sie die Platznummer des ersten Folgenglieds an, dessen Abweichung weniger als 0,002 vom Grenzwert beträgt.

2. Die Folge (a_n) ist die Summe einer konstanten Folge und einer Nullfolge. Bestimmen Sie den Grenzwert g.
   a) $a_n = 12 - 25 \cdot 0{,}9^n$ b) $a_n = 4 + \frac{1}{n}$

Im Beispiel 10 (▶ Seite 49) haben wir die Konvergenz der Folge (a_n) mit $a_n = \frac{(-1)^n}{n}$ dadurch nachgewiesen, dass wir zu jeder beliebig kleinen Zahl $\varepsilon > 0$ eine Platznummer angeben konnten, ab der alle Folgenglieder um weniger als ε vom Grenzwert 0 abweichen. Dieser Nachweis ist aber häufig aufwendig zu führen, außerdem muss der Kandidat für den Grenzwert im Voraus bekannt sein.

Mithilfe der **Grenzwertsätze** lassen sich Grenzwerte von Folgen berechnen, die sich als Summe, Differenz, Produkt oder Quotient zweier konvergenter Folgen darstellen lassen.

Grenzwertsätze

Das Wachstum einer bestimmten Bakterienkultur in einer Petrischale lässt sich näherungsweise durch die streng monoton steigende Folge (c_n) mit

$$c_n = \frac{10^6}{100 + 9900 \cdot 0{,}37^n}$$

beschreiben. Das Folgenglied c_n gibt hierbei die Anzahl der Bakterien zum Zeitpunkt n an. ▶ n in Minuten

Bestimmen Sie den Grenzwert g_1 der Folge im Zähler von c_n sowie den Grenzwert g_2 der Folge im Nenner. Bilden Sie den Grenzwert der Folge (c_n) als Quotient aus g_1 und g_2.

Die Folge (c_n) ist der Quotient zweier konvergenter Folgen. Die Zählerfolge ist eine konstante Folge, die den Grenzwert $g_1 = 10^6$ hat.

Die Nennerfolge $(100 + 9900 \cdot 0{,}37^n)$ ist die Summe einer konstanten und einer geometrischen Folge. Die konstante Folge (100) hat den Grenzwert 100. Die geometrische Folge $(9900 \cdot 0{,}37^n)$ ist wegen $0 < q < 1$ eine Nullfolge. Der Grenzwert g_2 der Nennerfolge ist die Summe aus beiden Grenzwerten, also $g_2 = 100$.

Der Grenzwert der Folge (c_n) ist der Quotient aus dem Grenzwert g_1 der Zählerfolge und dem Grenzwert g_2 der Nennerfolge, also $\lim\limits_{n \to \infty} (c_n) = \frac{g_1}{g_2} = 10\,000$.

$$\lim_{n \to \infty} \left(\frac{10^6}{100 + 9900 \cdot 0{,}37^n} \right)$$
$$= \frac{\lim\limits_{n \to \infty} (10^6)}{\lim\limits_{n \to \infty} (100 + 9900 \cdot 0{,}37^n)}$$
$$= \frac{10^6}{\lim\limits_{n \to \infty} (100) + \lim\limits_{n \to \infty} (9900 \cdot 0{,}37^n)}$$
$$= \frac{10^6}{100 + 0}$$
$$= 10\,000$$

Wir haben den Grenzwert der Folge (c_n) durch die Anwendung der Grenzwertsätze ermittelt. Auf einen Beweis der Grenzwertsätze verzichten wir an dieser Stelle.

Wenn die Folge (a_n) den Grenzwert a hat ($\lim\limits_{n \to \infty} (a_n) = a$) und die Folge (b_n) den Grenzwert b ($\lim\limits_{n \to \infty} (b_n) = b$), dann gelten:

Grenzwertsatz für Summenfolgen
$$\lim_{n \to \infty} (a_n + b_n) = a + b$$

Grenzwertsatz für Differenzenfolgen
$$\lim_{n \to \infty} (a_n - b_n) = a - b$$

Grenzwertsatz für Produktfolgen
$$\lim_{n \to \infty} (a_n \cdot b_n) = a \cdot b$$

Grenzwertsatz für Quotientenfolgen
$$\lim_{n \to \infty} \left(\frac{a_n}{b_n} \right) = \frac{a}{b} \text{ mit } b \neq 0$$

Berechnen Sie den Grenzwert der Folge (a_n).

a) $a_n = \frac{20}{5 + 10 \cdot 0{,}8^n}$

b) $a_n = \frac{10}{2 \cdot (1 - 0{,}99^n)}$

c) $a_n = \frac{(2 + \frac{1}{n}) \cdot (3 - \frac{1}{n^2})}{2 - \frac{3}{n}}$

13 Grenzwertbestimmung bei rekursiver Darstellung

Taschenrechner benutzen zur Berechnung von Quadratwurzeln Algorithmen, die sich durch rekursive Folgen beschreiben lassen. Die Folge (a_n) mit $a_{n+1} = \frac{1}{2} \cdot (a_n + \frac{2}{a_n})$ ist konvergent. Berechnen Sie die ersten vier Folgenglieder der Folge. Wählen Sie als Startwert $a_0 = 2$. Zeigen Sie, dass die Folge den Grenzwert $\sqrt{2}$ hat.

Mithilfe des Startwerts berechnen wir rekursiv die ersten Folgenglieder.

Den Grenzwert der Folge (a_n) nennen wir g. Dann gilt also $\lim\limits_{n\to\infty} (a_n) = g$ und somit auch $\lim\limits_{n\to\infty} (a_{n+1}) = g$.

Wir können das $(n+1)$-te Folgenglied durch den Term $\frac{1}{2} \cdot (a_n + \frac{2}{a_n})$ ersetzen und erhalten die Gleichung $\lim\limits_{n\to\infty} (\frac{1}{2} \cdot (a_n + \frac{2}{a_n})) = g$.

Wenden wir die Grenzwertsätze auf die konstanten Folgen $(\frac{1}{2})$ und (2) sowie die Folge (a_n) an, erhalten wir die Gleichung $g^2 = 2$.

Da die Folgenglieder alle positiv sind, ist auch der Grenzwert g positiv, und es gilt:

$g = \sqrt{2} \approx 1{,}414214$

$$a_0 = 2$$
$$a_1 = 1{,}5; \quad a_2 = 1{,}416667; \quad a_3 = 1{,}414216$$

$$\lim_{n\to\infty} (a_{n+1}) = g$$
$$\Leftrightarrow \quad \lim_{n\to\infty} \left(\tfrac{1}{2} \cdot (a_n + \tfrac{2}{a_n})\right) = g$$
$$\Leftrightarrow \quad \tfrac{1}{2} \lim_{n\to\infty} (a_n + \tfrac{2}{a_n}) = g$$
$$\Leftrightarrow \quad \tfrac{1}{2} \left(\lim_{n\to\infty} (a_n) + \lim_{n\to\infty} (\tfrac{2}{a_n}) \right) = g$$
$$\Leftrightarrow \quad \tfrac{1}{2} \left(\lim_{n\to\infty} (a_n) + \frac{\lim\limits_{n\to\infty} (2)}{\lim\limits_{n\to\infty} (a_n)} \right) = g \quad \blacktriangleright \ \lim_{n\to\infty} (a_n) = g$$
$$\Leftrightarrow \quad \tfrac{1}{2} \left(g + \tfrac{2}{g} \right) = g \qquad | \cdot 2g$$
$$\Leftrightarrow \quad g^2 + 2 = 2g^2 \qquad | -g^2$$
$$\Leftrightarrow \quad g^2 = 2$$
$$\Leftrightarrow \quad g = \pm\sqrt{2}$$

14 Anwendung der Grenzwertsätze

Berechnen Sie den Grenzwert der Folge (c_n) mit $c_n = \frac{2n-1}{n+1}$.

Wir können die Grenzwertsätze für Quotientenfolgen nicht direkt anwenden, da sowohl die Zähler- als auch die Nennerfolge divergent sind. Wir formen deshalb den Zähler- und Nennerterm so um, dass die Zähler- und Nennerfolge konvergent sind. Hierzu klammern wir jeweils die höchste vorkommende Potenz von n aus und kürzen.

Durch Anwendung der Grenzwertsätze auf die umgeformte Folge berechnen wir den Grenzwert.

$$c_n = \frac{2n-1}{n+1} = \frac{n \cdot (2 - \frac{1}{n})}{n \cdot (1 + \frac{1}{n})} = \frac{2 - \frac{1}{n}}{1 + \frac{1}{n}}$$

$$\lim_{n\to\infty} \left(\frac{2n-1}{n+1} \right) = \lim_{n\to\infty} \left(\frac{2 - \frac{1}{n}}{1 + \frac{1}{n}} \right)$$

$$= \frac{\lim\limits_{n\to\infty} (2 - \frac{1}{n})}{\lim\limits_{n\to\infty} (1 + \frac{1}{n})}$$

$$= \frac{\lim\limits_{n\to\infty} (2) - \lim\limits_{n\to\infty} (\frac{1}{n})}{\lim\limits_{n\to\infty} (1) + \lim\limits_{n\to\infty} (\frac{1}{n})} = \frac{2-0}{1+0} = 2$$

Übungen zu 2.1.3

1. Geben Sie die Platznummer des ersten Folgenglieds an, für das gilt: $|a_n| < \varepsilon$.

a) $a_n = \frac{20}{n}$; $\varepsilon = 0{,}1$ b) $a_n = \frac{(-1)^n}{n^2}$; $\varepsilon = 0{,}01$

2. Untersuchen Sie, ob die Folge (a_n) konvergent ist.

a) $a_n = 1 + \frac{1}{n}$ c) $a_n = 0{,}01 \cdot 1{,}01^n$

b) $a_n = \frac{2^n}{n}$ d) $a_n = \frac{5n}{n+5}$

3. Überprüfen Sie, ob die Folge (a_n) eine Nullfolge ist.

a) $a_n = \frac{10^6}{n}$ c) $a_n = (\frac{1}{2})^n$

b) $a_n = 13 \cdot 0{,}99^n$ d) $a_n = 1 - \frac{n-1}{n+1}$

4. Berechnen Sie den Grenzwert der Folge (a_n) mithilfe der Grenzwertsätze.

a) $a_n = \frac{200}{10 + 190 \cdot 0{,}4^n}$ c) $a_n = \frac{6n+2}{2n-1}$

b) $a_n = 100 \cdot (1 - 0{,}9^n)$ d) $a_n = \frac{2n^2 + 3n}{4n^2 - 1}$

5. Berechnen Sie den Grenzwert der konvergenten Folge (a_n) wie in Beispiel 13. ▶ Seite 52

a) $a_{n+1} = \frac{1}{2} \cdot (a_n + \frac{3}{a_n})$

b) $a_{n+1} = 0{,}6 \cdot a_n + 5$

c) $a_{n+1} = 2 \cdot a_n \cdot (1 - a_n)$

Übungen zu 2.1

1. Die Rohre zum Bau einer Pipeline werden so gestapelt, dass sich in jeder Reihe zwei Rohre weniger befinden als in der Reihe darunter. In einem Stapel befinden sich in der untersten Reihe 40 Rohre.

a) Geben Sie ein Bildungsgesetz der Folge an, die jeder Reihe die Anzahl der Rohre in dieser Reihe zuordnet. Berechnen Sie die Anzahl der Rohre in der 10. Reihe.

b) Ermitteln Sie, wie viele Reihen höchstens gestapelt werden können.

c) Die Rohre sollen so gestapelt werden, dass in der obersten Reihe 10 Rohre liegen. Bestimmen Sie, wie viele Rohre der gesamte Stapel enthält.

▶ Gauß'sche Summenformel, vgl. Aufgabe 7, Seite 48

2. Computer realisieren Daten intern durch Bit-Folgen. Mit einem Bit (binary digit) lassen sich die zwei Zustände 0 oder 1 darstellen. Mit zwei Bits lassen sich schon vier Zustände (00, 01, 10, 11) beschreiben. Mit jedem zusätzlichen Bit verdoppelt sich also die Anzahl der Zustände.

a) Geben Sie das rekursive und explizite Bildungsgesetz der Folge an, deren Folgenglieder die Anzahl der Zustände in Abhängigkeit von der Anzahl der Bits angeben.

b) Berechnen Sie, wie viele verschiedene Zustände mit 16, 32 und 64 Bit dargestellt werden können.

c) Ermitteln Sie, wie viele verschiedene Passwörter mit 128 Bit generiert werden können. Untersuchen Sie, wie lange ein „Supercomputer" zum Ausprobieren aller Passwörter benötigt, wenn er pro Sekunde 10^{12} Passwörter auf Gültigkeit testen kann.

3. Ein Wassertank hat ein Fassungsvermögen von $10\,m^3$. Eine Pumpe, die ein maximales Fördervolumen von 2 500 Liter pro Stunde hat, soll den vollständig gefüllten Wassertank entleeren.

a) Begründen Sie, dass sich der Entleerungsvorgang durch eine arithmetische Folge beschreiben lässt. Geben Sie das Bildungsgesetz dieser Folge an.

b) Untersuchen Sie, zu welchem Zeitpunkt nach Beginn der Entleerung noch 2 500 Liter im Wassertank vorhanden sind.

c) Ermitteln Sie, zu welchem Zeitpunkt der Wassertank vollständig entleert ist.

4. Moderne Fahrradcomputer messen mit Magnetsensoren die Anzahl der Radumdrehungen pro Minute und errechnen daraus die Geschwindigkeit des Fahrrads in km/h. Ein Fahrradcomputer wurde so eingestellt, dass er bei 100 Umdrehungen pro Minute eine Geschwindigkeit von 13 km/h anzeigt.

a) Leiten Sie das Bildungsgesetz einer Folge her, durch das die Geschwindigkeit in Abhängigkeit von den Radumdrehungen berechnet werden kann.

b) Bestimmen Sie, wie viele Radumdrehungen pro Minute bei einer Geschwindigkeit von 50 km/h erfolgen.

c) Geben Sie den Außendurchmesser des Fahrradreifens an.

5. Eine Sparkasse bietet einem Kunden zwei verschiedene Ansparmodelle für ein Kapital in Höhe von 50 000 € an. Die Zinsen werden jeweils am Jahresende gutgeschrieben.

Modell A: Die am Jahresende anfallenden Zinsen werden in den Folgejahren nicht mitverzinst. Der Zinssatz beträgt 2,5 %.

Modell B: Die am Jahresende anfallenden Zinsen werden in den Folgejahren mitverzinst. Der Zinssatz beträgt 1,5 %.

a) Bestimmen Sie die Kapitalentwicklung (einschließlich Zinsen) für die ersten 10 Jahre.

b) Begründen Sie, dass Modell B langfristig das „bessere" Ansparmodell ist.

6. Rechteckige Papierformate sind genormt. Das Format DIN A0 benutzt man unter anderem für technische Zeichnungen. Das nächstkleinere Format (DIN A1) entsteht durch Halbieren der längeren Seite des Rechtecks. In Abhängigkeit vom Format lässt sich die Seitenlänge der längeren Seite durch eine Folge (h_n) und die Seitenlänge der kürzeren Seite durch eine Folge (b_n) beschreiben. Es gelten folgende Bedingungen für $1 \leq n \leq 8$.

(1) $\frac{h_n}{b_n} = \frac{h_{n-1}}{b_{n-1}}$ ▶ Ähnlichkeitsbedingung

(2) $h_n = b_{n-1}$ und $b_n = \frac{h_{n-1}}{2}$ ▶ Teilungsbedingung

a) Zeigen Sie mithilfe der Gleichungen (1) und (2), dass in jedem DIN-A-Format die längere Seite zur kürzeren im Verhältnis von $\sqrt{2}$ zu 1 steht.

b) Ein Rechteck des Formats DIN A0 ist $1\,m^2$ groß. Berechnen Sie die Länge der Rechteckseiten für die Formate DIN A0 bis DIN A5.

7. Ein $100\,°C$ heißer Gegenstand kühlt in einem $20\,°C$ kalten Raum ab. Die Differenz zwischen der Temperatur des Gegenstands und der Raumtemperatur nimmt pro Minute um 15 % der vorherigen Differenz ab.

a) Geben Sie das Bildungsgesetz der zugehörigen Folge an.

b) Geben Sie eine obere und eine untere Schranke der Folge an.

c) Berechnen Sie die Temperatur des Gegenstands für die ersten fünf Minuten.

8. Ein Patient nimmt täglich 6 mg eines Wirkstoffs ein. Im Laufe eines Tages werden 30 % des im Körper vorhandenen Wirkstoffs wieder abgebaut. Die Menge des im Körper vorhandenen Wirkstoffs kann durch eine Folge beschrieben werden.

a) Bestimmen Sie die Menge des im Körper vorhandenen Wirkstoffs für die ersten 7 Tage.

b) Überprüfen Sie, ob sich die Menge des im Körper vorhandenen Wirkstoffs durch die Folge (a_n) mit $a_{n+1} = 0,7 \cdot a_n + 6$ berechnen lässt.

c) Ermitteln Sie, wie viele Milligramm des Wirkstoffs sich langfristig im Körper anreichern. Sie dürfen dabei voraussetzen, dass die Folge (a_n) konvergent ist.

9. Beim **logistischen Wachstum** wächst eine Größe zunächst immer schneller, dann verlangsamt sich das Wachstum immer mehr und nähert sich schließlich langsam einer Sättigungsgrenze S an. Solche Wachstumsprozesse lassen sich durch Folgen mit dem Bildungsgesetz $a_{n+1} = a_n + q \cdot a_n \cdot (S - a_n)$ beschreiben.

In einer Schule mit 950 Schülern breitet sich ein Gerücht aus. 15 Schüler setzen dieses Gerücht in Umlauf. Die Anzahl der Schüler, die zum Zeitpunkt n das Gerücht kennen, kann durch einen logistischen Wachstumsprozess modelliert werden.

a) Berechnen Sie für $q = 0,001$ die Anzahl der Schüler, die das Gerücht kennen, für die ersten 10 Minuten.

b) Zeichnen Sie den Graphen und beschreiben Sie seinen Verlauf im Vergleich zu einem beschränkten Wachstumsprozess. ▶ Beispiel 5, Seite 45

c) Zeigen Sie ähnlich wie in Beispiel 13 (▶ Seite 52), dass die Folge (a_n) den Grenzwert $S = 950$ hat.
Tipp: Nutzen Sie ein Tabellenkalkulationsprogramm.

10. In einem gleichseitigen Dreieck wird jede Seite in drei gleich lange Teilstrecken zerlegt. Über den mittleren Teilstrecken wird jeweils ein gleichseitiges Dreieck ohne Grundseite errichtet. Wiederholt man dieses Verfahren mehrmals, so entsteht die nach dem schwedischen Mathematiker Helge von Koch benannte **Koch'sche Schneeflocke**.

a) Das Ausgangsdreieck hat eine Seitenlänge von 1 cm. Berechnen Sie jeweils den Umfang der „Schneeflocke" nach dem 1. bis 3. Teilungsschritt.

b) Leiten Sie ein Bildungsgesetz für die Folge her, mit der sich die Gesamtlänge der Schneeflocke nach dem n-ten Teilungsschritt berechnen lässt.

c) Begründen Sie, dass die Gesamtlänge der Schneeflocke nicht beschränkt ist, und untersuchen Sie, ob dies auch für den Flächeninhalt der Schneeflocke gilt.

Ich kann ...

... die Begriffe **Folge, Folgenglied, Platznummer** unterscheiden.	(a_n) mit $a_n = n^2$ $a_{10} = 10^2 = 100$ ▸ Platznummer 10 und zugehöriges Folgenglied 100	Folgen sind Funktionen mit der Definitionsmenge $\mathbb{N}$.

... Folgen durch Wertetabellen und Graphen **veranschaulichen.**

▸ Test-Aufgaben 2, 3

Zeit	0	4	8	10
Temperatur	20	67,9	83,0	86,1

Der Graph einer Folge besteht aus Punkten im Koordinatensystem.

... **rekursive** und **explizite** Darstellungen von Folgen unterscheiden.

▸ Test-Aufgaben 1, 3, 4

$h_n = h_{n-1} \cdot 0{,}75$ $\qquad h_n = h_0 \cdot 0{,}75^n$

$a_n = a_{n-1} + 0{,}14 \qquad a_n = a_0 + n \cdot 0{,}14$

Bei expliziter Folgendarstellung kann ein Folgenglied direkt durch den Folgenterm berechnet werden. Bei rekursiver Definition benötigt man zur Berechnung die Vorgänger.

... **Wachstums-** und **Zerfallsprozesse** durch **arithmetische** und **geometrische** Folgen modellieren.

▸ Test-Aufgaben 1, 4

$a_n = a_0 + n \cdot d$ ▸ arithmetische Folge

$a_n = a_0 \cdot q^n$ ▸ geometrische Folge

$d > 0$	$\Rightarrow$ Wachstum
$d < 0$	$\Rightarrow$ Zerfall
$q > 1$	$\Rightarrow$ Wachstum
$0 < q < 1$	$\Rightarrow$ Zerfall

... beschränkte **Wachstums-** und **Zerfallsprozesse** durch Folgen beschreiben.

▸ Test-Aufgaben 3, 4

$a_n = S - a \cdot q^n$

$b_n = 90 - 70 \cdot 0{,}75^n$ ▸ Wachstum

$c_n = 20 - (-780) \cdot 0{,}7^n$ ▸ Zerfall

$a > 0 \Rightarrow$ Wachstum

$a < 0 \Rightarrow$ Zerfall

... obere und untere **Schranken** angeben.

▸ Test-Aufgaben 2, 3

b_n mit oberer Schranke $S = 90$

c_n mit unterer Schranke $S = 20$

S ist die Schranke, die nicht über- bzw. unterschritten wird.

... **strenge Monotonie** erklären.

▸ Test-Aufgaben 3, 4

$a_{n+1} > a_n$ für alle $n \in \mathbb{N}$ ▸ steigend

$a_{n+1} < a_n$ für alle $n \in \mathbb{N}$ ▸ fallend

Jedes Folgenglied ist größer (streng monoton steigend) bzw. kleiner (streng monoton fallend) als sein Vorgänger.

... **Schwellenwerte** berechnen.

▸ Test-Aufgaben 1, 5

$a_n > 1\,000$

$\Leftrightarrow \quad 4n + 8 > 1\,000 \quad | -8 \,|:4$

$\Leftrightarrow \qquad n > 248$

Auflösen der Ungleichung nach der Variablen n.

... erklären, was der **Grenzwert** einer Folge ist.

▸ Test-Aufgaben 2, 3

$\lim\limits_{n \to \infty} (a_n) = g \Rightarrow (a_n)$ ist konvergent

Die Folgenglieder nähern sich dem Grenzwert beliebig nah an.

... **Grenzwerte** von Folgen mithilfe der **Grenzwertsätze** berechnen.

▸ Test-Aufgaben 2, 5

▸ Seite 51

Anwendung auf Summe, Differenz, Produkt oder Quotient zweier konvergenter Folgen.

Test zu 2.1

1. Die Folge (a_n) mit $a_0 = 10$ und $a_4 = 8$ ist eine arithmetische Folge.

a) Ermitteln Sie ein explizites und ein rekursives Bildungsgesetz der Folge (a_n).

b) Berechnen Sie, für welche Platznummern $n \in \mathbb{N}$ der Schwellenwert $S = 0$ unterschritten wird.

2. Gegeben ist die Folge (a_n) mit $a_n = \frac{2n+1}{n+2}$.

a) Berechnen Sie die ersten 10 Folgenglieder und zeichnen Sie den Graphen.

b) Geben Sie eine obere und eine untere Schranke der Folge (a_n) an.

c) Bestimmen Sie den Grenzwert der Folge (a_n).

3. Metallische Werkstücke dehnen sich bei Erwärmung aus. Bei einer Hochpräzisionsmessung muss sichergestellt sein, dass die Werkstücke eine Temperatur von 20 °C haben. Ein metallischer Draht hat eine Anfangstemperatur von 100 °C. Zur Längenmessung muss der Draht in einem 20 °C warmen Messraum abkühlen. Die Temperaturdifferenz zwischen der Temperatur des Drahts und der Raumtemperatur nimmt pro Minute um 30 % der vorherigen Temperaturdifferenz ab.

a) Geben Sie das Bildungsgesetz der Folge an, die die Temperatur des Drahts in Abhängigkeit von der Zeit beschreibt.

b) Erstellen Sie eine Wertetabelle für die ersten 10 Folgenglieder und zeichnen Sie den Graphen der Folge.

c) Geben Sie eine obere und eine untere Schranke der Folge an und berechnen Sie den Grenzwert der Folge.

d) Die prozentuale Abweichung der Temperatur des Drahts von der Solltemperatur 20 °C darf höchstens 0,01 % betragen. Überprüfen Sie, ob dies nach 30 Minuten der Fall ist.

4. Im Jahre 2009 wurden in Deutschland ca. 5,4 Millionen Smartphones verkauft. Zwei Jahre später waren es schon ca. 10 Millionen.

a) Berechnen Sie die Anzahl der verkauften Smartphone bis zum Jahr 2015 unter der Annahme, dass sich der Smartphone-Verkauf durch eine arithmetische Folge modellieren lässt.

b) Bestimmen Sie die Verkaufszahlen, wenn man zur Modellierung eine geometrische Folge benutzt.

c) Marktforscher gehen davon aus, dass die Anzahl der jährlich verkauften Smartphones langfristig die Schranke von 65 Millionen nicht überschreitet. Modellieren Sie den Wachstumsprozess unter der Annahme, dass beschränktes Wachstum vorliegt.

5. Bei der Untersuchung des Laufzeitverhaltens eines Sortierverfahrens zählt man häufig die Anzahl der durchschnittlichen Speicheroperationen in Abhängigkeit von der Anzahl der zu sortierenden Datensätze. Eine Analyse dreier Sortierverfahren ergab (bei n Datensätzen) die nebenstehende Tabelle.

Verfahren	Anzahl der Speicheroperationen
Insertsort	$i_n = \frac{1}{8}n^2$
Bubblesort	$b_n = \frac{1}{4}n^2$
Radixsort	$r_n = 512\,n$

a) Berechnen Sie für jedes der drei Verfahren die Anzahl der Speicheroperationen für 1 000, 10 000 und 100 000 Datensätze.

b) Untersuchen Sie für alle drei Verfahren, bei wie vielen Datensätzen mehr als 10^6 Speicheroperationen durchgeführt werden.

c) Berechnen Sie, ab wie vielen Datensätzen *Radixsort* weniger Speicheroperationen benötigt als *Insertsort*.

d) Beim Vergleich von *Bubblesort* mit *Insertsort* interessiert man sich auch dafür, wie sich das Laufzeitverhalten bei sehr großen Datenmengen entwickelt. Hierzu kann man – falls möglich – den Grenzwert $\lim\limits_{n\to\infty}(\frac{b_n}{i_n}) = g$ bestimmen. Ist $g > 0$, so sagt man, dass beide Sortierverfahren ein asymptotisch gleiches Laufzeitverhalten haben. Überprüfen Sie, ob dies der Fall ist. Bestimmen Sie auch $\lim\limits_{n\to\infty}(\frac{r_n}{i_n})$ und interpretieren Sie Ihr Ergebnis.

2.2 Stetige Wachstumsprozesse

Beobachten wir in Natur und Technik Wachstumsvorgänge, so können die erhobenen Messdaten **diskret** oder **stetig** sein.

Diskrete Wachstumsprozesse besitzen endlich viele mögliche Ausprägungen, die durch einen **Zählvorgang** bestimmt werden können. Zum Beispiel gehören die Anzahl der Individuen einer Hasenpopulation oder die Anzahl von Bakterienkolonien zum diskreten Wachstum; sie sollten mithilfe von Folgen modelliert werden. ▶ Abschnitt 2.1

Zwei Hasen unterschiedlichen Geschlechts befinden sich in einem Gehege. Wir beobachten sie täglich und finden eines Morgens acht Hasen vor, da über Nacht sechs Junge geboren wurden. Die Anzahl der Hasen ist diskret von 2 auf 8 angewachsen. Eine Pflanze hingegen wird beispielsweise ununterbrochen wachsen. Sie durchläuft jede Wachstumshöhe und wird nicht diskret von einem Meter Höhe plötzlich auf zwei Meter anwachsen.

Verändert sich also die Wachstumsgröße kontinuierlich über die Zeit und können die Ausprägungen beliebige Werte aus einem Intervall annehmen, so sprechen wir von einem **stetigen** Wachstumsprozess. Prozesse dieser Art können mit Funktionen modelliert werden, welche sowohl für den Definitionsbereich als auch für den Wertebereich die reellen Zahlen $\mathbb{R}$ zulassen. Beispiele für stetiges Wachstum sind Stromstärke in Amperemeter (mA), Temperatur in Grad Celsius (°C) oder das Höhenwachstum einer Pflanze in Zentimetern (cm).

Diskretes Wachstum

▶ Hasenpopulation

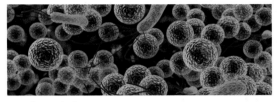

▶ Bakterienkolonien

Stetiges Wachstum

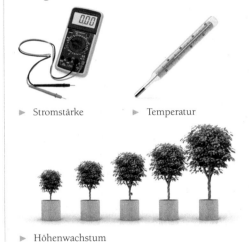

▶ Stromstärke   ▶ Temperatur

▶ Höhenwachstum

Im folgenden Abschnitt werden wir insbesondere das **exponentielle Wachstum** mit dem **linearen Wachstum** vergleichen sowie die Grenzen von exponentiellen Prozessen erkennen.

Stetige Wachstumsprozesse werden kontinuierlich in der Zeit gemessen. Sie können durch geeignete Funktionen modelliert werden.

Entscheiden Sie, ob bei den folgenden Datenerhebungen diskrete oder stetige Prozesse vorliegen.

a) Blutdruck eines Patienten
b) Benzinpreisentwicklung der letzten 50 Jahre
c) Fischbestand in einem Teich
d) Zinsen für angelegtes Kapital
e) Gewicht eines Säuglings in den ersten zwölf Lebensmonaten
f) Bevölkerungsentwicklung in der Stadt
g) Abbau von Medikamenten im Blut in Milligramm
h) Luftdruck während einer Wanderung

2.2.1 Exponentielles Wachstum

 1 Höhenwachstum

Auf dem Schulhof eines Berufskollegs wird eine Tanne gepflanzt. Die Schülerinnen und Schüler des Mathe-matikkurses der Eingangsklasse erhalten den Auftrag, das Wachstum der Tanne zu modellieren, um die Höhe der Tanne in 10 Jahren abschätzen zu können. Die Gruppe um Gina vermutet, dass der 20 cm hohe Tannen-setzling jährlich 15 cm wächst, während die Gruppe um Felix annimmt, dass ein 20 cm hoher Tannensetzling jährlich um 30 % wächst.

Ermitteln Sie die beiden Wachstumsfunktionen und verdeutlichen Sie die Wachstumsarten graphisch. Berechnen Sie die Höhe der Tanne in 10 Jahren.

Zum Beobachtungsstart $t = 0$ hat die Tanne eine Höhe von 20 cm. Nach der Vermutung von **Ginas Gruppe** ergibt sich die Höhe ein Jahr später aus $20 + 15$ cm. In den t Folgejahren errechnet sich die Höhe mithilfe der Funktionsgleichung $g(t) = 20 + 15t$.

$$g(0) = 20$$
$$g(1) = 20 + 15$$
$$g(t) = 20 + 15 \cdot t$$

Wenn der Wachstumsprozess eine konstante Änderung (hier 15 cm pro Jahr) aufweist, so sprechen wir von einem **linearen Wachstum**. ▸ lineare Funktionen, S. 144

Um die Vermutung von **Felix' Gruppe** zu modellie-ren, addieren wir für das erste Jahr zum Anfangswert 30 % hinzu. Klammern wir den Anfangswert aus, so ergibt sich der Faktor 1,3. Im zweiten Jahr ersetzen wir $f(1)$ durch $f(0) \cdot 1,3$. Der Faktor 1,3 wird hier nun qua-driert. Wiederholen wir dieses Vorgehen, so ergibt sich für das Jahr t die Funktionsgleichung $f(t) = 20 \cdot 1,3^t$.

$$f(0) = 20$$
$$f(1) = 20 + 20 \cdot 0,3 = 20 \cdot (1 + 0,3)$$
$$= 20 \cdot 1,3 = f(0) \cdot 1,3 = 26$$
$$f(2) = f(1) + f(1) \cdot 0,3 = f(1) \cdot 1,3$$
$$= f(0) \cdot 1,3 \cdot 1,3 = f(0) \cdot 1,3^2 = 33,8$$
$$f(t) = 20 \cdot 1,3^t = f(0) \cdot 1,3^t$$

Der Graph von f verdeutlicht das **exponentielle Wachstum**. Die y-Werte vervielfachen sich pro Ein-heit um das 1,3-fache. Der Anfangswert $f(0) = 20$ ist als y-Achsenabschnitt im Graphen erkennbar. Im Funktionsterm steht die unabhängige Variable t im Exponenten. Eine derartige Funktion heißt daher **Exponentialfunktion**.

Der Vergleich der beiden Gruppen zeigt, dass das ex-ponentielle Wachstum zunächst langsamer verläuft als das lineare Wachstum. Nach ca. 7 Jahren liefern beide Modelle die gleiche Höhe. Anschließend wächst die exponentielle Funktion viel stärker.

Ginas Gruppe ermittelt mit der linearen Funktion g für die Höhe der Tanne nach 10 Jahren 170 cm. Die Ex-ponentialfunktion f liefert für Felix' Gruppe die Höhe 275,72 cm. ▸ Modellkritik, Beispiel 14, Seite 68

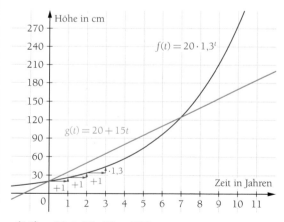

$$g(10) = 20 + 15 \cdot 10 = 170 \, \text{cm}$$
$$f(10) = 20 \cdot 1,3^{10} = 275,72 \, \text{cm}$$

In der allgemeinen Form einer Exponentialfunktion $f(t) = a \cdot b^t$ ist $a = f(0)$ der **Anfangswert** zum Zeitpunkt $t = 0$. Im Punkt $(0 \mid a)$ schneidet der zugehörige Graph die y-Achse. Der **Wachstumsfaktor** $b > 0$ ist als Basis mit dem Exponenten t ablesbar.

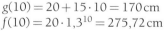

Bestand zum Zeitpunkt t t in Zeiteinheiten

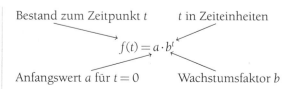

$$f(t) = a \cdot b^t$$

Anfangswert a für $t = 0$ Wachstumsfaktor b

Eine Exponentialfunktion lässt sich auch für negative reelle Zahlen definieren. In Beispiel 1 gibt der Funktionswert $f(t)$ dann die Höhe vor dem Zeitpunkt $t = 0$ an. Beispielsweise hätte der Tannensetzling ein halbes Jahr vor Beobachtungsbeginn eine Höhe von 17,5 cm $(= f(-0,5) = 20 \cdot 1,3^{-0,5})$ gehabt.

Alle **Funktionswerte** von Exponentialfunktionen mit positivem Anfangswert sind ebenfalls **positiv**.

Beispiel 1 zeigt eine Exponentialfunktion mit dem Wachstumsfaktor **b größer als 1**. In diesem Fall verläuft der Graph in einer Linkskurve und ist streng monoton steigend. Man spricht von **exponentiellem Wachstum**. Der Funktionsgraph von f nähert sich für immer kleiner werdende x-Werte, d. h. für $x \to -\infty$, immer mehr der x-Achse, berührt diese aber nie. Die x-Achse ist eine sogenannte **Asymptote**.

2

Exponentielle Abnahme

2

Ein Kondensator, zwischen dessen Platten eine Spannung von 1 V besteht, wird über einem Ohm'schen Widerstand entladen. Nach Ablauf einer bestimmten Zeiteinheit wird noch eine Spannung von 0,5 V gemessen. Nach nochmaligem Ablauf derselben Zeit hat sich die Spannung wieder halbiert und beträgt nur noch 0,25 V. Berechnen Sie die Spannung nach Ablauf von vier Zeiteinheiten.

Die Spannung verändert sich pro Zeiteinheit um den Faktor 0,5. Nach einer Zeiteinheit liegt noch eine Spannung von $0,5 \cdot 1\,V = 0,5\,V$ und nach zwei Zeiteinheiten eine Spannung von $0,5 \cdot 0,5\,V = 0,25\,V$ vor.

In Abhängigkeit von t lässt sich die Spannung durch die reelle Funktion

$$U(t) = 1 \cdot 0,5^t = 0,5^t$$

beschreiben. Diese Exponentialfunktion hat den Anfangswert $a = 1$ und den Wachstumsfaktor $b = 0,5$. Diese Funktion beschreibt eine **exponentielle Abnahme** bzw. einen **exponentiellen Zerfall**.

Der Graph eines Zerfallsprozesses ist streng monoton fallend und verläuft in einer Linkskurve. Für immer größer werdende x-Werte, d. h. für $x \to +\infty$, nähert sich der Graph immer mehr der x-Achse an, berührt diese aber nie. Die x-Achse ist somit Asymptote.

Zur Berechnung der Spannung nach vier Zeiteinheiten setzen wir die Zahl 4 in die Funktionsgleichung ein und erhalten 0,0625 V.

Zeiteinheiten t	0	1	2
Spannung U	1,00	0,50	0,25

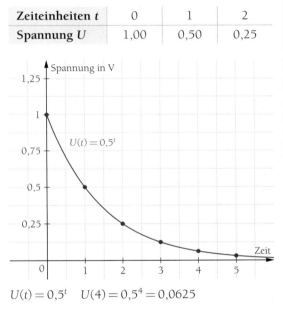

$$U(t) = 0,5^t \qquad U(4) = 0,5^4 = 0,0625$$

- **Exponentialfunktionen** vom Typ $f(x) = a \cdot b^x$ mit $a > 0$ und $x \in \mathbb{R}$ sind nur für positive Basen $b > 0$ definiert (▸ Aufgabe 3, Seite 61) und haben die positiven reellen Zahlen als Wertebereich ($y > 0$). Somit besitzen Exponentialfunktionen vom Typ $f(x) = a \cdot b^x$ keine Schnittpunkte mit der x-Achse.
- Für $b > 1$ steigen die Graphen der Exponentialfunktion streng monoton und es liegt ein **Wachstumsprozess** vor. Für $0 < b < 1$ fallen die Graphen streng monoton und es handelt sich um einen exponentiellen **Zerfallsprozess**.

1. Zeichnen Sie die Funktionen f und g mit $f(x) = -8 \cdot 2^x$ und $g(x) = -1 \cdot 0,5^x$. Beschreiben Sie die Auswirkung des negativen Anfangswerts auf den Verlauf des Graphen.

2. Geben Sie die Funktionsgleichung f des exponentiellen Wachstumsprozesses an, wenn sich der Anfangswert 50 pro Zeiteinheit verdreifacht.

3 Graphen exponentieller Wachstums- und Zerfallsprozesse

Zeichnen Sie den Graphen der Exponentialfunktion g mit $g(x) = \left(\frac{1}{2}\right)^x$ und vergleichen Sie ihn mit dem Graphen der Funktion f mit $f(x) = 2^x$.

Die Funktionswerte der Funktion g halbieren sich jedes Mal, wenn sich die x-Werte um eine Einheit vergrößern. Die Funktionswerte nehmen somit exponentiell ab.

Der Graph von f ist achsensymmetrisch zum Graphen von g. Die y-Achse ist hierbei die Symmetrieachse.

Während der Graph von f streng monoton exponentiell mit dem Wachstumsfaktor 2 steigt, fällt der Graph von g entsprechend streng monoton exponentiell mit dem Faktor 0,5.

Beide Graphen haben den y-Achsenabschnitt 1 und die x-Achse als Asymptote.

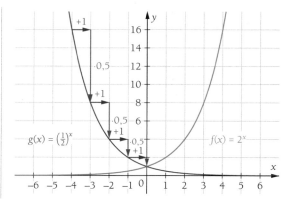

Allgemein kann man feststellen, dass zwei Exponentialfunktionen mit den Basen b und $\frac{1}{b} = b^{-1}$ symmetrisch zueinander verlaufen, mit der y-Achse als Symmetrieachse.

Zeichnen Sie die Graphen der Funktionen f und g mit $f(x) = 4 \cdot 3^x$ und $g(x) = 4 \cdot \left(\frac{1}{3}\right)^x$ in ein gemeinsames Koordinatensystem und vergleichen Sie den Verlauf. Beschreiben Sie auch das Monotonieverhalten der beiden Graphen.

Die natürliche Exponentialfunktion

Zur mathematischen Modellierung technischer Zusammenhänge, die auf Exponentialfunktionen führen, wurde eine spezielle Basis gewählt, die der Mathematiker Leonhard Euler (1707–1783) mit dem Buchstaben e bezeichnet hat.

Die **Euler'sche Zahl** e ist eine irrationale Zahl, d. h. eine Zahl, die nicht als Bruch zweier ganzer Zahlen dargestellt werden kann. Ein Näherungswert ist

$e \approx 2{,}718281828459$.

Die Exponentialfunktion f mit $f(x) = e^x$ heißt e-**Funktion**; man spricht auch von der **natürlichen Exponentialfunktion**.

Auf den modernen Taschenrechnern erlaubt die Taste $\boxed{e^x}$ eine einfache Handhabung der natürlichen Basis e.

Leonhard Euler (1707–1783)

Die Exponentialfunktion f mit $f(x) = b^x$ mit der Basis $b = e \approx 2{,}7183$ heißt **natürliche Exponentialfunktion**.

Zeichnen Sie die Graphen der folgenden Funktionen in ein Koordinatensystem. Beschreiben und vergleichen Sie die Verläufe.

a) $f(x) = e^x$; $\quad g(x) = 2\,e^x$
c) $f(x) = e^{-x}$; $\quad g(x) = 2 - e^{-x}$
b) $f(x) = e^x$; $\quad g(x) = -e^x$
d) $f(x) = e^x$; $\quad g(x) = e^{x+2}$

1. Gegeben sind die vier Funktionen f_1, f_2, f_3, f_4 mit folgenden Funktionsgleichungen:

   $f_1(x) = 0,5^x$

   $f_2(x) = 0,1 \cdot 3^x$

   $f_3(x) = 2 \cdot 0,25^x$

   $f_4(x) = -0,2 \cdot \left(\frac{1}{6}\right)^x$

   a) Berechnen Sie für alle vier Funktionen die Funktionswerte an den Stellen -2; -1; 0; 1 und 2.

   b) Zeichnen Sie die Graphen von f_1, f_2, f_3, f_4.

   c) Geben Sie die Gleichung der Funktion an, deren Graph sich durch Spiegelung des Graphen von f_1, f_2, f_3 bzw. f_4 an der y-Achse ergibt.

2. Bestimmen Sie anhand der Abbildung zu jedem Graphen die zugehörige Funktionsgleichung.

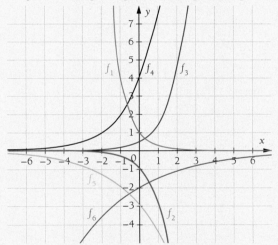

3. Als Voraussetzung für Exponentialfunktionen vom Typ $f(x) = b^x$ werden positive Basen $b > 0$ genannt.
   ▶ Seite 59

   a) Legen Sie mithilfe Ihres Taschenrechners eine Wertetabelle für die Basis $b = -1$ an.

   ▶ (-1) mit Klammern eintippen

   Wählen Sie x-Werte im Bereich $-3 \leq x \leq 3$ mit der Schrittweite $0,5$. Notieren Sie Ihre Beobachtung.

   b) Formen Sie den Term $(-1)^{0,5}$ mittels der Potenzgesetze um und interpretieren Sie Ihre Beobachtung aus Aufgabenteil a). ▶ Grundlagen, Seite 15

   c) Diskutieren Sie, ob eine Funktion mit der Basis $b = +1$ eine Exponentialfunktion ist.

4. Ein Waldbestand mit $200\,000\,\text{m}^3$ Holz wächst gleichmäßig um $5\,\%$ pro Jahr.

   a) Erstellen Sie eine Wertetabelle, die jedem Jahr t den Waldbestand y in m^3 zuordnet. Wählen Sie $0 \leq t \leq 10$ und stellen Sie den Zusammenhang graphisch dar.

   b) Geben Sie die Funktionsgleichung an, die diesen Zusammenhang beschreibt.

   c) Berechnen Sie den Wert für $t = -10$ und interpretieren Sie das Ergebnis im Sachzusammenhang.

5. Ein Kapital von $1\,000\,€$ wird mit $2\,\%$ verzinst.

   a) Ermitteln Sie die Wachstumsfunktion, wenn die Zinsen dem Konto gutgeschrieben werden.

   b) Berechnen Sie das Kapital nach 18 Jahren.

   c) Begründen Sie in Worten, weshalb der vorliegende Prozess exponentiell und nicht linear ist.

6. Von fünf Kilogramm eines radioaktiven Isotops zerfallen stündlich $3,1\,\%$. Ermitteln Sie die Zerfallsfunktion und geben Sie das Gewicht in Kilogramm nach sechs Stunden an.

7. Der Luftdruck in der Höhe h in Metern über dem Meeresspiegel lässt sich annähernd durch die barometrische Höhenformel $p(h) = p_0 \cdot e^{-k \cdot h}$ mit $k = \frac{1}{8\,000}$ m ermitteln. Berechnen Sie, wie groß der Luftdruck auf der Zugspitze ($2\,963$ m ü. d. M.) und auf dem Mont Blanc ($4\,808$ m ü. d. M.) ist, wenn davon ausgegangen wird, dass der Luftdruck in Meeresspiegelhöhe $p_0 = 1\,000$ hPa beträgt. ▶ hPa $\cong$ Hektopascal

8. Bestimmen Sie die Funktionsgleichung der Exponentialfunktion f mit $f(x) = a \cdot b^x$, deren Graph durch die beiden Punkte A und B verläuft.

   a) $A(0\,|\,3)$; $B(4\,|\,9)$ c) $A(-2\,|\,40)$; $B(1\,|\,0,5)$

   b) $A(4\,|\,32)$; $B(7\,|\,15)$ d) $A(6\,|\,45)$; $B(2\,|\,34)$

2.2.2 Exponential- und Logarithmusgleichungen

 Von der Exponentialfunktion zum Logarithmus

Einem Patienten wird durch eine Infusion ein Medikament kontinuierlich zugeführt. Die Funktion f mit $f(t) = 8 \cdot 2^t$ gibt die Menge des Medikaments im Blut des Patienten in Millilitern (ml) nach t Minuten an. Ermitteln Sie anhand des Graphen den Zeitpunkt, zu dem sich 64 ml bzw. 100 ml im Blut des Patienten befinden. Überprüfen Sie das Ergebnis durch eine Rechnung.

Wir gehen hier von der Medikamentenmenge aus, also von den Funktionswerten, und suchen den zugehörigen Zeitpunkt t. Aus der Abbildung können wir ablesen, dass 64 ml nach 3 Minuten ab Beobachtungsbeginn erreicht sind; 100 ml befinden sich nach ca. 3,6 Minuten im Blut. Um diese Zeitpunkte rechnerisch zu bestimmen, müssen folgende Gleichungen gelöst werden:

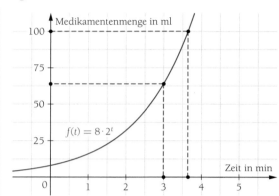

$$64 = 8 \cdot 2^t \quad |:8 \qquad \text{und} \qquad 100 = 8 \cdot 2^t \quad |:8$$
$$8 = 2^t \qquad\qquad\qquad \frac{25}{2} = 2^t$$

Solche Gleichungen mit Variablen im Exponenten heißen **Exponentialgleichungen**.

Allgemein bezeichnet man den Exponenten t in der Gleichung $b^t = y$ als **Logarithmus von y zur Basis b**. Man schreibt: $t = \log_b(y)$.

Wir können mit dem Logarithmus den Wert für 64 ml einfach überprüfen, denn wir wissen, dass $2^3 = 8$ gilt. Die Gleichung $\frac{25}{2} = 2^t$ kann hingegen nicht im Kopf gelöst werden. Wir können die Lösung jedoch mithilfe der $\boxed{\log_\blacksquare \square}$-Taste des Taschenrechners eindeutig bestimmen.

$$8 = 2^t \Rightarrow t = \log_2(8) = 3, \text{ denn } 2^3 = 8$$
$$\frac{25}{2} = 2^t \Rightarrow t = \log_2\left(\frac{25}{2}\right) \approx 3,6439$$

Vorsicht: Bei einigen Taschenrechnern ist bei $\boxed{\log}$ *die Basis nicht frei wählbar, sondern als 10 voreingestellt.*

Den Logarithmus einer *nicht negativen* Zahl zu berechnen heißt also, den Exponenten einer Potenz zu bestimmen: Der Logarithmus von y zur Basis b ist diejenige reelle Zahl, mit der man b potenzieren muss, um y zu ermitteln.

$$\log_2(8) = 3 \quad \blacktriangleright \quad 2^3 = 8$$
$$\log_2(32) = 5 \quad \blacktriangleright \quad 2^5 = 32$$
$$\log_{10}(100) = 2 \quad \blacktriangleright \quad 10^2 = 100$$
$$\log_{10}(100\,000) = 5 \quad \blacktriangleright \quad 10^5 = 100\,000$$

Es gilt $\log_b(b^n) = n$, denn der Logarithmus von b^n zur Basis b ist ja gerade die Zahl, mit der man b potenzieren muss, um b^n zu erhalten.

$$\log_b(1) = \log_b(b^0) = 0, \ \log_b(b^1) = 1, \ \log_b(b^2) = 2$$
$$\log_b(b^n) = n$$

• **Exponentialgleichungen** sind Gleichungen, bei denen die Variable im Exponenten steht. Sie lassen sich durch **Logarithmieren** lösen.
• Für $b > 0$, $b \neq 1$ und $y > 0$ bezeichnet $\log_b(y)$ diejenige Zahl x, für die $b^x = y$ gilt. Aus $x = \log_b(y)$ folgt somit $y = b^x$ und umgekehrt. Die Zahl $\log_b(y)$ wird **Logarithmus von y zur Basis b** genannt.

  Lösen Sie die folgenden Exponentialgleichungen.

a) $5^x = 25$ b) $144^x = 12$ c) $4^x = \frac{1}{2}$ d) $2^x = 128$ e) $4 \cdot 3^x = 108$ f) $4 \cdot 6^x = 5\,184$

Für die natürliche Basis e (▶ Seite 60) gilt: $e^x = y \Leftrightarrow x = \log_e(y) = \ln(y)$. Diesen Logarithmus bezeichnen wir als **natürlichen Logarithmus** und kürzen ihn mit ln ab.

Rechenregeln für den Logarithmus

Aufgrund der Potenzgesetze für Exponenten (▶ Grundlagen, Seite 15) ergeben sich die drei folgenden Rechenregeln für Logarithmen zu beliebigen Basen.

1. Logarithmengesetz
Ein Produkt wird logarithmiert, indem man die Logarithmen der Faktoren addiert.

$\log_b(u \cdot v) = \log_b(u) + \log_b(v) \quad (u, v \in \mathbb{R}^+)$
Beispiel: $\log_2(4 \cdot 8) = \log_2(4) + \log_2(8) = 2 + 3$

2. Logarithmengesetz
Ein Bruch wird logarithmiert, indem man vom Logarithmus des Zählers den Logarithmus des Nenners subtrahiert.

$\log_b\left(\frac{u}{v}\right) = \log_b(u) - \log_b(v) \quad (u, v \in \mathbb{R}^+)$
Beispiel: $\log_3\left(\frac{243}{9}\right) = \log_3(243) - \log_3(9) = 5 - 2$

3. Logarithmengesetz
Eine Potenz wird logarithmiert, indem man den Exponenten mit dem Logarithmus der Basis multipliziert.

$\log_b(u^r) = r \cdot \log_b(u) \quad (u \in \mathbb{R}^+, r \in \mathbb{Q})$
Beispiel:
$\log_{10}(10\,000) = \log_{10}(10^4) = 4 \cdot \log_{10}(10) = 4 \cdot 1$

Lösen einer einfachen Exponentialgleichung

Lösen Sie die Gleichung $4^x = 1\,024$.

Eine Exponentialgleichung dieser Form kann direkt mit der Definition des Logarithmus zur entsprechenden Basis (hier $b = 4$) gelöst werden.
Aber mithilfe eines Logarithmus zu einer beliebigen Basis b und den Logarithmenregeln ist diese Gleichung ebenfalls lösbar.

⑤

$4^x = 1\,024 \Leftrightarrow x = \log_4(1024) = 5$

$$4^x = 1\,024 \qquad |\log_b$$
$$\Leftrightarrow \quad \log_b(4^x) = \log_b(1024) \qquad \blacktriangleright \text{ 3. Logarithmengesetz}$$
$$\Leftrightarrow \quad x \cdot \log_b(4) = \log_b(1024)$$
$$\Leftrightarrow \quad x = \frac{\log_b(1024)}{\log_b(4)} = 5 \qquad \blacktriangleright \text{ z. B. } b = 10$$

Exponentialgleichungen mit gleichen oder verschiedenen Basen

Lösen Sie die Gleichungen: **a)** $7^{4x+1} = 7^{6x+2}$ **b)** $3^{12x} = 8^{5x-3}$

⑥

a) Diese Gleichung kann durch einen **Exponentenvergleich** gelöst werden. Da die Basen auf beiden Seiten der Gleichung dieselben sind, müssen auch die Exponenten gleich sein.

$$7^{4x+1} = 7^{6x+2}$$
$$\Leftrightarrow 4x + 1 = 6x + 2$$
$$\Leftrightarrow \quad x = -0{,}5$$

b) Beispiel 5 zeigt, dass Logarithmen zu beliebigen Basen zum Lösen von Gleichungen verwendet werden können. Für die Gleichung mit verschiedenen Basen wählen wir hier und in den weiteren Rechnungen den Logarithmus zur Basis e, also den natürlichen Logarithmus. Nachdem wir mit dem 3. Logarithmengesetz das x auf die Rechenebene gebracht haben, erhalten wir durch Ausklammern die Lösung für x.

$$3^{12x} = 8^{5x-3} \qquad |\ln$$
$$\Leftrightarrow \quad \ln(3^{12x}) = \ln(8^{5x-3})$$
$$\Leftrightarrow \quad 12x \cdot \ln(3) = (5x - 3) \cdot \ln(8)$$
$$\Leftrightarrow \quad 12x \cdot \ln(3) = 5x \cdot \ln(8) - 3 \cdot \ln(8)$$
$$\Leftrightarrow \quad 12x \cdot \ln(3) - 5x \cdot \ln(8) = -3 \cdot \ln(8)$$
$$\Leftrightarrow \quad x \cdot (12 \cdot \ln(3) - 5 \cdot \ln(8)) = -3 \cdot \ln(8)$$
$$\Leftrightarrow \quad x = \frac{-3 \cdot \ln(8)}{12 \cdot \ln(3) - 5 \cdot \ln(8)} \approx -2{,}239$$

Lösen Sie die folgenden Exponentialgleichungen.
a) $3^{2x-2} = 3^{-4x+5}$ b) $e^{4x} = e^{6x-2}$ c) $6^{4x-3} = 2^{3x}$ d) $2 \cdot 3^{4x} = 5^{3x}$

Radioaktive Elemente zerfallen unter Aussendung von geladenen Teilchen und wandeln sich dabei in neue Atome um. Die Geschwindigkeit, mit der der radioaktive Zerfall eines Elements stattfindet, wird durch die **Halbwertszeit** gemessen.

 Halbwertszeit

Jod ist für den menschlichen Körper unverzichtbar, da die Schilddrüse natürliches Jod zu Hormonen verarbeitet. Bei der Kernspaltung im Atomreaktor entsteht jedoch das radioaktive Jod-Isotop I-131, welches bei Aufnahme in den menschlichen Körper zu Schilddrüsenkrebs führen kann.

Die Ausgangsradioaktivität des Jod-Isotops I-131 beträgt 100 MBq (Megabecquerel). Die Radioaktivität klingt entsprechend der Funktion f mit $f(t) = 100 \cdot 0{,}917^t$ ab (t in Tagen). Berechnen Sie, in welcher Zeit die Radioaktivität von I-131 auf die Hälfte des Anfangswertes sinkt.

Wir suchen die **Halbwertszeit** $T_{0,5}$, d. h. den Zeitpunkt, zu dem nur noch die Hälfte des Anfangswertes $a = f(0)$ vorhanden ist.

Teilen wir im Ansatz $f(T_{0,5}) = 0{,}5 \cdot f(0)$ beide Seiten durch den Anfangswert $f(0) = 100$, so erkennen wir, dass die Halbwertszeit immer unabhängig vom Anfangswert ist.

Wir erhalten eine Halbwertszeit von ungefähr 8 Tagen.

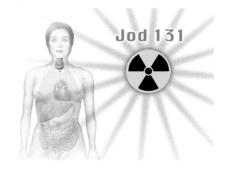

$$f(T_{0,5}) = 0{,}5 \cdot f(0)$$
$$\Leftrightarrow \quad 100 \cdot 0{,}917^{T_{0,5}} = 0{,}5 \cdot 100 \qquad |:100$$
$$\Leftrightarrow \quad 0{,}917^{T_{0,5}} = 0{,}5 \qquad |\ln$$
$$\Leftrightarrow \quad \ln(0{,}917^{T_{0,5}}) = \ln(0{,}5) \qquad \blacktriangleright \text{ 3. Logarithmengesetz}$$
$$\Leftrightarrow \quad T_{0,5} \cdot \ln(0{,}917) = \ln(0{,}5) \qquad |:\ln(0{,}917)$$
$$\Leftrightarrow \quad T_{0,5} = \frac{\ln(0{,}5)}{\ln(0{,}917)} \approx 8$$

▶ Basis $b = 0{,}917$, also $0 < b < 1$

 Verdopplungszeit

Im Jahr 2006 betrug die Einwohnerzahl der Vereinigten Staaten ca. 300 Millionen. Die jährliche Wachstumsrate lag bei 1 %. Durch die Funktion f mit $f(t) = 300 \cdot 1{,}01^t$ (t in Jahren) wird die Bevölkerungszahl (in Millionen) beschrieben. Berechnen Sie, in wie vielen Jahren sich die Einwohnerzahl der USA verdoppelt hat.

Um die **Verdopplungszeit** T_2 zu berechnen, verwenden wir den Ansatz $f(t_2) = 2 \cdot f(0)$, wobei der Anfangswert $a = f(0)$ des Jahres 2006 verdoppelt wird. Lösen wir die Gleichung nach T_2 auf, so erhalten wir die gesuchte Verdopplungszeit von ungefähr 69,66 Jahren. Die Bevölkerung der USA wird gemäß dieses Modells also im Jahr 2076 doppelt so groß sein wie 2006.

$$f(T_2) = 2 \cdot f(0)$$
$$\Leftrightarrow \quad 300 \cdot 1{,}01^{T_2} = 2 \cdot 300 \qquad |:300$$
$$\Leftrightarrow \quad 1{,}01^{T_2} = 2 \qquad |\ln$$
$$\Leftrightarrow \quad T_2 \cdot \ln(1{,}01) = \ln(2) \qquad |:\ln(1{,}01)$$
$$\Leftrightarrow \quad T_2 = \frac{\ln(2)}{\ln(1{,}01)} \approx 69{,}66$$

▶ Basis $b = 1{,}01$, also $b > 1$

- **Halbwertszeit** eines exponentiellen Zerfallsprozesses $f(t) = a \cdot b^t$ mit $0 < b < 1$: $T_{0,5} = \frac{\ln(0{,}5)}{\ln(b)}$
- **Verdopplungszeit** eines exponentiellen Wachstumsprozesses $f(t) = a \cdot b^t$ mit $b > 1$: $T_2 = \frac{\ln(2)}{\ln(b)}$

Caesium-137 sammelt sich vor allem in den menschlichen Muskeln an. Von Caesium-137 zerfallen jährlich 2,3 % seiner Masse. Ermitteln Sie die Zerfallsfunktion und die Halbwertszeit.

Exponentialgleichung durch Ausklammern und Satz vom Nullprodukt lösen

Ermitteln Sie die Lösungen der Gleichung $e^{2x} - 2e^x = 0$.

Mithilfe der Potenzgesetze können wir die Gleichung so umformen, dass wir e^x ausklammern können.

▸ Grundlagen, Seite 15

Anschließend wenden wir den Satz vom Nullprodukt an. Wir betrachten die beiden Faktoren e^x und $e^x - 2$. Der Term e^x wird nie null, ganz egal welcher Wert für x eingesetzt ist (die e-Funktion hat keine Nullstelle). Deswegen liefert dieser Faktor keine Nullstelle. Die Frage, wann der Faktor $e^x - 2$ null wird, kann wiederum durch Logarithmieren gelöst werden. Die Gleichung $e^{2x} - 2e^x = 0$ besitzt nur die eine Lösung $x \approx 0{,}69$.

$$e^{2x} - 2e^x = 0 \quad \blacktriangleright \ e^{2x} = e^{x+x} = e^x \cdot e^x$$
$$\Leftrightarrow \quad e^x \cdot e^x - 2e^x = 0$$
$$\Leftrightarrow \quad e^x \cdot (e^x - 2) = 0$$

Ein Produkt ist genau dann null, wenn mindestens ein Faktor null ist.

$$e^x = 0 \qquad \text{oder} \qquad e^x - 2 = 0$$
$$\downarrow \qquad\qquad\qquad\quad \Leftrightarrow \quad e^x = 2$$
$$\text{nicht lösbar} \quad\quad \Leftrightarrow \quad \ln(e^x) = \ln(2)$$
$$\Leftrightarrow \quad x = \ln(2)$$
$$\approx 0{,}69315$$

Einfache Logarithmusgleichungen

Lösen Sie die Logarithmusgleichungen: **a)** $\log_3 x = -3$ **b)** $\log_x 64 = 6$

a) Hier ist das Argument des Logarithmus gesucht. Wir verwenden die Definition des Logarithmus.

$$\log_3 x = -3 \Leftrightarrow x = 3^{-3} = \frac{1}{3^3} = \frac{1}{27}$$

b) Auch bei der Suche nach der Basis wenden wir die Definition des Logarithmus an.

$$\log_x 64 = 6 \Leftrightarrow x^6 = 64 \Leftrightarrow x = \sqrt[6]{64} = 2$$

Komplexe Logarithmusgleichung

Lösen Sie die Logarithmusgleichung: $\log_2(x+1) + \log_2(x-3) = \log_2(6x-15)$

Der Logarithmus ist nur für positive Argumente definiert. Deshalb dürfen in diese Gleichung nur x-Werte eingesetzt werden, die auf positive Argumente des Logarithmus führen. Dazu betrachten wir die drei Ungleichungen und lösen sie nach x auf. Der Zahlenstrahl zeigt, dass alle drei Ungleichungen erfüllt sind, wenn $x > 3$ ist.

Das 1. Logarithmengesetz führt auf beiden Seiten der Gleichung auf Logarithmen zur selben Basis. Diese Gleichung kann nur erfüllt werden, wenn beide Argumente gleich sind. Die quadratische Gleichung lösen wir mit der p-q-Formel. Da $x_1 = 2$ nicht zu den für die Gleichung zugelassenen x-Werten gehört, ist die einzige Lösung der Logarithmusgleichung $x = 6$.

$$x + 1 > 0 \Leftrightarrow x > -1$$
$$x - 3 > 0 \Leftrightarrow x > 3$$
$$6x - 15 > 0 \Leftrightarrow x > 2{,}5$$

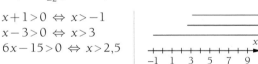

Zugelassene x-Werte für die Gleichung: $x > 3$

$$\log_2(x+1) + \log_2(x-3) = \log_2(6x-15)$$
$$\Leftrightarrow \quad \log_2((x+1) \cdot (x-3)) = \log_2(6x-15)$$
$$\Leftrightarrow \quad (x+1)(x-3) = 6x - 15$$
$$\Leftrightarrow \quad x^2 - 2x - 3 = 6x - 15$$
$$\Leftrightarrow \quad x^2 - 8x + 12 = 0 \quad \blacktriangleright \ p\text{-}q\text{-Formel}$$
$$\Rightarrow \quad x_1 = 2 \text{ nicht für die Gleichung zugelassen}$$
$$x_2 = 6 \text{ einzige Lösung}$$

Lösen Sie die folgenden Exponential- und Logarithmusgleichungen. Führen Sie auch die Probe durch.

a) $e^{2x} = 4$

b) $3{,}5 \cdot e^{4x} = 7$

c) $e^{-3x} = 9$

d) $e^x \cdot (0{,}5x - 4) = 0$

e) $3 \cdot e^x + 4x \cdot e^x + x^2 e^x = 0$

f) $\log_x\left(\frac{1}{16}\right) = -4$

g) $\log_3(4x+3) = \log_3(x-5)$

h) $2\ln(x-1) = \ln(3x+1)$

i) $\ln(x^2 - 2x) = \ln(1 - 2x)$

(12) **Exponentielle Ungleichungen**

Lösen Sie die exponentiellen Ungleichungen: **a)** $3^{4x}>3^{x+6}$ **b)** $0,5^{4x}>0,5^{x+6}$.

a) Bei gleichen Basen mit $b>1$ gilt: Je größer der Exponent, desto größer die Potenz (der Graph ist monoton steigend; vgl. Beispiel 1, Seite 58). Das Ungleichheitszeichen bleibt also erhalten.

$$3^{4x}>3^{x+6} \qquad |\log_3$$
$$\Leftrightarrow \log_3(3^{4x})>\log_3(3^{x+6}) \quad \blacktriangleright \log_b(b^x)=x$$
$$\Leftrightarrow \qquad 4x>x+6$$
$$\Leftrightarrow \qquad x>2$$

b) Bei gleichen Basen mit $0<b<1$ aber gilt: Je größer der Exponent, desto kleiner die Potenz (der Graph ist monoton fallend; vgl. Beispiel 2, Seite 59). Das Ungleichheitszeichen muss umgekehrt werden.

$$0,5^{4x}>0,5^{x+6} \qquad |\log_{0,5}$$
$$\Leftrightarrow \log_{0,5}(0,5^{4x})<\log_{0,5}(0,5^{x+6})$$
$$\Leftrightarrow \qquad 4x<x+6$$
$$\Leftrightarrow \qquad x<2$$

> Für $\log_b x$ mit $0<b<1$ dreht sich das Ungleichheitszeichen um.

(13) **Logarithmische Ungleichungen**

Lösen Sie die logarithmischen Ungleichungen: **a)** $\log_4(x+7)>3$ **b)** $\log_{\frac{1}{2}}((x-1)(x+2))>-2$

a) Eine logarithmische Ungleichung können wir lösen, indem wir beide Seiten der Ungleichung in den Exponenten erheben. Das Ungleichheitszeichen ändert sich hier nicht, da die Basis größer als 1 ist.
Die ermittelten Lösungen $x>57$ führen in der Originalgleichung auf einen positiven Logarithmus und sind deshalb alle zugelassen.

$$\log_4(x+7)>3 \qquad |4^{(\ )} \text{ für } x>-7$$
$$\Leftrightarrow \quad 4^{\log_4(x+7)}>4^3 \quad \blacktriangleright b^{\log_b(x)}=x$$
$$\Leftrightarrow \qquad x+7>64$$
$$\Leftrightarrow \qquad x>57$$

b) Diese Ungleichung ist nur definiert, wenn der Term $(x-1)(x+2)$ positiv ist. Sind beide Klammern positiv, so ist auch das Produkt der beiden positiv. Dies gilt für $x>1$. Sind beide Klammern negativ, so ist das Produkt der beiden trotzdem positiv. Dies ist für $x<2$ erfüllt. Die zugelassenen Werte für diese Ungleichung sind also $x<-2$ oder $x>1$.
In dieser logarithmischen Ungleichung erheben wir beide Seiten mit einer Basis b zwischen 0 und 1 in den Exponenten, welches zum Umkehren des Ungleichheitszeichens führt. Wir interpretieren den Term x^2+x-6 als Funktion und ermitteln die Nullstellen. Da die Parabel nach oben geöffnet ist, erfüllen die Werte zwischen den Nullstellen die Ungleichung $x^2+x-6<0$.

$(x-1)(x+2)>0$
$\Rightarrow$ zugelassene Werte: $x<-2$ oder $x>1$

> Für b^x mit $0<b<1$ dreht sich das Ungleichheitszeichen um.

$$\log_{\frac{1}{2}}((x-1)(x+2))>-2$$
$$\Leftrightarrow \quad \log_{\frac{1}{2}}(x^2+x-2)>-2 \qquad |\left(\tfrac{1}{2}\right)^{(\ )}$$
$$\Leftrightarrow \quad \left(\tfrac{1}{2}\right)^{\log_{\frac{1}{2}}(x^2+x-2)}<\left(\tfrac{1}{2}\right)^{-2} \ \blacktriangleright b^{\log_b(x)}=x$$
$$\Leftrightarrow \qquad x^2+x-2<4 \qquad |-4$$
$$\Leftrightarrow \qquad x^2+x-6<0$$

$x^2+x-6=0$ $\blacktriangleright$ p-q-Formel
$\Rightarrow x_1=-3 \quad x_2=2$
Lösungen von $x^2+x-6<0$: $-3<x<2$
Lösungsmenge:
$(x<-2 \text{ oder } x>1)\cap(-3<x<2)$
$\Rightarrow -3<x<-2 \text{ oder } 1<x<2$

Die Schnittmenge der zugelassenen x-Werte mit den Ergebnissen der Termumformung bildet die Lösungsmenge der logarithmischen Ungleichung:

$-3<x<-2$ oder $1<x<2$

Lösen Sie die folgenden Ungleichungen.
a) $6^{24x+2}>6^{12-4x}$
b) $0,75^{14x}<0,75^{2x-18}$
c) $\log_{0,25}(3x+5)>-0,5$
d) $\lg(x-3)+\lg(x+1)<2$ $\blacktriangleright \lg(x)=\log_{10}(x)$

Übungen zu 2.2.2

1. Wenden Sie die Logarithmengesetze an.

a) $\log_b(r \cdot s)$

b) $\log_b(3d)$

c) $\log_b(5y \cdot x)$

d) $\log_b\left(\frac{4x}{3y}\right)$

e) $\log_b(t^2)$

f) $\log_b(2x^{-1})$

2. Schreiben Sie die Terme so um, dass nur noch ein Logarithmus vorkommt.

a) $\log_b(r) + \log_b(s) + \log_b(t)$

b) $\log_b(z) - \log_b(y)$

c) $2 \cdot \log_b(x) + 5 \cdot \log_b(z)$

d) $3 \cdot \log_b(xy) - 4 \cdot \log_b(z)$

e) $\frac{1}{2}\log_b(x) - \frac{2}{3}\log_b(y)$

3. Lösen Sie die Exponentialgleichungen nach x auf. Lösen Sie sie ohne Taschenrechner.

a) $2^x = 32$

b) $5^x = 25$

c) $25^x = 5$

d) $144^x = 12$

e) $0{,}25^x = 16$

f) $4^x = \frac{1}{2}$

4. Geben Sie die zugehörigen Exponentialgleichungen an. Rechnen Sie ohne Taschenrechner.

a) $\log_3(81) = x$

b) $\log_{10}(0{,}0001) = x$

c) $\log_2(64) = x$

d) $\log_2(0{,}03125) = x$

e) $\log_{10}(10^3) = x$

f) $\log_{0{,}25}(16) = x$

5. Lösen Sie die Exponentialgleichungen.

a) $34^{2x+7} = 34^{6-3x}$

b) $7^x = 4^{x-1}$

c) $3^{x-1} = 5^{2x}$

d) $5^{2x+1} = 3 \cdot 6^{x+3}$

e) $25 \cdot 3^x = 12 \cdot 2^{x+4}$

f) $e^x - 3 \cdot e^{2x} = 0$

g) $4e^x \cdot (e^x - 4) = 0$

h) $e^{0{,}5x} - 3e^x = 0$

i) $7e^{3x} + 3e^x = e^x$

j) $e^{3x-4} = e^{x+15}$

6. Ermitteln Sie die Lösungen der folgenden Exponentialgleichung: $e^{2x} + 2e^x - 8 = 0$.

▸ Verwenden Sie $u = e^x$ und $e^{2x} = (e^x)^2$.

7. Der Luftdruck in der Höhe h in Metern über dem Meeresspiegel lässt sich annähernd durch die barometrische Höhenformel $p(h) = 1000 \cdot e^{-h/8\,000}$ bestimmen. Berechnen Sie, in welcher Höhe über dem Meeresspiegel der Luftdruck 750 hPa beträgt.

8. Die Temperatur in Grad Celsius eines erhitzten Werkstücks kühlt entsprechend der Funktion $f(x) = 240 \cdot 0{,}834^x$ exponentiell ab (x in Minuten). Ermitteln Sie den Zeitpunkt, zu dem das Werkstück eine Temperatur von 40 °C erreicht hat.

9. Lösen Sie die Logarithmusgleichungen.

a) $\log_4(x) = 3$

b) $\log_x(1\,296) = 4$

c) $\log_6(7x+9) = \log_6(10x-20)$

d) $\log_2(4x-16) = 3$

e) $\log_9(2x) + \log_9(1+x) = 0{,}5$

10. Lösen Sie die Ungleichungen.

a) $8^{15x-6} < 8^{-3x+5}$

b) $0{,}25^{5-2x} > 0{,}25^{4x-7}$

c) $\log_8(2x+6) > 1{,}5$

d) $\log_2(x^2+9) > 3$

e) $\log_3(x^2-4x) - \log_3(x) < 5$

11. Der Koffeingehalt im Blut eines jugendlichen Nichtrauchers nimmt exponentiell mit einer Halbwertszeit von circa drei Stunden ab.

a) Bestimmen Sie den Funktionsterm vom Typ $f(t) = a \cdot b^t$, wenn anfangs 35 mg Koffein im Blut vorhanden sind.

b) Berechnen Sie den Koffeingehalt nach zwei, vier bzw. fünfeinhalb Stunden.

c) Ermitteln Sie, wie lange es dauert, bis sich nur noch ca. 5 mg Koffein im Blut befinden.

12. Bestimmen Sie, wie viele Jahre es dauert, bis die radioaktive Strahlung eines mit Radium-226 verseuchten Gegenstands auf $\frac{1}{8}$ ihres ursprünglichen Werts gesunken ist.

▸ Die Halbwertszeit für Radium-226 beträgt 1 600 Jahre.

13. Ein Narkosemedikament hat eine Halbwertszeit von 40 Minuten und wird mit der Anfangsmenge M_0 gespritzt.

a) Erstellen Sie den Funktionsterm, der den Medikamentenabbau beschreibt.

b) Drücken Sie den Medikamentenabbau in Prozent pro Minute aus und berechnen Sie, wie viel Prozent des Narkosemedikaments nach 20 Minuten noch vorhanden sind.

c) Ermitteln Sie die Menge des noch im Körper vorhandenen Narkosemittels, wenn bei einer dreistündigen Operation zunächst 4 mg und danach stündlich zweimal 2 mg verabreicht werden.

d) Bestimmen Sie den Zeitpunkt, an dem nur noch 1 mg im Körper vorhanden ist.

2.2.3 Anwendungen stetiger Prozesse

Exponentialfunktionen bieten gegenüber linearen Funktionen den Vorteil, dass sie Vorgänge in Natur und Technik besser modellieren können: natürliche Wachstumsprozesse wie beispielsweise das Höhenwachstum der Tanne starten meist langsam, der Zuwachs am Anfang ist noch gering. Mit fortschreitender Zeit aber wächst der Bestand schneller. Dies bildet die Exponentialfunktion zuverlässiger ab. Beobachten wir jedoch die Wachstumsprozesse über einen längeren Zeitraum, geht also t gegen $+\infty$, so steigt die Exponentialfunktion monoton ins Unendliche. Um dies den natürlichen Prozessen anzupassen, betrachten wir in diesem Abschnitt das **beschränkte Wachstum** sowie das **logistische Wachstum**.

 Grenzen des exponentiellen Modells

In Beispiel 1 (▸ Seite 58) wird das Höhenwachstum eines Tannensetzlings durch $f(t) = 20 \cdot 1{,}3^t$ beschrieben, wobei $f(t)$ die Höhe in cm und t die Zeit in Jahren ist.
Ermitteln Sie die Höhe des Baumes nach 20 und nach 50 Jahren. Beurteilen Sie die Verlässlichkeit der Exponentialfunktion f für das Höhenwachstum der Tanne.

Die Höhe der Tanne nach 20 und 50 Jahren ermitteln wir mithilfe des Funktionsterms $f(t)$.	$f(20) \approx 3\,800{,}99 \,\text{cm} \approx 38\,\text{m}$ $f(50) \approx 9\,958\,584{,}46 \,\text{cm} \approx 99\,586\,\text{m} \approx 99{,}6\,\text{km}$

Dass eine Tanne nach 20 Jahren eine Höhe von 38 m erreicht hat, ist durchaus realistisch. Tannen können ein Lebensalter von ca. 300 Jahren erreichen, aber eine Höhe von 99,6 km ist nicht möglich. Das exponentielle Modell beschreibt zwar angemessen das Wachstum in den Anfangsjahren, doch für Zukunftsprognosen ist es nicht geeignet.

 Beschränktes Höhenwachstum

Beurteilen Sie, ob die Funktion h mit $h(t) = 6000 - 5980 \cdot 0{,}9512^t$ das Höhenwachstum des Tannensetzlings aus Beispiel 1 (▸ Seite 58) im Vergleich mit den Funktionen f und g mit $f(t) = 20 \cdot 1{,}3^t$ und $g(t) = 15t + 20$ gut modelliert. Ermitteln Sie den Anfangswert von h sowie den Höhenwert nach 20 und nach 50 Jahren. Zeichnen Sie die Graphen.

Der Anfangswert von 20 cm der Funktion h entspricht den Anfangswerten der Funktionen f und g. Nach 20 Jahren weisen die Funktionen h und f annähernd den gleichen Höhenwert von 38 m auf. Für die Zeit $t = 50$ ist der Höhenwert der Funktion h deutlich realistischer mit ca. 55 m als die entsprechenden Werte der Funktionen f und g. Die Funktion h nähert sich auf lange Sicht der Sättigungsgrenze von 6000 cm = 60 m. Die Anpassung an die ersten 20 Jahre ist allerdings durch die Funktion f und deren exponentiellen Verlauf besser beschrieben als durch das beschränkte Modell der Funktion h.

$h(0) = 20\,\text{cm}$ $h(20) = 3\,801\,\text{cm} \approx 38\,\text{m}$
$h(50) = 5\,509\,\text{cm} \approx 55\,\text{m}$

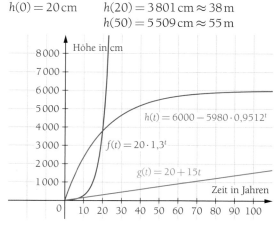

Wenn einem Wachstums- oder Zerfallsprozess auf lange Sicht natürliche Schranken gesetzt sind, so modellieren wir diese Vorgänge mit dem **beschränkten Wachstum** oder dem **beschränkten Zerfall**. Die **Sättigungsgrenze S** ist die Asymptote, der sich die Funktionswerte für große x-Werte annähern. Die Funktion f mit $f(x) = S - a \cdot b^x$ und $0 < b < 1$ beschreibt beschränkte Prozesse. Für $a > 0$ wird beschränktes **Wachstum** beschrieben, für $a < 0$ beschränkter **Zerfall**. ▸ vgl. Abschnitt 2.1.2, Seite 46

Datenmodellierung bei beschränktem Zerfall

Eine 70 °C heiße Flüssigkeit kühlt auf Zimmertemperatur (21 °C) ab. Folgende Werte wurden gemessen:

Zeit t in Minuten	0	10	20	30
Temperatur in °C	70	40	27	25

Beurteilen Sie die Annahme, dass sich dieser Prozess einer Schranke nähert und deshalb das Modell des beschränkten Zerfalls sinnvoll ist. Ermitteln Sie die Funktionsgleichung $f(t) = S - a \cdot b^t$.

Die Zimmertemperatur bildet die natürliche untere Schranke $S = 21$ dieses Abkühlungsprozesses. Der Anfangswert von 70 °C ermöglicht die Berechnung des Werts für a. Wir wählen als weiteren Zeitpunkt 10 Minuten, um die Basis b zu ermitteln. Die Graphik zeigt, dass die Funktion f mit $f(t) = 21 + 49 \cdot 0{,}9096^t$ eine gute Anpassung an den Prozess darstellt.

Vergleichen wir aber beispielsweise den Funktionswert $f(20) = 28{,}37\,°C$ mit dem gemessenen Wert 27 °C, so erkennen wir, dass die Genauigkeit unserer Funktionsgleichung darunter leidet, dass wir nur zwei gemessene Werte berücksichtigt haben. Moderne Computerprogramme ermöglichen eine genauere Anpassung.

$f(0) = 70 \Rightarrow 21 - a \cdot b^0 = 70 \Rightarrow a = -49$
$f(10) = 40 \Rightarrow 21 + 49 \cdot b^{10} = 40 \Rightarrow b = 0{,}9096$
$f(t) = 21 + 49 \cdot 0{,}9096^t$

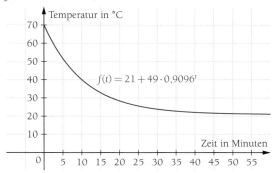

Logistisches Höhenwachstum

In den Beispielen 1 und 14 wird das Höhenwachstum eines Tannensetzlings mithilfe der Exponentialfunktion f sowie der beschränkten Funktion h modelliert. Erläutern Sie anhand des Graphen, weshalb die Funktion l mit $l(t) = \frac{6000 \cdot 1{,}3^{t-18}}{1 + 1{,}3^{t-18}}$ den Wachstumsprozess im Vergleich zu den Funktionen f und h am besten modelliert.

Die Funktion l vereint die guten Eigenschaften der Funktionen f und h. Im Bereich bis 20 Jahre ermöglicht l eine exponentielle Anpassung entsprechend der Funktion f. Ab dem 20. Jahr erfolgt eine Annäherung an die natürliche Schranke $S = 6000$ cm in Form einer Asymptote.

Auf die tatsächliche Modellierung mit der sogenannten **logistischen Funktion** l verzichten wir hier und verweisen auf moderne Computerprogramme.

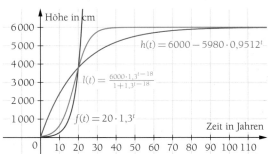

Wachstums- und Zerfallsprozesse mit **natürlichen Sättigungsgrenzen** S werden mit Funktionen der Form $f(x) = S - a \cdot b^x$ mit $0 < b < 1$ modelliert. Es gilt:

$a > 0$: **beschränktes Wachstum**

$a < 0$: **beschränkter Zerfall**

Eine sehr gute, aber schwierig zu entwickelnde Modellierung liefert die **logistische Funktion**.

Ermitteln Sie die beschränkte Exponentialfunktion für die Datenpaare $f(0) = 5$ und $f(10) = 7$ sowie die Schranke $S = 14$.

Übungen zu 2.2.3

1. In einer $19\,°C$ warmen Wohnung findet eine Party statt. Unter der Annahme, dass sich die Temperatur einer Flüssigkeit der Umgebungstemperatur nach einer gewissen Zeit anpasst, wird der Temperaturverlauf eines gekühlten Getränks durch die Funktion f mit $f(t) = 19 + a \cdot b^t$ ($t > 0$ in Minuten) beschrieben.

   a) Erklären Sie, warum für die Beschreibung dieses Prozesses $a < 0$ gelten muss.

   b) Ein aus dem Kühlschrank entnommenes Getränk misst nach sieben Minuten ca. $12\,°C$ und nach 20 Minuten bereits ca. $17\,°C$. Berechnen Sie die Funktionsgleichung von f.

   c) Bestimmen Sie die Kühlschranktemperatur.

   d) Zeichnen Sie den Graphen der Funktionsgleichung und geben Sie die Asymptote an.

   e) Welche Temperatur hat das Getränk nach einer halben Stunde?

2. Eine Flüssigkeit hat die Anfangstemperatur T_0 und wird durch ein Kühlmittel auf die konstante Temperatur T_1 gekühlt. Die Temperaturabnahme verläuft dabei exponentiell nach folgender Gleichung:

   $$T(t) = (T_0 - T_1) \cdot e^{-kt} + T_1 \quad \text{mit } t \geq 0,$$

   wobei $T(t)$ die Temperatur der Flüssigkeit zum Zeitpunkt t angibt.
   Bei einem Test mit einer Kühltemperatur von $T_1 = 20\,°C$ ist die Temperatur der Flüssigkeit nach 50 min auf $85\,°C$, nach 150 min auf nur noch $30\,°C$ abgekühlt.

   a) Berechnen Sie T_0 und k.

   b) Bestimmen Sie, nach welcher Zeit die Flüssigkeit eine Temperatur von $60\,°C$ erreicht hat.

3. Die Temperatur einer Herdplatte kühlt entsprechend der Funktion f exponentiell ab:
   $f(t) = 22 + 178 \cdot e^{-k \cdot t}$.

   a) Ermitteln Sie die Unbekannte k, wenn die Temperatur nach zwei Minuten $160\,°C$ beträgt.

   b) Berechnen Sie die Temperatur bei Beobachtungsbeginn.

   c) Untersuchen Sie, auf welche Temperatur die Herdplatte sich langfristig abkühlen wird.

   d) Eine Herdplatte kann bei Unachtsamkeit zu Verbrennungen führen. Ab $45\,°C$ riskiert man Verbrennungen ersten Grades. Ermitteln Sie die Zeit, bis die beobachtete Herdplatte auf $45\,°C$ abgekühlt ist.

4. Das Wachstum der Wasserlilie Nymphaea lotus „rot" ist als sehr schnell einzustufen. In einer Kleingartenanlage wird sie in einen $400\,m^2$ großen Teich gesetzt. Die Wasseroberfläche ist anfangs mit $1\,m^2$ der Schwimmblätter bedeckt.

   a) Begründen Sie, dass dieses Wachstum mit einer beschränkten Funktion modelliert werden sollte.

   b) In der fünften Woche nach Beobachtungsbeginn sind ca. $40\,m^2$ mit Schwimmblättern bedeckt. Ermitteln Sie die Funktionsgleichung $f(x) = S - a \cdot b^x$, wobei $f(x)$ die bedeckte Fläche in m^2 in der Woche x angibt.

   c) Sobald die Wasserlilie mehr als $40\,\%$ der Wasseroberfläche bedeckt, sollen die Schwimmblätter im Uferbereich zurückgeschnitten werden. Ermitteln Sie den entsprechenden Zeitpunkt im beschränkten Modell b).

   d) Die logistische Funktion l mit $l(x) = \dfrac{400 \cdot 1{,}15^{x-40}}{1 + 1{,}15^{x-40}}$ beschreibt ebenfalls den Wachstumsprozess der Wasserlilie. Zeichnen Sie die Funktionen f und l in ein gemeinsames Koordinatensystem. Berechnen Sie die Fläche, die nach 30 und nach 60 Wochen mit Schwimmblättern bedeckt ist, für beide Funktionen und vergleichen Sie diese.

Übungen zu 2.2

1. Zeichnen Sie die Graphen der folgenden Funktionen in ein Koordinatensystem. Beschreiben und vergleichen Sie ihre Verläufe.

a) $f(x) = 2^x$

b) $f(x) = 3^x$

c) $f(x) = 0{,}5^x$

d) $f(x) = \left(\frac{2}{3}\right)^x$

e) $f(x) = \left(\frac{3}{2}\right)^x$

f) $f(x) = \left(\frac{9}{10}\right)^x$

2. Beschreiben Sie die Graphen der Exponentialfunktionen f und g. Vergleichen Sie ihre Verläufe.

a) $f(x) = 1{,}5 \cdot 1{,}2^x + 1$; $g(x) = 3 \cdot 0{,}7^x + 4$

b) $f(x) = -2 \cdot 1{,}2^x + 7$; $g(x) = -5 \cdot 0{,}7^x + 4$

c) $f(x) = -3 \cdot 0{,}75^x + 6$; $g(x) = 4 \cdot 0{,}5^x + 2$

3. Ordnen Sie die Funktionsgleichungen den richtigen Graphen zu.

a) $f(x) = 5 \cdot 2^x$

b) $f(x) = \left(\frac{1}{4}\right)^x$

c) $f(x) = -3 \cdot \left(\frac{1}{2}\right)^x$

d) $f(x) = 4 - 2{,}5 \cdot 0{,}5^x$

e) $f(x) = -2 \cdot 4^x$

f) $f(x) = 4{,}5 + 2 \cdot 0{,}6^x$

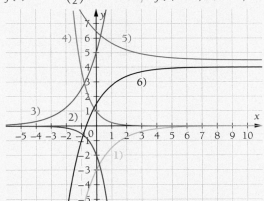

4. Im Körper eines Menschen wird Nikotin stündlich zur Hälfte abgebaut. Eine Zigarette verursacht ca. 1,55 mg Nikotin im Blut.

a) Erstellen Sie die Funktionsgleichung in der Form $f(t) = a \cdot b^t$, die den Nikotinabbau im Körper beschreibt.

b) Bestimmen Sie den Zeitpunkt nach dem Rauchen einer Zigarette, an dem nur noch 1 % des Nikotins im Körper vorhanden ist.

c) Ermitteln Sie, wie viel Nikotin sich nach der 5. Zigarette im Blut befindet, wenn fünf Zigaretten im halbstündigen Abstand geraucht werden.

5. Gegeben sind die Funktion f mit $f(x) = 0{,}3 \cdot e^x - 2$ und der Graph von f.

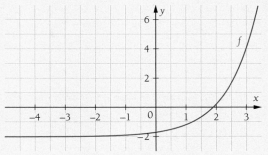

a) Berechnen Sie den Schnittpunkt mit der y-Achse sowie die Nullstellen von f. Kontrollieren Sie Ihr Ergebnis anhand der Zeichnung.

b) Ermitteln Sie zeichnerisch und rechnerisch den zugehörigen x-Wert für den Funktionswert $f(x) = 6$.

6. Die Höhe einer Pflanze (in Metern) wird in Abhängigkeit von der Zeit t (in Wochen) mithilfe der Funktionsgleichung $h(t) = 0{,}05 \cdot b^t$ für die ersten zehn Wochen der Wachstumsphase näherungsweise beschrieben.

a) Geben Sie an, wie hoch die Pflanze zu Beginn der Beobachtung war.

b) Bestimmen Sie die Basis b, wenn die Höhe der Pflanze in den ersten sechs Wochen der Beobachtung um 0,45 m zugenommen hat.

c) Wie hoch ist die Pflanze nach acht Wochen?

d) Beurteilen Sie das exponentielle Modell h zur Vorhersage der zukünftigen Höhe der Pflanze, indem Sie geeignete Funktionswerte bestimmen.

7. Ein Stück radioaktives Thorium hat am Anfang eines Versuches eine Masse von 500 mg. Jede halbe Minute wird die nichtzerfallene Masse gemessen.

Zeit (in s)	0	30	60	90
Masse (in mg)	500	341	233	159

a) Prüfen Sie, ob es sich um einen exponentiellen Zerfall handelt, indem Sie die Quotienten jeweils aufeinanderfolgender Zeitpunkte bilden.

b) Bestimmen Sie die Funktionsgleichung für den Zerfall und die Halbwertszeit.

c) Nach welcher Zeit ist nur noch 1 % der ursprünglichen Masse vorhanden?

8. Flechten wachsen an Bäumen und sind gute Indikatoren für die Luftqualität. Steht ein Baum in einer Region mit wenig Umweltverschmutzung, so haben Flechten gute Wachstumsbedingungen. Die Höhe einer Flechte kann in den ersten zwölf Tagen nach Beobachtungsbeginn durch die Funktion H mit $H(t) = 0{,}25 \cdot e^{0{,}15 \cdot t - 0{,}35}$ beschrieben werden. Dabei gibt H die Höhe der Flechte in Millimetern an. Die Variable t steht für die Zeit in Tagen.

a) Ermitteln Sie die Höhe der Flechte zu Beobachtungsbeginn.

b) Bestimmen Sie den Zeitpunkt, zu dem die Flechte eine Höhe von 0,75 mm erreicht hat.

c) Begründen Sie, in welchen Zeiträumen die Exponentialfunktion H das Wachstum der Flechte sinnvoll modelliert.

d) Biologen geben an, dass Flechten dieser Art höchstens ca. 3 cm hoch werden. Ermitteln Sie die beschränkte Funktion unter Verwendung des Anfangswerts aus Aufgabenteil a) und des Funktionswerts aus Aufgabenteil b).

9. Wenden Sie die Logarithmengesetze an.

a) $\log_b(x \cdot y)$

b) $\log_b(x^3)$

c) $\log_b\left(\frac{x}{y}\right)$

d) $\log_b(x^{-4} \cdot y^5)$

e) $\log_b\left(\frac{x^4}{z^3}\right)$

f) $\log_b\left(\frac{x+y}{z}\right)$

g) $\log_b(x) + \log_b(y) - 3\log_b(z)$

h) $2\log_b(x) - 4\log_b(y)$

i) $-5\log_b(x) + 4\log_b(z)$

j) $\log_b(x+z) - 2\log_b(y)$

10. Lösen Sie die Exponentialgleichungen.

a) $2 \cdot 5^{x+2} = 4 \cdot 3^{2x-1}$

b) $24^{x+4} = 24^{5x-3}$

c) $21 \cdot 4^{34x-23} = 10 \cdot 15^{2x+1}$

d) $3 \cdot 3^{x-2} = 81 \cdot 2^{x+3}$

e) $12 - 8 \cdot 7^{3x-2} + 49^{3x-2} = 0$ ▶ Setze: $u = 7^{3x-2}$

11. Lösen Sie die Exponentialgleichungen.

a) $5 \cdot e^x + 3 \cdot e^{4x} = 0$

b) $x^2 \cdot e^{-2x} + 4 \cdot e^{-2x} = 3x \cdot e^{-2x}$

c) $(x^2 + 4) \cdot (e^{3x+9} - 0{,}5) = 0$

12. Lösen sie die Logarithmusgleichungen.

a) $\log_5(x) = -6$

b) $\log_x(343) = 3$

c) $\log_3(x^2 + 9) = \log_3(2x - 4)$

d) $\log_4(2x - 8) = -6$

e) $\log_6(2x) + \log_6(1 + 2x) = 2$

13. Lösen Sie die Ungleichungen.

a) $0{,}9^{5x-3} < 0{,}9^{-5x+2}$

b) $26^{3-0{,}5x} > 26^{0{,}6x-0{,}2}$

c) $\log_{12}(4x + 44) < 2$

d) $\log_9(x^2 - 1) < 3$

e) $\ln(x - 4) + \ln(x) > \ln(4)$ ▶ $e^{\ln(k)} = k$

14. Die folgende Abbildung zeigt die Graphen der beiden Funktionen f_1 und f_2 mit $f_1(x) = 4 \cdot \left(\frac{3}{4}\right)^{10x}$ und $f_2(x) = 12 \cdot 3^{x-3}$.

a) Lösen Sie die Ungleichung: $4 \cdot \left(\frac{3}{4}\right)^{10x} < 12 \cdot 3^{x-3}$.

b) Beschreiben Sie die Bedeutung der Ungleichung und ihrer Lösungsmenge anhand der Abbildung.

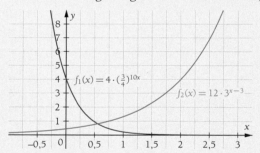

15. Ein Glas Wasser wird mit einer Temperatur von 4 °C aus dem Kühlschrank genommen. Nach 20 Minuten hat es sich auf 18 °C erwärmt. Die Zimmertemperatur beträgt 22 °C.

a) Ermitteln Sie die Funktionsgleichung für das beschränkte Wachstum.

b) Geben Sie an, wie warm das Wasser nach 5 Minuten ist.

c) Ermitteln Sie den Zeitpunkt, zu dem sich das Wasser auf 15 °C erwärmt hat.

d) Ermitteln Sie das Zeitintervall, in dem die Temperatur über 9 °C liegt.

Ich kann ...

... **stetige Wachstums-prozesse** von diskreten un-terscheiden.	Anzahl der Hasen $\longleftrightarrow$ Messung der Stromstärke	Stetige Daten werden kontinuierlich über die Zeit mit Messinstrumenten erhoben.

... mit **Exponentialfunk-tionen** vom Typ $f(x) = a \cdot b^x$ umgehen und deren **Graphen** zeichnen. ▶ Test-Aufgaben 1, 3, 5		a gibt den y-Achsenabschnitt an. b ist die Basis. $a > 0$: Graph liegt oberhalb der x-Achse. $a < 0$: Graph liegt unterhalb der x-Achse. $b > 1$: Graph fällt. $0 < b < 1$: Graph steigt.

... **Wachstumsprozesse** mit-hilfe von Exponentialfunk-tionen beschreiben. ▶ Test-Aufgaben 1, 3, 5	Exponentielles Höhenwachstum eines Tannensetzlings $f(t) = 20 \cdot 1{,}3^t$	x-Achse gibt die Zeit an (Variable t) a: Anfangswert b: Wachstumsfaktor

... erklären, was man unter dem **Logarithmus** von y zur Basis b versteht.	$\log_2(8) = 3$, denn $2^3 = 8$	$x = \log_b(y) \Leftrightarrow b^x = y$

... die Notwendigkeit der **Logarithmengesetze** erkennen und sie anwenden. ▶ Test-Aufgabe 2	$\log_2(4x) - \log_2(4y) = \log_2\left(\frac{4x}{4y}\right)$ $\qquad\qquad\qquad = \log_2\left(\frac{x}{y}\right)$	$\log_b(uv) = \log_b(u) + \log_b(v)$ $\log_b \frac{u}{v} = \log_b(u) - \log_b(v)$ $\log_b(u^r) = r \cdot \log_b(u);\ u, v \in \mathbb{R}^+$

... mit der **natürlichen Basis** e und dem **natürlichen Logarithmus** umgehen.	$\ln(4e^x) = \ln(4) + \ln(e^x) = \ln(4) + x$	Euler'sche Zahl $e \approx 2{,}7183$

... **Exponential- und Loga-rithmusgleichungen** sowie **Ungleichungen** lösen. ▶ Test-Aufgabe 2	$\qquad\qquad 5^x = 2^{x-3} \quad \mid \ln$ $\Leftrightarrow \qquad \ln(5^x) = \ln(2^{x-3})$ $\Leftrightarrow \qquad x \cdot \ln(5) = (x-3) \cdot \ln(2)$ $\Leftrightarrow x(\ln(5) - \ln(2)) = -3\ln(2)$ $\Leftrightarrow \qquad\qquad x = \frac{-3\ln(2)}{\ln(5) - \ln(2)}$ $\qquad\qquad\qquad\;\; \approx -2{,}269$	Die Umformung der Gleichung erfolgt un-abhängig von der Basis des Logarithmus. Für eine Logarithmusgleichung zugelasse-ne x-Werte führen auf positive Argumente des Logarithmus. Für $\log_b$ und für b^x mit $0 < b < 1$ dreht sich das Ungleichheitszeichen um.

... die **Verdopplungs- und Halbwertszeit** für exponenti-elle Prozesse ermitteln. ▶ Test-Aufgaben 1, 3	Halbwertszeit bei Zerfall mit Wachstumsfaktor $b = 0{,}9$: $T_{0,5} = \frac{\ln(0,5)}{\ln(0,9)} \approx 6{,}58$	Halbwertszeit: $T_{0,5} = \frac{\ln(0,5)}{\ln(b)}$ Verdopplungszeit: $T_2 = \frac{\ln(2)}{\ln(b)}$

... die **Grenzen** des expo-nentiellen Wachstumsmodells erläutern und die Funktions-gleichung des **beschränkten Wachstums** aufstellen. ▶ Test-Aufgabe 1, 4, 5	Beschränktes Höhenwachstum des Tannensetzlings: $h(t) = 6000 - 5980 \cdot 0{,}9512^t$	$f(x) = S - a \cdot b^x$ mit $0 < b < 1$, $a > 0$: beschränktes Wachstum $a < 0$: beschränkter Zerfall S Sättigungsgrenze

Test zu 2.2

1. Eine Herdplatte hat zu Beginn der Beobachtung eine Temperatur von 190 °C. Nach vier Minuten werden 145 °C gemessen.

a) Ermitteln Sie die Gleichung $f(t) = a \cdot b^t$ der Funktion f, die unter Annahme eines exponentiellen Abkühlungsprozesses den Temperaturverlauf in den ersten 50 Minuten nach Beobachtungsbeginn beschreibt. Formen Sie den Funktionsterm anschließend zur Basis e um. (Zur Kontrolle: $f(t) = 190 \cdot e^{-0,06753\,t}$)

b) Bestimmen Sie den Zeitpunkt, zu dem die Herdplatte eine Temperatur von 22 °C erreicht hat.

c) Zeichnen Sie den Graphen der Funktion f in ein geeignetes Koordinatensystem.

d) Untersuchen Sie, welcher Temperatur sich die Herdplatte langfristig annähern wird. Beurteilen Sie, ob diese Funktion ein gutes Modell für den Abkühlungsprozess der Herdplatte darstellt.

2. Lösen Sie die Gleichungen und Ungleichungen.

a) $12^{3x-3} = 4 \cdot 3^{-0,5x+2}$

b) $\log_3 (2x^2 - 4) = \log_3 (2x + 8)$

c) $e^{3x} - 4e^{2x} = 0$

d) $\log_4 (2x - 2) + \log_4 (3 + 6x) = 2$

e) $\log_5 ((x-3)^2) = 2$

f) $\log_{0,2} (2x + 3\,005) > -5$

3. Strontium-90 lässt sich schwerer als Caesium-137 messen, denn normale Geigerzähler reichen zum Nachweis nicht aus. Strontium lagert sich in den Knochen und im Knochenmark ein. In den frühen 1960er-Jahren wurde während der Atombombentests unter anderem Strontium-90 freigesetzt. Es ist in den Zähnen der Menschen, die in diesen Gebieten lebten, nachweisbar. Strontium-90 hat eine Halbwertszeit von 28,8 Jahren. Ermitteln Sie den Anteil von Strontium-90 bei einem Menschen im Jahre 2013, der 1960 den Atombombentests ausgesetzt war.

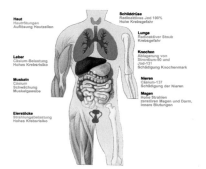

4. Eine kreisförmige Petrischale mit dem Radius $r = 3,6$ cm ist bei Beobachtungsbeginn zu einem Drittel mit einer Pilzkultur bedeckt.

a) Ermitteln Sie die beschränkte Funktion f mit $f(x) = S - a \cdot b^x$. Dabei ist $f(x)$ die nach x Tagen bedeckte Fläche der Petrischale in cm².

b) Bestimmen Sie den Zeitpunkt, zu dem 60 % der Petrischale mit der Pilzkultur bedeckt sind.

5. Ordnen Sie die Graphen anhand markanter Merkmale den Funktionsgleichungen zu und erläutern Sie die zugehörigen Wachstumsmodelle.

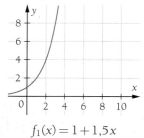

$f_1(x) = 1 + 1,5x$

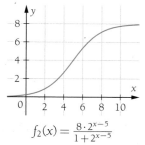

$f_2(x) = \dfrac{8 \cdot 2^{x-5}}{1 + 2^{x-5}}$

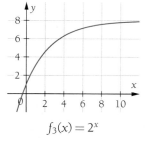

$f_3(x) = 2^x$

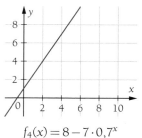

$f_4(x) = 8 - 7 \cdot 0,7^x$

Wir treffen sowohl in beruflichen als auch in privaten Zusammenhängen häufig Aussagen über Wahrscheinlichkeiten.
- Welches Verlustrisiko geht man beim Lotto ein?
- Wie viele Möglichkeiten gibt es, eine vierstellige PIN zu erstellen?
- Ist ein Multiple-Choice-Test durch Raten zu bestehen?

Erhobene Daten können mit mathematischen Mitteln ausgewertet werden.
- Welche charakteristischen Größen gibt es, um Daten sinnvoll auszuwerten und zu bewerten?
- Welche Methoden gibt es, um Streuungen von Daten zu erfassen?

Viele Firmen arbeiten mit einem Qualitätsmanagement. Wichtig ist es, Produkte herzustellen, die vorgegebenen Normen entsprechen.
- Muss jedes Teil geprüft werden, um die Fehleranfälligkeit der Gesamtproduktion beurteilen zu können?
- Wie kann man den Ausschuss in technischen Prozessen abschätzen?

3.1   Grundbegriffe der Statistik

Täglich werden wir durch die Medien mit Ergebnissen von Umfragen konfrontiert. Viele erhobene Daten beziehen sich auf wirtschaftliche und gesellschaftliche Entwicklungen. Daten sind eine Grundlage, um Entwicklungen zu prognostizieren. Mithilfe der **beschreibenden Statistik** können wir große Datenmengen übersichtlich darstellen und aufbereiten. In diesem Kapitel werden wir wichtige Grundbegriffe der Statistik einführen und graphische Darstellungsmöglichkeiten von Daten kennenlernen.

3.1.1   Merkmale und Skalen

 ① Merkmale und Merkmalsausprägungen

Am Anfang eines Schuljahres werden die Schülerinnen und Schüler der 11 A gebeten, ihre letzte Zeugnisnote im Fach Mathematik sowie ihr Alter zu nennen. Außerdem werden der jeweilige Nachname und das Geschlecht abgefragt.

Die erhobenen Daten werden in nebenstehender **Urliste** zusammengefasst.

Die 20 Schülerinnen und Schüler bilden zusammen die **Grundgesamtheit** der statistischen Erhebung. Jede einzelne Schülerin und jeder einzelne Schüler ist im Hinblick auf die **Merkmale** „Geschlecht", „Mathematiknote" und „Alter" ein **Merkmalsträger**.

Die Merkmale selbst kommen in verschiedenen **Merkmalsausprägungen** vor:

Merkmal	Merkmalsausprägungen
Geschlecht:	männlich, weiblich
Mathematiknote:	1, 2, 3, 4, 5
Alter:	15, 16, 17, 18, 19

Nr.	Name	♀♂	Note	Alter
1	Bender	m	3	15
2	Piecek	m	3	16
3	Birol	m	1	15
4	Render	w	4	16
5	Wiepking	m	2	17
6	Wies	m	2	18
7	Hölscher	w	1	16
8	Böhnlein	m	3	15
9	Demirci	w	2	17
10	Ercan	m	5	16
11	Yilmaz	m	1	17
12	Nowak	m	4	16
13	Kowalska	w	4	15
14	Gomes	m	4	16
15	Strässer	m	2	17
16	Rhea	m	2	18
17	Terhuurne	w	3	19
18	Fischer	m	2	16

Grundsätzlich wird zwischen zwei Arten von Merkmalen unterschieden: qualitative und quantitative.

- Bei **quantitativen Merkmalen** liegen als Merkmalsausprägungen Zahlen oder Größenwerte vor, bei denen die Abstände zwischen den Zahlenwerten interpretierbar sind.
- Bei **qualitativen Merkmalen** werden die Ausprägungen beschrieben, z. B. durch Namen oder Eigenschaften.

Bei **quantitativen Merkmalen** können die Daten einfach sortiert werden, da Zahlen oder Größen vorliegen. Sie werden in einer **metrischen Skala** erfasst. Dies ist beim Merkmal „Alter" der Fall.

Können die Merkmalsausprägungen von **qualitativen Merkmalen** in eine natürliche Reihenfolge gebracht werden, liegt eine **ordinale Skala** vor. Das ist der Fall bei dem Merkmal „Mathematiknote". Viele qualitative Merkmalsausprägungen sind jedoch gleichwertig, z. B. die Religionszugehörigkeit oder das Geschlecht. In diesem Fall spricht man von einer **nominalen Skala**.

▶ Bei Schulnoten ist eine „1" zwar besser als eine „2", aber nicht doppelt so gut.
  Somit ist das Merkmal „Mathematiknote" nicht metrisch, sondern ordinal skaliert.

Merkmal	Merkmalsausprägung	Art des Merkmals	Art der Skala
Alter	15, 16, 17, 18, 19	quantitativ	metrisch
Mathematiknote	1, 2, 3, 4, 5	qualitativ	ordinal
Geschlecht	männlich, weiblich	qualitativ	nominal

- Alle Personen oder Objekte, über die man eine Aussage machen möchte, bilden die **Grundgesamtheit**.
- Die Elemente der Grundgesamtheit sind **Merkmalsträger** hinsichtlich bestimmter **Merkmale**.
- Jedes Merkmal besitzt verschiedene **Merkmalsausprägungen**.
- Bei **quantitativen Merkmalen** werden Merkmalsausprägungen durch Zahlen oder Größen beschrieben. Sie werden in einer **metrischen Skala** erfasst.
- Bei **qualitativen Merkmalen** werden die Merkmalsausprägungen durch Namen oder Eigenschaften beschrieben.
  Können die Merkmalsausprägungen in eine bestimmte Rangordnung gebracht werden, werden die Merkmale durch eine **ordinale Skala** erfasst, ansonsten durch eine **nominale Skala**.

Ermitteln Sie in Ihrer Klasse folgende Daten mit einer anonymen Umfrage:
Geschlecht, Geburtsort, Geburtsjahr, Körpergröße, Lieblingsfach, letzte Note im Fach Mathematik
a) Erstellen Sie eine Urliste und erläutern Sie anhand der Untersuchung die Begriffe Merkmal und Merkmalsausprägung.
b) Bestimmen Sie qualitative und quantitative Merkmale.

Übungen zu 3.1.1

1. Am Tag der offenen Tür einer Schule werden die Besucher befragt.
    Geben Sie Merkmale an, die bei einer solchen Erhebung sinnvoll sein könnten.

2. Nennen Sie geeignete Merkmale, um die Zufriedenheit von Schülerinnen und Schülern mit dem Mathematikunterricht zu untersuchen.

3. Nennen Sie sinnvolle Merkmalsausprägungen für die gegebenen Merkmale.
    a) Familienstand   b) Nationalität   c) Fruchtgehalt von Orangensaft

4. Finden Sie zu den Skalen mindestens je drei Merkmale.
    a) Metrische Skala   b) Nominalskala   c) Ordinalskala

5. Die Computerzeitschrift PC-RUN testet Drucker. In einer Tabelle werden der Hersteller, der Name des Gerätes, der Preis, die Druckgeschwindigkeit, das Gewicht und ein Gesamturteil erfasst.
    Geben Sie die qualitativen und die quantitativen Merkmale an.

6. Geben Sie zu der folgenden Tabelle zwei Merkmale sowie die entsprechenden Ausprägungen und Skalen an.

		in schulischer Ausbildung	Hauptschulabschluss	Realschulabschluss	Fachhochschuloder Hochschulreife
männlich	15 bis unter 20 Jahre	1271	291	381	101
	20 bis unter 25 Jahre	81	580	806	988

3.1.2 Häufigkeiten und ihre Darstellungen

2 Absolute und relative Häufigkeit

Die Firma Drehfix stellt Schrauben für die Stahlindustrie her. Zur Qualitätskontrolle werden aus der laufenden Produktion bei zwei Maschinen A und B **Stichproben** genommen, da eine Untersuchung der Grundgesamtheit zu aufwendig wäre. Die Stichprobe ist eine „sinnvolle" Teilmenge der Grundgesamtheit.

Die Firmenleitung möchte wissen, welche Maschine mehr fehlerhafte Schrauben produziert. Sie lässt sich deshalb eine Übersicht geben über die Anzahl der Schrauben ohne Fehler, der Schrauben innerhalb der Fehlertoleranzen und der Schrauben, die nicht verwendet werden können.
Beurteilen Sie, welche Maschine besser arbeitet.

Die Gesamtzahl der geprüften Schrauben ist der **Stichprobenumfang**. Er fiel verschieden groß aus. Aus der Produktion der Maschine A wurden 1 000, aus Maschine B 1 200 Schrauben untersucht.
Die Anzahl, mit der eine Merkmalsausprägung auftritt, heißt **absolute Häufigkeit** H. Diese ist aber für einen Vergleich nicht aussagekräftig, da der Stichprobenumfang unterschiedlich ist. Wir benötigen als Maß den Anteil der fehlerhaften Schrauben an der Gesamtzahl: Das ist die **relative Häufigkeit** h. Um diese zu ermitteln, teilen wir die absolute Häufigkeit durch die Anzahl der insgesamt geprüften Schrauben:

Merkmals-ausprägung	absolute Häufigkeit H	relative Häufigkeit h
Maschine A		
Ohne Fehler	680	$\frac{680}{1\,000} = 0{,}68$
Leichte Fehler	210	0,21
Ausschuss	110	0,11
Geprüfte Anzahl	1 000	1
Maschine B		
Ohne Fehler	768	$\frac{768}{1\,200} = 0{,}64$
Leichte Fehler	252	0,21
Ausschuss	180	0,15
Geprüfte Anzahl	1 200	1

$$\text{relative Häufigkeit} = \frac{\text{absolute Häufigkeit}}{\text{Stichprobenumfang}}$$

Die Summe der relativen Häufigkeiten ist immer 1, also 100 %.

Ein Vergleich der relativen Häufigkeiten für die Merkmalsausprägungen „ohne Fehler" und „Ausschuss" zeigt, dass Maschine A besser arbeitet.

- **Absolute Häufigkeit** $H(x)$ einer Merkmalsausprägung x:
  Anzahl der Merkmalsträger mit dieser Merkmalsausprägung.
- **Relative Häufigkeit** $h(x)$ einer Merkmalsausprägung x:
  Anteil der Merkmalsträger mit dieser Merkmalsausprägung am Umfang der Stichprobe:

$$h(x) = \frac{H(x)}{n} = \frac{\text{absolute Häufigkeit der Merkmalsausprägung } x}{\text{Stichprobenumfang}}$$

1. Geben Sie die relativen Häufigkeiten als Bruch, als Dezimalzahl und in Prozent an.
   a) 45 von 100   b) 2 von 10   c) 15 von 45   d) 20 von 90
2. Geben Sie für Ihre Klasse die absoluten und die relativen Häufigkeiten für die folgenden Merkmale an: Geschlecht, letzte Zeugnisnote in Mathematik und Lieblingsfach.

Graphische Darstellung

Stellen Sie die Daten aus der Tabelle auf verschiedene Arten graphisch dar.

Energieträger		2009		2011	
		Mrd. kWh	%	Mrd. kWh	%
Bruttostromerzeugung insgesamt		592,4	100	608,8	100
Braunkohle	1	145,6	24,6	150,1	24,6
Kernenergie	2	134,9	22,8	108	17,7
Steinkohle	3	107,9	18,2	112,4	18,5
Erdgas	4	78,8	13,3	82,5	13,6
Mineralölprodukte	5	9,6	1,6	6,8	1,1
Erneuerbare Energieträger	6	94,1	15,9	123,5	20,3
Übrige Energieträger	7	21,5	3,6	25,6	4,2

Im **Kreisdiagramm** erhält jede Merkmalsausprägung einen Kreisabschnitt. Der Tabelle entnehmen wir zum Beispiel, dass 24,6 % des Stroms 2011 aus Braunkohle gewonnen wurde.

Um die Größe des zugehörigen Kreisabschnitts zu bestimmen, berechnen wir den entsprechenden Anteil des Vollkreises mit 360°. 24,6 % von 360° entsprechen im Diagramm dem Anteil der Braunkohle:
$0,246 \cdot 360° = 88,56°$

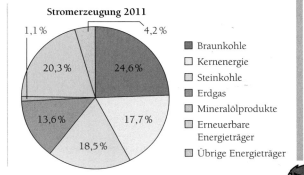

In einem **Säulendiagramm** können wir relative und absolute Häufigkeiten darstellen. Wir tragen auf der waagerechten Achse die verschiedenen Merkmalsausprägungen und auf der senkrechten Achse die zugehörigen relativen oder absoluten Häufigkeiten ein. Zwischen den einzelnen Säulen sind Lücken.

Besonders gut vergleicht man mithilfe des Säulendiagramms die Merkmalsausprägungen unterschiedlicher Merkmalsträger. Hier können wir gut ablesen, wie viele Milliarden kWh Strom in den Jahren 2009 und 2011 die verschiedenen Energieträger absolut produziert haben.

1 % entspricht 3,6° im Kreisdiagramm

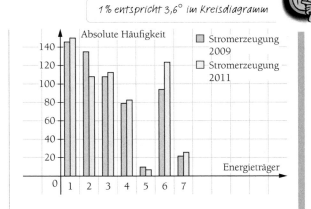

In einer Umfrage wurde nach Schäden durch Computerviren gefragt.
Stellen Sie die Ergebnisse in einem Kreis- und in einem Säulendiagramm dar.

50,6 % keine, da Antivirensoftware installiert
20,7 % keine, da rechtzeitig reagiert/gehandelt
19,7 % Nutzung beeinträchtigt (Programme u. Ä.)

5,1 % teilweiser Datenverlust
2,6 % totaler Datenverlust
1,3 % weiß nicht

Quantitative Merkmale weisen oft sehr viele Ausprägungen auf, wie z. B. Alter und Körpergröße. Um die erhobenen Daten übersichtlicher darzustellen, werden Merkmalsausprägungen häufig zu Klassen zusammengefasst.

4   Histogramme mit gleicher Klassenbreite

Max absolviert sein Praktikum in einer Firma, die Schrauben und Gewindebolzen produziert. Zur Qualitätskontrolle werden 80 Bolzen gemessen. Sie sollen 50 mm $+/-$ 0,6 mm lang sein.
Max soll die Messdaten graphisch aufbereiten. Dabei soll die Anzahl der qualitativ hochwertigen Schrauben erkennbar sein.

Um die Messdaten übersichtlicher darzustellen, fassen wir die verschiedenen Merkmalsausprägungen zu Klassen mit gleicher Breite zusammen. Zunächst legen wir die Anzahl der Klassen fest.

Je geringer die Anzahl der Klassen, desto mehr Infos gehen verloren. Je höher die Anzahl der Klassen, desto unübersichtlicher wird die Graphik.

Die Anzahl der Klassen bestimmen wir hier, indem wir die Wurzel aus der Stichprobengröße ziehen. Das Ergebnis runden wir auf eine ganze Zahl.

Messdaten der Stichprobe:

51,3	48,7	50,1	49,9	49,0	49,4	50,4	48,1
51,9	50,2	49,3	50,5	49,7	47,1	48,4	50,0
49,8	51,0	50,0	48,4	50,7	49,4	48,2	50,2
49,6	48,0	50,3	49,8	49,1	52,0	50,9	50,4
49,1	48,8	49,2	52,3	49,7	48,6	49,5	50,0
50,0	48,1	51,8	49,9	50,1	51,1	47,4	50,5
48,9	49,4	48,3	50,2	50,1	47,7	49,6	49,0
51,5	48,3	49,7	50,8	50,3	49,4	49,0	50,5
52,0	49,8	50,1	50,8	50,4	48,2	48,0	50,7
49,1	51,4	49,7	51,0	50,2	47,9	50,3	51,1

Anzahl der Klassen: $\sqrt{80} = 8,9$; also 9 Klassen

Der Unterschied zwischen dem größten und dem kleinsten gemessenen Wert beträgt 5,2:
$52,3 - 47,1 = 5,2$
Für die 9 Klassen wählen wir also eine Klassenbreite von $5,2 : 9 \approx 0,6$.

▶ Damit deutlich wird, dass der Wert 47,6 nicht zur ersten, sondern zur zweiten Klasse gehört, zeigt die Klammer nach außen bzw. nach innen. ▶ Seite 10

Die Häufigkeiten für die einzelnen Klassen stellen wir in einem Säulendiagramm ohne Lücken zwischen den Balken dar. So ein Diagramm bezeichnet man als **Histogramm**.

Länge der Bolzen	Häufigkeit	Gesamt
[47,0; 47,6[	||	2
[47,6; 48,2[	⊞|	6
[48,2; 48,8[	⊞|||	8
[48,8; 49,4[	⊞ ⊞	10
[49,4; 50,0[	⊞ ⊞ ⊞|	**16**
[50,0; 50,6[	⊞ ⊞ ⊞ ⊞|	**21**
[50,6; 51,2[	⊞||||	9
[51,2; 51,8[	|||	3
[51,8; 52,4[	⊞	5

Die Flächeninhalte der Rechtecke veranschaulichen die absoluten oder relativen Häufigkeiten, mit denen eine Merkmalsausprägung erfasst wurde. Ist wie hier die Klassenbreite konstant, so ist die Rechteckhöhe maßgeblich für den Flächeninhalt.
Die Schrauben sind ideal, wenn sie 50 mm lang sind.
Der Toleranzbereich beträgt 1,2 mm.
Die Summe der Flächeninhalte zwischen 49,4 und 50,6 veranschaulicht die Anzahl der qualitativ hochwertigen Schrauben.
Somit genügen nur $16 + 21 = 37$ Schrauben aus der Stichprobe den Anforderungen.

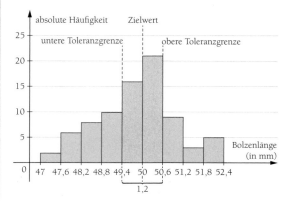

Histogramme mit unterschiedlichen Klassenbreiten

Um nicht zu viele Klassen zu erhalten, kann es sinnvoll sein, auch Klassen mit unterschiedlicher Breite zu bilden. Die nebenstehende Tabelle enthält 3 Klassen. Bei der graphischen Darstellung müssen wir die unterschiedliche Klassenbreite berücksichtigen. Bei einem Histogramm mit unterschiedlichen Klassenbreiten ist nicht die Rechteckhöhe, sondern der Flächeninhalt des Rechteckes maßgeblich für die Darstellung der Häufigkeit. Deswegen gibt es in diesem Fall auch keine senkrechte Achse.
Bei unterschiedlicher Klassenbreite gilt somit:

$$\text{Rechteckhöhe} = \frac{\text{Klassenhäufigkeit}}{\text{Klassenbreite}}$$

Halten wir dieses Prinzip nicht ein, entstehen falsche Eindrücke über die Verteilung der Häufigkeiten.

Länge der Bolzen	Klassenhäufigkeit	KlassenBreite	Rechteckhöhe
[47,0; 49,4[	26	2,4	$\frac{26}{2,4} \approx 10,8$
[49,4; 50,7[	37	1,3	$\frac{37}{1,3} \approx 28,5$
[50,7; 52,4[	17	1,7	$\frac{17}{1,7} = 10,0$

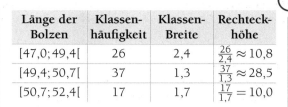

Kumulierte Häufigkeiten

Murat ist Praktikant in der Firma DruckBar, die Drucker und Druckerzubehör versendet. Für das Qualitätsmanagement soll er die Reklamationen analysieren und die schwerwiegendsten Fehler benennen.

In einer Liste vermerkt Murat die Gründe für die Reklamationen von Kunden. Die Gründe ordnet er nach ihrer relativen Häufigkeit h.
Die Merkmale, die zu 80 % der Reklamationen führen, werden im Qualitätsmanagement A-Merkmale genannt. Sie zeigen die Ansatzpunkte auf, um Veränderungen in der Firma einzuleiten. Um diese 80 % zu berechnen, addiert Murat die Häufigkeiten. Er erhält **kumulierte Häufigkeiten**. Murat sieht, dass fast 80 % der Reklamationen auf die vier Fehler „späte Lieferung", „unvollständig", „Monitor" und „Grafikkarte" zurückzuführen sind.

	Fehler		kumuliert
1	späte Lieferung	31,25 %	31,25 %
2	unvollständig	25 %	56,25 %
			▶ 31,25 %+25 %
3	Monitor	12,5 %	68,75 %
4	Grafikkarte	10 %	78,75 %
5	Falscher Artikel	7,5 %	86,25 %
6	Maus defekt	6,25 %	92,5 %
7	Rechnung	5 %	97,5 %
8	Drucker	2,5 %	100 %

Kumulieren kommt vom lateinischen cumulus und bedeutet Anhäufung.

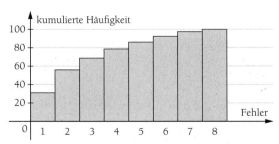

Die Liste zeigt Verspätungen (in Minuten) in einer Woche einer elften Klasse: 5, 7, 2, 15, 2, 2, 40, 1, 12, 12, 18, 25, 30, 35, 1, 5, 5, 8, 10, 15, 15, 20, 23, 36, 45, 2, 2, 3, 5, 16, 8, 10, 1, 15, 6, 25, 28, 30, 35, 40
a)   Nehmen Sie eine Einteilung in 10 Klassen mit gleicher Breite vor. Zeichnen Sie ein Histogramm.
b)   Berechnen Sie die kumulierten Häufigkeiten und stellen Sie diese graphisch dar.

Übungen zu 3.1.2

1. Geben Sie in Prozent an:
a) Jeder fünfte Schüler   c) 0,004
b) 10 von 40 Dosen   d) 0,12

2.

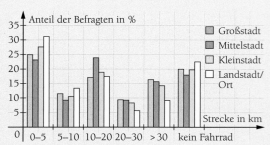

Wie viel Kilometer fahren Sie pro Woche
mit dem Fahrrad?

a) Deuten Sie das Säulendiagramm.
b) Fertigen Sie eine fünfte Säule für die Ergebnisse einer Umfrage in Ihrer Klasse an.

3. Stellen Sie die Graphik in einem Kreisdiagramm dar.

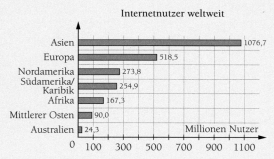

Internetnutzer weltweit

Quelle: www.internetworldstats.com, Stand: Juni 2012

4. Die folgende Tabelle zeigt, welche Zeit die Teilnehmer an einem Volkslauf für die Laufstrecke benötigt haben.

Zeit in Stunden	2 bis 2,5	über 2,5 bis 3	über 3 bis 3,5	über 3,5 bis 4	über 4 bis 4,5
Teilnehmerzahl	240	600	510	90	60

a) Bestimmen Sie die relativen Häufigkeiten.
b) Fertigen Sie ein Histogramm an.
c) Bestimmen Sie die kumulierten Häufigkeiten.

5. In der folgenden Tabelle ist das Ergebnis der Bundestagswahl vom 22. September 2013 wiedergegeben (Anzahlen der gültigen Zweitstimmen und der Sitze im Bundestag).

Partei	Zweitstimmen	Sitze
CDU/CSU	18 165 446	311
SPD	11 252 215	193
Die Linke	3 755 699	64
Grüne	3 694 057	63
Sonstige	6 859 439	–

Berechnen Sie die relativen Häufigkeiten für beide Zahlenreihen und veranschaulichen Sie die Häufigkeiten durch geeignete Diagramme. Vergleichen Sie die beiden Ergebnisse und interpretieren Sie die Abweichungen.

6. 200 Personen wurden nach der Anzahl ihrer PCs im Haushalt gefragt. 4 Personen gaben an, dass sie keinen PC haben, 96 besitzen einen PC, 82 zwei PCs, die restlichen Befragten haben 3 oder mehr PCs. Berechnen Sie die relativen, absoluten und relativen kumulierten Häufigkeiten.

7. Das Diagramm stellt die Bevölkerungsentwicklung in China dar. Bewerten Sie das Diagramm.

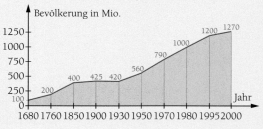

Statistische Erhebungen werden ausgewertet, um aus den vorliegenden Daten wesentliche Informationen zu erhalten: Wie hoch ist der durchschnittliche Verdienst in einer Firma? Welche Gehaltsklasse ist am häufigsten vertreten? Um solche oder ähnliche Fragen zu beantworten, benutzt man Kennzahlen, die Auskunft über das Datenmaterial geben. Dazu betrachten wir **Lagemaße**, die die Daten „im Mittel" beschreiben, und **Streuungsmaße**, die angeben, wie weit sie um das Mittel streuen.

3.1.3 Lagemaße

Das in der Praxis sehr häufig verwendete Lagemaß ist das **arithmetische Mittel**. Im Alltag ist es uns besser bekannt als **Durchschnitt**. Diesen Wert können wir immer berechnen, wenn Merkmalsausprägungen einer metrischen Skala gegeben sind.

Arithmetisches Mittel

Die Dosiergenauigkeit zweier Abfüllmaschinen wird geprüft. Bestimmen Sie, welche der beiden Maschinen im Durchschnitt am genauesten dosiert.

Es liegen die folgenden Daten aus einer Stichprobe vor, bei der in jedem Durchgang $1\,\ell$ abgefüllt wurde.

Maschine A	Maschine B
0,94	0,98
1,06	0,99
0,99	0,98
1,00	1,02
1,04	1,01
0,97	1,01
1,01	0,99
0,99	1,01
1,00	1,02
–	0,99

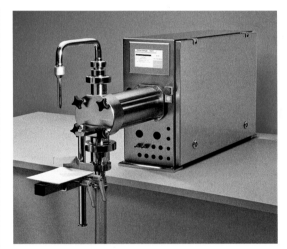

Um das arithmetische Mittel, also den Durchschnitt zu ermitteln, addieren wir zunächst für jede Maschine die erhaltenen Daten. Die Summen dividieren wir dann durch die Anzahl der Messungen.
Beide Maschinen dosieren durchschnittlich $1\,\ell$, sind also im Schnitt gleich gut.

Maschine A: $\overline{x} = \dfrac{0{,}94 + 1{,}06 + 0{,}99 + 1 + 1{,}04 + 0{,}97 + 1{,}01 + 0{,}99 + 1}{9} = 1$

Maschine B: $\overline{x} = \dfrac{0{,}98 + 0{,}99 + 0{,}98 + 1{,}02 + 1{,}01 + 1{,}01 + 0{,}99 + 1{,}01 + 1{,}02 + 0{,}99}{10} = 1$

Das **arithmetische Mittel** $\overline{x}$ ist der Durchschnitt der n Zahlwerte $x_1, \ldots, x_n$.

$$\overline{x} = \frac{\text{Summe aller Werte}}{\text{Anzahl der Werte}} = \frac{x_1 + x_2 + \ldots + x_n}{n} = \frac{1}{n}(x_1 + x_2 + \ldots + x_n); \quad \text{kurz:} \quad \overline{x} = \frac{1}{n}\sum_{i=1}^{n} x_i$$

---

1. Bestimmen Sie das arithmetische Mittel der Zahlen 0 bis 10.
2. Nennen Sie drei Merkmale, bei denen das arithmetische Mittel nicht bestimmt werden kann.

8 Arithmetisches Mittel und Häufigkeit

Wir hätten den Rechenaufwand im letzten Beispiel noch verringern und die Häufigkeiten der Merkmalsausprägungen berücksichtigen können. Bei der Maschine A wurde in der Stichprobe zweimal sowohl der Wert 1 als auch 0,99 gemessen.

$$\bar{x} = \frac{0{,}94 + 1{,}06 + 0{,}99 \cdot 2 + 1 \cdot 2 + 1{,}04 + 0{,}97 + 1{,}01}{9} = 1$$

Das arithmetische Mittel ist nicht in allen Fällen aussagekräftig. In Beispiel 7 (► Seite 83) hilft es nicht, eine Entscheidung zu treffen. Im folgenden Beispiel prüfen wir, ob ein anderes Lagemaß eine bessere Grundlage für eine Entscheidung darstellt.

Median

Ordnen wir alle Werte der Größe nach, so ist der **Median** $\tilde{x}$ der Wert, der in der Mitte liegt. Aufgrund seiner zentralen Position wird der Median auch **Zentralwert** genannt.

 9 Median

Bestimmen Sie für die Maschinen aus Beispiel 7 jeweils den Median. Beurteilen Sie, ob damit die Maschinen besser bewertet werden können.

Zunächst ordnen wir die Beträge der Größe nach. Gleiche Beträge erhalten jeweils eine eigene Position. Bei der Maschine A liegt die zentrale Position an der 5. Stelle. Der Median liegt also bei 1.

Maschine A:

1	2	3	4	5	6	7	8	9
0,94	0,97	0,99	0,99	1	1	1,01	1,04	1,06

↓
Median

Bei der Maschine B ist eine gerade Anzahl an Werten vorhanden. Der Median ist in diesem Fall der Durchschnitt der Werte an der 5. und 6. Stelle. Er beträgt somit 1.
In beiden Fällen ist der Median gleich. Wir können also weiterhin davon ausgehen, dass die beiden Abfüllmaschinen ähnlich gut dosieren können.

Maschine B:

1	2	3	4	5	6	7	8	9	10
0,98	0,98	0,99	0,99	0,99	1,01	1,01	1.01	1,02	1,02

↓
$$\tilde{x} = \frac{0{,}99 + 1{,}01}{2} = 1$$
Median

Im Vergleich zum arithmetischen Mittel ist der Median robuster gegenüber „Ausreißern".
Stünde z. B. bei Maschine A an erster Stelle nicht 0,94 sondern 0,86, so wäre das arithmetische Mittel kleiner als 1. Der Median wäre jedoch weiterhin 1.

Maschine A:

1	2	3	4	5	6	7	8	9
0,86	0,97	0,99	0,99	1	1	1,01	1,04	1,06

↓
Median

$$\bar{x} = \frac{0{,}86 + 1{,}06 + 0{,}99 \cdot 2 + 1 \cdot 2 + 1{,}04 + 0{,}97 + 1{,}01}{9}$$
$$= 0{,}99$$

Aktualisierung eines Profilbilds

Bei einer Befragung wurde eine Stichprobe von Jugendlichen befragt, wie häufig sie ihr Profilbild in einer Internet-Community aktualisieren. Zur Auswahl standen folgende Antworten:

- täglich (t)
- wöchentlich (w)
- monatlich (m)
- jährlich (j)
- nie (n)

Welche Antwort muss man bei der Auswertung angeben, wenn der Mittelwert gefragt ist?

Die Merkmalsausprägungen sind Buchstaben und keine Zahlen. Wir können also nicht das arithmetische Mittel wählen. Die Ausprägungen lassen sich aber in einer natürlichen Reihenfolge anordnen, sodass eine ordinale Skala vorliegt:

1.	2.	3.	4.	5.	6.	7.	8.	9.	10.	11.	12.	13.	14.	15.
t	t	w	w	w	m	m	m	m	m	m	m	j	j	n

↓
Median

*Um den Median ablesen zu können, müssen die Werte stets **geordnet** werden.*

Der Median ist der Wert an der 8. Stelle: m. Gemessen am Median aktualisieren die befragten Jugendlichen im Mittel ihr Profilbild monatlich.

Modalwert

Bei einer nominalen Skala kann weder das arithmetische Mittel noch der Median bestimmt werden. Stattdessen wird als Lageparameter der Wert ermittelt, der am häufigsten vorkommt: der **Modalwert**.

Berufswunsch

Eine Berufsberaterin fragt die Schülerinnen und Schüler der Klasse 12 A nach ihren Berufswünschen.

Berufswunsch	Anzahl
Elektroniker/in	2
Mechatroniker/in	7
Asphaltbauer/in	2
Maurer/in	1
techn. Zeichner/in	5
Studium	4

Die meisten Schüler möchten Mechatroniker bzw. Mechatronikerin werden. Also lautet der Modalwert: „Mechatroniker/in".

Der Modalwert kann für alle Merkmale bestimmt werden, also auch für die, die einer ordinalen oder metrischen Skala zugeordnet werden. Er ist einfach zu ermitteln und wird nicht von „Ausreißern" beeinträchtigt. Besonders aussagekräftig ist der Modalwert, wenn eine Merkmalsausprägung auffallend häufiger auftritt als die anderen.

(12) Filmauswahl

Am letzten Tag vor den Sommerferien mietet ein Berufskolleg zwei große Kinosäle an. Die Schülervertretung (SV) darf zwischen den Filmen A und B wählen. Alle 25 SV-Mitglieder haben die beiden Filme bewertet. Entscheiden Sie mithilfe der Lageparameter, welcher Film besser bewertet wurde.

Die Tabelle zeigt die Bewertungen der Filme durch die 25 SV-Mitglieder.

Wir bestimmen alle Lageparameter:
Da die Daten schon der Größe nach sortiert sind, kann der **Median** direkt bestimmt werden. Bei 25 Daten ist es der 13. Wert. In beiden Fällen ist dieser ☺.
Der **Modalwert** ist der am häufigsten vorkommende Wert. Auch dieser Modalwert ist gleich: ☺☺.
Das **arithmetische Mittel** ist der Quotient aus der Summe aller Werte und der Anzahl der Werte. Wir versehen die Bewertungen mit Noten. Auch hier stimmt der Wert bei beiden Filmen überein.

	Film A	Film B
☺☺	12	12
☺	7	6
☺	2	4
☹	3	2
☹☹	1	1

☺☺	☺	☺	☹	☹☹
1	2	3	4	5

Film A: $\overline{x} = \frac{12 \cdot 1 + 7 \cdot 2 + 2 \cdot 3 + 3 \cdot 4 + 1 \cdot 5}{25} = 1{,}96$

Film B: $\overline{x} = \frac{12 \cdot 1 + 6 \cdot 2 + 4 \cdot 3 + 2 \cdot 4 + 1 \cdot 5}{25} = 1{,}96$

Es ist also nicht möglich, mithilfe eines Lagemaßes einen Filmvorschlag zu geben. Die Schülervertretung muss sich per Los entscheiden.

- Der **Median** oder **Zentralwert** $\tilde{x}$ der geordneten Daten oder Messwerte $x_1, \ldots, x_n$ ist der in der Mitte liegende Wert. Bei einer geraden Anzahl an Werten wird der Durchschnitt der beiden in der Mitte liegenden Werte gebildet.
- Der **Modalwert** gibt denjenigen Wert der Daten oder Messwerte $x_1, \ldots, x_n$ an, der am häufigsten vorkommt.

1. Die Tabelle gibt die Altersstruktur einer Berufsschulklasse wieder.
   Bestimmen Sie arithmetisches Mittel, Median und Modalwert des Alters.

Karin	Tim	Lea	Emre	Lisa	Till	Pia	Franz	Leon	Gina	Lutz	Jim	Ted	Lilli
18	17	16	18	18	15	16	20	18	16	17	22	18	19

2. Bestimmen Sie für die folgenden Datensätze jeweils arithmetisches Mittel, Median und Modalwert.
   a) 27, 33, 45, 23, 14, 23 12
   b) 168, 201, 167, 187, 176, 164, 184
   c) 2, 1, 2, 2, 3, 4, 3, 4, 5, 2, 3, 6
   d) 14, 26, 13, 16, 13, 21, 133, 12

3. Fünf Schüler erhalten durchschnittlich 50 Euro Taschengeld. Der Median und der Modalwert liegen bei 60 Euro. Geben Sie drei mögliche Kombinationen an, wie viel Taschengeld die einzelnen Schüler erhalten.

Übungen zu 3.1.3

1. Bestimmen Sie das arithmetische Mittel, den Median und den Modalwert in Ihrer Klasse bezogen auf das Alter und die Entfernung zur Schule.

2. Bei der maschinellen Produktion von Bolzen weicht die Länge häufig vom Sollwert ab. Die Tabelle zeigt die Längen 14 gemessener Bolzen, die 80 mm lang sein sollten, in mm.

Maschine A	78	80	76	84	90	88	80	82	84	86	85	84	88	78
Maschine B	80	80	82	88	80	90	80	80	90	80	80	84	88	88

a) Bestimmen Sie für jede Maschine den arithmetischen Mittelwert und den Median der Bolzenlänge.
b) Beurteilen Sie, welche Maschine eher die Anforderungen erfüllt.

3. In einer Straße gibt es 36 Häuser mit einem Bewohner, 25 Häuser mit zwei Bewohnern, 43 Häuser mit drei Bewohnern, 24 Häuser mit vier Bewohnern und ein Mehrfamilienhaus mit 98 Bewohnern. Bestimmen Sie den Median und das arithmetische Mittel und beurteilen Sie die Ergebnisse.

4. Ein Produzent von Fahrradtachometern lässt seine Produkte regelmäßig vom TÜV auf Genauigkeit überprüfen. Die Stichproben der letzten drei Monate ergaben für eine Sollgeschwindigkeit von $25\,\frac{km}{h}$ folgende Werte (in $\frac{km}{h}$):

März	25,2	25,4	25,0	24,8	24,9
	25,0	25,0	26,0	25,0	24,9
April	25,0	25,0	25,3	25,9	25,8
	24,8	24,6	25,7	25,0	25,2
Mai	25,4	25,2	25,2	25,3	24,8
	24,9	25,4	26,0	25,8	25,8

Ergibt sich aus den Testreihen ein Anlass, den Produktionsprozess zu überdenken?
Ziehen Sie für Ihre Entscheidung das arithmetische Mittel, den Median und den Modalwert für die einzelnen Monate heran.

5. Ein Betrieb hat neben einem Geschäftsführer, der ein Einkommen von 8 400 Euro Gehalt erhält, noch 15 Mitarbeiter mit 400-Euro-Jobs.
a) Bestimmen Sie das arithmetische Mittel, den Modalwert und den Median.
b) Wie wirkt sich die Einstellung von 9 weiteren Mitarbeitern auf 400-Euro-Basis auf die bei a) ermittelten Werte aus?

6. Verdeutlichen Sie mithilfe von selbst gewählten Beispielen die Vor- und Nachteile des arithmetischen Mittels, des Medians und des Modalwertes.

7. Bei einer Umfrage wurden 100 Schüler im Alter von 18 Jahren befragt, wie viele Minuten sie pro Tag durchschnittlich mit PC-Spielen verbringen.

Zeit pro Tag	relative Häufigkeit
0 min	27 %
30 min	8 %
60 min	9 %
90 min	18 %
120 min	15 %
150 min	12 %
180 min	6 %
210 min	4 %
240 min	1 %

a) Berechnen Sie den Durchschnitt.
b) Geben Sie eine Formel an, mit der man allgemein den Durchschnitt von n Werten mithilfe der relativen Häufigkeiten $h_1, h_2, \ldots, h_k$ der verschiedenen Merkmalsausprägungen $x_1, x_2, \ldots, x_k$ berechnen kann.

3.1.4 Streuungsmaße

Lageparameter sind für die Beschreibung und die Bewertung von Daten häufig nicht ausreichend. Selbst bei gleichem Mittelwert macht es einen wesentlichen Unterschied, ob die Merkmalsausprägungen nah beim Mittelwert oder weit davon entfernt sind. Hierüber geben die **Streuungsmaße** Aufschluss.

 (13) Klassenarbeiten mit gleichem Notendurchschnitt und Median

In zwei 11. Klassen wurde die gleiche Mathematikarbeit geschrieben. Der Notenspiegel zeigt das Abschneiden der beiden Klassen.

Note	1	2	3	4	5	6
Klasse 11 A	3	5	4	2	3	3
Klasse 11 B	-	2	10	8	-	-

Beurteilen Sie die Leistungen der beiden Klassen.

Die Durchschnittsnote ist in beiden Klassen 3,3. Auch der Median ist gleich.
Diese Lageparameter reichen hier nicht aus, um die Leistungsstärke der Klassen zu beurteilen.
Die Unterschiede sind aber deutlich:
In der Klasse 11 A schwanken die Leistungen sehr stark, während die Schüler der 11 B relativ ähnliche Leistungen gezeigt haben.

Klasse 11 A
Arithmetisches Mittel: $\bar{x} = 3,3$ Median: $\tilde{x} = 3$

Klasse 11 B
Arithmetisches Mittel: $\bar{x} = 3,3$ Median: $\tilde{x} = 3$

Um die Streuungen zu beschreiben, gibt es verschiedene Möglichkeiten:
Zunächst können wir die Abstände zwischen den beiden „extremsten" Merkmalsausprägungen erfassen. Diese Differenz zwischen größtem und kleinstem Wert heißt **Spannweite**. Im Beispiel sieht man, dass die Spannweite bei der 11 A größer ist als bei der 11 B: 6 Notenstufen gegenüber 3 Notenstufen.

Die Spannweite sagt jedoch nichts darüber aus, wie die Werte innerhalb der Spannweite „streuen". Auch wie groß die Abstände der Werte zum Mittelwert sind, wird durch die Spannweite nicht angegeben.

 Die **Spannweite** ist der Abstand bzw. die Differenz zwischen dem größten und dem kleinsten Wert einer Merkmalsausprägung.

 Beschreiben Sie die Altersstrukturen in den beiden Gruppen mithilfe des arithmetischen Mittels, des Medians und der Spannweite.
Gruppe 1:

Karin	Tim	Lea	Emre	Lisa	Till	Pia	Franz	Leon	Gina	Lutz	Jim	Ted	Lilli
18	17	16	18	18	15	16	20	18	16	17	22	18	19

Gruppe 2:

Sophie	Anna	Can	Jo	Noel	Marc	Jan	Nele	Anke	Lotte	Amy	Emil	Ben	Max
17	19	17	17	18	18	19	18	16	20	17	16	16	16

Varianz und Standardabweichung

Varianz und **Standardabweichung** geben die Streuung der Merkmalsausprägungen um das arithmetische Mittel an. Sie sind die am häufigsten verwendeten Streuungsmaße.

Abweichung vom Jahresdurchschnitt

An einer Wetterstation in Deutschland wurde täglich um 9 Uhr die Temperatur gemessen. Die Tabelle gibt die durchschnittlichen Monatstemperaturen des Jahres 2013 an:

Monat	J	F	M	A	M	J	J	A	S	O	N	D
Temperatur in °C	10	4	5	12	14	15	18	21	11	10	4	2

Der Jahresdurchschnitt 2013 wird durch das arithmetische Mittel bestimmt. Er ist hier 10,5 °C.
Nun ist es im Winter meist deutlich kälter und im Sommer dagegen wärmer als 10,5 °C. Mit der Varianz und Standardabweichung erhalten wir Werkzeuge, die die durchschnittliche Streuung um den Jahresdurchschnitt angeben.

Zu Beginn der Berechnung bestimmen wir zunächst, wie die Merkmalsausprägungen der einzelnen Monate vom arithmetischen Mittel $\bar{x} = 10,5$ °C abweichen. Wir bilden also die Differenz zwischen jedem Wert und dem Mittelwert.

Summieren wir alle Abweichungen, so erhalten wir den Wert 0, da sich positive und negative Abweichungen vom Mittelwert über das Jahr hin aufheben.
Deshalb werden die Abweichungen quadriert. Das Quadrieren hat auch den Vorteil, dass große Abweichungen stärker berücksichtigt werden.

Wir bestimmen die Summe der Quadrate der Abweichungen vom Mittelwert. Diese teilen wir durch die Anzahl der Merkmalswerte, also durch 12. Damit berechnen wir also den Mittelwert der quadratischen Abweichungen.
Der so erhaltene Wert wird als **Varianz** oder als **mittlere quadratische Abweichung** bezeichnet.

Varianz: $\frac{389}{12} \approx 32,42$

Durch das Quadrieren stimmt aber die Einheit nicht mehr. Um in den ursprünglichen Größenbereich °C zurückzugelangen, ziehen wir die Wurzel aus der Varianz. Der so erhaltene Wert wird als **Standardabweichung** bezeichnet.

Standardabweichung: $\sqrt{32,42} \approx 5,7$ (°C)

Temperatur in °Celsius	Abweichung vom Mittelwert	Quadrat der Abweichung
x	$(x - \bar{x})$	$(x - \bar{x})^2$
10	−0,5	0,25
4	−6,5	42,25
5	−5,5	30,25
12	1,5	2,25
14	3,5	12,25
15	4,5	20,25
18	7,5	56,25
21	10,5	110,25
11	0,5	0,25
10	−0,5	0,25
4	−6,5	42,25
2	−8,5	72,25
Summe der Quadrate:		**389**

Standardabweichung = Wurzel der Varianz

▶ Im Jahresdurchschnitt liegen die meisten Temperaturen also im Bereich, zwischen 4,8 °C (= 10,5 °C − 5,7 °C) und 16,2 °C (= 10,5 °C + 5,7 °C).

Allgemein gilt:
Die Standardabweichung kürzen wir mit dem Buchstaben **s** ab. Da die Varianz die quadrierte Standardabweichung ist, bezeichnen wir sie mit s^2.

Die **Varianz** s^2 ist ein Maß für die Streuung. Sie gibt die mittlere quadratische Abweichung der Werte vom arithmetischen Mittel an. Sind die n Merkmalsausprägungen $x_1, \ldots, x_n$ gegeben und ist $\bar{x}$ das arithmetische Mittel, so gilt für die Varianz:

$$s^2 = \frac{(x_1 - \bar{x})^2 + (x_2 - \bar{x})^2 + \ldots + (x_n - \bar{x})^2}{n}$$

Die **Standardabweichung** s ist die Wurzel aus der Varianz:

$$s = \sqrt{\frac{(x_1 - \bar{x})^2 + (x_2 - \bar{x})^2 + \ldots + (x_n - \bar{x})^2}{n}}$$

Treten bestimmte Merkmalsausprägungen mehrfach auf, so können wir – analog zum arithmetischen Mittel – Rechenvorteile nutzen:
Im Beispiel 14 traten bei der Berechnung der Quadrate die Werte 0,25 und 42,25 dreifach bzw. zweifach auf. Es ergibt sich für die Varianz folgende Rechnung:

$$s^2 = \frac{0{,}25 \cdot 3 + 42{,}25 \cdot 2 + 30{,}25 + 2{,}25 + 12{,}25 + 20{,}25 + 56{,}25 + 110{,}25 + 72{,}25}{12} \approx 32{,}42$$

(15) Varianz und Standardabweichung beim Notenspiegel

Wir bestimmen die Varianz und die Standardabweichung für die Noten der Mathematikarbeit in der Klasse 11 A (▶ Beispiel 13, Seite 88).

Lösung für die Klasse 11 A:
Um Varianz und Standardabweichung zu bestimmen, gehen wir folgendermaßen vor:

1. Wir bestimmen das arithmetische Mittel $\bar{x} = 3{,}3$.

2. Wir berechnen für jede Note x die Abweichung vom Mittelwert $(x - \bar{x})$.

3. Wir berechnen jeweils die Quadrate der Abweichungen $(x - \bar{x})^2$.

4. Wir multiplizieren die Quadrate mit der absoluten Häufigkeit k, mit der die jeweilige Note aufgetreten ist.

5. Wir addieren alle Ergebnisse aus Schritt 4.

6. Wir teilen das Ergebnis aus Schritt 5 durch 20 (Anzahl aller Schüler = Anzahl der Merkmalsträger). Das Ergebnis ist die Varianz.

7. Wir ziehen die Wurzel und erhalten die Standardabweichung.

Note	Häufigkeit	Abweichung vom Mittelwert	Quadrat der Abweichung	
x	k	$(x - \bar{x})$	$(x - \bar{x})^2$	$(x - \bar{x})^2 \cdot k$
1	3	−2,3	5,29	15,87
2	5	−1,3	1,69	8,45
3	4	−0,3	0,09	0,36
4	2	0,7	0,49	0,98
5	3	1,7	2,89	8,67
6	3	2,7	7,29	21,87

Summe: 20 **Summe: 56,20**

Wir erhalten die Varianz

$$s^2 = \frac{56{,}2}{20} = 2{,}81$$

und die Standardabweichung

$$s = \sqrt{2{,}81} \approx \mathbf{1{,}7}.$$

▶ „Alles klar?"-Aufgabe 2, Seite 91

Die mittlere quadratische Abweichung vom Mittelwert wird als **Varianz s^2** bezeichnet. Sind die Merkmalsausprägungen $x_1, \ldots, x_n$ gegeben und ist $\bar{x}$ ihr arithmetisches Mittel, so gilt:

$$s^2 = \frac{(x_1 - \bar{x})^2 + (x_2 - \bar{x})^2 + \ldots + (x_n - \bar{x})^2}{n}$$

Die **Standardabweichung s** ist die Wurzel aus der Varianz:

$$s = \sqrt{\frac{(x_1 - \bar{x})^2 + (x_2 - \bar{x})^2 + \ldots + (x_n - \bar{x})^2}{n}}$$

Treten die Merkmalsausprägungen $x_1, \ldots, x_n$ mit den absoluten Häufigkeiten $k_1, k_2, \ldots k_n$ auf, so gilt:

$$s^2 = \frac{(x_1 - \bar{x})^2 \cdot k_1 + (x_2 - \bar{x})^2 \cdot k_2 + \ldots + (x_n - \bar{x})^2 \cdot k_n}{k_1 + k_2 + \ldots + k_n} \quad \text{und} \quad s = \sqrt{\frac{(x_1 - \bar{x})^2 \cdot k_1 + (x_2 - \bar{x})^2 \cdot k_2 + \ldots + (x_n - \bar{x})^2 \cdot k_n}{k_1 + k_2 + \ldots + k_n}}$$

3

1. Berechnen Sie Varianz und Standardabweichung für die Zahlen von 0 bis 10.
   (▶ „Alles klar?"-Aufgabe 1 von Seite 83)

2. Bestimmen Sie die Varianz und Standardabweichung für die Noten der Mathematikarbeit in der Klasse 11 B aus Beispiel 13 von Seite 88.
   Vergleichen Sie diese mit dem Ergebnis aus Beispiel 15.

Übungen zu 3.1.4

1. Von 100 Schülern der 12. Jahrgangsstufe wurde die Körpergröße ermittelt.

Größe in cm	168	171	172	173	175	177	178	179	180	181	182	183	184	186	187	193
Anzahl	1	1	2	3	5	6	9	12	17	14	11	8	3	4	3	1

a) Geben Sie die Spannweite an.
b) Ermitteln Sie das arithmetische Mittel.
c) Berechnen Sie Varianz und Standardabweichung.

2. Die Ergebnisse (in Meter) der beiden Kugelstoßer Tom und Alex sind in der folgenden Tabelle erfasst.

Tom	14,27	14,50	14,71	14,19	14,50	14,84	14,28	14,40	14,69	14,71	14,63	$\bar{x} = 14,52$
Alex	14,43	14,80	14,86	14,14	14,20	14,54	15,01	14,91	14,65	13,94	14,24	$\bar{x} = 14,52$

a) Berechnen Sie Varianz und Standardabweichung.
b) Beurteilen Sie die Ergebnisse.

3. Ein Marmeladenhersteller möchte eine zusätzliche Abfüllanlage für 450-g-Gläser kaufen. Die Anlage gilt als frei von Mängeln, wenn unter anderem bei der Befüllung das arithmetische Mittel exakt 450 g ist und die Standardabweichung höchstens 0,5 % beträgt. Eine Stichprobe lieferte folgende Werte (▶ in Gramm):
450, 454, 452, 452, 446, 448, 448, 451, 452, 456, 450, 447, 450, 450, 451, 444, 447, 453, 449, 450

Ermitteln Sie, ob der Hersteller der Anlage mit einer Reklamation rechnen muss.

Übungen zu 3.1

1. Ermitteln Sie für die fünfzehn Beobachtungswerte
   12, 13, 14, 15, 12, 18, 12, 15, 14, 12, 14, 15, 11, 13, 12
   a) das arithmetische Mittel   b) den Median   c) den Modalwert   d) die Standardabweichung

2. Beurteilen Sie, ob sich Ihre Entscheidung über den Produktionsprozess der Fahrradtachometer ändern sollte
   (▶ Aufgabe 4, Seite 87), wenn auch die Standardabweichung berücksichtigt wird.

3. Die Durchsicht des Klassenbuchs der Klasse 11 b ergab folgende Liste an Verspätungen (in Minuten):
   5, 7, 20, 15, 25, 2, 40, 10, 12, 12, 18, 25, 30, 35, 1, 5, 5, 8, 10, 15, 15, 20, 23, 36, 45, 2, 2, 3, 5, 16, 8,
   10, 12, 15, 6, 25, 28, 30, 35, 4

   a) Berechnen Sie arithmetisches Mittel, Median und Modalwert. Überprüfen Sie anhand der berechneten Werte
   die Aussage: „Die Schüler kommen durchschnittlich 16 Minuten zu spät."
   b) Nehmen Sie eine Einteilung der Daten in 10 bzw. 5 Klassen vor und bestimmen Sie jeweils die Mitte der
   Klassen. Berechnen Sie damit das arithmetische Mittel der klassierten Daten. Vergleichen Sie dieses mit dem
   in a) bestimmten exakten Mittelwert.
   c) Stellen Sie die klassierten Daten in Form eines Histogramms dar.
   d) Berechnen Sie die Spannweite und die mittlere quadratische Abweichung. Interpretieren Sie Ihre Ergebnisse.
   e) Berechnen Sie die Standardabweichung und ermitteln Sie den prozentualen Anteil der Stichprobenwerte,
   der im Intervall $I = [\overline{x} - s; \overline{x} + s]$ liegt.

4. Die Ergebnisse der Prüfungsarbeiten im Fach Mathematik, getrennt nach Kurs A und Kurs B, lauten:

A	48	60	82	63	32	74	78	115	93	20	88	86	80	70	38	39	62	65	67	93	99	66
B	89	75	58	86	59	87	50	105	74	49	66	60	90	112	91	35	94	24	72	67	69	

   a) Berechnen Sie die Spannweite, den Median, den Modalwert, das arithmetische Mittel sowie die Standardabweichung.
   b) Fertigen Sie jeweils eine Notenübersicht an und stellen Sie die Häufigkeiten in einem Säulendiagramm dar.

Note	1	2	3	4	5	6
Punkte	103–120	85–102	67–84	49–66	25–48	0–24

   c) Vergleichen Sie die Leistungen der beiden Kurse. Äußern Sie sich zur Aussagekraft der beiden Modalwerte.

5. Die Stadt Essen erwägt, in der Nähe einer Schule eine Fußgängerampel zu errichten. Sie lässt deshalb durch
   die Polizei die Geschwindigkeit der vorbeifahrenden Kraftfahrzeuge messen.

$\frac{km}{h}$	30–35	36–40	41–45	46–50	51–55	56–60	61–65
Anzahl	15	38	64	86	70	26	21

Geben Sie der Stadt Essen eine Empfehlung zur Notwendigkeit der Fußgängerampel. Unterstützen Sie Ihre Aussagen graphisch.

a) Wählen Sie eine geeignete graphische Darstellung der Werte.
b) Berechnen Sie das arithmetische Mittel und die Standardabweichung. *Tipp:* Wählen Sie jeweils die Mitte der Klassenbreiten.
c) Beurteilen Sie, ob die beiden Maßzahlen für eine Entscheidung geeignet sind.

Ich kann ...

...*absolute* und *relative* *Häufigkeiten* bestimmen.	„4 von 20 Schülern haben die Note 2." Absolute Häufigkeit: 4 Relative Häufigkeit: $\frac{4}{20} = 0{,}2 = 20\%$	**Absolute Häufigkeit:** So oft tritt die Merkmalsausprägung auf **Relative Häufigkeit:** Setzt die absolute Häufigkeit ins Verhältnis zum Stichprobenumfang: $\frac{\text{absolute Häufigkeit}}{\text{Gesamtanzahl}}$

...*absolute* und *relative* *Häufigkeiten* durch **Diagramme** veranschaulichen.
▸ Aufgabe 4

Freizeitverhalten

Computer/Internet: 32 %
Sport: 22 %
Sonstiges: 9 %
Lernen: 7 %
Freunde treffen: 30 %

Kreisdiagramm:
Besonders geeignet für relative Häufigkeiten

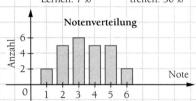

Notenverteilung

Säulendiagramm:
Geeignet für absolute und relative Häufigkeiten

...das **arithmetische Mittel** berechnen und **Modalwert** sowie **Median** bestimmen.
▸ Test-Aufgaben 1, 3

Noten einer Klausur ▸ 25 Klausuren

1	2	3	4	5	6
2	4	10	6	2	1

$\overline{x} = \frac{2 \cdot 1 + 4 \cdot 2 + 10 \cdot 3 + 6 \cdot 4 + 2 \cdot 5 + 1 \cdot 6}{25} = 3{,}2$

Die Note 3 ist der Modalwert.

Körpergewicht von 6 Schülern:

A	B	C	D	E	F
64	66	52	56	61	57

Geordnet: 52, 56, 57, 61, 64, 66
$\overline{x} = \frac{57 + 61}{2} = 59$

Arithmetisches Mittel:
Durchschnittswert
(alle Werte zusammenzählen und durch die Gesamtanzahl teilen)
$\overline{x} = \frac{x_1 + x_2 + \cdots + x_n}{n}$

Modalwert:
Wert, der am häufigsten vorkommt
Median:
1. Datensatz der Größe nach anordnen.
2. Bei einer ungeraden Anzahl von Werten ist der Median in der Mitte.
3. Bei einer geraden Anzahl von Werten wird das arithmetische Mittel der beiden mittleren Werte gebildet.

... **Varianz** und **Standardabweichung** berechnen.
▸ Test-Aufgaben 2, 4

Noten einer Klausur:

1	2	3	4	5	6
2	4	10	6	2	1

$\overline{x} = 3{,}2$

$s^2 = \frac{1}{25}(1 - 3{,}2)^2 \cdot 2 + (2 - 3{,}2)^2 \cdot 4$
$\quad + (3 - 3{,}2)^2 \cdot 10 + (4 - 3{,}2)^2 \cdot 6$
$\quad + (5 - 3{,}2)^2 \cdot 2 + (6 - 3{,}2)^2 \cdot 1$
$\approx 1{,}29$

$s = \sqrt{1{,}29} \approx 1{,}14$

s^2 ist die **Varianz**
$s^2 = \frac{(x_1 - \overline{x})^2 + (x_2 - \overline{x})^2 + \ldots + (x_n - \overline{x})^2}{n}$
s ist die **Standardabweichung**
$s = \sqrt{\frac{(x_1 - \overline{x})^2 + (x_2 - \overline{x})^2 + \ldots + (x_n - \overline{x})^2}{n}}$
$\quad = \sqrt{s^2}$

Die Standardabweichung ist die Wurzel aus der Varianz.
Sie gibt die durchschnittliche Streuung um das arithmetische Mittel an.

Test zu 3.1

1. Bestimmen Sie das arithmetische Mittel, den Median und den Modalwert folgender Datensätze, soweit dies möglich ist.
   a) Kaltmiete pro m² in €: 8; 10; 9,50; 7,50; 8; 9; 11,50; 7,50; 8
   b) Anzahl Fehltage: 4, 6, 8, 2, 0, 15, 14, 4, 9, 5, 0, 2, 2
   c) Lieblingsfarbe: Lila, Rot, Grün, Grün, Gelb, Türkis, Pink, Rot, Rot

2. Jan und Levent fahren beide mit dem Auto zur Schule. Beide notieren, wie viel Liter Benzin ihr Auto pro 100 km verbraucht.
   Jan: 7,4; 6,8; 7,2; 6,6; 6,3; 6,4; 7,1; 7,3; 7,2; 7,2; 7,5; 7,2; 6,6; 6,8; 6,8; 6,6; 6,5; 7,4; 7,2; 7,4; 7,5; 7,8
   Levent: 6,6; 6,8; 7,0; 6,8; 7,5; 7,3; 7,1; 6,3; 6,2; 6,3; 6,5; 6,3; 6,7; 6,5; 6,6; 6,8; 6,5; 6,7; 7,1; 7,3; 7,2; 6,8

   a) Bestimmen Sie die Varianz und die Standardabweichung.
   b) Berechnen Sie den prozentualen Anteil, der im Intervall $I = [\bar{x} - s; \bar{x} + s]$ liegt.
   c) Jan behauptet, sein Auto verbrauche weniger Sprit. Nehmen Sie Stellung zu seiner Aussage.

3. Jan gibt im Jahr durchschnittlich 74 € pro Monat für sein Handy aus. Die Tabelle zeigt die monatlichen Telefonkosten (in €). Die Angabe für den Juni ist durch einen Kaffeefleck nicht mehr lesbar. Bestimmen Sie die Telefonkosten für Juni.

Jan	Feb	Mär	Apr	Mai	Juni
80	68	73	64	84	

Juli	Aug	Sep	Okt	Nov	Dez
60	82	86	69	72	76

4. Beim Weitsprung wurden von Eva und Paula folgende Sprungweiten in Metern erfasst.

Eva	4,94	4,87	5,61	4,73	4,79	5,52
Paula	4,93	5,33	5,20	5,12	5,10	4,92

Nächste Woche findet ein landesweiter Wettkampf statt. Der Trainer muss entscheiden, wen er antreten lässt. Beurteilen Sie die sportlichen Leistungen der beiden Sportlerinnen. Stellen Sie die Daten graphisch dar und geben Sie eine Empfehlung an den Trainer ab. Berücksichtigen Sie bei der Empfehlung auch die Standardabweichung.

3.2 Grundbegriffe der Wahrscheinlichkeitstheorie

3.2.1 Zufallsexperiment, Ergebnis und Ereignis

Bei vielen Experimenten ist der Ausgang vorhersagbar. Ein Experiment, das dagegen beliebig oft unter gleichen Bedingungen wiederholbar und dessen Ausgang nicht vorhersehbar ist, heißt **Zufallsexperiment**.

Glücksrad mit acht Zahlen

Anna und Jan stehen auf dem Sommerfest vor einem Glücksrad mit acht gleich großen Teilfeldern, die die Zahlen von 1 bis 8 tragen. Sie fragen sich, wie wahrscheinlich es ist, dass eine gerade Zahl getroffen wird.

Bei diesem Zufallsexperiment gibt es acht mögliche **Ergebnisse**: 1, 2, 3, 4, 5, 6, 7, 8.
Die Menge aller Ergebnisse heißt **Ergebnismenge** und wird mit dem griechischen Buchstaben Ω (sprich: „Omega") bezeichnet. Hier ist $\Omega = \{1;2;3;4;5;6;7;8\}$.
Das **Ereignis** „eine gerade Zahl wird getroffen" tritt dann ein, wenn das Ergebnis 2, 4, 6 oder 8 ist. Wir kürzen Ereignis mit E ab und schreiben $E = \{2;4;6;8\}$.
Das Ereignis E ist also eine Teilmenge der Ergebnismenge Ω. Die Anzahl der Elemente einer Menge wird als Mächtigkeit bezeichnet. Wir schreiben $|\Omega|$. Hier ist $|\Omega| = 8$ und $|E| = 4$.
Die Wahrscheinlichkeit für eine gerade Zahl beträgt 50 %, da das Glücksrad zur Hälfte aus Sektoren mit geraden Zahlen besteht.

- Der Ausgang eines Zufallsexperiments heißt **Ergebnis**.
- Die **Ergebnismenge** Ω enthält alle möglichen Ergebnisse.
- Jedes **Ereignis** E ist eine Teilmenge der Ergebnismenge Ω.

1. Handelt es sich bei den folgenden Experimenten um Zufallsexperimente?
   a) Tippen auf den Ausgang eines Fußballspiels
   b) Ziehen einer Karte aus einem Skatspiel
   c) Durchführen von technischen Versuchen

2. Ein idealer Würfel wird einmal geworfen.
   a) Bestimmen Sie die Ergebnismenge Ω.
   b) Schreiben Sie das folgende Ereignis als Menge: „Die Augenzahl ist ungerade."

3. Acht Spielkarten werden gemischt. Geben Sie die Ereignisse an für:
   a) „Es wird eine Dame gezogen."
   b) „Es wird eine rote Karte gezogen."
   c) „Es wird eine rote Dame gezogen."

2 Ziehung einer Kugel aus 49 nummerierten Loskugeln

Aus einer Urne mit 49 nummerierten Loskugeln wird eine Kugel gezogen.

Die Menge aller Ergebnisse entspricht der Menge der nummerierten Kugeln.

Ergebnismenge $\Omega = \{1; 2; \ldots; 49\}$

1. Ereignis: „Die Kugel mit der Nummer 17 wird gezogen." Das Ereignis enthält nur ein Element. Die einelementigen Ereignisse heißen **Elementarereignisse**.

$E_1 = \{17\}$

2. Ereignis: „Die Kugel mit der Nummer 52 wird gezogen." Dieses Ereignis kann nicht eintreten, es ist ein **unmögliches Ereignis**. Die Menge E_2 ist somit leer.

$E_2 = \{\ \}$

3. Ereignis: „Es wird eine der Zahlen 1 bis 49 gezogen." Dieses Ereignis tritt auf jeden Fall ein, es ist ein **sicheres Ereignis**. Die Menge E_3 enthält alle Elemente der Ergebnismenge Ω.

$E_3 = \Omega$

3 Vereinigung und Schnitt von Ereignissen

Stellen Sie beim einmaligen Würfeln die folgenden Ereignisse jeweils als Menge dar:
A: „es tritt eine ungerade Zahl *oder* eine Primzahl ein"
B: „es tritt eine ungerade Zahl *und* eine Primzahl ein"

Das Ereignis E_1: „ungerade Augenzahl" besteht aus den Ergebnissen 1, 3, 5 und das Ereignis E_2: „Primzahl" aus den Ergebnissen 2, 3, 5.

$E_1 = \{1; 3; 5\}$ ▶ Ereignis „ungerade Zahl"
$E_2 = \{2; 3; 5\}$ ▶ Ereignis „Primzahl"

Das Ereignis A: „ungerade Augenzahl *oder* Primzahl" ist die **Vereinigungsmenge** von E_1 und E_2.

$A = E_1 \cup E_2 = \{1; 3; 5\} \cup \{2; 3; 5\} = \{1; 2; 3; 5\}$
▶ Ereignis „ungerade Zahl *oder* Primzahl"

Das Ereignis B: „ungerade Augenzahl *und* Primzahl" ist die **Schnittmenge** von E_1 und E_2.

$B = E_1 \cap E_2 = \{1; 3; 5\} \cap \{2; 3; 5\} = \{3; 5\}$
▶ Ereignis „ungerade Zahl *und* Primzahl"

Das **Gegenereignis** $\overline{E}$ eines Ereignisses E tritt genau dann ein, wenn das Ereignis E nicht eintritt. Das Gegenereignis $\overline{E}$ enthält also alle Ergebnisse der Ergebnismenge Ω, die nicht in E enthalten sind.

4 Gegenereignis

Bilden Sie beim zweifachen Münzwurf das Gegenereignis $\overline{E}$ zum Ereignis $E = \{(K; K)\}$.

Die Ergebnismenge Ω besteht aus den Ergebnissen $(K; K)$, $(K; Z)$, $(Z; K)$, $(Z; Z)$.

Ergebnismenge:
$\Omega = \{(K; K); (K; Z); (Z; K); (Z; Z)\}$

Entnehmen wir Ω das Ergebnis $(K; K)$, dann bleiben die drei Ergebnisse $(K; Z)$, $(Z; K)$ und $(Z; Z)$ zurück. Die Menge mit diesen Ergebnissen ist das gesuchte **Gegenereignis** $\overline{E}$: „es wird *nicht* zweimal Kopf geworfen".

Ereignis:
$E = \{(K; K)\}$
Gegenereignis:
$\overline{E} = \Omega \setminus E$ ▶ Lies: „E Komplement = Omega ohne E"
$= \{(K; K); (K; Z); (Z; K); (Z; Z)\} \setminus \{(K; K)\}$
$= \{(K; Z); (Z; K); (Z; Z)\}$

Mithilfe der Beschreibung von Ereignissen durch Mengen lassen sich Ereignisse einer Ergebnismenge leicht verknüpfen. Sind E_1, E_2 und E Ereignisse aus der Ergebnismenge Ω, so gilt:

- Besondere Ereignisse bei einem Zufallsexperiment sind die einelementigen **Elementarereignisse**, das **sichere Ereignis**, das immer eintritt ($E = \Omega$), und das **unmögliche Ereignis**, das nie eintritt ($E = \{\ \}$).

- Das verknüpfte Ereignis „Ereignis E_1 *oder* Ereignis E_2 tritt ein" ist die **Vereinigungsmenge** $E_1 \cup E_2$.
  ▸ $E_1 \cup E_2$ tritt genau dann ein, wenn wenigstens eines der beiden Ereignisse E_1 oder E_2 eintritt.

- Das verknüpfte Ereignis „beide Ereignisse E_1 *und* E_2 treten ein" ist die **Schnittmenge** $E_1 \cap E_2$.
  ▸ $E_1 \cap E_2$ tritt genau dann ein, wenn sowohl das Ereignis E_1 als auch das Ereignis E_2 eintreten.

- Zu jedem Ereignis E gibt es ein **Gegenereignis** $\overline{E}$.
  ▸ $\overline{E}$ tritt ein, wenn E nicht eintritt. Die Differenzmenge $\overline{E} = \Omega \setminus E$ ist die Menge der Elemente, die zu Ω, aber nicht zu E gehören.

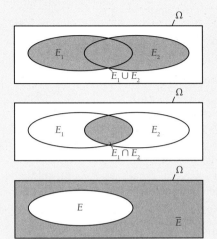

3

Ein idealer sechsseitiger Würfel wird einmal geworfen.
a) Geben Sie die Elementarereignisse, das sichere Ereignis und ein unmögliches Ereignis an.
b) Stellen Sie die Ereignisse E_1 „die gewürfelte Zahl ist gerade" und E_2 „die gewürfelte Zahl ist größer als 3" als Menge dar.
c) Bestimmen Sie die Mengen, die zu den Ereignissen $E_1 \cap E_2$, $E_1 \cup E_2$ und $\overline{E_2}$ gehören.

Übungen zu 3.2.1

1. Aus einem Skatspiel mit 32 Karten wird eine Karte gezogen.
a) Begründen Sie, dass es sich um ein Zufallsexperiment handelt.
b) Geben Sie die Ergebnismenge an.

2. Drei Münzen werden gleichzeitig geworfen. Geben Sie alle möglichen Ereignisse an. Verwenden Sie abkürzend für Kopf k und für Zahl z. Das Ereignis „2-mal Kopf und 1-mal Zahl" lautet dann kkz.

3. Bei einem Würfelspiel gewinnt Jan, wenn die Augenzahl gerade ist. Anna siegt, wenn die Augenzahl durch drei teilbar ist. Stellen Sie die folgenden Ereignisse als Menge dar.
a) „Anna gewinnt nicht."
b) „Keiner der beiden gewinnt."

4. Geben Sie jeweils das Gegenereignis an.
a) E: „Mit einem Würfel wird eine 6 gewürfelt."
b) E: „Mit einem Würfel wird eine Quadratzahl gewürfelt."
c) E: „Beim Werfen einer Münze fällt eine Zahl."
d) E: „Beim Werfen zweier Münzen liegen zwei Zahlen oben."
e) E: „Bei vier Schüssen auf eine Zielscheibe werden vier Treffer erzielt."

5. Zeigen Sie anhand von Mengendarstellungen, dass die **Regeln von de Morgan** gelten:
a) $\overline{A \cup B} = \overline{A} \cap \overline{B}$
b) $\overline{A \cap B} = \overline{A} \cup \overline{B}$

3.2.2 Von der relativen Häufigkeit zur Wahrscheinlichkeit

Den Ausgang eines Zufallsexperiments können wir nie exakt vorhersagen. Es gibt aber Zufallsexperimente, bei denen wir eine intuitive Vorstellung davon haben, mit welcher **Wahrscheinlichkeit** die unterschiedlichen Ereignisse eintreten können.

Die Wahrscheinlichkeit ist die Chance, dass ein zukünftiges Ereignis eintritt. Die Wahrscheinlichkeit jedes Ereignisses liegt somit zwischen 0 und 1. Wir schreiben $0 \leq P(E) \leq 1$. P steht für probability (engl. für Wahrscheinlichkeit), $P(E)$ bezeichnet die Wahrscheinlichkeit für das Eintreten des Ereignisses E.

 5 Klassische Definition der Wahrscheinlichkeit

> Ein idealer Würfel hat keine „Macken".

Ein idealer sechsseitiger Würfel wird einmal geworfen. Wie wahrscheinlich ist es, dass eine 5 fällt?

Mögliche Ergebnisse sind die Augenzahlen 1 bis 6. Das Ereignis „es fällt eine 5" ist gleichbedeutend mit dem Ergebnis 5.

Ergebnismenge $\Omega = \{1; 2; 3; 4; 5; 6\}$

$E = \{5\}$

Bei diesem Zufallsexperiment sind alle Ergebnisse gleich wahrscheinlich. Teilen wir also die gesamte Wahrscheinlichkeit (100 % bzw. 1) auf die 6 möglichen Ergebnisse auf, erhalten wir für jedes Ergebnis die Wahrscheinlichkeit $\frac{1}{6}$.

$P(E) = P(\{5\}) = \frac{1}{6}$

Wie sieht es aus, wenn wir ein komplexeres Ereignis wählen? Wie hoch ist etwa die Wahrscheinlichkeit, dass eine durch 3 teilbare Zahl fällt?

Günstig für das Ereignis „es fällt eine durch 3 teilbare Zahl" sind die Ergebnisse 3 und 6.

$E = \{3; 6\}$

Wir müssen die Wahrscheinlichkeiten aller günstigen Ergebnisse zusammenzählen. So erhalten wir die Wahrscheinlichkeit $\frac{1}{3}$ für das Ereignis „es fällt eine durch 3 teilbare Zahl".

$P(E) = \frac{1}{6} + \frac{1}{6} = \frac{2}{6} = \frac{1}{3}$

Zufallsexperimente, bei denen wie im Beispiel 5 alle möglichen Ergebnisse gleich wahrscheinlich sind, heißen **Laplace-Experimente**. Der Mathematiker Pierre-Simon Laplace formulierte für solche Experimente die folgende Regel, mit der wir die Wahrscheinlichkeit für jedes Ereignis E bestimmen können.

 Bei einem **Laplace-Experiment** ergibt sich die Wahrscheinlichkeit für ein Ereignis E durch die folgende Formel:

$$P(E) = \frac{|E|}{|\Omega|} = \frac{\text{Anzahl der für } E \text{ günstigen Ergebnisse}}{\text{Anzahl aller möglichen Ergebnisse}}$$

1. Wie groß ist die Wahrscheinlichkeit, bei einem Münzwurf das Ergebnis „Kopf" zu werfen?

2. Anja hat die letzte Ziffer der Telefonnummer von Anna vergessen und tippt eine beliebige Ziffer ein. Mit welcher Wahrscheinlichkeit wählt sie die richtige Ziffer?

3. Berechnen Sie die Wahrscheinlichkeit für das Auftreten einer Zahl größer als 2 bei einmaligem Werfen eines idealen sechsseitigen Würfels.

In allen bisherigen Beispielen war uns die Wahrscheinlichkeit der einzelnen Ergebnisse bekannt. Wir wissen intuitiv, dass die Wahrscheinlichkeit für jede Seite des Würfels $\frac{1}{6}$ beträgt, oder dass bei einem Glücksrad mit acht gleich großen Sektoren die Wahrscheinlichkeit für jeden Sektor gleich groß ist.
Es geht aber auch anders.

Statistische Definition der Wahrscheinlichkeit

Wirft man eine Reißzwecke, so kann sie entweder auf dem Kopf aufkommen oder seitlich liegen bleiben. Wir können nicht davon ausgehen, dass die Chancen gleich sind, die Reißzwecke also genauso häufig auf dem Kopf wie auf der Seite landet. Die Ursache dafür ist die Form der Reißzwecke.
Um eine brauchbare Wahrscheinlichkeitsaussage treffen zu können, müssen wir experimentieren.

Die Ergebnismenge enthält zwei Ergebnisse.
Wir bezeichnen das Ereignis „Reißzwecke liegt auf dem Kopf" mit E_1, das Ereignis „Reißzwecke liegt auf der Seite" mit E_2.

$\Omega = \{\text{Kopf; Seite}\}, \quad |\Omega| = 2$
$E_1 = \{\text{Kopf}\}$
$E_2 = \{\text{Seite}\}$

Wir werfen die Reißzwecke 100-mal und notieren die Ergebnisse. Zudem bestimmen wir für beide Ereignisse die **relative Häufigkeit**.

Die so erhaltenen Werte sind nicht gesichert, sie basieren lediglich auf 100-facher Wiederholung des Experiments.

Je häufiger wir die Reißzwecke werfen, desto besser nähern sich die relativen Häufigkeiten einem Wert an. Diesen Wert nennt man **empirische Wahrscheinlichkeit**. Dieser Zusammenhang wird als **empirisches Gesetz der großen Zahlen** bezeichnet.

Ereignis	absolute Häufigkeit $H(E)$	relative Häufigkeit $h(E)$
	43	$\frac{43}{100} = 0{,}43\,(=43\%)$
	57	$\frac{57}{100} = 0{,}57\,(=57\%)$

Werfe ich 1 000-mal, wird der Wert genauer, werfe ich 10 000-mal, wird er noch genauer.

Empirisches Gesetz der großen Zahlen:
Wird ein Zufallsexperiment häufig hintereinander durchgeführt, dann nähern sich die relativen Häufigkeiten immer besser der **empirischen Wahrscheinlichkeit** des Experiments an.

Jedem Ereignis E einer Ergebnismenge Ω können wir auf diese Weise eine Zahl $p(E)$ als **Wahrscheinlichkeit** zuordnen.

1. Führen Sie das Reißzwecken-Experiment in einer Gruppe durch. Notieren Sie die absoluten und relativen Häufigkeiten nach 20, 40, 60, 80 und 100 Würfen. Vergleichen Sie Ihre Ergebnisse. Welche Schlüsse lassen sich ziehen?

2. Suchen Sie einen Gegenstand, für den ebenso wie bei der Reißzwecke die Chancen nicht gleichverteilt sind. Starten Sie Ihr eigenes Experiment.

3. Begründen Sie, ob es sich um ein Zufallsexperiment handelt, wenn ein Toast aus einer bestimmten Höhe auf den Boden fällt. Recherchieren Sie im Internet.

7   1 000-maliger Wurf einer Münze und eines Würfels

Werfen Sie eine Münze und einen Würfel jeweils 1 000-mal. Notieren Sie in regelmäßigen Abständen die relativen Häufigkeiten für die Ereignisse „Zahl" bzw. „1 geworfen" und interpretieren Sie die Ergebnisse.

Wir zählen, wie oft die beiden fraglichen Ereignisse E auftreten. Nach jedem hundertsten Wurf notieren wir die absoluten Häufigkeiten $H(E)$. Damit können wir die relativen Häufigkeiten $h(E)$ berechnen.

$$h(E) = \frac{H(E)}{n} \quad \blacktriangleright \text{ Abschnitt 3.1, Seite 78}$$

Wir erkennen, dass sich die relativen Häufigkeiten mit wachsender Zahl von Versuchen dem Wert 0,5 beim Münzwurf und $\frac{1}{6}$ beim Würfeln nähern.
Bei Wiederholung der Versuchsserie würden sich zwar andere Zahlenwerte für die relativen Häufigkeiten ergeben. Aber sie nähern sich in der Regel den Werten 0,5 bzw. $\frac{1}{6}$ ($\approx 0{,}167$).

Bei Laplace-Experimenten gilt: „günstige Fälle geteilt durch mögliche Fälle" ▶ (Seite 98). Die Werte, die wir mithilfe der relativen Häufigkeiten und dem empirischen Gesetz der großen Zahlen bestimmt haben, stimmen hier also mit den Laplace-Wahrscheinlichkeiten überein.

Anzahl der Versuche n	absolute Häufigkeiten $H(E)$		relative Häufigkeiten $h(E)$	
	Münze	Würfel	Münze	Würfel
100	47	14	0,4700	0,1400
200	105	36	0,5250	0,1800
300	154	54	0,5133	0,1800
400	205	67	0,5125	0,1675
500	251	86	0,5020	0,1720
600	302	102	0,5033	0,1700
700	344	118	0,4914	0,1686
800	398	132	0,5975	0,1650
900	452	151	0,5022	0,1678
1 000	501	167	0,5010	0,1670
			↓	↓
			0,5	$\frac{1}{6}$

8   Computerbildschirme

Von sechs Computerbildschirmen sind zwei defekt. Zwei werden zufällig ausgewählt.
Wie hoch ist die Wahrscheinlichkeit, dass beide Bildschirme defekt sind (E_1) bzw. kein Bildschirm (E_2) oder genau ein Bildschirm (E_3) defekt ist?

Die Bildschirme werden von 1 bis 6 durchnummeriert, um die Ergebnismenge Ω angeben zu können.

Es handelt sich um ein Laplace-Experiment, da jedes Paar mit der gleichen Wahrscheinlichkeit ausgewählt werden kann. Insgesamt sind 15 Ergebnisse möglich.

Da die Nummerierung beliebig ist, darf beispielhaft angenommen werden, dass die Bildschirme 1 und 2 defekt sind.

$\Omega = \{(1;2);(1;3);(1;4);(1;5);(1;6);(2;3);$
$\quad (2;4);(2;5);(2;6);(3;4);(3;5);(3;6);$
$\quad (4;5);(4;6);(5;6)\}$
$|\Omega| = 15$

$E_1 = \{(1;2)\}$
$|E_1| = 1 \Rightarrow P(E_1) = \frac{1}{15}$

$E_2 = \{(3;4);(3;5);(3;6);(4;5);(4;6);(5;6)\}$
$|E_2| = 6 \Rightarrow P(E_2) = \frac{6}{15}$

$E_3 = \{(1;3);(1;4);(1;5);(1;6);(2;3);(2;4);$
$\quad (2;5);(2;6)\}$
$|E_3| = 8 \Rightarrow P(E_3) = \frac{8}{15}$

Ermitteln Sie die Wahrscheinlichkeit, bei einem doppelten Münzwurf

a)   genau einmal „Kopf" zu werfen,

b)   genau zweimal „Zahl" zu werfen,

c)   mindestens einmal „Zahl" zu werfen,

d)   ein gemischtes Ergebnis zu erzielen.

Übungen zu 3.2.2

1. Ein Oktaeder mit den Zahlen 1 bis 8 wird geworfen.

a) Bestimmen Sie die Wahrscheinlichkeiten der folgenden Ereignisse.
   E_1: „Es wird eine 1 gewürfelt."
   E_2: „Es wird eine ungerade Zahl gewürfelt."
   E_3: „Es wird eine Zahl ≤ 2 gewürfelt."
   E_4: „Es wird eine Zahl > 2 gewürfelt."

b) Begründen Sie anhand des Beispiels, warum die Wahrscheinlichkeit des sicheren Ereignisses 1 beträgt ($P(\Omega) = 1$).

2. Aus dem Wort „Mathematik" wird zufällig ein Buchstabe gewählt. Bestimmen Sie die Wahrscheinlichkeit, mit der es
   a) ein t und   b) ein Vokal ist.

3. Bestimmen Sie die Anzahl der Möglichkeiten, mit zwei Würfeln die Augensumme 7, 9 oder 10 zu erzielen, und geben Sie die jeweiligen Wahrscheinlichkeiten an.

4. Immer wieder fahren Menschen trotz Alkoholkonsums im Straßenverkehr.
Die folgende Tabelle gibt eine Übersicht hierzu.

Nüchtern	$< 0,1$ ‰	$0,1 - 0,5$ ‰	$0,5 - 1$ ‰	$> 1,5$ ‰
40 %	42 %	14 %	3 %	1 %

Wie groß ist die Wahrscheinlichkeit, dass eine zufällig ausgewählte Person
a) mit mehr als 0,5 ‰ unterwegs ist,
b) vollkommen nüchtern ist,
c) mit mehr als 0,8 ‰ unterwegs ist.

5. Entscheiden Sie, welche der folgenden Zufallsexperimente Laplace-Experimente sind, und begründen Sie.

a) Es wird eine zufällig achtstellige Telefonnummer gewählt.

b) Auf einer Kirmes wird ein Los gekauft. Es gibt Nieten und Gewinne.

c) Es wird „blind" auf eine Zielscheibe mit fünf Ringen geschossen.

d) In einem Eiscafé wird ein Eisbecher mit zwei vom Verkäufer beliebig ausgewählten Kugeln angeboten.

6. Die folgende Tabelle gibt eine Übersicht über die Körpergröße der neugeborenen Kinder in Deutschland für das Jahr 2010.

Gesamt	< 40 cm	40–45 cm	45–55 cm	> 55 cm
677 947	48 563	168 411	351 964	109 009

Geben Sie die folgenden Wahrscheinlichkeiten an.

a) Ein 2010 geborenes Kind war bei der Geburt zwischen 45 und 55 cm groß.

b) Ein 2010 geborenes Kind war bei der Geburt über 55 cm groß.

c) Ein 2010 geborenes Kind war mindestens 40 cm groß.

d) Ein 2010 geborenes Kind war nicht größer als 45 cm.

7. Aus einem gut gemischten Kartenspiel mit 32 Skatkarten wird zufällig eine Karte gezogen. Ermitteln Sie die Wahrscheinlichkeit, dass

a) eine Herzkarte,

b) ein schwarzes Ass,

c) der Kreuz-König gezogen wird.

8. Ein 4-seitiger Würfel mit den Augenzahlen 1 bis 4 sieht aus wie eine Pyramide. Da alle Flächen und Kanten gleich groß sind, sprechen wir von einem fairen 4-seitigen Würfel. Janus würfelt einmal mit einem solchen 4-seitigen Würfel. Relevant ist die untenliegende Augenzahl.
Bestimmen Sie die Wahrscheinlichkeiten der folgenden Ereignisse.
E_1: „Es fällt eine gerade Zahl."
E_2: „Es fällt eine ungerade Zahl."
E_3: „Es fällt eine Zahl größer als 3."
E_4: „Es fällt eine 6."
E_5: „Es fällt eine 1, eine 2 oder eine 4."

3.2.3 Rechnen mit Wahrscheinlichkeiten

Roulette gehört zu den am weitesten verbreiteten Glücksspielen. Mithilfe einer Kugel wird eine Zahl zwischen 0 und 36 bestimmt. Der Spieler hat verschiedene Möglichkeiten für seinen Einsatz. Beispielsweise kann er auf eine gerade Zahl (pair), auf die Farbe einer Zahl (Rot oder Schwarz) oder auf eine einzelne Zahl setzen. Die Gewinne sind entsprechend unterschiedlich. Wir nutzen das Beispiel des Roulettespiels, um mit Wahrscheinlichkeiten zu rechnen.

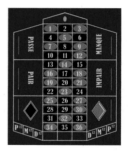

 9 Gegenereignis

Wir bestimmen die Wahrscheinlichkeit einer roten Zahl und die Wahrscheinlichkeit des Gegenereignisses.

Die Ergebnismenge enthält 37 Ergebnisse.
Das Gegenereignis zum Ereignis E „eine rote Zahl gewinnt" lautet $\overline{E}$ „keine rote Zahl gewinnt".

$\Omega = \{0; 1; 2; 3; \ldots; 36\}$ ▸ $|\Omega| = 37$

$E = \{1; 3; 5; 7; 9; 12; 14; 16; 18; 19; 21; 23; 25; 27;$
$\quad 30; 32; 34; 36\}$ ▸ $|E| = 18$

$\overline{E} = \{0; 2; 4; 6; 8; 10; 11; 13; 15; 17; 20; 22; 24; 26;$
$\quad 28; 29; 31; 33; 35\}$ ▸ $|\overline{E}| = 19$

$P(E) = \dfrac{18}{37}$

$P(\overline{E}) = \dfrac{37}{37} - \dfrac{18}{37} = \dfrac{19}{37}$

Warum lautet das Gegenereignis nicht $\overline{E}$ „eine schwarze Zahl gewinnt"?

Wir erkennen: Addieren wir die Wahrscheinlichkeit eines Ereignisses und seines Gegenereignisses, so erhalten wir 1, also $P(E) + P(\overline{E}) = 1$.

$P(E) + P(\overline{E}) = \dfrac{18}{37} + \dfrac{19}{37} = \dfrac{37}{37} = 1$ ▸ $P(\overline{E}) = 1 - P(E)$

Die Formel $P(E) + P(\overline{E}) = 1$ ist besonders dann hilfreich, wenn sich die Wahrscheinlichkeit des Gegenereignisses leichter berechnen lässt als die gesuchte Wahrscheinlichkeit.

Ein Ereignis E und sein Gegenereignis $\overline{E}$ können nicht gleichzeitig eintreten. Wir sagen, die Ereignisse sind **unvereinbar**. Allgemein gilt für die zugehörige Wahrscheinlichkeit zweier unvereinbarer Ereignisse E_1 und E_2:
$P(E_1 \cap E_2) = 0$

 10 Durchschnitt von Ereignissen

Wir teilen unseren Einsatz und setzen auf „rote Zahl" und auf eine „gerade Zahl". Wir bestimmen die Wahrscheinlichkeit, dass wir auf beiden Feldern gewinnen (also eine rote *und* gerade Zahl gewinnt).

Dazu nennen wir das Ereignis E_1 „rote Zahl gewinnt", das Ereignis E_2 „gerade Zahl gewinnt".

Das Ereignis E „eine rote *und* gerade Zahl gewinnt" ist der Durchschnitt der beiden Ereignisse E_1 und E_2. Es enthält nur die acht Ergebnisse, die sowohl in E_1 als auch in E_2 enthalten sind.

Die Wahrscheinlichkeit bestimmen wir mit der Regel von Laplace.

$\Omega = \{0; 1; 2; 3; \ldots; 36\}$ ▸ $|\Omega| = 37$

$E_1 = \{1; 3; 5; 7; 9; 12; 14; 16; 18; 19; 21; 23; 25; 27;$
$\quad 30; 32; 34; 36\}$

$E_2 = \{2; 4; 6; 8; 10; 12; 14; 16; 18; 20; 22; 24; 26;$
$\quad 28; 30; 32; 34; 36\}$ ▸ Bei 0 gewinnt die Bank.

$E_1 \cap E_2 = \{12; 14; 16; 18; 30; 32; 34; 36\}$

$|E_1 \cap E_2| = 8$

$P(E_1 \cap E_2) = \dfrac{\text{Anzahl der günstigen Ergebnisse}}{\text{Anzahl der möglichen Ergebnisse}} = \dfrac{8}{37}$

Vereinigung von Ereignissen

(11)

Wir teilen unseren Einsatz wie im Beispiel 10 auf, setzen also auf „rote Zahl" sowie auf „gerade Zahl" und bestimmen die Wahrscheinlichkeit, dass wir überhaupt etwas gewinnen (also eine rote *oder* gerade Zahl gewinnt). Dies ist gleichbedeutend damit, dass wir auf mindestens einem der beiden Felder gewinnen.

Dazu nennen wir das Ereignis „rote Zahl gewinnt" wieder E_1, das Ereignis „gerade Zahl gewinnt" bezeichnen wir wieder mit E_2.

$$\Omega = \{0; 1; 2; 3; \ldots; 36\}$$

$$E_1 = \{1; 3; 5; 7; 9; 12; 14; 16; 18; 19; 21; 23; 25; 27;$$
$$30; 32; 34; 36\}$$

Das Ereignis „eine rote *oder* gerade Zahl gewinnt" vereint die beiden Ereignisse E_1 und E_2. Es enthält somit alle Ergebnisse, die in E_1 oder in E_2 oder in beiden enthalten sind.
Die Wahrscheinlichkeit bestimmen wir mit der Regel von Laplace.

$$E_2 = \{2; 4; 6; 8; 10; 12; 14; 16; 18; 20; 22; 24; 26;$$
$$28; 30; 32; 34; 36\}$$

$$E_1 \cup E_2 = \{1; 2; 3; 4; 5; 6; 7; 8; 9; 10; 12; 14; 16; 18;$$
$$19; 20; 21; 22; 23; 24; 25; 26; 27; 28;$$
$$30; 32; 34; 36\} \quad \blacktriangleright \quad |E_1 \cup E_2| = 28$$

$$P(E_1 \cup E_2) = \frac{28}{37}$$

Alternative:

Kennen wir die Wahrscheinlichkeiten der Ereignisse E_1 und E_2 sowie $P(E_1 \cap E_2)$ bereits, so können wir auch die gesuchte Wahrscheinlichkeit bestimmen. Um dabei jedes Ergebnis nur einmal zu berücksichtigen, wird von der Summe $P(E_1) + P(E_2)$ die Wahrscheinlichkeit $P(E_1 \cap E_2)$ abgezogen.

▶ Bei unvereinbaren Ereignissen ist $P(E_1 \cap E_2) = 0$.

$$P(E_1 \cup E_2) = P(E_1) + P(E_2) - P(E_1 \cap E_2)$$
$$= \frac{18}{37} + \frac{18}{37} - \frac{8}{37} = \frac{28}{37}$$

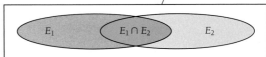

- Die Summe der Wahrscheinlichkeiten eines Ereignisses E und seines Gegenereignisses $\overline{E}$ ist gleich 1:
  $$P(E) + P(\overline{E}) = 1$$
- **Additionssatz:** Sind E_1 und E_2 beliebige Ereignisse, so gilt:
  $$P(E_1 \cup E_2) = P(E_1) + P(E_2) - P(E_1 \cap E_2)$$
- Sind E_1 und E_2 **unvereinbare Ereignisse**, so gilt:
  $$P(E_1 \cap E_2) = 0$$

Übungen zu 3.2.3

1. Es seien $E_1 = \{2; 4\}$, $E_2 = \{3; 4; 5\}$ und $E_3 = \{1; 2; 4; 6\}$ Ereignisse bei einem Wurf mit einem idealen Würfel. Bestimmen Sie die folgenden Wahrscheinlichkeiten.

   a) $P(E_1)$ b) $P(E_2)$ c) $P(E_3)$ d) $P(E_2 \cup E_3)$ e) $P(E_1 \cap E_3)$ f) $P(E_1 \cup E_2)$

2. Berechnen Sie beim Roulettespiel die folgenden Wahrscheinlichkeiten.

   a) Eine Querreihe gewinnt.
   b) Die erste Querreihe und eine schwarze Zahl gewinnen.
   c) Die mittlere Längsreihe oder eine ungerade Zahl gewinnt.

3. Aus einem Skatspiel wird eine Karte gezogen. Bestimmen Sie die Wahrscheinlichkeiten für die folgenden Ereignisse.

   a) E: „Es wird ein Bube oder ein König gezogen." b) E: „Es wird Karo oder eine 9 gezogen."

3.2.4 Mehrstufige Zufallsexperimente

Bei manchen Zufallsexperimenten werden mehrere Experimente entweder hintereinander oder einzelne Experimente mehrfach ausgeführt. Solche Zufallsexperimente heißen **mehrstufige Zufallsexperimente**.

104-1

(12) Baumdiagramme und Pfadregeln

In einem Lager stehen sechs Computerbildschirme, von denen zwei defekt sind. Zwei Bildschirme werden zufällig ausgewählt.
Bestimmen Sie die Wahrscheinlichkeiten für die folgenden Ereignisse:
E_1: „Beide Bildschirme sind defekt.“
E_2: „Beide Bildschirme sind intakt.“
E_3: „Genau ein Bildschirm ist defekt.“

Es handelt sich um einen **zweistufigen** Zufallsversuch, den wir mithilfe eines **Baumdiagramms** darstellen können. Wir bezeichnen dabei die defekten Bildschirme mit d und die intakten mit i.

Die Ergebnismenge ist dann gegeben durch $\Omega = \{(d;d);(d;i);(i;d);(i;i)\}$. Die einzelnen Ergebnisse besitzen unterschiedliche Wahrscheinlichkeiten, die schrittweise ermittelt werden können.

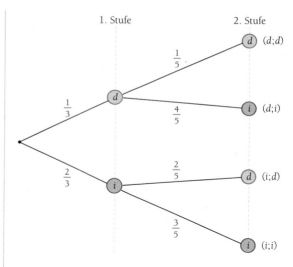

Wir bestimmen zunächst die Wahrscheinlichkeit für $E_1 = \{(d;d)\}$.

1. Stufe
Die Wahrscheinlichkeit, in der ersten Stufe einen defekten Bildschirm zu wählen, beträgt nach der Formel von Laplace $\frac{2}{6} = \frac{1}{3}$.

2. Stufe
Da in der zweiten Stufe nur noch fünf Bildschirme vorhanden sind, beträgt die Wahrscheinlichkeit erneut einen defekten Bildschirm zu wählen nur noch $\frac{1}{5}$.

Um die Wahrscheinlichkeit des Ergebnisses $(d;d)$ zu erhalten, werden die Wahrscheinlichkeiten der einzelnen Zweige des zugehörigen Pfades multipliziert. Dies bezeichnet man als **erste Pfadregel**.

$$P(E_1) = \frac{1}{3} \cdot \frac{1}{5} = \frac{1}{15}$$
▶ $E_1 = \{(d;d)\}$

Ebenso ergibt sich die Wahrscheinlichkeit für $E_2 = \{(i;i)\}$.

$$P(E_2) = \frac{2}{3} \cdot \frac{3}{5} = \frac{6}{15}$$
▶ $E_2 = \{(i;i)\}$

E_3 besteht aus den Ergebnissen $(d;i)$ und $(i;d)$. Um die Wahrscheinlichkeit zu ermitteln, werden die jeweiligen Pfadwahrscheinlichkeiten addiert. Diese Vorgehensweise wird **zweite Pfadregel** genannt.

$$P(E_3) = \frac{1}{3} \cdot \frac{4}{5} + \frac{2}{3} \cdot \frac{2}{5} = \frac{4}{15} + \frac{4}{15} = \frac{8}{15}$$
▶ $E_3 = \{(d;i);(i;d)\}$

Mehrstufige Zufallsexperimente können übersichtlich durch **Baumdiagramme** dargestellt werden. Jeder Pfad symbolisiert dabei ein Ergebnis des Zufallsexperimentes.

1. Pfadregel:
Um die Wahrscheinlichkeit eines Ergebnisses zu bestimmen, werden die **Wahrscheinlichkeiten** der einzelnen Stufen entlang eines Pfades **multipliziert**.

2. Pfadregel:
Um die Wahrscheinlichkeit eines Ereignisses zu ermitteln, werden die zugehörigen **Pfadwahrscheinlichkeiten addiert**.

Wahrscheinlichkeiten können auch ohne Baumdiagramm berechnet werden, wie das folgende Beispiel zeigt.

Ein Glücksrad hat acht gleich große Felder. Bestimmen Sie die Wahrscheinlichkeit der Ereignisse E_1 und E_2.

- E_1: „Beide Buchstaben sind gleich." (beim zweimaligen Drehen)
- E_2: „Die Buchstabenfolge ist NEIN." (beim viermaligen Drehen)

Bei jedem Durchgang beträgt die Wahrscheinlichkeit ein N zu treffen $\frac{3}{8}$, ein E zu treffen $\frac{4}{8} = \frac{1}{2}$ und ein I zu treffen $\frac{1}{8}$.

Das Ereignis E_1 gehört zu einem zweistufigen Zufallsexperiment. Wir müssen für drei Fälle die jeweiligen Wahrscheinlichkeiten bestimmen (2-mal N, 2-mal E, und 2-mal I).

Das Ereignis E_2 gehört zu einem vierstufigen Zufallsexperiment.

$$P(E_1) = \frac{3}{8} \cdot \frac{3}{8} + \frac{1}{2} \cdot \frac{1}{2} + \frac{1}{8} \cdot \frac{1}{8} = \frac{13}{32}$$
▶ $E_1 = \{(N;N);(E;E);(I;I)\}$

$$P(E_2) = \frac{3}{8} \cdot \frac{1}{2} \cdot \frac{1}{8} \cdot \frac{3}{8} = \frac{9}{1024}$$
▶ $E_2 = \{(N;E;I;N)\}$

Ein Baumdiagramm zu E_2 hätte ganz schön viele Verzweigungen.

Übungen zu 3.2.4

1. Bei einem Glücksspiel werden die Zufallsexperimente „Werfen einer 1-Euro-Münze" und „Werfen eines Würfels" hintereinander durchgeführt.

a) Stellen Sie dieses zweistufige Experiment mithilfe eines Baumdiagramms dar.

b) Bestimmen Sie die Wahrscheinlichkeit für: „Zahl liegt oben und es wurde eine 5 gewürfelt".

2. Eine 1-Euro-Münze wird dreimal hintereinander geworfen. Wie hoch ist die Wahrscheinlichkeit, dreimal bzw. genau zweimal Zahl zu werfen?

3. Fertigen Sie ein Baumdiagramm für einen Multiple-Choice-Test an, bei dem zu drei Fragen vier mögliche Antworten, von denen genau eine richtig ist, angegeben werden. Bestimmen Sie die Wahrscheinlichkeit, den Test ohne Kenntnisse fehlerlos zu bestehen.

4. In einer Produktionsstätte arbeiten drei Maschinen unabhängig voneinander mit einer Zuverlässigkeit von 95 %, 90 % und 80 %. Berechnen Sie die Wahrscheinlichkeit, dass

a) alle Maschinen funktionieren;

b) mindestens eine Maschine funktionsfähig ist;

c) genau zwei Maschinen funktionieren.

5. Ein Mathematikbuch wird von zwei Autorinnen unabhängig voneinander Korrektur gelesen. Autorin A findet 80 % der Fehler, Autorin B 60 %.

a) Zeichnen Sie dazu ein Baumdiagramm.

Nach den Korrekturen der Autorinnen findet die Lektorin weitere 60 % der Fehler.

b) Mit welcher Wahrscheinlichkeit wird ein Fehler entdeckt?

Übungen zu 3.2

1. Bestimmen Sie die Wahrscheinlichkeit, mit der eine geratene Zahl zwischen 100 und 200 durch 7 teilbar ist.

2. Ein Glücksrad enthält 12 gleich große Felder, die von 1 bis 12 durchnummeriert sind.
   a) Wie hoch ist die Wahrscheinlichkeit, dass beim einmaligen Drehen eine ungerade Zahl getroffen wird?
   b) Wie hoch ist die Wahrscheinlichkeit, dass beim zweimaligen Drehen ein Pasch (zwei gleiche Zahlen) erzielt wird?
   c) Wie hoch ist die Wahrscheinlichkeit, dass man beim zweimaligen Drehen die Summe 15 erhält?

3. Beschreiben Sie je ein Zufallsexperiment, das mit den folgenden Baumdiagrammen veranschaulicht wird. Begründen Sie Ihre Antwort. Berechnen Sie die Wahrscheinlichkeiten am Ende der Pfade.

   a)
   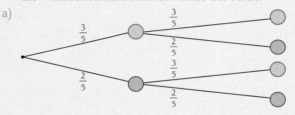

   b)
   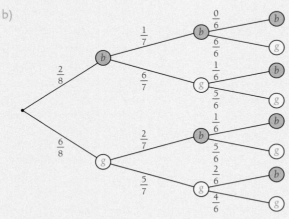

4. Durch einen Produktionsfehler sind 8 % der hergestellten Autos defekt. Ein Händler hat drei Autos erworben. Mit welcher Wahrscheinlichkeit ist
   a) mindestens ein Auto defekt;
   b) kein Auto defekt?

5. Ein präparierter Würfel zeigt dreimal die 3, zweimal die 2 und einmal die 1. Er wird dreimal geworfen.
   Wie groß ist die Wahrscheinlichkeit, dass
   a) die Augensumme größer als 5 ist;
   b) die Augensumme genau 6 ist;
   c) alle gewürfelten Zahlen gleich sind;
   d) alle gewürfelten Zahlen unterschiedlich sind?

6. Wie groß ist die Wahrscheinlichkeit bei drei Würfen mit einem Würfel
   a) mindestens eine Sechs;
   b) genau eine Eins zu erhalten?

7. Ein Glücksautomat besteht aus drei Rädern mit jeweils fünf Sektoren. Die ersten beiden Räder haben die Zahlen 1, 1, 2, 2, 3, das dritte Rad 1, 2, 3, 3, 3. Wenn 3 Dreien auftreten bzw. wenn das Rad 1 und das Rad 3 die Zahl 1 anzeigen, gewinnt der Spieler bei einem Einsatz von 1 Euro genau 10 Euro bzw. 4 Euro.
   Lohnt sich das Spiel?

8. Ein Gerät setzt sich aus den beiden Komponenten B_1 und B_2 zusammen. B_1 ist mit einer Wahrscheinlichkeit von 0,96 fehlerlos, B_2 ist mit einer Wahrscheinlichkeit von 0,03 defekt.
   Wie groß ist die Wahrscheinlichkeit, dass
   a) das Gerät defekt ist;
   b) beide Bauteile in dem Gerät defekt sind?

9. Maßgeblich für die Entwicklung der Wahrscheinlichkeitsrechnung waren Aussagen über die Gewinnchancen bei Glücksspielen. Im 17. Jahrhundert schrieb Chevalier de Méré (1607–1684) einen Brief an Blaise Pascal (1623–1662) und schilderte Probleme, die ihm beim Spiel mit Würfeln aufgefallen waren. Unter anderem beschäftigte ihn die Frage, warum mit drei Würfeln die Augenzahl 11 häufiger auftritt als die Augenzahl 12, obwohl er für beide Augenzahlen jeweils sechs Möglichkeiten sah.
   Schreiben Sie einen Antwortbrief an de Méré.

Ich kann ...

*... bei einem Zufallsexperiment zwischen **Ergebnis**, **Ergebnismenge** und **Ereignis** unterscheiden.*

▶ Test-Aufgabe 3

Werfen eines Würfels:
Ergebnisse: 1; 2; 3; 4; 5; 6

Ergebnismenge: $\Omega = \{1;2;3;4;5;6\}$

Ereignisse:
E_1: „Es fällt eine 6." $\Rightarrow E_1 = \{6\}$
E_2: „Es fällt eine gerade Zahl."
$\Rightarrow E_2 = \{2;4;6\}$
sicheres Ereignis:
E: „Es fällt eine Zahl zwischen 1 und 6."
$\Rightarrow E = \{1;2;3;4;5;6\}$
unmögliches Ereignis:
E: „Es fällt eine 8." $\Rightarrow E = \{\ \}$
Gegenereignis zu E_1:
$\overline{E}_1$: „Es fällt keine 6."
$\Rightarrow \overline{E}_1 = \{1;2;3;4;5\}$

Ergebnis: Der Ausgang eines Experiments, also das, was man „direkt sieht"

Ergebnismenge: Enthält die möglichen Ergebnisse des Experiments

Ereignis: Die Menge von einem oder mehreren Ergebnissen
- **Elementarereignis:** Enthält genau ein Ergebnis
- **sicheres Ereignis:** Enthält alle Ergebnisse und tritt daher immer ein
- **unmögliches Ereignis:** Enthält kein Ergebnis und tritt daher nie ein
- **Gegenereignis:** Enthält alle Ergebnisse, die nicht zum „ursprünglichen" Ereignis gehören

---

*... Wahrscheinlichkeiten in einem **Laplace-Experiment** bestimmen.*

▶ Test-Aufgaben 1, 2

$P(\text{„Es fällt keine 4."})$
$= \dfrac{|\{1;2;3;5;6\}|}{|\{1;2;3;4;5;6\}|} = \dfrac{5}{6}$

$P(E) = \dfrac{|E|}{|\Omega|} = \dfrac{\text{Anzahl günstige Ergebnisse}}{\text{Anzahl mögliche Ergebnisse}}$

---

*... mit **Wahrscheinlichkeiten** rechnen.*

▶ Test-Aufgaben 1-5

E_3: „Die Zahl ist durch 3 teilbar."
E_4: „Die Zahl ist ungerade."

$P(E_2 \cup E_4) = P(\Omega) = 1$
$\Rightarrow E_2$ ist das Gegenereignis zu E_4.

$P(E_3 \cap E_4) = \dfrac{1}{6}$

$P(E_3 \cup E_4) = \dfrac{1}{3} + \dfrac{1}{2} - \dfrac{1}{6} = \dfrac{2}{3}$

Ereignis und Gegenereignis:
$P(\overline{E}) = 1 - P(E)$ bzw. $P(E) + P(\overline{E}) = 1$

Additionssatz:
$P(E_1 \cup E_2) = P(E_1) + P(E_2) - P(E_1 \cap E_2)$

---

*... zu einem mehrstufigen Zufallsexperiment ein **Baumdiagramm** zeichnen.*

▶ Test-Aufgaben 4, 5, 6

2-facher Münzwurf:

$\frac{1}{2}$ $\frac{1}{2}$
K 1. Wurf (1. Stufe) Z
$\frac{1}{2}$ $\frac{1}{2}$ $\frac{1}{2}$ $\frac{1}{2}$
K Z 2. Wurf (2. Stufe) K Z
(K; K) (K; Z) (Z; K) (Z; Z)

1. Für jedes Ergebnis in jeder Stufe einen eigenen Zweig erstellen
2. Die Zweige mit den entsprechenden Wahrscheinlichkeiten beschriften

---

*... Wahrscheinlichkeiten mithilfe der **Pfadregeln** bestimmen.*

▶ Test-Aufgaben 4, 5

Wahrscheinlichkeit für „zweimal Kopf":
$P(\{(K;K)\}) = \dfrac{1}{2} \cdot \dfrac{1}{2} = \dfrac{1}{4}$

Wahrscheinlichkeit für „genau einmal Kopf":
$P(\{(K;Z);(Z;K)\}) = \dfrac{1}{4} + \dfrac{1}{4} = \dfrac{2}{4} = \dfrac{1}{2}$

Erste Pfadregel:
Entlang der Zweige die einzelnen Wahrscheinlichkeiten multiplizieren

Zweite Pfadregel:
Wahrscheinlichkeiten mehrerer Zweige addieren

3

Test zu 3.2

1. Berechnen Sie die Wahrscheinlichkeit mit einem idealen Würfel eine Zahl, die größer als 2 ist, zu würfeln. Überprüfen Sie Ihr Ergebnis, indem Sie die Wahrscheinlichkeit des zugehörigen Gegenereignisses bestimmen.

2. Es seien $E_1 = \{3;5\}$, $E_2 = \{1;2;4\}$ und $E_3 = \{2;6\}$ Ereignisse bei einem Wurf mit einem idealen Würfel. Bestimmen Sie die Wahrscheinlichkeit für

   a) $P(E_1)$; b) $P(E_2)$; c) $P(E_3)$; d) $P(E_2 \cup E_3)$; e) $P(E_1 \cap E_3)$; f) $P(E_1 \cup E_2)$.

3. Die FOS 12 fährt drei Tage nach Berlin. Jan will wissen, ob es regnen wird. Die Wetterprognose im Internet lautet:

	Mo	Di	Mi
Regenwahrscheinlichkeit	10 %	25 %	30 %

   a) Erstellen Sie ein Baumdiagramm, um den Sachverhalt zu verdeutlichen.
   b) Geben Sie die Mächtigkeit des Ergebnisraumes Ω an.
   c) Bestimmen Sie die Menge für das Ereignis E „es gibt höchstens einen Regentag" und berechnen Sie die Wahrscheinlichkeit für dieses Ereignis.
   d) Formulieren Sie das Gegenereignis $\overline{E}$ in Worten und berechnen Sie $P(\overline{E})$.

4. Bei der Produktion eines USB-Sticks findet eine dreifache Qualitätsprüfung statt: Die Funktionstüchtigkeit des Sticks, die Qualität der Verpackung und die Richtigkeit des Barcodes auf der Verpackung werden nacheinander kontrolliert. Laut Betriebsleitung bestehen 95 % der Sticks die Funktionsprüfung, 90 % die Prüfung der Verpackung und ebenfalls 90 % die Barcode-Prüfung.

   a) Ein USB-Stick wird nicht zum Verkauf zugelassen, wenn bei mindestens einer Kontrolle Fehler festgestellt werden. Berechnen Sie hierfür die Wahrscheinlichkeit.
   b) Diskutieren Sie, wie sinnvoll es ist, den Stick nicht in den Verkauf zu geben, wenn er bei mehr als einer Prüfung durchfällt. Geben Sie ein alternatives Verfahren zum Aussortieren an und berechnen Sie hierfür die Wahrscheinlichkeit, dass ein USB-Stick nicht zum Verkauf zugelassen wird.

5. Ein Taxifahrer hat festgestellt, dass die Ampel A genau 2 von 10 Minuten und die Ampel B genau 4 von 10 Minuten rot zeigt.

   a) Auf einem Weg hat der Taxifahrer 5 Ampeln des Typs A. Ermitteln Sie die Wahrscheinlichkeit, dass er nicht anhalten muss.
   b) Ermitteln Sie die Wahrscheinlichkeit, dass auf einem Weg mit einer Ampel vom Typ A und einer vom Typ B mindestens eine Ampel rot zeigt.

   ▶ *Hinweis:* Es wird vorausgesetzt, dass die Ampeln unabhängig voneinander geschaltet sind.

6. Stellen Sie den dreifachen Münzwurf in einem Baumdiagramm dar.
   Geben Sie alle Elementarereignisse und drei weitere beliebige Ereignisse in Mengenschreibweise an.

3.3 Zählstrategien

Um die Wahrscheinlichkeiten für das Eintreten eines Ereignisses E berechnen zu können, ist es oft notwendig, sowohl die Anzahl der insgesamt möglichen Ergebnisse als auch die der für E günstigen Ergebnisse zu kennen. Die **Kombinatorik** beschäftigt sich mit dem Abzählen der verschiedenen Möglichkeiten, Elemente einer Menge auszuwählen und anzuordnen.

Produktregel

Eine Mensa wirbt damit, 18 verschiedene Menüs anzubieten. Stimmt das, wenn man unter 3 Vorspeisen, 2 Hauptgerichten und 3 Nachspeisen wählen kann?

Wir suchen die Anzahl möglicher Menüs.

Im ersten Schritt wird zwischen 3 Vorspeisen, im zweiten Schritt zwischen 2 Hauptgerichten und im dritten Schritt zwischen 3 Nachspeisen gewählt.

Das Baumdiagramm enthält $3 \cdot 2 \cdot 3 = 18$ Pfade. Es gibt also tatsächlich 18 verschiedene Menüs.

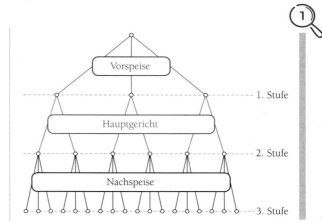

Wird ein Zufallsexperiment in k Stufen durchgeführt und gibt es in der ersten Stufe n_1, in der zweiten Stufe $n_2, \ldots$ und in der k-ten Stufe n_k mögliche Ergebnisse, können insgesamt $N = n_1 \cdot n_2 \cdot \ldots \cdot n_k$ verschiedene Ergebnisse erzielt werden.

Fakultät

In einer 4×100 m-Staffel muss die Reihenfolge der Läufer Alex, Bilal, Constantin und Deniz festgelegt werden. Wie viele Möglichkeiten gibt es für die Aufstellung?

Es geht hier darum, die Menge der Läufer {Alex; Bilal; Constantin; Deniz} in eine Anordnung zu bringen.

Der 1. Platz kann auf 4 verschiedene Arten belegt werden, der 2. Platz dann noch auf 3 verschiedene Arten, der 3. Platz noch auf 2 verschiedene Arten, der 4. Platz dann nur noch auf eine Art.

Es gibt also $4 \cdot 3 \cdot 2 \cdot 1 = 24$ Möglichkeiten.

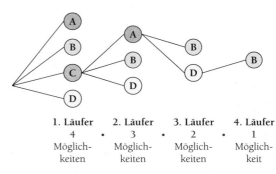

Das Produkt $4 \cdot 3 \cdot 2 \cdot 1$ kann verkürzt notiert werden durch 4! (gelesen: „4 **Fakultät**").

▶ Die Taste (n!) ist auf den meisten Taschenrechnern vorhanden.

Es gibt $n \cdot (n-1) \cdot (n-2) \cdot \ldots \cdot 2 \cdot 1 = n!$ (gelesen: „n **Fakultät**") Möglichkeiten n verschiedene Elemente anzuordnen.

Häufig stellt sich die Frage, wie viele Möglichkeiten es gibt, aus einer Menge von n verschiedenen Elementen k Elemente auszuwählen. Wir können diese Fragestellung mithilfe eines **Urnenmodells** interpretieren. Dann suchen wir die Anzahl der Möglichkeiten, aus einer Urne mit n verschiedenen Kugeln k Kugeln zu ziehen.

Dabei beantworten wir zunächst folgende Leitfragen:
1. Kommt es auf die Reihenfolge an, in welcher die k Elemente ausgewählt bzw. die k Kugeln gezogen werden?
2. Darf jedes Element nur einmal oder beliebig oft ausgewählt werden bzw. wird ohne oder mit Zurücklegen gezogen?

Bei **Variationen** handelt es sich um Auswahlprobleme, bei denen die **Reihenfolge** der ausgewählten Elemente zu beachten ist. Wir sprechen von einer **geordneten Stichprobe**.

(3) Variation mit Wiederholung:

Wie viele vierstellige Zahlen lassen sich als PIN für ein Handy aus den Ziffern 0 bis 9 bilden?

Bei der PIN-Eingabe muss auf die Reihenfolge geachtet werden. Da die Ziffern mehrfach vorkommen dürfen, handelt es sich um „Ziehen mit Zurücklegen".

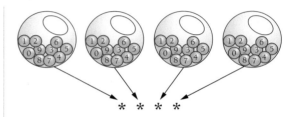

Für jede der 4 Stellen der PIN stehen 10 Ziffern zur Verfügung.

Damit ergeben sich
$10 \cdot 10 \cdot 10 \cdot 10 = 10^4 = 10\,000$ Möglichkeiten für eine vierstellige PIN.

Variation mit Wiederholung:
Werden aus einer Urne mit n unterscheidbaren Kugeln nacheinander k Kugeln **mit Berücksichtigung der Reihenfolge** und **mit Zurücklegen** gezogen, dann gibt es n^k verschiedene Ergebnisse.

1. Ein Zahlenschloss hat 3 Rädchen, an denen die Ziffern zwischen 0 und 8 eingestellt werden können. Wie viele Einstellungen sind möglich?

2. Bestimmen Sie die Anzahl der Möglichkeiten für eine ungerade vierstellige Zahl.

3. In einer Liga gibt es 18 Vereine.
   Bestimmen Sie die Anzahl der Möglichkeiten für die Schlusstabelle am Ende einer Saison.

4. Bestimmen Sie die Anzahl der Autokennzeichen, die sich aus einem Buchstaben und einer dreiziffrigen Nummer zusammenstellen lassen.
   Die Kennzeichnung für den Ort bleibt dabei fest.

Variation ohne Wiederholung

Der Trainer einer 4×400 m-Staffel muss aus 6 geeigneten Läufern 4 Teilnehmer für einen bevorstehenden Wettkampf auswählen und deren Startreihenfolge festlegen.
Bestimmen Sie die Anzahl der verschiedenen Möglichkeiten.

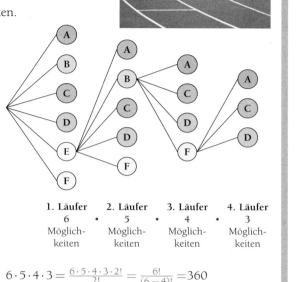

Es handelt sich um ein Auswahlproblem, da aus 6 Läufern zunächst 4 Läufer ausgewählt werden müssen. Zudem ist die Reihenfolge zu beachten.

Es gibt 6 Möglichkeiten, den 1. Platz zu besetzen, 5 Möglichkeiten für die Besetzung des 2. Platzes, 4 Möglichkeiten für die Besetzung des 3. Platzes und dann noch 3 Möglichkeiten für die Besetzung des 4. Platzes. ▸ Produktregel

1. Läufer		2. Läufer		3. Läufer		4. Läufer
6	·	5	·	4	·	3
Möglich-keiten		Möglich-keiten		Möglich-keiten		Möglich-keiten

Es gibt 360 Möglichkeiten, die 4 Staffelplätze mit den 6 Läufern zu besetzen.

$$6 \cdot 5 \cdot 4 \cdot 3 = \frac{6 \cdot 5 \cdot 4 \cdot 3 \cdot 2!}{2!} = \frac{6!}{(6-4)!} = 360$$

Werden allgemein aus einer Urne mit n unterscheidbaren Kugeln k Kugeln ohne Zurücklegen gezogen, so gibt es $n \cdot (n-1) \cdot (n-2) \cdot \ldots \cdot (n-k+1)$ mögliche Anordnungen.

Erweitern wir mit $(n-k) \cdot (n-k-1) \cdot \ldots \cdot 2 \cdot 1$, so erhalten wir den Term $\frac{n!}{(n-k)!}$.

▸ Mithilfe der Taste $\boxed{nPr}$ auf dem Taschenrechner kann dieser Ausdruck berechnet werden. Eingabe z. B. $\boxed{6}$ $\boxed{nPr}$ $\boxed{4}$

$n \cdot (n-1) \cdot (n-2) \cdot \ldots \cdot (n-k+1)$
$$= \frac{n \cdot (n-1) \cdot \ldots \cdot (n-k+1) \cdot (n-k) \cdot \ldots \cdot 3 \cdot 2 \cdot 1}{(n-k) \cdot \ldots \cdot 3 \cdot 2 \cdot 1}$$
$$= \frac{n!}{(n-k)!}$$

Übertragen auf ein Urnenmodell lässt sich die Situation des Beispiels wie folgt interpretieren:
Werden aus einer Urne mit 6 unterscheidbaren Kugeln nacheinander 4 Kugeln **ohne Zurücklegen** gezogen, dann gibt es $\frac{6!}{(6-4)!} = 360$ Möglichkeiten, wenn die **Reihenfolge der Ziehungen berücksichtigt** wird.

> **Variation ohne Wiederholung:**
> Werden aus einer Urne mit n unterscheidbaren Kugeln nacheinander k Kugeln **mit Berücksichtigung der Reihenfolge** und **ohne Zurücklegen** gezogen, dann gibt es $\frac{n!}{(n-k)!}$ verschiedene Ergebnisse.

1. Bei einem Pferderennen kann man eine Dreier-Wette eingehen. Dabei müssen die ersten drei Plätze in richtiger Reihenfolge vorhergesagt werden. Bestimmen Sie die Anzahl der möglichen Podiumsplatzierungen, wenn zwölf Pferde am Rennen teilnehmen.

2. Geben Sie für die folgenden Aufgaben an, ob es sich um eine Variation mit oder ohne Wiederholung handelt. Formulieren Sie die Aufgabe als Urnenmodell und bestimmen Sie die Anzahl der Möglichkeiten.
   a) Ein Kennwort besteht aus 8 Kleinbuchstaben.
   b) Ein Kennwort besteht aus 6 unterschiedlichen Ziffern.

Bei **Kombinationen** spielt die Reihenfolge keine Rolle. Es liegen **ungeordnete Stichproben** vor.

 (5)   Kombination ohne Wiederholung:

Es sind fünf unterschiedliche Widerstände vorhanden. Drei davon sollen parallel geschaltet werden. Bestimmen Sie die Anzahl der möglichen Schaltungen.

Es gibt $5 \cdot 4 \cdot 3 = 60$ Möglichkeiten, drei verschiedene Widerstände nacheinander auszuwählen.

▶ Variation ohne Wiederholung

Da die Reihenfolge der Widerstände bei einer Parallelschaltung nicht relevant ist, liegt in diesem Fall eine **ungeordnete Stichprobe** vor.

Wir fassen daher alle Schaltungen zusammen, die sich nur in der Anordnung unterscheiden, z. B. die Auswahlen $(1;2;3)$, $(1;3;2)$, $(2;1;3)$, $(2;3;1)$, $(3;1;2)$ und $(3;2;1)$.

Es gibt genau $3! = 6$ Möglichkeiten, um drei Zahlen anzuordnen. Daher gehören zu jeder möglichen Schaltung immer genau sechs verschiedene Anordnungen.

Die 60 Möglichkeiten führen daher zu 10 unterschiedlichen Schaltungen.

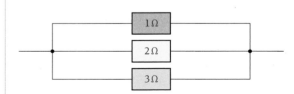

Mögliche Konstellationen:

$(1;2;3)\ (1;3;2)\ (2;1;3)\ (2;3;1)\ (3;1;2)\ (3;2;1)$
$(1;2;4)\ (1;4;2)\ (2;1;4)\ (2;4;1)\ (4;1;2)\ (4;2;1)$
$(1;2;5)\ (1;5;2)\ (2;1;5)\ (2;5;1)\ (5;1;2)\ (5;2;1)$
$(1;3;4)\ (1;4;3)\ (3;1;4)\ (3;4;1)\ (4;1;3)\ (4;3;1)$
$(1;3;5)\ (1;5;3)\ (3;1;5)\ (3;5;1)\ (5;1;3)\ (5;3;1)$
$(1;4;5)\ (1;5;4)\ (4;1;5)\ (4;5;1)\ (5;1;4)\ (5;4;1)$
$(2;3;4)\ (2;4;3)\ (3;2;4)\ (3;4;2)\ (4;2;3)\ (4;3;2)$
$(2;3;5)\ (2;5;3)\ (3;2;5)\ (3;5;2)\ (5;2;3)\ (5;3;2)$
$(2;4;5)\ (2;5;4)\ (4;2;5)\ (4;5;2)\ (5;2;4)\ (5;4;2)$
$(3;4;5)\ (3;5;4)\ (4;3;5)\ (4;5;3)\ (5;3;4)\ (5;4;3)$

Anzahl der verschiedenen Ergebnisse ohne Berücksichtigung der Reihenfolge:

$$\frac{5!}{(5-3)!} : 3! = \frac{5!}{3! \cdot (5-3)!} = 10$$

Gehen wir allgemein von einer Menge mit n Elementen aus und wählen eine Teilmenge mit k Elementen aus, so gibt es dafür $\frac{n!}{k! \cdot (n-k)!}$ Möglichkeiten.
Für $\frac{n!}{k! \cdot (n-k)!}$ schreibt man auch kurz $\binom{n}{k}$ (gelesen: „n über k").
Der Term $\binom{n}{k}$ heißt **Binomialkoeffizient**.

 Mit der Taste $\boxed{nCr}$ wird der Wert $\binom{n}{k}$ ausgerechnet.

 Kombination ohne Wiederholung:
Werden aus einer Urne mit n verschiedenen Kugeln k Kugeln **ohne Berücksichtigung der Reihenfolge** und **ohne Zurücklegen** gezogen, gibt es $\frac{n!}{k!(n-k)!} = \binom{n}{k}$ mögliche Ergebnisse.

 Beim deutschen Lotto „6 aus 49" werden zweimal wöchentlich 6 aus 49 Zahlen gezogen. Jede Zahl steht genau einmal zur Verfügung, da die entsprechende Kugel nicht wieder zurück in die Lostrommel geworfen wird.
Bestimmen Sie die Anzahl der möglichen Ziehungen.

Kombination mit Wiederholung

Drei Widerstände sollen parallel geschaltet werden. Es stehen sechs verschiedene Sorten von Widerständen zur Verfügung. Bestimmen Sie die Anzahl der möglichen Schaltungen, wenn jeder Widerstandstyp auch mehrfach eingebaut werden darf.

Eine mögliche Konstellation:

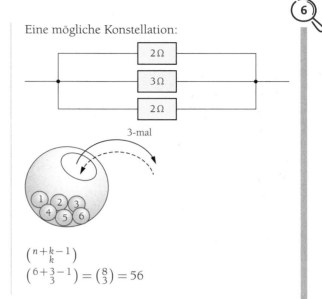

Stellen wir uns das Problem als Urnenmodell vor, so sind in der Urne 6 unterscheidbare Kugeln. Es werden 3 Kugeln mit Zurücklegen gezogen, da ein Widerstand mehrmals verwendet werden darf. Die Reihenfolge der Widerstände in der Schaltung ist nicht relevant Für diesen Fall gilt die rechtsstehende Formel, die hier aber nicht bewiesen wird.

Wir setzen die Anzahl der unterscheidbaren Kugeln für n und die Anzahl der herausgegriffenen Kugeln für k ein.

$$\binom{n+k-1}{k}$$
$$\binom{6+3-1}{3} = \binom{8}{3} = 56$$

Es gibt 56 unterschiedliche Schaltungen.

Kombination mit Wiederholung:

Werden aus einer Urne mit n verschiedenen Kugeln k Kugeln **ohne Berücksichtigung der Reihenfolge** und **mit Zurücklegen** gezogen, gibt es $\binom{n+k-1}{k}$ mögliche Ergebnisse.

Die zuvor erarbeiteten Ergebnisse stellen wir nun nochmals übersichtlich dar. Die **Anzahl der Möglichkeiten aus einer Menge von n verschiedenen Elementen k Elemente auszuwählen** ergibt sich in Abhängigkeit der zu Beginn des Abschnitts aufgestellten Leitfragen:

	unter Berücksichtigung der Reihenfolge	ohne Berücksichtigung der Reihenfolge
mit Wiederholung	n^k	$\binom{n+k-1}{k}$
ohne Wiederholung	$\frac{n!}{(n-k)!}$	$\binom{n}{k} = \frac{n!}{k!(n-k)!}$

$\binom{n}{k}$ heißt **Binomialkoeffizient** und ist nur für $0 \leq k \leq n$ definiert.

1. Bestimmen Sie jeweils die Anzahl der verschiedenen Möglichkeiten für
   a) die Anordnung der Buchstaben des Wortes PAUL,
   b) die ersten drei Plätze bei einem Volleyballturnier mit 12 Mannschaften,
   c) die vierstellige Geheimzahl für die EC-Karte.

2. Ein Bäcker hat 6 verschiedene Sorten Blechkuchen im Angebot. Wie viele Möglichkeiten gibt es
   a) 3 verschiedene Kuchenstücke auszuwählen bzw.
   b) 4 Stücke zu wählen (je Sorte können bis zu 4 Stücke gewählt werden)?

3. In der FOS 12 werden vier Stunden Mathematik unterrichtet. Bestimmen Sie die Anzahl der Möglichkeiten, wenn
   a) der Unterricht in Einzelstunden auf die Wochentage verteilt,
   b) der Unterricht auf zwei Einzelstunden und eine Doppelstunde verteilt wird.

Ermittlung von Wahrscheinlichkeiten

Kombinatorische Methoden helfen uns dabei, neben der Anzahl der möglichen auch die der günstigen Fälle eines Zufallsexperiments zu bestimmen. Damit können wir die Wahrscheinlichkeit eines Ereignisses berechnen. Dazu müssen wir in vielen Fällen bestimmte Abzählverfahren mehrfach anwenden.

7 **Lotto – 6 Richtige tippen**

Ermitteln Sie die Wahrscheinlichkeit, im Lotto aus 49 Zahlen 6 Richtige zu tippen.

Aus 49 Zahlen werden 6 Zahlen ohne Zurücklegen nacheinander gezogen. Da es beim Lotto nicht auf die Reihenfolge der Zahlen ankommt, lässt sich die Anzahl N der möglichen Tipps mit der Formel $N = \frac{n!}{k! \cdot (n-k)!} = \binom{n}{k}$ bestimmen.

$$N = \frac{49!}{6! \cdot (49-6)!} = \binom{49}{6}$$
$$= \frac{49 \cdot 48 \cdot 47 \cdot 46 \cdot 45 \cdot 44}{1 \cdot 2 \cdot 3 \cdot 4 \cdot 5 \cdot 6}$$
$$= 13\,983\,816$$
$$P(\text{„6 Richtige“}) = \frac{1}{13\,983\,816}$$

Insgesamt gibt es 13 983 816 verschiedene Tipps. Die Chance, 6 Richtige zu tippen, beträgt also nur 1 zu 13 983 816.

8 **Lotto – genau 4 Richtige tippen**

Bestimmen Sie die Wahrscheinlichkeit, im Lotto aus 49 Zahlen genau 4 Richtige zu tippen.

Ingesamt gibt es 13 983 816 Möglichkeiten 6 Zahlen zu tippen. ▶ Beispiel 7

Das Ereignis „4 Richtige" tritt ein, wenn 4 Zahlen aus den 6 Gewinnzahlen und die anderen 2 Zahlen aus den 43 „Verliererzahlen" entstammen.

Es gibt dabei $\binom{6}{4}$ Möglichkeiten, 4 Zahlen aus 6 Zahlen zu wählen, und $\binom{43}{2}$ Möglichkeiten, 2 aus 43 Zahlen zu wählen.

Insgesamt erhalten wir $\binom{6}{4} \cdot \binom{43}{2}$ günstige Fälle für das Ereignis „4 Richtige".

Die gesuchte Wahrscheinlichkeit erhalten wir, indem wir die Anzahl der günstigen Fälle durch die Anzahl der möglichen Fälle teilen.

Anzahl der Möglichkeiten

4 aus 6 Zahlen auszuwählen:	2 aus 43 Zahlen auszuwählen:
$\binom{6}{4} = \frac{6!}{4! \cdot (6-4)!}$	$\binom{43}{2} = \frac{43!}{2! \cdot (43-2)!}$
$= 15$	$= 903$

$$P(\text{„4 Richtige“}) = \frac{\binom{6}{4} \cdot \binom{43}{2}}{\binom{49}{6}}$$
$$= \frac{15 \cdot 903}{13\,983\,816} \approx 0,001$$

Die Wahrscheinlichkeit, genau 4 Richtige zu tippen, beträgt etwa 0,1 %.

Kombinatorische Regeln können zur Berechnung von Wahrscheinlichkeiten eingesetzt werden. Wenn bei einem Zufallsexperiment alle möglichen Ergebnisse gleich wahrscheinlich sind, dann gilt die **Regel von Laplace**:

$$P(E) = \frac{\text{Anzahl der für } E \text{ günstigen Ergebnisse}}{\text{Anzahl aller möglichen Ergebnisse}}$$

Ermitteln Sie mithilfe des Modells aus dem vorhergehenden Beispiel die Wahrscheinlichkeit, genau 3 Richtige beim Zahlenlotto „6 aus 49" zu tippen.

Übungen zu 3.3

1. Ein Modegeschäft bietet Jeans von 5 Modelabels in jeweils 8 verschiedenen Längen, 6 verschiedenen Umfangsgrößen und 7 verschiedenen Farben an. Bestimmen Sie die Anzahl der Auswahlmöglichkeiten für die Kunden.

2. Sechs Personen warten auf die Öffnung eines Geschäfts. Wie viele Anordnungen gibt es, wenn sich alle in einer Reihe aufstellen möchten?

3. Bestimmen Sie die Anzahl der Möglichkeiten für eine 4-stellige PIN, wenn an jeder Stelle die Ziffern 0 bis 9 zugelassen sind.

4. Ein Künstler erhält die Gelegenheit, 4 seiner 9 fertigen Gemälde in einer Galerie auszustellen. Bestimmen Sie, wie viele vers_hiedene Ausstellungsmöglichkeiten er hat.

5. In der 1. Fußball-Bundesliga spielen 18 Vereine gegeneinander. Bestimmen Sie die Anzahl der Spiele pro Saison (Hin- und Rückrunde).

6. Beim Fußballtoto gilt es, in der Elferwette für 11 verschiedene Spiele vorauszusagen, ob die Heimmannschaft siegt (1), das Spiel unentschieden ausgeht (0) oder die Gastmannschaft siegt (2).
Bestimmen Sie die Anzahl der notwendigen Tippreihen, um mit Sicherheit genau einmal alle Spielausgänge richtig zu tippen.

7. Bestimmen Sie die Anzahl der Möglichkeiten, ein leeres 3×3-Quadrat mit den Zahlen 1 bis 9 auszufüllen.

8. Fünf Schülerinnen und Schüler aus der Klasse FOS 11 haben bei der Anmeldung zur Schule ihr Geburtsjahr (zwischen 1998 und 2002) nicht angegeben.
Bestimmen Sie die Anzahl der Möglichkeiten,
a) wenn alle in unterschiedlichen Jahren geboren wurden,
b) wenn das Geburtsjahr gleich sein kann.

9. In einer Klausur darf eine Schülerin bzw. ein Schüler aus fünf gegebenen Aufgaben drei Aufgaben zur Bearbeitung wählen. Berechnen Sie, zwischen wie vielen Möglichkeiten sich die Schülerin bzw. der Schüler entscheiden muss.

10. Für die Schulkonferenz werden aus zwölf Mitgliedern der Schülervertretung vier Vertreter gewählt. Wie viele Möglichkeiten gibt es?

11. Für den Tag der offenen Tür werden aus einer Klasse mit 18 Schülerinnen und Schülern vier ausgelost, die das Schülercafé betreuen sollen. Bestimmen Sie, wie viele Möglichkeiten es gibt.

12. Ida hat fünf schwarze und drei rote Taschen. Ermitteln Sie, auf wie viele Arten Ida diese nebeneinander aufstellen kann, wenn die gleichfarbigen Taschen jeweils zusammenstehen sollen.

13. Julian behauptet, die Wahrscheinlichkeit, im Lotto aus 49 Zahlen genau 3 Richtige zu tippen, berechnet sich durch den Bruch
$$\frac{\binom{6}{3} \cdot \binom{43}{3}}{\binom{49}{6}}$$
Erläutern Sie Julians Überlegungen.

14. In einer Lieferung von 100 Polohemden befinden sich 10 Hemden zweiter Wahl, also solche mit kleinen Fehlern. Ermitteln Sie die Wahrscheinlichkeit, mit der eine Stichprobe von 5 Polohemden
a) genau 3,
b) höchstens 4,
c) mindestens 2,
d) alle 5 Hemden zweiter Wahl enthält.

15. Ein Passwort besteht aus genau acht Zeichen. Es sind alle Großbuchstaben des Alphabets (ohne Umlaute) und die Ziffern von 0 bis 9 zulässig. Wie viele Kombinationen sind möglich?

16. Ein idealer Würfel wird sechsmal geworfen. Bestimmen Sie die Wahrscheinlichkeit, dass

a) mindestens eine 6 erscheint,
b) keine 6 erscheint,
c) beim dritten Wurf eine 2 erscheint,
d) beim ersten und beim letzen Wurf die gleiche Zahl erscheint,
e) keine einzige gerade Zahl erscheint,
f) alle Zahlen von 1 bis 6 einmal vorgekommen sind.

17. Eine Dame kann beim Schach horizontal, vertikal und diagonal bewegt werden.
Bestimmen Sie die Anzahl der Möglichkeiten, die Dame nach den Regeln zu bewegen,
a) wenn sich die Dame in einer Ecke befindet,
b) wenn sich die Dame am Rand befindet,
c) wenn die Dame im Inneren des Spielfeldes steht.

Wir nehmen nun an, dass die Dame in einer Ecke steht. Ein gegnerischer Turm wird zufällig auf einem noch freien Feld aufgestellt (der Turm kann horizontal und vertikal ziehen).
d) Mit welcher Wahrscheinlichkeit kann der Turm die Dame schlagen?
e) Mit welcher Wahrscheinlichkeit kann die Dame den Turm schlagen?

18. In einer Box mit 20 Schrauben sind zwei Schrauben länger als die restlichen. Es werden fünf Schrauben mit einem Griff herausgenommen. Bestimmen Sie die Wahrscheinlichkeit, dass
a) zwei Schrauben länger sind,
b) keine Schraube,
c) genau eine Schraube länger ist.

19. Bei einer neuen Serie eines Autos weisen 2 % Fehler auf. Ein Händler hat sechs Autos verkauft. Bestimmen Sie die Wahrscheinlichkeit, dass
a) alle 6,
b) höchstens 2,
c) genau 3 Autos defekt sind.

20. Herr Meyer möchte seine 20 Bücher in seinem neuen Bücherregal ordnen. Er besitzt Bücher in unterschiedlichen Sprachen: zehn deutsche, fünf englische, vier französische und ein spanisches.

Beschreiben Sie die Unterschiede für die Anordnungsmöglichkeiten, wenn Herr Meyer die Sprache der Bücher bei der Ordnung berücksichtigt.

Bestimmen Sie die Anzahl der Anordnungsmöglichkeiten
a) für alle 20 Bücher.
b) wenn Herr Meyer zuerst die deutschsprachigen Bücher und dann den Rest einsortiert.
c) wenn er die Bücher aus einem Sprachraum nebeneinander stellen möchte.

Ich kann ...

... die **Produktregel** bei mehrstufigen Zufallsexperimenten anwenden.
▶ Test-Aufgabe 2

Handy-PIN (4-stufig): je Stufe sind 10 Ziffern möglich
$\Rightarrow 10 \cdot 10 \cdot 10 \cdot 10 = 10\,000$ mögliche Eingaben

k-stufiges Zufallsexperiment: mögliche Ergebnisse: $N = n_1 \cdot n_2 \cdot \ldots \cdot n_k$

... den Begriff **Fakultät** erklären.

$4! = 4 \cdot 3 \cdot 2 \cdot 1 = 24$ Möglichkeiten für die Reihenfolge der 4 Läufer einer 4×400 m-Staffel

n Fakultät: Anzahl der Möglichkeiten, n verschiedene Elemente der Reihe nach zu ordnen
$n! = n \cdot (n-1) \cdot (n-2) \cdot \ldots \cdot 3 \cdot 2 \cdot 1$

... **Leitfragen** formulieren, um zu entscheiden, welche **Zählstrategie** anzuwenden ist.
▶ Test-Aufgabe 1

1. Ist ein wiederholtes Auftreten von Elementen möglich?
2. Ist die Reihenfolge der Elemente entscheidend?

Wiederholung möglich
$\Rightarrow$ Urnenmodell mit Zurücklegen
Wiederholung nicht möglich
$\Rightarrow$ Urnenmodell ohne Zurücklegen

... **Variationen** und **Kombinationen** unterscheiden:
▶ Test-Aufgaben 1, 2, 6

Reihenfolge wichtig $\Rightarrow$ Variation
Reihenfolge unwichtig $\Rightarrow$ Kombination

1. Variation mit Wiederholung (Reihenfolge wichtig)

Handy-PIN:
Es gibt $10^4 = 10\,000$ mögliche Eingaben für die PIN.

Variation mit Zurücklegen:
n^k

2. Variation ohne Wiederholung (Reihenfolge wichtig)

Staffellauf:
Es gibt $\frac{6!}{(6-4)!} = 6 \cdot 5 \cdot 4 \cdot 3 = 360$ Möglichkeiten, um 4 Staffelplätze mit 6 Läufern zu besetzen.

Variation ohne Zurücklegen:
$\frac{n!}{(n-k)!} = n \cdot (n-1) \cdot \ldots \cdot (n-k+1)$

3. Kombination ohne Wiederholung (Reihenfolge unwichtig)

Lotto 6 aus 49:
Es gibt $\binom{49}{6}$ Möglichkeiten, beim Lotto einen gültigen Tipp abzugeben.

Kombination ohne Zurücklegen:
$\binom{n}{k} = \frac{n!}{k!(n-k)!}$

4. Kombination mit Wiederholung (Reihenfolge unwichtig)

Äpfel verteilen:
Sechs Äpfel sollen auf vier Kinder verteilt werden, wobei jedes Kind auch mehrere Äpfel bekommen darf.

Kombination mit Zurücklegen:
$\binom{n+k-1}{k}$

... **Wahrscheinlichkeiten** ermitteln.
▶ Test-Aufgaben 1, 3, 4, 5

Genau drei Richtige beim Lotto:
Günstige Fälle:
$\binom{6}{3} \cdot \binom{43}{3} = 20 \cdot 12\,341 = 246\,820$
Mögliche Fälle:
$\binom{49}{6} = 13\,983\,816$
$P(\text{„3 Richtige"}) = \frac{246\,820}{13\,983\,816} \approx 1{,}77\,\%$

$P(E) = \dfrac{\text{Anzahl günstige Ereignisse}}{\text{Anzahl mögliche Ereignisse}}$

3

Test zu 3.3

1. Wählen Sie für die folgenden Aufgaben zunächst das geeignete Urnenmodell und geben Sie die entsprechende Formel an. Berechnen Sie die Anzahl der Möglichkeiten und bestimmen Sie die gesuchten Wahrscheinlichkeiten.

a) Bei einem Quiz können sechs Kandidaten jeweils mit ja oder nein antworten. Bestimmen Sie die Anzahl der Antwortkombinationen, wenn der Quizmaster insgesamt zehn Fragen stellt.

b) Aus einer Urne mit den Buchstaben E, N, O und S wird fünfmal ein Buchstabe mit Zurücklegen gezogen. Mit welcher Wahrscheinlichkeit wird das Wort SONNE gezogen?

c) Ein Byte besteht aus 8 Bit. Jedes Bit hat den Wert 0 oder 1. Wie viele verschiedene Zeichen kann ein Byte darstellen?

d) Ein Multiple-Choice-Test enthält acht Fragen mit je drei Antwortmöglichkeiten. Nur eine Antwort ist richtig. Wie groß ist die Wahrscheinlichkeit, dass man ohne Vorkenntnisse die Prüfung besteht, wenn dafür mindestens sechs Fragen richtig beantwortet werden müssen?

2. Im Sportunterricht sollen vier Mädchen und vier Jungen eine Reihe bilden. Bestimmen Sie die Anzahl der Möglichkeiten,

a) wenn die Reihenfolge beliebig ist,

b) wenn ein Mädchen die Reihe anführen soll,

c) wenn die Reihe nach Geschlecht getrennt ist.

3. In einem Kurs mit 12 Mädchen und 15 Jungen werden ein Kurssprecher bzw. eine Kurssprecherin und ein Stellvertreter bzw. eine Stellvertreterin gewählt.
Mit welcher Wahrscheinlichkeit handelt es sich um eine Kurssprecherin und um einen stellvertretenden Kurssprecher?

4. Bestimmen Sie die Wahrscheinlichkeit, beim Lotto 6 aus 49

a) genau 4 Richtige,

b) genau 5 Richtige,

c) 6 Richtige und die Superzahl,

d) höchstens 2 Richtige zu tippen.

5. Von acht Bauteilen, unter denen sich genau drei defekte befinden, werden zwei ausgewählt. Bestimmen Sie die Wahrscheinlichkeit,

a) kein defektes Teil;

b) genau ein defektes Teil;

c) genau zwei defekte Teile auszuwählen.

6. Ein Fahrradhändler verleiht sechs verschiedene Fahrradmodelle, von denen er jeweils vier Fahrräder zur Verfügung stellen kann.
Bestimmen Sie die Anzahl der Möglichkeiten

a) drei verschiedene Fahrräder auszuwählen bzw.

b) vier Fahrräder auszuwählen.

3.4 Zufallsvariablen

Die Wahrscheinlichkeitsrechnung hat ihren Ursprung im Glücksspiel. Ein Spieler interessiert sich für die Wahrscheinlichkeit, ein Spiel zu gewinnen, und will auch wissen, welche Gewinne bzw. Verluste zu erwarten sind.

3.4.1 Zufallsvariablen und ihre Verteilungen

Gewinn und Verlust bei einer Wette

Tugba und Michael vereinbaren folgende Wette: Tugba wirft dreimal nacheinander eine Münze. Erscheint dreimal Kopf oder dreimal Zahl, erhält sie von Michael 4 €. Wenn die Münzen in der Reihenfolge K, K, Z bzw. Z, Z, K fallen, muss Tugba 2 € an Michael zahlen. In allen restlichen Fällen muss sie nur 1 € abgeben. Setzen Sie die Ergebnisse des Zufallsexperiments mit Tugbas möglichem Gewinn bzw. Verlust in Beziehung. Geben Sie jeweils die Wahrscheinlichkeiten an, mit denen Tugba 4 € gewinnt, 1 € verliert oder 2 € verliert.

Es gibt $2^3 = 8$ mögliche Ergebnisse, die alle gleich wahrscheinlich sind. ▶ Laplace-Experiment mit $p = \frac{1}{8}$
Wir können jedem Ergebnis einen Gewinn X zuordnen. Dieser kann aus Tugbas Sicht 4 €, -1 € oder -2 € betragen.

Der Verlust wird durch das Minuszeichen verdeutlicht.

Eine **Zufallsvariable** X (oder auch **Zufallsgröße**) ist eine Funktion, die jedem Ergebnis eines Zufallsversuchs eine Zahl zuordnet.

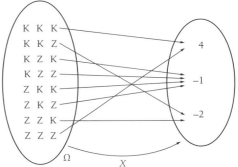

Ergebnisse: zugeordneter Gewinn bzw. Verlust:

Alle Ergebnisse, denen der gleiche Gewinn bzw. Verlust zugeordnet wird, können wir zu einem Ereignis zusammenfassen. Die Ergebnisse (K; K; K) und (Z; Z; Z) bilden z. B. das Ereignis „Tugba gewinnt 4 €". Dafür schreiben wir kurz $X = 4$ €.
Den Ereignissen „Tugba gewinnt 4 €", „Tugba verliert 1 €" und „Tugba verliert 2 €" können wir nun ihre Wahrscheinlichkeiten zuordnen:

Mit einer Wahrscheinlichkeit von 25 % macht Tugba einen Gewinn von 4 €. Sie macht 1 € Verlust mit einer Wahrscheinlichkeit von 50 % und 2 € Verlust mit einer Wahrscheinlichkeit von 25 %.

$$P(X = 4\,€) = \frac{2}{8} = \frac{1}{4} = \mathbf{25\,\%}$$
$$P(X = -1\,€) = \frac{4}{8} = \frac{1}{2} = \mathbf{50\,\%}$$
$$P(X = -2\,€) = \frac{2}{8} = \frac{1}{4} = \mathbf{25\,\%}$$

Die Zuordnung von Wahrscheinlichkeiten zu den einzelnen Werten einer Zufallsvariablen X heißt allgemein **Wahrscheinlichkeitsverteilung** P der Zufallsvariablen X.

Wahrscheinlichkeitsverteilung von X:

x_i	4 €	-1 €	-2 €
$P(X = x_i)$	$\frac{1}{4}$	$\frac{1}{2}$	$\frac{1}{4}$

▶ $i = 1; 2; 3 \rightarrow x_1 = 4\,€; x_2 = -1\,€; x_3 = -2\,€$

Das folgende Schema fasst die Schritte zusammen: Die Zufallsvariable X ordnet den Ergebnissen aus Ω Werte zu. Diesen Werten werden durch die Wahrscheinlichkeitsverteilung P Wahrscheinlichkeiten zugeordnet.

2 Kosten bei Produktionsfehlern

Die JoRo GmbH produziert 3D-Blu-ray-Player. Leider treten bei dem neuesten Modell immer wieder zwei Fehler unabhängig voneinander auf:
- Bei 3 % der Geräte arbeitet der Lesestift fehlerhaft (Fehler A).
- 8 % der Player haben Antriebsprobleme (Fehler B).

Die durch die Fehler entstehenden Folgekosten bei Reklamationen betragen beim Fehler A 30 €, beim Fehler B 65 € und bei beiden Fehlern zusammen 80 €. Die Zufallsvariable X gibt diese Folgekosten an.

Stellen Sie das Problem in einem Baumdiagramm dar.
Geben Sie die Wahrscheinlichkeitsverteilung für die Folgekosten an.

Im Baumdiagramm bezeichnen wir das Auftreten von Fehler A als Ereignis A. Das Gegenereignis $\overline{A}$ heißt dann, dass der Fehler A nicht auftritt. Analog stellen wir Fehler B dar.

Da die Fehler unabhängig voneinander auftreten, ist die Wahrscheinlichkeit für den Fehler A immer 3 % und für den Fehler B immer 8 %.

Die Wahrscheinlichkeit, dass nur Fehler A auftritt, beträgt 2,76 %, dass nur Fehler B auftritt 7,76 % und dass beide Fehler auftreten 0,24 %.

▶ 1. Pfadregel, Seite 104

Baumdiagramm

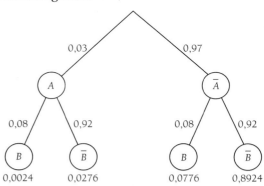

Die JoRo GmbH muss für jeden Blu-ray-Player mit einer Wahrscheinlichkeit von 2,76 % Folgekosten von 30 € einplanen. Mit Wahrscheinlichkeiten von 7,76 % bzw. 0,24 % sind Folgekosten von 65 € bzw. 80 € zu erwarten.

Wahrscheinlichkeitsverteilung von X

Kosten x_i	30 €	65 €	80 €
$P(X = x_i)$	0,0276	0,0776	0,0024

- Eine **Zufallsvariable** X ordnet jedem Ergebnis aus einer Ergebnismenge Ω eine reelle Zahl x_i zu.
- Die Funktion P, die allen möglichen Werten x_i Wahrscheinlichkeiten $P(X = x_i)$ zuordnet, heißt **Wahrscheinlichkeitsverteilung** von X.

Übungen zu 3.4.1

1. Ein Würfel wird zweimal geworfen. Bestimmen Sie jeweils die Verteilung der Zufallsvariablen X.
   a) X gibt die Summe der Augenzahlen an.
   b) X gibt den Betrag der Augenzahlendifferenz an.
   c) X gibt die größere der beiden Augenzahlen an.

2. Eine Laplace-Münze wird so lange geworfen, bis eine der beiden Seiten zum zweiten Mal erscheint. X sei die Anzahl der Würfe.
   Geben Sie die zugehörige Verteilung an.

3. Bei einem Würfelspiel beträgt der Einsatz 1 Euro. Der Spieler wirft dabei gleichzeitig zwei Würfel. Für jede gewürfelte Sechs erhält er einen Gewinn von 1 Euro.
   Bestimmen Sie die Verteilung der Zufallsvariablen X, die jedem Spielergebnis den Gewinn bzw. Verlust zuordnet.
   Würden Sie sich auf das Spiel einlassen?

3.4.2 Erwartungswert, Varianz und Standardabweichung

Die Wahrscheinlichkeitsverteilung einer Zufallsvariablen gibt an, mit welcher Wahrscheinlichkeit die Zufallsvariable bestimmte Werte annimmt. Gerade bei Glücksspielen interessiert man sich jedoch nicht nur dafür, mit welcher Wahrscheinlichkeit ein bestimmter Gewinn erzielt wird, sondern dafür, welcher durchschnittliche Gewinn erwartet werden kann.

Zu erwartender Gewinn oder Verlust

Tugba möchte wissen, ob sie beim dreifachen Münzwurf „auf lange Sicht", also bei einer großen Anzahl von Durchführungen des Zufallsexperiments, eher mit einem Gewinn oder mit einem Verlust rechnen kann. ▸ Beispiel 1, Seite 119
Ermitteln Sie den Gewinn oder Verlust, den Tugba „im Mittel" erwarten kann, indem Sie die einzelnen Wahrscheinlichkeiten für einen Gewinn oder Verlust berücksichtigen.

Um den Betrag zu ermitteln, den Tugba auf lange Sicht pro Spiel erwarten kann, werden die möglichen Gewinne mit ihren Wahrscheinlichkeiten multipliziert und dann addiert. Das Ergebnis nennt man den **Erwartungswert der Zufallsvariablen** X. Diesen bezeichnet man mit $E(X)$.

Ergebnis	(K; K; K) (Z; Z; Z)	(K; Z; K) (Z; K; K) (K; Z; Z) (Z; K; Z)	(K; K; Z) (Z; Z; K)
Gewinn/Verlust x_i	$4\,€$	$-1\,€$	$-2\,€$
$P(X = x_i)$	$\frac{1}{4}$	$\frac{1}{2}$	$\frac{1}{4}$

$$P(X = 4\,€) = \tfrac{1}{4}; \; P(X = -1\,€) = \tfrac{1}{2}; \; P(X = -2\,€) = \tfrac{1}{4}$$

$$E(X) = 4\,€ \cdot \tfrac{1}{4} + (-1\,€) \cdot \tfrac{1}{2} + (-2\,€) \cdot \tfrac{1}{4} = \mathbf{0\,€}$$

Tugbas Erwartungswert beträgt 0 €, sie wird auf lange Sicht weder Gewinn noch Verlust machen.

Ein Spiel mit dem Erwartungswert null heißt **faires Spiel**. Weder Spieler noch Spielbetreiber gewinnen oder verlieren dann auf lange Sicht. Ist der Erwartungswert positiv, wird auf lange Sicht Gewinn gemacht; ist er negativ, werden Verluste eingefahren.

Beim Erwartungswert kommt es auf die Perspektive an: Der Verlust des Spielers ist der Gewinn des Spielbetreibers!

Nimmt eine Zufallsvariable X die Werte $x_1, x_2, \ldots, x_n$ mit den Wahrscheinlichkeiten $P(X = x_i)$ an, dann ist der **Erwartungswert der Zufallsvariablen** X die Zahl

$$E(X) = x_1 \cdot P(X = x_1) + x_2 \cdot P(X = x_2) + \cdots + x_n \cdot P(X = x_n) = \sum_{i=1}^{n} x_i \cdot P(X = x_i).$$

---

1. Die abgebildete Drehscheibe besteht aus vier Segmenten: Das rote Segment ist dreimal, das grüne und blaue jeweils doppelt so groß wie das weiße Segment. Die Zahlen geben den Gewinn in Euro an.
   Berechnen Sie den Einsatz des Spielers, damit das Spiel fair ist.

2. Ein Spieler wirft einen Würfel. Erscheint eine gerade Zahl, so gewinnt er den entsprechenden Betrag in Euro, andernfalls verliert er den entsprechenden Betrag.
   a) Ermitteln Sie den im Durchschnitt zu erwartenden Gewinn bzw. Verlust.
   b) Berechnen Sie den Einsatz des Spielers, damit das Spiel fair ist.

Der Erwartungswert gibt den „mittleren Wert" einer Zufallsvariablen an. Er sagt jedoch nichts darüber aus, wie stark die Werte der Zufallsvariablen abweichen. Im Abschnitt 3.1 haben wir als Streuungsmaß die **Varianz** und die **Standardabweichung** kennengelernt.

4 Varianz und Standardabweichung

Die Firma Pietschmann stellt mit zwei Maschinen F_1 und F_2 Drehteile her.

Die Zufallsvariablen X_1 und X_2 beschreiben die Abweichung des Durchmessers eines Drehteils von der geforderten Norm. Die Firmenleitung hat sich aufgrund von Reklamationen entschieden, eine alte Maschine gegen eine neue auszutauschen.

Begründen Sie, welche der beiden Maschinen ausgetauscht werden sollte.

x_i (in $\frac{1}{10}$ mm)	$P(X_1 = x_i)$	$P(X_2 = x_i)$
-3	0,05	0,1
-2	0,1	0,1
-1	0,2	0,1
0	0,3	0,4
1	0,2	0,1
2	0,1	0,1
3	0,05	0,1

Um eine Entscheidung herbeiführen zu können, wird zunächst der Erwartungswert bestimmt.
Wir sehen, dass der Erwartungswert bei den Zufallsvariablen X_1 und X_2 gleich ist.
Um die Streuung berechnen zu können, berechnen wir die **Varianzen** und die **Standardabweichungen**.

$$E(X_1) = (-3) \cdot 0{,}05 + (-2) \cdot 0{,}1 + (-1) \cdot 0{,}2 + 0 \cdot 0{,}3$$
$$+ 1 \cdot 0{,}2 + 2 \cdot 0{,}1 + 3 \cdot 0{,}05$$
$$E(X_1) = 0$$

$$E(X_2) = (-3) \cdot 0{,}1 + (-2) \cdot 0{,}1 + (-1) \cdot 0{,}1 + 0 \cdot 0{,}4$$
$$+ 1 \cdot 0{,}1 + 2 \cdot 0{,}1 + 3 \cdot 0{,}1$$
$$E(X_2) = 0$$

Die Varianz entspricht der mittleren quadratischen Abweichung vom Erwartungswert.
Wir bilden für jede Abweichung x_i die Differenz zum Erwartungswert.
Diese Differenzen quadrieren wir und multiplizieren sie mit den zugehörigen Wahrscheinlichkeiten. Anschließend addieren wir die Ergebnisse.

Berechnung der Varianzen und Standardabweichungen:

$$V_1(X_1) = \sum_{i=1}^{7}(x_i - \mu_1)^2 \cdot P(X_1 = x_i)$$
$$= (-3-0)^2 \cdot 0{,}05 + (-2-0)^2 \cdot 0{,}1 + (-1-0)^2 \cdot 0{,}2$$
$$+ (0-0)^2 \cdot 0{,}3 + (1-0)^2 \cdot 0{,}2 + (2-0)^2 \cdot 0{,}1$$
$$+ (3-0)^2 \cdot 0{,}05$$
$$= \mathbf{2{,}1}$$

Da die Varianz der Zufallsvariablen X_1 kleiner ist als die von X_2, arbeitet die Maschine F_1 etwas präziser als F_2. Die Maschine F_2 sollte daher ausgetauscht werden.

$$V_2(X_2) = \sum_{i=1}^{7}(x_i - \mu_2)^2 \cdot P(X_2 = x_i)$$
$$= (-3-0)^2 \cdot 0{,}1 + (-2-0)^2 \cdot 0{,}1 + (-1-0)^2 \cdot 0{,}1$$
$$+ (0-0)^2 \cdot 0{,}4 + (1-0)^2 \cdot 0{,}1 + (2-0)^2 \cdot 0{,}1$$
$$+ (3-0)^2 \cdot 0{,}1$$
$$= \mathbf{2{,}8}$$

Zieht man die Quadratwurzel aus der Varianz, erhält man mit der Standardabweichung ein Streuungsmaß in der ursprünglichen Einheit.

$$\sigma_1 = \sqrt{V_1(X_1)} \approx 1{,}45 \left(\tfrac{1}{10} \text{ mm}\right)$$
$$\sigma_2 = \sqrt{V_2(X_2)} \approx 1{,}67 \left(\tfrac{1}{10} \text{ mm}\right)$$

Die Standardabweichung gibt an, wie „nah" die Werte einer Zufallsvariablen X am Erwartungswert liegen.
Bei einer Zufallsvariablen X mit Erwartungswert $E(X)$ und Standardabweichung σ liegen die Werte zu

- ca. 68 % im Intervall $[E(X) - \sigma; E(X) + \sigma]$,
- ca. 96 % im Intervall $[E(X) - 2\sigma; E(X) + 2\sigma]$,
- fast 100 % im Intervall $[E(X) - 3\sigma; E(X) + 3\sigma]$.

Je kleiner die Standardabweichung, desto näher liegen die Werte von X um den Erwartungswert.

▶ Sigma-Regeln, Seite 138

- Die **Varianz einer Zufallsvariablen** X mit den Werten $x_1, x_2, \ldots, x_n$ und dem Erwartungswert $E(X)$ berechnet sich wie folgt:

$$V(X) = (x_1 - E(X))^2 \cdot P(X = x_1) + (x_2 - E(X))^2 \cdot P(X = x_2) + \ldots + (x_n - E(X))^2 \cdot P(X = x_n)$$

$$= \sum_{i=1}^{n} (x_i - E(X))^2 \cdot P(X = x_i)$$

- Die **Standardabweichung einer Zufallsvariablen** X ist die Wurzel der Varianz: $\sigma(X) = \sqrt{V(X)}$

3

Zwei Maschinen A und B produzieren Keilriemen von 450 mm Solllänge. Untersuchungen ergaben die in den Tabellen aufgelisteten Längenverteilungen. Bestimmen Sie, welche Maschine präziser arbeitet.

Maschine A:

x_i (in mm)	440	445	450	455	460
$P(X = x_i)$	0,025	0,200	0,550	0,200	0,025

Maschine B:

x_i (in mm)	440	445	450	455	460
$P(X = x_i)$	0,025	0,225	0,5	0,225	0,025

Übungen zu 3.4.2

1. Berechnen Sie Erwartungswert, Varianz und die Standardabweichung der Zufallsvariablen X.
   Die Wahrscheinlichkeitsverteilungen sind durch die folgenden Tabellen gegeben.

   a)

x_i	0	1	2
$P(X = x_i)$	$\frac{1}{2}$	$\frac{1}{4}$	$\frac{1}{4}$

   b)

x_i	-5	0	10
$P(X = x_i)$	40 %	40 %	20 %

   c)

x_i	-4	7	18
$P(X = x_i)$	$\frac{1}{2}$	$\frac{3}{8}$	$\frac{1}{8}$

   d)

x_i	2	-2	1	-1
$P(X = x_i)$	$\frac{1}{6}$	$\frac{1}{6}$	0	$\frac{2}{3}$

2. Beim Roulette setzt ein Spieler jeweils 20 € auf:
   - *Manque* (es fällt eine der Zahlen 1 bis 18, man erhält als Gewinn den 1-fachen Spieleinsatz)
   - *Mittleres Dutzend* (es fällt eine der Zahlen 13 bis 24, man erhält als Gewinn den 2-fachen Spieleinsatz)

   a) Bestimmen Sie jeweils die Gewinnerwartung für die Tipps *Manque* bzw. *Mittleres Dutzend*.
   Bestimmen Sie die Gewinnerwartung für den gesamten Tipp.

   b) Berechnen und interpretieren Sie Varianz und Standardabweichung für diese drei Fälle.

3. Aus einer Urne mit fünf weißen, zwei schwarzen Kugeln und einer roten Kugel zieht Michael zwei Kugeln ohne Zurücklegen. Für zwei schwarze Kugeln erhält er 1 €, für zwei weiße Kugeln 30 Cent und für eine schwarze und eine weiße Kugel 20 Cent. Ist die rote Kugel unter den beiden gezogenen Kugeln, muss Michael 80 Cent bezahlen.

   a) Stellen Sie die Wahrscheinlichkeitsverteilung für Michaels Gewinn in Tabellenform dar. Nutzen Sie bei Bedarf ein Baumdiagramm.

   b) Beurteilen Sie, ob das Spiel fair ist, und bestimmen Sie ggf. Michaels Einsatz, damit das Spiel fair wird.

4. Ein Spielautomat besteht aus zwei Scheiben, die sich unabhängig voneinander drehen. Jede Scheibe ist in 10 gleich große Segmente eingeteilt, die mit 0 bis 9 durchnummeriert sind. Der Spieleinsatz beträgt 1 €. Man erhält 20 €, wenn auf beiden Scheiben die Zahl 9 oder auf beiden Scheiben die Zahl 0 erscheint. Erscheinen auf beiden Scheiben zwei andere gleiche Zahlen, so erhält man 5 €. In den restlichen Fällen ist der Einsatz verloren.

   a) Berechnen Sie den Gewinn bzw. Verlust, den der Spieler langfristig im Mittel erwarten kann.

   b) Beurteilen Sie, ob das Spiel fair ist. Geben Sie gegebenenfalls ein faires Modell an.

Übungen zu 3.4

1. Alice und Bob vereinbaren folgendes Spiel: Zwei Würfel werden einmal geworfen. Fällt eine gerade Augensumme, so erhält Alice von Bob die gewürfelte Augensumme in Euro. Fällt eine ungerade Augensumme, erhält Bob von Alice die angezeigte Augensumme in Euro.

   a) Geben Sie die Verteilung der Zufallsvariablen $X =$ „Gewinn bzw. Verlust von Alice" an.

   b) Prüfen Sie, ob das Spiel fair ist.

2. Bei einem Würfelspiel mit zwei Würfeln erhält ein Spieler die Augensumme in Euro, falls die Augenzahl 2 nicht in dem Wurf vorhanden ist. Falls die Augenzahl 2 jedoch mindestens einmal auftritt, muss er die gewürfelte Augensumme in Euro bezahlen. Der Einsatz für ein Spiel beträgt 2 €. Prüfen Sie, ob das Spiel fair ist.

3. Einem Karton mit sechs funktionsfähigen und zwei defekten Transistoren wird so lange ein Transistor zufällig entnommen, bis man einen funktionsfähigen Transistor erhält. Berechnen Sie den Erwartungswert für die Anzahl der Transistoren, die dem Karton zu entnehmen sind.

4. Ein elektronisches Gerät besteht aus zwei Hauptkomponenten A und B. Die Komponente A fällt innerhalb einer Betriebszeit von 10 000 Stunden mit einer Wahrscheinlichkeit von 15 % aus, unabhängig davon die Komponente B mit einer Wahrscheinlichkeit von nur 3 %. Die Instandsetzung der Komponente A kostet 100 €, die von B 500 €.

   a) Berechnen Sie jeweils für beide Komponenten die mittleren Kosten zur Instandsetzung innerhalb der angegebenen Betriebszeit.

   b) Berechnen Sie die zu erwartenden Reparaturkosten für das komplette Gerät.

   c) Prüfen Sie anhand der Ergebnisse, ob für zwei Zufallsvariablen X und Y die Gleichung $E(X + Y) = E(X) + E(Y)$ gilt.

5. Bei einer Reihenschaltung von 16 Energiesparlampen ist genau eine Lampe defekt. Um die defekte Lampe zu finden, stehen folgende Prüfstrategien zur Auswahl:

   1) Alle Lampen einzeln nacheinander testen, bis die defekte gefunden wird.

   2) Zwei Achtergruppen auf Durchgang prüfen, in der betroffenen Gruppe einzeln weitersuchen.

   3) Vier Vierergruppen auf Durchgang prüfen, in der betroffenen Gruppe einzeln weitersuchen.

   a) Welche dieser Prüfstrategien sollte man benutzen?

   ▶ Betrachten Sie jeweils den Erwartungswert und die Varianz der Zufallsvariablen $X =$ Anzahl der Testdurchläufe, bis die defekte Energiesparlampe gefunden wird.

   b) Versuchen Sie, eine noch günstigere Strategie zu finden.

6. Frau Baldus möchte ihre Erfahrung als Elektrotechnikerin nutzen und sich selbstständig machen. Ihre Geschäftsidee: Reparatur von Küchenkleingeräten zu einem Pauschalpreis. Für die Reparatur von Handmixern geht sie davon aus, dass die defekten Teile mit der unten angegebenen Wahrscheinlichkeit eintreffen und mit den angegebenen Material- und Lohnkosten für die Reparatur verbunden sind. Der Versand des Mixers zum Kunden in Höhe von 6 € soll in dem Pauschalpreis für die Reparatur eingeschlossen werden.

defektes Teil	Wahrscheinlichkeit für Defekt	Material- und Lohnkosten
Motor	10,4 %	16,50 €
Schalter	25,2 %	1,25 €
Hemmlatte	27,5 %	10,75 €
Gehäuse	12,6 %	9,50 €
Platine	14,3 %	7,20 €
Sonstiges	10,0 %	4,30 €

Berechnen Sie den Pauschalbetrag, den Frau Baldus ansetzen muss, wenn sie mit einem Gewinn von 20 % rechnet.

Ich kann ...

... eine **Zufallsvariable** und ihre **Verteilungen** beschreiben und darstellen.
▶ Test-Aufgaben 1, 3, 4

Die Zufallsvariable X ordnet beim Werfen eines Würfels einer geraden Zahl den Wert 2 € und einer ungerade Zahl den Wert -1 € zu:
• 1, 3 oder 5 → Verlust 1 €
• 2, 4 oder 6 → Gewinn 2 €

x_i	2 €	-1 €
$P(X = x_i)$	$\frac{1}{2}$	$\frac{1}{2}$

Zufallsvariable:
Ordnet jedem Ergebnis eines Zufallsversuchs einen Wert zu.

Wahrscheinlichkeitsverteilung:
Gibt die Wahrscheinlichkeit für das Eintreten der Werte der Zufallsvariablen an.
Darstellung:
Tabellarisch

3

... den **Erwartungswert** einer Zufallsvariablen bestimmen.
▶ Test-Aufgaben 2, 3

$E(X) = 2 € \cdot \frac{1}{2} + (-1 €) \cdot \frac{1}{2} = 0,5 €$
Langfristig stellt sich ein Gewinn von 50 Cent ein.

Der Erwartungswert $E(X)$ gibt an, welchen Wert die Zufallsvariable X im Mittel annimmt.
$$E(X) = x_1 \cdot P(X = x_1) + x_2 \cdot P(X = x_2) + \dots + x_n \cdot P(X = x_n)$$

Bei einem Glücksspiel gilt:
Ist $E(X) = 0$, so ist das Spiel fair.

... die **Varianz** und die **Standardabweichung** einer Zufallsvariablen bestimmen.
▶ Test-Aufgaben 3, 5

$V(X) = (2 € - 0,5 €)^2 \cdot \frac{1}{2}$
$\qquad + (-1 € - 0,5 €)^2 \cdot \frac{1}{2}$
$\qquad = 2,25 €^2 \cdot \frac{1}{2} + 2,25 €^2 \cdot \frac{1}{2}$
$\qquad = 2,25 €^2$

$\sigma(X) = \sqrt{2,25 €^2} = 1,50 €$

Die Varianz $V(X)$ und die Standardabweichung $\sigma(X)$ sind Maße zur Berechnung der Streuung um den Erwartungswert.
Varianz:
$$V(X) = (x_1 - E(X))^2 \cdot P(X = x_1) + (x_2 - E(X))^2 \cdot P(X = x_2) + \dots \dots + (x_n - E(X))^2 \cdot P(X = x_n)$$
Standardabweichung:
$\sigma(X) = \sqrt{V(X)}$

... **Gewinn- und Verlustabschätzungen** mithilfe des Erwartungswerts durchführen.
▶ Test-Aufgabe 4

Zufallsvariable Y:
• 1 oder 2 → Gewinn 2 €
• 3 oder 4 → kein Gewinn
• 5 oder 6 → Verlust 1 €

Vergleich der Erwartungswerte:
$E(X) = 0,5 €; \quad E(Y) \approx 0,33 €$
Bei X ist langfristig ein höherer Gewinn zu erwarten.

Durch das Vergleichen von Erwartungswerten können Gewinne bzw. Verluste bei verschiedenen Voraussetzungen analysiert werden.

Test zu 3.4

1. Beim Werfen von drei Würfeln sind folgende Gewinne bzw. Verluste vorgesehen:
   - 10 € Gewinn für einen Dreierpasch
   - 2 € Gewinn für einen Zweierpasch
   - 4 € Gewinn für drei aufeinander folgende Zahlen
   - 5 € Gewinn, wenn nur verschiedene ungerade oder nur verschiedene gerade Augenzahlen auftreten
   - 3 € Verlust in allen anderen Fällen

   Geben Sie die Wahrscheinlichkeitsverteilung der Zufallsvariablen X an, die den Gewinn bzw. Verlust des Spielers beschreibt.

2. In einer Lostrommel befinden sich 200 Lose, davon 10 Stück mit einem Gewinn von 10 €, 20 Stück mit einem Gewinn von 5 € und 40 Stück mit einem Gewinn von 1 €. Die restlichen Lose sind Nieten.
   Berechnen Sie den Verkaufspreis der Lose, damit der Veranstalter weder Gewinn noch Verlust macht.

3. Jost und Rolf haben sich auf ein Glücksspiel mit zwei Würfeln geeinigt: Jost zahlt an Rolf 1,50 €, wenn die Augenzahl kleiner als 8 ist. Ansonsten erhält er von Rolf nebenstehende Beträge

Augenzahl	8	9	10	11	12
Zahlbetrag	1 €	2 €	3 €	4 €	5 €

   Die Zufallsvariable X gibt an, wie viele Euro Jost erhält (positive Beträge) bzw. an Rolf zahlt (negative Beträge).
   a) Stellen Sie die Wahrscheinlichkeitsverteilung von X in einer Tabelle dar.
   b) Überprüfen Sie, ob das Spiel fair ist.
   c) Berechnen und interpretieren Sie die Varianz und die Standardabweichung von X.
   d) Berechnen Sie die Wahrscheinlichkeit, dass Jost

   d_1) höchstens 3 €, $\qquad$ d_2) mehr als 2 €, $\qquad$ d_3) mindestens 1 €, aber höchstens 4 € erhält.

4. Die JoRo GmbH produziert hochwertige Heimkino-Anlagen. Zur optimalen Qualitätsgewährleistung misst das Unternehmen alle Kontakte in einem dreistufigen Test. Die erste Teststufe kostet pro Gerät 2 €, wobei mögliche Fehler zu 80 % gefunden werden. Auf der zweiten Teststufe werden Fehler zu 45 % ermittelt; diese Teststufe verursacht Kosten von 5 €. Beim dritten Test, der 10 € kostet, werden Fehler nur noch zu 15 % gefunden. Eine verkaufte fehlerhafte Anlage wird mit 90 %-iger Wahrscheinlichkeit reklamiert und erfordert durchschnittlich weitere 150 € Zusatzkosten für den Austausch oder die Reparatur des Geräts. Die Zufallsvariable X gibt die einzelnen Folgekosten an.
   a) Stellen Sie die Wahrscheinlichkeitsverteilung von X tabellarisch dar.
      Nutzen Sie ein Baumdiagramm als Hilfe.
   b) Bestimmen Sie die zu erwartenden Kosten des dreistufigen Testverfahrens.
   c) Berechnen und interpretieren Sie die Standardabweichung von X.

5. Die Fly Bike Werke GmbH bezieht ihre Fahrradketten von zwei Lieferanten A und B. Die Lieferverträge sehen in beiden Fällen eine Lieferzeit von maximal 6 Werktagen vor. Der Einkaufsleiter möchte sich einen Überblick über die Termintreue der beiden Lieferanten schaffen. Er stellt anhand seiner Unterlagen eine Übersicht über die tatsächlichen Lieferzeiten zusammen:

Lieferzeit t in Werktagen	4	5	6	7	8
$P(X = t)$ bei A	5 %	10 %	60 %	20 %	5 %
$P(X = t)$ bei B	0 %	15 %	65 %	15 %	5 %

   Beurteilen Sie die Termintreue.

3.5 Binomialverteilung

3.5.1 Vom Bernoulli-Experiment zur Binomialverteilung

Bei vielen Zufallsexperimenten interessieren nur zwei mögliche Ausgänge, z. B.:
- beim Werfen einer Münze (Kopf oder Zahl)
- beim Ziehen aus einer Urne mit weißen und schwarzen Kugeln (weiß oder schwarz)
- beim Prüfen eines Werkstückes (brauchbar oder unbrauchbar)

Ein Zufallsexperiment, bei dem genau zwei Ereignisse E und $\overline{E}$ eintreten können, heißt **Bernoulli-Experiment**.

3

Einstellungstest

Zu jeder Frage eines Einstellungstests gibt es vier Antwortmöglichkeiten. Bei drei Fragen muss Lukas die Antwort erraten.
Berechnen Sie die Wahrscheinlichkeit, mit der bei genau zwei Fragen die Antworten richtig sind.

Für die Beantwortung einer einzelnen Frage gibt es zwei Ereignisse E und $\overline{E}$. Die Antwort ist entweder richtig oder falsch.

Das Ereignis E tritt mit der Trefferwahrscheinlichkeit p ein. Die Wahrscheinlichkeit für einen Misserfolg wird mit $q = 1 - p$ bezeichnet.

Insgesamt werden drei Fragen gestellt. Das Bernoulli-Experiment wird also dreimal unabhängig voneinander durchgeführt. Dieses dreistufige Bernoulli-Experiment nennen wir **Bernoulli-Kette** der Länge drei.

Die Wahrscheinlichkeit, eine Frage mit vier möglichen Antworten zufällig richtig zu beantworten, beträgt 25 %. Mit einer Wahrscheinlichkeit von 75 % kreuzt Lukas eine falsche Antwort an.

Die Zufallsvariable X beschreibt die Anzahl der richtig beantworteten Fragen. Wir suchen die Wahrscheinlichkeit, genau zwei Fragen richtig zu beantworten. Zunächst bestimmen wir $P(X = 2)$ mithilfe eines Baumdiagramms.

Für das Ereignis $X = 2$ sind $\binom{3}{2} = 3$ Pfade günstig. Jeder dieser drei Pfade hat die Wahrscheinlichkeit $0{,}25^2 \cdot 0{,}75 \approx 0{,}047$.

Insgesamt gilt also:

$P(X = 2) = \binom{3}{2} \cdot 0{,}25^2 \cdot 0{,}75 \approx 0{,}141$

Mit einer Wahrscheinlichkeit von 14,1 % werden genau zwei richtige Antworten erraten.

Mögliche Ereignisse:
E: „Die Antwort ist richtig."
$\overline{E}$: „Die Antwort ist falsch."

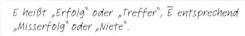
E heißt „Erfolg" oder „Treffer", $\overline{E}$ entsprechend „Misserfolg" oder „Niete".

$P(E) = p = \frac{1}{4} = 0{,}25$ ▸ p Trefferwahrscheinlichkeit
$P(\overline{E}) = q = 1 - p = 0{,}75$

X: Ergebnis $\mapsto$ Anzahl der richtigen Antworten
Gesucht: $P(X = 2)$

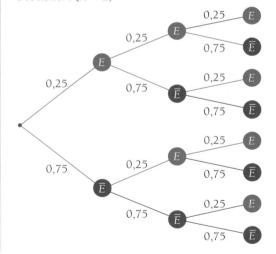

- Experimente mit genau zwei Ausgängen heißen **Bernoulli-Experimente**.
- Wird ein Bernoulli-Experiment n-mal unabhängig voneinander durchgeführt, spricht man von einem n-stufigen Bernoulli-Experiment bzw. von einer **Bernoulli-Kette** der Länge n.

Nennen Sie drei vierstufige Bernoulli-Experimente.

In einer Bernoulli-Kette muss die Grundgesamtheit immer die gleiche bleiben. Deswegen ist das *Zurücklegen* in jeder Stufe notwendig. Ist die Grundgesamtheit in Relation zu den entnommenen Proben aber *sehr groß,* dann ist die Wahrscheinlichkeit von Experiment zu Experiment annähernd die gleiche. In so einem Fall kann in der Praxis auf ein Zurücklegen verzichten werden.

(2)   Produktionskontrolle mithilfe einer Bernoulli-Kette

In einem Betrieb werden bei einer Produktion von 1 000 Stück täglich 3 Werkstücke einer Qualitätskontrolle unterzogen. Aufgrund der Erfahrungen des Betriebs rechnet man mit einer Fehlerquote von 6 %.

Ermitteln Sie die Wahrscheinlichkeiten, mit denen 3, 2, 1 bzw. 0 fehlerhafte Werkstücke unter den 3 entnommenen Werkstücken vorkommen.

Es handelt sich bei dieser Stichprobe um eine Bernoulli-Kette der Länge 3, da 3 Bernoulli-Experimente hintereinander geschaltet sind.

▸ Die Grundgesamtheit 1 000 ist groß genug, um bei allen 3 Bernoulli-Experimenten von derselben Wahrscheinlichkeit $p = 0,06$ ausgehen zu können.

Die Zufallsvariable X zählt die Anzahl der fehlerhaften Werkstücke unter den 3 entnommenen Werkstücken. Wir berechnen beispielhaft die Wahrscheinlichkeit $P(X = 2)$, mit der 2 fehlerhafte Werkstücke gezogen werden:

- Es gibt $\binom{3}{2} = 3$ verschiedene Ergebnisse, bei denen unter den drei gezogenen Werkstücken genau zwei fehlerhafte vorkommen.
- Die Wahrscheinlichkeit eines jeden Ergebnisses beträgt $0,06^2 \cdot 0,94$.
- Somit beträgt die gesuchte Wahrscheinlichkeit $P(X = 2) = \binom{3}{2} \cdot 0,06^2 \cdot 0,94^1 = 0,010152 \approx 1,0\,\%$.

E: Das Werkstück ist fehlerhaft. **F**
$\overline{E}$: Das Werkstück ist fehlerfrei. **ok**

$P(E) = 0,06$ ▸ $p = 0,06$
$P(\overline{E}) = 1 - p = 1 - 0,06 = 0,94$ ▸ $q = 0,94$

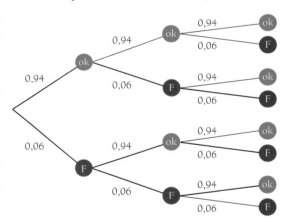

Analog können die Wahrscheinlichkeiten $P(X = 0)$, $P(X = 1)$ und $P(X = 3)$ bestimmt werden.

▸ Es gilt $\binom{n}{k} = \frac{n!}{k!(n-k)!}$ und $0! = 1$.

▸ Die Summe aller Wahrscheinlichkeiten ist 1.

$P(X = 0) = \binom{3}{0} \cdot 0,06^0 \cdot 0,94^3 = \mathbf{0{,}830584} \approx 83{,}1\,\%$

$P(X = 1) = \binom{3}{1} \cdot 0,06^1 \cdot 0,94^2 = \mathbf{0{,}159048} \approx 15{,}9\,\%$

$P(X = 2) = \binom{3}{2} \cdot 0,06^2 \cdot 0,94^1 = \mathbf{0{,}010152} \approx 1{,}0\,\%$

$P(X = 3) = \binom{3}{3} \cdot 0,06^3 \cdot 0,94^0 = \mathbf{0{,}000216} \approx 0{,}0\,\%$

Diese Rechnung können wir verallgemeinern und erhalten damit die wichtige **Bernoulli-Formel** zur Bestimmung von Wahrscheinlichkeiten bei Bernoulli-Ketten.

Bernoulli-Formel

Bei einer Bernoulli-Kette der Länge n mit Trefferwahrscheinlichkeit p gilt für die Wahrscheinlichkeit, genau k Treffer zu erzielen:

$P(X = k) = B(n;p;k) = \binom{n}{k} \cdot p^k \cdot (1-p)^{n-k}$ für $k = 0, 1, 2, \ldots, n$ (**Bernoulli-Formel**)

Die Zufallsvariable X, die die Anzahl der Treffer angibt, heißt **binomialverteilt** mit den Parametern n und p. Ihre Wahrscheinlichkeitsverteilung heißt **Binomialverteilung**. Der Wert der Binomialverteilung an der Stelle k wird mit $B(n;p;k)$ bezeichnet.

3

Anwendung der Bernoulli-Formel

3

Berechnen Sie die Wahrscheinlichkeit, dass beim 10-maligen Werfen eines idealen Würfels *genau* 3-mal die 6 eintritt.

Das einmalige Werfen des Würfels kann als Bernoulli-Experiment aufgefasst werden, bei dem das Ereignis „6" mit der Trefferwahrscheinlichkeit $\frac{1}{6}$ und das Gegenereignis „keine 6" mit der Wahrscheinlichkeit $\frac{5}{6}$ eintreten.

Das zehnmalige Werfen ist dann eine Bernoulli-Kette der Länge $n = 10$.

Die gesuchte Wahrscheinlichkeit berechnen wir mit der Formel von Bernoulli. ▸ $k = 3$

Bernoulli-Kette mit $n = 10$, $p = \frac{1}{6}$

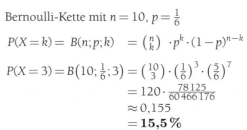

$$P(X = k) = B(n;p;k) = \binom{n}{k} \cdot p^k \cdot (1-p)^{n-k}$$

$$P(X = 3) = B\left(10; \tfrac{1}{6}; 3\right) = \binom{10}{3} \cdot \left(\tfrac{1}{6}\right)^3 \cdot \left(\tfrac{5}{6}\right)^7$$

$$= 120 \cdot \tfrac{78\,125}{60\,466\,176}$$

$$\approx 0{,}155$$

$$= \mathbf{15{,}5\,\%}$$

129-1

Beim 10-maligen Werfen eines Würfels wird die Augenzahl 6 mit einer Wahrscheinlichkeit von ungefähr 15,5 % genau 3-mal auftreten.

Darstellung der Binomialverteilung im Säulendiagramm

4

Stellen Sie die Binomialverteilung aus Beispiel 3 graphisch dar.

Wir berechnen $P(X = k) = B\left(10; \tfrac{1}{6}; k\right)$ für jedes k von 0 bis 10.

Diese Wahrscheinlichkeiten nennt man oft auch **Punktwahrscheinlichkeiten**.

Wir können diese in einem Säulendiagramm veranschaulichen.

▸ Das Säulendiagramm ist hier ein spezielles Histogramm, da die Fläche einer Säule der zugehörigen Wahrscheinlichkeit entspricht und wir alle Wahrscheinlichkeiten darstellen.

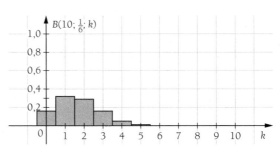

1. Berechnen Sie jeweils die Wahrscheinlichkeit, dass beim 10-maligen Werfen eines idealen Würfels genau 2-mal, 5-mal und 7-mal die Sechs geworfen wird.

2. Stellen Sie die Binomialverteilung aus Beispiel 2 (▸ Seite 128) in einem Säulendiagramm dar.

3. Die JoRo GmbH ist mit einem ihrer Lieferanten unzufrieden: Erfahrungsgemäß müssen 10 % der gelieferten Mikrochips dieses Zulieferers aussortiert werden. Berechnen Sie die Wahrscheinlichkeit, dass in einer Lieferung von 50 Chips genau 5 Chips fehlerhaft und genau 45 Chips fehlerfrei sind.

Oft interessiert man sich bei Binomialverteilungen nicht nur für eine einzelne Wahrscheinlichkeit $P(X = k)$. In der Realität möchte man bei umfangreichen Stichproben eher wissen, ob die Anzahl der Treffer in einem bestimmten Bereich liegt, also z. B. kleiner als ein bestimmter Wert k ist.

(5)   Summierte Binomialverteilung

Ermitteln Sie die Wahrscheinlichkeit dafür, dass beim 10-maligen Würfeln *höchstens* 3-mal die Sechs fällt.

Gesucht ist die Wahrscheinlichkeit, dass die binomialverteilte Zufallsvariable X *höchstens* den Wert 3 annimmt, also auch kleinere Werte als 3 annehmen kann (d. h., die Sechs darf auch weniger oft fallen). Für dieses Ereignis schreiben wir kurz: $X \leq 3$.

Die gesuchte Wahrscheinlichkeit $P(X \leq 3)$ ist die Summe der Wahrscheinlichkeiten, genau 0-mal, 1-mal, 2-mal und 3-mal das Ergebnis „6" zu erhalten:

$$P(X \leq 3) = P(X = 0) + P(X = 1) + P(X = 2) + P(X = 3)$$

Die einzelnen Wahrscheinlichkeiten können wir mithilfe der Binomialverteilung berechnen und erhalten als Summe die gesuchte Wahrscheinlichkeit.

Binomialverteilung mit $n = 10$ und $p = \frac{1}{6}$:

$$B\left(10; \tfrac{1}{6}; 0\right) = \binom{10}{0} \cdot \left(\tfrac{1}{6}\right)^0 \cdot \left(\tfrac{5}{6}\right)^{10} \approx 0{,}1615$$

$$B\left(10; \tfrac{1}{6}; 1\right) = \binom{10}{1} \cdot \left(\tfrac{1}{6}\right)^1 \cdot \left(\tfrac{5}{6}\right)^9 \approx 0{,}3230$$

$$B\left(10; \tfrac{1}{6}; 2\right) = \binom{10}{2} \cdot \left(\tfrac{1}{6}\right)^2 \cdot \left(\tfrac{5}{6}\right)^8 \approx 0{,}2907$$

$$B\left(10; \tfrac{1}{6}; 3\right) = \binom{10}{3} \cdot \left(\tfrac{1}{6}\right)^3 \cdot \left(\tfrac{5}{6}\right)^7 \approx 0{,}1550$$

$$P(X \leq 3) = B\left(10; \tfrac{1}{6}; 0\right) + \cdots + B\left(10; \tfrac{1}{6}; 3\right)$$
$$\approx \mathbf{0{,}9303 = 93{,}03\,\%}$$

Mit einer Wahrscheinlichkeit von 93,03 % werden somit unter 10 Würfen höchstens 3 Sechsen sein.

Bei einer Fragestellung wie im obigen Beispiel sprechen wir von einer kumulierten oder **summierten Binomialverteilung**. Dabei ist bei einer Binomialverteilung die Wahrscheinlichkeit gesucht, dass die Werte kleiner oder gleich einer bestimmten Zahl k sind. Um die summierte Binomialverteilung in der Schreibweise von der Binomialverteilung bei einzelnen Punktwahrscheinlichkeiten zu unterscheiden, nennen wir sie F:

$$P(X \leq 3) = \boldsymbol{F\left(10; \tfrac{1}{6}; 3\right)} = B\left(10; \tfrac{1}{6}; 0\right) + \cdots + B\left(10; \tfrac{1}{6}; 3\right)$$

Graphische Darstellung im Säulendiagramm:

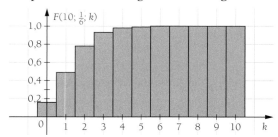

▶ Berechnen der Wahrscheinlichkeiten $P(X \leq k) = F(10; \tfrac{1}{6}; k)$ für jedes k, z. B.: $P(X \leq 5) \approx 0{,}9976$

Ist X eine binomialverteilte Zufallsvariable mit den Parametern n und p, so gilt für die Wahrscheinlichkeit, höchstens k Treffer zu erzielen

$$P(X \leq k) = F(n; p; k) = B(n; p; 0) + \cdots + B(n; p; k) = \sum_{i=0}^{k} \binom{n}{i} \cdot p^i \cdot (1-p)^{n-i}.$$

Die entsprechende Verteilung wird **summierte Binomialverteilung** genannt.

1. Überprüfen Sie, dass beim 10-maligen Würfeln folgende Wahrscheinlichkeiten gelten.
   a) 77,52 % für „höchstens 2-mal die Sechs"   b) 99,76 % für „höchstens 5-mal die Sechs"

2. In einem Betrieb werden täglich tausende Werkstücke produziert. Jeden Tag werden drei Werkstücke einer Qualitätskontrolle unterzogen. Der Betrieb rechnet mit einer Fehlerquote von 6 %.
   Bestimmen Sie die Wahrscheinlichkeit, dass bei der Prüfung
   a) maximal 1 Werkstück,   b) maximal 2 Werkstücke,   c) alle 3 Werkstücke fehlerhaft sind.

Besonders bei langen Bernoulli-Ketten ist die Bestimmung der Trefferwahrscheinlichkeiten sehr aufwendig. Zur Erleichterung gibt es Tabellen, denen wir die Wahrscheinlichkeiten entnehmen können. ▶ Anhang, Seite 418

131-1

Punktwahrscheinlichkeiten mit Binomialtabellen

6

Bei der Fertigung von Leuchtdioden beträgt der Ausschuss 3 %. Zur Qualitätsprüfung werden in regelmäßigen Abständen 10 LEDs entnommen. Bestimmen Sie die Wahrscheinlichkeit, dass in der Stichprobe

a) genau 2 LEDs defekt sind; **b)** genau 9 LEDs defekt sind.

a) Gesucht ist die Wahrscheinlichkeit $P(X = 2)$, wobei X für die Anzahl der Ausschuss-LEDs steht.

Diesen Wert können wir auch aus einer Binomialtabelle für $n = 10$ ablesen (▶ Seite 419), anstatt ihn mit dem Taschenrechner zu berechnen.
Im grün unterlegten Bereich der $B(10; p; k)$-Tabelle steht in der Zeile für $k = 2$ und in der Spalte für $p = 0,03$ der Wert 0317, der der Wahrscheinlichkeit von $0,0317 = \mathbf{3{,}17\,\%}$ entspricht.

Berechnung mit dem Taschenrechner:
$$P(X = 2) = B(10; 0,03; 2)$$
$$= \binom{10}{2} \cdot 0,03^2 \cdot 0,97^8 \approx 0,0317 = \mathbf{3{,}17\,\%}$$

$B(n; p; k)$-**Tabelle für** $n = 10$

n	k	0,02	0,03	0,04	...
			p		
	0	0,8171	7374	6648	...
10	1	1667	2281	2770	...
	2	0153	0317	0519	...

b) Gesucht ist die Wahrscheinlichkeit $P(Y = 9)$, wobei Y für die Anzahl der fehlerfreien LEDs steht.
▶ X: Ausschuss-LEDs; Y: fehlerfreie LEDs
Die Wahrscheinlichkeit für Fehlerfreiheit einer LED ist $p = 1 - 0,03 = 0,97$. Hier ist also $p \geq 0,5$. In diesem Fall wechseln wir in der $B(10; p; k)$-Tabelle zum blau unterlegten Bereich rechts und unten.

Am Kreuzungspunkt der Zeile für $k = 9$ und der Spalte für $p = 0,97$ steht mit 2281 die Wahrscheinlichkeit $0,2281 = \mathbf{22{,}81\,\%}$, mit der genau 9 von 10 LEDs fehlerfrei sind.

Auch der Taschenrechner bestätigt:
$$P(Y=9)=B(10;0,97;9)=\binom{10}{9} \cdot 0,97^9 \cdot 0,03^1 \approx 22{,}81\,\%$$

Die vier Zahlen in den Tabellen sind Nachkommastellen zu 0,...

n	k	0,02	0,03	0,04	...	n	
			p				
	0	0,8171	7374	6648	...	10	
	1	1667	2281	2770	...	9	
	2	0153	0317	0519	...	8	
	3	0008	0026	0058	...	7	
10	4		0001	0004	...	6	10
	5				...	5	
	⋮				...	⋮	
	9				...	1	
	10				...	0	
n		0,98	0,97	0,96	...	k	n
			p				

In Beispiel 6 konnten wir die Wahrscheinlichkeit auch mit dem Taschenrechner berechnen. Moderne Taschenrechner erlauben auch die Berechnung der summierten Binomialverteilung mit der ∑-Taste. Ist beispielsweise für $n = 10$ und $p = 0,03$ die Wahrscheinlichkeit $P(X \leq 2)$ gesucht, so berechnet der Taschenrechner mit der Eingabe $\sum_{x=0}^{2}(10\,\boxed{\text{nCr}}\,x \cdot 0,03^x \cdot 0,97^{10-x})$ die gesuchte Wahrscheinlichkeit korrekt als $0,997235$. ▶ nächste Seite
Für große n benötigen die Taschenrechner heute noch eine längere Rechenzeit. Der Einsatz von Tabellen für die summierte Binomialverteilung ermöglicht ein übersichtliches Arbeiten auch ohne Taschenrechner.

3

 7 Summierte Wahrscheinlichkeiten mit Binomialtabellen

Bei der Fertigung von Leuchtdioden beträgt der Ausschuss 3 %. Zur Qualitätsprüfung werden in regelmäßigen Abständen 10 LEDs entnommen. Bestimmen Sie die Wahrscheinlichkeit, dass in der Stichprobe
a) höchstens 2 LEDs Ausschuss sind;   b) weniger als 8 LEDs fehlerfrei sind.

a) Gesucht ist die Wahrscheinlichkeit

$P(X \leq 2) = F(10; 0,03; 2)$.

▸ X steht für die Anzahl der Ausschuss-LEDs.

Im grün unterlegten Bereich der $F(10; p; k)$-Tabelle für die summierte Binomialverteilung (▸ Seite 421) steht in der Zeile für $k = 2$ und in der Spalte für $p = 0,03$ der Wert 9972, welcher der Wahrscheinlichkeit von 0,9972 entspricht. Mit einer Wahrscheinlichkeit von **99,72 %** sind höchstens 2 von 10 LEDs Ausschuss.

b) Gesucht ist $P(Y < 8)$. Da in den „F-Tabellen" nur „Kleiner-Gleich"-Wahrscheinlichkeiten aufgeführt sind, berechnen wir $P(Y \leq 7) = P(Y < 8)$.

▸ Y steht für die Anzahl der fehlerfreien LEDs.

Die Wahrscheinlichkeit für Fehlerfreiheit ist $p = 1 - 0,03 = 0,97$. Hier ist also $p \geq 0,5$. In diesem Fall wechseln wir in der $F(10; p; k)$-Tabelle zum blau unterlegten Bereich rechts und unten. In der Zeile für $k = 7$ und der Spalte für $p = 0,97$ steht mit 9972 die **Gegenwahrscheinlichkeit** 0,9972 zu der gesuchten Wahrscheinlichkeit.

▸ Das gesuchte Ereignis ist das Gegenereignis zu a).

$P(Y < 8) = P(Y \leq 7) = F(10; 0,97; 7)$
$= 1 - 0,9972 = 0,0028 = \mathbf{0,28\%}$

Mit einer Wahrscheinlichkeit von **0,28 %** sind also weniger als 8 von 10 LEDs fehlerfrei.

Tabelle zur summierten Binomialverteilung:
$F(n; p; k)$-Tabelle für $n = 10$

			p		
n	k	0,02	0,03	0,04	...
	0	0,8171	7374	6648	...
10	1	9838	9655	9418	...
	2	9991	9972	9938	...

			p					
n	k	0,02	0,03	0,04	...		n	
	0	0,8171	7374	6648	...	9		
	1	9838	9655	9418	...	8		
	2	9991	9972	9938	...	7		
10	3		9999	9996	...	6	10	
	4				...	5		
	⋮					⋮		
	9					0		
n		0,98	0,97	0,96	...	k	n	
			p					

Für $p \geq 0,5$ gilt: $F(n; p; k) = 1 -$ abgelesener Wert

 Für die Arbeit mit **Binomialtabellen** gilt:

- Man wählt bei **Punktwahrscheinlichkeiten** $P(X = k)$ die $B(n; p; k)$-**Tabellen** aus, bei **summierten Wahrscheinlichkeiten** $P(X \leq k)$ die $F(n; p; k)$-**Tabellen**.
- Man wählt die Tabelle für das gegebene n.
- Für $p \leq 0,5$ benutzt man die grün unterlegten Eingänge der Zeilen für k und Spalten für p, um die gesuchte Wahrscheinlichkeit abzulesen. Für $p \geq 0,5$ nutzt man die blau unterlegten Eingänge.

Achtung:
Ist bei der summierten Binomialverteilung $p \geq 0,5$, erhält man über die blau unterlegten Eingänge die Gegenwahrscheinlichkeit der gesuchten Wahrscheinlichkeit: $F(n; p; k) = 1 -$ abgelesener Wert

 Ein Multiple-Choice-Test besteht aus 20 Fragen, bei denen jeweils nur eine von vier Antwortmöglichkeiten richtig ist. Bestimmen Sie die Wahrscheinlichkeit, dass durch zufälliges Ankreuzen
a) genau 10,   b) mehr als 5,   c) mindestens 5 und höchstens 10
Fragen richtig beantwortet werden.

Summierte Binomialverteilung für Intervalle

Wir greifen das Beispiel 7 auf und bestimmen die Wahrscheinlichkeit, dass in der Stichprobe
a) mehr als drei LEDs nicht funktionstüchtig sind;
b) mindestens zwei, aber höchstens vier LEDs defekt sind.

a) Gesucht ist $P(X > 3)$.
Wir können die Wahrscheinlichkeiten auf zwei Arten berechnen.
Häufig verkürzt es den Rechenaufwand, wie auch in diesem Fall, wenn wir auf die **Gegenwahrscheinlichkeiten** zurückgreifen:

$$P(X > 3) = 1 - P(X \leq 3)$$

$P(X \leq 3)$ wird der Tabelle entnommen. ▶ Seite 421
Damit können wir die gesuchte Wahrscheinlichkeit $P(X > 3)$ bestimmen.
Die Wahrscheinlichkeit beträgt nur 0,01 %.

1. Möglichkeit:
$$P(X > 3) = P(X = 4) + P(X = 5) + \ldots + P(X = 10)$$

2. Möglichkeit:
$$\begin{aligned} P(X > 3) &= 1 - P(X \leq 3) \\ &= 1 - F(10; 0,03; 3) \\ &\approx 1 - 0,9999 = \mathbf{0,0001} \end{aligned}$$

b) Die Wahrscheinlichkeit $P(2 \leq X \leq 4)$ bzw. $P(1 < X \leq 4)$ kann als Differenz der Wahrscheinlichkeiten $P(X \leq 4)$ und $P(X \leq 1)$ berechnet werden.
Die Wahrscheinlichkeit beträgt 3,45 %.

$$\begin{aligned} P(2 \leq X \leq 4) &= P(1 < X \leq 4) \\ &= P(X \leq 4) - P(X \leq 1) \\ &= F(10; 0,03; 4) - F(10; 0,03; 1) \\ &\approx 1 - 0,9655 = \mathbf{0,0345} \end{aligned}$$

Wie in Beispiel 8 kann es vorkommen, dass man die summierte Binomialverteilung nicht direkt nutzen kann. Man muss dann die Aufgabenstellung so mathematisch übersetzen, dass man die summierte Binomialverteilung anwenden kann. Die folgende Tabelle gibt hierzu eine Übersicht. Wir setzen dort $n = 10$ als Anzahl der Experimente voraus.

Sprechweise	relevante Treffer	Schreibweise	Berechnung mit Binomialverteilung summiert (F) oder punktgenau (B)
genau 2	2	$P(X = 2)$	$B(10; p; 2)$
höchstens 4	1; 2; 3; 4	$P(X \leq 4)$	$F(10; p; 4)$
weniger als 5	1; 2; 3; 4	$P(X < 5) = P(X \leq 4)$	$F(10; p; 4)$
mindestens 6	6; 7; 8; 9; 10	$P(X \geq 6) = 1 - P(X \leq 5)$	$1 - F(10; p; 5)$
mehr als 5	6; 7; 8; 9; 10	$P(X > 5) = P(X \geq 6)$ $= 1 - P(X \leq 5)$	$1 - F(10; p; 5)$
zwischen 2 und 6	3; 4; 5	$P(2 < X < 6) = P(3 \leq X \leq 5)$ $= P(X \leq 5) - P(X \leq 2)$	$F(10; p; 5) - F(10; p; 2)$

Bei „Zwischen"-Wahrscheinlichkeiten ist „echt zwischen" gemeint.

1. Bestimmen Sie die Wahrscheinlichkeit, dass unter 10 CD-Rohlingen bei einem Ausschuss von 4 % weniger als 8 CDs fehlerfrei sind.

2. Ermitteln Sie die Wahrscheinlichkeit dafür, dass beim 10-maligen Würfeln
    a) mindestens 4-mal eine Sechs gewürfelt wird.
    b) zwischen 2-mal und 6-mal eine Sechs gewürfelt wird.
    c) genau 2-mal eine Sechs gewürfelt wird.
    d) höchstens 2-mal eine Sechs gewürfelt wird.

In den vorangegangenen Aufgaben waren die Werte für n und p gegeben. In den folgenden Beispielen ist die Länge n bzw. die Trefferwahrscheinlichkeit p gesucht.

9   Trefferwahrscheinlichkeit

Eine Fußballmannschaft besteht aus 11 Spielern und 3 Auswechselspielern. Damit die gesamte Mannschaft mit einer hohen Wahrscheinlichkeit konstant leistungsfähig ist, muss jeder einzelne Spieler mit einer gewissen Mindestwahrscheinlichkeit an einem Spieltag fit und damit einsatzfähig sein. Diese Mindestwahrscheinlichkeit soll für jeden Spieler gleich hoch veranschlagt werden.

Ermitteln Sie die Wahrscheinlichkeit, mit der jeder einzelne der 14 Spieler fit sein muss, damit mit über 90 %iger Wahrscheinlichkeit die gesamte Mannschaft einsatzfähig ist.

Gibt X die Anzahl der einsatzfähigen Spieler an, so lautet die Forderung: $P(X = 14) > 90\,\% = 0{,}9$.

Die Zufallsvariable X ist binomialverteilt mit den Parametern n und p, wobei $n = 14$ die Gesamtzahl der Spieler angibt und p die Fitnesswahrscheinlichkeit für jeden einzelnen Spieler. Die obige Ungleichung ist somit gleichbedeutend mit $B(14; p; 14) > 0{,}9$.

Lösen wir diese Ungleichung nach p auf, so folgt $p > 0{,}9925$.

X: Anzahl der voll leistungsfähigen Spieler
n: Anzahl der Spieler ($n = 14$)

$$P(X = 14) = B(14; p; 14)$$
$$= \binom{14}{14} \cdot p^{14} \cdot (1-p)^0 = p^{14}$$
$$P(X = 14) > 0{,}9$$
$$\Leftrightarrow \quad p^{14} > 0{,}9$$
$$\Leftrightarrow \quad p > \sqrt[14]{0{,}9} \approx \mathbf{0{,}9925}$$

Jeder Spieler muss also mit einer Wahrscheinlichkeit von mehr als 99,25 % spielfähig sein, damit mit einer Wahrscheinlichkeit von mehr als 90 % die gesamte Mannschaft eingesetzt werden kann.

10   Länge einer Bernoulli-Kette

Untersuchen Sie, wie oft man mindestens eine Kugel aus einer mit drei blauen und zwei roten Kugeln gefüllten Urne ziehen und wieder zurücklegen muss, wenn man mit einer Wahrscheinlichkeit von mindestens 99 % mindestens einmal eine rote Kugel ziehen will.

Die Zufallsvariable X zählt die gezogenen roten Kugeln. Gesucht ist die Anzahl n der Ziehungen.

Da mit einer Wahrscheinlichkeit von mindestens 99 % mindestens eine rote Kugel gezogen werden soll, muss gelten: $P(X \geq 1) \geq 0{,}99$.

Es müssen mindestens 10 Kugeln gezogen werden, die Bernoulli-Kette muss also mindestens die Länge 10 haben.

X: Anzahl der gezogenen roten Kugeln
n: Anzahl der Ziehungen

$$P(X \geq 1) \geq 0{,}99 \Leftrightarrow 1 - P(X = 0) \geq 0{,}99$$
$$\Leftrightarrow P(X = 0) \leq 0{,}01 \Leftrightarrow B(n; 0{,}4; 0) \leq 0{,}01$$
$$\Leftrightarrow \binom{n}{0} \cdot 0{,}4^0 \cdot 0{,}6^n \leq 0{,}01 \qquad \blacktriangleright \quad \binom{n}{0} = 1$$
$$\Leftrightarrow \qquad 0{,}6^n \leq 0{,}01 \qquad \blacktriangleright \quad \text{Logarithmieren}$$
$$\Leftrightarrow \quad n \cdot \ln(0{,}6) \leq \ln(0{,}01) \qquad \blacktriangleright \quad \ln(0{,}6) < 0$$
$$\Leftrightarrow \qquad\qquad n \geq \mathbf{9{,}02}$$

1. Die Firma Telemobil benutzt eine Präzisionsmaschine zur Herstellung von Smartphone-Displays. Die sechs Elemente der Maschine arbeiten unabhängig voneinander mit der gleichen Zuverlässigkeit. Fällt ein Element aus, ist die ganze Maschine defekt. Ermitteln Sie die Wahrscheinlichkeit, mit der jedes der sechs Maschinenelemente zuverlässig funktionieren muss, damit die Präzisionsmaschine mit einer Wahrscheinlichkeit von mindestens 95 % funktioniert.

2. Ein Verkehrsverbund rechnet mit 10 % Schwarzfahrern bei Nachtbuslinien.
   Bestimmen Sie die Anzahl der Kontrollen, die mindestens durchgeführt werden müssen, um mit einer Wahrscheinlichkeit von mindestens 95 % mindestens einen Schwarzfahrer zu erwischen.

Übungen zu 3.5.1

1. Beurteilen Sie, ob es sich um eine Bernoulli-Kette handelt. Geben Sie ggf. auch das Erfolgsereignis sowie die Parameter n und p an.
   a) 100-maliger Münzwurf
   b) Prüfen einer Maschine auf Funktionsfähigkeit
   c) 3-maliges Würfeln. Es wird bei jedem Wurf die Augenzahl aufgeschrieben.
   d) 10-maliges Ziehen einer Karte aus einem Skatspiel. Das Ass ist die Gewinnkarte.
   e) Ausfüllen eines Totoscheins

2. Die Zufallsvariable X sei binomialverteilt. Bestimmen Sie die Wahrscheinlichkeiten $P(X = k)$ mit
   a) $n = 10$; $p = 0,1$; $k = 1$ ($k = 2$, $k = 3$, $k = 4$)
   b) $n = 20$; $p = 0,2$; $k = 1$ ($k = 2$, $k = 3$, $k = 4$)
   c) $n = 30$; $p = 0,3$; $k = 5$ ($k = 6$, $k = 7$, $k = 8$)

3. Aus einer Urne mit drei blauen und zwei roten Kugeln wird viermal eine Kugel mit Zurücklegen entnommen. Bestimmen Sie die Wahrscheinlichkeit, mit der genau dreimal eine blaue Kugel entnommen wird.

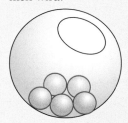

4. Ein Glücksrad ist zu gleichen Teilen in eine rote, weiße und schwarze Fläche aufgeteilt. Berechnen Sie die Wahrscheinlichkeit, beim 8-maligen Drehen des Glücksrads genau 4-mal die rote Fläche zu treffen.

5. Bei einem Multiple-Choice-Test mit 50 Fragen werden 5 Antwortmöglichkeiten pro Frage vorgegeben, wobei jeweils eine Antwort stimmt. Bestimmen Sie die Wahrscheinlichkeit, dass
   a) mehr als 25;
   b) mindestens 10 und höchstens 30;
   c) weniger als 10;
   d) mehr als 30 % der Fragen durch zufälliges Ankreuzen richtig beantwortet werden.

5. Eine Firma stellt elektronische Bauteile her. Aus Erfahrungswerten sind 9 % der Bauteile defekt. Bei laufender Produktion werden 80 Bauteile entnommen. Bestimmen Sie die Wahrscheinlichkeit, dass
   a) höchstens 7 Teile defekt sind;
   b) über 10 der entnommenen Bauteile defekt sind;
   c) zwischen 5 und 8 Teile defekt sind.

6. Bei einem Medikament treten mit 3 %iger Wahrscheinlichkeit Nebenwirkungen auf. In einem Krankenhaus werden jährlich 100 Patienten mit diesem Medikament behandelt. Bestimmen Sie die Wahrscheinlichkeit, dass innerhalb eines Jahres bei mindestens vier Patienten Nebenwirkungen auftreten.

7. Bestimmen sie die Wahrscheinlichkeit, mit der beim 20-maligen Wurf einer Münze
   a) genau 15-mal „Kopf" fällt;
   b) mindestens 15-mal „Kopf" fällt;
   c) zwischen 5- und 15-mal „Kopf" fällt.
   d) Ermitteln Sie, wie oft man die Münze werfen muss, damit man mit einer Wahrscheinlichkeit von mehr als 95 % mindestens einmal „Kopf" erhält.

8. Überlegen Sie sich ein passendes Bernoulli-Experiment und ein Ereignis, das zu den folgenden Wahrscheinlichkeiten passt.
   Berechnen Sie die gegebene Wahrscheinlichkeit.
   a) $\binom{20}{2} \cdot \left(\frac{1}{6}\right)^2 \cdot \left(\frac{5}{6}\right)^{18}$
   b) $\binom{10}{8} \cdot 0,75^8 \cdot 0,25^2$
   c) $\binom{5}{0} \cdot 0,7^5$
   d) $\binom{50}{49} \cdot 0,35^{49} \cdot 0,65^1 + \binom{50}{50} \cdot 0,35^{50}$
   e) $\binom{1}{0} \cdot 0,5^0 \cdot 0,5^1$

9. Die Firma Purcom produziert USB-Sticks. Stichproben haben ergeben, dass 15 % Fehler aufweisen. Ermitteln Sie die Anzahl der Sticks, die man mindestens überprüfen muss, um mit einer Wahrscheinlichkeit von mehr als 97 % mindestens einen fehlerhaften Stick zu finden.

3.5.2 Eigenschaften der Binomialverteilung

136-1 Jede Binomialverteilung ist durch Angabe der Parameter n (Länge der Bernoulli-Kette) und p (Trefferwahrscheinlichkeit) gekennzeichnet.

Im Folgenden betrachten wir, wie sich die Binomialverteilungen verändern, wenn man jeweils einen Parameter variiert, während man den anderen konstant hält. Dazu betrachten wir die jeweiligen graphischen Darstellungen in Form von Histogrammen. ▶ Im Histogramm werden die Wahrscheinlichkeiten durch Flächeninhalte von Rechtecken dargestellt.

11 p ist konstant und n variiert

$B(5; 0,4; k)$

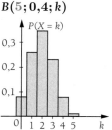

$B(10; 0,4; k)$

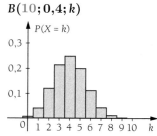

$B(15; 0,4; k)$

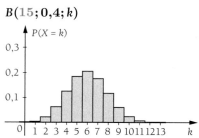

Wir erkennen, dass mit wachsendem n die Histogramme immer flacher werden und sich immer mehr einer symmetrischen Form nähern.

12 n ist konstant und p variiert

$B(10; 0,25; k)$

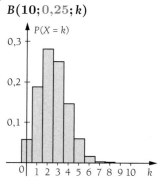

$B(10; 0,5; k)$

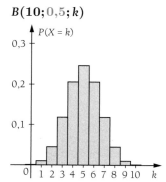

$B(10; 0,75; k)$

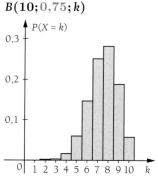

Wir erkennen, dass das Maximum der Verteilung mit wachsendem p immer weiter nach rechts wandert. Außerdem stellen wir fest, dass für $p = 0,5$ das Histogramm symmetrisch ist.

Für **Binomialverteilungen** $B(n; p; k)$ gelten folgende Eigenschaften:

- Mit wachsendem n werden die Verteilungen flacher und symmetrischer.
- Je größer p ist, desto weiter rechts liegt das Maximum der Verteilung.
- Für $p = 0,5$ ist die Verteilung symmetrisch: $B(n; p; k) = B(n; p; n-k)$.

Stellen Sie die folgenden Binomialverteilungen dar und bestätigen Sie die ermittelten Eigenschaften. Nutzen Sie Excel als Berechnungshilfe.

a) $B(15; 0,3; k)$; $B(15; 0,5; k)$; $B(15; 0,8; k)$
b) $B(10; 0,6; k)$; $B(15; 0,6; k)$; $B(20; 0,6; k)$

Erwartungswert bei einer Binomialverteilung

In einer Lostrommel sind ein Viertel der Lose Gewinne. Bestimmen Sie, wie viele Gewinne man erwarten kann, wenn man 8 Lose zieht. Verallgemeinern Sie das Ergebnis zu einer Formel für den Erwartungswert einer binomialverteilten Zufallsvariablen X mit den Parametern n und p.

Wenn wir 8 Lose ziehen und jeweils mit einer Wahrscheinlichkeit von $\frac{1}{4}$ einen Gewinn erhalten, so können wir in der Regel 2 Gewinne erwarten.

Allgemein können wir vermuten, dass für den **Erwartungswert** einer binomialverteilten Zufallsvariablen gilt: $E(X) = n \cdot p$.

Um diese Formel herzuleiten, fassen wir die Zufallsvariable X als Summe von n einzelnen Zufallsvariablen $X_1, X_2, \ldots, X_n$ auf. Dabei darf jede dieser einzelnen Zufallsvariablen X_i nur zwei Werte annehmen: 1 für „Erfolg" und 0 für „Misserfolg".

Beispiel:
$8 \cdot \frac{1}{4} = 2$

Vermutung:
$n \cdot p = E(X)$

Beweis: ► Erwartungswert jeder „einzelnen" Zufallsvariablen
X_i: $E(X_i) = 1 \cdot p + 0 \cdot (1-p) = 1 \cdot p$ für $1 \le i \le n$

$$
\begin{aligned}
E(X) &= E(X_1 + X_2 + \cdots + X_n) \\
&= E(X_1) + E(X_2) + \cdots + E(X_n) \\
&= 1 \cdot p + 1 \cdot p + \cdots + 1 \cdot p \quad \text{► } n \text{ Summanden} \\
&= \boldsymbol{n \cdot p}
\end{aligned}
$$

Analog kann man herleiten, dass für die **Varianz** entsprechend gilt:
$V(X) = n \cdot p \cdot (1-p)$

137-1

Für die **Standardabweichung** folgt dann:

$\sigma(X) = \sqrt{n \cdot p \cdot (1-p)}$

Die Standardabweichung ist die Wurzel aus der Varianz.

Für eine mit den Parametern n und p binomialverteilte Zufallsvariable X gilt:

- **Erwartungswert** $E(X) = n \cdot p$
- **Varianz** $V(X) = n \cdot p \cdot (1-p)$
- **Standardabweichung** $\sigma(X) = \sqrt{n \cdot p \cdot (1-p)}$

Non-Responder

In der deutschen Bevölkerung sind ca. 5 % der Menschen, die sich gegen Hepatitis B impfen lassen, sogenannte „Non-Responder", d.h., bei ihnen tritt nach der Impfung keine Immunisierung ein. Bestimmen Sie den Erwartungswert, die Varianz sowie die Standardabweichung der Zufallsvariablen X, die die Anzahl der Non-Responder unter 40 geimpften Personen zählt.

X ist eine mit den Parametern $n = 40$ und $p = 0{,}05$ binomialverteilte Zufallsvariable. Für die Berechnungen lassen sich obige Formeln anwenden.

$E(X) = n \cdot p = 40 \cdot 0{,}05 = \boldsymbol{2}$
$V(X) = n \cdot p \cdot (1-p) = 40 \cdot 0{,}05 \cdot 0{,}95 = \boldsymbol{1{,}9}$
$\sigma = \sqrt{n \cdot p \cdot (1-p)} = \sqrt{40 \cdot 0{,}05 \cdot 0{,}95} \approx \boldsymbol{1{,}4}$

---

1. Eine Zufallsvariable X ist binomialverteilt mit $n = 100$ und $p = 0{,}3$.
   Ermitteln Sie den Erwartungswert, die Varianz und die Standardabweichung von X.

2. Bei der Herstellung von Rauchmeldern werden erfahrungsgemäß 2 % defekte Geräte produziert.
   a) Bestimmen Sie, wie viele defekte Rauchmelder in einer Bestellung von 6 000 Einheiten zu erwarten sind.
   b) Ein Großhändler benötigt ungefähr 3 000 funktionstüchtige Einheiten. Wie viele Rauchmelder sollte er bestellen?

15 Sigmaregeln

70 Prozent der 14- bis 18-jährigen Einwohner einer Stadt besitzen einen MP3-Player. Ein Online-Musikanbieter startet eine Umfrage zu den Musikgewohnheiten und wählt zufällig 100 Zielpersonen aus. Bestimmen Sie *jeweils* die Wahrscheinlichkeit, mit der die Anzahl der Personen mit MP3-Player höchstens um den Wert σ, 2σ und 3σ vom Erwartungswert abweicht.

Die Zufallsvariable X gibt die Anzahl der Personen mit einem MP3-Player wieder. X besitzt den Erwartungswert $\mu = 70$ und die Standardabweichung $\sigma \approx 4{,}58$.

$$\mu = n \cdot p = 100 \cdot 0{,}7 = \mathbf{70} \quad \blacktriangleright \quad \mu = E(X)$$
$$\sigma = \sqrt{n \cdot p \cdot (1-p)} = \sqrt{100 \cdot 0{,}7 \cdot 0{,}3} \approx \mathbf{4{,}58}$$

Wir suchen zunächst die Wahrscheinlichkeit, dass der Wert von X um höchstens 4,58 von 70 abweicht, also $P(65{,}42 \leq X \leq 74{,}58)$. Diese Wahrscheinlichkeit entspricht $P(66 \leq X \leq 74)$, da die Binomialverteilung nur ganzzahlige Werte zulässt.
Mit einer Wahrscheinlichkeit von ca. 67,4 % besitzen mindestens 66 und höchstens 74 der 100 Zielpersonen einen MP3-Player.

$$P(|X - \mu| \leq \sigma)$$
$$= P(|X - 70| \leq 4{,}58)$$
$$= P(65{,}42 \leq X \leq 74{,}58)$$
$$= P(66 \leq X \leq 74)$$
$$= P(X \leq 74) - P(X \leq 65)$$
$$= F(100; 0{,}7; 74) - F(100; 0{,}7; 65)$$
$$\approx (1 - 0{,}1631) - (1 - 0{,}8371)$$
$$= \mathbf{0{,}6740} = \mathbf{67{,}4\,\%}$$

Entsprechend ergibt sich für eine 2σ-Umgebung ($2\sigma \approx 9{,}17$) um den Erwartungswert 70 eine Wahrscheinlichkeit von 96,25 %. Für eine 3σ-Umgebung ($3\sigma \approx 13{,}75$) ergibt sich eine Wahrscheinlichkeit von 99,69 %.

$$P(|X - 70| \leq 9{,}17) = P(60{,}83 \leq X \leq 79{,}17)$$
$$= F(100; 0{,}7; 79) - F(100; 0{,}7; 60)$$
$$\approx 0{,}9835 - 0{,}0210 = \mathbf{0{,}9625} = \mathbf{96{,}25\,\%}$$

$$P(|X - 70| \leq 13{,}75) = P(56{,}25 \leq X \leq 83{,}75)$$
$$= F(100; 0{,}7; 83) - F(100; 0{,}7; 56)$$
$$\approx 0{,}9990 - 0{,}0021 = \mathbf{0{,}9969} = \mathbf{99{,}69\,\%}$$

Mit einer Wahrscheinlichkeit von ca. 67,4 % werden mindestens 66 und höchstens 74 der gefragten Personen einen MP3-Player besitzen.
Mit einer Wahrscheinlichkeit von 96,25 % werden mindestens 61 und höchstens 79 Personen einen MP3-Player besitzen.
Mit 99,69 % Wahrscheinlichkeit befinden sich unter den befragten Personen mindestens 57 und höchstens 83 Besitzer eines MP3-Players.

Es lässt sich zeigen, dass die in dem Beispiel gefundenen Werte nahezu allgemein gültig sind.

Histogramm der $B(100; 0{,}7; k)$-Verteilung

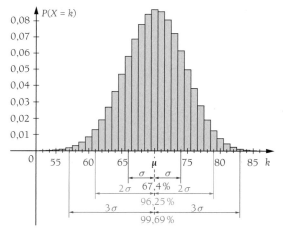

Sigmaregeln:
Ist X eine mit den Parametern n und p binomialverteilte Zufallsvariable mit dem Erwartungswert $\mu = n \cdot p$ und der Standardabweichung $\sigma = \sqrt{n \cdot p \cdot (1-p)}$, dann liegen die Werte für X mit einer Wahrscheinlichkeit von ungefähr
- 68,3 % im Intervall $[\mu - \sigma; \mu + \sigma]$,   • 95,5 % im Intervall $[\mu - 2\sigma; \mu + 2\sigma]$ und
- 99,7 % im Intervall $[\mu - 3\sigma; \mu + 3\sigma]$, wenn die Laplace-Bedingung $\sigma > 3$ gilt.

Wir haben gesehen: Bei einer Binomialverteilung liegen fast alle Werte im Intervall $[\mu - 3\sigma; \mu + 3\sigma]$.
Die in den Sigmaregeln angegebenen Wahrscheinlichkeiten sind allerdings nur ungefähre Angaben. Sie sind umso genauer, je größer die Länge n der Bernoulli-Kette ist.
Anwenden sollten wir sie aber nur, falls die sogenannte **Laplace-Bedingung** $\sigma = \sqrt{n \cdot p \cdot (1-p)} > 3$ gilt.

Garantieversprechen

Für eine Sorte Saatkartoffeln gibt der Lieferant eine Keimgarantie von 90 %. Berechnen Sie, wie viele Kartoffeln aus einer Stichprobe von 200 Stück mit einer Sicherheit von mindestens 95 % keimen werden.

Gibt X die Anzahl der keimfähigen Kartoffeln an, so liegen die Werte von X in der Regel mit einer Wahrscheinlichkeit von 95,5 % in der 2σ-Umgebung des Erwartungswerts von X.
Die Laplace-Bedingung ist erfüllt: $\sigma > 3$
Man kann mit einer Wahrscheinlichkeit von über 95 % erwarten, dass mindestens 172 und höchstens 188 Kartoffeln keimen werden.

$n = 200; p = 0,9$
$\mu = n \cdot p = 200 \cdot 0,9 = 180$
$\sigma = \sqrt{n \cdot p \cdot (1-p)} = \sqrt{200 \cdot 0,9 \cdot 0,1} \approx 4,24$
$\Rightarrow 2\sigma \approx 8,5$

$|X - \mu| \leq 2\sigma$
$\Leftrightarrow |X - 180| \leq 8,5$
$\Rightarrow \mathbf{172 \leq X \leq 188}$

Eine Zufallsvariable X ist binomialverteilt mit $n = 100$ und $p = 0,3$.
Berechnen Sie die Wahrscheinlichkeit, mit der die Werte für X im Intervall $[\mu - \sigma; \mu + \sigma]$ liegen.
Vergleichen Sie das Ergebnis mit den Aussagen der Sigmaregeln.

Übungen zu 3.5.2

1. Berechnen Sie Erwartungswert, Varianz und Standardabweichung der Binomialverteilungen.

a) $n = 50, p = 0,2$

b) $n = 26, p = \frac{5}{6}$

2. Ein Großhändler kauft 4 200 Waagen. Erfahrungsgemäß geben 2 % der Waagen etwas zu ungenaue Ergebnisse an.
Berechnen Sie, wie viele ungenau arbeitende Waagen der Händler erwarten muss.

3. Nach einigen Schätzungen haben ungefähr 2 % der Haushalte in Deutschland ein Fernsehgerät, ohne Rundfunk- und Fernsehgebühren zu bezahlen. Die Gebühren-Einzugs-Zentrale (GEZ) kontrolliert die Haushalte.
Untersuchen Sie, wie viele Haushalte mindestens von der GEZ kontrolliert werden müssten, um mit einer Wahrscheinlichkeit von mehr als 99,7 % mindestens einen Haushalt zu finden, der keine Gebühren bezahlt.

4. Ein Hersteller von hochwertigen Smartphones und Tablets erhält von seinem Zulieferer die Garantie, dass 98 % der gelieferten Chips völlig fehlerlos funktionieren. Der Hersteller überprüft eine Stichprobe von 1 000 Stück.

a) Berechnen Sie, wie viele Chips einwandfrei funktionieren müssen, wenn der Produzent für seinen Test die erste Sigmaregel zu Grunde legt.

b) Bei der Prüfung einer Charge funktionieren 970 Chips einwandfrei, bei einer anderen Charge 978. Interpretieren Sie diese Ergebnisse aus der Sicht des Produzenten.

Übungen zu 3.5

1. Beschreiben Sie die folgenden Wahrscheinlichkeiten in Worten. Notieren und berechnen Sie sie auch mithilfe der Bernoulli-Formel.
   a) $P(X = 3)$ mit $n = 5$ und $p = 0,4$
   b) $P(X \leq 2)$ mit $n = 5$ und $p = 0,7$
   c) $P(X \geq 9)$ mit $n = 10$ und $p = 0,45$
   d) $P(2 < X \leq 7)$ mit $n = 11$ und $p = 0,3$

2. Aus einer Urne mit 4 roten, 4 gelben und 5 grünen Kugeln wird viermal eine Kugel gezogen und wieder zurückgelegt.
   Ermitteln Sie die Wahrscheinlichkeit,
   a) genau 2 grüne Kugeln zu ziehen;
   b) höchstens 2 gelbe Kugeln zu ziehen;
   c) mindestens 2 rote Kugeln zu ziehen;
   d) mehr als eine grüne Kugel zu ziehen;
   e) zwischen 1 und 4 rote Kugeln zu ziehen;
   f) weniger als 4 gelbe Kugeln zu ziehen;
   g) genau 4 rote Kugeln zu ziehen.

3. Bei einer Qualitätskontrolle von LED-Lampen werden täglich 20 Lampen der Produktion entnommen. Man weiß aus Erfahrung, dass 5 % der Produkte Mängel aufweisen. Ermitteln Sie die Wahrscheinlichkeit, dass
   a) 2 (3, 4, 5) der entnommenen Lampen fehlerhaft sind.
   b) höchstens 2 (3, 4, 5) der entnommenen Lampen fehlerhaft sind.

4. Zur Vorbereitung einer Mathematikklausur wird ein Multiple-Choice-Test mit 20 Aufgaben durchgeführt. Jede Aufgabe verfügt über 4 Antwortmöglichkeiten, von denen nur eine richtig ist. Ermitteln Sie die Wahrscheinlichkeit, mit der ein völlig unvorbereiteter Schüler durch bloßes Raten folgende Anzahl von Aufgaben richtig beantwortet.
   a) genau 5 Aufgaben
   b) weniger als 7 Aufgaben
   c) mindestens 3 Aufgaben
   d) mehr als 2 und höchstens 8 Aufgaben
   e) zwischen 4 und 7 Aufgaben

5. Die Firma Procom liefert ihre Hightech-Artikel an 15 Einzelhandelsgeschäfte. Erfahrungsgemäß muss die Firma in 4 % aller Fälle die Zahlungen anmahnen.
   Ermitteln Sie die Wahrscheinlichkeit, dass
   a) alle 15 Geschäfte rechtzeitig zahlen.
   b) genau 10 Geschäfte gemahnt werden müssen.
   c) nur 2 Geschäfte gemahnt werden müssen.
   d) höchstens 5 Geschäfte gemahnt werden müssen.
   e) mindestens 12 Geschäfte rechtzeitig zahlen.

6. In einer Telefonauskunft sitzen 20 Kundenbetreuer. Erfahrungsgemäß rufen 100 Kunden pro Stunde unabhängig voneinander an und telefonieren im Schnitt 6 Minuten.
   Berechnen Sie die Wahrscheinlichkeit, mit der jeder Anrufer eine Beratung ohne Wartezeit bekommt.

7. In einem Großraumbüro arbeiten 20 Kollegen. Es stehen zwei Laserdrucker für alle zur Verfügung. In letzter Zeit wird vermehrt der Wunsch nach einem weiteren Gerät geäußert, um nicht zu lang an einem Gerät anstehen zu müssen.
   Erfahrungsgemäß beansprucht jeder Kollege *einen* Drucker für ca. sechs Minuten pro Stunde ($= 60$ Minuten).

   Beraten Sie die Geschäftsführung, inwieweit die Anschaffung weiterer Geräte sinnvoll ist. Nutzen Sie hierfür als Grundlage eine Exceltabelle.

   a) Wählen Sie als binomialverteilte Zufallsvariable X, die „zählt", wie viele Personen zu einem Zeitpunkt auf den Drucker zugreifen. Berechnen Sie die Wahrscheinlichkeiten, dass nur zwei bzw. drei Druckvorgänge zu diesem Zeitpunkt stattfinden.
   b) Bestimmen Sie die Anzahl der Kopiergeräte, sodass diese mit einer Wahrscheinlichkeit von 95 % ausreichen, ohne dass jemand anstehen muss.

Ich kann ...

... **Bernoulli-Experimente** und **Bernoulli-Ketten** erkennen. ▶ Test-Aufgabe 1	Würfeln mit dem Ziel, eine 6 zu erhalten. Treffer: „6 gewürfelt" Niete: „keine 6 gewürfelt" Trefferwahrscheinlichkeit $p = \frac{1}{6}$ Wahrscheinlichkeit der Niete: $q = \frac{5}{6}$ Beim 10-maligen Würfeln ist $n = 10$.	**Bernoulli-Experiment:** Es treten nur genau zwei Ergebnisse auf: „Treffer" oder „Niete" **Bernoulli-Kette:** n-mal durchgeführtes Bernoulli-Experiment mit gleichbleibender Trefferwahrscheinlichkeit p
... die **Bernoulli-Formel** anwenden. ▶ Test-Aufgabe 1	Wahrscheinlichkeit, beim 10-maligen Würfeln *genau* 3-mal eine 6 zu würfeln: $P(X=3) = \binom{10}{3} \cdot \left(\frac{1}{6}\right)^3 \cdot \left(\frac{5}{6}\right)^7$ $= B\left(10; \frac{1}{6}; 3\right) \approx 0{,}155$	Bei einer Bernoulli-Kette der Länge n mit der Trefferwahrscheinlichkeit p gilt für die Wahrscheinlichkeit, genau k Treffer zu erzielen: **Bernoulli-Formel:** $P(X=k) = \binom{n}{k} \cdot p^k \cdot (1-p)^{n-k}$ ▶ $k = 1, \ldots, n$ $= B(n; p; k)$
... **Wahrscheinlichkeiten** *bei* der **Binomialverteilung** berechnen oder mit Hilfsmitteln bestimmen. ▶ Test-Aufgaben 1, 3, 4	Wahrscheinlichkeit, beim 10-maligen Würfeln *höchstens* 3-mal eine 6 zu würfeln: $P(X \leq 3) = F\left(10; \frac{1}{6}; 3\right) \approx 0{,}9303$ ▶ abgelesen aus der Tabelle für summierte Binomialverteilung, Seite 421	**Punktwahrscheinlichkeiten:** Berechnen mit Bernoulli-Formel, ablesen aus den „B-Tabellen" oder mit dem Taschenrechner berechnen **Wahrscheinlichkeiten für summierte Binomialverteilung:** Ablesen aus den „F-Tabellen" oder mit dem Taschenrechner berechnen **Wahrscheinlichkeiten bei Intervallen:** Mithilfe der summierten Binomialverteilung die gesuchten Wahrscheinlichkeiten berechnen ▶ Seite 133
... **Eigenschaften** einer **Binomialverteilung** graphisch darstellen. ▶ Test-Aufgabe 2	10-mal würfeln, *genau* k-mal eine 6 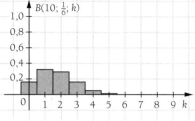	10-mal würfeln, *höchstens* k-mal eine 6 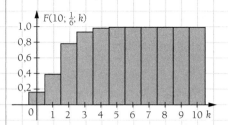
... den **Erwartungswert** $E(X)$ und die **Standardabweichung** $\sigma(X)$ berechnen. ▶ Test-Aufgaben 1, 3, 4	Beim 18-maligen Würfeln „erwarten" wir im Schnitt 3-mal eine 6: $E(X) = n \cdot p = 18 \cdot \frac{1}{6} = 3$ $\sigma(X) = \sqrt{18 \cdot \frac{1}{6} \cdot \frac{5}{6}} \approx 1{,}58$	Erwartungswert und Standardabweichung einer binomialverteilten Zufallsvariablen X mit den Parametern n und p: $E(X) = \mu = n \cdot p$ $\sigma(X) = \sqrt{n \cdot p \cdot (1-p)}$

Test zu 3.5

1. Eine Maschine stellt Werkstücke mit einem Ausschussanteil von 4 % her. Bei laufender Produktion werden 100 Stücke entnommen.

a) Berechnen Sie Erwartungswert, Varianz und Standardabweichung der Zufallsgröße X, die die Anzahl der defekten Stücke zählt.

b) Bestimmen Sie, mit welcher Wahrscheinlichkeit die Anzahl der Ausschussstücke im Intervall $[\mu - \sigma; \mu + \sigma]$ liegt.

c) Ermitteln Sie, wie viele Werkstücke man höchstens entnehmen darf, damit man mit 95 %iger Sicherheit nur brauchbare erhält. Ermitteln Sie auch die höchste Stückanzahl, die sich bei einer Sicherheit von nur 90 % ergibt.

2. Ein Zulieferer für Fahrradzubehör produziert Fahrrad-lampen und verpackt sie in Paketen zu 20 Stück. 10 % der Geräte weisen Defekte auf. Für ein technisches Datenblatt wird das nebenstehende Diagramm ange-fertigt. Es zeigt die summierten Wahrscheinlichkeiten für die Zufallsvariable X, die hier für die Anzahl der defekten Lampen steht.

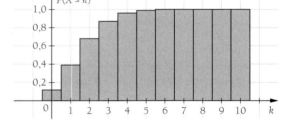

X ist binomialverteilt, für alle k mit $k \geq 10$ beträgt die summierte Wahrscheinlichkeit 1.

Beurteilen Sie folgende Aussagen anhand des Diagramms.

a) Die Wahrscheinlichkeit, dass in einem Paket höchstens zwei Lampen fehlerhaft sind, beträgt ca. 39,5%.

b) Die Wahrscheinlichkeit, dass in einem Paket genau zwei Lampen defekt sind, ist ca. 29%.

c) Die Wahrscheinlichkeit, dass sich in einem Paket zwischen zwei und höchstens sechs defekte Lampen be-finden, liegt bei ca. 60%.

d) Die Wahrscheinlichkeit, dass zwei oder fünf defekte Lampen im Paket sind, ist fast gleich hoch.

e) Die Wahrscheinlichkeit, dass mindestens drei Lampen defekt sind, liegt bei ca. 95%.

3. Die USB-Sticks der Firma PC-(T)Raum weisen in 3 % aller Fälle einen Fehler auf.

a) Berechnen Sie die Wahrscheinlichkeit, dass man in einem Paket mit 20 USB-Sticks mehr als einen fehler-haften Stick findet.

b) Ein Mitarbeiter der Firma sagt, dass er Pakete mit 100 USB-Sticks kontrolliert und immer nur 2 bis 5 feh-lerhafte Sticks gefunden habe. Bewerten Sie seine Aussage.

4. Ein Auto benötigt zum Starten 30 verschiedene technische Vorgänge, die alle unabhängig voneinander mit der gleichen Wahrscheinlichkeit funktionieren. Fällt ein Vorgang aus, startet das Auto nicht. Bestimmen Sie die Wahrscheinlichkeit, mit der jeder Vorgang funktionieren muss, damit das Auto mit einer Wahrschein-lichkeit von mindestens 95 % startet.

4 Variation von Funktionseigenschaften

Viele Objekte und Vorgänge lassen sich durch Funktionen beschreiben: die Form von Bauteilen, Bewegungsvorgänge, Abläufe in Maschinen...
- Inwiefern unterscheiden sich Funktionen mit verschiedenen Funktionsgleichungen?
- Lässt sich entscheiden, welche Anwendungssituation durch eine bestimmte Funktion optimal beschrieben wird?

Bei einem Solarkocher werden die eintreffenden Sonnenstrahlen auf einen Brennpunkt reflektiert. Damit die reflektierende Schüssel die Sonnenstrahlen genau auf einen Punkt lenkt, hat sie die Form einer rotierten Parabel.
- Welche Tiefe weist der Solarkocher auf?
- Der Brennpunkt einer Parabelschüssel liegt im Punkt $B\left(0\left|\frac{1}{4a}\right.\right)$, wobei a der höchste Koeffizient des Funktionsterms ist.
- Wo muss der Topf stehen, um die Wärme der Sonnenstrahlung optimal zu nutzen?

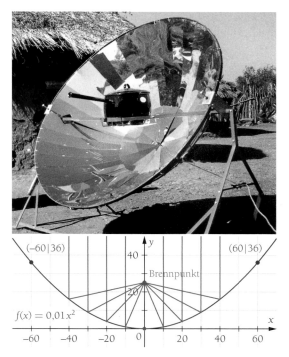

$f(x) = 0{,}01x^2$

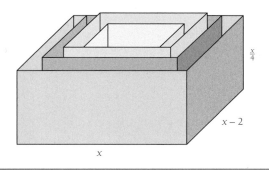

Für Verpackungen werden häufig quaderförmige Schachteln mit ganz unterschiedlichen Außenmaßen produziert. Die Größe und Außenmaße hängen von verschiedenen Faktoren ab.
- Wie lässt sich das Volumen und damit die Füllmenge solcher Schachteln beschreiben?
- Wie lässt sich beschreiben, dass nicht für alle Außenmaße eine quaderförmige Verpackung mit positivem Volumen existiert?

4.1   Lineare Funktionen

4.1.1   Gleichungen und Graphen

Schifffahrt

Ein neues Containerschiff fährt von Asien nach Europa. Es bewegt sich jeden Tag mit einer Durchschnittsgeschwindigkeit von 600 Seemeilen pro Tag (sm/Tag). Eine Seemeile sind 1 852 m.

In Hong Kong wird es zum ersten Mal beladen. Von der Werft bis dahin hat das Schiff bereits 300 sm zurückgelegt. Von Hong Kong aus erreicht das Schiff nach acht Tagen den Suezkanal.
Berechnen Sie die bis dahin gefahrenen Seemeilen.

Das Schiff fährt mit einer Durchschnittsgeschwindigkeit von 600 sm/Tag. Jeden Tag legt es also 600 sm zurück. In Hong Kong sind bereits 300 sm gefahren. Nach einem Tag hat das Schiff 900 sm, nach 2 Tagen 1 500 sm, nach 3 Tagen 2 100 sm usw. zurückgelegt.

Wir stellen den Fahrtverlauf graphisch dar:
Auf der waagerechten Achse wird die Zeit t in Tagen eingetragen und auf der senkrechten Achse die vom Schiff zurückgelegte Strecke s in Seemeilen.

Aus der Wertetabelle lesen wir die Punkte des Graphen ab und tragen sie im Koordinatensystem ein. Wir verbinden alle Punkte durch eine Gerade.

Nach 8 Tagen erreicht das Schiff den Suezkanal. Im Koordinatensystem können wir ablesen, dass das Schiff bis dahin etwas mehr als 5 000 sm gefahren ist. Ganz genau kann man den Wert in der Abbildung nicht ablesen.

Um den Wert exakt zu berechnen stellen wir die Funktionsgleichung auf:
Das Schiff fährt 600 sm am Tag und beginnt die Fahrt bei 300 sm. Die Anzahl der Tage wird mit der Variablen t bezeichnet.

$$s(t) = 600 \cdot t + 300$$

Setzen wir für t den Wert 8 ein, so erhalten wir als Funktionswert $s(8)$ den Wert 5 100. Der Punkt lautet also exakt $Q(8 \mid 5\,100)$.
Das Schiff erreicht den Suezkanal nach 5 100 sm.

Zeit t in Tagen	0	1	2	3
Strecke $s(t)$ in sm	300	900	1 500	2 100

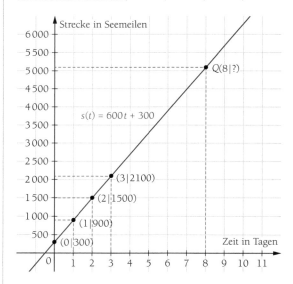

$t = 0 \Rightarrow \quad s(0) = 600 \cdot 0 + 300 = 300$

$t = 1 \Rightarrow \quad s(1) = 600 \cdot 1 + 300 = 900$

$t = 2 \Rightarrow \quad s(2) = 600 \cdot 2 + 300 = 1\,500$

Allgemein: $s(t) = 600 \cdot t + 300$

$t = 8 \Rightarrow \quad s(8) = 600 \cdot 8 + 300 = 5\,100$

Die allgemeine Funktionsgleichung einer **linearen Funktion** ist $f(x) = mx + b$ mit $m; b \in \mathbb{R}$. Der Graph einer linearen Funktion ist eine **Gerade**.

Bedeutung von b:

Der y-Achsenabschnitt b lässt sich an der y-Achse ablesen. Es ist genau die y-Koordinate des y-Achsenschnittpunktes $S_y(0 \,|\, b)$.

f	$b = 1{,}5$	$S_y(0 \,|\, 1{,}5)$
g	$b = -1$	$S_y(0 \,|\, -1)$
h	$b = 0$	$S_y(0 \,|\, 0)$

Eine Gerade, die wie der Graph von h den y-Achsenabschnitt $b = 0$ hat, heißt **Ursprungsgerade**. Sie verläuft durch den Koordinatenursprung.

Bedeutung von m:

m gibt die Zunahme bzw. Abnahme pro Einheit und damit die **Steigung** der Funktion an.
Die Gerade steigt für $m > 0$, fällt für $m < 0$ und ist parallel zur x-Achse für $m = 0$.

Den Wert von m ermitteln wir durch ein **Steigungsdreieck**. Für eine Einheit in x-Richtung verändert sich der Funktionswert um den Wert von m. Für mehrere Einheiten in x-Richtung ändert sich auch der Funktionswert entsprechend um das Mehrfache von m. Das Verhältnis der Seitenlängen eines Steigungsdreiecks ist immer gleich.

$$m = \frac{\text{Veränderung in } y\text{-Richtung}}{\text{Veränderung in } x\text{-Richtung}} = \frac{\Delta y}{\Delta x}$$

▶ Δ ist der griechische Buchstabe Delta und steht für die Veränderung einer Größe.

Gehen wir eine Einheit in x-Richtung, steigt die Gerade zu f um den Wert $m = 2$. Für zwei Einheiten in x-Richtung steigt die Gerade zu f um vier Einheiten. Der Wert für m bleibt gleich. Die Gerade zu h fällt für eine Einheit in x-Richtung um 1. Die Steigung ist negativ: $m = -1$. Die Gerade zu g ist parallel zur x-Achse, hat also die Steigung $m = 0$. Solch eine Funktion heißt **konstante Funktion**.

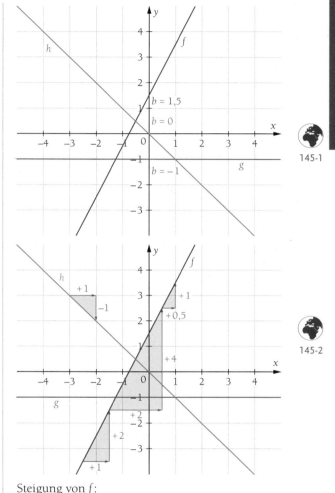

145-1

145-2

Steigung von f:
$$m = \frac{2}{1} = 2, \quad m = \frac{4}{2} = 2, \quad m = \frac{1}{0{,}5} = 2$$

Das Verhältnis der Seiten eines Steigungsdreiecks ist immer gleich.

Die Funktionsgleichungen zu den Geraden in den obigen Abbildungen lauten:

$f(x) = 2x + 1{,}5$ ▶ Die Steigung $m = 2$ und der y-Achsenabschnitt $b = 1{,}5$ werden in die allgemeine Funktionsgleichung $f(x) = mx + b$ eingesetzt. Das x bleibt stehen.

$g(x) = -1$ ▶ Die Steigung ist $m = 0$ und $0x$ wird nicht aufgeschrieben.

$h(x) = -x$ ▶ Die Steigung ist $m = -1$. Statt $-1x$ schreiben wir $-x$. Der y-Achsenabschnitt ist $b = 0$ und wird nicht aufgeschrieben.

Eine **lineare Funktion** f mit $f(x) = mx + b$ hat als Graph eine (nicht senkrechte) Gerade.
- b gibt den **y-Achsenabschnitt** an. Im Punkt $S_y(0|b)$ schneidet die Gerade die y-Achse.
- m gibt die **Steigung** der Geraden an.
  Für $m > 0$ steigt die Gerade. Für $m < 0$ fällt die Gerade. Für $m = 0$ ist die Gerade parallel zur x-Achse.
- Die Steigung wird als Verhältnis der Seiten eines Steigungsdreiecks berechnet: $m = \frac{\Delta y}{\Delta x}$

1. Bestimmen Sie die Funktionsgleichungen von f, g, h und i anhand der Zeichnung.

2. Geben Sie sowohl die Steigung m als auch den y-Achsenschnittpunkt S_y der linearen Funktionen an. Entscheiden Sie, ob die zugehörige Gerade steigt oder fällt.

   a) $f(x) = -2x + 5$ d) $f(x) = 2{,}5 - x$
   b) $f(x) = 0{,}75x - 1$ e) $f(x) = 0{,}5x$
   c) $f(x) = -16$ f) $f(x) = -120x$

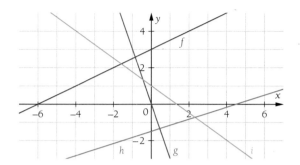

2 Zeichnen des Graphen einer linearen Funktion

Zeichnen Sie den Graphen der Funktion f, die durch den Punkt $P(-1|2)$ verläuft und die Steigung $m = \frac{2}{3}$ hat.
Zeichnen Sie den Graphen von g mit $g(x) = -0{,}5x + 1$.

Wir zeichnen die Gerade zu f, indem wir den gegebenen Punkt P einzeichnen. Der Wert $m = \frac{2}{3}$ besagt, dass wir 3 Einheiten in x-Richtung und 2 Einheiten in y-Richtung gehen. Wir zeichnen das Steigungsdreieck ausgehend von P. So erreichen wir einen weiteren Punkt des Graphen von f. Eine Gerade ist durch zwei Punkte eindeutig festgelegt. Also können wir die beiden Punkte zur gesuchten Geraden verbinden.

Ist die Funktionsgleichung gegeben, so können wir den „Ausgangspunkt" ablesen. Aus der Funktionsgleichung $g(x) = -0{,}5x + 1$ lesen wir $b = 1$ ab und erhalten den y-Achsenschnittpunkt $S_y(1|0)$. Für das Steigungsdreieck gehen wir eine Einheit in x-Richtung und 0,5 in y-Richtung nach unten: $m = -0{,}5$.

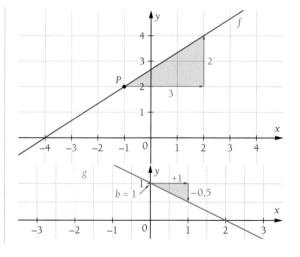

Die Gerade zu einer linearen Funktion zeichnet man,
- indem man zwei Punkte der linearen Funktion verbindet und über die Punkte hinaus weiterzeichnet oder
- indem man von einem Punkt der Geraden aus ein Steigungsdreieck einzeichnet.

Zeichnen Sie den Graphen von f.
a) $f(x) = 3x - 2$ b) $f(x) = 1{,}5x$ c) $f(x) = -2x + 3$ d) $f(x) = -\frac{3}{4}x + \frac{1}{2}$ e) $P(2|3); m = -\frac{3}{4}$

Ist die Funktionsgleichung einer linearen Funktion gesucht, müssen wir je nach Situation unterschiedliche Vorgehensweisen wählen.

Aus einer Zeichnung lesen wir den y-Achsenabschnitt b an der y-Achse ab. Für ein beliebiges Steigungsdreieck bei der gegebenen Geraden berechnen wir die Steigung m als Verhältnis der Seitenlängen des Dreiecks.

▶ Seite 145

Manchmal ist b oder m in der Zeichnung aber nur schwer zu bestimmen. Dann wählen wir zwei deutlich erkennbare Punkte für die Bestimmung der Gleichung aus. Oder es sind nur zwei Punkte der linearen Funktion gegeben und es existiert keine Zeichnung. Wir gehen dann wie folgt vor.

Bestimmen der Funktionsgleichung aus zwei gegebenen Punkten

Bestimmen Sie die Gleichung der linearen Funktion, deren Graph durch $P_1(-2\,|\,2)$ und $P_2(4\,|\,-1)$ verläuft.

Um eine lineare Funktion aus zwei gegebenen Punkten zu bestimmen, berechnen wir zunächst die Steigung m. Diese ergibt sich aus dem Seitenverhältnis eines Steigungsdreieckes zwischen den beiden Punkten:

$$m = \frac{\Delta y}{\Delta x} = \frac{y_2 - y_1}{x_2 - x_1}$$

Δx ist dabei der Abstand der x-Werte und lässt sich als deren Differenz $\Delta x = x_2 - x_1$ berechnen. Δy ist der Abstand der y-Werte und lässt sich als Differenz $\Delta y = y_2 - y_1$ berechnen.

Um den y-Achsenabschnitt b zu berechnen, nutzen wir die allgemeine Funktionsgleichung. Hier setzen wir die berechnete Steigung m sowie den x-Wert und den y-Wert eines Punktes der Geraden ein. Die entstandene lineare Gleichung stellen wir nach b um.

Im letzten Schritt werden die berechneten Werte für m und b in die allgemeine Funktionsgleichung von f eingesetzt.

Berechnung der Steigung m:

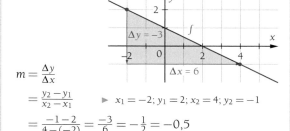

$$m = \frac{\Delta y}{\Delta x}$$

$$= \frac{y_2 - y_1}{x_2 - x_1} \qquad ▶ \ x_1 = -2;\ y_1 = 2;\ x_2 = 4;\ y_2 = -1$$

$$= \frac{-1 - 2}{4 - (-2)} = \frac{-3}{6} = -\frac{1}{2} = -0{,}5$$

Berechnung des y-Achsenabschnitts b:

$y = f(x) = mx + b$

$\Leftrightarrow \ -1 = -0{,}5 \cdot 4 + b \qquad ▶ \ m = -0{,}5;\ Q(4\,|\,-1)$

$\Leftrightarrow \ -1 = -2 + b \qquad\qquad |+2$

$\Leftrightarrow \ \ \ 1 = b$

Einsetzen in allgemeine Funktionsgleichung:

$f(x) = mx + b \qquad ▶ \ m = -0{,}5;\ b = 1$

$f(x) = -0{,}5x + 1$

Rechnerische Bestimmung der Funktionsgleichung bei zwei gegebenen Punkten:

- Man bestimmt m durch Einsetzen der Koordinaten der beiden Punkte in die Steigungsformel:

$$m = \frac{\Delta y}{\Delta x} = \frac{y_2 - y_1}{x_2 - x_1}$$

- Man bestimmt b durch Einsetzen der berechneten Steigung und der Koordinaten eines der beiden Punkte in die allgemeine Funktionsgleichung $f(x) = mx + b$.

Berechnen Sie die Funktionsgleichung der durch zwei Punkte gegebenen linearen Funktion.

a) $A(4\,|\,3);\ B(5\,|\,2)$ c) $P(-0{,}75\,|\,-1{,}25);\ Q(0{,}5\,|\,2{,}5)$ e) $T(0\,|\,2);\ U(1\,|\,3)$

b) $C(-3\,|\,8);\ D(2\,|\,-4)$ d) $R(-5\,|\,5);\ S(10\,|\,1)$

4   Bestimmen der Funktionsgleichung anhand eines Punktes und der Steigung

Bestimmen Sie die Funktionsgleichung der linearen Funktion f aus Beispiel 2 (▶ Seite 146).
Sie verläuft durch den Punkt $P(-1|2)$ und hat die Steigung $m = \frac{2}{3}$.

Zunächst bestimmen wir den y-Achsenabschnitt b. Wir setzen die Steigung sowie die x- und die y-Koordinate von P in die allgemeine Funktionsgleichung ein. Dann berechnen wir den y-Achsenabschnitt b und stellen die Funktionsgleichung auf.

$$f(x) = mx + b$$
$$\Leftrightarrow \quad 2 = \frac{2}{3} \cdot (-1) + b$$
$$\Leftrightarrow \quad 2 = -\frac{2}{3} + b$$
$$\Leftrightarrow \quad b = \frac{8}{3} \quad \Rightarrow \quad f(x) = \frac{2}{3}x + \frac{8}{3}$$

148-1

Bestimmung der Funktionsgleichung bei gegebener Steigung m und einem Punkt des Graphen:
Man bestimmt b durch Einsetzen der gegebenen Steigung und der Koordinaten des gegebenen Punktes in die allgemeine Funktionsgleichung $f(x) = mx + b$.

Berechnen Sie die Funktionsgleichung der durch Steigung und Punkt gegebenen linearen Funktion.
   a) $m = 3$; $P(4|5)$ b) $m = -2$; $P(0,5|4)$ c) $m = 0$; $P(4|17)$ d) $m = 4$; $P(0|9)$

Übungen zu 4.1.1

1. Geben Sie die Steigung und den y-Achsenabschnitt der linearen Funktionen an.
   a) $f(x) = 3x$
   b) $f(x) = \frac{3}{2}x - 1$
   c) $f(x) = -\frac{4}{3}x + \frac{5}{2}$
   d) $f(x) = 4$
   e) $f(x) = -\frac{1}{2}x$
   f) $f(x) = \frac{1}{5}x + 2$
   g) $f(x) = \frac{3}{4}x - 3$
   h) $f(x) = 1,5x + 0,5$

2. Bestimmen Sie die Funktionsgleichung der wie folgt gegebenen linearen Funktion.
   a) Die Gerade steigt um ein Drittel pro Einheit auf der x-Achse und geht durch den Punkt $P(-3|-4)$.
   b) Die Gerade fällt um drei Viertel pro Einheit auf der x-Achse und geht durch den Punkt $Q(1|0,5)$.

3. Zeichnen Sie die Graphen der Funktionen aus Aufgabe 2 in ein Koordinatensystem.

4. Ein Tankschiff fährt mit einer Durchschnittsgeschwindigkeit von 400 sm pro Tag.
   a) Geben Sie die Funktionsgleichung von f an, die die Fahrt des Tankers beschreibt.
   b) Stellen Sie eine Wertetabelle auf und zeichnen Sie die zugehörige Gerade.
   c) Rotterdam passiert das Schiff nach 18 Stunden. Wie viele Seemeilen hat es bereits zurückgelegt?

5. Geben Sie die Funktionsgleichungen zu den abgebildeten Geraden an.

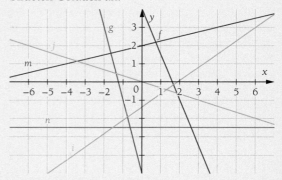

6. Bestimmen Sie die Gleichung zu der Geraden, die durch P geht und die Steigung m hat.
   a) $P(2|5)$; $m = 3$
   b) $P(-3|1)$; $m = -1$
   c) $P(4|-2)$; $m = 0$
   d) $P(1,5|0,5)$; $m = -4$

7. Bestimmen Sie jeweils die Gleichung zu der Geraden, die durch P und Q geht.
   a) $P(5|2)$; $Q(3|1)$
   b) $P(3,5|0)$; $Q(7|2)$
   c) $P(2|4)$; $Q(0|6)$
   d) $P(-1,5|0)$; $Q(1,5|-6)$
   e) $P(-1|3)$; $Q(1|3))$
   f) $P(3|1)$; $Q(3|0)$

4.1.2 Nullstellen und Schnittpunkte

Bestimmen der Nullstelle

Das Containerschiff aus Beispiel 1 „Schifffahrt" hat in Hong Kong vollgetankt (▶ Seite 144).
Der Tank fasst 14 500 Tonnen Schweröl mit einer Dichte von $1{,}010\,\frac{kg}{\ell}$.
Bestimmen Sie, nach wie vielen Tagen der Tank leer ist, wenn das Schiff $14\,200\,\frac{\ell}{h}$ verbraucht.

Der Tankinhalt lässt sich durch eine lineare Funktion beschreiben:
Zu Beginn der Fahrt enthält der Tank 14 500 Tonnen Schweröl. Dies entspricht dem y-Achsenabschnitt. Die Steigung berechnet sich aus Dichte und Verbrauch:

$$1{,}010\,\tfrac{kg}{\ell}\cdot 14\,200\,\tfrac{\ell}{h}=14\,342\,\tfrac{kg}{h}$$

$1\,t = 1\,000\,kg$, also $14\,342\,\frac{kg}{h}=14{,}342\,\frac{t}{h}$

Je länger das Schiff fährt, desto geringer wird der Tankinhalt. Die Gerade fällt.

$$f(t)=-14{,}342\,t+14\,500$$

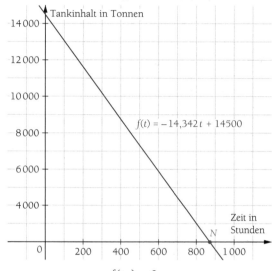

$$f(t)=-14{,}342\,t+14\,500$$

Der Graph von f schneidet die x-Achse im Punkt $N(t_N\,|\,0)$. t_N beschreibt die Zeit in Stunden, die vergeht, bis der Tank leer ist. Der Funktionswert $f(t_N)$ ist null. Setzen wir $f(t_N)=0$, so können wir t_N berechnen.
Das Containerschiff muss also nach 42 Tagen erneut tanken.

$$
\begin{aligned}
& f(t_N)=0 \\
\Leftrightarrow\; & -14{,}342\,t_N+14\,500=0 &&|+14{,}342\,t_N \\
\Leftrightarrow\; & 14{,}342\,t_N=14\,500 &&|:14{,}342 \\
\Leftrightarrow\; & t_N=1011
\end{aligned}
$$

Dies entspricht 42,125 Tagen.
▶ $1011\,h:24\,h=42{,}125$

Allgemein wird x_N **Nullstelle** von f genannt. Der Punkt $N(x_N\,|\,0)$ heißt **x-Achsenschnittpunkt** des Graphen.

- Die Werte x_N der Definitionsmenge, für die eine Funktion f den Wert Null annimmt, heißen **Nullstellen** der Funktion.
- Die zugehörigen Punkte $N(x_N\,|\,0)$ sind die x-Achsenschnittpunkte des Graphen.
- Zur Bestimmung der Nullstellen wird die Gleichung $f(x_N)=0$ nach x_N aufgelöst.

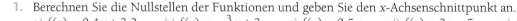

1. Berechnen Sie die Nullstellen der Funktionen und geben Sie den x-Achsenschnittpunkt an.
   a) $f(x)=0{,}4x+3{,}2$　　b) $f(x)=-\tfrac{3}{4}x+3$　　c) $f(x)=0{,}5x$　　d) $f(x)=3x-5$　　e) $f(x)=4$

2. Ein Planschbecken ist mit 455 Litern Wasser gefüllt und soll geleert werden. Pro Minute laufen 35 Liter ab. Berechnen Sie, wie lange es dauert, bis das Becken leer ist. Stellen Sie zunächst eine Funktionsgleichung auf, die den Ablaufvorgang darstellt.

3. Bestimmen Sie jeweils die Gleichung der linearen Funktion mit folgenden Eigenschaften.
   a) Nullstelle 2; y-Achsenabschnitt 11　　　　b) Nullstelle 5; Steigung $-0{,}5$

6   Schnittpunkt zweier Geraden

Ein Radfahrer benötigt für eine 60 km lange Strecke drei Stunden. Eine dreiviertel Stunde später fährt eine Radsportlerin vom gleichen Startpunkt ab. Sie absolviert die gleiche Strecke mit einer Durchschnittsgeschwindigkeit von $30\,\frac{km}{h}$. Bestimmen Sie, wann und in welcher Entfernung vom Startpunkt die Radsportlerin den Radfahrer einholt.

Wir stellen für den Radfahrer die Funktion f und für die Radsportlerin die Funktion g auf. Beide Funktionen beschreiben die gefahrene Strecke (in km) in Abhängigkeit von der Zeit t (in h).

Der Radfahrer benötigt 3 Stunden für 60 km. Seine Durchschnittsgeschwindigkeit ist $v = \frac{60\,km}{3\,h} = 20\,\frac{km}{h}$. Dies ist die Steigung m der Geraden. Da er zum Anfangszeitpunkt noch keinen Kilometer gefahren ist, ist der y-Achsenabschnitt $b = 0$.

Radfahrer:
$f(t) = 20t$

Die Radsportlerin fährt $\frac{3}{4}$ Stunden später los als der Radfahrer. Zu diesem Zeitpunkt hat sie null Kilometer zurückgelegt. Dies entspricht dem Punkt $\left(\frac{3}{4}\,\middle|\,0\right)$, der auf dem Graphen von g liegt. Bei einer Durchschnittsgeschwindigkeit von $30\,\frac{km}{h}$ lässt sich der y-Achsenabschnitt durch Einsetzen in die Funktionsgleichung berechnen.

Radfahrerin:
$$g(t) = 30t + b$$
$$0 = 30 \cdot \tfrac{3}{4} + b$$
$$\Leftrightarrow 0 = 22{,}5 + b$$
$$\Leftrightarrow b = -22{,}5$$
$$\Rightarrow g(t) = 30t - 22{,}5$$

Zeichnen wir beide Geraden, so kann man den Schnittpunkt nur ungefähr ablesen.
Gesucht ist der Zeitpunkt t_S, an dem beide Radfahrer die gleiche Strecke zurückgelegt haben. Dann gilt: $f(t_S) = g(t_S)$.

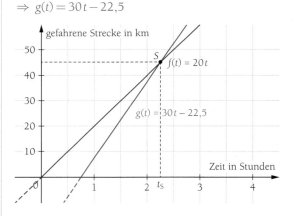

Wir setzen beide Funktionsterme gleich und lösen nach t_S auf. Wir erhalten den Zeitpunkt des Zusammentreffens: Nach 2,25 Stunden treffen sich die beiden Radfahrer.

$$f(t_S) = g(t_S)$$
$$\Leftrightarrow \quad 20t_S = 30t_S - 22{,}5 \quad |-30t_S$$
$$\Leftrightarrow -10t_S = -22{,}5 \quad\quad |:(-10)$$
$$\Leftrightarrow \quad\quad t_S = 2{,}25$$

Die gefahrene Strecke erhalten wir durch Einsetzen der berechneten Zeit in eine der beiden Funktionsgleichungen.

$f(2{,}25) = 20 \cdot 2{,}25 = 45$
Schnittpunkt $\mathbf{S(2{,}25\,|\,45)}$

Die Radsportlerin überholt den Radfahrer nach 2 Stunden und 15 Minuten. Beide sind dann 45 km gefahren.

 Berechnung des Schnittpunktes $S(x_S\,|\,y_S)$ zweier Funktionen:
Die Funktionsterme werden gleichgesetzt: $f(x_S) = g(x_S)$. Die Gleichung wird nach x_S aufgelöst. Anschließend wird x_S in eine der beiden Funktionsgleichungen eingesetzt und y_S berechnet.

Bestimmen des Anstiegswinkels und des Schnittwinkels

(7)

Auf einem Garagendach sind Solarkollektoren aufgestellt. Die Kollektorfläche liegt entlang der Geraden mit $f(x) = -x + 3$. Sonnenstrahlen fallen im Sommer in Deutschland etwa in einem 55°-Winkel auf die Erde. Ideal zur Energieerzeugung ist ein möglichst senkrechtes Auftreffen der Sonnenstrahlen auf den Kollektor. Bestimmen Sie den Schnittwinkel zwischen Kollektorfläche und Sonneneinstrahlung.

Anstiegswinkel:
Die Sonnenstrahlen bilden mit der Erdoberfläche ein rechtwinkliges Steigungsdreieck. Die Steigung und der **Anstiegswinkel** α stehen in einem Zusammenhang, der aus der Trigonometrie stammt:

$$\tan(\alpha) = \frac{\text{Gegenkathete}}{\text{Ankathete}} = \frac{\Delta y}{\Delta x} = m$$

▶ Δy: Gegenkathete (gegenüber Winkel α)
Δx: Ankathete (anliegend am Winkel α)

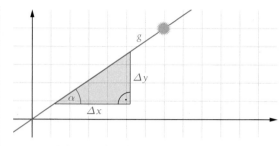

$$m = \tan(\alpha) = \tan(55°) = 1{,}428$$

Die Steigung der Geraden entlang der Sonnenstrahlen berechnen wir aus dem Einfallswinkel von 55°. Die Sonneneinstrahlung lässt sich durch die Gerade mit $g(x) = 1{,}428 \cdot x$ darstellen.

Winkel im Gradmaß, also Taschenrechner auf DEG oder Degree stellen.

Schnittwinkel zwischen Kollektor und Sonnenstrahl:
Der **Schnittwinkel** γ zwischen zwei Geraden ist immer ein Winkel kleiner oder gleich 90°. Er wird aus den Anstiegswinkeln beider Geraden berechnet:

$\gamma = |\alpha - \beta|$ für $|\alpha - \beta| \leq 90°$
$\gamma = 180° - |\alpha - \beta|$ für $|\alpha - \beta| > 90°$

Der Anstiegswinkel des Graphen von g ist $\alpha = 55°$. Der Anstiegswinkel β des Graphen von f ist negativ, da dieser eine negative Steigung hat. Wir berechnen die Größe des Winkels bei gegebener Steigung mithilfe des **Arkustangens** (kurz: arctan).

▶ Auf den meisten Taschenrechnern steht die Taste $\boxed{\tan^{-1}}$ für den Arkustangens.

Wir berechnen die Differenz von α und β. Da diese größer als 90° ist, benutzen wir die zweite Formel, um den Schnittwinkel $\gamma = 80°$ zu berechnen.
Die Sonnenstrahlen treffen also tatsächlich fast senkrecht auf den Kollektor.

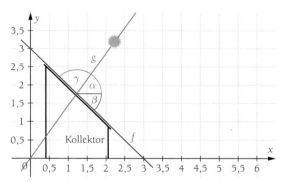

$\beta = \arctan(m) = \arctan(-1) = -45°$ ▶ $m = -1$

$\gamma = 180° - |\alpha - \beta|$ ▶ $|\alpha - \beta| = 100°$
$ = 180° - |55° - (-45°)|$
$ = 180° - 100° = 80°$

- Für den **Anstiegswinkel** α einer Geraden mit der Steigung m gilt $\tan(\alpha) = m$.
  α liegt zwischen 90° (Steigung m positiv) und −90° (Steigung m negativ).
- Der **Schnittwinkel** γ zweier Geraden liegt zwischen 0° und 90° und wird wie folgt berechnet:
  $\gamma = |\alpha - \beta|$ für $|\alpha - \beta| < 90°$ oder $\gamma = 180° - |\alpha - \beta|$ für $|\alpha - \beta| > 90°$ ▶ α, β Steigungswinkel der Geraden

---

Berechnen Sie die Schnittpunkte und Schnittwinkel der zugehörigen Geraden.
a) $f(x) = -3x + 7$ und $g(x) = 2x + 9{,}5$ b) $f(x) = -0{,}25x - 1$ und $g(x) = 0{,}5x - 2$

Übungen zu 4.1.2

1. Untersuchen Sie die Funktionen auf Nullstellen.
   a) $f(x) = -x + 2$
   b) $f(x) = \frac{3}{2}x - 4$
   c) $f(x) = \frac{2}{3}x - \frac{7}{2}$
   d) $f(x) = 2$
   e) $f(x) = x$
   f) $f(x) = 0{,}1x + 1$
   g) $f(x) = -2x - 3x$
   h) $f(x) = 10x + 10$

2. Berechnen Sie die Größe der Anstiegswinkel der Geraden aus Aufgabe 1.

3. Untersuchen Sie die Geraden auf gemeinsame Punkte.
   a) $f(x) = 2x - 3$; $\quad g(x) = -x + 3$
   b) $f(x) = \frac{3}{4}x - \frac{27}{4}$; $\quad g(x) = x - 8$
   c) $f(x) = \frac{3}{4}x + \frac{25}{4}$; $\quad h(x) = 0{,}75x - 2{,}5$
   d) $f(x) = \frac{3}{4}x + \frac{7}{2}$; $\quad h(x) = -\frac{3}{4}x + \frac{13}{2}$

4. Berechnen Sie die Größe der Schnittwinkel der Geraden aus Aufgabe 3.

5. Die drei Geraden mit den Gleichungen $f(x) = 0{,}5x - 2$, $g(x) = -3x - 9$ und $h(x) = -0{,}2x + 2{,}2$ schließen ein Dreieck ein. Bestimmen Sie zeichnerisch und rechnerisch die Eckpunkte und Winkel des Dreiecks.

6. Gegeben ist die **Betragsfunktion** f mit $f(x) = |x|$.

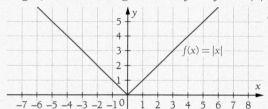

Diese kann als abschnittsweise definierte Funktion aufgefasst werden. Dabei geben wir für die Abschnitte $]-\infty; 0]$ und $]0; \infty[$ jeweils einen zugehörigen Funktionsterm an:

$$f(x) = \begin{cases} x & \text{für } x \in \,]-\infty; 0] \\ -x & \text{für } x \in \,]0; \infty[\end{cases}$$

Zeichnen Sie gegebenenfalls mithilfe einer Wertetabelle den Graphen der Funktion g mit $g(x) = |x - 2| - 4$ und geben Sie die Funktionsgleichung abschnittsweise definiert an.

7. Zwei Motorradfahrer fahren auf derselben Straße von A nach B. Die beiden Orte sind 270 km voneinander entfernt. Fahrer M1 fährt um 9 Uhr ab und hält eine Durchschnittsgeschwindigkeit von $45\,\frac{\text{km}}{\text{h}}$. 75 Minuten später startet Fahrer M2 und fährt durchschnittlich $60\,\frac{\text{km}}{\text{h}}$.
   a) Stellen Sie den Sachverhalt mithilfe zweier Funktionen dar und zeichnen Sie die Graphen.
   b) Berechnen Sie die Ankunftszeiten beider Fahrer.
   c) Zu welchem Zeitpunkt treffen sich die beiden Fahrer? Wie weit sind sie zu diesem Zeitpunkt vom Startpunkt entfernt?

8. Zwei Bergsteigergruppen beschließen, einen 3 500 m hohen Berg zu besteigen. Die Gruppen fahren mit einem Lift bergauf. Die besser trainierte Gruppe steigt in 1 000 m Höhe an der Mittelstation aus, die andere Gruppe fährt bis zur Bergstation in 1 600 m Höhe. Um 10 Uhr beginnen beide Gruppen ihren Aufstieg, wobei die gut trainierte Gruppe einen Höhenunterschied von 600 m pro Stunde, die weniger gut trainierte Gruppe einen Höhenunterschied von 400 m pro Stunde bewältigt.

   a) Stellen Sie die Funktionsgleichungen der einzelnen Höhen in Abhängigkeit von der Zeit für beide Gruppen auf. Zeichnen Sie beide Graphen.
   b) Berechnen Sie die Uhrzeit, zu der beide Gruppen die gleiche Höhe erreicht haben.
   c) Ermitteln Sie den Zeitpunkt des Erreichens der Bergspitze für beide Gruppen.

9. Für die Berechnung des Schnittwinkels γ zwischen zwei Geraden mit den Steigungen m_1 und m_2 gilt folgende Formel: $\tan(\gamma) = \left| \frac{m_1 - m_2}{1 + m_1 m_2} \right|$.
   Berechnen Sie damit die Größe der Schnittwinkel in Aufgabe 3. Vergleichen Sie dieses Rechenverfahren mit dem auf Seite 151 vorgestellten.

Übungen zu 4.1

1. Berechnen Sie die wie folgt gegebenen linearen Funktionsgleichungen:

a) Der Graph der Funktion f verläuft durch die Punkte $P(6\,|\,5)$ und $Q(-2\,|\,-3)$.

b) Der Graph der Funktion g verläuft durch den Punkt $T(1\,|\,2)$ mit einer Steigung von $m = 2$.

c) Die Funktion h ist gegeben durch die Wertetabelle

x	-4	-2	0	2	4
$h(x)$	6,5	5,5	4,5	3,5	2,5

d) Der Graph der Funktion i besitzt den Anstiegswinkel $\alpha = 60°$ und den y-Achsenschnittpunkt $S_y(0\,|\,6)$.

2. Bestimmen Sie die Funktionsgleichungen der linearen Funktionen f und g aus der Zeichnung.

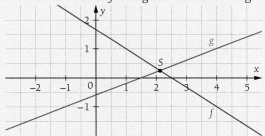

a) Bestimmen Sie die Koordinaten von S rechnerisch.

b) Berechnen Sie den Schnittwinkel von f und g.

3. Bestimmen Sie die Funktionsgleichungen und die Achsenschnittpunkte der linearen Funktionen:

a) Der Graph der Funktion f hat den y-Achsenschnittpunkt $S_y(0\,|\,-9)$ und die Steigung $m = -3$.

b) Der Graph der Funktion g mit $g(x) = 2x + b$ verläuft durch den Punkt $P(4\,|\,1)$.

c) Der Graph der Funktion h mit $h(x) = mx + 10$ verläuft durch den Punkt $Q(2\,|\,4)$.

d) Der Graph der Funktion i schneidet die x-Achse bei 2 mit einer Steigung von 3.

e) Der Graph der Funktion j schneidet die x-Achse bei 4 und die y-Achse bei 3.

4. Machen Sie eine Punktprobe: Prüfen Sie, ob die Punkte jeweils auf der Geraden liegen.

a) $A(5\,|\,3)$, $B(-2\,|\,-2,5)$ bei $f(x) = 0,75x - 1$

b) $P(1,5\,|\,-0,25)$, $Q(-2\,|\,6)$ bei $f(x) = -1,5x + 2$

5. Ein Mobilfunkanbieter bietet den Tarif „TOP 100" an. Dieser kostet monatlich 6,90 € Grundgebühr. Dafür bietet er 100 Freiminuten in alle Netze, 100 SMS sowie unbegrenztes Datenvolumen für mobiles Internet.
Gesprächsminuten und SMS, die über das Paket hinausgehen kosten 12 ct pro Minute bzw. SMS. Dabei werden die Gesprächsminuten sekundengenau abgerechnet.

a) Erstellen Sie jeweils einen Graphen für die monatlich entstandenen Kosten in Abhängigkeit von den Gesprächsminuten (Funktion f) und den gesendeten SMS (Funktion g).

b) Beschreiben Sie unter Verwendung des Begriffes „diskret" (▶ Seite 40), inwiefern sich die Funktionen f und g unterscheiden. Korrigieren Sie ggf. Ihre Zeichnung.

c) Geben Sie für f und g jeweils eine abschnittsweise definierte Funktionsgleichung an.

6. Ein Großhändler bietet Kopierpapier für Firmen an. Ein Paket mit 2500 Blättern DIN-A4-Papier kostet 14,50 €. Bei der Bestellung von mindestens 20 Paketen wird ein Rabatt von 10 % auf den Gesamtpreis gewährt, bei einer Bestellung von mindestens 50 Paketen ein Rabatt von 20 %.
Stellen Sie den Sachverhalt durch eine Funktion dar. Geben Sie den Definitionsbereich sowie eine Funktionsgleichung an.
Zeichnen Sie den Funktionsgraphen.

7. Ein Tanklaster mit Diesel beliefert eine Tankstelle und wird dort vollständig leer gepumpt. Nach 8 Minuten enthält er noch $11,6\,\text{m}^3$ Diesel, nach weiteren 6 Minuten $9,2\,\text{m}^3$ Diesel.

a) Stellen Sie den Sachverhalt in einem Koordinatensystem dar und bestimmen Sie die zugehörige Funktionsgleichung.

b) Berechnen Sie, nach wie vielen Minuten der Tanklaster leer gepumpt ist und wie lange das Leerpumpen dauert.

c) Bestimmen Sie das Fassungsvermögen des Tanklasters in Litern. Schätzen Sie ab, wie viele Autos damit betankt werden können.

8. Finden und korrigieren Sie die Fehler in folgenden Lösungen.

a) Bestimmen Sie die Gleichung der Funktion f mit den Punkten $P(25\,|-16)$ und $Q(-5\,|4)$.

$$m = \frac{25-16}{4=5} = \frac{9}{-1} = -9 \qquad 4 = -9 \cdot -5 + b \quad |+40$$

$$44 = b$$

$$f(x) = -9x + 44$$

b) Berechnen Sie die Nullstelle der Funktion h mit $h(x) = \frac{1}{2}x + 3$.

$$= \frac{1}{2} \cdot 0 + 3 \qquad y = 3 \qquad N(0\,|3)$$

9. Die Herstellungskosten für einen hochwertigen Werkzeugkoffer betragen 100 € pro Stück. Dazu fallen beim Hersteller Fixkosten in Höhe von 20 000 € an.

a) Stellen Sie die Gesamtkosten K_1 durch eine Funktionsgleichung dar. Zeichnen Sie den Graphen.

b) Berechnen Sie die anfallenden Gesamtkosten, wenn 250 Werkzeugkoffer produziert werden.

c) Bestimmen Sie die Stückzahl, die einem Gesamtkostenaufwand von 72 000 € entspricht.

d) Wie viele Geräte müssen produziert werden, wenn die Fixkosten pro Stück 12,50 € beragen sollen?

Beim Vorgängermodell wurden 200 Stück mit einem Kostenaufwand von 39 000 € produziert, während bei der Produktion von 600 Stück Gesamtkosten von 87 000€ anfielen.

e) Geben Sie eine Funktionsgleichung für die Gesamtkosten K_2 an und zeichnen Sie den Graphen in dasselbe Koordinatensystem wie K_1.

f) Von dem Vorgängermodell wurden monatlich 1 000 Stück produziert. Wie hoch muss die Stückzahl bei Umstellung auf das neue Modell sein, wenn die Kosten gleich bleiben sollen?

10. Eisen dehnt sich bei Erwärmung aus und zieht sich bei Abkühlung zusammen. Stahlbrücken besitzen daher zwischen den einzelnen Bauteilen Dehnungsfugen. An einer Brücke haben die Dehnungsfugen bei 5 °C eine Breite von 53 mm und bei 25 °C eine Breite von 38 mm.

a) Stellen Sie die Gleichung einer linearen Funktion auf, die diesen Zusammenhang darstellt.

b) Berechnen Sie, wie breit die Dehnungsfugen im Sommer bei 35 °C und im Winter bei −20 °C sind.

c) Bestimmen Sie, bei welcher Temperatur die Dehnungsfuge eine Breite von 50 mm besitzt.

d) Berechnen Sie die Höchsttemperatur, die bei der Konstruktion der Brücke angenommen wurde. Ist diese Temperatur sinnvoll gewählt?

11. Maria möchte sich nach bestandener Führerscheinprüfung ein Auto kaufen. Sie hat sich im Internet informiert und nach dem Benzinverbrauch erkundigt. Drei Modelle gefallen ihr sehr gut, von denen sie die folgenden Daten ermittelt hat. Maria sucht Hilfe in einem Internetforum.

	Fixkosten im Monat	Variable Kosten je km
Modell A	260 €	0,14 €
Modell B	190 €	0,24 €
Modell C	220 €	0,18 €

Beraten Sie Maria beim Autokauf. Verfassen Sie dazu einen Antwortbeitrag im Forum.

a) Stellen Sie für die drei Automodelle die Funktionsgleichungen der Gesamtkosten auf.

b) Zeichnen Sie die Graphen der drei Kostenfunktionen in ein geeignetes Koordinatensystem.

c) Berechnen Sie, bei welcher Kilometerzahl je zwei Modelle zu gleich hohen Kosten führen.

d) Welches Modell empfehlen Sie Maria, wenn sie je Monat 800 km mit dem Auto fahren wird?

e) Empfehlen Sie Maria für unterschiedliche Kilometerzahlen jeweils das passende Modell. Formulieren Sie Ihre Antwort als Forumsbeitrag.

Ich kann ...

... die **allgemeine Funktionsgleichung** einer linearen Funktion angeben sowie und die Bedeutung von m und b erklären.
▶ Test-Aufgabe 1

$f(x) = -\frac{1}{4}x + 2$
$m = -\frac{1}{4}; b = 2$
$S_y(0|2)$

$f(x) = mx + b$ mit m, b aus $\mathbb{R}$
m: Steigung der Geraden f
b: y-Achsenabschnitt
$S_y(0|b)$: y-Achsenschnittpunkt

... eine Gerade mithilfe des **y-Achsenabschnittes b** und des **Steigungsdreiecks** zeichnen bzw. die Werte aus der Zeichnung ablesen.
▶ Test-Aufgaben 1, 3

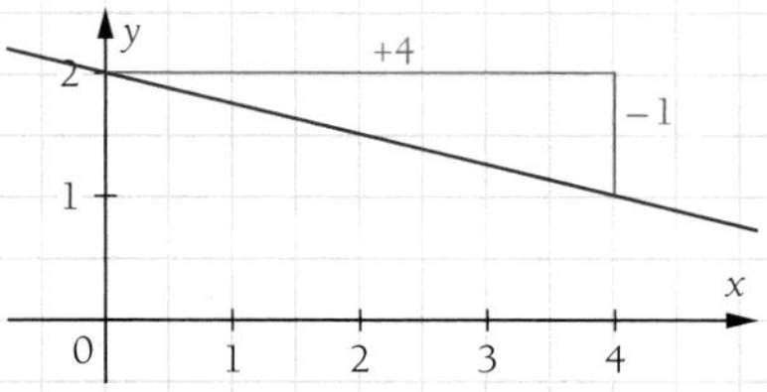

y-Achsenabschnitt b einzeichnen / ablesen
Steigungsdreieck mit $m = \frac{\Delta y}{\Delta x}$ zeichnen / ablesen

... die **Steigung m** mithilfe zweier Punkte bestimmen.
▶ Test-Aufgabe 1

$P_1(0|2); P_2(4|1) \qquad m = \frac{1-2}{4-0} = -\frac{1}{4}$

$P_1(x_1|y_1), P_2(x_2|y_2) \qquad m = \frac{y_2 - y_1}{x_2 - x_1}$

... den **Anstiegswinkel α** einer Geraden bestimmen.
▶ Test-Aufgabe 3

$m = -\frac{1}{4}$
$\Rightarrow \alpha = \arctan\left(-\frac{1}{4}\right) = 14°$

$m = \tan(\alpha)$ nach α auflösen

... die **Funktionsgleichung** mithilfe der Steigung und eines Punktes bestimmen.
▶ Test-Aufgabe 2

$m = 2; P(-1|-3)$
$-3 = 2 \cdot (-1) + b \Rightarrow b = -1$
$f(x) = 2x - 1$

1. m, x- und y-Koordinate in die Funktionsgleichung einsetzen
2. Gleichung nach b auflösen
3. Funktionsgleichung aufschreiben

... die **Nullstelle** berechnen.
▶ Test-Aufgabe 1

$f(x_N) = 0$
$2x_N - 1 = 0$
$x_N = 0,5$

1. $f(x_N) = 0$ setzen
2. Gleichung nach x_N auflösen

... den **Schnittpunkt und -winkel** zweier Geraden berechnen.
▶ Test-Aufgaben 1, 2, 3

$f(x) = -x + 1,5$ und $g(x) = 2x - 3$
$-x_S + 1,5 = 2x_S - 3 \Rightarrow x_S = 1,5$

$f(1,5) = 0 \Rightarrow S(1,5|0)$

$\alpha = -45°, \beta = 63,43°$
$\gamma = 180° - |-45° - 63,43°|$
$\approx 71,57°$

1. $f(x_S) = g(x_S)$ setzen
2. x_S durch Auflösen der Gleichung berechnen
3. y_S durch Einsetzen des Wertes für x_S in $f(x_S)$ oder $g(x_S)$ berechnen
Schnittwinkel: Mit den Anstiegswinkeln der beiden Geraden berechnen:
$\gamma = |\alpha - \beta| \qquad$ für $|\alpha - \beta| \leq 90°$
$\gamma = 180° - |\alpha - \beta|$ für $|\alpha - \beta| > 90°$

4

Test zu 4.1

1.

a) Der Graph der Funktion f verläuft durch die Punkte $P(-19\,|-32)$ und $Q(24\,|\,54)$. Bestimmen Sie rechnerisch die Funktionsgleichung von f.

b) Der Graph der Funktion g ist im Koordinatensystem gezeichnet. Bestimmen Sie nachvollziehbar die Funktionsgleichung von g.

c) Bestimmen Sie zeichnerisch und rechnerisch die Achsenschnittpunkte der Graphen von f und g.

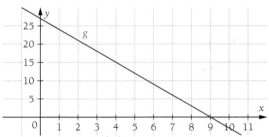

d) Erstellen Sie eine Wertetabelle für die Funktion h mit $h(x) = 4{,}5x - 13{,}5$. Lesen Sie die Achsenschnittpunkte von h aus der Wertetabelle ab.

e) Erklären Sie den Unterschied zwischen einer Nullstelle und dem y-Achsenabschnitt. Geben Sie ein Beispiel an.

2. Tim kauft ein neues Handy und hat die Auswahl zwischen zwei Handytarifen:
Tarif A hat keine Grundgebühr und einen Minutenpreis von 0,28 € für Surfen und Telefonieren.
Tarif B hat eine monatliche Grundgebühr von 9,99 €. Dafür kostet Surfen und Telefonieren nur halb so viel wie bei Tarif A.

a) Stellen Sie beide Tarife als lineare Funktionen dar.

b) Lisa hat sich bereits ein neues Handy gekauft und sich für den Tarif A entschieden. Sie nutzt das Handy etwa eine Stunde pro Woche. Beurteilen Sie Lisas Entscheidung, indem Sie die monatlichen Kosten vergleichen.

c) Tim telefoniert und surft etwa 2 Stunden pro Woche. Empfehlen Sie ihm einen Tarif. Begründen Sie.

d) Berechnen Sie, bei welcher Nutzungsdauer beide Tarife gleich teuer sind.

3. Marco hat einen Schlüsselanhänger entworfen, den er in der Metallwerkstatt fertigen möchte. Folgende Angaben hat er für seine Zeichnung verwendet:
$f(x) = 2{,}5x - 5$ und $g(x) = 9x - 9$.
Um den Schlüsselanhänger herstellen zu können, fehlen ihm Informationen.

a) Bestimmen Sie die Funktionsgleichung der zu f parallelen Geraden p, die durch $A(2\,|\,9)$ verläuft und die gleiche Steigung wie f hat.

b) Bestimmen Sie nachvollziehbar die Funktionsgleichung der Geraden h, die denselben y-Achsenschnittpunkt besitzt wie f, aber im $90\,°$-Winkel zu f verläuft (zur Kontrolle: $m_h = -0{,}4$).

c) Berechnen Sie den Anstiegswinkel α von g.

d) Bestimmen Sie die Eckpunkte des Schlüsselanhängers.

e) Berechnen Sie den Schnittwinkel γ von g mit p.

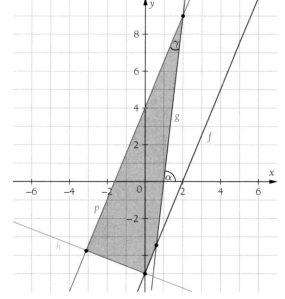

4.2 Quadratische Funktionen

4.2.1 Gleichungen und Graphen

Springbrunnen

In einem Springbrunnen verläuft der Wasserstrahl wie der Graph von f mit $f(x) = -4 \cdot (x - 0{,}5)^2 + 1{,}2$. Zeichnen Sie den Graphen und beschreiben Sie diesen.

Wir erstellen zunächst eine Wertetabelle, indem wir für verschiedene Werte für x die entsprechenden Funktionswerte berechnen.

x	0	0,25	0,5	0,75	1
$f(x)$	0,2	0,95	1,2	0,95	0,2

Mithilfe der Wertetabelle können wir den Graphen von f zeichnen. Dieser hat die Form einer **Parabel** mit dem höchsten Punkt $S(0{,}5 \mid 1{,}2)$. Der tiefste bzw. höchste Punkt einer Parabel heißt **Scheitelpunkt** $S(x_S \mid y_S)$. Die Koordinaten des Scheitelpunkts lassen sich auch in der Funktionsgleichung ablesen:

$$f(x) = -4 \cdot (x - 0{,}5)^2 + 1{,}2$$
$$\downarrow \qquad \downarrow$$
$$x_S = 0{,}5 \qquad y_S = 1{,}2$$

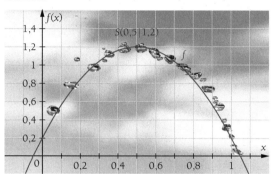

Die Funktionsgleichung der **quadratischen Funktion** liegt in der **Scheitelpunktform** $f(x) = a(x - x_S)^2 + y_S$ vor.

Brückenbogen

Der Stützbogen der Müngstener Brücke kann durch die Parabel f mit $f(x) = -0{,}0094x^2 + 1{,}6x + 39$ beschrieben werden.

Bestimmen Sie den höchsten Punkt der Parabelkonstruktion. Die Spannweite der Brücke beträgt 170 m und die beiden Parabeläste sind gleich lang.

Wir können den Scheitelpunkt nicht direkt in der Funktionsgleichung ablesen, da diese in der **allgemeinen Form** $f(x) = ax^2 + bx + c$ vorliegt. Die x-Koordinate des **Scheitelpunktes** liegt auf halber Spannweite der Brücke bei $x_S = 85\,$m. Mit diesem Wert berechnen wir y_S.

Der Scheitelpunkt ist $S(85 \mid 107)$.

$$y_S = f(85) = -0{,}0094 \cdot 85^2 + 1{,}6 \cdot 85 + 39 = 107$$

Der Graph einer **quadratischen Funktion** heißt **Parabel**.
Der höchste bzw. tiefste Punkt einer Parabel ist der **Scheitelpunkt** $S(x_S \mid y_S)$.
Die Funktionsgleichung einer quadratischen Funktion lässt sich schreiben:

- in **Scheitelpunktform** $f(x) = a(x - x_S)^2 + y_S$ ($a \in \mathbb{R}$, $a \neq 0$).
- in **allgemeiner Form** $f(x) = ax^2 + bx + c$ ($a, b, c \in \mathbb{R}$, $a \neq 0$). a, b und c heißen **Koeffizienten**.

3 Veränderung der Parabelform

Untersuchen Sie die Bedeutung des Koeffizienten a für den Graphen einer quadratischen Funktion.

Wir untersuchen die Bedeutung von a, indem wir der Einfachheit halber $b = 0$ und $c = 0$ setzen. So erhalten wir die Funktionsgleichung $f(x) = ax^2$. Die von a verursachten Änderungen der Parabel erkennen wir so direkt im Koordinatensystem.

$$a = 1: \quad f(x) = x^2$$
$$a = -1: \quad g(x) = -x^2$$
$$a = 5: \quad h(x) = 5x^2$$
$$a = 0{,}2: \quad k(x) = 0{,}2x^2$$
$$a = -2: \quad l(x) = -2x^2$$

Im Fall $f(x) = x^2$ $(a = 1)$ sprechen wir von einer **Normalparabel**. Diese kann auch nach unten geöffnet sein, wie bei g $(a = -1)$. Allgemein gilt:

$a > 0$: Die Parabel ist **nach oben geöffnet**.
$a < 0$: Die Parabel ist **nach unten geöffnet**.

Die Parabel zu h $(a = 5)$ ist schmaler als die Normalparabel. Sie ist **gestreckt**.
Die Parabel zu k $(a = 0{,}2)$ ist breiter als die Normalparabel. Sie ist **gestaucht**.

Gestreckte und gestauchte Parabeln können auch nach unten geöffnet sein. Dann ist a negativ wie bei l $(a = -2)$. Allgemein gilt:

$|a| > 1$: Die Parabel ist **gestreckt**.
$|a| < 1$: Die Parabel ist **gestaucht**.

Da a die Form der Parabel bestimmt, heißt a auch **Formfaktor** oder **Leitkoeffizient**.

x	-3	-2	-1	0	1	2	3
$f(x)$	9	4	1	0	1	4	9
$g(x)$	-9	-4	-1	0	-1	-4	-9
$h(x)$	45	10	5	0	5	10	45
$k(x)$	$1{,}8$	$0{,}8$	$0{,}2$	0	$0{,}2$	$0{,}8$	$1{,}8$
$l(x)$	-18	-8	-2	0	-2	-8	-18

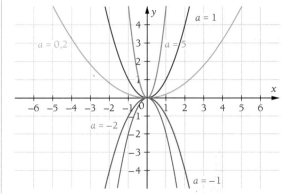

Die Auswirkungen des Formfaktors a haben wir in diesem Beispiel nur für Funktionen vom Typ $f(x) = ax^2$ untersucht. Tatsächlich gelten die Ergebnisse aber für alle quadratischen Funktionen.

Bei einer quadratischen Funktion f mit $f(x) = ax^2 + bx + c$ $(a \neq 0)$ gibt der **Formfaktor** a die Form der Parabel an:

$a > 1$: nach oben geöffnet, gestreckt $a < -1$: nach unten geöffnet, gestreckt
$a = 1$: nach oben geöffnete **Normalparabel** $a = -1$: nach unten geöffnete Normalparabel
$0 < a < 1$: nach oben geöffnet, gestaucht $0 > a > -1$: nach unten geöffnet, gestaucht

1. Lesen Sie die Funktionsgleichung $f(x) = ax^2$ aus der Abbildung ab.

2. Zeichnen Sie die Parabeln in ein Koordinatensystem. Beschreiben Sie die Gestalt der Parabeln abhängig von a und geben Sie a an.
   a) $f(x) = -4x^2$ b) $f(x) = \frac{1}{4}x^2$ c) $f(x) = -1{,}5x^2$
   d) eine nach oben geöffnete, um $\frac{8}{5}$ gestreckte Parabel
   e) eine nach unten geöffnete, um $0{,}1$ gestauchte Parabel

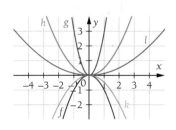

Die Form einer Parabel kann durch den Formfaktor a beschrieben werden. Wie sich die Veränderung der Position einer Parabel im Koordinatensystem auf die Funktionsgleichung auswirkt, wird im Folgenden untersucht. Dabei gehen wir von der quadratischen Funktion f mit $f(x) = x^2$ aus. Graphisch starten wir also bei der Normalparabel.

Verschiebung in x-Richtung

(4)

Erläutern Sie, wie man die Graphen zu $f_1(x) = (x-2)^2$ und $f_2(x) = (x+3)^2$ aus der Normalparabel erhält.

Wir zeichnen die Graphen mithilfe einer Wertetabelle.

Verschiebung nach rechts:
Der Graph zu $f_1(x) = (x-2)^2$ ergibt sich aus der Normalparabel durch Verschiebung um 2 Einheiten **nach rechts**.
Der Scheitelpunkt dieser Parabel ist $S_1(2\,|\,0)$.

▶ rote Parabel

x	-4	-3	-2	-1	0	1	2	3	4
$f(x)$	16	9	4	1	0	1	4	9	16
$f_1(x)$	36	25	16	9	4	1	0	1	4
$f_2(x)$	1	0	1	4	9	16	25	36	49

Verschiebung nach links:
Der Graph zu $f_2(x) = (x+3)^2$ ergibt sich aus der Normalparabel durch Verschiebung um 3 Einheiten **nach links**.
Der Scheitelpunkt dieser Parabel ist $S_2(-3\,|\,0)$.

▶ blaue Parabel

Allgemein: Der Graph der Funktion f mit $f(x) = (x-x_S)^2$ entsteht durch Verschiebung der Normalparabel um x_S Einheiten in Richtung der x-Achse: nach rechts für $x_S > 0$ und nach links für $x_S < 0$.

Verschiebung in y-Richtung

(5)

Erläutern Sie, wie man die Graphen zu $f_3(x) = (x-2)^2 + 1{,}5$ und $f_4(x) = (x+3)^2 - 1$ aus den Graphen von f_1 bzw. f_2 aus Beispiel 4 erhält.

Verschiebung nach oben:
Den Graphen der Funktion mit der Gleichung $f_3(x) = (x-2)^2 + 1{,}5$ erhalten wir, indem wir den Graphen zu $f_1(x) = (x-2)^2$ um 1,5 Einheiten nach oben verschieben.
Der Scheitelpunkt der verschobenen Parabel ist $S_3(2\,|\,1{,}5)$. ▶ grüne Parabel

x	-4	-3	-2	-1	0	1	2	3	4
$f_3(x)$	34,5	23,5	14,5	7,5	5,5	2,5	1,5	2,5	5,5
$f_4(x)$	0	-1	0	3	8	15	24	35	48

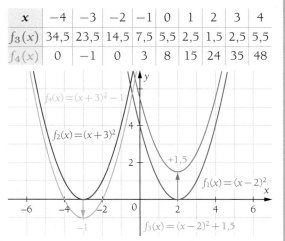

Verschiebung nach unten:
Den Graphen der Funktion mit der Gleichung $f_4(x) = (x+3)^2 - 1$ erhalten wir, indem wir den Graphen zu $f_2(x) = (x+3)^2$ um 1 Einheit nach unten verschieben.
Der Scheitelpunkt der verschobenen Parabel ist $S_4(-3\,|\,-1)$. ▶ orange Parabel

Allgemein: Der Graph der Funktion mit $f(x) = (x-x_S)^2 + y_S$ entsteht durch Verschiebung der Parabel zu $f(x) = (x-x_S)^2$ um y_S Einheiten in Richtung der y-Achse: nach oben für $y_S > 0$ und nach unten für $y_S < 0$.

6 Beliebige Veränderung der Normalparabel

Erläutern Sie, wie man den Graphen der Funktion f_5 mit $f_5(x) = -0{,}5(x+5)^2 + 2{,}5$ aus der Normalparabel erhält.

Die Funktionsgleichung liegt in **Scheitelpunktform** vor:

$$f_5(x) = -0{,}5(x-(-5))^2 + 2{,}5$$

Der Scheitelpunkt ist also $S(-5\,|\,2{,}5)$. Er ist im Vergleich zur Normalparabel um 5 Einheiten nach links und um 2,5 Einheiten nach oben verschoben.

Gehen wir vom Scheitelpunkt aus, so können wir auch den **Formfaktor** a in der Zeichnung erkennen. Für die Normalparabel f liegen die nächsten Punkte vom Scheitelpunkt aus 1 Einheit zur Seite und $1^2 = 1$ Einheit nach oben sowie 2 Einheiten zur Seite und $2^2 = 4$ Einheiten nach oben.

Bei der Parabel f_5 liegen die nächsten Punkte vom Scheitelpunkt aus 1 Einheit zur Seite und $-0{,}5 \cdot 1^2 = -0{,}5$ nach unten sowie 2 Einheiten zur Seite und $-0{,}5 \cdot 2^2 = -2$ Einheiten nach unten.

Die Parabel ist im Vergleich zur Normalparabel gestaucht und nach unten geöffnet.

x	-3	-2	-1	0	1	2	3
$f(x)$	9	4	1	0	1	4	9

x	-8	-7	-6	-5	-4	-3	-2
$f_5(x)$	-2	0,5	2	2,5	2	0,5	-2

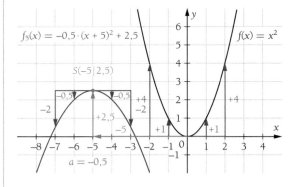

Allgemein: Die Verschiebung einer Parabel kann am Scheitelpunkt abgelesen werden. Die Form einer Parabel hängt vom Formfaktor a ab. Wenn man in einer Zeichnung vom Scheitelpunkt einer Parabel aus 1 Einheit in x-Richtung geht, entspricht der Formfaktor a der Änderung in y-Richtung.

160-1

Zeichnet man den Graphen von f mit $f(x) = a(x-x_S)^2 + y_S$ $(a \neq 0)$, so ist der Scheitelpunkt um x_S in x-Richtung und um y_S in y-Richtung ausgehend vom Ursprung verschoben:

$x_S > 0$: Verschiebung nach rechts $y_S > 0$: Verschiebung nach oben

$x_S < 0$: Verschiebung nach links $y_S < 0$: Verschiebung nach unten

1. Geben Sie den Scheitelpunkt der Parabel an. Beschreiben Sie, wie sich die Parabel von der Normalparabel unterscheidet. Zeichnen Sie die Parabel zur Kontrolle.

   a) $f(x) = -\frac{3}{4}(x-2)^2 + 4$ c) $f(x) = -x^2 + 5$

   b) $f(x) = 3(x+1{,}5)^2 - 3{,}5$ d) $f(x) = \frac{1}{3}(x+1)^2$

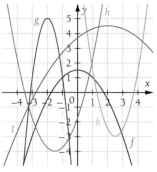

2. Geben Sie die Funktionsgleichung in Scheitelpunktform für die abgebildeten Parabeln an.

3. Geben Sie die Scheitelpunktform der beschriebenen Parabel an.

   a) Die Normalparabel f ist nach unten geöffnet, um 10 Einheiten nach oben und um 20 Einheiten nach links verschoben.

   b) Die nach oben geöffnete Parabel g ist um den Faktor 0,75 gestaucht. Der Scheitelpunkt liegt 7 Einheiten unterhalb und 8 Einheiten rechts vom Koordinatenursprung.

Allgemeine Form und Scheitelpunktform

Zeichnen Sie die Graphen zu $f(x) = 0{,}5(x-3)^2 - 2$ und $f^*(x) = 0{,}5x^2 - 3x + 2{,}5$.
Beschreiben Sie die Vorteile der jeweiligen Formen der Funktionsgleichung.

Die beiden Funktionen f und f^* haben den gleichen Graphen. Die Funktionsgleichungen beschreiben die gleiche Funktion also in verschiedenen Formen.

Aus der Scheitelpunktform $f(x) = 0{,}5(x-3)^2 - 2$ lesen wir den Scheitelpunkt ab: $S(3|-2)$. Die allgemeine Form $f^*(x) = 0{,}5x^2 - 3x + 2{,}5$ hat den Vorteil, dass man den y-Achsenabschnitt direkt ablesen kann: $S_y(0|2{,}5)$.

Der Formfaktor a ist in beiden Gleichungen derselbe: $a = 0{,}5$. Wir können ihn in beiden Formen ablesen und so Aussagen über die Gestalt der Parabel machen. Er hat keinen Einfluss auf den Scheitelpunkt.

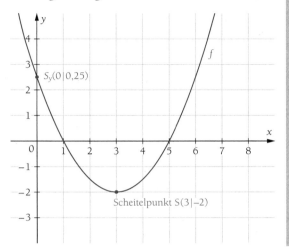

Aus der **Scheitelpunktform** $f(x) = a(x-x_S)^2 + y_S$ kann der Scheitelpunkt $S(x_S|y_S)$ abgelesen werden.
Aus der **allgemeinen Form** $f(x) = ax^2 + bx + c$ kann der y-Achsenabschnitt $S_y(0|c)$ abgelesen werden.
Liegt der Scheitelpunkt auf der y-Achse, so sind Scheitelpunkt und y-Achsenabschnitt identisch.

161-1

Ein Spezialfall der allgemeinen Form ist die **Normalform** $f(x) = x^2 + px + q$. Der Formfaktor ist auf den Wert 1 normiert. Der zugehörige Funktionsgraph ist eine verschobene Normalparabel.

> Die Funktionsgleichung einer quadratischen Funktion f lässt sich folgendermaßen schreiben:
> - **Allgemeine Form**: $f(x) = ax^2 + bx + c$ ▸ y-Achsenabschnitt $S_y(0|c)$
> - Ist $a = 1$, so liegt eine Spezialform vor, die **Normalform**: $f(x) = x^2 + px + q$.
> - **Scheitelpunktform**: $f(x) = a(x-x_S)^2 + y_S$ ▸ Scheitelpunkt $S(x_S|y_S)$

Je nach Fragestellung kann es zweckmäßig sein, von einer Form der Gleichung zu einer anderen zu wechseln.

Von der Scheitelpunktform zur allgemeinen Form

Geben Sie die Gleichung der Funktion f mit $f(x) = 0{,}5(x-3)^2 - 2$ in der allgemeinen Form an.

Wir wenden zunächst die 2. binomische Formel an. Anschließend multiplizieren wir die Klammer mit dem Faktor $a = 0{,}5$ und lösen sie auf.
Zuletzt fassen wir zusammen und erhalten damit die Funktionsgleichung in der allgemeinen Form.

$$f(x) = a \cdot (x - x_S)^2 + y_S$$
$$f(x) = 0{,}5(x-3)^2 - 2$$
$$= 0{,}5(x^2 - 6x + 9) - 2$$
$$= 0{,}5x^2 - 3x + 4{,}5 - 2$$
$$= 0{,}5x^2 - 3x + 2{,}5$$
$$f(x) = ax^2 + bx + c$$

Formen Sie in die allgemeine Form um, und geben Sie S_y an.

a) $f(x) = 2(x+6)^2 - 52$

b) $f(x) = (x+5)^2 - 5$

c) $f(x) = -\frac{3}{4}(x-4)^2 + 12$

d) $f(x) = -3(x+1)^2$

9   Von der allgemeinen Form zur Scheitelpunktform

Formen Sie die Gleichung der quadratischen Funktion f mit $f(x) = -2x^2 + 20x - 46$ in die Scheitelpunktform um und geben Sie den Scheitelpunkt an.

In Beispiel 8 (▶ Seite 161) haben wir für den umgekehrten Weg eine binomische Formel benutzt. Für die Umwandlung von der allgemeinen Form in die Scheitelpunktform verwenden wir die 1. oder 2. binomische Formel. Diese wenden wir „rückwärts" an, um die Klammer $(x - x_S)^2$ der Scheitelpunktform zu erzeugen.

binomische Formeln „rückwärts":
$$a^2 + 2ab + b^2 = (a+b)^2$$
$$a^2 - 2ab + b^2 = (a-b)^2$$

Aus dem Funktionsterm $-2x^2 + 20x - 46$ arbeiten wir zunächst die linke Seite einer binomischen Formel heraus:

Wir klammern den Faktor -2 bei $-2x^2$ und bei $20x$ aus.

$$f(x) = -2x^2 + 20x - 46$$
$$= -2 \cdot (x^2 \quad - \quad 10x \qquad\qquad) - 46$$
$$\uparrow \qquad\qquad \uparrow \qquad\qquad\qquad \uparrow$$
$$(a^2 \quad - \quad 2ab \quad + \quad b^2)$$

1. Term: 2. Term   3. Term

Wir vergleichen mit der 2. binomischen Formel und ordnen die untereinander stehenden Terme einander zu.
Wir erhalten $a^2 = x^2$ und somit $a = x$.
Den Wert für b berechnen wir aus dem mittleren Term. Wir setzen für $a = x$ und stellen nach b um.

$a^2 = x^2$ $2ab = 10x$ b^2 fehlt in $f(x)$.
$$\Rightarrow a = x \quad \text{und} \quad 2xb = 10x \quad |:(2x)$$
$$b = 5$$

Anschließend berechnen wir das fehlende b^2 und ergänzen es in der Klammer. Um $f(x)$ nicht zu verändern, dürfen wir aber nicht einfach $b^2 = 25$ addieren, sondern müssen es auch direkt wieder subtrahieren. So haben wir insgesamt null ergänzt und f nicht verändert.
Dieser Schritt gibt dem Rechenverfahren seinen Namen: **quadratische Ergänzung** ▶ Seite 18.

$$b = 5 \Rightarrow b^2 = 25$$

$$f(x) = -2 \cdot (x^2 - 10x \underbrace{+25 - 25}_{=0}) - 46$$

Wir vergleichen wieder die Klammer mit der binomischen Formel. Wir stellen fest, dass die angestrebte binomische Formel mit $a = x$ und $b = 5$ vollständig ist.

$$f(x) = -2x^2 + 20x - 46$$
$$f(x) = -2 \cdot (x^2 \quad - \quad 10x \quad + \quad 25 \qquad -25\,) - 46$$
$$\uparrow \qquad \uparrow \qquad \uparrow$$
$$(a^2 \quad - \quad 2ab \quad + \quad b^2)$$

Um die 2. binomische Formel anwenden zu können, wird -25 mit dem Faktor -2 vor der Klammer multipliziert. Anschließend wird davon dann -46 subtrahiert.
In der Klammer steht jetzt nur noch eine Seite der 2. binomischen Formel.

$$f(x) = -2 \cdot (x^2 - 10x + 25) - 2 \cdot (-25) - 46$$
$$f(x) = -2 \cdot (x^2 - 10x + 25) \quad + 50 \quad -46$$
$$f(x) = -2 \cdot (x^2 - 10x + 25) \quad + 4$$

Wir wenden die 2. binomische Formel rückwärts an und erhalten die Scheitelpunktform.

$$(a \quad - \quad b)^2 \quad \text{mit } a = x \text{ und } b = 5$$
$$\downarrow \quad \downarrow$$
$$f(x) = -2 \cdot (x - 5)^2 + 4$$

Wir lesen den Scheitelpunkt $S(5|4)$ ab.

$$\Rightarrow S(5|4)$$

- Umformen der Scheitelpunktform der quadratischen Funktion in die allgemeine Form:
  1. oder 2. binomische Formel anwenden und ausmultiplizieren
- Umformen von der allgemeinen Form der quadratischen Funktion in die Scheitelpunktform:
  quadratische Ergänzung:
  1. Faktor vor x^2 aus beiden „x-Termen" ausklammern
  2. binomische Formel anwenden: $a = x$, $b = \frac{x\text{-Term}}{2x}$ und b^2 berechnen
  3. In der Klammer $+b^2 - b^2$ ergänzen
  4. $-b^2$ aus der Klammer lösen
  5. binomische Formel „rückwärts" anwenden

4

Formen Sie in die Scheitelpunktform um und geben Sie den Scheitelpunkt an.

a) $f(x) = -\frac{1}{4}x^2 + x - 6$

b) $f(x) = 3x^2 - 12x + 5$

c) $f(x) = -x^2 - 3x + 0{,}75$

d) $f(x) = \frac{1}{3}x^2 + 0{,}8x + 0{,}98$

Berechnen maximaler Werte

Ein rechteckiges Grundstück soll mit einem 180 m langen Zaun so begrenzt werden, dass es möglichst groß wird. Dabei besteht eine Grundstücksseite aus einer hohen Hecke.
Berechnen Sie die maximale Fläche des Grundstücks sowie die Seitenlängen x und d (parallel zur Hecke).

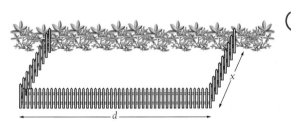

Den Flächeninhalt des Grundstücks berechnen wir mithilfe der Formel für den Flächeninhalt eines Rechtecks. Diese enthält aber zwei Unbekannte. Die Information über die Länge des Zauns hilft uns, dieses Problem zu lösen.

Rechteckfläche: $A = x \cdot d$

Für die Gesamtlänge des Zauns stellen wir eine Gleichung auf und stellen nach d um.

Gesamtlänge des Zauns: $180 = 2x + d$
Umstellen nach d: $d = 180 - 2x$

Wir setzen in die Formel für die Berechnung der Fläche eines Rechtecks den Term für d ein und erhalten eine von x abhängige Funktion A für die Fläche. Diese formen wir in die Scheitelpunktform um, um das Maximum ablesen zu können.

Rechteckfläche: $A = x \cdot d$
Einsetzen für d:
$$\begin{aligned} A(x) &= x \cdot (180 - 2x) \\ &= -2x^2 + 180x \\ &= -2(x^2 - 90x + 2025 - 2025) \\ &= -2(x - 45)^2 + 4050 \end{aligned}$$

Im höchsten Punkt der Funktion, dem Scheitelpunkt, ist die Fläche A mit einer Größe von $4050\,\text{m}^2$ maximal. Das Grundstück hat dann die Seitenlängen $x = 45\,\text{m}$ und $d = 90\,\text{m}$.

Scheitelpunkt: $S(45 \mid 4050)$
$d = 180 - 2 \cdot 45 = 90$

In einem Garten soll ein rechteckiges Blumenbeet angelegt werden. Für die Umzäunung wurde eine Rolle mit 20 m Draht gekauft. Bestimmen Sie den Flächeninhalt und die Maße des Beets, sodass die Fläche des Blumenbeets möglichst groß wird.

Übungen zu 4.2.1

1. Betrachten Sie die quadratische Funktion f mit $f(x) = 0{,}2x^2 + 2x - 1$.

a) Folgende Punkte liegen auf dem Graphen von f. Berechnen Sie die fehlenden Koordinaten: $A(15|\square)$, $B(-2|\square)$, $C(\square|-6)$, $D(\square|-8)$, $E(\square|-1)$

b) Zeichnen Sie den Funktionsgraphen und tragen Sie alle Punkte zur Kontrolle ein.

2. Beschreiben Sie das Aussehen der folgenden Parabeln, ohne sie zu zeichnen.

a) $f(x) = -3(x-2)^2$
c) $f(x) = -x^2 + 2x + 3$
b) $f(x) = \frac{1}{2}(x+3)^2 - 1$
d) $f(x) = 0{,}25x^2 - 8x - 9$

3. Stellen Sie jeweils die Funktionsgleichung auf.

a) Der Graph von f ist eine nach unten geöffnete Normalparabel mit dem Scheitelpunkt $S(1|-2)$.

b) Der Graph von f ist eine Normalparabel mit dem Scheitelpunkt $S(0|0)$.

c) Die Normalparabel wird um -3 gestreckt, um 6 Einheiten nach links und 5 nach unten verschoben.

d) Der Graph von f besitzt den Punkt $S_y(0|9)$, den Koeffizienten $b = -4$ und ist um 0,5 gestaucht.

4.

a) Bestimmen Sie jeweils die Funktionsgleichung der Parabeln in der Zeichnung.

b) Verändern Sie die Parabel f so, dass sie nach oben geöffnet ist.

c) Verschieben Sie die Parabel f um eine Einheit nach unten.

d) Verschieben Sie die Parabel f um eine Einheit nach rechts.

e) Verändern Sie die Parabel f so, dass sie nach oben geöffnet ist, und verschieben Sie den Scheitelpunkt nach rechts auf die y-Achse.

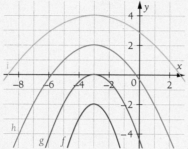

5. Formen Sie die Funktionsgleichungen in die allgemeine Form um. Geben Sie S_y an.

a) $f(x) = -4(x-1)^2 + 5$
c) $f(x) = 5(x+5)^2 - 5$
b) $f(x) = -(x-2)^2 + 4$
d) $f(x) = \frac{2}{3}(x+3)^2$

6. Formen Sie in die Scheitelpunktform um und geben Sie den Scheitelpunkt an.

a) $f(x) = x^2 - 4x + 9$
b) $f(x) = 2x^2 - 2x$
c) $f(x) = -4x^2 + 16x + 20$
d) $f(x) = -0{,}6x^2 + 3x - 6$
e) $f(x) = \frac{1}{6}x^2 + 0{,}6x + 0{,}54$

7. Das olympische Feuer wird vor den olympischen Spielen auf dem Olymp von Priesterinnen aus reinem Sonnenlicht entzündet.

Aus dem Bild lässt sich abschätzen, dass der Spiegel einen Durchmesser von 60 cm hat. Der Brennpunkt sitzt etwa 10 cm vom tiefsten Punkt des Parabolspiegels entfernt. Bestimmen Sie die Funktionsgleichung des Spiegelprofils und seine Tiefe rechnerisch. ▶ Seite 143

8. Der Gewinner eines Preisrätsels erhält ein rechteckiges Grundstück in einem Baugebiet. Er darf es mit einer 160 m langen Schnur abstecken.

a) Erstellen Sie eine Skizze, die die Fläche und die Schnur enthält.

b) Stellen Sie eine Funktionsgleichung für die Berechnung der Fläche auf. ▶ Beispiel 10, Seite 163

c) Berechnen Sie die Koordinaten des Scheitelpunkts, um die maximale Fläche sowie die Maße des Grundstückes anzugeben.

4.2.2 Nullstellen

Nullstellenberechnung durch „Wurzelziehen"

Berechnen Sie die Straßenbreite (inkl. Bürgersteig) unter der 3,30 m hohen Unterführung. Das Tunnelprofil wird durch den Graphen der quadratischen Funktion f mit der Funktionsgleichung $f(x) = -0,528x^2 + 3,3$ beschrieben (bei dem abgebildeten Koordinatensystem).

Die Straßenbreite ist der horizontale Abstand zwischen den beiden Fußpunkten des Parabelbogens. An diesen Punkten schneidet der Graph von f die x-Achse. Für die entsprechenden x-Werte gilt dort, dass der Funktionswert von f gleich null ist. Eine solche Stelle heißt **Nullstelle** von f (▶ Seite 149).

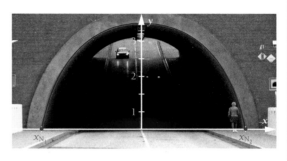

Bei einer Nullstelle x_N gilt also $f(x_N) = 0$. Wir setzen den Funktionsterm gleich null und lösen die entstandene quadratische Gleichung nach x_N auf.
Wir erhalten die beiden Lösungen $x_{N_1} = 2,5$ und $x_{N_2} = -2,5$. Die Straße ist mit Bürgersteig 5 m breit.

▶ Schnittpunkte mit der x-Achse: $N_1(2,5\,|\,0)$, $N_2(-2,5\,|\,0)$

$$f(x_N) = 0$$
$$-0,528x_N^2 + 3,3 = 0 \qquad |-3,3$$
$$-0,528x_N^2 = -3,3 \qquad |:(-0,528)$$
$$x_N^2 = 6,25 \qquad |\sqrt{} \qquad \Rightarrow x_N = \pm 2,5$$

Nullstellenbestimmung mit dem Satz vom Nullprodukt

Beim Fußball können wir die ideale Flugbahn des Balles durch eine quadratische Funktion beschreiben, solange der Luftwiderstand unberücksichtigt bleibt.

Nach einem Abstoß wird die Flugbahn des Balles mit dem Graphen der Funktion $f(x) = -0,04x^2 + 2,4x$ angenähert. Der Abstoßpunkt liegt im Koordinatenursprung. Berechnen Sie die Flugweite des Balles.

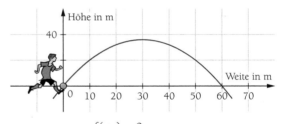

Der Ball trifft an der Nullstelle von f wieder auf dem Boden auf. Wir setzen $f(x_N)$ gleich null und erhalten eine quadratische Gleichung. Jeder Summand dieser Gleichung enthält x_N. Wir können also x_N ausklammern.

$$f(x_N) = 0$$
$$-0,04x_N^2 + 2,4x_N = 0$$
$$x_N \cdot (-0,04x_N + 2,4) = 0$$

Wir verwenden den **Satz vom Nullprodukt**:
Ein Produkt ist genau dann gleich null, wenn mindestens ein Faktor gleich null ist.
Für beide Faktoren bestimmen wir einzeln die Nullstelle.

1. Faktor:		2. Faktor:	
$x_N = 0$	$\vee$	$-0,04x_N + 2,4 = 0$	$|-2,4$
$x_N = 0$	$\vee$	$-0,04x_N = -2,4$	$|:(-0,04)$
$x_N = 0$	$\vee$	$x_N = 60$	

Nullstellen: $x_{N_1} = 0$; $x_{N_2} = 60$

Der Ball verlässt beim Abstoß den Boden ($x_{N_1} = 0$) und landet wieder auf dem Boden nach 60 m ($x_{N_2} = 60$).

Berechnen Sie die Nullstellen.

a) $f(x) = -\frac{3}{4}x^2 + 12$ b) $f(x) = x^2 - 12,25$ c) $f(x) = -0,2x^2 + 3x$ d) $f(x) = x^2 - \pi x$

(13) Nullstellenbestimmung mit der *p-q*-Formel

Berechnen Sie die Nullstellen der quadratischen Funktion f mit $f(x) = 4x^2 + 12x + 8$.

Durch den Ansatz $f(x_N) = 0$ erhalten wir eine quadratische Gleichung, die neben dem quadratischen Term sowohl einen „nicht-quadratischen x-Term" als auch eine Konstante enthält.
Wir wandeln die quadratische Gleichung in **Normalform** um, und verwenden zum Lösen die **$p-q$-Formel**.

$$f(x_N) = 0$$
$$4x_N^2 + 12x_N + 8 = 0 \quad |:4$$

Normalform: $x_N^2 + 3x_N + 2 = 0 \quad \blacktriangleright \ p = +3, q = +2$

Normalform bedeutet, dass vor dem x^2 eine 1 steht. Die Gleichung ist normiert.

$$x^2 + px + q = 0 \Rightarrow x_{1,2} = -\frac{p}{2} \pm \sqrt{\left(\frac{p}{2}\right)^2 - q} \quad \blacktriangleright \text{ Seite 18}$$

$$x_{N_{1,2}} = -\frac{3}{2} \pm \sqrt{\left(\frac{3}{2}\right)^2 - 2}$$
$$= -1{,}5 \pm \sqrt{1{,}5^2 - 2}$$
$$= -1{,}5 \pm \sqrt{0{,}25}$$
$$= -1{,}5 \pm 0{,}5$$

Wir erhalten zwei Nullstellen. Die x-Achsenschnittpunkte sind $N_1(-1|0)$ und $N_2(-2|0)$.

$$x_{N_1} = -1{,}5 + 0{,}5 = -1$$
$$x_{N_2} = -1{,}5 - 0{,}5 = -2$$

Die $p-q$-Formel kann man bei jeder (normierten) quadratischen Gleichung anwenden. Wenn aber die auf der vorigen Seite vorgestellten Spezialfälle vorliegen, kann man durch das Wurzelziehen oder den Satz vom Nullprodukt Rechenzeit sparen.

Berechnen Sie die Nullstellen mit der $p-q$-Formel.
a) $f(x) = -3x^2 + 12x - 9$ b) $f(x) = 20x^2 - x - 2$ c) $f(x) = x^2 + 6x + 4$ d) $f(x) = 0{,}5x^2 - x + 1{,}5$

(14) Weniger als zwei Nullstellen

Gegeben sind die Funktionen f mit $f(x) = x^2 - 2x + 1$ und g mit $g(x) = x^2 + 2x + 5$.
Bestimmen Sie die Nullstellen von f und g.

Wir verwenden in beiden Fällen die $p-q$-Formel, um die Nullstellen zu bestimmen.

Bei der Funktion f wird in der $p-q$-Formel der Term unter der Wurzel null. Die Wurzel aus null ist wiederum null. Somit hat die Gleichung nur eine, allerdings doppelte Lösung. Man sagt: f hat eine doppelte Nullstelle.

$$f(x_N) = 0$$
$$x_N^2 - 2x_N + 1 = 0$$
$$x_{N_{1,2}} = 1 \pm \sqrt{1 - 1} = 1 \pm 0 = 1$$

doppelte Nullstelle: $x_{N_{1,2}} = 1$

Bei der Funktion g wird in der $p-q$-Formel der Term unter der Wurzel negativ. Aus einer negativen Zahl können wir aber nicht die Wurzel ziehen. Also gibt es in diesem Fall keine Nullstelle.

$$g(x_N) = 0$$
$$x_N^2 + 2x_N + 5 = 0$$
$$x_{N_{1,2}} = -1 \pm \sqrt{1 - 5} = 1 \pm \sqrt{-4} \quad \blacktriangleright \text{ nicht definiert}$$

Keine Nullstelle vorhanden

Wegen seiner Bedeutung für die Anzahl der Lösungen erhält der Term unter der Wurzel einen Namen: Er heißt **Diskriminante** und wird mit D bezeichnet.

Diskriminante kommt aus dem Lateinischen und heißt wörtlich übersetzt: die Unterscheidende.

Allgemein können für Nullstellen bei quadratischen Funktionen also drei Fälle auftreten. Wenn wir die Nullstellen mithilfe der p-q-Formel $0 = x^2 + px + q \Rightarrow x_{N_{1,2}} = -\frac{p}{2} \pm \sqrt{\left(\frac{p}{2}\right)^2 - q}$ bestimmen, können wir die Fälle anhand der Diskriminante $D = \left(\frac{p}{2}\right)^2 - q$ leicht unterscheiden.

D ist *größer* als null.	D ist *gleich* null.	D ist *kleiner* als null.

Beispiel: $0 = x^2 + 10x + 9$
$x_{N_{1,2}} = -5 \pm \underbrace{\sqrt{25 - 9}}_{D = 16 > 0}$

⇒ zwei Nullstellen:
  $x_{N_1} = -1; \; x_{N_2} = -9$
Der Funktionsgraph schneidet die x-Achse zweimal:

Beispiel: $0 = x^2 + 8x + 16$
$x_{N_{1,2}} = -4 \pm \underbrace{\sqrt{16 - 16}}_{D = 0}$

⇒ eine (doppelte) Nullstelle:
  $x_N = -4$
Der Funktionsgraph berührt die x-Achse in einem Punkt:

Beispiel: $0 = x^2 + 2x + 9$
$x_{N_{1,2}} = -1 \pm \underbrace{\sqrt{1 - 9}}_{D = -8 < 0}$

⇒ keine Nullstellen

Der Funktionsgraph hat keinen Schnittpunkt mit der x-Achse:

4

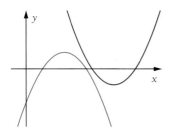
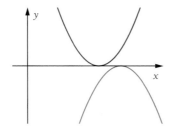
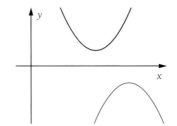

Für die **Nullstellen** einer quadratischen Funktion f gilt: $f(x_N) = 0$
Es gibt verschiedene Lösungsverfahren:

1. Man erhält eine Gleichung der Form $ax_N^2 + c = 0$:
   - Gleichung umstellen, sodass der quadratische Term allein steht
   - Wurzel ziehen, um die Lösungen für x_N zu erhalten
2. Man erhält eine Gleichung der Form $ax_N^2 + bx_N = 0$:
   - x_N ausklammern
   - **Satz vom Nullprodukt** anwenden, um in jedem Faktor die Lösung für x_N einzeln zu bestimmen: Ein Produkt ist genau dann null, wenn mindestens ein Faktor gleich null ist.
3. Man erhält eine quadratische Gleichung der Form $ax_N^2 + bx_N + c = 0$:
   - Gleichung durch den Faktor a dividieren, um die Normalform zu erhalten
   - **p-q-Formel** anwenden, um die Lösungen für x_N zu erhalten:

   $$x^2 + px + q = 0 \Rightarrow x_{1,2} = -\frac{p}{2} \pm \sqrt{\left(\frac{p}{2}\right)^2 - q}$$

   Dabei gilt mit der Diskriminante $D = \left(\frac{p}{2}\right)^2 - q$:

   - $D > 0$: f hat zwei Nullstellen
   - $D = 0$: f hat eine Nullstelle
   - $D < 0$: f hat keine Nullstelle

Entscheiden Sie, welches Verfahren Sie zur Berechnung der Nullstellen anwenden.
Berechnen Sie diese und geben Sie die x-Achsenschnittpunkte an.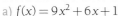

a) $f(x) = 9x^2 + 6x + 1$ c) $f(x) = \frac{2}{3}x^2 + 12$ e) $f(x) = (x - 1)^2 - 4$ g) $f(x) = -2x^2 - 4x - 8$

b) $f(x) = -0{,}25x^2 + 4x$ d) $f(x) = 0{,}5x^2 - 2x + 2$ f) $f(x) = 2 \cdot (x - 6) \cdot (x + 5)$ h) $f(x) = -2x^2$

15 Schnittpunkte von Parabeln

Bestimmen Sie rechnerisch die Schnittpunkte der Graphen von den quadratischen Funktionen f und g mit $f(x) = 2x^2 - 7x + 7$ und $g(x) = -0,5(x-3)^2 + 4$.

In einem Schnittpunkt haben beide Funktionen zu demselben x-Wert auch denselben Funktionswert. Es gilt also an einer Schnittstelle x_S: $f(x_S) = g(x_S)$.

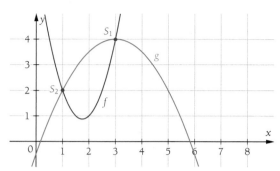

Durch Gleichsetzen der Funktionswerte von f und g erhalten wir eine quadratische Gleichung. Wir stellen so um, dass auf einer Seite null steht.

$$f(x_S) = g(x_S)$$
$$2x_S^2 - 7x_S + 7 = -0,5(x_S - 3)^2 + 4$$
$$2x_S^2 - 7x_S + 7 = -0,5(x_S^2 - 6x_S + 9) + 4$$
$$2x_S^2 - 7x_S + 7 = -0,5x_S^2 + 3x_S - 4,5 + 4$$
$$2x_S^2 - 7x_S + 7 = -0,5x_S^2 + 3x_S - 0,5$$
$$2,5x_S^2 - 10x_S + 7,5 = 0 \qquad |:2,5$$
$$x_S^2 - 4x_S + 3 = 0 \qquad \blacktriangleright \ p = -4, q = 3$$

Anschließend berechnen wir die x-Werte der Schnittpunkte mit einem der Lösungsverfahren für quadratische Gleichungen, hier mit der p-q-Formel.

$$x_{S_{1,2}} = -\frac{-4}{2} \pm \sqrt{2^2 - 3}$$
$$= 2 \pm 1$$

Schnittstellen: $x_{S_1} = 3$; $x_{S_2} = 1$

Wir berechnen die y-Koordinaten der Schnittpunkte durch Einsetzen der berechneten Werte in die Funktionsterme von f oder g. Wegen $f(x_S) = g(x_S)$ ist es beim Schnittpunkt egal, in welchen Funktionsterm wir einsetzen.

$$f(3) = 2 \cdot 3^2 - 7 \cdot 3 + 7 = 4$$
$$\text{oder } g(3) = -0,5(3-3)^2 + 4 = 4$$
$$f(1) = 2 \cdot 1^2 - 7 \cdot 1 + 7 = 4$$

Die Funktionsgraphen von f und g schneiden sich in den Schnittpunkten $S_1(3|4)$ und $S_2(1|2)$.

Parabeln müssen sich nicht in zwei Punkten schneiden.
Sie können auch einen oder keinen Schnittpunkt besitzen:

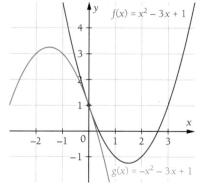

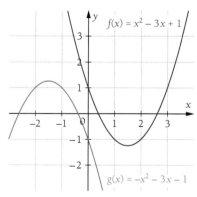

Wie beim Lösen quadratischer Gleichungen zur Nullstellenberechnung, kann es also auch bei der Schnittpunktberechnung **zwei, einen oder keinen Schnittpunkt** geben.

Schnittpunkte von Parabel und Gerade

Berechnen Sie die Schnittpunkte der quadratischen Funktion f mit $f(x) = x^2 + x - 1$ mit den linearen Funktionen g, h und i mit $g(x) = 3x + 2$, $h(x) = 3x - 2$ und $i(x) = 3x - 6$.

Bei der rechnerischen Bestimmung der Schnittpunkte nutzen wir für quadratische Gleichungen die gleichen Lösungsverfahren wie bei den Nullstellen. Deshalb ist auch bei der Schnittstellenberechnung die Anzahl der Lösungen abhängig vom Wert der **Diskriminante D** (▶ Beispiel 14, Seite 166):

$D > 0$:   zwei Lösungen

$D = 0$:   eine Lösung

$D < 0$:   keine Lösung

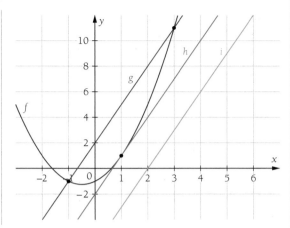

zwei Lösungen:

$$f(x_S) = g(x_S)$$
$$x_S^2 + x_S - 1 = 3x_S + 2 \quad | -3x_S - 2$$
$$x_S^2 - 2x_S - 3 = 0 \quad \blacktriangleright \quad p = -2, q = -3$$
$$x_{S_{1,2}} = \pm\sqrt{4}$$
$$x_{S_1} = -1; \; x_{S_2} = 3.$$

$D = 4 > 0$: Es gibt zwei Schnittpunkte: $S_1(-1\,|-1)$ und $S_2(3\,|\,11)$. Eine Gerade, die wie der Graph von g einen Graphen in zwei Punkten schneidet, heißt **Sekante**.

eine Lösung:

$$f(x_S) = h(x_S)$$
$$x_S^2 + x_S - 1 = 3x_S - 2 \quad | -3x_S + 2$$
$$x_S^2 - 2x_S + 1 = 0 \quad \blacktriangleright \quad p = -2, q = 1$$
$$x_{S_{1,2}} = 1 \pm \sqrt{0}$$
$$x_{S_{1,2}} = 1$$

$D = 0$: Es gibt einen Schnittpunkt: $S(1\,|\,1)$
Eine Gerade, die wie der Graph von h einen Graphen in einem Punkt berührt, heißt **Tangente**.

keine Lösung:

$$f(x_S) = i(x_S)$$
$$x_S^2 + x_S - 1 = 3x_S - 6 \quad | -3x_S + 6$$
$$x_S^2 - 2x_S + 5 = 0 \quad \blacktriangleright \quad p = -2, q = 5$$
$$x_{S_{1,2}} = 1 \pm \sqrt{-4}$$

$D = -4 < 0$: Es gibt keinen Schnittpunkt.
Eine Gerade, die wie der Graph von i keinen Schnittpunkt mit einem Graphen hat, heißt **Passante**.

▶ Da wir bei der Berechnung von Nullstellen und Schnittpunkten die gleichen Lösungsverfahren verwenden, müssen wir das Ergebnis richtig interpretieren: als Nullstelle x_N oder als x-Koordinate x_S eines Schnittpunktes (für den wir noch y_S berechnen).

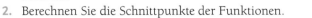

- Für die **Schnittpunkte $S(x_S\,|\,y_S)$** zweier Funktionen f und g gilt: $f(x_S) = g(x_S)$.
- Die x-Koordinate x_S lässt sich mit der p-q-Formel, durch Wurzelziehen oder mit dem Satz vom Nullprodukt berechnen.
- Die y-Koordinate y_S erhält man durch Einsetzen von x_S in den Funktionsterm von f oder g.
- Bei der Schnittpunktberechnung kann man zwei, einen oder keinen Schnittpunkt erhalten.

1. Zeigen Sie rechnerisch, dass die Parabeln auf Seite 168 unten einen bzw. keinen Schnittpunkt besitzen.

2. Berechnen Sie die Schnittpunkte der Funktionen.

   a) $f(x) = -0{,}25x^2 - 0{,}5x + 8{,}75$;
      $g(x) = 0{,}5x^2 - 2x + 6{,}5$

   b) $f(x) = (x + 4{,}5)^2 - 6$;
      $g(x) = x + 4{,}5$

   c) $f(x) = 0{,}5x^2 - 2x + 3$;
      $g(x) = -0{,}5x^2 + 2x - 1$

   d) $f(x) = 2x^2 + 5x - 2$;
      $g(x) = -3x^2 + 8x - 6$

   e) $f(x) = -0{,}5x^2 + 4x + 6$;
      $g(x) = -2{,}5x^2 + 2x + 6$

   f) $f(x) = -0{,}2x^2 + 0{,}4x$;
      $g(x) = 0{,}4x$

Übungen zu 4.2.2

1. Berechnen Sie die x-Achsenschnittpunkte der quadratischen Funktionen. Entscheiden Sie, welches Lösungsverfahren Sie anwenden.
   a) $f(x) = -0{,}4x^2 - 2x + 2{,}4$
   b) $f(x) = -5x^2 + 15x$
   c) $f(x) = (x+1)^2$
   d) $f(x) = 2 \cdot (3x-2) \cdot (4x+16)$
   e) $f(x) = 4x^2 + 8x + 12$
   f) $f(x) = -x^2 - 2x - 1$
   g) $f(x) = \frac{1}{4}x^2 - 8x$

2. Berechnen Sie die Schnittpunkte der Funktionen und zeichnen Sie diese zur Kontrolle.
   a) $f(x) = 2x^2 + 3x - 3$; $g(x) = -\frac{1}{3}(x-1)^2 + 2$
   b) $f(x) = \frac{3}{4}x^2 - 2x + \frac{1}{4}$; $g(x) = -x^2 + x + 5$
   c) $f(x) = 0{,}2x^2 - 0{,}3x + 0{,}6$; $g(x) = 0{,}75x - 1$
   d) $f(x) = -4(x-3)^2 + 5$; $g(x) = -4x - 15$

3. Betrachten Sie f mit $f(x) = x^2 - 4x + 3$.
   a) Geben sie die Scheitelpunktform, die allgemeine Form und die Normalform an.
   b) Berechnen Sie die Achsenschnittpunkte.
   c) Berechnen Sie die Schnittpunkte mit der Geraden zu $g(x) = x + 9$. Zeichnen Sie beide Funktionen.

4. Gegeben ist der Scheitelpunkt $S(3 \mid 4)$ einer nach unten geöffneten Normalparabel f.
   a) Geben sie die Funktionsgleichung in Scheitelpunktform und allgemeiner Form an. Gibt es die Normalform?
   b) Berechnen Sie die Achsenschnittpunkte.
   c) Berechnen Sie die Schnittpunkte mit der Geraden zu $g(x) = 2x - 2$.
   d) Vergleichen Sie die Lösungswege der Aufgabenteile b) und c). Erklären Sie, warum ein Rechenverfahren für zwei unterschiedliche Berechnungen verwendet werden kann.

5. Geben Sie die Funktionsgleichung mit den gegebenen Nullstellen in Normalform an.
   a) $x_{N_1} = -4$; $x_{N_2} = 1$
   b) $x_{N_1} = -3$; $x_{N_2} = -3$
   c) $x_{N_1} = -5$; $x_{N_2} = 5$
   d) $x_{N_1} = 0$; $x_{N_2} = 10$

6. Wählen Sie ein Lösungsverfahren aus, das für die Lösung der quadratischen Gleichung angewendet werden kann. Begründen Sie ihre Wahl.
   a) $0 = (x-2)^2$
   b) $0 = (x-2) \cdot (x+3)$
   c) $(x+4)^2 = 2x + 1$
   d) $0 = 2x^2 - 6x$

7. Lösen Sie die Gleichungen aus Aufgabe 6.

8. Der parabelförmige Bogen einer Autobrücke kann durch die Funktion mit der Gleichung $f(x) = -0{,}02x^2 + 0{,}96x$ beschrieben werden.
   a) Übertragen Sie die Zeichnung maßstabsgerecht auf ein kariertes Blatt Papier.

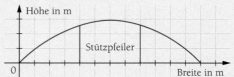

   b) Berechnen Sie die Spannweite des Brückenbogens und skalieren Sie dazu passend die x-Achse des Koordinatensystems.
   c) Bestimmen Sie die maximale Höhe des Brückenbogens und skalieren Sie die y-Achse entsprechend.
   d) Berechnen Sie die Höhe der beiden Stützpfeiler.
   e) In einem ersten Entwurf für die Brücke waren zwei 9,1 m hohe Stützpfeiler vorgesehen. An welchen Stellen und wie weit voneinander entfernt hätten sie errichtet werden müssen?

9. Die Funktion f mit $f(x) = -0{,}5x^2 + 5x - 8$ beschreibt die Flugkurve eines Balles, der über eine 3,5 m hohe Mauer geworfen wird.
   a) Zeichnen Sie den Sachverhalt in ein Koordinatensystem. Die x-Achse beschreibt den Boden und die Mauer steht an der Stelle $x = 4$.
   b) Berechnen Sie die Stelle, an der der Ball auf dem Boden auftrifft.
   c) Bestimmen Sie den Standort des Werfers, der den Ball in 2 m Höhe loslässt.
   d) Untersuchen Sie, welche Höhe die Mauer maximal haben kann, wenn der Ball noch über die Mauer fliegen soll.
   e) Bestimmen Sie die maximale Wurfhöhe.
   f) Hinter der Mauer befindet sich ein Schuppen. Als Rückwand dient die Mauer, seine vordere Wand befindet sich bei $x = 7$ und das Dach verläuft entlang der Geraden mit $f(x) = \frac{1}{6}x + \frac{4}{3}$. Prüfen Sie, ob der Ball auf der anderen Seite auf dem Boden landet oder auf dem Schuppendach.

4.2.3 Bestimmen quadratischer Funktionsgleichungen

Bestimmung der Funktionsgleichung mit dem Scheitelpunkt

(17)

Der Berliner Bogen des Architekten Hari Teherani in Hamburg hat mehrere Preise erhalten. Das gläserne, parabelförmige Dach ist 36 m hoch, 70 m breit und 140 m lang. Es wird im Sommer durch Wasser gekühlt, das die Dachfläche hinab läuft. Bestimmen Sie die quadratische Funktionsgleichung des Daches.

Wir legen ein Koordinatensystem so auf das Bild, dass der Scheitelpunkt der Parabel auf der y-Achse liegt und die x-Achse den Boden des Gebäudes beschreibt.

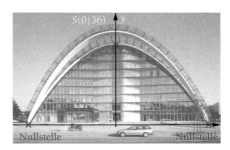

Da wir den Scheitelpunkt kennen, bietet sich die Scheitelpunktform an, um die Funktionsgleichung aufzustellen: $f(x) = a(x - x_S)^2 + y_S$

Wir setzen die Koordinaten des Scheitelpunkts ein und erhalten eine bis auf a vollständig bestimmte Funktionsgleichung.

Um a zu bestimmen, setzen wir die Koordinaten eines weiteren Punkts in die Funktionsgleichung ein. In diesem Beispiel ist die Nullstelle $x_N = 35$ gegeben. Wir stellen die Gleichung nach a um und erhalten $f(x) = -0,029x^2 + 36$, um die Form des Daches näherungsweise zu beschreiben.

Scheitelpunkt $S(0\,|\,36)$: $\quad f(x) = a(x-0)^2 + 36$
$$= ax^2 + 36$$

Nullstelle: $x_N = 35$, $f(x_N) = 0$
$$
\begin{aligned}
0 &= a \cdot 35^2 + 36 & &|-36 \\
-36 &= a \cdot 1225 & &|:1225 \\
a &\approx -0,029 \\
f(x) &= -0,029x^2 + 36
\end{aligned}
$$

Bestimmung der Funktionsgleichung bei drei gegebenen Punkten

(18)

Beim Freiwurf im Basketball lässt sich die Flugbahn des Balles durch eine quadratische Funktion beschreiben. Im Beispielfoto sind drei Punkte ablesbar: $A(-2\,|\,2)$, $B(-1\,|\,3,5)$, $C(1\,|\,3)$. Bestimmen Sie die Funktionsgleichung so, dass der Wurf dieser Flugbahn folgt.

Wir berechnen die Koeffizienten a, b und c der allgemeinen Form $f(x) = ax^2 + bx + c$ der quadratischen Funktion. Da die gegebenen Punkte auf dem Graphen liegen, müssen ihre Koordinaten die Funktionsgleichung erfüllen.

Wir setzen nacheinander die Koordinaten der Punkte A, B und C in die allgemeine Gleichung ein. Wir erhalten dadurch drei Gleichungen mit den Unbekannten a, b und c.

Es ergibt sich folgendes **lineares Gleichungssystem** mit drei Gleichungen:

(I) $\quad 2 = 4a - 2b + c$
(II) $\quad 3,5 = a - b + c$
(III) $\quad 3 = a + b + c$

Aufstellen des linearen Gleichungssystems:

$A(-2\,|\,2)$: $\qquad 2 = a \cdot (-2)^2 + b \cdot (-2) + c$
$\qquad$ (I) $\quad 2 = 4a - 2b + c$

$B(-1\,|\,3,5)$: $\qquad 3,5 = a \cdot (-1)^2 + b \cdot (-1) + c$
$\qquad$ (II) $\quad 3,5 = a - b + c$

$C(1\,|\,3)$: $\qquad 3 = a \cdot 1^2 + b \cdot 1 + c$
$\qquad$ (III) $\quad 3 = a + b + c$

(I) $2 = 4a - 2b + c$
(II) $3,5 = a - b + c$
(III) $3 = a + b + c$

Wir lösen das lineare Gleichungssystem mit dem Einsetzungsverfahren (▶ Seite 21): Wir stellen die einfache Gleichung (III) zunächst nach c um und setzen c in (I) ein. Wir fassen zusammen und stellen nach b um.

Wir setzen b in c ein und erhalten so c nur noch abhängig von a.

Durch erneutes Einsetzen, Zusammenfassen und Umstellen berechnen wir a mit der noch nicht benutzten Gleichung (II).

▶ Alternativ können wir auch den Gauß'schen Algorithmus zum Lösen des Gleichungssystems anwenden, siehe Seite 22 oder Beispiel 19 unten.

Wir können die Werte für b und c durch Einsetzen des berechneten Wertes für a berechnen.

Wir setzen die Koeffizienten a, b, c in die allgemeine Form ein und erhalten die Funktionsgleichung der Wurfparabel.

Lösen des linearen Gleichungssystems:
(III) $c = 3 - a - b$
c in (I): $\quad 2 = 4a - 2b + 3,5 - a - b$
$\qquad\qquad 2 = 3a - 3b + 3,5 \qquad |+3b-2$
$\qquad\quad 3b = 3a + 1,5 \qquad\qquad\;\; |:3$
$\qquad\quad\; b = a + 0,5$

b in c: $c = 3 - a - (a + 0,5)$
$\qquad\qquad c = 2,5 - 2a$

c, b in (II): $\quad 3,5 = a - (a + 1,5) + (2,5 - 2a)$
$\qquad\qquad\quad 3,5 = a - a - 1,5 + 2,5 - 2a$
$\qquad\qquad\quad 3,5 = -2a + 1 \qquad\qquad |-1$
$\qquad\qquad\quad 2,5 = -2a \qquad\qquad\quad\; |:(-2)$
$\qquad\qquad\qquad\; a = -1,25$

„Rückwärts Einsetzen" von $a = -1,25$:
$b = -1,25 + 0,5 = -0,75$
$c = 2,5 - 2 \cdot (-1,25) = 5$

$f(x) = -1,25x^2 - 0,75x + 5$

Bestimmen der Funktionsgleichung einer quadratischen Funktion:

- Scheitelpunkt und ein weiterer Punkt sind gegeben:
  Koordinaten von Scheitelpunkt $(x_S | y_S)$ und Punkt $(x | y)$ in die Scheitelpunktform $f(x) = a(x - x_S)^2 + y_S$ einsetzen, a berechnen und die Funktionsgleichung mit a und dem Scheitelpunkt aufstellen
- drei beliebige Punkte des Graphen sind gegeben:
  Koordinaten der Punkte in die allgemeine Funktionsgleichung einsetzen, das entstandene **lineare Gleichungssystem** lösen und die Funktionsgleichung mit a, b und c aufstellen

---

1. Bestimmen Sie die Funktionsgleichung der quadratischen Funktion f in Scheitelpunktform.
   a) Scheitelpunkt $S(1 | -2)$; $P(2 | 6)$
   b) Scheitelpunkt $S(3 | 7)$; $P(5 | 9)$
   c) Scheitelpunkt $S(-5 | 7)$; $P(-8 | -2)$
   d) Scheitelpunkt $S(-5 | -31)$; $P(-2 | -22)$

2. Bestimmen Sie die Funktionsgleichung der quadratischen Funktion f in allgemeiner Form.
   a) $A(-3 | -4)$, $B(2 | -4)$, $C(3 | -10)$
   b) $A(5 | -1,75)$, $B(3 | -3,75)$, $C(1 | 2,25)$
   c) $A(1 | 0)$, $B(-1 | 0)$, $C(2 | -1)$
   d) $A(1 | 7)$, $B(0 | 4,5)$, $C(-2 | 2,5)$

 Gauß'sches Eliminationsverfahren

Beim zum Lösen linearer Gleichungssysteme können wir auch mit sogenannten Matrizen arbeiten. Diese Darstellung erspart Schreibarbeit beim Lösen der Gleichungssysteme. Die Variablen werden weggelassen und nur die Koeffizienten in die Matrix geschrieben. Ein senkrechter Strich ersetzt das Gleichheitszeichen.

Lineares Gleichungssystem:

$4a + 2b + c = 14$
$16a + 4b + c = 20$
$36a + 6b + c = 18$

Kurze Matrixschreibweise:

4	2	1	14
16	4	1	20
36	6	1	18

Wir lösen das lineare Gleichungssystem mit dem **Gauß'schen Algorithmus** (▶ Seite 22). Nachdem wir das Gleichungssystem in Dreiecksform gebracht haben, ist das Ziel, dass in jeder Zeile der Matrix nur noch eine Eins links vom Trennungsstrich steht. So kann der Wert der Variablen rechts abgelesen werden.

Um zunächst die Variable c aus der 2. und 3. Zeile zu eliminieren, addieren wir das (-1)-fache der 1. Zeile zu den beiden anderen Zeilen.

$$
\begin{array}{ccc|c}
a & b & c & \\
\hline
4 & 2 & 1 & 14 \quad |\cdot(-1) \\
16 & 4 & 1 & 20 \\
36 & 6 & 1 & 18
\end{array}
\qquad
\begin{aligned}
4a + 2b + c &= 14 \\
16a + 4b + c &= 20 \\
36a + 6b + c &= 18
\end{aligned}
$$

In der c-Spalte bleibt die 1 in der 1. Zeile stehen, die beiden anderen Zahlen dieser Spalte haben wir zu 0 umgeformt.

Um die Variable b aus zwei Zeilen zu eliminieren, muss in der b-Spalte eine Zahl zu 1 umgeformt werden, zum Beispiel in der 2. Zeile. Dazu wird die 2. Zeile durch 2 dividiert.

$$
\begin{array}{ccc|c}
a & b & c & \\
\hline
4 & 2 & 1 & 14 \\
12 & 2 & 0 & 6 \quad |:2 \\
32 & 4 & 0 & 4
\end{array}
\qquad
\begin{aligned}
4a + 2b + c &= 14 \\
12a + 2b &= 6 \\
32a + 4b &= 4
\end{aligned}
$$

Die beiden anderen Elemente dieser b-Spalte formen wir wieder mithilfe des Additionsverfahrens zu 0 um, indem wir das (-4)-fache der 2. Zeile zur 3. Zeile und das (-2)-fache der 2. Zeile zur 1. Zeile addieren.

$$
\begin{array}{ccc|c}
a & b & c & \\
\hline
4 & 2 & 1 & 14 \\
6 & 1 & 0 & 3 \quad |\cdot(-4) \; |\cdot(-2) \\
32 & 4 & 0 & 4
\end{array}
\qquad
\begin{aligned}
4a + 2b + c &= 14 \\
6a + b &= 3 \\
32a + 4b &= 4
\end{aligned}
$$

Zuletzt erzeugen wir in der a-Spalte in der 3. Zeile eine 1, indem wir die Zeile durch 8 dividieren.

$$
\begin{array}{ccc|c}
a & b & c & \\
\hline
-8 & 0 & 1 & 8 \\
6 & 1 & 0 & 3 \\
8 & 0 & 0 & -8 \quad |:8
\end{array}
\qquad
\begin{aligned}
-8a + c &= 8 \\
6a + b &= 3 \\
8a &= -8
\end{aligned}
$$

Dann addieren wir das (-6)-fache der 3. Zeile zur 2. Zeile und das 8-fache der 3. Zeile zur 1. Zeile.

$$
\begin{array}{ccc|c}
a & b & c & \\
\hline
-8 & 0 & 1 & 8 \\
6 & 1 & 0 & 3 \\
1 & 0 & 0 & -1 \quad |\cdot(-6) \; |\cdot8
\end{array}
\qquad
\begin{aligned}
-8a + c &= 8 \\
6a + b &= 3 \\
a &= -1
\end{aligned}
$$

Nun stehen in jeder Zeile und Spalte eine 1 sowie zwei Nullen. Die Lösungen können aus der letzten Spalte abgelesen werden: $a = -1$, $b = 9$ und $c = 0$.

$$
\begin{array}{ccc|c}
a & b & c & \\
\hline
0 & 0 & 1 & 0 \quad \blacktriangleright\ c = 0 \\
0 & 1 & 0 & 9 \quad \blacktriangleright\ b = 9 \\
1 & 0 & 0 & -1 \quad \blacktriangleright\ a = -1
\end{array}
\qquad
\begin{aligned}
c &= 0 \\
b &= 9 \\
a &= -1
\end{aligned}
$$

Übungen zu 4.2.3

1. Berechnen Sie die Gleichung der quadratischen Funktionen aus den gegebenen Punkten.

   a) $A(4\,|\,3)$, $B(6\,|-3)$, $C(-2\,|-3)$

   b) Scheitelpunkt $(2\,|-1)$, $P(-4\,|\,8)$

   c) $A(-2\,|\,11)$, $B(1\,|-4)$, $C(3\,|\,6)$

   d) Scheitelpunkt $(-3\,|-7)$, $P(-1\,|\,5)$

   e) $A(1\,|-5)$, $B(2\,|-24)$, $C(-1\,|-15)$

2. Der Wasserstrahl eines Springbrunnens hat Parabelform und gelangt 2 Meter hoch und 5 Meter weit. Stellen Sie eine quadratische Funktionsgleichung auf. ▶ Beginn des Strahls im Ursprung

3. Auf der Fahrt in den Skiurlaub passiert Carolin viele Tunnel, die parabelähnliche Formen besitzen. Sie fertigt eine Skizze an, um die Funktionsgleichung zu bestimmen, kann sich aber nicht entscheiden, wo der Ursprung des Koordinatensystems liegen soll. Lösen Sie die Aufgabe für die vier eingezeichneten Möglichkeiten O_1 bis O_4.

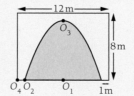

Übungen zu 4.2

1. Beschreiben Sie für die gegebenen Funktionen das Aussehen der Parabel, ohne sie zu zeichnen.
   a) $f(x) = 0{,}5(x+1{,}5)^2 + 2{,}5$ d) $f(x) = 3(x-5)(x-7)$
   b) $f(x) = -x^2 + 6x - 5$ e) $f(x) = -\frac{1}{8}x^2 - x + 6$
   c) $f(x) = \frac{5}{4}(x+0{,}5)^2 - 1{,}5$ f) $f(x) = -\frac{5}{3}x^2 + 10x - 15$

2. Wandeln Sie die Funktionsgleichungen aus Aufgabe 1 in die Scheitelpunktform bzw. in die allgemeine Form um.
   Geben Sie den Scheitelpunkt bzw. den y-Achsenschnittpunkt an, um die Beschreibung der Parabel aus Aufgabe 1 zu vervollständigen.

3. Zeichnen Sie die quadratischen Funktionen aus Aufgabe 1. Vergleichen Sie das Aussehen der Parabel mit Ihrer Beschreibung.

4. Berechnen Sie die Nullstellen der quadratischen Funktionen aus Aufgabe 1.

5. Geben Sie für die abgebildeten quadratischen Funktionen die Funktionsgleichung in Scheitelpunktform und in allgemeiner Form an.

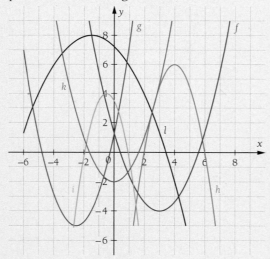

6. Wählen Sie begründet ein Lösungsverfahren und lösen Sie die quadratischen Gleichungen.
   a) $0{,}6x = 0{,}2x^2 + 1{,}4$ d) $20x = 2x^2$
   b) $x + 2 = -x^2 - 11x + 2$ e) $4x^2 = 8(x-4)^2 + 12$
   c) $0 = 0{,}5 \cdot (4x-2)^2$ f) $1 = (x-1)^2 + 2$

7. Berechnen Sie die Schnittpunkte der Funktionsgraphen von f und g. Geben Sie für lineare Funktionen abhängig von der Anzahl der Schnittpunkte an, um was für eine Gerade es sich handelt.
   a) $f(x) = -0{,}5x^2 + 2x - 1$; $g(x) = -0{,}25x^2 + x$
   b) $f(x) = (x+4{,}5)^2 - 6$; $g(x) = x + 4{,}5$
   c) $f(x) = -x^2 + 4x - 1$; $g(x) = -0{,}5x^2 + 2x - 1$
   d) $f(x) = 0{,}4x^2 - 2{,}4x + 7{,}6$; $g(x) = 4$
   e) $f(x) = 2x^2 + 0{,}5x + 3$; $g(x) = -x^2 + 4x - 1$
   f) $f(x) = -3x^2 + 5$; $g(x) = 3x - 1$

8. Geben Sie für die quadratische Funktion f mit $f(x) = 0{,}5x^2 + 2x - 1$ jeweils die Funktionsgleichung für eine Sekante, eine Tangente und eine Passante an. Überprüfen Sie Ihre Lösung durch Rechnung und Zeichnung.

9. Bestimmen Sie die Funktionsgleichung der quadratischen Funktionen, die durch folgende Informationen gegeben sind. Gehen Sie dabei davon aus, dass die Punkte A, B, C und P auf dem Graphen liegen.
   a) $A(4|8)$, $B(-2|-10)$, $C(-4|0)$
   b) $A(6|-8)$, $B(-4|-18)$, $C(0|10)$
   c) Die Parabel schneidet die x-Achse bei -1 und die y-Achse bei -4.
   d) $A(14|28)$, $B(10|40)$, $C(18|0)$
   e) $A(-1|-24)$, $B(-4|-20)$, $C(-8|35)$
   f) Scheitelpunkt $S(4|14)$, $P(12|-1)$
   g) $A(0|22)$, $B(-8|-1)$, $C(4|10)$
   h) $A(4|4)$, $B(6|1)$, $C(-6|-11)$
   i) Scheitelpunkt $S(-16|12)$, $P(-8|4)$

10. Für den Anhalteweg in Metern lernt man in der Fahrschule den Zusammenhang:
    $$\text{Anhalteweg} = \frac{3 \cdot \text{Geschwindigkeit}}{10} + \left(\frac{\text{Geschwindigkeit}}{10}\right)^2$$
    a) Stellen Sie abhängig von der Geschwindigkeit v (in $\frac{\text{km}}{\text{h}}$) eine quadratische Funktion für den Anhalteweg s (in m) auf.
    b) Berechnen Sie den Anhalteweg bei $30\,\frac{\text{km}}{\text{h}}$, $50\,\frac{\text{km}}{\text{h}}$, $70\,\frac{\text{km}}{\text{h}}$, $100\,\frac{\text{km}}{\text{h}}$, $130\,\frac{\text{km}}{\text{h}}$.
    c) Formen Sie in die Scheitelpunktform um und zeichnen Sie die Parabel.

11. Entscheiden Sie, ob es sich um eine wahre oder eine falsche Aussage handelt.

a) Wenn eine Parabel gestaucht ist, gilt $a \leq 1$.

b) Wenn die Koordinaten des Scheitelpunkts gleich sind, ist die Parabel nach rechts verschoben.

c) Aus $c = 0$ folgt, dass die Parabel keinen Schnittpunkt mit der y-Achse hat.

d) Aus $a < -1$ folgt, dass die Parabel gestreckt ist.

e) Wenn die zwei Nullstellen einer quadratischen Funktion sich nur durch ihr Vorzeichen unterscheiden, ist die Parabel achsensymmetrisch bezüglich der y-Achse.

f) Wenne eine Parabel die x-Achse berührt, hat der Scheitelpunkt die x-Koordinate 0.

g) Wenn eine Parabel zwei x-Achsenschnittpunkte hat und nach oben geöffnet ist, hat der Scheitelpunkt eine negative y-Koordinate.

h) Wenn eine quadratische Funktion keine reellen Nullstellen hat, lässt sich die Funktionsgleichung nicht als Produkt von Linearfaktoren schreiben.

12. Für einen Filmstunt soll ein Schauspieler von einem Auto aus auf einen fahrenden Zug aufspringen. Der Zug fährt dabei mit einer konstanten Geschwindigkeit von $72 \frac{\text{km}}{\text{h}}$. Zum Zeitpunkt $t = 0$ beschleunigt das Auto konstant ($a = 6 \frac{\text{m}}{\text{s}^2}$) aus dem Stillstand. Der Zug hat da bereits 40 m Vorsprung.

a) Stellen Sie für die zurückgelegte Wegstrecke s in Abhängigkeit von der Zeit t je eine Funktionsgleichung für den Zug und das Auto auf. Achten Sie besonders auf die Einheiten. (Tipp: $s = 0,5 \cdot a \cdot t^2$)

b) Berechnen Sie Zeit und Strecke, welche das Auto zum Einholen des Zugs benötigt. Skizzieren Sie beide Funktionsgraphen und vergleichen Sie mit der Rechnung.

13. Eine parabelförmige Brücke wird durch die Funktion f mit $f(x) = -0,004x^2 + 1,2x - 32,4$ mit $x > 0$ beschrieben. Die durch die Punkte A und B verlaufende Straße liegt auf der x-Achse. Der Verankerungspunkt C liegt auf der y-Achse.

a) Berechnen Sie die maximale Höhe des Brückenbogens über der Straße.

b) Berechnen Sie die Länge der Straße zwischen den Punkten A und B.

c) Wie tief unter der Straße befinden sich die Verankerungspunkte C und D?

d) Ermitteln Sie die Funktionsgleichung der Träger durch C und S bzw. durch D und S.

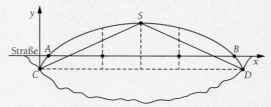

14. Finden und korrigieren Sie die Fehler in folgenden Lösungen.

a) Formen Sie in die Scheitelpunktform um.

$$f(x) = -\tfrac{1}{4}x^2 + x + 2$$
$$= -\tfrac{1}{4}\left(x^2 + \tfrac{1}{2}x - \tfrac{1}{4} + \tfrac{1}{4}\right) + 2$$
$$= -\tfrac{1}{4}\left(x^2 + \tfrac{1}{2}x - \tfrac{1}{4}\right) - \tfrac{1}{4} + 2$$
$$= -\tfrac{1}{4}\left(x + \tfrac{1}{4}\right)^2 + \tfrac{7}{4}$$

b) Berechnen Sie die Nullstellen.

$$f(x_N) = 0$$
$$-x_N^2 + 7x_N = 0$$
$$x_N^2 + 7x_N = 0$$
$$x_N(x_N + 7) = 0$$
$$x_{N_1} = 0; \quad x_{N_2} = 7$$

c) Bestimmen Sie rechnerisch die Schnittpunkte der Graphen von f und g mit $f(x) = -x^2 - 6x - 2$ und $g(x) = -2x + 1$.

$$f(x_S) = g(x_S)$$
$$-x_S^2 - 6x_S - 2 = -2x_S + 1$$
$$-x_S^2 - 4x_S - 3 = 0$$
$$x_{S_{1,2}} = \pm \tfrac{-4}{2}\sqrt{4 - 3}$$
$$= -2\sqrt{1} \Rightarrow S(-2 \mid 0)$$

15. In der Ecke zwischen Hauswand und Garage entsteht ein rechteckiger Freilauf für Kaninchen. Zwei Seiten sind durch die Wände begrenzt. Die beiden anderen Seiten sollen mit einem 2,4 m langen Gitterdraht eingezäunt werden.

a) Skizzieren Sie die Situation und beschreiben Sie die Fläche des Freilaufs abhängig von der Zaunlänge mit einer Funktion.

b) Berechnen Sie die maximale Fläche des Freilaufs für die Kaninchen.

c) Überschlagen Sie: Wie lang muss der Gitterdraht mindestens sein, wenn der Freilauf 2 m² groß sein soll? Erklären Sie Ihre Überlegung.

16. Ein Fallschirmspringer springt in 2 645 m Höhe vom Flugzeug ab und registriert auf seinem Höhenmesser folgende Werte.

Zeit in s	0	2	4	6	…
Höhe in m	2 645	2 625	2 565	2 465	…

a) Weisen Sie nach, dass der Zusammenhang zwischen der Zeit t und der Höhe $h(t)$ nicht linear ist.

b) Ermitteln Sie die Gleichung der quadratischen Funktion h.

c) Für die Landung ist ein Gelände in 440 m Höhe vorgesehen. Der Fallschirm braucht zwei Sekunden zur vollen Entfaltung. Wann muss der Springer spätestens die Reißleine ziehen, um unbeschadet zu landen?

d) Wie viel Zeit würde der Springer in einem Gelände auf der Höhe des Meeresspiegels bis zur Landung benötigen, wenn er nicht durch den Fallschirm gebremst würde?

17. Die abgebildete Figur hat einen Umfang von 320 mm.

a) Beschreiben Sie die Fläche als quadratische Funktion A abhängig von x. Nutzen Sie den Umfang der Figur, um die Variable y zu ersetzen.

b) Geben Sie den Scheitelpunkt, den y-Achsenabschnitt und die Nullstellen von A an.

c) Zeichnen Sie den Graphen der Funktion A.

d) Geben Sie die maximale Fläche der Figur und die zugehörigen Seitenlängen an.

18. Die Bosporus-Brücke verbindet in Istanbul Europa mit Asien. Die Pylone sind 155 m hoch. Die Fahrbahn ist auf einer Höhe von 50 m eingehängt. Die maximale Spannweite beträgt 1074 m. Die Durchfahrtshöhe für Schiffe beträgt in der Brückenmitte 64 m. Die Fahrbahn verläuft also nicht rein horizontal, sondern erhebt sich parabelförmig zur Mitte der Brücke.

Stellen Sie die quadratischen Funktionsgleichungen für die Fahrbahn und für die Tragseile auf.

19. 330 Kinder einer Stadt nehmen das Sport-Spiel-Spaß-Angebot eines Sportvereins in Anspruch. Dafür zahlen die Eltern im Jahr 90 € pro Kind. Der Sportverein möchte seine Einnahmen optimieren.

Erfahrungen eines Sportvereins aus der Nachbarstadt zeigen, dass mehr Eltern ihre Kinder anmelden, wenn die Preise gesenkt werden. Dabei bewirkte jeder Euro Preissenkung etwa sechs zusätzliche Anmeldungen.

a) Welche Einnahmen hat der Verein in der aktuellen Situation?

b) Stellen Sie eine quadratische Funktionsgleichung auf, mit der die Einnahmen abhängig vom Jahresbeitrag beschrieben werden. (Tipp: Variieren Sie den Jahresbeitrag und berechnen Sie die veränderten Einnahmen.)

c) Analysieren Sie die Optimierungsmöglichkeiten für den Verein.

Ich kann ...

... **quadratische Funktions-gleichungen** in allgemeiner und in Scheitelpunktform darstellen. ▶ Test-Aufgabe 2	$f(x) = 2x^2 + 8x - 4,5$ $S_y(0 \mid -4,5)$ $f(x) = 2(x+2)^2 - 12,5$ $S(-2 \mid -12,5)$	**allgemeine Form**: $f(x) = ax^2 + bx + c$ **Scheitelpunktform**: $f(x) = a(x - x_S)^2 + y_S$ (jeweils $a \neq 0$)

... das **Aussehen** von Para-beln **aus der Funktionsglei-chung ablesen.**
▶ Test-Aufgaben 1, 2

$a = 2$: Parabel gestreckt und nach oben geöffnet

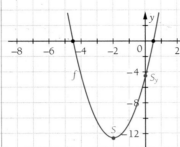

Scheitelpunkt $S(x_S \mid y_S)$
y-Achsenschnittpunkt: $S_y(0 \mid c)$
$a > 0$: Parabel nach oben geöffnet
$a < 0$: Parabel nach unten geöffnet
$|a| > 1$: Parabel gestreckt
$|a| < 1$: Parabel gestaucht

4

... **quadratische Funktions-gleichungen** aus der **Scheitel-punktform in die allgemeine Form umwandeln.**

$f(x) = 2(x+2)^2 - 12,5$
$\quad = 2(x^2 + 4x + 4) - 12,5$
$\quad = 2x^2 + 8x - 4,5$

1. **binomische Formel** anwenden
2. Klammer auflösen
3. zusammenfassen

... **quadratische Funktions-gleichungen** aus der **allge-meinen Form in die Scheitel-punktform umwandeln.**
▶ Test-Aufgaben 1, 2

$f(x) = 2x^2 + 8x - 4,5$
$\quad = 2(x^2 + 4x) - 4,5$
$\quad = 2(x^2 + 4x + 4 - 4) - 4,5$
$\quad = 2(x^2 + 4x + 4) - 8 - 4,5$
$\quad = 2(x+2)^2 - 12,5$

1. a ausklammern
2. **quadratisch ergänzen**
3. binomische Formel rückwärts anwen-den und zusammenfassen

... **Nullstellen** quadratischer Funktionen berechnen.
▶ Test-Aufgaben 1, 2

$2x_N^2 + 8x_N - 4,5 = 0 \qquad |:2$
$x_N^2 + 4x_N - 2,25 = 0 \qquad$ ▶ Normalform
p-q-Formel:
$x_{N_{1,2}} = -2 \pm \sqrt{4 + 2,25}$
$x_{N_1} = 0,5; \ x_{N_2} = -4,5$

1. $f(x_N) = 0$ setzen
2. quadratische Gleichung z. B. mit p-q-Formel lösen

... **Schnittpunkte** von zwei Parabeln oder von Parabel und Gerade bestimmen.
▶ Test-Aufgaben 3, 4

Schnittpunkt mit $g(x) = x - 4,5$:
$2x_S^2 + 8x_S - 4,5 = x_S - 4,5 \mid -x_S + 4,5$
$2x_S^2 + 7x_S = 0$
$2x_S(x_S + 3,5) = 0$
$x_{S_1} = 0; \ x_{S_2} = -3,5$
$S_1(0 \mid -4,5), \ S_2(-3,5 \mid -8)$

1. $f(x_S) = g(x_S)$
2. quadratische Gleichung lösen
3. Funktionswerte berechnen

... **quadratische Funktions-gleichungen** anhand dreier auf dem Graphen liegender Punkte **aufstellen.**
▶ Test-Aufgaben 4, 5

$P_1(2 \mid 14): a \cdot 2^2 + b \cdot 2 + c = 14$
$P_2(4 \mid 20): a \cdot 4^2 + b \cdot 4 + c = 20$
$P_3(6 \mid 18): a \cdot 6^2 + b \cdot 6 + c = 18$
▶ Rechnung siehe Seite 172

1. Gegebene Punkte in den allgemeinen Ansatz $ax^2 + bx + c = y$ einsetzen
2. Lineares Gleichungssystem lösen
▶ Bei gegebenem Scheitelpunkt und einem wei-teren Punkt auf dem Graphen lässt sich die Scheitelpunktform verwenden.

Test zu 4.2

1. Betrachten Sie die Funktion f mit $f(x) = 0{,}5x^2 - 6x - 2$.

a) Beschreiben Sie die Form des Graphen von f, ohne die Parabel zu zeichnen. Geben Sie S_y an.

b) Formen Sie die Funktionsgleichung in die Scheitelpunktform um und geben Sie den Scheitelpunkt an.

c) Berechnen Sie die x-Achsenschnittpunkte des Graphen von f.

d) Zeichnen Sie den Graphen von f.

2. Der Graph der Funktion g ist eine nach unten geöffnete Normalparabel mit dem Scheitelpunkt $S(12 \mid -8)$.

a) Geben Sie die Funktionsgleichung von g in Scheitelpunktform und in allgemeiner Form an.

b) Beschreiben Sie die Form des Graphen von g, ohne ihn zu zeichnen. Geben Sie S_y an.

c) Berechnen Sie die Nullstellen der Funktion g.

d) Zeichnen Sie die Funktion g.

3. Berechnen Sie die gemeinsamen Punkte der Funktionsgraphen aus den Aufgaben 1 und 2.

4. Die abgebildete Brücke überspannt im Gebirge eine Schlucht. Die Fahrbahn verläuft schräg aufsteigend entlang der Geraden mit $g(x) = 0{,}1x + 1$. Der höchste Punkt des Brückenbogens ist $S(22{,}5 \mid 12{,}5)$.

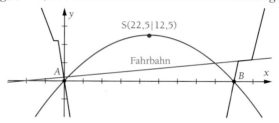

a) Bestimmen Sie die Funktionsgleichung der Parabel, die den Brückenbogen beschreibt.

b) Bestimmen Sie die Spannweite des Brückenbogens zwischen den Verankerungspunkte A und B.

c) Berechnen Sie, welchen Höhenunterschied die Straße innerhalb des Brückenbogens überwindet.

5. Untersuchen Sie nebenstehenden Zeitungsartikel.

a) Stellen Sie eine quadratische Funktionsgleichung auf, die den dargestellten Zusammenhang zwischen Geschwindigkeit und Stickoxid-Ausstoß beschreibt.

b) Beurteilen Sie die letzte Aussage des Textes, indem Sie den Stickoxid-Ausstoß für die angegebenen Geschwindigkeiten berechnen.

c) Bestimmen Sie die Achsenschnittpunkte und den Scheitelpunkt des Funktionsgraphen.
Zeichnen Sie den Graphen.

d) Verwenden Sie die Informationen aus Aufgabenteil c), um die Aussagekraft der Funktion für den Zusammenhang von Geschwindigkeit und Stickoxid-Ausstoß zu beurteilen. Für welche Geschwindigkeiten liefert die Funktion keine sinnvollen Aussagen?

Ein Durchschnittsfahrzeug hinterlässt bei 80 km/h 1,5 Gramm Stickoxid pro Kilometer, bei 100 km/h bereits 3 Gramm und bei 130 km/h 6 Gramm. Derzeit beträgt die Durchschnittsgeschwindigkeit auf deutschen Autobahnen 123 km/h.

Eine Geschwindigkeitsbegrenzung auf 100 km/h könnte laut Annahmen die Durchschnittsgeschwindigkeit um 30 km/h senken. Das ergäbe einen um die Hälfte reduzierten Stickoxid-Ausstoß.

4.3 Ganzrationale Funktionen

4.3.1 Gleichungen und Graphen

Volumen eines Quaders

Eine Metallwerkstatt möchte aus 60 cm langen und 40 cm breiten Metallblechen kleine Schachteln herstellen. Die Schachteln sollen möglichst groß sein. Stellen Sie einen Zusammenhang zwischen der Höhe und dem Volumen her. Ermitteln Sie, für welche Höhe das Volumen maximal ist.

Für verschiedene Höhen x berechnen wir das Volumen mithilfe der Volumenformel:

$V = a \cdot b \cdot x$ ▶ a, b, x in cm, V in cm^3

Legen wir als Höhe beispielsweise $x = 10$ cm fest, so ergeben sich auch die beiden Seitenlängen der Grundfläche:

$a = 60 - 2 \cdot 10 = 40$, $b = 40 - 2 \cdot 10 = 20$

Für das Volumen gilt dann

$V = a \cdot b \cdot x = 40 \cdot 20 \cdot 10 = 8\,000$

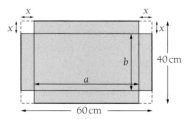

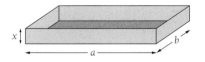

In einer Tabelle halten wir das Volumen für weitere Höhen fest.

x in cm	2	4	6	8	10	12
V in cm^3	4 032	6 656	8 064	8 448	8 000	6 912

Der Zusammenhang zwischen V und x lässt sich allgemein – für jede beliebige Höhe x – beschreiben: Es gilt

$a = 60 - 2x$, $b = 40 - 2x$

Für das Volumen $V = a \cdot b \cdot x$ ergibt sich

$V = a \cdot b \cdot x = (60 - 2x) \cdot (40 - 2x) \cdot x$

Das Volumen hängt nun nur noch von der Variablen x ab. Wir können die Funktionsgleichung für die Volumenfunktion V angeben:

$$V(x) = (60 - 2x) \cdot (40 - 2x) \cdot x$$
$$= (2\,400 - 80x - 120x + 4x^2) \cdot x$$
$$= 4x^3 - 200x^2 + 2\,400x$$

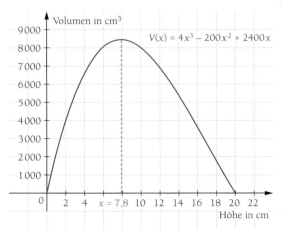

Die Höhe, Länge und Breite müssen positiv sein. Aus diesen Vorgaben ergibt sich für die Volumenfunktion V der Definitionsbereich $D_V = \,]0; 20[$.

▶ Dass die Höhe zwischen 0 cm und 20 cm liegen muss, ergibt sich auch aus der Tatsache, dass die zur Verfügung stehenden Bleche nur 40 cm breit sind.

$$a > 0 \qquad b > 0 \qquad x > 0$$
$$\Leftrightarrow 60 - 2x > 0 \qquad \Leftrightarrow 40 - 2x > 0$$
$$\Leftrightarrow \quad 60 > 2x \qquad \Leftrightarrow \quad 40 > 2x$$
$$\Leftrightarrow \quad 30 > x \qquad \Leftrightarrow \quad 20 > x$$

Insgesamt: $x > 0$ und $x < 20$.

Dem Graphen der Funktion entnehmen wir, dass bei einer Höhe von ca. 7,8 cm das Volumen einer Schachtel maximal ist.

Die Funktion V mit $V(x) = 4x^3 - 200x^2 + 2\,400x$ in Beispiel 1 (► Seite 179) unterscheidet sich von den bisher betrachteten Funktionen: Der höchste Exponent im Funktionsterm ist 3. Wir sprechen von einer **ganzrationalen Funktion 3. Grades**, auch kubische Funktion genannt.

Allgemein heißen Funktionen, in denen die Variable x in der Potenz einer beliebigen natürlichen Zahl n auftritt, **ganzrationale Funktionen n-ten Grades**. Ihre Funktionsgleichungen haben die Form

$f(x) = a_n x^n + a_{n-1} x^{n-1} + \cdots + a_1 x + a_0$ mit $a_0, a_1, \ldots, a_{n-1}, a_n \in \mathbb{R}$ und $a_n \neq 0$.

Den Funktionsterm nennt man auch **Polynom n-ten Grades**. Der Grad einer ganzrationalen Funktion bzw. eines Polynoms ergibt sich aus der höchsten Potenz, in der die Variable auftritt. Die Zahlen $a_0, a_1, \ldots, a_{n-1}, a_n$ heißen Koeffizienten. Der Koeffizient a_n der höchsten x-Potenz heißt **Leitkoeffizient**.

4

Lineare und quadratische Funktionen sind ebenfalls ganzrationale Funktionen:

180-1 $f(x) = a_1 x + a_0$ lineare Funktion   ganzrationale Funktion 1. Grades
180-2 $f(x) = a_2 x^2 + a_1 x + a_0$ quadratische Funktion   ganzrationale Funktion 2. Grades

(2) Grad und Koeffizient einer ganzrationalen Funktion

Ermitteln Sie den Grad der Funktionen f und g mit $f(x) = (x+5)^2(x-2)$ und $g(x) = 2x^2 - x^4 + 1$. Bestimmen Sie die Koeffizienten.

Wir multiplizieren den Funktionsterm von f aus. Den Funktionsterm von g ordnen wir nach der höchsten Potenz.	$f(x) = (x+5)^2(x-2) = (x^2 + 10x + 25)(x-2)$ $\quad\quad = x^3 + 8x^2 + 5x - 50$ $g(x) = 2x^2 - x^4 + 1 = -x^4 + 2x^2 + 1$
Der höchste Exponent in der Funktionsgleichung bestimmt den Grad der Funktion.	f hat den Grad 3; g hat den Grad 4
Wir können die Koeffizienten von f und g direkt aus den Funktionsgleichungen ablesen.	Funktion f: $a_3 = 1$; $a_2 = 8$; $a_1 = 5$; $a_0 = -50$ Funktion g: $a_4 = -1$; $a_3 = 0$; $a_2 = 2$; $a_1 = 0$; $a_0 = 1$

- Eine Funktion f vom Typ $f(x) = a_n x^n + a_{n-1} x^{n-1} + \cdots + a_1 x + a_0$ mit $a_0, a_1, \ldots, a_n \in \mathbb{R}$ und $a_n \neq 0$ heißt **ganzrationale Funktion n-ten Grades**.
- Der Definitionsbereich ist in der Regel $D_f = \mathbb{R}$.
- Der Funktionsterm $a_n x^n + a_{n-1} x^{n-1} + \cdots + a_1 x + a_0$ heißt **Polynom n-ten Grades**.
- Die Zahlen $a_0, a_1, \ldots, a_{n-1}, a_n$ heißen **Koeffizienten** des Polynoms.
- Der Koeffizient a_0 heißt **Absolutglied**. Er bestimmt den **y-Achsenabschnitt**.

1. Sind die folgenden Funktionsgleichungen Beispiele für ganzrationale Funktionen? Wenn ja, geben Sie die Koeffizienten und den Grad der Funktion an.

   a) $f(x) = 7x^7 + 13x^3 + 11x$ b) $f(x) = (x+4)^2(x-1)$ c) $f(x) = \frac{1}{x^4}$ d) $f(x) = x^3 + 3x^2 + \sqrt{x}$

2. Die Firma „Deluxe" stellt Luxusuhren her. Diese werden in goldenen Schachteln verpackt. Der Karton, aus dem die Schachteln gefaltet werden, ist 7 cm lang und 5 cm breit. Um den Karton zu einer Schachtel falten zu können, müssen an den Ecken gleichgroße Quadrate abgeschnitten werden. Bestimmen Sie die Größe dieser Quadrate, sodass das Volumen der Schachtel maximal wird.

3. Geben Sie die Funktionsgleichung der ganzrationalen Funktion 6. Grades mit folgenden Koeffizienten an: $a_6 = a_4 = 3$, $a_5 = -2$; $a_3 = 1$; $a_2 = -6$; $a_1 = 0$ und $a_0 = 8$.

Verhalten im Unendlichen

In Beispiel 1 (▶ Seite 179) konnten wir das Volumen der Blechschachteln durch eine ganzrationale Funktion 3. Grades mit dem Definitionsbereich $]0;20[$ beschreiben. Wir greifen diese Funktion im folgenden Beispiel wieder auf, erweitern aber ihren Definitionsbereich, um sie „globaler" untersuchen zu können.

Globalverlauf

③

Untersuchen Sie, wie der Graph zu $f(x) = 4x^3 - 200x^2 + 2400x$ global verläuft. Das heißt, zeichnen Sie den Funktionsgraphen, wenn für die x-Werte alle reellen Zahlen zugelassen sind, also für $D_f = \mathbb{R}$ gilt.

Wir lassen den Graphen mithilfe eines Funktionsplotters zeichnen.

Der Funktionsplotter geht davon aus, dass der Definitionsbereich der Funktion f ganz $\mathbb{R}$ ist.

Wir verfolgen den Verlauf des Graphen von links nach rechts. Dabei stellen wir Folgendes fest:

Der Graph „kommt von unten" aus dem III. Quadranten, verläuft dann kurz im I. und danach im IV. Quadranten und „geht" für immer größere Werte für x „nach oben" in den I. Quadranten.

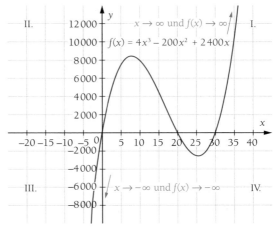

181-1

Das Verhalten des Graphen für sehr kleine x-Werte („Woher kommt der Graph?") und sehr große x-Werte („Wohin geht der Graph?") heißt **Globalverlauf** des Graphen oder Verhalten im Unendlichen.

Bei der Untersuchung des Globalverlaufs beschreiben wir, wie sich die Funktionswerte $f(x)$ verhalten, wenn wir immer größere bzw. immer kleinere Werte für x einsetzen würden.

wir schreiben:	wir lesen:
$x \to \infty$	x gegen unendlich
$x \to -\infty$	x gegen minus unendlich

In unserem Beispiel wird $f(x)$ für $x \to -\infty$ immer kleiner, für $x \to \infty$ immer größer.

Für $x \to -\infty$ gilt $f(x) \to -\infty$.
Für $x \to \infty$ gilt $f(x) \to \infty$.

Anhand des Funktionsterms erkennen wir, dass der Globalverlauf von f von dem Term $4x^3$ bestimmt wird. Wir klammern dazu in der Gleichung den Summanden mit der höchsten x-Potenz aus.

Für $x \to -\infty$ und $x \to +\infty$ werden die Beträge der beiden Bruchterme immer kleiner und gehen gegen null.

In der Klammer bleibt dann „fast" nur die 1 stehen und von dem gesamten Funktionsterm nur $4x^3 \cdot 1 = 4x^3$.

$$f(x) = 4x^3 - 200x^2 + 2400x$$
$$= 4x^3 \left(1 - \frac{200x^2}{4x^3} + \frac{2400x}{4x^3}\right) \to 4x^3$$
$$\qquad\quad \downarrow \qquad\quad \downarrow$$
$$\qquad\quad 0 \qquad\quad 0$$

Allgemein gilt: Der Globalverlauf des Graphen einer durch $f(x) = a_n x^n + a_{n-1} x^{n-1} + \cdots + a_1 x^1 + a_0$ $(a_n \neq 0)$ gegebenen ganzrationalen Funktion f wird durch den Summanden mit der höchsten Potenz bestimmt $(a_n x^n)$. Für den Grad n und den **Leitkoeffizienten** a_n sind die folgenden Fragen zu beantworten:

1. Ist n gerade oder ungerade?
2. Ist a_n positiv oder negativ?

Im Folgenden werden wir den Globalverlauf verschiedener Graphen mit diesen Fragen untersuchen.

Die folgende Übersicht zeigt Beispiele für den Verlauf von Graphen ganzrationaler Funktionen mit Funktionsgleichungen der Form $f(x) = a_n x^n + a_{n-1} x^{n-1} + \cdots + a_1 x^1 + a_0$ $(a_n \neq 0)$.
Dabei unterscheiden wir vier mögliche Fälle.

1. n gerade und $a_n > 0$: Der Graph verläuft vom II. in den I. Quadranten.

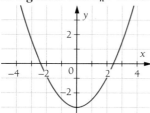 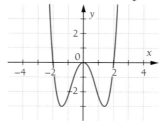 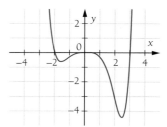

$n = 2$:
$f(x) = 0{,}5x^2 - 3$

$n = 4$:
$f(x) = 0{,}75x^4 - 3x^2$

$n = 6$:
$f(x) = 0{,}05x^6 - 0{,}05x^5 - 0{,}3x^4$

2. n gerade und $a_n < 0$: Der Graph verläuft vom III. in den IV. Quadranten.

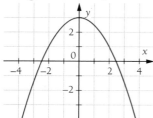 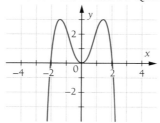 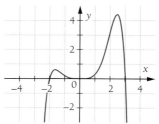

$n = 2$:
$f(x) = -0{,}5x^2 + 3$

$n = 4$:
$f(x) = -0{,}75x^4 + 3$

$n = 6$:
$f(x) = -0{,}05x^6 + 0{,}05x^5 + 0{,}3x^4$

3. n ungerade und $a_n > 0$: Der Graph verläuft vom III. in den I. Quadranten.

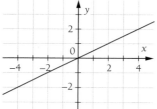 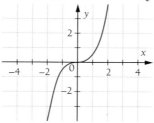 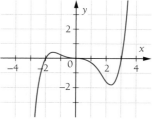

$n = 1$:
$f(x) = 0{,}5x$

$n = 3$:
$f(x) = 0{,}5x^3$

$n = 5$:
$f(x) = 0{,}05x^5 - 0{,}05x^4 - 0{,}3x^3$

4. n ungerade und $a_n < 0$: Der Graph verläuft vom II. in den IV. Quadranten.

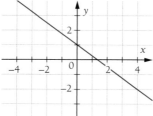 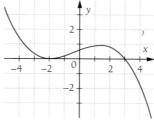 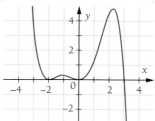

$n = 1$:
$f(x) = -0{,}75x + 1$

$n = 3$:
$f(x) = -0{,}05x^3 - 0{,}05x^2$
$ + 0{,}4x + 0{,}6$

$n = 5$:
$f(x) = -0{,}07x^5 - 0{,}07x^4$
$ + 0{,}56x^3 + 0{,}84x^2$

Der **Globalverlauf** des Graphen einer ganzrationalen Funktion f mit $f(x) = a_n x^n + \cdots + a_1 x^1 + a_0$ $(a_n \neq 0)$ wird von dem Summanden mit dem höchsten Exponenten, also durch $a_n x^n$ bestimmt.
Man unterscheidet vier Fälle:

n gerade und $a_n > 0$:   Für $x \to -\infty$ gilt $f(x) \to +\infty$ und
für $x \to +\infty$ gilt $f(x) \to +\infty$
Der Graph verläuft vom II. in den I. Quadranten.

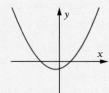

n gerade und $a_n < 0$:   Für $x \to -\infty$ gilt $f(x) \to -\infty$ und
für $x \to +\infty$ gilt $f(x) \to -\infty$
Der Graph verläuft vom III. in den IV. Quadranten.

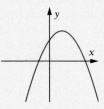

n ungerade und $a_n > 0$:   Für $x \to -\infty$ gilt $f(x) \to -\infty$ und
für $x \to +\infty$ gilt $f(x) \to +\infty$
Der Graph verläuft vom III. in den I. Quadranten.

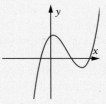

n ungerade und $a_n < 0$:   Für $x \to -\infty$ gilt $f(x) \to +\infty$ und
für $x \to +\infty$ gilt $f(x) \to -\infty$
Der Graph verläuft vom II. in den IV. Quadranten.

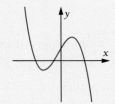

1. Beschreiben Sie den Globalverlauf des Funktionsgraphen.

   a) $f(x) = 2x^4 + 2x^2 + 4$ c) $f(x) = -0{,}5x^4 + 2x$ e) $f(x) = x^5 + x^3 + 1$

   b) $f(x) = -x^6 + x^4 + 3x$ d) $f(x) = -2x^3 + x^2$ f) $f(x) = -(x-5)(x^2-3)$

2. Gegeben sind die Graphen der ganzrationalen
   Funktionen f, g und h.

   a) Geben Sie für jede Funktion an, ob der
   Grad n gerade oder ungerade ist und ob
   der Leitkoeffizient a_n größer oder kleiner
   als null ist.

   b) Geben Sie jeweils eine mögliche Funktionsgleichung an, zeichnen Sie den Graphen und vergleichen Sie das Ergebnis mit
   dem gegebenen Graphen.

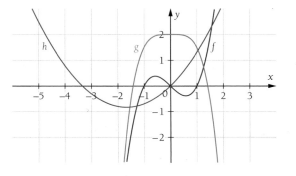

Charakteristische Punkte

(4) Steigungsverhalten und Extrempunkte

Beschreiben Sie das Steigungsverhalten des Graphen von f mit $f(x) = x^3 - 6x^2 + 9x - 1$.

Wir zeichnen den Graphen der Funktion und beschreiben die Intervalle, in denen der Graph steigt oder fällt.

Der Graph der Funktion f steigt im Intervall M_1 bis zum **Hochpunkt** $H(1|3)$. Dort ändert sich das Steigungsverhalten von f. Der Graph fällt im Intervall M_2, bis er den **Tiefpunkt** $T(3|-1)$ erreicht. Hier ändert sich das Steigungsverhalten erneut. Der Graph von f steigt im Intervall M_3.

Hoch- und Tiefpunkte heißen auch **Extrempunkte**. Dies sind die Punkte, an denen sich das **Steigungsverhalten** des Funktionsgraphen bzw. das **Monotonieverhalten** von f verändert. Dort ist der Funktionswert in einer Umgebung am Größten oder am Kleinsten.

Extrempunkte (abgelesen):
Hochpunkt $H(1|3)$; Tiefpunkt $T(3|-1)$
▶ rechnerische Bestimmung in Abschnitt 5.2.1, Seite 246

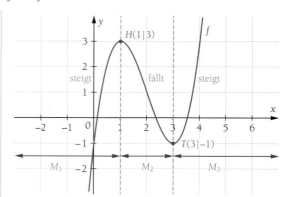

Steigungsintervalle:
$M_1 = \,]-\infty; 1]$ f steigt
$M_2 = [1; 3]$ f fällt
$M_3 = [3; \infty[$ f steigt

(5) Krümmungsverhalten und Wendepunkte

Beschreiben Sie das Krümmungsverhalten des Graphen von g mit $g(x) = -x^4 + 6x^2 - 3$.

Die Krümmung des Graphen beschreiben wir, indem wir uns vorstellen, wir fahren den Funktionsgraphen von links nach rechts wie eine Straße entlang. Drehen wir das Lenkrad nach links, ist der Graph linksgekrümmt. Fahren wir eine Rechtskurve, ist der Graph rechtsgekrümmt. **Wendepunkte** sind die Punkte, an denen sich das **Krümmungsverhalten** des Funktionsgraphen verändert, das Lenkrad also für einen Moment „gerade" steht.

Der Graph der Funktion g ist im Intervall K_1 rechtsgekrümmt bis zum Wendepunkt $W_1(-1|2)$. Anschließend ist der Graph im Intervall K_2 linksgekrümmt bis zum Wendepunkt $W_2(1|2)$. Im folgenden Intervall K_3 ist der Graph von g erneut rechtsgekrümmt.

Wendepunkte (abgelesen):
Wendepunkt $W_1(-1|2)$; Wendepunkt $W_2(1|2)$
▶ rechnerische Bestimmung in Abschnitt 5.2.2, Seite 252

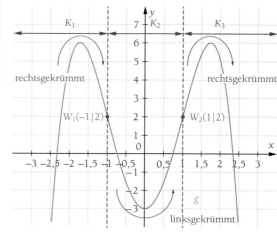

Krümmungsintervalle:
$K_1 = \,]-\infty; -1]$ Graph von g rechtsgekrümmt
$K_2 = [-1; 1]$ Graph von g linksgekrümmt
$K_3 = [1; \infty[$ Graph von g rechtsgekrümmt

Schnittpunkte mit den Koordinatenachsen

6

Bestimmen Sie die y-Achsenschnittpunkte und Nullstellen der Funktionen f und g mit $f(x) = x^3 - 6x^2 + 9x - 1$ und $g(x) = -x^4 + 6x^2 - 3$.

Die **y-Achsenschnittpunkte** lassen sich am Graphen ablesen. Wir können sie aber auch einfach berechnen, indem wir in der Funktionsgleichung $x = 0$ einsetzen und $f(0)$ berechnen:

$f(0) = 0^3 - 6 \cdot 0^2 + 9 \cdot 0 - 1 = -1$
$\Rightarrow S_y(0 \mid -1)$
$g(0) = -0^4 + 6 \cdot 0^2 - 3 = -3$
$\Rightarrow S_y(0 \mid -3)$

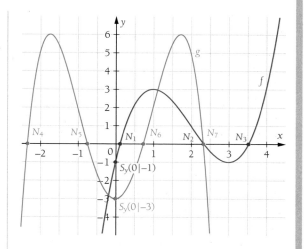

Die y-Koordinate stimmt mit der Zahl „ohne x" im Funktionsterm überein, sodass wir den y-Achsenschnittpunkt sogar ohne Rechnung angeben können.

Die **Nullstellen** lesen wir ungefähr aus der Zeichnung ab. Die exakte Berechnung der Nullstellen wird im folgenden Abschnitt 4.3.2 beschrieben. (► Seite 189)

x-Achsenschnittpunkte von f (abgelesen):
$N_1(0,1 \mid 0)$, $N_2(2,3 \mid 0)$, $N_3(3,5 \mid 0)$

x-Achsenschnittpunkte von g (abgelesen):
$N_4(-2,3 \mid 0)$, $N_5(-0,7 \mid 0)$, $N_6(0,7 \mid 0)$, $N_7(2,3 \mid 0)$

- Das **Steigungsverhalten** des Graphen einer Funktion ändert sich in einem **Extrempunkt**: Bei einem **Hochpunkt** von steigend zu fallend, bei einem **Tiefpunkt** von fallend zu steigend.
- Das **Krümmungsverhalten** des Graphen einer Funktion ändert sich in einem **Wendepunkt**.
- Eine ganzrationale Funktion f mit $f(x) = a_n x^n + a_{n-1} x^{n-1} + \ldots + a_1 x + a_0$ mit $a_n \neq 0$ hat den **y-Achsenschnittpunkt** $S_y(0 \mid a_0)$.

---

1. Beschreiben Sie das Steigungs- und das Krümmungsverhalten der abgebildeten Funktionsgraphen.
   Lesen Sie die Extrem- und Wendepunkte sowie die Schnittpunkte mit den Koordinatenachsen möglichst genau aus der Zeichnung ab.

2. Geben Sie den Schnittpunkt mit der y-Achse an.
   a) $f(x) = 2x^2 + 3x - 5$
   b) $f(x) = x^3 - 2x$
   c) $f(x) = 2 - x^3$

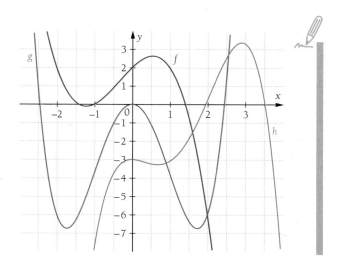

Symmetrieeigenschaften

Symmetrie ist ein Phänomen, das uns sehr vertraut ist. Es taucht häufig in der Natur auf. Die Flügel von Schmetterlingen sind beispielsweise symmetrisch zueinander. Auch der menschliche Körper ist von außen gesehen ein Beispiel für Symmetrie.

In der Mathematik ist die Symmetrie eine wichtige Eigenschaft von Funktionsgraphen. Sie erleichtert beispielsweise die Berechnung von markanten Punkten, zum Beispiel bei Nullstellen.

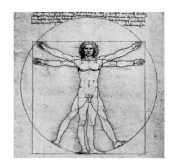

(7) Achsensymmetrie zur y-Achse

Untersuchen Sie die Graphen zu $f_1(x) = x^2$, $f_2(x) = x^4$ und $f_3(x) = x^4 + x^2 - 2$ auf Symmetrie.

Die Graphen der Funktionen f_1 mit $f_1(x) = x^2$ und f_2 mit $f_2(x) = x^4$ haben eine gemeinsame Eigenschaft: Spiegeln wir jeweils den Graphen an der y-Achse, so erhalten wir wieder den gleichen Graphen.
Diese Eigenschaft nennt man **Achsensymmetrie zur y-Achse**.

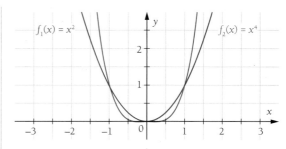

Auch der Graph der Funktion f_3 mit der Gleichung $f_3(x) = x^4 + x^2 - 2$ ist symmetrisch zur y-Achse.

Für die Funktionen f_1 bis f_3 gilt für alle $x \in \mathbb{R}$:
Die Funktionswerte an den Stellen $-x$ und x sind gleich, kurz: $f(-x) = f(x)$.

$$f_1(-x) = (-x)^2 = x^2 = f_1(x)$$
$$f_2(-x) = (-x)^4 = x^4 = f_2(x)$$
$$f_3(-x) = (-x)^4 + (-x)^2 - 2 = x^4 + x^2 - 2 = f_3(x)$$

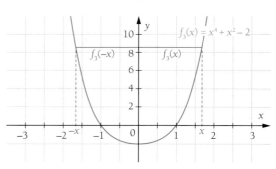

zur Veranschaulichung:

x	-4	-3	-2	-1	0	1	2	3	4
$f_3(x)$	270	88	18	0	-2	0	18	88	270

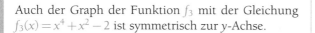

Der Graph einer Funktion f ist also achsensymmetrisch zur y-Achse, wenn $f(-x) = f(x)$ für alle $x \in D_f$ gilt.

Achsensymmetrie zur y-Achse können wir bereits an den Exponenten des Funktionsterms erkennen: Treten bei den Potenzen von x **nur gerade Exponenten** auf, so ist der Graph der Funktion achsensymmetrisch zur y-Achse. In diesem Fall nennt man f eine **gerade Funktion**.
Hinweis: Zu einem Summanden „ohne x" gehört die Potenz x^0, die ebenfalls einen geraden Exponenten hat. So gilt beispielsweise $-2 = -2 \cdot x^0$. Deshalb ist auch $f_3(x) = x^4 - x^2 - 2$ eine gerade Funktion.

Punktsymmetrie zum Ursprung

Untersuchen Sie die Graphen zu $f_1(x) = x^3$ und $f_2(x) = x^5 - x^3$ auf Symmetrie.

Der Graph der Funktion f_1 mit $f_1(x) = x^3$ ist nicht achsensymmetrisch. Er weist ein anderes Symmetrieverhalten auf.

Drehen wir den Graphen um 180° um den Ursprung, so erhalten wir wieder den gleichen Graphen. Diese Eigenschaft heißt **Punktsymmetrie zum Koordinatenursprung**.

Auch der Graph der Funktion f_2 mit $f_2(x) = x^5 - x^3$ ist punktsymmetrisch zum Koordinatenursprung.

Für die Funktionen f_1 und f_2 gilt für alle $x \in \mathbb{R}$: Der Funktionswert an der Stelle $-x$ ist gleich dem entgegengesetzten Funktionswert an der Stelle x, kurz: $f(-x) = -f(x)$.

$$f_1(-x) = (-x)^3 = -x^3 = -f_1(x)$$

$$f_2(-x) = (-x)^5 - (-x)^3 = -x^5 - (-x^3)$$
$$= -(x^5 - x^3) = -f_2(x)$$

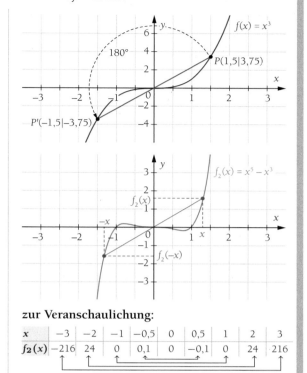

zur Veranschaulichung:

x	-3	-2	-1	$-0,5$	0	$0,5$	1	2	3
$f_2(x)$	-216	24	0	$0,1$	0	$-0,1$	0	24	216

Der Graph einer Funktion f ist also punktsymmetrisch zum Koordinatenursprung, wenn $f(-x) = -f(x)$ für alle $x \in D_f$ gilt.

Auch Punktsymmetrie zum Koordinatenursprung können wir an den Exponenten des Funktionsterms erkennen: Treten bei den Potenzen von x **nur ungerade Exponenten** auf, so ist der Graph der Funktion punktsymmetrisch zum Koordinatenursprung. Die Funktion ist in diesem Fall eine **ungerade Funktion**.

Viele Funktionsterme enthalten die Variable sowohl mit geraden als auch mit ungeraden Exponenten, z. B. $f(x) = x^4 - x^3$. Der Graph von f ist deswegen weder achsensymmetrisch zur y-Achse noch punktsymmetrisch zum Koordinatenursprung.

- Der Graph einer ganzrationalen Funktion f ist **achsensymmetrisch zur y-Achse**, wenn die Variable nur in Potenzen mit **geraden Exponenten** auftritt. Es gilt: $f(-x) = f(x)$ für alle $x \in D_f$.
- Der Graph einer ganzrationalen Funktion f ist **punktsymmetrisch zum Koordinatenursprung**, wenn die Variable nur in Potenzen mit **ungeraden Exponenten** auftritt. Es gilt: $f(-x) = -f(x)$ für alle $x \in D_f$.

Untersuchen Sie die Funktionen auf Symmetrie zur y-Achse und zum Ursprung.

a) $f(x) = x^4 - 13x^2 + 36$ c) $f(x) = -2x^3 - 2x - 2$ e) $f(x) = -x^4 + 2x^2 + 2$

b) $f(x) = 4x^3 + 2x$ d) $f(x) = x^5$ f) $f(x) = -x^4 + x^3$

Übungen zu 4.3.1

1. Geben Sie jeweils den Grad der ganzrationalen Funktion f und die Koeffizienten an.

a) $f(x) = -x^3 + 2x^2 - 4x$
b) $f(x) = 3x - 1$
c) $f(x) = \frac{1}{3}x^4 + x^3 - \frac{2}{3}x + 3$
d) $f(x) = 2x - 7 + x^2$

2.

a) Geben Sie die Funktionsgleichung der ganzrationalen Funktion 5. Grades mit den folgenden Koeffizienten an:
$a_5 = -1$, $a_4 = 0$, $a_3 = 3$, $a_2 = 1$, $a_1 = -2$, $a_0 = 0$.

b) Geben Sie eine Funktion 6. Grades an, die mindestens 4 Koeffizienten ungleich null besitzt.

c) Geben Sie den Funktionsterm von f an, der durch Multiplikation der Funktionsterme von $g(x) = 2x^2 - x$ und $h(x) = x + 1$ entsteht. Geben Sie den Grad von f an.

3. Beschreiben Sie den Globalverlauf der Graphen folgender Funktionen.

a) $f(x) = 4x^3 + 2x^2 + 3x - 6$
b) $f(x) = 2x^6$
c) $f(x) = -13x^2 - x^4 + 36$
d) $f(x) = -2x^5 + 2x^3 + x^2 - x$

4. Zeichnen Sie die Funktionsgraphen mithilfe einer Wertetabelle und beschreiben Sie die Graphen so genau wie möglich.

a) $f(x) = -x^3 + 6x^2 - 11x + 6$
b) $f(x) = x^4 - 10x^3 + 35x^2 - 50x + 24$

5. Untersuchen Sie folgende Funktionen auf Symmetrie zur y-Achse und zum Ursprung.

a) $f(x) = x^3 - 3x$
b) $f(x) = x^7 + \frac{2}{5}x^5 + 5$
c) $f(x) = x^4 - 2x^2 + 20$
d) $f(x) = -4x^5 + \frac{1}{2}x^3 - x$
e) $f(x) = x^2 + 19$
f) $f(x) = 2x^4 - 2x^2 + x + 2$

6.

a) Skizzieren Sie typische Graphenverläufe von Funktionen 3., 4., 5. und 6. Grades.

b) Beschreiben Sie, wie viele Nullstellen, Extrempunkte und Wendepunkte minimal und maximal vorliegen können. Erläutern Sie den Zusammenhang mit dem Grad der Funktion.

c) Vergleichen Sie anhand der Skizzen das Verhalten der Funktionen im Unendlichen.

7. Geben Sie eine Gleichung einer ganzrationalen Funktion f mit den angegebenen Eigenschaften an. Erklären Sie, warum Ihre Beispielfunktion diese erfüllt.

a) Symmetrie zur y-Achse; für $x \to +\infty$ gilt $f(x) \to -\infty$; $S_y(0 \mid -2)$; f hat Grad 4

b) für $x \to +\infty$ gilt $f(x) \to -\infty$; für $x \to -\infty$ gilt $f(x) \to +\infty$; Punktsymmetrie zum Ursprung; $a_3 \neq 0$

8. Beschreiben Sie die abgebildeten Funktionsgraphen so genau wie möglich.

a) Lesen Sie die Extrempunkte ab und beschreiben Sie das Steigungsverhalten.

b) Lesen Sie die Wendepunkte ab und beschreiben Sie das Krümmungsverhalten.

c) Lesen Sie die Achsenschnittpunkte ab.

d) Beschreiben Sie das Symmetrieverhalten.

e) Erklären Sie, welchen kleinstmöglichen Grad die Funktionen besitzen.

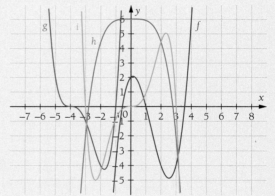

9. Ein Auto bewegt sich entsprechend der Funktion s mit $s(t) = -0{,}05t^3 + 0{,}75t^2$ (t: Zeit in Minuten, $s(t)$: zurückgelegter Weg in km).

a) Zeichnen Sie den Graphen von s.

b) Beschreiben Sie den innerhalb von 10 Minuten zurückgelegten Weg des Autos.

c) Erklären Sie die Bedeutung für die Autofahrt, dass der Graph von s zunächst linksgekrümmt und nach 5 Minuten rechtsgekrümmt ist.

d) Beschreiben Sie das Fahrverhalten des Autos nach exakt 10 Minuten.

4.3.2 Nullstellen

Für eine Nullstelle x_N einer ganzrationalen Funktion f ist der Funktionswert gleich null. Es gilt also $f(x_N) = 0$. Zum Lösen der entstandenen Gleichung gibt es mehrere Verfahren, die je nach Funktionsterm unterschiedlich ausgewählt werden sollten.

Nullstellenbestimmung mit dem Satz vom Nullprodukt

Berechnen Sie die Nullstellen der ganzrationalen Funktionen f und g mit $f(x) = x^3 - x$ und $g(x) = 2x^4 - 4x^3$.

Wir setzen den Funktionsterm gleich null. Da x_N in jedem Summanden des Funktionsterms von f vorkommt, klammern wir x aus. Bei g kommt in jedem Summanden sogar x^3 vor, das wir ausklammern.

$$f(x_N) = 0 \qquad\qquad g(x_N) = 0$$
$$x_N^3 - x_N = 0 \qquad\qquad 2x_N^4 - 4x_N^3 = 0$$
$$x_N(x_N^2 - 1) = 0 \qquad\qquad x_N^3(2x_N - 4) = 0$$

Wir verwenden den **Satz vom Nullprodukt**: Ein Produkt ist genau dann gleich null, wenn mindestens ein Faktor gleich null ist.

Die so entstandenen linearen oder quadratischen Gleichungen können wir wie bisher lösen.

Satz vom Nullprodukt:

$$x_N = 0 \ \lor\ x_N^2 - 1 = 0 \qquad x_N^3 = 0 \ \lor\ 2x_N - 4 = 0$$
$$x_N = 0 \ \lor\ x_N^2 = 1 \qquad x_N^3 = 0 \ \lor\ 2x_N = 4$$
$$x_{N_1} = 0; \quad x_{N_2} = 1 \qquad x_{N_{1,2,3}} = 0; \quad x_{N_4} = 2$$
$$x_{N_3} = -1$$

Kennt man alle Nullstellen einer ganzrationalen Funktion, so erhält man eine Zerlegung des Funktionsterms in **Linearfaktoren**: Der Funktionsterm lässt sich als Produkt von linearen Termen schreiben. Man spricht von einer **Linearfaktorzerlegung** des Funktionsterms. Ist der Funktionsterm einer Gleichung in Linearfaktoren zerlegt, liegt die **Produktform** der Funktionsgleichung vor:

189-1

$$f(x) = x^3 - x = x \cdot (x - 1) \cdot (x + 1) \qquad\qquad g(x) = 2x^4 - 8x^3 = x \cdot x \cdot x \cdot (2x - 4)$$

Die Schreibweise in Produktform hat den Vorteil, dass die Nullstellen mit dem Satz vom Nullprodukt direkt ablesbar sind: Man überlegt, wann jeder einzelne Faktor null wird.

$$0 = \ \ x \quad \cdot (x-1) \cdot \ \ (x+1)$$
$$\qquad \downarrow \qquad\quad \downarrow \qquad\quad\ \downarrow$$
$$\cdot x_{N_1} = 0 \quad x_{N_2} = 1 \quad x_{N_3} = -1$$

$$0 = \ \ x \quad \cdot \ \ x \quad \cdot \ \ x \quad \cdot (2x - 4)$$
$$\quad \downarrow \qquad \downarrow \qquad \downarrow \qquad\quad \downarrow$$
$$x_{N_1} = 0 = x_{N_2} = x_{N_3} \quad x_{N_4} = 2$$

> *Setzt man die Nullstelle in den zugehörigen Linearfaktor ein, so kommt null heraus.*

Eine Funktion n-ten Grades hat maximal n Nullstellen, denn der Funktionsterm kann in maximal n Linearfaktoren zerlegt werden.

- Die Bedingung für die **Nullstellen** x_N einer Funktion f lautet: $f(x_N) = 0$.
- Ist die Gleichung einer ganzrationalen Funktion f in Produktform gegeben, so können die Nullstellen der Funktion mithilfe des Satzes vom Nullprodukt abgelesen werden. Die Funktion f mit der Gleichung $f(x) = a \cdot (x - x_1) \cdot (x - x_2) \cdot \ldots \cdot (x - x_n)$ hat die Nullstellen $x_1, x_2, \ldots, x_n$.

Berechnen Sie die Nullstellen der Funktionen mithilfe des Satzes vom Nullprodukt.
a) $f(x) = 3x^4 + 6x^3$
b) $f(x) = -x^3 - x^2 + 2x$
c) $f(x) = 0{,}1(x+5)^2(x-1{,}5)(x-1)$
d) $f(x) = 8x^3 - 4x^2$

Oft ist die Funktionsgleichung nicht in Produktform gegeben. Bei der Bestimmung von Nullstellen ganzrationaler Funktionen greift man daher oft auf die folgenden beiden Verfahren zurück.

 10   Polynomdivision

Die Funktion f mit der Normalform $f(x) = x^3 - 3x^2 - 6x + 8$ lässt sich auch in der Produktform $f(x) = (x-1) \cdot (x+2) \cdot (x-4)$ schreiben. Bestimmen Sie mithilfe der Produktform die Nullstellen von f. Zeigen Sie anschließend, wie man die Linearfaktoren von f ausgehend von der Normalform ermitteln kann.

Ist der Term einer Funktion bereits vollständig in seine Linearfaktoren zerlegt, so können wir die Nullstellen nach dem Satz vom Nullprodukt sofort ablesen und angeben.

$$f(x_N) = 0$$
$$\Leftrightarrow (x_N - 1) \cdot (x_N + 2) \cdot (x_N - 4) = 0$$
$$\Leftrightarrow x_N - 1 = 0 \ \lor \ x_N + 2 = 0 \ \lor \ x_N - 4 = 0$$
$$\Leftrightarrow \quad x_N = 1 \ \lor \ x_N = -2 \ \ \lor \ x_N = 4$$
$$\Rightarrow x_{N_1} = 1; \ x_{N_2} = -2; \ x_{N_3} = 4$$

Aus der Darstellung von f in Normalform $f(x) = x^3 - 3x^2 - 6x + 8$ lassen sich die Nullstellen jedoch nicht sofort ermitteln. Wir versuchen also den Funktionsterm von f in ein Produkt von Linearfaktoren zu zerlegen. Kennt man bereits eine Nullstelle, z. B. $x_N = 1$, dann kann man den Funktionsterm durch den Linearfaktor $(x-1)$ dividieren.

Für $x \neq 1$ dividieren wir beide Seiten der Gleichung durch $(x-1)$. So erhalten wir ein quadratisches Polynom, von dem wir die Nullstellen bestimmen können.

$$x^3 - 3x^2 - 6x + 8 = (x-1)(x+2)(x-4) \quad \blacktriangleright \ x \neq 1$$
$$\Leftrightarrow (x^3 - 3x^2 - 6x + 8) : (x-1) = (x+2)(x-4)$$
$$\Leftrightarrow (x^3 - 3x^2 - 6x + 8) : (x-1) = x^2 - 2x - 8$$

Das Problem besteht im Auffinden einer (ersten) Nullstelle von f. Haben wir eine Nullstelle x_N durch **Probieren** gefunden, dividieren wir mithilfe einer **Polynomdivision** den Funktionsterm durch den Linearfaktor $(x - x_N)$. Als Ergebnis erhalten wir eine quadratische Funktion.

Eine Polynomdivision funktioniert ähnlich wie die Division zweier Zahlen:

$$x_{N_1} = 1 \quad \blacktriangleright \ \text{durch Probieren gefunden}$$

Polynomdivision:

Wir teilen x^3 durch x und schreiben das Ergebnis x^2 hinter das Gleichheitszeichen. Dann multiplizieren wir x^2 mit dem Linearfaktor $(x-1)$. Das Ergebnis $(x^3 - x^2)$ subtrahieren wir von den ersten beiden Summanden $(x^3 - 3x^2)$ des Funktionsterms. Unter den Strich schreiben wir das Ergebnis $-2x^2$ und den dritten Summanden $-6x$ des Funktionsterms. Nun teilen wir $-2x^2$ durch x und fahren fort wie eben.

$$x^3 : x - 2x^2 : x - 8x : x$$

$$(x^3 - 3x^2 - 6x + 8) : (x-1) = \quad x^2 \quad -2x \quad -8$$
$$\underline{-(x^3 - \ x^2)} \longleftarrow (x-1) \cdot \quad x^2$$
$$\quad -2x^2 - 6x$$
$$\quad \underline{-(-2x^2 + 2x)} \longleftarrow (x-1) \cdot \quad (-2x)$$
$$\quad\quad -8x + 8$$
$$\quad\quad \underline{-(-8x + 8)} \longleftarrow (x-1) \cdot \quad (-8)$$
$$\quad\quad\quad 0 \quad \blacktriangleright \ \text{Rest } 0$$

Mithilfe der p-q-Formel bestimmen wir die Lösungen der Gleichung $x_N^2 - 2x_N - 8 = 0$. Diese Lösungen $x_{N_2} = -2$ und $x_{N_3} = 4$ sind weitere Nullstellen von f.

$$x_N^2 - 2x_N - 8 = 0$$
$$\Rightarrow x_{N_{2,3}} = -\frac{-2}{2} \pm \sqrt{\left(\frac{-2}{2}\right)^2 + 8} \quad \blacktriangleright \ p\text{-}q\text{-Formel}$$
$$\Leftrightarrow x_{N_{2,3}} = 1 \pm 3$$
$$\Leftrightarrow x_{N_2} = -2 \ \text{und} \ x_{N_3} = 4$$

Die Funktion f hat die Nullstellen $x_{N_1} = 1$, $x_{N_2} = -2$ und $x_{N_3} = 4$.

Die erste Hürde bei der Polynomdivision ist das Finden der ersten Nullstelle durch Probieren. Wir können die Suche aber oft eingrenzen:

Enthält die Gleichung einer ganzrationalen Funktion nur ganzzahlige Koeffizienten, so ist jede ganzzahlige Nullstelle ein Teiler der Zahl a_0.

$$f(x) = 2x^3 - 4x^2 - 3x + 6 \quad \blacktriangleright \ 2; -4; -3; 6 \in \mathbb{Z}$$
$$a_0 = 6 \rightarrow \text{mögliche ganzzahlige Nullstellen:}$$
$$-6; -3; -2; -1; 1; 2; 3; 6$$

Nullstellen ganzrationaler Funktionen mittels Polynomdivision bestimmen:
- Zuerst eine Nullstelle x_{N_1} durch Probieren finden.
- Den Funktionsterm durch $(x - x_{N_1})$ dividieren. Man erhält einen Term kleineren Grades.
- Die Nullstellen des entstandenen Terms kleineren Grades z. B. bei Grad 2 mit der p-q-Formel bestimmen.

Bei ganzrationalen Funktionen vierten oder höheren Grades muss man gegebenenfalls den Funktionsterm mehrmals durch eine Polynomdivision reduzieren. ▶ „Alles klar?"-Aufgaben c) und e)

Berechnen Sie die Nullstellen der Funktionen mithilfe der Polynomdivision.
a) $f(x) = x^3 - 2{,}5x^2 - 8{,}5x + 10$
b) $f(x) = x^3 + x^2 - 9x - 9$
c) $f(x) = -x^4 + 4x^3 - 16x + 16$
d) $f(x) = \frac{1}{4}x^3 - 7x - 12$
e) $f(x) = x^4 + 3x^3 - 15x^2 - 19x + 30$
f) $f(x) = x^3 + 4x^2 + x - 6$

4

Substitutionsverfahren

⑪

Berechnen Sie die Nullstellen der Funktion f mit $f(x) = 0{,}5x^4 - 10x^2 + 32$, indem Sie x^2 durch z ersetzen.

Wir setzen den Funktionsterm gleich null und erhalten eine Gleichung.

$f(x_N) = 0$
$0{,}5x_N^4 - 10x_N^2 + 32 = 0$

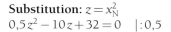

Substitution kommt aus dem Lateinischen und heißt Ersetzung.

Wir substituieren x_N^2 durch z und somit auch x_N^4 durch z^2. Damit erhalten wir eine quadratische Gleichung mit der Variablen z.

Wir lösen die quadratische Gleichung mit der p-q-Formel und bestimmen zwei Lösungen für z.

Substitution: $z = x_N^2$
$0{,}5z^2 - 10z + 32 = 0 \quad |:0{,}5$

Lösen mit p-q-Formel:
$z^2 - 20z + 64 = 0$
$z_{1,2} = 10 \pm \sqrt{100 - 64} = 10 \pm 6$
$z_1 = 16; \; z_2 = 4$

Wir ersetzen rückwärts z wieder durch x_N^2 und erhalten durch Wurzelziehen zweimal zwei Lösungen für x_N.

Resubstitution: $z = x_N^2$
$x_N^2 = 16; \; x_N^2 = 4$

Die Funktion f besitzt vier Nullstellen.

Nullstellen durch Wurzel ziehen:
$x_{N_1} = 4; \; x_{N_2} = -4; \; x_{N_3} = 2; \; x_{N_4} = -2$

Nullstellen mittels Substitutionsverfahren bestimmen:
Anwendbar bei ganzrationalen Funktionen 4. Grades mit ausschließlich geraden Exponenten.
- x^2 durch z ersetzen (substituieren). Man erhält einen quadratischen Term.
- Die Nullstellen des quadratischen Terms z. B. mit der p-q-Formel bestimmen.
- z wieder durch x^2 ersetzen (resubstituieren) und die Lösungen für x bestimmen.
Es gibt entweder keine Lösung, zwei oder vier Lösungen.

Berechnen Sie die Nullstellen der Funktionen mithilfe des Substitutionsverfahrens.
a) $f(x) = 2x^4 - 30{,}5x^2 + 112{,}5$
b) $f(x) = -x^4 + 7x^2 - 12$
c) $f(x) = 0{,}5x^4 - 20{,}5x^2 + 200$
d) $f(x) = 32x^4 - 2x^2 - 9$

(12) Arten von Nullstellen

Beschreiben Sie den Verlauf der Graphen zu $f(x)=x(x-1)(x+1)$, $g(x)=x^3(2x-4)$ und $h(x)=-(x-1)(x+2)^2$ an den Nullstellen.

Die **Vielfachheit einer Nullstelle** x_N einer Funktion gibt an, wie oft der **Linearfaktor** $(x-x_N)$ im Funktionsterm enthalten ist.

Zeichnen wir die Graphen, so erkennen wir unterschiedliche Verläufe an den Nullstellen:

$f(x)=x(x-1)(x+1)$ besitzt drei einfache Nullstellen: $x_{N_1}=0$, $x_{N_2}=1$, $x_{N_3}=-1$. Dort haben wir **Schnittpunkte** von Graph und x-Achse.

$g(x)=x^3(2x-4)$ hat eine einfache Nullstelle $x_{N_1}=2$ und die **dreifache** Nullstelle $x_{N_2}=0$. Für x_{N_2} liegt ein Schnittpunkt mit der x-Achse, aber zugleich auch ein **Wendepunkt** des Graphen von g vor.

$h(x)=-(x-1)(x+2)^2$ besitzt eine einfache Nullstelle $x_{N_1}=1$ und die **doppelte** Nullstelle $x_{N_2}=-2$. Bei der doppelten Nullstelle hat der Graph einen **Berührpunkt** mit der x-Achse und gleichzeitig einen **Extrempunkt**.

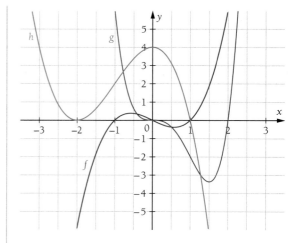

Die **Vielfachheit einer Nullstelle** sagt etwas über den Graphenverlauf an der Nullstelle aus:
- einfache Nullstelle: Schnittpunkt von Graph und x-Achse
- doppelte Nullstelle: Berührpunkt des Graphen mit der x-Achse (zugleich Extrempunkt)
- dreifache Nullstelle: Schnittpunkt von Graph und x-Achse (zugleich Wendepunkt)

Zeichnen Sie die Funktionsgraphen und beschreiben Sie das Aussehen der Nullstellen.

a) $f(x)=\frac{1}{4}x(x-4)(x+3)$

b) $f(x)=\frac{1}{2}x^2(x-2)(x+2)$

c) $f(x)=(x-1)^2(x+1)^3$

d) $f(x)=\frac{3}{5}(x^2-4)(x-2)$

Übungen zu 4.3.2

1. Berechnen Sie die Nullstellen mit einem geeigneten Verfahren.

a) $f(x)=\frac{1}{2}x^3-3x^2+4x$

b) $f(x)=0,5x^3+2x^2-10x-24$

c) $f(x)=x^4-4x^2+3$

d) $f(x)=\frac{1}{5}x^4-\frac{4}{5}x^2$

e) $f(x)=4x^4-8x^3-33x^2+2x+8$

f) $f(x)=\frac{1}{4}x^4-x^2-\frac{5}{4}$

g) $f(x)=-4x^4-2x^3+3x^2+3x$

h) $f(x)=2x^3-6x-4$

i) $f(x)=0,5x^5+2x^3-2,5x$

2. Beschreiben Sie den Graphenverlauf der Funktionen aus Aufgabe 1 an den Nullstellen.

3. Geben Sie die Gleichung einer Funktion an, die ...

a) ... die doppelte Nullstelle $x_{N_1}=2$ und die einfache Nullstelle $x_{N_2}=-5$ besitzt.

b) ... den höchsten Koeffizienten 2 besitzt, bei $x_{N_1}=-1$ eine einfache und bei $x_{N_2}=3$ eine dreifache Nullstelle hat.

c) ... eine einfache, eine doppelte und eine dreifache Nullstelle besitzt.

Zusammenfassung: Nullstellenberechnung

Ansatz: $f(x_N) = 0$. Ist der Faktor vor der höchsten Potenz ungleich 1, wird die Gleichung $f(x_N) = 0$ zunächst durch diesen Faktor dividiert. ▸ z. B. $3x_N - 9 = 0 \Leftrightarrow x_N - 3 = 0$

Lineare Gleichungen werden durch Umstellen der Gleichung nach x_N aufgelöst.

$$x_N - 3 = 0 \quad | +3$$
$$\Leftrightarrow \quad x_N = 3$$

Quadratische Gleichungen $x_N^2 + px_N + q = 0$ werden mithilfe der p-q-Formel gelöst:

$$x_{N_{1,2}} = -\frac{p}{2} \pm \sqrt{\left(\frac{p}{2}\right)^2 - q}$$

$$x_N^2 - 4x_N + 3 = 0 \blacktriangleright \; p\text{-}q\text{-Formel}$$
$$\Leftrightarrow x_{N_{1,2}} = \frac{4}{2} \pm \sqrt{\left(-\frac{4}{2}\right)^2 - 3}$$
$$\Leftrightarrow x_{N_{1,2}} = 2 \pm 1 \Rightarrow x_{N_1} = 1; \; x_{N_2} = 3$$

Wenn das x-freie Absolutglied fehlt, dann können Gleichungen 3. und 4. Grades durch **Ausklammern** gelöst werden.

$$x_N^3 - 4x_N^2 + 3x_N = 0 \quad \blacktriangleright \; x_N \text{ ausklammern}$$
$$\Leftrightarrow x_N \cdot (x_N^2 - 4x_N + 3) = 0$$
$$\Leftrightarrow x_N = 0 \text{ oder } x_N^2 - 4x_N + 3 = 0$$
$$\blacktriangleright \text{ weiter mit } p\text{-}q\text{-Formel (s. o.)}$$
$$\Rightarrow x_{N_1} = 0; \; x_{N_2} = 1; \; x_{N_3} = 3$$

$$x_N^4 - 4x_N^3 + 3x_N^2 = 0 \quad \blacktriangleright \; x_N^2 \text{ ausklammern}$$
$$\Leftrightarrow x_N^2 \cdot (x_N^2 - 4x_N + 3) = 0$$
$$\Leftrightarrow x_N^2 = 0 \text{ oder } x_N^2 - 4x_N + 3 = 0$$
$$\blacktriangleright \text{ 0 doppelte Nullstelle}$$
$$\Leftrightarrow x_N = 0 \text{ oder } x_N^2 - 4x_N + 3 = 0$$
$$\blacktriangleright \text{ weiter mit } p\text{-}q\text{-Formel (s. o.)}$$
$$\Rightarrow x_{N_1} = 0; \; x_{N_2} = 1; \; x_{N_3} = 3$$

Gleichungen 3. und 4. Grades lassen sich durch **Polynomdivision** lösen, wenn man zunächst durch Probieren eine ganzzahlige Nullstelle x_N findet. Anschließend dividiert man den Funktionsterm durch $(x - x_N)$.

$$x_N^3 + 4x_N^2 - 11x_N - 30 = 0$$
$$x_{N_1} = -2 \quad \blacktriangleright \text{ durch Probieren}$$

Polynomdivision:
$$(x^3 + 4x^2 - 11x - 30) : (x + 2) = x^2 + 2x - 15$$
$$\underline{-(x^3 + 2x^2)}$$
$$\qquad 2x^2 - 11x$$
$$\qquad \underline{-(2x^2 \; + 4x)}$$
$$\qquad\qquad -15x - 30$$
$$\qquad\qquad \underline{-(-15x - 30)}$$
$$\qquad\qquad\qquad\qquad 0$$
$$x_N^2 + 2x_N - 15 = 0 \quad \blacktriangleright \; p\text{-}q\text{-Formel}$$
$$\Rightarrow x_{N_2} = 3; \; x_{N_3} = -5$$

Tipp: Sind die Koeffizienten ganzzahlig, so ist eine ganzzahlige Nullstelle Teiler des Absolutglieds a_0.

Gleichungen 4. Grades lassen sich durch **Substitution** lösen, wenn die Potenz 3. Grades und das lineare Glied fehlen.

$$x_N^4 - 6x_N^2 + 5 = 0 \quad \blacktriangleright \text{ Substitution } x_N^2 = z$$
$$\Rightarrow \quad z^2 - 6z + 5 = 0 \quad \blacktriangleright \; p\text{-}q\text{-Formel}$$
$$\Rightarrow z = 1 \text{ oder } z = 5 \quad \blacktriangleright \text{ Resubstitution } z = x_N^2$$
$$\Rightarrow x_N^2 = 1 \text{ oder } x_N^2 = 5$$
$$\Rightarrow x_{N_1} = -1; \; x_{N_2} = 1; \; x_{N_3} = -\sqrt{5}; \; x_{N_4} = \sqrt{5}$$

4.3.3 Schnittpunkte

 13 Schnittpunktberechnungen

Bestimmen Sie rechnerisch die Schnittpunkte der ganzrationalen Funktionen f mit $f(x) = 0{,}5x^4 + x^3 - 7{,}5x^2 + 4$ und g mit $g(x) = x^3 + 3x^2 - 10x + 4$.

An den Schnittpunkten zweier Funktionsgraphen haben beide Funktionen den gleichen Funktionswert. Es gilt $f(x_S) = g(x_S)$. Um die x-Koordinaten der Schnittpunkte zu berechnen, setzen wir also beide Funktionsterme gleich. Anschließend stellen wir die entstandene Gleichung so um, dass auf einer Seite null steht.

Dann können wir die bekannten Verfahren zum Lösen solcher Gleichungen anwenden. Dieselben Verfahren haben wir auch zur Berechnung von Nullstellen verwendet. Die Lösungen sind hier die x-Koordinaten der Schnittpunkte.

Wir erhalten insgesamt die vier Schnittstellen $x_{S_1} = 0$, $x_{S_2} = 1$, $x_{S_3} = 4$ und $x_{S_4} = -5$.

Um die y-Koordinaten der Schnittpunkte zu bestimmen, setzen wir die ermittelten Werte in eine der beiden Funktionsterme ein und berechnen jeweils den zugehörigen Funktionswert. Die Schnittpunkte von f und g sind $S_1(0|4)$, $S_2(1|-2)$, $S_3(4|76)$ und $S_4(-5|4)$.

In einer Zeichnung können wir die Schnittpunkte beider Funktionen verdeutlichen:

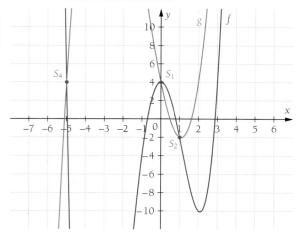

$f(x_S) = g(x_S)$ und Umstellen zu „$= 0$":
$$f(x_S) = g(x_S)$$
$$0{,}5x_S^4 + x_S^3 - 7{,}5x_S^2 + 4 = x_S^3 + 3x_S^2 - 10x_S + 4$$
$$0{,}5x_S^4 - 10{,}5x_S^2 + 10x_S = 0$$

x_S ausklammern und Satz vom Nullprodukt:
$$x_S(0{,}5x_S^3 - 10{,}5x_S + 10) = 0 \quad \blacktriangleright \text{ Nullprodukt}$$
$$x_S = 0 \quad \vee \quad 0{,}5x_S^3 - 10{,}5x_S + 10 = 0$$
$$\Rightarrow x_{S_1} = 0$$

Nullstelle durch Probieren finden:
$$0{,}5 \cdot 1^3 - 10{,}5 \cdot 1 + 10 = 0$$
$$\Rightarrow x_{S_2} = 1$$

Polynomdivision:
$$(0{,}5x_S^3 + 0x_S^2 - 10{,}5x_S + 10) : (x_S - 1) = 0{,}5x_S^2 + 0{,}5x_S -$$
$$\underline{-(0{,}5x_S^3 - 0{,}5x_S^2)}$$
$$0{,}5x_S^2 - 10{,}5x_S$$
$$\underline{-(0{,}5x_S^2 - 0{,}5x_S)}$$
$$-10x_S + 10$$
$$\underline{-(-10x_S + 10)}$$
$$0$$

p-q-Formel: zum Lösen von $0{,}5x_S^2 + 0{,}5x_S - 10 =$
$$0{,}5x_S^2 + 0{,}5x_S - 10 = 0 \quad | \cdot 2$$
$$x_S^2 + x_S - 20 = 0 \quad \blacktriangleright \quad p = 1, q = -20$$
$$x_{S_{3,4}} = -\frac{1}{2} \pm \sqrt{\left(\frac{1}{2}\right)^2 - (-20)}$$
$$= -\frac{1}{2} \pm \sqrt{20{,}25}$$
$$= \frac{1}{2} \pm 4{,}5$$
$$x_{S_3} = 4; \ x_{S_4} = -5$$

Berechnung der Funktionswerte:
$$f(0) = 0{,}5 \cdot 0^4 + 0^3 - 7{,}5 \cdot 0^2 + 4 = 4$$
$$f(1) = 0{,}5 \cdot 1^4 + 1^3 - 7{,}5 \cdot 1^2 + 4 = -2$$
$$g(4) = 4^3 + 3 \cdot 4^2 - 10 \cdot 4 + 4 = 76$$
$$g(-5) = (-5)^3 + 3 \cdot (-5)^2 - 10 \cdot (-5) + 4 = 4$$

Schnittpunkte von f und g:
$S_1(0|4)$, $S_2(1|-2)$, $S_3(4|76)$ und $S_4(-5|4)$

Für die **Schnittpunkte** ganzrationaler Funktionen gilt $f(x_S) = g(x_S)$.

- Gleichung so umstellen, dass auf einer Seite null steht
- Gleichung lösen, um die x-Koordinaten der Schnittpunkte zu berechnen
- Berechnen der y-Koordinaten der Schnittpunkte durch Einsetzen von x_S in den Funktionsterm von f oder g

Die Rechenverfahren zum Berechnen von Nullstellen und Schnittstellen sind dieselben. Das liegt daran, dass in beiden Fällen aus einer Gleichung die Werte für eine Unbekannte x bestimmt werden müssen. Beim Berechnen der Nullstellen entsteht die Gleichung durch $f(x_N) = 0$ und beim Berechnen von Schnittstellen durch $f(x_S) = g(x_S)$. Der Ansatz ist also unterschiedlich. Die berechneten x-Werte sind im ersten Fall die Nullstellen und im zweiten Fall die x-Koordinaten von Schnittpunkten. In diesem Fall müssen die y-Koordinaten noch berechnet werden, die bei Nullstellen per definitionem null sind.

4

Bestimmen Sie rechnerisch die Schnittpunkte von f und g.

a) $f(x) = 3x^3 + 2x^2$
$g(x) = x^4 + 2x^3$

b) $f(x) = \frac{1}{2}x^3 - 3x^2 - 22x + 20$
$g(x) = -\frac{1}{2}x^3 - 4$

c) $f(x) = x^5 - 1$
$g(x) = x^4 + 2x^3 - 1$

d) $f(x) = -0{,}5x^2 + 0{,}5$
$g(x) = -x^3 + x$

Übungen zu 4.3.3

1. Bestimmen Sie rechnerisch die Schnittpunkte der Graphen von f und g.
Zeichnen Sie die Graphen f und g zur Kontrolle.

a) $f(x) = x^3 - 2x + 1$
$g(x) = x^4 - 2x + 1$

b) $f(x) = x^4 - 8x^2 + 4$
$g(x) = -\frac{17}{4}x^2 + 5$

c) $f(x) = x^4 - 16x + 8$
$g(x) = -2x^3 + 8$

d) $f(x) = \frac{1}{5}x^3 + \frac{2}{5}x^2 - 3x$
$g(x) = -\frac{4}{15}x^2 + \frac{4}{3}x$

e) $f(x) = x^3 + x^2 + 2x - 4$
$g(x) = x^3 - 2x^2 - x - 2$

f) $f(x) = 3x^4 + 3$
$g(x) = 2x^2 + x$

2. Bestimmen Sie rechnerisch die Schnittpunkte der Graphen f und g.

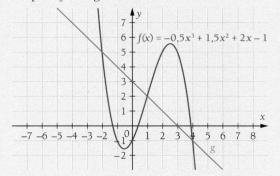

3. Bei der Herstellung von Mikrochips entstehen Kosten. Diese können durch die Kostenfunktion K mit $K(x) = 0{,}5x^3 - 8x^2 + 48x + 100$ dargestellt werden. Der durch den Verkauf der Mirkochips erzielte Erlös lässt sich durch die Erlösfunktion E mit $E(x) = -8x^2 + 100x$ modellieren.

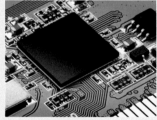

a) Zeichnen Sie die Graphen beider Funktionen in ein Koordinatensystem (x-Achse: Mengeneinheiten $1\,\text{ME} = 1000$ Stück, y-Achse: Geldeinheiten $1\,\text{GE} = 1$ Million €).

b) Erklären Sie, für welche Mengeneinheiten Kosten und Erlös durch die Funktionen sinnvoll dargestellt werden.

c) Bei wie vielen Mengeneinheiten wird ein Gewinn erzielt? Berechnen Sie die Grenzen der Gewinnzone.

4.3.4 Bestimmen ganzrationaler Funktionsgleichungen

(14) Ganzrationale Funktion dritten Grades

Bestimmen Sie die Funktionsgleichung der ganzrationalen Funktion f dritten Grades, deren Graph durch die Punkte $P(-4|-8)$, $Q(-2|4)$, $R(0|0)$ und $S(1|-0,5)$ verläuft.

Die allgemeine Funktionsgleichung einer ganzrationalen Funktion dritten Grades lautet:
$f(x) = ax^3 + bx^2 + cx + d$

Wir setzen für x und $f(x)$ die Koordinaten der gegebenen Punkte ein und erhalten lineare Gleichungen mit den Unbekannten a, b, c und d. Diese können wir aus dem linearen Gleichungssystem eindeutig berechnen.

Zunächst setzen wir $d = 0$ in alle Gleichungen ein und erhalten nur noch drei Gleichungen mit drei Unbekannten. Mithilfe des Gauß'schen Algorithmus lösen wir das Gleichungssystem und ermitteln:

$a = 0,5; b = 1; c = -2; d = 0$

Als Letztes setzen wir die berechneten Koeffizienten a, b, c und d in die allgemeine Funktionsgleichung ein. So erhalten wir die gesuchte Funktionsgleichung.

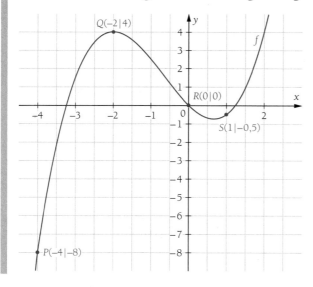

Aufstellen des linearen Gleichungssystems:

$P(-4|-8): a \cdot (-4)^3 + b \cdot (-4)^2 + c \cdot (-4) + d = -8$
$$-64a + 16b - 4c + d = -8$$

$Q(-2|4): \quad a \cdot (-2)^3 + b \cdot (-2)^2 + c \cdot (-2) + d = 4$
$$-8a + 4b - 2c + d = 4$$

$R(0|0): \qquad a \cdot 0^3 + b \cdot 0^2 + c \cdot 0 + d = 0$
$$d = 0$$

$S(1|-0,5): \quad a \cdot 1^3 + b \cdot 1^2 + c \cdot 1 + d = -0,5$
$$a + b + c + d = -0,5$$

(I) $\quad -64a + 16b - 4c = -8$

(II) $\quad -8a + 4b - 2c = 4$

(III) $\qquad a + b + c = -0,5$

Lösen des linearen Gleichungssystems:

(I) $\quad -64a + 16b - 4c = -8$

(II) $\quad -8a + 4b - 2c = 4 \qquad | \cdot (-8)$

(III) $\qquad a + b + c = -0,5 \qquad | \cdot 64$

(I) $\quad -64a + 16b - 4c = -8$

(IV) $\qquad -16b + 12c = -40 \qquad | \cdot 5$

(V) $\qquad 80b + 60c = -40$

(I) $\quad -64a + 16b - 4c = -8$

(IV) $\qquad -16b + 12c = -40$

(VI) $\qquad 120c = -240$

$$\Leftrightarrow c = -2$$

$c = -2$ in (IV):
$-16b + 12 \cdot (-2) = -40$
$\qquad -16b = -16 \Leftrightarrow b = 1$

$c = -2; b = 1$ in (I):
$-64a + 16 \cdot 1 - 4 \cdot (-2) = -8$
$-64a = -32 \Leftrightarrow a = 0,5$

Einsetzen der Koeffizienten:
$f(x) = 0,5x^3 + 1x^2 - 2x + 0$

Hinweis: Wir benötigen immer genauso viele Gleichungen zum Bestimmen der Funktionsgleichung wie unbekannte Koeffizienten auftreten.

Bestimmen von Funktionsgleichungen symmetrischer Funktionen

Bestimmen Sie die Funktionsgleichung der Funktion vierten Grades f, deren Graph symmetrisch zur y-Achse ist und durch die Punkte $P(-2|7)$, $Q(1|4)$ und $R(3|8)$ verläuft. Bestimmen Sie außerdem die Gleichung der zum Ursprung punktsymmetrischen Funktion dritten Grades g, deren Graph durch die Punkte $S(-3|2{,}25)$ und $T(2|4)$ verläuft.

Bei y-achsensymmetrischen Funktionen wissen wir, dass die allgemeine Funktionsgleichung keine ungeraden Potenzen von x enthält.

y-Achsensymmetrie:

$$f(x) = ax^4 + bx^2 + c$$

$P(-2|7)$: $7 = 16a + 4b + c$

$Q(1|4)$: $4 = a + b + c$

$R(3|8)$: $8 = 81a + 9b + c$

Eine zum Ursprung punktsymmetrische Funktion enthält nur ungerade Potenzen von x und keine Konstante.

Punktsymmetrie zum Ursprung:

$$g(x) = ax^3 + bx$$

$S(-3|2{,}25)$: $2{,}25 = -27a - 3b$

$T(2|4)$: $4 = 8a + 2b$

In beiden Fällen ergeben sich durch die Symmetrie weniger Koeffizienten. Die Rechnung vereinfacht sich.

▶ „Alles Klar?"-Aufgabe 1

Einsetzen der berechneten Koeffizienten:

$f(x) = -x^4 + 6x^2 - 1$ und $g(x) = -0{,}55x^3 + 4{,}2x$

Um die Gleichung einer ganzrationalen Funktion zu bestimmen, benötigen wir den Grad n und $n+1$ Punkte. Ist der Funktionsgraph symmetrisch, so reduziert sich die Anzahl der erforderlichen Punkte.

- allgemeine Funktionsgleichung der Funktion aufstellen
- gegebene Punkte nacheinander einsetzen
- lineares Gleichungssystem lösen und berechnete Koeffizienten in die allgemeine Funktionsgleichung einsetzen

---

1. Bestimmen Sie rechnerisch die Funktionsgleichungen von f und g aus Beispiel 15.

2. Bestimmen Sie die Funktionsgleichung der Funktion f.
   a) Der Graph der Funktion dritten Grades f verläuft durch $(-1|-5)$, $(0|1)$, $(1|-1)$ und $(3|19)$.
   b) Die y-achsensymmetrische Funktion vierten Grades f verläuft durch $(-2|-3)$, $(1|1{,}5)$ und $(3|-70{,}5)$.
   c) Die zum Ursprung punktsymmetrische Funktion dritten Grades f verläuft durch $(-1|2)$ und $(3|-54)$.

Übungen zu 4.3.4

1. Bestimmen Sie die Funktionsgleichung der Funktion f mit folgenden Eigenschaften und Punkten.
   a) Grad 3, $(-3|1{,}5)$, $(-1|7{,}5)$, $(0|0)$, $(1|9{,}5)$
   b) Grad 3, $(-3|31)$, $(-1|4{,}5)$, $(0|4)$, $(4|-53)$
   c) Grad 4, y-achsensymmetrisch, $(-4|0)$, $(-3|28)$, $(2|18)$
   d) Grad 3, punktsymmetrisch zum Ursprung, $(-2|2)$, $(4|32)$

2. Schmierfett für Wälzlager wird in zylinderförmigen Behältern in Standardgrößen verkauft.

M in kg	0	1	5	50
r in cm	0	5	7	15
V in cm³	0	1 177,5	5 387,5	52 750

Bestimmen Sie die Funktionsgleichung dritten Grades, die dem Gewicht das Volumen zuordnet.

Übungen zu 4.3

1. Untersuchen Sie die Funktion auf Nullstellen und deren Art, das Symmetrieverhalten sowie das Globalverhalten. Zeichnen Sie anschließend den Graphen und beschreiben Sie Steigungs- und Krümmungsverhalten.

   a) $f(x) = -0,5x^3 - 1,5x^2 + 2$

   b) $f(x) = -x^3$

   c) $f(x) = x^3 - 5x^2 + 8x - 4$

   d) $f(x) = -0,5x^4 - x^3 + 3,5x^2 + 4x - 6$

   e) $f(x) = -(x+4)^2(x-2)^2$

   f) $f(x) = \frac{1}{4}x(x+3)^3$

   g) $f(x) = -5,4$

   h) $f(x) = 2x^4 + 12x^2 + 30$

   i) $f(x) = -x^5 + 7x^3 + 2x$

2. Ordnen Sie den abgebildeten Graphen die zugehörige Funktionsgleichung zu.

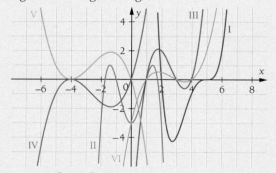

   $f(x) = 0,25x^3 - 2x^2 + 4,75x - 3$
   $g(x) = -x^4 + 4x^2 - 3$ $j(x) = 0,5x^2 + x - 3$
   $h(x) = -\frac{1}{5}x^3 - \frac{8}{5}x^2 - \frac{16}{5}x$ $k(x) = 0,2x(x+4)^2$
   $i(x) = 0,5(x-2)(x-5)^3$ $l(x) = (x-4)(x-3)(x-1)$

3. Geben Sie eine Gleichung der ganzrationalen Funktion f mit den gegebenen Eigenschaften an.

   a) Grad 3, Tiefpunkt $T(-1|0)$, einfache Nullstelle bei 2, für $x \to -\infty$ gilt $f(x) \to +\infty$

   b) Grad 4, $x \to -\infty$: $f(x) \to +\infty$, dreifache Nullstelle bei -3, $S_y(0|0)$

   c) Grad 3, Wendepunkt im Ursprung, $a_3 = -\frac{1}{3}$

   d) Grad 3, $P(-5|34)$, $Q(-2|-17)$, $R(0|9)$, $S(1|4)$

   e) Grad 4, y-achsensymmetrisch, $P(1|-1)$, $Q(2|53)$, $R(0,5|-3,25)$

   f) Grad 5, punktsymmetrisch zum Ursprung, $P(-1|15)$, $Q(-2|666)$

4. Finden und korrigieren Sie alle Fehler in der folgenden Nullstellenbechnung.

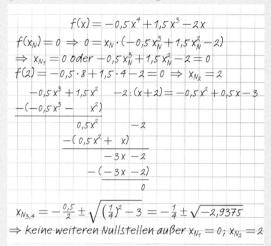

5. In einem Baumarkt gibt es Holzschrauben in verschiedenen Packungsgrößen.

Stückanzahl in 100	1	2	5
Preis in €	4	7	20

   a) Bestimmen Sie die Gleichung einer ganzrationalen Funktion f, die die Schraubenpreise abhängig von der Packungsgröße gut beschreibt.

   b) Gemäß Ihrem Modell: Wie viel kostet eine Schraube? Wie teuer wäre eine Großpackung mit 1 000 Holzschrauben?

6. Aus einem rechteckigen Metallblech mit den Kantenlängen a und b soll ein oben offener Behälter hergestellt werden, indem man an jeder Ecke ein Quadrat der Kantenlänge x ausstanzt, die Seiten hochbiegt und die Ecken verschweißt.

   a) Skizzieren Sie das Problem und simulieren Sie die Aufgabe mit einem DIN-A4-Blatt ($a = 21$ cm, $b = 29,7$ cm) für verschiedene Werte von x. Berechnen Sie jeweils das Volumen des Behälters.

   b) Bestimmen Sie eine allgemeine Formel, die das Volumen des Behälters in Abhängigkeit von den gegebenen Größen a, b und x angibt.

   c) Welche Werte sind für x technisch praktikabel, wenn $b > a$ vorausgesetzt wird?

Ich kann ...

... den **Grad** und die **Koeffizienten** einer ganzrationalen Funktion benennen.

$f(x) = -x^4 + 2x^2 - 3x + 5$
Funktion 4. Grades
$a_4 = -1$; $a_3 = 0$; $a_2 = 2$; $a_1 = -3$; $a_0 = 5$

Der Exponent der höchsten x-Potenz ist der Grad der Funktion. Die Koeffizienten sind die Zahlen vor den x-Potenzen.

... **Steigungsverhalten** und **Krümmungsverhalten** eines Graphen beschreiben sowie **Extrempunkte, Wendepunkte** und **Achsenschnittpunkte** aus einer Zeichnung ablesen.
▶ Test-Aufgabe 4

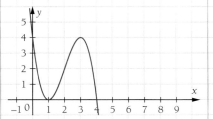

fallend in $M_1 = \,]-\infty; 1]$; $M_3 = [3; \infty[$
steigend in $M_2 = [1; 3]$
$H(3|4)$, $T(1|0)$
$S_y(0|4)$, $N_1(1|0)$, $N_2(4|0)$

In einem Extrempunkt ändert sich das Steigungsverhalten.
Ein **Hochpunkt** ist in einer Umgebung der höchste Punkt, ein **Tiefpunkt** ist in einer Umgebung der niedrigste Punkt.
In einem Wendepunkt ändert sich das Krümmungsverhalten des Graphen.

... das **Verhalten im Unendlichen** beschreiben.
▶ Test-Aufgabe 1

$n = 3$ und $a_n = -1$:
$x \to +\infty \Rightarrow g(x) \to -\infty$
$x \to -\infty \Rightarrow g(x) \to \infty$

Das **Globalverhalten** ist abhängig vom höchsten „x-Term" $a_n x^n$.

... die **Symmetrieeigenschaften** einer ganzrationalen Funktion nachweisen.
▶ Test-Aufgabe 1

$f(x) = x^4 - 2x^2 + 1$
$\Rightarrow y$-achsensymmetrisch
$f(x) = -x^3 + 4x$
$\Rightarrow$ punktsymmetrisch zu $O(0|0)$

y-Achsensymmetrie: $f(-x) = f(x)$
(nur gerade Exponenten)
Punktsymmetrie zum Ursprung
$f(-x) = -f(x)$
(nur ungerade Exponenten und $a_0 = 0$)

... **Nullstellen** ganzrationaler Funktionen berechnen und dazu gezielt ein geeignetes Rechenverfahren auswählen.
▶ Test-Aufgaben 1, 2, 3

$f(x_N) = 0$
$-x_N^3 + 6x_N^2 - 9x_N + 4 = 0$
$(x_N - 1)^2(x_N - 4) = 0$
$x_{N_1} = 1$: doppelte Nullstelle
$x_{N_2} = 4$: einfache Nullstelle
$N_1(1|0)$, $N_2(4|0)$

1. $f(x_N) = 0$ setzen
2. Nullstellen mit geeignetem Verfahren bestimmen ▶ Seite 193
3. Angabe der x-Achsenschnittpunkte
einfache Nullstelle: Schnittpunkt
doppelte Nullstelle: Berühr- und Extrempunkt
dreifache Nullstelle: Schnitt- und Wendepunkt

... **Schnittpunkte** ganzrationaler Funktionen rechnerisch bestimmen.
▶ Test-Aufgabe 1

$f(x) = -x^4 + 3{,}5x^2 + 3$
$g(x) = 0{,}5x^2 - 1$
$-x_S^4 + 3{,}5x_S^2 + 3 = 0{,}5x_S^2 - 1$
$-x_S^4 + 3x_S^2 + 4 = 0$
$x_{S_1} = -2$ und $x_{S_2} = 2$
$f(-2) = 1$ und $f(2) = 1$
$S_1(-2|1)$ und $S_2(2|1)$

1. $f(x_S) = g(x_S)$ setzen
2. Gleichung nach x_S auflösen
3. Funktionswerte berechnen
4. Schnittpunkte angeben

... **Funktionsgleichungen** ganzrationaler Funktionen bestimmen.
▶ Test-Aufgabe 4

$n = 3$, $(3|4)$, $(0|4)$, $(1|0)$, $(4|0)$
Einsetzen der Koordinaten in
$f(x) = a_3 x^3 + a_2 x^2 + a_1 x + a_0$
$\Rightarrow f(x) = -x^3 + 6x^2 - 9x + 4$

1. Aufstellen eines linearen Gleichungssystems
2. Lösen des Gleichungssystems
3. Angabe der Funktionsgleichung

Test zu 4.3

1. Untersuchen Sie die Funktion f mit $f(x) = 2x^4 - 6x^2$.

a) Weisen Sie die Symmetrieeigenschaften der Funktion nach.

b) Beschreiben Sie nachvollziehbar das Verhalten der Funktion im Unendlichen.

c) Berechnen Sie die Nullstellen der Funktion und geben Sie deren Art an.

d) Berechnen Sie die Schnittpunkte des Graphen von f mit demjenigen zu $g(x) = 4x^2 - 8$.

e) Zeichnen Sie die Graphen von f und g in ein Koordinatensystem und überprüfen Sie ihre bisherigen Rechenergebnisse.

f) Beschreiben Sie das Steigungsverhalten von f und geben Sie die Extrempunkte so genau wie möglich an.

g) Beschreiben Sie das Krümmungsverhalten von f und geben Sie die Wendepunkte so genau wie möglich an.

2. Lösen Sie die Gleichungen $x = x^3 - 1{,}5x^2$ und $0{,}5x^3 + 0{,}5x^2 = 4{,}5x + 4{,}5$.
Tipp: Sie können die Ihnen bekannten Verfahren verwenden, wenn Sie die Gleichung jeweils so umstellen, dass auf einer Seite null steht.

3. Bei der Herstellung von USB-Sticks entstehen Kosten. Diese werden mit der Kostenfunktion K mit $K(x) = 0{,}2x^3 - 2{,}2x^2 + 8{,}2x + 4{,}8$ dargestellt. Der durch den Verkauf der USB-Sticks erzielte Erlös wird durch die Erlösfunktion E mit $E(x) = -x^2 + 9x$ berechnet.

a) Zeichnen Sie die Graphen beider Funktionen in ein Koordinatensystem (x-Achse: Mengeneinheiten 1 ME = 1000 Stück, y-Achse: Geldeinheiten 1 GE = 1000 €).

b) Berechnen Sie die Grenzen des Intervalls, in denen ein positiver Gewinn erzielt wird.

c) Für die Gewinnfunktion G gilt $G(x) = E(x) - K(x)$. Bestimmen Sie die Funktionsgleichung.

d) Zeichnen Sie den Graphen der Gewinnfunktion in das Koordinatensystem aus Aufgabenteil a). Beschreiben Sie die Bedeutung der Nullstellen der Gewinnfunktion.

4. Die Wassermenge in einem Regenrückhaltebecken kann in der ersten Juniwoche durch eine ganzrationale Funktion dritten Grades modelliert werden. Hierzu können folgende Daten verwendet werden:

Tag	1	3	6	7
Wassermenge in m³	81	227	326	279

a) Bestimmen Sie die Funktionsgleichung von f, die die Wassermenge im Regenrückhaltebecken beschreibt.

b) Wie viel Wasser war Ende Mai in dem Becken?

c) Zeichnen Sie den Graphen der Funktion. Welche Wassermenge muss das Regenrückhaltebecken in dieser Woche maximal fassen?

d) Kann die Funktion auch zur Beschreibung der Wassermenge in der zweiten Juliwoche verwendet werden? Begründen Sie Ihre Antwort.

Exkurs: Periodische Vorgänge und trigonometrische Funktionen

Trigonometrische Grundbegriffe

Im Folgenden werden wichtige trigonometrische Begriffe und bekannte Zusammenhänge wiederholt. Dazu erinnern wir uns zunächst an die Definitionen von Sinus, Kosinus und Tangens im rechtwinkligen Dreieck.

Sinus, Kosinus und Tangens am rechtwinkligen Dreieck

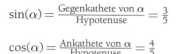

Der Sinus des Winkels α ist der Quotient aus Gegenkathete und Hypotenuse.

$$\sin(\alpha) = \frac{\text{Gegenkathete von } \alpha}{\text{Hypotenuse}} = \frac{3}{5}$$

Der Kosinus des Winkels α ist der Quotient aus Ankathete und Hypotenuse.

$$\cos(\alpha) = \frac{\text{Ankathete von } \alpha}{\text{Hypotenuse}} = \frac{4}{5}$$

Der Tangens des Winkels α ist der Quotient aus Gegenkathete und Ankathete.

$$\tan(\alpha) = \frac{\text{Gegenkathete von } \alpha}{\text{Ankathete von } \alpha} = \frac{3}{4}$$

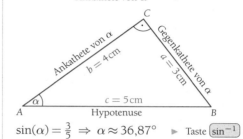

Mithilfe des Taschenrechners können wir auch die Größe des Winkels α bestimmen.

$\sin(\alpha) = \frac{3}{5} \Rightarrow \alpha \approx 36{,}87°$ ▸ Taste $\boxed{\sin^{-1}}$

Im rechtwinkligen Dreieck gilt:

$$\sin(\alpha) = \frac{\text{Gegenkathete von } \alpha}{\text{Hypotenuse}} \qquad \cos(\alpha) = \frac{\text{Ankathete von } \alpha}{\text{Hypotenuse}} \qquad \tan(\alpha) = \frac{\text{Gegenkathete von } \alpha}{\text{Ankathete von } \alpha}$$

Diese Definitionen gelten zunächst nur für spitze Winkel (zwischen 0° und 90°). Wird α als Drehwinkel im Einheitskreis aufgefasst, dann lässt sich diese Definition für beliebige Winkel fortsetzen.

Sinus, Kosinus und Tangens am Einheitskreis

Zu jedem Punkt P auf dem Einheitskreis gehört ein rechtwinkliges Dreieck wie rechts dargestellt. Da die Hypotenuse des Dreiecks die Länge 1 hat, ergibt sich:
$\sin(\alpha) = $ Gegenkathete von α
$\cos(\alpha) = $ Ankathete von α.

Durch Anwendung der Strahlensätze ergibt sich der Tangens von α als Länge des Tangentenabschnitts $\overline{RS}$.

▸ Der Drehwinkel α gibt an, um wie viel Grad die Strecke $\overline{OP}$ in positivem Drehsinn gedreht wird.

Je nach Lage im Koordinatensystem erhalten $\sin(\alpha)$, $\cos(\alpha)$ und $\tan(\alpha)$ ein positives oder negatives Vorzeichen (▸ Beispiel 3, Seite 202).

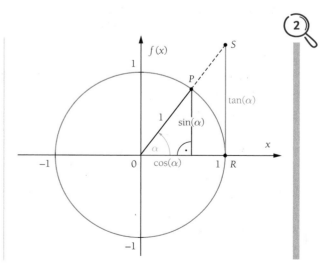

3   Sinus eines nichtspitzen Winkels

Beschreiben Sie sin(210°) am Einheitskreis und berechnen Sie den Wert.

Für den Winkel $\alpha = 210°$ liegt das rechtwinklige Dreieck am Einheitskreis im III. Quadranten, also unterhalb der x-Achse. Der Sinus von 210° hat daher ein negatives Vorzeichen:

$\sin(\alpha) = \sin(210°) = -\frac{1}{2}$

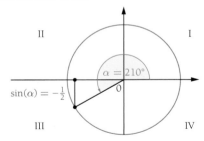

4   Negative Drehrichtung

Diskutieren Sie, inwieweit sich eine Drehung in negativem Drehsinn beschreiben lässt.

Eine Drehung um 45° in positivem Drehsinn entspricht einer Drehung um 315° in negativem Drehsinn. Negative Winkelmaße entsprechen also einer Umkehrung der mathematischen Drehrichtung.
Auch hierfür lassen sich Sinus, Kosinus und Tangens berechnen.

Volle Drehung: 360°
$45° - 360° = -315°$

$\sin(45°) \approx 0{,}7071$
$\sin(-315°) \approx 0{,}7071$

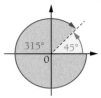

5   Gradmaß und Bogenmaß

Häufig wird anstelle des Gradmaßes α das sogenannte Bogenmaß x verwendet. Dabei ist x die Länge des zum Winkel α zugehörigen Bogens auf dem Einheitskreis.

Der Umfang u eines Kreises ergibt sich durch die Formel $u = 2 \cdot \pi \cdot r$. Die Länge des Umfangs des Einheitskreises ist daher gleich 2π. Das entspricht einer vollen Drehung um 360° in positiver Drehrichtung.
Die Länge π des Halbkreises entspricht einer Drehung um 180° in positivem Drehsinn.
Analog dazu entspricht der Bogenlänge $\frac{\pi}{2}$ eine Drehung um 90° in positivem Drehsinn.
Sinus, Kosinus und Tanges liefern für die einander entsprechenden Winkel in Grad- und Bogenmaß die gleiche Zahl. Bei der Verwendung eines Taschenrechners ist dabei auf den korrekten Modus zu achten.

Kreisumfang: $u = 2 \cdot \pi \cdot r$
Einheitskreis: $u = 2 \cdot \pi$

$x\alpha$
Volle Drehung: $2\pi \,\hat{=}\, 360°$
Halbe Drehung: $\pi \,\hat{=}\, 180°$ ▸ $\pi \approx 3{,}14$
Vierteldrehung: $\frac{\pi}{2} \,\hat{=}\, 90°$
$\sin\left(\frac{\pi}{4}\right) = \sin(45°)$
$\sin\left(\frac{\pi}{4}\right) \approx 0{,}7071$ ▸ RAD-Modus
$\sin(45°) \approx 0{,}7071$ ▸ DEG-Modus

- Ein Winkel kann im **Gradmaß** oder im **Bogenmaß** angegeben werden.
- Es gilt die Umrechnungsformel zwischen Grad- und Bogenmaß: $\frac{x}{2\pi} = \frac{\alpha}{360°}$

Berechnen Sie mithilfe des Taschenrechners die folgenden Werte. Achten Sie dabei auf den korrekten Modus (DEG für Winkel im Gradmaß und RAD für Winkel im Bogenmaß).

a) $\sin(30°)$ b) $\cos(0{,}5)$ c) $\sin(\pi)$ d) $\cos(2\pi)$ e) $\sin(60°)$ f) $\cos(35°)$

Trigonometrische Standardfunktionen

Mechanische Schwingung – Geschwindigkeit eines Massestücks

Ein Massestück wird an einer Stahlfeder befestigt. Durch das Zusammendrücken (und Loslassen) der Feder wird das System in Schwingung gebracht. Untersuchen Sie die Geschwindigkeit des Massestücks.

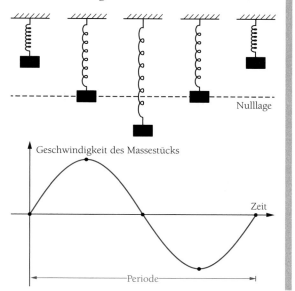

Das Massestück wird zunächst so lange beschleunigt, bis die Feder ihre ursprüngliche Länge erreicht hat (Nulllage). Die in der Feder gespeicherte Energie wird dabei auf das Massestück übertragen.

Im Anschluss daran wird das Massestück langsamer, weil die Bewegungsenergie zurück auf die Feder übertragen wird.

Wenn die Feder maximal ausgedehnt ist, ist die Geschwindigkeit des Massestücks gleich null.

Anschließend zieht sich die Feder wieder zusammen und das Massestück bewegt sich in die entgegengesetzte Richtung zurück bis es seine Ausgangsposition erreicht.

Vernachlässigt man Reibungseffekte, so würde sich diese Bewegung immer weiter wiederholen. Man spricht hierbei von einer **ungedämpften harmonischen Schwingung**.

Die Dauer eines Schwingungsvorgangs heißt **Periode**.

Der im Beispiel erhaltene Graph ist ein Beispiel für eine **Sinuskurve**.

Er verläuft genauso wie der Graph der **Sinusfunktion** f mit $f(x) = \sin(x)$. Diese ordnet jedem Winkel im Bogenmaß x seinen Sinus gemäß der Definition am Einheitskreis zu (▶ Seite 201).

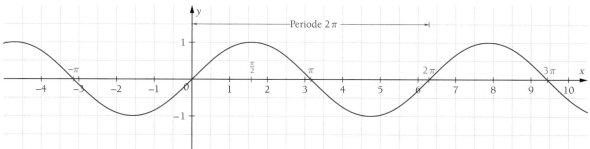

Folgende Eigenschaften ergeben sich direkt aus der Definition des Sinus am Einheitskreis:

Für die **Sinusfunktion** f mit $f(x) = \sin(x)$ gilt:
- Definitionsbereich: $D_f = \mathbb{R}$
- Wertebereich: $W_f = [-1; 1]$
- Periodizität: Die Funktion ist periodisch mit der Periode 2π.
- Nullstellen: $x_N = k \cdot \pi$ mit $k \in \mathbb{Z}$
- Symmetrie: Der Graph ist punktsymmetrisch zum Koordinatenursprung.

7   Mechanische Schwingung – Auslenkung eines Massestücks

Betrachten Sie die Auslenkung des Massestücks aus Beispiel 6 während einer Schwingung genauer. Stellen Sie die Auslenkung von der Nulllage graphisch dar.

Zu Beginn der Schwingung befindet sich das Massestück an der höchsten Stelle. Die maximale Auslenkung von der Nulllage wird **Amplitude** genannt.

Anschließend bewegt sich das Massestück nach unten und durchläuft die Nulllage bis es schließlich an der tiefsten Stelle angelangt ist.
Nun zieht sich die Feder wieder zusammen und das Massestück bewegt sich in die entgegengesetzte Richtung zurück, bis es seine Ausgangsposition erreicht.

Auch hier wiederholt sich der Vorgang periodisch immer wieder, wenn man die Reibung außer Acht lässt.

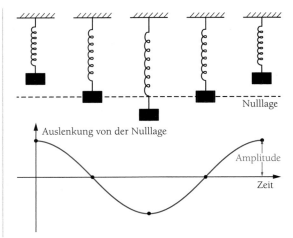

Der Graph in diesem Beispiel ist eine **Kosinuskurve**.
Er entspricht dem Graphen der Funktion f mit $f(x) = \cos(x)$, der **Kosinusfunktion**. Hierbei wird jedem Winkel im Bogenmaß x der entsprechende Kosinuswert am Einheitskreis zugeordnet (▶ Seite 201).

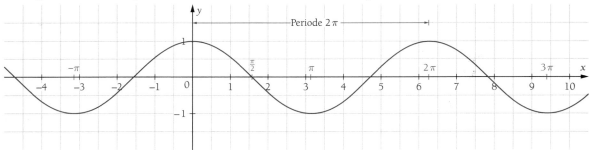

Folgende Eigenschaften ergeben sich direkt aus der Definition des Kosinus am Einheitskreis:

Für die **Kosinusfunktion** f mit $f(x) = \cos(x)$ gilt:
- Definitionsbereich: $D_f = \mathbb{R}$
- Wertebereich: $W_f = [-1; 1]$
- Periodizität: Die Funktion ist periodisch mit der Periode 2π.
- Nullstellen: $x_N = \frac{\pi}{2} + k \cdot \pi$ mit $k \in \mathbb{Z}$
- Symmetrie: Der Graph ist achsensymmetrisch zur y-Achse.

1. Begründen Sie die angegebenen Eigenschaften der Sinus- und der Kosinusfunktion mithilfe der Darstellung am Einheitskreis. Gehen Sie dabei ein auf:
   a)   Definitions- und Wertebereich   b)   Periodizität   c)   Nullstellen

2. Nennen Sie mögliche Gründe, warum die x-Werte für die Sinus- und die Kosinusfunktion hier im Bogenmaß und nicht im Winkelmaß angegeben werden.

Steigung einer Straße

An einer Straße steht das folgende Verkehrsschild. Ermitteln Sie die zugehörige Steigung der Straße als Winkel im Bogenmaß.

Das Schild besagt, dass es sich um einen zwölfprozentigen Anstieg handelt: Auf hundert Meter in waagerechter Richtung geht es zwölf Meter nach oben.

Wir fassen die Straße als Graph einer Geraden auf und betrachten den Winkel α zwischen der x-Achse und dieser Geraden im zugehörigen Steigungsdreieck. Mithilfe der Tangensdefinition entsteht so ein Zusammenhang zwischen dem Steigungswinkel und der Steigung der Straße.

Die Steigung einer Straße ist also der Tangens des Steigungswinkels. Die Steigung 12 % ist im Bogenmaß gleich $\frac{12}{100}$.

$$\tan(\alpha) = \frac{\text{Gegenkathete}}{\text{Ankathete}}$$

$$\tan(\alpha) = \frac{\text{Höhenunterschied}}{\text{waagerechte Entfernung}} = \frac{12}{100}$$

Mit der Umkehrfunktion des Taschenrechners $\boxed{\tan^{-1}}$ erhalten wir die Winkelgröße im Bogenmaß $x = 0{,}1194\ldots$

Im Bogenmaß: $\tan(x) = 0{,}12$

$\Rightarrow x \approx 0{,}1194$

Genauso wie bei Sinus und Kosinus können wir auch die **Tangensfunktion** f mit $f(x) = \tan(x)$ definieren (mit x als Winkel im Bogenmaß).

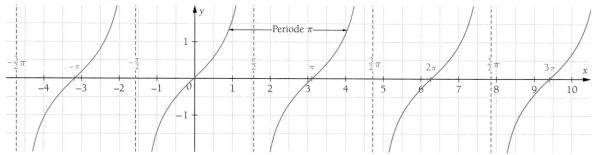

Für die **Tangensfunktion** f mit $f(x) = \tan(x)$ gilt:
- Definitionsbereich: $D_f = \mathbb{R} \setminus \{\frac{\pi}{2} + k \cdot \pi \mid k \in \mathbb{Z}\}$
- Wertebereich: $W_f = \mathbb{R}$
- Periodizität: Die Funktion ist periodisch mit der Periode π.
- Nullstellen: $x_\text{N} = k \cdot \pi$ mit $k \in \mathbb{Z}$
- Symmetrie: Der Graph ist punktsymmetrisch zum Koordinatenursprung.

1. Erläutern Sie am obigen Beispiel zur Steigung, wie die Tangenswerte größenmäßig aussehen, wenn der Steigungswinkel 89°, 90° und −89° beträgt. Rechnen Sie diese Winkelgrößen ins Bogenmaß um und beziehen Sie Ihre Ergebnisse auf den Graphen der Tangensfunktion.

2. Begründen Sie den Zusammenhang $\tan(x) = \frac{\sin(x)}{\cos(x)}$ mithilfe der Darstellungen von Sinus, Kosinus und Tangens am Einheitskreis. Begründen Sie damit die Eigenschaften der Tangensfunktion.

Modifikation der Sinusfunktion

Viele periodische Vorgänge lassen sich mit einer Funktion f der Form $f(x) = a \cdot \sin(bx + c) + d$ beschreiben. Welche Auswirkungen die verschiedenen Parameter a, b, c und d dabei auf den Graphen der Sinusfunktion haben, wird in den nachfolgenden Beispielen untersucht.

 9   Veränderung der Amplitude

Vergleichen Sie die Graphen der Funktionen f, g, und h mit $f(x) = 2 \cdot \sin(x)$, $g(x) = 0{,}5 \cdot \sin(x)$ und $h(x) = -2 \cdot \sin(x)$ mit dem Graphen der Sinusfunktion.

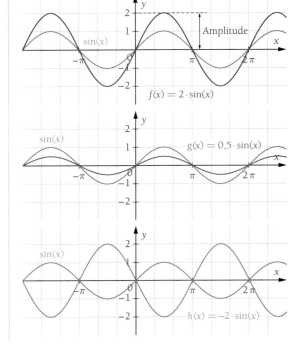

$f(x) = 2 \cdot \sin(x)$
Die Funktion hat dieselben Nullstellen wie die Sinusfunktion. Die Funktionswerte sind bei jedem Wert für x doppelt so groß wie bei der Sinusfunktion. Der Graph ist im Vergleich zum Graphen der Sinusfunktion um den Faktor 2 gestreckt. Die **Amplitude** beträgt 2.

$g(x) = 0{,}5 \cdot \sin(x)$
Die Funktion hat dieselben Nullstellen wie die Sinusfunktion. Die Funktionswerte sind bei jedem Wert für x halb so groß wie bei der Sinusfunktion. Der Graph ist im Vergleich zum Graphen der Sinusfunktion um den Faktor 0,5 gestaucht. Die Amplitude beträgt 0,5.

$h(x) = -2 \cdot \sin(x)$
Die Funktion hat dieselben Nullstellen wie die Sinusfunktion. Die Amplitude beträgt 2, wie beim Graphen von f. Der Graph ist im Vergleich zum Graphen von f aber an der x-Achse gespiegelt, da das negative Vorzeichen des Vorfaktors das Vorzeichen jedes Funktionswerts umkehrt.

$$\text{Amplitude} = \frac{\text{Abstand zwischen Maximum und Minimum}}{2}$$

Die Ergebnisse im obigen Beispiel lassen sich verallgemeinern:

 Für eine Funktion f mit $f(x) = a \cdot \sin(x)$ gibt $|a|$ die **Amplitude** der Schwingung an.
- Für $|a| > 1$ ist der Graph im Vergleich zum Graphen der Sinusfunktion gestreckt.
- Für $|a| < 1$ ist der Graph im Vergleich zum Graphen der Sinusfunktion gestaucht.
- Für $a < 0$ ist der Graph außerdem an der x-Achse gespiegelt.

 Ermitteln Sie die Amplituden der vier Schwingungen. Geben Sie jeweils die Funktionsgleichung an.

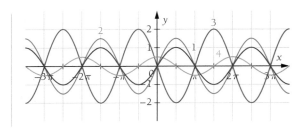

Veränderung der Periodenlänge

Vergleichen Sie die Graphen von f und g mit $f(x) = \sin(2x)$ und $g(x) = \sin(0{,}5x)$ mit dem der Sinusfunktion.

$f(x) = \sin(2x)$

Die Funktion hat die gleiche Amplitude wie die Sinusfunktion. Der Abstand zwischen den Nullstellen ist im Vergleich zur Sinusfunktion halbiert. Die **Periode** verkürzt sich von 2π auf π.

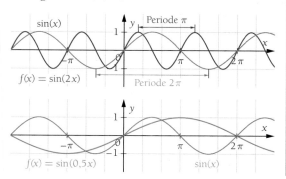

$g(x) = \sin(0{,}5x)$

Die Funktion hat die gleiche Amplitude wie die Sinusfunktion. Der Abstand zwischen den Nullstellen hat sich im Vergleich zur Sinusfunktion verdoppelt. Die Periode verlängert sich von 2π auf 4π.

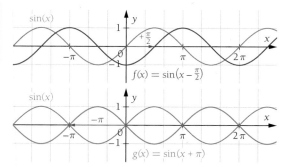

Für eine Funktion f mit $f(x) = \sin(b \cdot x)$ bestimmt die Zahl $b > 0$ die **Periode**.

- Für $b > 1$ verkürzt sich die Länge der Periode auf $\frac{2\pi}{b}$.
- Für $b < 1$ verlängert sich die Länge der Periode auf $\frac{2\pi}{b}$.

▸ **Hinweis:** Für $b < 0$ kommt noch eine Spiegelung an der y-Achse hinzu und die Periode hat die Länge $\frac{2\pi}{|b|}$.

Verschiebung des Graphen entlang der x-Achse

Vergleichen Sie die Graphen von f und g mit $f(x) = \sin\left(x - \frac{\pi}{2}\right)$ und $g(x) = \sin(x + \pi)$ mit dem Graphen der Sinusfunktion.

$f(x) = \sin\left(x - \frac{\pi}{2}\right)$

Die Funktion hat die gleiche Amplitude und die gleiche Periodenlänge wie die Sinusfunktion. Der Graph ist im Vergleich zum Graphen der Sinusfunktion um $\frac{\pi}{2}$ nach *rechts* verschoben.

$g(x) = \sin(x + \pi)$

Die Funktion hat die gleiche Amplitude und die gleiche Periodenlängen wie die Sinusfunktion. Der Graph ist im Vergleich zum Graphen der Sinusfunktion um π nach *links* verschoben.

▸ Eine Verschiebung entlang der x-Achse heißt auch **Phasenverschiebung**.

Für eine Funktion f mit $f(x) = \sin(x + c)$ bewirkt c eine **Verschiebung** des Graphen entlang der x-Achse:

- Für $c > 0$ verschiebt sich der Graph um c Einheiten nach links.
- Für $c < 0$ verschiebt sich der Graph um $|c|$ Einheiten nach rechts.

---

1. Ermitteln Sie die Periodenlänge der Funktionen f und g mit $f(x) = \sin(3x)$ und $g(x) = \sin\left(\frac{x}{\pi}\right)$.

2. Vergleichen Sie den Graphen der Funktion h mit $h(x) = \sin(x - \pi)$ mit dem Graphen der Funktion g mit $g(x) = \sin(x + \pi)$ (▸ Beispiel 11).

(12) Verschiebung des Graphen entlang der *y*-Achse

Vergleichen Sie die Graphen von f und g mit $f(x) = \sin(x) + 2$ und $g(x) = \sin(x) - 2$ mit dem Graphen der Sinusfunktion.

$f(x) = \sin(x) + 2$
Der Graph ist im Vergleich zum Graphen der Sinusfunktion um 2 Einheiten nach oben verschoben.

$g(x) = \sin(x) - 2$
Der Graph ist im Vergleich zum Graphen der Sinusfunktion um 2 Einheiten nach unten verschoben.

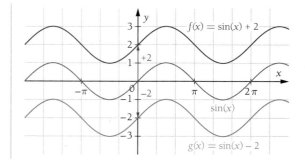

Für eine Funktion f mit $f(x) = \sin(x) + d$ bewirkt d eine **Verschiebung** des Graphen entlang der *y*-Achse:
- Für $d > 0$ verschiebt sich der Graph um d Einheiten nach oben.
- Für $d < 0$ verschiebt sich der Graph um $|d|$ Einheiten nach unten.

Die in den Beispielen gezeigten Veränderungen der Sinusfunktion können auch in Kombination auftreten.

(13) Modifizierte Sinusfunktion

Bestimmen Sie die Amplitude und die Periode der Funktionen f mit $f(x) = 3 \cdot \sin\left(2x - \frac{\pi}{2}\right) + 1$.

Wir formen zunächst die Funktionsgleichung um. Damit bei der Verschiebung entlang der *x*-Achse auch der Faktor für die Periodenlänge berücksichtigt wird, klammern wir innerhalb der Klammer aus:

$f(x) = 3 \cdot \sin\left(2x - \frac{\pi}{2}\right) + 1$
$\quad = 3 \cdot \sin\left(2 \cdot \left[x - \frac{\pi}{4}\right]\right) + 1$

Die Amplitude ist 3 und die Periode beträgt $\frac{2\pi}{2} = \pi$.
Der Graph ist außerdem um $\frac{\pi}{4}$ nach rechts und um 1 nach oben verschoben.

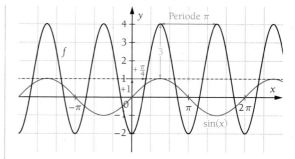

Der Graph einer Funktion f mit $f(x) = a \cdot \sin(b \cdot [x + c]) + d$ unterscheidet sich wie folgt gegenüber dem Graphen der Sinusfunktion:
- Verschiebung um d in Richtung der *y*-Achse
- Verschiebung um $-c$ in Richtung der *x*-Achse
- Periode $\frac{2\pi}{b}$
- Amplitude a

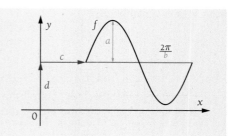

Skizzieren Sie die Graphen der folgenden Funktionen.
a) $f(x) = 2 \cdot \sin(0{,}5x + 2) - 1$ \qquad b) $f(x) = -3 \cdot \sin(\pi x + \pi) + 3$

Übungen zum Exkurs

1. Rechnen Sie vom Grad- ins Bogenmaß um bzw. umgekehrt.
Übertragen Sie die Tabelle in Ihr Heft und vervollständigen Sie diese.

α	0°	30°			90°	135°		270°	360°
x			$\frac{\pi}{4}$	$\frac{\pi}{3}$			π		4π

2. Bestimmen Sie mithilfe des Taschenrechners die Funktionswerte. Runden Sie auf vier Stellen nach dem Komma.

a) $\sin\left(\frac{\pi}{3}\right)$ d) $\cos(2{,}18)$

b) $\sin(4{,}15)$ e) $\tan\left(\frac{\pi}{3}\right)$

c) $\cos\left(\frac{\pi}{3}\right)$ f) $\tan(-1{,}5)$

3. Bestimmen Sie die Funktionswerte an den Stellen $x_1 = \pi$; $x_2 = 0{,}5$; $x_3 = 0{,}25$; $x_4 = -0{,}2$ und $x_5 = -2\pi$.

a) $f(x) = \sin(2x)$ e) $f(x) = \cos(2x)$

b) $f(x) = 2 \cdot \sin(x)$ f) $f(x) = 2 \cdot \cos(x)$

c) $f(x) = \sin[2(x+1)]$ g) $f(x) = \cos[2(x+1)]$

d) $f(x) = \sin(0{,}5x+1)$ h) $f(x) = \cos(0{,}5x+1)$

4. Eine 5 m lange Leiter lehnt an einer Wand mit einem Winkel von 65° gegen den Boden. Bestimmen Sie die Höhe, in der die Leiter die Wand berührt.

▶ Abbildung nicht maßstabsgetreu

5. Ein 1,80 m tiefer Kanal soll gebaut werden. Berechnen Sie die Längen von x und y.

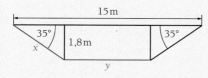

▶ Abbildung nicht maßstabsgetreu

6. Ein Flugzeug startet mit einem Steigungswinkel von $\alpha = 3°$. Bestimmen Sie die Flughöhe nach einer zurückgelegten Flugstrecke von 9 km.

7. Berechnen Sie, wie weit das Schiff vom Leuchtturm entfernt ist.

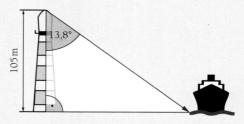

8. Beschreiben Sie im Intervall $[0; 2\pi]$ den Verlauf der Funktionsgraphen von

a) der Sinusfunktion,

b) der Kosinusfunktion,

c) der Tangensfunktion.

9. Begründen Sie mithilfe der Funktionsgraphen von Sinus und Kosinus:

a) $\sin\left(x+\frac{\pi}{2}\right) = \cos(x)$

b) $\cos\left(x+\frac{\pi}{2}\right) = -\sin(x)$

10. Angenommen Ihr Taschenrechner streikt und es funktioniert von den Winkelfunktionstasten nur noch die Taste (sin). Kann man mit ihrer Hilfe dennoch $\cos(x)$ für jedes Winkelmaß $x \in \left[0; \frac{\pi}{2}\right]$ bestimmen?
Lassen sich auch die Funktionswerte $\tan(x)$ für $x \in \left[0; \frac{\pi}{2}\right]$ berechnen?

11. Zeigen Sie: Jede der drei Winkelfunktionen sin, cos und tan lässt sich durch jede andere beschreiben. Verwenden Sie zu diesem Nachweis die grundlegenden Gleichungen:
$(\sin(x))^2 + (\cos(x))^2 = 1$ für $x \in \left[0; \frac{\pi}{2}\right]$ und $\tan(x) = \frac{\sin(x)}{\cos(x)}$ für $x \in [0; \frac{\pi}{2}]$.

12. Berechnen Sie mit dem Taschenrechner unter Verwendung der Taste (sin) die Funktionswerte $\cos(35°)$, $\cos(75°)$, $\tan(35°)$ sowie $\tan(75°)$ und kontrollieren Sie Ihre Ergebnisse mit den Tasten (cos) bzw. (tan).

13. Geben Sie an, wie der Graph der Funktion f aus dem Graphen der Funktion g mit $g(x) = \sin(x)$ hervorgeht. Geben Sie Periodenlänge und Amplitude an und skizzieren Sie den Graphen von f.

a) $f(x) = 3 \cdot \sin(x)$

b) $f(x) = -0{,}5 \cdot \sin(x)$

c) $f(x) = \sin(3x)$

d) $f(x) = \sin\left(\frac{1}{3}x\right)$

e) $f(x) = \sin(x - \pi)$

f) $f(x) = \sin\left(2x + \frac{\pi}{2}\right)$

g) $f(x) = \sin(2x) + 1$

h) $f(x) = -0{,}5 \cdot \sin(2x) - 2$

i) $f(x) = -2 \cdot \sin(2x - \pi) - 1$

j) $f(x) = 2 \cdot \sin(4x - 2) + 1$

k) $f(x) = 2 \cdot \sin(2x + 2\pi) + 2$

14. Ordnen Sie den Graphen 1 bis 4 die Funktionsgleichungen a) bis d) zu.

a) $f(x) = 2 \cdot \sin(x)$ 　　b) $f(x) = \sin(x) - 2$ 　　c) $f(x) = \sin(2x)$ 　　d) $f(x) = \sin\left(x + \frac{3}{2}\pi\right)$

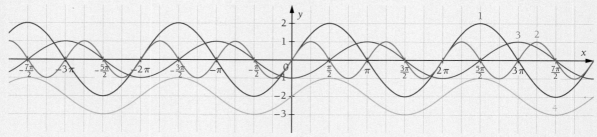

15. Ermitteln Sie die Funktionsgleichung der abgebildeten Sinuskurve in Bezug auf das eingezeichnete Koordinatensystem.

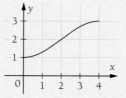

16. Mit einem Oszilloskop werden die zeitlichen Verläufe einer Wechselspannung und eines Wechselstroms sichtbar gemacht. Der Bildschirm ist so eingestellt, dass der Breite von 10 Kästchen eine Zeit von 0,1 Sekunden entspricht. Die Spannung in y-Richtung geht von -4 Volt bis $+4$ Volt.
Die Kurve, die sich am linken Bildrand in der Nulllage befindet, stellt die Spannung dar. Die andere Kurve beschreibt die Stromstärke. Diese wird indirekt über den Spannungsabfall an einem 100-Ω-Widerstand gemessen.

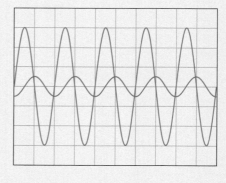

a) Ermitteln Sie Funktionsgleichungen für die zeitlichen Verläufe von Spannung und Stromstärke.

b) Geben Sie auch die Frequenz für die Spannung und Stromstärke an. Die **Frequenz** ist der Kehrwert der Dauer einer Periode (in s) und hat die Einheit $\frac{1}{s} = $ Hz (sprich: „Hertz"). Sie gibt also an, wie oft sich eine Schwingung pro Sekunde wiederholt.

17. Beschreiben Sie, wie die Funktion f mit $f(x) = \cos(x)$ durch Verschiebung der Sinusfunktion entsteht. Zeichnen Sie dann (ggf. mithilfe einer Wertetabelle) die Graphen der folgenden Funktionen. Geben Sie die Funktionsgleichung in der Form $f(x) = a \cdot \sin(b \cdot [x + c]) + d$ an.

a) $g(x) = \cos(2x)$ 　　b) $h(x) = \cos\left(\frac{\pi}{2}x\right) + 1$ 　　c) $h(x) = 2 \cdot \cos(-x - 2) + 1$

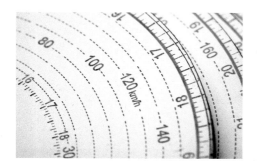

Änderungsraten beschreiben die Veränderung von zeitabhängigen Größen.
- Welche Bedeutung hat die Änderungsrate bei zeitabhängigen Größen?
- Spielt der Unterschied zwischen der durchschnittlichen und der momentanen Geschwindigkeit eine große Rolle?

Verkehrswege lassen sich durch Funktionen und ihre Graphen modellieren.
- Ist die zulässige Steigung eingehalten?
- Kann eine enge Kurve gefahrlos von einem Fahrzeug befahren werden?
- Welche Funktion beschreibt einen möglichen Trassenverlauf?

In vielen Bereichen der Ingenieur- und Technikwissenschaften ist die Differenzialrechnung nicht wegzudenken.
- Welche äußeren Kräfte wirken auf die Konstruktion moderner Bauwerke?
- Wie ist der Verlauf der inneren Kräfte im Bauteil?

Viele Objekte weisen komplexe und nicht immer geradlinige Formen auf.
- Wie lässt sich der Inhalt für beliebig geformte Flächen bestimmen?
- Wie groß ist das Volumen von Körpern, die krummlinige Umrisse haben?

5.1 Einführung in die Differenzialrechnung

5.1.1 Änderungsraten erfassen und beschreiben

Änderungsraten sind uns aus unserem Alltag bekannt:
- Zinsen steigen oder fallen
- ein Temperatursturz von 28°C auf 18°C innerhalb von 24 Stunden kann zu Kreislaufproblemen führen
- Aktienkurse sind auf Höhenflug oder brechen ein
- Kosten explodieren
- Pflanzen wachsen unterschiedlich schnell

① Hochwasserwelle

Eine prognostizierte Hochwasserwelle für den Main bei Frankfurt kann durch die Funktion f beschrieben werden:
$$f(x) = -\frac{1}{6}x^3 + 3x^2 + \frac{13}{2}x + \frac{610}{3}$$
Dabei gibt x die Zeit in Stunden, $f(x)$ die Höhe der Welle in cm über Pegelnull an.

Zur Planung weiterer Hochwassersicherungsmaßnahmen ist es erforderlich, den zeitlichen Anstieg des Hochwassers genauer zu untersuchen.

Bestimmen Sie die durchschnittliche Steigung des Hochwasserpegels alle vier Stunden zwischen 0 und 16 Uhr.

Die durchschnittliche Steigung des Hochwasserpegels in jedem Vier-Stunden-Intervall können wir mithilfe der Steigungsformel berechnen. (▶ Seite 147)

Die durchschnittlichen Steigungen des Hochwasserpegels betragen $15,83 \frac{cm}{h}$ bzw. $23,83 \frac{cm}{h}$ zwischen 0 und 12 Uhr. Nach 12 Uhr scheint der Hochwasserpegel zu fallen, da dort die Steigung negativ ist. Sie beträgt zwischen 12 und 16 Uhr $-8,17 \frac{cm}{h}$.

Da die durchschnittliche Steigung angibt, wie groß die *Änderung* der Pegelhöhe im Mittel ist, heißt sie auch **mittlere Änderungsrate** oder **durchschnittliche Änderungsrate**.

Die durchschnittliche Steigung spiegelt oftmals nicht die tatsächliche Steigung an den einzelnen Messpunkten wider. Am nebenstehenden Graphen erkennen wir, dass die Hochwasserwelle im Intervall $I_4 = [12; 16]$ zunächst bis ca. 14 Uhr steigt und erst nach diesem Zeitpunkt wieder abnimmt. Die Steigung ist also zunächst positiv. In diesem Bereich stellt die negative durchschnittliche Steigung den Verlauf nicht optimal dar.

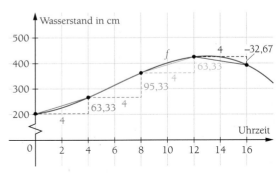

$$m = \frac{\text{Änderung der Pegelhöhe}}{\text{Änderung der Zeit}} = \frac{f(x_2) - f(x_1)}{x_2 - x_1}$$

$$m_1 = \frac{f(4) - f(0)}{4 - 0} \approx \frac{266,67 - 203,33}{4 - 0} \approx \frac{63,33}{4} \approx 15,83 \frac{cm}{h}$$

$$m_2 = \frac{f(8) - f(4)}{8 - 4} \approx \frac{362 - 266,67}{4 - 0} \approx \frac{95,33}{4} \approx 23,83 \frac{cm}{h}$$

$$m_3 = \frac{f(12) - f(8)}{12 - 8} \approx \frac{425,33 - 362}{12 - 8} \approx \frac{63,33}{4} \approx 15,83 \frac{cm}{h}$$

$$m_4 = \frac{f(16) - f(12)}{16 - 12} \approx \frac{392,67 - 425,33}{12 - 8} \approx \frac{-32,67}{4}$$

$$\approx -8,17 \frac{cm}{h}$$

Änderungen im Straßenverkehr

In der Fahrschule lernen wir bei diesem Verkehrszeichen:
Auf 100 m Strecke beträgt der Höhenunterschied 12 m.

Doch Straßen sind niemals so gerade: Wir fahren immer über kleine Hügel.
Das Verkehrsschild gibt also den *durchschnittlichen* Höhenunterschied entlang einer bestimmten Strecke an. Die zugehörige mittlere Änderungsrate erfasst diese Änderung der Höhe zahlenmäßig. In diesem Beispiel beträgt sie 0,12 bzw. 12 %.

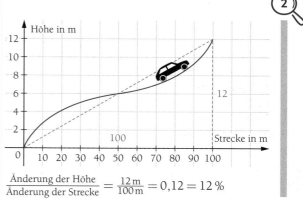

$$\frac{\text{Änderung der Höhe}}{\text{Änderung der Strecke}} = \frac{12\,\text{m}}{100\,\text{m}} = 0{,}12 = 12\,\%$$

Änderungen in der Meteorologie

Der Wetterdienst hat die Temperaturen eines Herbsttages gemessen und in einem Diagramm dargestellt.

Wir können die **mittlere Änderungsrate** der Temperatur für unterschiedlich große Zeitintervalle bestimmen:

Intervall I: 0 bis 2 Uhr

$$\frac{\text{Änderung der Temperatur}}{\text{Änderung der Zeit}} = \frac{-1°C}{2\,h} = -0{,}5\,\frac{°C}{h}$$

Intervall II: 2 bis 6 Uhr

$$\frac{\text{Änderung der Temperatur}}{\text{Änderung der Zeit}} = \frac{3°C}{4\,h} = 0{,}75\,\frac{°C}{h}$$

Intervall III: 6 bis 14 Uhr

$$\frac{\text{Änderung der Temperatur}}{\text{Änderung der Zeit}} = \frac{4°C}{8\,h} = 0{,}5\,\frac{°C}{h}$$

Allgemein bestimmen wir die Änderungsrate in dem Zeitintervall $[a;b]$, indem wir die Differenz der Temperaturwerte $T(b) - T(a)$ durch die Differenz der Zeiten $b - a$ teilen.

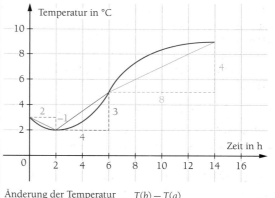

$$\frac{\text{Änderung der Temperatur}}{\text{Änderung der Zeit}} = \frac{T(b) - T(a)}{b - a}$$

▶ Steigung der jeweiligen Geraden

Der Quotient $\frac{f(b) - f(a)}{b - a}$ heißt **mittlere Änderungsrate** von f im Intervall $[a;b]$.
Anschaulich ist dies die Steigung m der Geraden durch die Punkte $A(a\,|\,f(a))$ und $B(b\,|\,f(b))$.

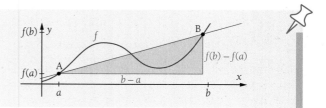

Die Tabelle gibt die Einwohnerzahlen der Stadt Steinfurt an. Bestimmen Sie die mittleren Änderungsraten in den drei Zeitintervallen. Im welchem Zeitintervall hat sich die Einwohnerzahl am stärksten verändert?

Jahr	2000	2008	2009	2010
Einwohnerzahl	33 955	34 266	34 085	33 939

4 Radarkontrolle

Auf dem Weg zur Arbeit wird Herr Keller von der Polizei angehalten. Er ist mit einer Geschwindigkeit von $55 \frac{km}{h}$ „geblitzt" worden. Dabei hat er extra noch auf die Uhr geachtet: Um 7:29 Uhr passierte er das Ortsschild A, drei Minuten später die 2,5 km entfernte Ampel B.
Bestimmen Sie die Durchschnittsgeschwindigkeit von Herrn Keller und diskutieren Sie, ob die Geschwindigkeitsmessung korrekt sein kann.

Die durchschnittliche Geschwindigkeit $\left(= \frac{\text{Änderung der Stecke}}{\text{Änderung der Zeit}}\right)$ betrug $\frac{2,5\,km}{0,05\,h} = 50 \frac{km}{h}$.

Im Durchschnitt ist Herr Keller also nicht zu schnell gefahren. Trotzdem wurde er „geblitzt".

Bei einer Radarkontrolle wird die Geschwindigkeit eines Fahrzeugs zu einem *bestimmten Zeitpunkt* gemessen. Der *Zeitraum*, in dem die Messgeräte der Polizei die Änderung der Wegstrecke wahrnehmen, ist quasi unendlich klein. Solch eine Änderung wird durch die **lokale Änderungsrate** beschrieben. Im Beispiel stellt sie die Momentangeschwindigkeit dar.

▶ Die lokale Änderungsrate wird auch momentane Änderungsrate genannt.

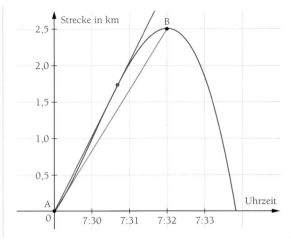

Die lokale Änderungsrate entspricht der Steigung der Tangente an den Graphen der Weg-Zeit-Funktion. Wir sehen in der Abbildung, dass die lokale Änderungsrate zum *Zeitpunkt* der Radarmessung um ca. 7:30 Uhr größer ist als die mittlere Änderungsrate im *Zeitraum* von 7:29 Uhr bis 7:32 Uhr.
Herr Keller ist also zurecht angehalten worden.

An den Beispielen können wir erkennen, dass häufig die Steigung bzw. Änderungsrate an genau einem Punkt untersucht werden muss. Die mittlere Änderungsrate kann nur ein ungefähres Bild der tatsächlichen Änderung bzw. Steigung an einem bestimmten Punkt liefern. Je größer dabei das Intervall ist, umso schlechter wird in der Regel die Realität dargestellt. Daher können wir umgekehrt versuchen, beispielsweise die Steigung in einem Punkt anzunähern, indem wir die durchschnittliche Steigung über möglichst kleinen Intervallen betrachten.

Im Gegensatz zur mittleren Änderungsrate, die die Änderung über einem Intervall beschreibt, erfasst die **lokale Änderungsrate** die Änderung in einem bestimmten Punkt.

Bestimmen Sie die mittlere Änderungsrate in den Intervallen $[-1;2]$, $[-1;0]$, $[0;2]$ und $[1;1,1]$ zur Funktion f mit $f(x) = x^2$.

a) Zeichnen Sie den Graphen und die Geraden.

b) Welche Geraden geben den Verlauf der Funktion f im jeweiligen Intervall am besten wieder?

c) Welche mittlere Änderungsrate entspricht am besten der lokalen Änderungsrate an der linken Grenze des Intervalls?

Übungen zu 5.1.1

1. Berechnen Sie für die folgenden Funktionen die mittlere Änderungsrate im Intervall I.

a) $f(x) = 3x^2 \qquad I = [0; 4]$

b) $f(x) = -2x^3 + 2 \quad I = [1; 5]$

c) $f(x) = 4x^2 - 3x \quad I = [2; 6]$

d) $f(x) = 4x^3 - 2x^2 \quad I = [-2; 3]$

2. Flugverlauf eines Segelflugzeugs

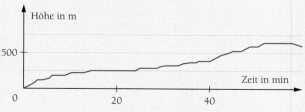

a) Beschreiben Sie den Flugverlauf des Segelflugzeugs und geben Sie an, wann das Flugzeug langsam bzw. schnell steigt.

b) Berechnen Sie jeweils die durchschnittliche Steigung in den Zeitintervallen $[10; 40]$ und $[30; 60]$.

c) Vergleichen und interpretieren Sie Ihre Ergebnisse aus a) und b).

3.

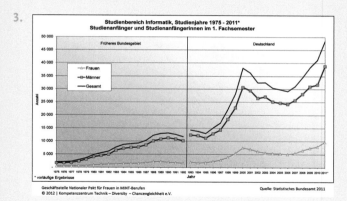

a) Beschreiben Sie die Entwicklung der Studienanfänger in Informatik zwischen 1975 und 2011. Geben Sie an, in welchen Jahren die Zahl der Erstsemester am größten war und in welchen Jahren ein besonders starker Anstieg der Studentenzahlen zu verzeichnen war.

b) Nennen Sie Gründe für die Entwicklung der Studienanfängerzahlen.

c) Geben Sie für die Jahre 1980 und 2011 den prozentualen Anteil der Männer und Frauen an den Erstsemestern an.

4. Die Füllkurve vom Gefäß a ist in ein Koordinatensystem eingezeichnet worden.

a) Übertragen Sie diese Zeichnung ins Heft und ergänzen Sie die Graphen für x, y und z.

b) Erstellen Sie ein weiteres Koordinatensystem. Zeichnen Sie zu jedem der vier Gefäße den Graphen der Geschwindigkeit, mit der sich die Höhe verändert.

c) Interpretieren Sie die Bedeutung des Graphen aus Aufgabenteil b) im Hinblick auf den Begriff der Änderungsrate.

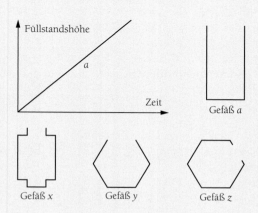

5.1.2 Steigung von Funktionsgraphen

Momentangeschwindigkeit an einer bestimmten Stelle

Wir untersuchen die Geschwindigkeit eines PKWs während des Anfahrvorgangs.
Die zurückgelegte Strecke wurde zu verschiedenen Zeitpunkten gemessen und hieraus die Weg-Zeit-Funktion f ermittelt mit $f(x) = 2{,}5x^2;\ x \in [0;5]$.
Berechnen Sie die Geschwindigkeit des Fahrzeugs 2 Sekunden nach dem Anfahren.

216-1

Der Graph von f gibt annähernd den Wegverlauf in dem Streckenabschnitt wieder. Die Geschwindigkeit des Fahrzeugs zu einem bestimmten Zeitpunkt entspricht der Steigung der Weg-Zeit-Funktion an der entsprechenden Stelle.
Die Geraden, die den Graphen in zwei Punkten schneiden, heißen **Sekanten**.

Die Steigung der Sekanten entspricht der durchschnittlichen Steigung.

Die durchschnittliche Steigung spiegelt die tatsächliche Steigung an einer Stelle desto besser wider, je näher die beiden Schnittpunkte von Graph und Sekante nebeneinander liegen.

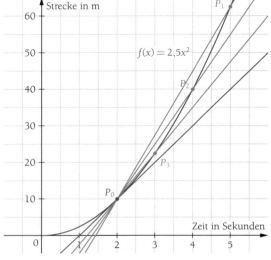

Die tatsächliche Steigung entspricht der Steigung der Geraden, die den Graphen von f nur im Punkt P_0 berührt.
Diese Gerade heißt **Tangente**. Die Tangente t bestimmt also die Steigung, die der Graph von f im Berührpunkt P_0 hat.
Um diese Tangente näherungsweise durch Sekanten zu bestimmen, „wandern" wir mit den Punkten P_1, P_2 usw. in Richtung von P_0 und nähern uns somit dem Punkt P_0 von rechts an.

216-2

Die Steigungen der Sekanten berechnen wir mithilfe des **Differenzenquotienten** an der Stelle $x_0 = 2$. Diesen bezeichnen wir mit $D(2;x)$.

$$D(2;x) = \frac{f(x) - f(2)}{x - 2}$$

Der Differenzenquotient entspricht also bezogen auf die Steigung des Graphen der **mittleren Änderungsrate**.
Die berechneten Werte halten wir in einer Tabelle fest.
Nun können wir erahnen, dass die Steigung von f in P_0 (für $x_0 = 2$) den Wert $10\ \frac{\text{m}}{\text{s}}$ hat.

x	$D(2;x)$	$= \dfrac{f(x) - f(2)}{x - 2}$
5	$D(2;5)$	$= \dfrac{f(5) - f(2)}{5 - 2} = \dfrac{62{,}5 - 10}{3} = 17{,}50$
4	$D(2;4)$	$= \dfrac{f(4) - f(2)}{4 - 2} = \dfrac{40 - 10}{2} = 15{,}00$
3	$D(2;3)$	$= \dfrac{f(3) - f(2)}{3 - 2} = \dfrac{22{,}5 - 10}{1} = 12{,}50$
2,5	$D(2;2{,}5)$	$= \dfrac{f(2{,}5) - f(2)}{2{,}5 - 2} \approx \cdots\ \approx 11{,}26$
2,1	$D(2;2{,}1)$	$= \dfrac{f(2{,}1) - f(2)}{2{,}1 - 2} \approx \cdots\ \approx 10{,}30$
2,01	$D(2;2{,}01)$	$= \dfrac{f(2{,}01) - f(2)}{2{,}01 - 2} \approx \cdots\ \approx 10{,}03$
2,001	$D(2;2{,}001)$	$= \dfrac{f(2{,}001) - f(2)}{2{,}001 - 2} \approx \cdots\ \approx 10{,}003$
		$\downarrow$
		$10{,}00$

Die naheliegende Frage ist nun, wie wir die exakte Steigung des Graphen von f im Punkt $P_0(2\,|\,10)$ rechnerisch bestimmen können.

Anstatt uns P_0 von rechts zu nähern, könnten wir auch versuchen, den Differenzenquotienten $D(2;2)$ zu berechnen.

Dann wäre $D(2;2) = \frac{f(2)-f(2)}{2-2}$

Dieser Differenzenquotient ist aber nicht definiert, da der Nenner null wäre.

Um dieses Problem zu umgehen, nähern wir uns der Steigung im Punkt $P_0(2\,|\,10)$ rechnerisch an, indem wir den **Grenzwert (Limes)** der Sekantensteigungen bilden.

$$\lim_{x \to 2} D(2;x) = \lim_{x \to 2} \frac{f(x)-f(2)}{x-2}$$

Wir lassen dabei x gegen 2 „gehen". (Schreibweise: $x \to 2$)

Der **Grenzwert des Differenzenquotienten** heißt **Differenzialquotient**.

Nun berechnen wir den exakten Wert der Tangentensteigung in $x = 2$.

Dabei formen wir den Differenzenquotienten so lange um, bis wir für x den Wert 2 einsetzen können, ohne dass der Nenner null wird.

Tatsächlich stimmt der erahnte Grenzwert mit dem exakt berechneten Grenzwert überein.

Die Tangente, also auch der Graph von f, hat in $x = 2$ eine positive Steigung von 10.

Bezogen auf das Ausgangsbeispiel hat somit der PKW 2 Sekunden nach dem Anfahren die Geschwindigkeit $10\,\frac{\text{m}}{\text{s}}$; dies sind $36\,\frac{\text{km}}{\text{h}}$.

▶ Limes: lateinisch „Grenze"

Der Grenzwert einer Funktion ist der Wert, den $f(x)$ in etwa annimmt, wenn x gegen einen bestimmten Wert strebt.

$$\lim_{x \to 2} D(2;x)$$

$$= \lim_{x \to 2} \frac{f(x)-f(2)}{x-2}$$

$$= \lim_{x \to 2} \frac{(2{,}5x^2)-(2{,}5 \cdot 2^2)}{x-2} \qquad \blacktriangleright \text{ 2,5 ausklammern}$$

$$= \lim_{x \to 2} \frac{2{,}5(x^2-2^2)}{x-2} \qquad \blacktriangleright \text{ 3. bin. Formel}$$

$$= \lim_{x \to 2} \frac{2{,}5(x+2)(x-2)}{x-2} \qquad \blacktriangleright (x-2) \text{ kürzen}$$

$$= \lim_{x \to 2} 2{,}5(x+2) \qquad \blacktriangleright \begin{array}{l}\text{Grenzwert bilden durch}\\\text{Einsetzen von } x = 2\end{array}$$

$$= 2{,}5(2+2) = 2{,}5 \cdot 4$$

$$= 10$$

Der Grenzwert des Differenzenquotienten gibt die lokale Steigung in einem Punkt an. Daher entspricht er auch der **lokalen Änderungsrate**.

Steigung der Sekante durch die Punkte $P_0(x_0\,|\,f(x_0))$ und $P(x\,|\,f(x))$ der Funktion f:

$$m_s = D(x_0;x) = \frac{f(x)-f(x_0)}{x-x_0} \quad \textbf{(Differenzenquotient)}$$

Steigung der Tangente im Punkt $P_0(x_0\,|\,f(x_0))$ der Funktion f:

$$m_t = \lim_{x \to x_0} D(x_0;x) = \lim_{x \to x_0} \frac{f(x)-f(x_0)}{x-x_0} \quad \textbf{(Differenzialquotient)}$$

Der Differenzialquotient stellt die **lokale Änderungsrate** der Funktion f an der Stelle x_0 dar.

---

1. Bestimmen Sie mithilfe des Differenzialquotienten die Steigung der Funktionen f und g mit $f(x) = x^2 - 3$ und $g(x) = 2x^3 - 5x$ jeweils an der Stelle $x_0 = 2$.

2. Bestimmen Sie jeweils die lokale Änderungsrate an der Stelle $x_0 = 1$.
   a) $f(x) = x^3$ b) $f(x) = x^4$ c) $f(x) = x^5$

6 Momentangeschwindigkeit an einer beliebigen Stelle

Analog zum vorigen Beispiel 5 untersuchen wir die Geschwindigkeit eines PKWs während des Anfahrens. Wir erinnern uns, dass die zurückgelegte Strecke zu verschiedenen Zeitpunkten gemessen und hieraus die Weg-Zeit-Funktion f mit $f(x) = 2{,}5x^2$; $x \in [0; 5]$ ermittelt wurde.
Berechnen Sie nun die Geschwindigkeit des Fahrzeugs zu einem beliebigen Zeitpunkt x_0.

Die Momentangeschwindigkeit des Autos zu einem beliebigen Zeitpunkt x_0 entspricht der Steigung des Graphen von f an der Stelle x_0.
Wir ermitteln die Steigung an der Stelle x_0, indem wir wieder den Grenzwert berechnen.

Die Berechnung erfolgt wie im vorherigen Beispiel. Der Wert 2 wird dabei durch x_0 ersetzt.

Die Berechnung der Steigung an der Stelle x_0 liefert die Momentangeschwindigkeit von $5x_0 \frac{m}{s}$ zum Zeitpunkt x_0.

$$\lim_{x \to x_0} D(x_0; x)$$

$$= \lim_{x \to x_0} \frac{f(x) - f(x_0)}{x - x_0}$$

$$= \lim_{x \to x_0} \frac{(2{,}5x^2) - (2{,}5x_0^2)}{x - x_0} \quad \blacktriangleright \text{ 2,5 ausklammern}$$

$$= \lim_{x \to x_0} \frac{2{,}5(x^2 - x_0^2)}{x - x_0} \quad \blacktriangleright \text{ 3. bin. Formel}$$

$$= \lim_{x \to x_0} \frac{2{,}5(x + x_0)(x - x_0)}{x - x_0} \quad \blacktriangleright (x - x_0) \text{ kürzen}$$

$$= \lim_{x \to x_0} 2{,}5(x + x_0) \quad \blacktriangleright \begin{array}{l}\text{Grenzwerte bilden durch} \\ \text{Einsetzen von } x = x_0\end{array}$$

$$= 2{,}5(x_0 + x_0) = 2{,}5 \cdot 2x_0$$

$$= 5x_0$$

Ähnliche Schreibweise, unterschiedliche Bedeutung: x_0 ist ein fester Wert und x nähert sich dem festen x_0 an.

Setzen wir verschiedene Zeitpunkte in $5x_0$ ein, so lässt sich jetzt die Momentangeschwindigkeit einfach berechnen.
Zum Beispiel beträgt die Momentangeschwindigkeit nach 2,5 Sekunden $5 \cdot 2{,}5 = 12{,}5 \frac{m}{s}$

Zeitpunkt (in Sekunden)	Geschwindigkeit (in $\frac{m}{s}$)
x_0	$5x_0$
2	$5 \cdot 2 = 10$
2,5	$5 \cdot 2{,}5 = 12{,}5$
4,5	$5 \cdot 4{,}5 = 22{,}5$

Funktionen, denen man für jede Stelle eindeutig eine Steigung zuordnen kann, nennt man **differenzierbare Funktionen**. Ganzrationale Funktionen sind meist in ihrem gesamten Definitionsbereich differenzierbar.

Steigung einer Funktion f im Punkt $P_0(x_0 \mid f(x_0))$:

$$\lim_{x \to x_0} D(x_0; x) = \lim_{x \to x_0} \frac{f(x) - f(x_0)}{x - x_0} \text{ (Differenzialquotient)}$$

Eine Funktion heißt **differenzierbar**, wenn der Differenzialquotient an jeder Stelle aus D_f existiert.

1. Berechnen Sie die Steigung der Funktionen f mit $f(x) = 2x^2$ sowie g mit $g(x) = x^3 + x$ an den Stellen $x_0 = -2$; $x_0 = 3$; $x_0 = 0$.

2. Die Betragsfunktion f mit $f(x) = |x|$ ist nicht an jeder Stelle ihres Definitionsbereichs differenzierbar.
   a) Skizzieren Sie zunächst den Graphen der Funktion und begründen Sie, an welcher Stelle die Differenzierbarkeit nicht möglich ist.
   b) Finden Sie weitere Beispiele von Funktionen, die ebenfalls nicht über den gesamten Definitionsbereich differenzierbar sind.

218-1

Exkurs: Gegenüberstellung von $(x - x_0)$-Methode und h-Methode

Die Berechnung des Differenzenquotienten und somit auch des Differenzialquotienten kann mit zwei unterschiedlichen, jedoch sehr ähnlichen Verfahren erfolgen:

$(x - x_0)$-Methode

Wenn ich die Steigung der Funktion $f(x) = x^2$ an der Stelle $x_0 = 0{,}5$ berechnen möchte, dann wähle ich einen Punkt $R(x \mid f(x))$ in der Nähe von $P(0{,}5 \mid f(0{,}5))$. Den Punkt R lasse ich nun immer näher an P heranrücken.
Man sagt auch: „x konvergiert gegen $x_0 = 0{,}5$."

h-Methode

Ich berechne die Steigung der Funktion $f(x) = x^2$ an der Stelle $x_0 = 0{,}5$. Dazu wähle ich einen zweiten Punkt R, der in der Nähe von $P(0{,}5 \mid f(0{,}5))$ liegt. Den Abstand der x-Koordinaten von R und P nenne ich h. In meiner Skizze liegt R rechts von P. Daher hat R die Koordinaten $R(0{,}5 + h \mid f(0{,}5 + h))$. Nun lasse ich R immer näher an P heranrücken. Der Abstand h wird also immer kleiner. Man sagt auch: „h konvergiert gegen 0".

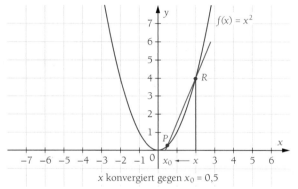

x konvergiert gegen $x_0 = 0{,}5$

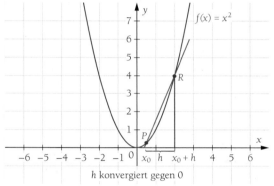

h konvergiert gegen 0

Die Steigung der Tangente errechne ich als Grenzwert des Differenzenquotienten:

$$\lim_{x \to x_0} \frac{f(x) - f(x_0)}{x - x_0}$$

Die Steigung der Funktion $f(x) = x^2$ an der Stelle $x_0 = 0{,}5$ berechne ich durch Einsetzen von $x_0 = 0{,}5$ und anschließender Umformung:

$$\begin{aligned}\lim_{x \to 0,5} \frac{f(x) - f(0{,}5)}{x - 0{,}5} &= \lim_{x \to 0,5} \frac{x^2 - 0{,}25}{x - 0{,}5} \\ &= \lim_{x \to 0,5} \frac{(x - 0{,}5)(x + 0{,}5)}{x - 0{,}5} \\ &= \lim_{x \to 0,5} x + 0{,}5 \\ &= 0{,}5 + 0{,}5 = 1\end{aligned}$$

Für die Steigung an der Stelle $x_0 = 0{,}5$ erhalte ich so den Wert 1.

Die Steigung der Tangente errechne ich als Grenzwert des Differenzenquotienten:

$$\lim_{h \to 0} \frac{f(x_0 + h) - f(x_0)}{h}$$

Die Steigung der Funktion $f(x) = x^2$ an der Stelle $x_0 = 0{,}5$ errechne ich durch Einsetzen:

$$\begin{aligned}\lim_{h \to 0} \frac{f(0{,}5 + h) - f(0{,}5)}{h} &= \lim_{h \to 0} \frac{(0{,}5 + h)^2 - 0{,}25}{h} \\ &= \lim_{h \to 0} \frac{0{,}25 + h + h^2 - 0{,}25}{h} \\ &= \lim_{h \to 0} \frac{h + h^2}{h} \\ &= \lim_{h \to 0} 1 + h = 1\end{aligned}$$

Für die Steigung an der Stelle $x_0 = 0{,}5$ erhalte ich ebenfalls den Wert 1.

---

1. Vollziehen Sie die Erklärungen der beiden Schüler nach. Nennen Sie die Stellen, an denen sich die Lösungswege der beiden Schüler unterscheiden. Erklären Sie, warum trotzdem beide zum selben Ergebnis kommen.

2. Berechnen Sie die Steigung der Funktion f mit $f(x) = x^2$ an der Stelle $x = -3$ mit der $(x - x_0)$-Methode und der h-Methode.

Übungen zu 5.1.2

1. Berechnen Sie jeweils die Steigung an einer beliebigen Stelle. Berechnen Sie damit jeweils die Steigung an den Stellen $x_1 = -2$, $x_2 = 0$ und $x_3 = 4$.

a) $f(x) = -2x^2$ c) $f(x) = \frac{x^2}{3}$ e) $f(x) = 3x^{-0,5}$

b) $f(x) = 3x^2 + 4$ d) $f(x) = 5x^3$ f) $f(x) = 3x^5$

2. Erläutern Sie den Unterschied zwischen den Begriffen „Differenzenquotient" und „Differenzialquotient."

3. Maria untersucht das Höhenwachstum ihrer Sonnenblume innerhalb von 200 Tagen. Sie hält die Wachstumsentwicklung in einer Tabelle fest:

Zeit t in Tagen	0	10	25	50	100	125	150	200
Höhe h in cm	0	12	39	73	124	140	160	192

a) Bestimmen Sie den Beobachtungszeitraum, in dem die Sonnenblume am schnellsten bzw. am langsamsten wuchs.

b) Wie schnell wuchs die Pflanze am 25. und am 100. Tag?

Das Wachstum vom 10. bis zum 100. Tag kann durch die Funktion h mit
$h(t) = \frac{97}{1\,372\,500} t^3 - \frac{23\,197}{1\,372\,500} t^2 + 2\frac{874}{2\,745} t - 9\frac{275}{549}$ beschrieben werden.

c) Vergleichen und interpretieren Sie Ihre Ergebnisse aus a) und b).

4. Bestimmen Sie zunächst den Differenzialquotienten an einer beliebigen Stelle x_0. Berechnen Sie damit die Tangentensteigung für die angegebenen Punkte des Graphen. Zeichnen Sie den Graphen von f, die Punkte und die Tangenten.

a) $f(x) = x^2 - 6,25$ $P(4|9,75)$ $Q(-1|-5,25)$ $R(2,5|0)$

b) $f(x) = -\frac{1}{2}x^2 + 3x$ $P(3|4,5)$ $Q(0|0)$ $R(5|2,5)$

c) $f(x) = \frac{1}{3}x^3 - 3x$ $P(-3|0)$ $Q\left(1|-\frac{8}{3}\right)$ $R(\sqrt{3}|-2\sqrt{3})$

5. Bestimmen Sie den Differenzialquotienten an einer beliebigen Stelle x_0. Berechnen Sie, an welchen Punkten die Funktionen die gegebenen Tangentensteigungen aufweisen und skizzieren Sie den Graphen.

a) $f(x) = x^2 - 2x + 1$ $m_{t_1} = 4$ $m_{t_2} = -6$ $m_{t_3} = 0$ b) $f(x) = \frac{2}{3}x^3 + 2x$ $m_{t_1} = -1$ $m_{t_2} = 4$ $m_{t_3} = 10$

6. Ein Radfahrer fährt im ersten Teil seiner Strecke immer schneller, bis er nach 5 Minuten 1 km zurückgelegt hat.

In dem dann erreichten Tempo fährt der Radfahrer weitere 5 Minuten, bis er sein Ziel erreicht hat.

Der in den ersten 5 Minuten zurückgelegte Weg kann durch die Funktion s mit $s(t) = 0,04t^2$ beschrieben werden.

a) Stellen Sie die zurückgelegte Strecke in einem Weg-Zeit-Diagramm dar. Zeichnen Sie den Streckenabschnitt bis 1 km mithilfe einer Wertetabelle und skizzieren Sie dann den weiteren Streckenabschnitt.

▶ Tipp: 1 LE auf der x-Achse: 1 min; 1 LE auf der y-Achse: 500 m

b) Berechnen Sie die Momentangeschwindigkeit in $\frac{km}{h}$ zum Zeitpunkt 5 Minuten.

c) Ermitteln Sie die Länge der zurückgelegten Strecke rechnerisch.

d) Vergleichen Sie Ihre Skizze aus a) mit Ihren Ergebnissen aus b) und c). Korrigieren Sie gegebenenfalls Ihre Skizze.

5.1.3 Die Ableitungsfunktion

Zusammenhang zwischen Ausgangsfunktion f und Ableitungsfunktion f'

Das obere Koordinatensystem zeigt den Graphen der Funktion f mit $f(x) = \frac{1}{2}x^2 + 5x$.

Zu jeder Stelle des Graphen können wir eine Steigung z. B. mittels Differenzialquotienten ermitteln. In der nebenstehenden Tabelle sind für sechs Stellen x die zugehörigen Steigungen m angegeben. Indem wir jeder Stelle x ihre Steigung m zuordnen, erhalten wir eine neue Funktion f', die **Ableitungsfunktion von f**.

x	-10	-8	-6	-4	-2	0
m	-5	-3	-1	1	3	5

$f'(x) = x + 5$

▶ Steigung der Funktion f an der Stelle x

Der Zusammenhang ist an der Stelle $x = -8$ verdeutlicht:
Im ersten Koordinatensystem sehen wir, dass der Graph von f an der Stelle $x = -8$ die Steigung $m = -3$ hat. Im zweiten Koordinatensystem ist der Graph der Ableitungsfunktion dargestellt. Hier wird der Stelle $x = -8$ der y-Wert -3 zugeordnet. Der y-Wert entspricht der Steigung von f an der untersuchten Stelle.

Graph der Funktion

Graph der Ableitungsfunktion

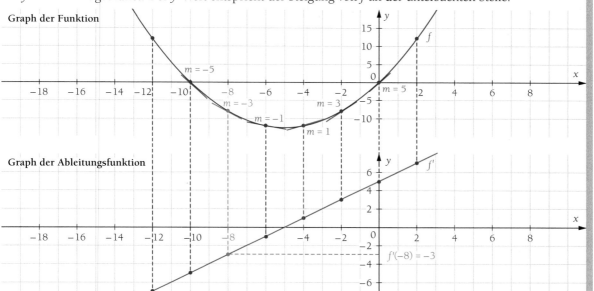

- Die Funktion f' heißt **Ableitungsfunktion** der Funktion f.
- Die Funktionswerte von f' geben die Steigung des Graphen von f an der entsprechenden Stelle an.

Welcher der roten Graphen ist der Graph von f'? Begründen Sie.

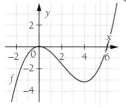
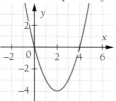
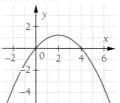
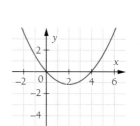

8 Graphisches Differenzieren

Ermitteln Sie die Steigung der Funktion f mit $f(x) = \frac{1}{2}x^2 + 5x$ graphisch.

Zunächst zeichnen wir an ausgewählten Stellen die Tangente nach Augenmaß ein. Die Steigung der einzelnen Tangenten lässt sich nun jeweils anhand eines Steigungsdreiecks ermitteln (▶ Beispiel 5, Seite 216)

Graph der Funktion:

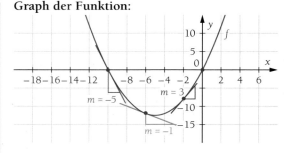

x	-10	-8	-6	-4	-2	0
m	-5	-3	-1	1	3	5

Wir zeichnen diese Punkte in ein Koordinatensystem ein und erhalten den Graphen der Ableitungsfunktion f'. Ihre y-Werte geben die Steigung der Funktion f an der jeweiligen Stelle an.

Das Vorgehen, die Steigung eines Graphen zeichnerisch zu bestimmen und darzustellen, nennt man **graphisches Differenzieren**.

Graph der Ableitungsfunktion:

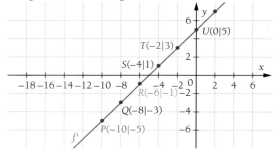

Zeichnen Sie den Graphen von f mit $f(x) = -2x^2 + 1$. Lesen Sie die Steigung von f an den Stellen $x_1 = 2$, $x_2 = 0$ und $x_3 = 5$ ab. Zeichnen Sie den Graphen von f'.

9 Rechnerische Bestimmung

Bestimmen Sie die Ableitungsfunktion von f mit $f(x) = \frac{1}{2}x^2 + 5x$ und berechnen Sie damit die Steigung m an den Stellen $x_1 = -2$ und $x_2 = 0$.

Zunächst wird der Funktionsterm der Ableitungsfunktion f' mithilfe des Differenzialquotienten bestimmt.
Wir formen den Zähler um.
Dann wenden wir die dritte binomische Formel an.
So erhalten wir die Ableitungsfunktion f' mit $f'(x) = x + 5$.

$$f(x) = \frac{1}{2}x^2 + 5x$$
$$f'(x_0) = \lim_{x \to x_0} \frac{\frac{1}{2}x^2 + 5x - \left(\frac{1}{2}x_0^2 + 5x_0\right)}{x - x_0}$$
$$= \lim_{x \to x_0} \frac{\frac{1}{2}x^2 + 5x - \frac{1}{2}x_0^2 - 5x_0}{x - x_0}$$
$$= \lim_{x \to x_0} \frac{\frac{1}{2}(x^2 - x_0^2) + 5(x - x_0)}{x - x_0} \quad \blacktriangleright \text{ 3. bin. Formel}$$
$$= \lim_{x \to x_0} \frac{\frac{1}{2}(x - x_0)(x + x_0) + 5(x - x_0)}{x - x_0} \quad \blacktriangleright (x - x_0) \text{ kürzen}$$
$$= \lim_{x \to x_0} \frac{1}{2}(x + x_0) + 5 = x_0 + 5$$

Setzen wir nun für x_0 erst -2 und dann 0 ein, so erhalten wir die Steigung von f an den Stellen $x_1 = -2$ und $x_2 = 0$.

$$f'(-2) = -2 + 5 = 3$$
$$f'(0) = 0 + 5 = 5$$

Berechnen Sie die Steigung der Funktion f mit $f(x) = 2x^3 - 4x$ an den Stellen $x_1 = -1{,}5$ und $x_2 = 3$.

Graphisches Differenzieren mit „Gebietseinteilung"

Das Steigungsverhalten eines Funktionsgraphen mithilfe von Tangenten in einzelnen Punkten zu beschreiben, ist recht aufwendig. Oft genügt es, das Steigungsverhalten für bestimmte Abschnitte des Funktionsgraphen zu untersuchen.

Wir betrachten den Graphen einer ganzrationalen Funktion 4. Grades und teilen ihn zunächst nach steigenden und fallenden Abschnitten ein. Innerhalb der steigenden Abschnitte ergeben sich Tangenten mit positiver Steigung ($m > 0$). Hier hat der Graph positive Steigungswerte. Entsprechendes gilt für die fallenden Abschnitte des Graphen: Hier sind die Steigungswerte negativ ($m < 0$). An den Übergängen erhalten wir jeweils eine waagerechte Tangente, d. h. $m = 0$.

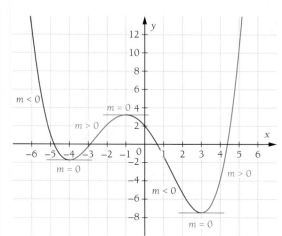

Um den Steigungsgraphen zu skizzieren, markieren wir zunächst auf der x-Achse die Stellen, an denen der Graph von f die Steigung 0 hat. Die Funktionswerte des Steigungsgraphen sind die Steigungswerte des Graphen von f. Deshalb hat der Steigungsgraph an den markierten Stellen jeweils den y-Wert 0. Die rot markierten Stellen sind also schon Punkte des gesuchten Steigungsgraphen.

Nun überlegen wir, wie der Steigungsgraph zwischen den markierten Punkten aussieht.

Im ganz linken Abschnitt fällt der Graph von f, d. h. die Steigungswerte sind negativ. Also verläuft auch der Steigungsgraph in diesem Abschnitt unterhalb der x-Achse. Dieses „Gebiet" ist deshalb in der Abbildung eingefärbt.

Im nächsten Abschnitt steigt der Graph von f, d. h. die Steigungswerte sind positiv. Folglich verläuft der Steigungsgraph zwischen -4 und -1 oberhalb der x-Achse. Das entsprechende „Gebiet" ist auch hier eingefärbt.

Zwischen -1 und 3 verläuft der Steigungsgraph wegen der negativen Steigungswerte wieder unterhalb der x-Achse und im ganz rechten Abschnitt oberhalb der x-Achse.

Nun wissen wir, wo der Steigungsgraph unterhalb bzw. oberhalb der x-Achse liegt und an welchen Stellen er die x-Achse schneidet. So können wir ihn bereits recht genau skizzieren.

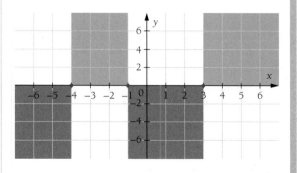

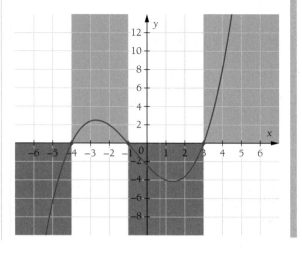

223-1
223-2

5

Übungen zu 5.1.3

1. Welche Ausdrücke haben die gleiche Bedeutung?
a) Lokale Änderungsrate
b) $\frac{f(x) - f(x_0)}{x - x_0}$
c) Steigung der Sekante durch $P(x_0 \,|\, f(x_0))$ und $P(x \,|\, f(x))$
d) $f(x_0)$
e) Steigung der Tangente in $P(x_0 \,|\, f(x_0))$
f) Momentane Änderungsrate
g) $f'(x_0)$

2. Gegeben sind folgende Funktionsgleichungen.

$$f(x) = 0{,}5x + 2 \qquad g(x) = -\tfrac{1}{8}x^2 + 8 \qquad h(x) = \tfrac{1}{4}x^2 - x \qquad k(x) = \tfrac{1}{3}x^3 - 4x$$

a) Zeichnen Sie zu den Funktionsgleichungen den zugehörigen Graphen.
b) Zeichnen Sie in sechs selbst gewählten Punkten des Graphen die Tangente nach Augenmaß ein und ermitteln Sie die Steigung.
c) Erstellen Sie eine Wertetabelle mit den x-Koordinaten der gewählten Punkte und den ermittelten Steigungswerten.
d) Versuchen Sie, eine funktionale Beziehung zwischen den x-Koordinaten und den Steigungswerten zu ermitteln, und stellen Sie die Funktiongsleichung hierfür auf.

3. Der blaue Graph ist der Funktionsgraph einer Funktion f.
(1) Entscheiden und begründen Sie, welcher der daneben stehenden roten Graphen das Steigungsverhalten von f richtig darstellt.
(2) Begründen Sie, warum die jeweils anderen beiden Graphen falsch sind.

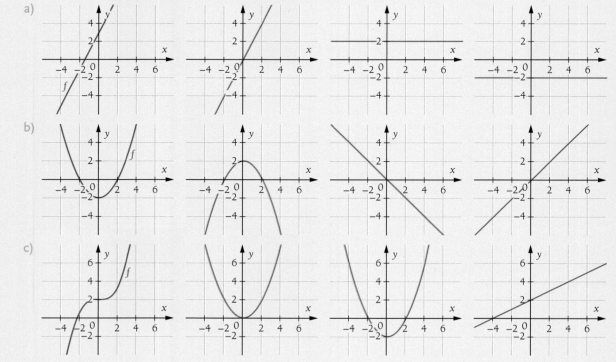

4. Zeichnen Sie zu den gegebenen Funktionsgraphen jeweils den Steigungsgraphen.

a)

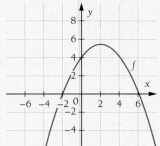

d)

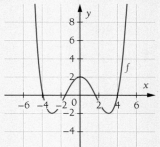

g)

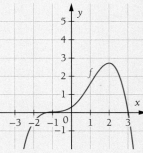

b)

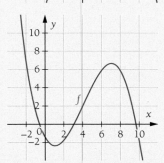

e)

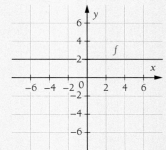

h)

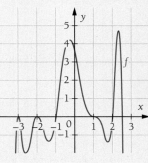

c)

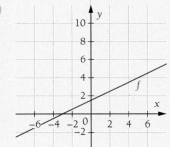

f)

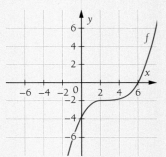

i)

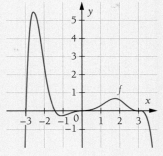

5. Gegeben sind die folgenden Steigungsgraphen von f.
Zeichnen Sie, wie der Graph von f verlaufen könnte.
Finden Sie mehrere Möglichkeiten.

a)

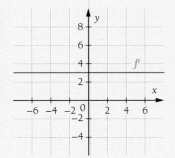

b)

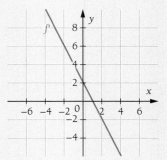

c)

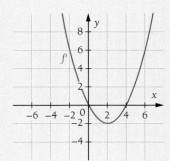

5.1.4 Ableitungsregeln

Die Bestimmung der Ableitungsfunktion f' mithilfe des Differenzialquotienten ist relativ aufwendig. Im Folgenden lernen wir Regeln kennen, mit denen ganzrationale Funktionen bequem abzuleiten sind.

 Entwickeln von Ableitungsregeln

Im Mathematikunterricht einer Klasse der FOS 12 erhalten die Schülerinnen und Schüler den Auftrag, in Gruppenarbeit die Ableitungsfunktion einer ganzrationalen Funktion mithilfe des Differenzialquotienten zu bestimmen und die Lösung zu präsentieren.

Die Funktionsterme der Funktionen f und ihrer Ableitungsfunktionen f werden tabellarisch festgehalten. Wir vergleichen die Terme von f und f':

	$f(x)$	$f'(x)$
Gruppe 1	x^2	$2x$
Gruppe 2	x^3	$3x^2$
Gruppe 3	$2x^4$	$8x^3$
Gruppe 4	5	0
Gruppe 5	$3x^4 - 5x^2$	$12x^3 - 10x$
Gruppe 6	$x^{-1} + 2$	$-x^{-2}$

Warum rechnen? Das Prinzip ist doch ganz einfach.

- In den ersten drei Gruppen treten die Exponenten von f jeweils als Koeffizienten von f' auf.

$$f(x) = x^2 \Rightarrow f'(x) = 2x$$
$$f(x) = x^3 \Rightarrow f'(x) = 3x^2$$

- Die Exponenten bei f' sind in allen Beispielen jeweils um 1 kleiner als bei f.

$$f(x) = x^2 \Rightarrow f'(x) = 2x = 2x^1 = 2x^{2-1}$$
$$f(x) = x^3 \Rightarrow f'(x) = 3x^2 = 3x^{3-1}$$

- Die Koeffizienten von f werden mit dem Exponenten multipliziert. Das Produkt ist der Koeffizient bei f'.

$$f(x) = x^3 = 1 \cdot x^3 \Rightarrow f'(x) = 1 \cdot 3x^2$$
$$f(x) = 2 \cdot x^4 \Rightarrow f'(x) = 2 \cdot 4 \cdot x^3 = 8x^3$$

- Der konstante Term entfällt.

$$f(x) = 5 = 5 \cdot x^0 \Rightarrow f'(x) = 5 \cdot 0 \cdot x^{-1} = 0$$

- Von einem „einfachen" x-Term bleibt nur der Koeffizient übrig.

$$f(x) = 2 \cdot x = 2 \cdot x^1 \Rightarrow f'(x) = 2 \cdot 1 \cdot x^0 = 2$$

- Bei Summen werden die einzelnen Summanden einzeln abgeleitet.

$$f(x) = 3x^4 - 5x^2 \Rightarrow f'(x) = 12x^3 - 10x$$
$$f(x) = x^{-1} + 2 \Rightarrow f'(x) = -1x^{-1-1} + 2 \cdot 0 \cdot x^{-1}$$
$$= -x^{-2} + 0$$

Wir können diese Erkenntnisse in folgenden Ableitungsregeln formulieren. Wir haben sie zwar nur anhand der obigen Beispiele entwickelt, aber sie gelten tatsächlich allgemein:

Konstantenregel: $f(x) = c \Rightarrow f'(x) = 0$

Potenzregel: $f(x) = x^n \Rightarrow f'(x) = n \cdot x^{n-1}$

Faktorregel: $f(x) = a \cdot x^n$
$$\Rightarrow f'(x) = a \cdot n \cdot x^{n-1}$$

Summenregel: $f(x) = u(x) + v(x)$
$$\Rightarrow f'(x) = u'(x) + v'(x)$$

$f(x) = 5 \Rightarrow f'(x) = 0$

$f(x) = x^4 \Rightarrow f'(x) = 4 \cdot x^3$

$f(x) = 3x^4$
$$\Rightarrow f'(x) = 3 \cdot 4 \cdot x^3 = 12x^3$$

$f(x) = 3x^4 - 5x$
$$\Rightarrow f'(x) = 12x^3 - 5$$

Anwenden der Ableitungsregeln

Anwendung der **Konstantenregel**:
Ein konstanter Summand wird beim Ableiten null.

$f(x) = 1 \quad \Rightarrow f'(x) = 0$
$f(x) = -17 \Rightarrow f'(x) = 0$
$f(x) = 7{,}5 \quad \Rightarrow f'(x) = 0$

> *Der Graph ist eine Parallele zur x–Achse, hat also überall die Steigung 0.*

Anwendung der **Potenzregel**:
Wir multiplizieren den Potenzterm mit seinem Exponenten und vermindern den Exponenten um 1.

$f(x) = x^2 \Rightarrow f'(x) = 2x$
$f(x) = x^3 \Rightarrow f'(x) = 3x^2$
$f(x) = x^4 \Rightarrow f'(x) = 4x^3$

Anwendung der **Faktorregel**:
Wir behalten den Koeffizienten beim Ableiten bei und multiplizieren ihn mit der Ableitung der x-Potenz.

$f(x) = 3x^4 \quad \Rightarrow f'(x) = 3 \cdot 4x^3 \quad = 12x^3$
$f(x) = -5x^2 \quad \Rightarrow f'(x) = -5 \cdot 2x^1 \quad = -10x$
$f(x) = 0{,}25x^3 \Rightarrow f'(x) = 0{,}25 \cdot 3x^2 = 0{,}75x^2$
$f(x) = -2x \quad \Rightarrow f'(x) = -2 \cdot 1x^0 \quad = -2$

> *Bei $f(x) = -2x$ ist der Graph eine Gerade mit Steigung -2.*

Anwendung der **Summenregel**:
Wir leiten jeden Summanden einzeln ab.

$$f(x) = 3x^4 - 5x^2$$
▶ einzeln ableiten
$$\Rightarrow f'(x) = 12x^3 - 10x$$

Für die Ableitung ganzrationaler Funktionen gelten folgende **Ableitungsregeln**:

Konstantenregel: $f(x) = c \qquad \Rightarrow f'(x) = 0 \qquad\qquad (c \in \mathbb{R})$
Potenzregel: $f(x) = x^n \qquad \Rightarrow f'(x) = n \cdot x^{n-1} \qquad (n \in \mathbb{N})$
Faktorregel: $f(x) = a \cdot x^n \qquad \Rightarrow f'(x) = a \cdot n \cdot x^{n-1} \qquad (a \in \mathbb{R}; n \in \mathbb{N})$
Summenregel: $f(x) = a \cdot x^m + b \cdot x^n \Rightarrow f'(x) = a \cdot m \cdot x^{m-1} + b \cdot n \cdot x^{n-1} \quad (a, b \in \mathbb{R}; n, m \in \mathbb{N})$

1. Leiten Sie die folgenden Funktionen ab und geben Sie jeweils die verwendeten Ableitungsregeln an.
   a) $f(x) = 3x^3 + 4x^2$
   b) $f(x) = 0{,}5x^2 + 9x - 1$
   c) $f(x) = \frac{1}{3}x$
   d) $f(x) = -\frac{5}{4}x^4 + 27$
   e) $f(x) = 2{,}5$
   f) $f(x) = 0x^6$

2. Bestimmen Sie zu den folgenden Funktionen die Gleichung der Ableitungsfunktion f'.
   Zeichnen Sie die Graphen von f und f'.
   a) $f(x) = 2x - 5$
   b) $f(x) = 2x^2 + 3x$
   c) $f(x) = -0{,}25x^2 + 4x$
   d) $f(x) = \frac{1}{2}x^3 - 3x$
   e) $f(x) = 0{,}25x^4$
   f) $f(x) = 7$

⓭ Ableitungen höherer Ordnung

Gegeben ist die Funktion f mit der Gleichung
$$f(x) = \frac{1}{20}x^4 - \frac{2}{15}x^3 - \frac{4}{5}x^2$$

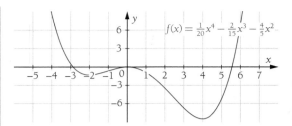

Mithilfe der Ableitungsregeln erhalten wir die Gleichung von f':
$$f'(x) = \frac{1}{5}x^3 - \frac{2}{5}x^2 - \frac{8}{5}x$$
f' heißt genauer **erste Ableitung von f**.

Wenn wir f' wiederum ableiten, gewinnen wir die **zweite Ableitung von f**:
$$f''(x) = \frac{3}{5}x^2 - \frac{4}{5}x - \frac{8}{5}$$
(gelesen: „f zwei Strich von x")

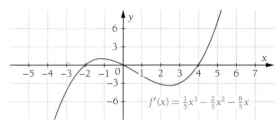

Wenn wir f'' ableiten, ermitteln wir die **dritte Ableitung von f**:
$$f'''(x) = \frac{6}{5}x - \frac{4}{5}$$
(gelesen: „f drei Strich von x")

Entsprechend werden die weiteren Ableitungen gebildet. Es ist zu beachten, dass bei der **vierten Ableitung** und allen höheren Ableitungen eine andere Schreibweise üblich ist:
$$f^{(4)}(x) = \frac{6}{5}$$
$$f^{(5)}(x) = 0$$
$$f^{(6)}(x) = 0 \text{ usw.}$$

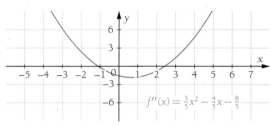

Da beim Ableiten stets ein Grad der Funktion „verloren geht", wird der Ableitungsterm einer ganzrationalen Funktion durch mehrfaches Ableiten null, sobald die Ordnung der Ableitung höher ist als der Grad der Funktion.

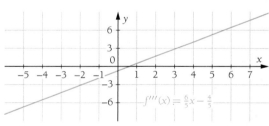

📌 Eine ganzrationale Funktion f kann beliebig oft abgeleitet werden.
f' heißt **erste Ableitung von f**
f'' ist die Ableitung von f' und heißt **zweite Ableitung von f**
f''' ist die Ableitung von f'' und heißt **dritte Ableitung von f**
$f^{(4)}$ ... ... f''' und heißt **vierte Ableitung von f**
... ...ere Ableitungen gebildet werden: $f^{(5)}; f^{(6)}; f^{(7)}$ usw.

... den Funktionen so oft ab, bis der Ableitungsterm den Wert 0 hat.
... 2
b) $f(x) = -\frac{1}{6}x^4 + \frac{5}{6}x^3 - \frac{1}{3}x^2 - \frac{4}{3}x + 3$

... e 212) wurde der Verlauf einer Hochwasserwelle bei Frankfurt am Main durch
... $3x^2 + \frac{13}{2}x + \frac{610}{3}$ beschrieben. Bestimmen Sie die erste Ableitung und erläutern
... chverhalt die erste Ableitung bei diesem Beispiel repräsentiert.

Übungen zu 5.1.4

1. Leiten Sie die Funktionen so oft ab, bis der Ableitungsterm konstant ist.

a) $f(x) = x^2$

b) $f(x) = -5x^3$

c) $f(x) = 7x$

d) $f(x) = 3x^2 - 5$

e) $f(x) = x - x^5$

f) $f(x) = 0$

g) $f(x) = 3x^2 - 0,5x + 4$

h) $f(x) = -\frac{3}{4}x^4 + \frac{1}{2}x^3 - x$

i) $f(x) = 0,1x^6 - 1,2x^4 + 1,6x^2 - 5$

j) $f(x) = 0,3x^4 + 1,5x^2 - 9$

k) $f(x) = -\frac{2}{25}x^5 - \frac{7}{15}x^3 + 7x$

l) $f(x) = ax^3 + bx^2 + cx + d$

2. Berechnen Sie jeweils die Steigung des Graphen von f an den angegebenen Stellen.

a) $f(x) = 0,5x^2$ $x_1 = 0$ $x_2 = 2$

b) $f(x) = x^3 - 6x$ $x_1 = 1$ $x_2 = -4$

c) $f(x) = -2x^3 + 4x^2$ $x_1 = -1$ $x_2 = 3$

d) $f(x) = x^4 - x^2$ $x_1 = -2$ $x_2 = 6$

e) $f(x) = \frac{1}{2}x^4 - \frac{2}{3}x^3$ $x_1 = 0$ $x_2 = 5$

f) $f(x) = -0,2x^4 + x$ $x_1 = -3$ $x_2 = 0$

3. Berechnen Sie, an welchen Stellen der Graph von f den angegebenen Steigungswert hat.

a) $f(x) = x^2 - 6$ $m = 8$

b) $f(x) = 3x^2 - 4x$ $m = 2$

c) $f(x) = x^3$ $m = 12$

d) $f(x) = -x^3 + x$ $m = -6,75$

e) $f(x) = \frac{1}{2}x^4 - 2$ $m = \frac{1}{4}$

f) $f(x) = -\frac{1}{4}x^4 + 8x^2$ $m = 0$

4. Geben Sie jeweils eine Funktionsgleichung mit folgendem Ableitungsterm an.

a) $f'(x) = 0$

b) $f'(x) = 2$

c) $f'(x) = \pi$

d) $f'(x) = -3x^2 + 4,12$

e) $f'(x) = \frac{1}{2}x^3 - 5x^4$

f) $f'(x) = -\frac{1}{9}x^8 + \frac{2}{3}x^2$

g) $f'(x) = -\frac{2}{x^3}$

h) $f'(x) = -\frac{1}{x^4}$

i) $f'(x) = 2ax^{a-1}$

j) $f'(x) = ax^a - (b+1)x^b$

5. Ordnen Sie den jeweiligen Funktionsgraphen aus der linken Abbildung den Graphen der zugehörigen Ableitungsfunktion aus der rechten Abbildung zu.

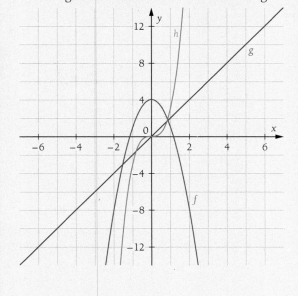
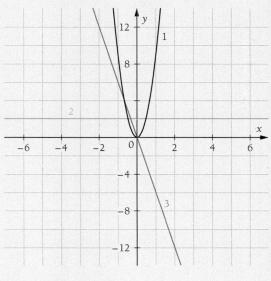

5.1.5 Gebrochen-rationale Funktionen

Schreiben wir in den Zähler und in den Nenner eines Bruches jeweils einen ganzrationalen Funktionsterm, so erhalten wir den Term einer **gebrochen-rationalen Funktion**. Beispielsweise enthält f mit $f(x) = \frac{x-2}{2x+6}$ den Term der linearen Funktionen z mit $z(x) = x - 2$ im Zähler und den von n mit $n(x) = 2x + 6$ im Nenner.

14 Geschwindigkeit einer Montagestraße

Für die Herstellung von Produkten werden oft Montagestraßen genutzt, die eine Zerlegung des Herstellungsprozesses in kürzere Montageeinheiten erlauben.
Bestimmen Sie eine Funktion, die angibt, mit welcher Geschwindigkeit sich eine 60 Meter lange Montagestraße in Abhängigkeit von der Fertigungszeit für ein Produkt (in min) bewegt. Zeichnen und beschreiben Sie den Graphen der Funktion.

Wir verwenden die Formel Geschwindigkeit$=\frac{\text{Strecke}}{\text{Zeit}}$. Die Strecke beträgt konstant 60 m, sodass die **gebrochen-rationale Funktion** v mit $v(t) = \frac{60}{t}$ die Geschwindigkeit der Montagestraße angibt, wenn ein Produkt in der Zeit t das Band durchläuft. Soll ein Produkt nach 20 min fertiggestellt sein, so benötigt die Montagestraße eine Geschwindigkeit von $3\,\frac{\text{m}}{\text{min}}$.
Stellen wir unendlich viel Zeit für die Herstellung des Produktes zur Verfügung, geht also $t \to \infty$, so verringert sich die Geschwindigkeit der Straße und wird annähernd null. Die Funktion v hat für $t \to \infty$ den **Grenzwert** null. Der Graph von v nähert sich dabei der waagerechten Achse, ohne sie zu berühren. Eine solche Gerade, der sich der Graph der Funktion nähert, heißt **Asymptote**.
Würden wir als Definitionsbereich $D_v = \mathbb{R}$ annehmen, so wäre die Funktion v bei $t = 0$ nicht definiert: Die Nennerfunktion nimmt den Wert null an und durch null kann nicht dividiert werden. Die Nullstellen des Nenners heißen **Definitionslücken**. Der Definitionsbereich wäre dann $D_v = \mathbb{R} \setminus \{0\}$. Nähert sich jedoch die Zeit für die Herstellung des Produktes dem Wert 0 ($t \to 0$), so wächst die Geschwindigkeit der Montagestraße ins Unendliche.

$v(t) = \frac{60}{t}$ mit $t > 0$

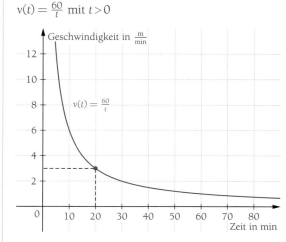

$$\lim_{t \to \infty} v(t) = \lim_{t \to \infty}\left(\frac{60}{t}\right) = 0$$
$$\lim_{t \to 0} v(t) = \lim_{t \to 0}\left(\frac{60}{t}\right) = \infty$$

Durch den Wert null darf nicht geteilt werden.

- Eine Funktion f der Form $f(x) = \frac{z(x)}{n(x)}$ mit $n(x) \neq 0$ heißt **gebrochen-rationale Funktion**. Dabei sind die Zählerfunktion z und die Nennerfunktion n jeweils ganzrationale Funktionen.
- Die Nullstellen der Nennerfunktion n sind die **Definitionslücken** von f.

Bestimmen Sie die Definitonslücken und den maximalen Definitionsbereich der folgenden Funktionen.

a) $f(x) = \frac{1}{x}$ b) $f(x) = \frac{1}{x-1}$ c) $f(x) = \frac{3x}{2x^2 + 4x - 16}$ d) $f(x) = \frac{1}{x^3 - 9x}$

Einfache Hyperbel

Untersuchen Sie den Graphen der Funktion f mit $f(x) = \frac{1}{x}$; $D_f = \mathbb{R} \setminus \{0\}$ an der Definitionslücke.

Der Graph der Funktion f ist eine zum Koordinatenursprung punktsymmetrische **Hyperbel**.
Der Graph von f besteht aus zwei Ästen, die wir nicht miteinander verbinden können, da die Funktion keinen Funktionswert an der Stelle $x = 0$ besitzen kann. Hier befindet sich die **Definitionslücke**.
Beim Graphen erkennen wir dort:

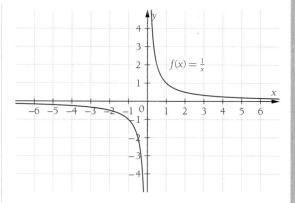

- Nähern wir uns von links, dann streben die Funktionswerte nach minus unendlich.
- Nähern wir uns von rechts, dann streben die Funktionswerte nach plus unendlich.

Der Graph schmiegt sich also immer enger an die y-Achse, wenn sich die x-Werte dem Wert null nähern. Eine solche zur x-Achse senkrechte Gerade durch eine Definitionslücke heißt **Polasymptote** oder **Polgerade**. Die Stelle, an der f eine solche Definitionslücke hat, heißt **Polstelle** oder kurz **Pol**.

$\lim\limits_{x \to 0^-} = -\infty$ ▶ linksseitiger Grenzwert

$\lim\limits_{x \to 0^+} = +\infty$ ▶ rechtsseitiger Grenzwert

Verschiebung einer Hyperbel

Erläutern Sie, wie der Graph von g mit $g(x) = \frac{1}{x-3}$ aus dem Graphen zu $f(x) = \frac{1}{x}$ hervorgeht.

Die Funktion g besitzt an der Stelle $x = 3$ eine Definitionslücke, da der Nenner für $x = 3$ den Wert null annimmt. Es handelt sich auch hier wie im Beispiel 15 um eine Polstelle.
Im Vergleich zum Graphen von f ist die Polgerade um drei Einheiten nach rechts verschoben. Dies gilt auch für alle anderen Punkte des Graphen von g.

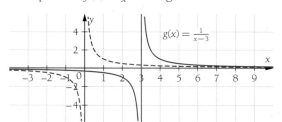

Schnittpunkte mit den Koordinatenachsen

Berechnen Sie die Schnittpunkte mit den Koordinatenachsen bei f mit $f(x) = \frac{2x+8}{3x+4}$; $D_f = \mathbb{R} \setminus \{-\frac{4}{3}\}$.

Im Schnittpunkt mit der y-Achse gilt $x = 0$.
Die Nullstellen werden auch bei gebrochen-rationalen Funktionen durch den Ansatz $f(x_N) = 0$ bestimmt. Durch die Multiplikation mit dem Nennerterm formen wir die Bruchgleichung in eine einfache lineare Gleichung um. Daran erkennen wir, dass die **Nullstellen des Zählers** auch die Nullstellen der Funktion f sind, sofern sie im Definitionsbereich enthalten sind.

$f(0) = \frac{2 \cdot 0 + 8}{3 \cdot 0 + 4} = 2 \Rightarrow S_y(0 \mid 2)$

$f(x_N) = 0$

$\frac{2x_N + 8}{3x_N + 4} = 0 \quad | \cdot (3x_N + 4) \quad \blacktriangleright \quad x_N \neq -\frac{4}{3}$

$2x_N + 8 = 0$

$\Rightarrow x_N = -4 \in D_f$

$\Rightarrow N(-4 \mid 0)$

Ermitteln Sie die Schnittpunkte mit den Koordinatenachsen und die Polstellen.

a) $f(x) = \frac{x-2}{x+5}$
b) $f(x) = \frac{3x-9}{6+2x}$
c) $f(x) = \frac{(x-4)(x+3)}{x^2-4}$
d) $f(x) = \frac{x^2-2}{x+1}$
e) $f(x) = \frac{x^2-4x+4}{3x-9}$

Im Vergleich zu den ganzrationalen Funktion (▶ Abschnitt 4.3, Seite 179) weisen die Graphen gebrochen-rationaler Funktionen neben den Polstellen auch einen besonderen Verlauf für $x \to +\infty$ und für $x \to -\infty$ auf. Der Graph der Hyperbel $f(x) = \frac{1}{x}$ (▶ Beispiel 15, Seite 231) nähert sich zunehmend der x-Achse. Hier ist die x-Achse die **Asymptote** von f. Sie hat die Gleichung $y_A(x) = 0$. Im Unendlichen unterscheidet sich der Funktionswert der Funktion von ihrer Asymptote nur durch einen verschwindend kleinen Wert. Es gilt $\lim\limits_{x \to \pm\infty} (f(x) - y_A(x)) = 0$.

Die Funktionsgleichung einer Asymptote können wir durch Polynomdivision bestimmen.

 Asymptoten

Untersuchen Sie die Terme und das Verhalten der Graphen für $x \to \pm\infty$.
Beschreiben Sie jeweils die Asymptote.

a) $f(x) = \frac{2}{x+1}$ **b)** $g(x) = \frac{x-4}{x+2}$ **c)** $h(x) = \frac{x^2+2}{x-1}$

a) Zählergrad < Nennergrad.

Durch Polynomdivision spalten wir die Funktion in einen ganzrationalen Term, die **Asymptote** y_A, und einen echt gebrochen-rationalen Term, das **Restglied** R, auf.

Wir erhalten mit $y_A(x) = 0$ die **x-Achse** als waagerechte Asymptote.
Auch in der Zeichnung sehen wir, dass sich der Graph der Funktion f für $x \to \pm\infty$ immer weiter der x-Achse annähert.
Mit dem Restglied untersuchen wir den Grenzwert für die Annäherung. Für $x \to -\infty$ erhalten wir $R(x) < 0$, also eine Annäherung von unten. Für $x \to +\infty$ wird $R(x) > 0$, also erhalten wir eine Annäherung von oben.

$f(x) = \frac{2}{x+1}$ ▶ Zählergrad 0 < Nennergrad 1
$2 : (x+1) = 0 + \frac{2}{x+1}$
$y_A(x) = 0$ ▶ Asymptote
$R(x) = \frac{2}{x+1}$ ▶ Restglied

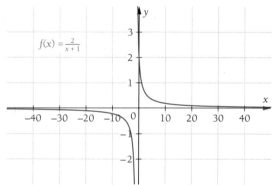

b) Zählergrad = Nennergrad.

Die Aufspaltung durch die Polynomdivision liefert uns die Asymptote $y_A(x) = 1$. Diese **Parallele zur x-Achse** ist die Gerade, der sich der Graph der Funktion g für $x \to \pm\infty$ immer mehr annähert.
Untersuchen wir die Annäherung, so erhalten wir mit $x \to -\infty$ für das Restglied $R(x) > 0$, also eine Annäherung von oben. Für $x \to +\infty$ erhalten wir für das Restglied $R(x) < 0$, also eine Annäherung von unten.

$g(x) = \frac{x-4}{x+2}$ ▶ Zählergrad 1 = Nennergrad 1
$\begin{aligned}(x-4) : (x+2) &= 1 + \frac{-6}{x+2} \\ \underline{-(x+2)} & \\ -6 & \end{aligned}$
$y_A(x) = 1$ ▶ Asymptote
$R(x) = \frac{-6}{x+2}$ ▶ Restglied

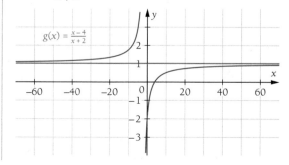

c) Zählergrad > Nennergrad.

Für die Funktion h erhalten wir die Asymptote mit der Geradengleichung $y_A(x) = x + 1$, also eine **schiefe Asymptote**.

Die Zeichnung bestätigt uns, dass sich der Graph der Funktion h für $x \to \pm\infty$ dieser Geraden annähert.

Das Restglied liefert uns für $x \to -\infty$ die Aussage $R(x) < 0$, also eine Annäherung von unten; für $x \to +\infty$ wird $R(x) > 0$, also erhalten wir eine Annäherung von oben.

▶ Bei Funktionen mit einer Differenz größer als 1 zwischen Zählergrad und Nennergrad erhalten wir eine Näherungskurve z. B. in Form einer Parabel.

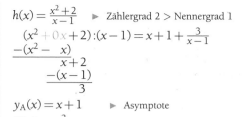

$h(x) = \dfrac{x^2 + 2}{x - 1}$ ▶ Zählergrad 2 > Nennergrad 1

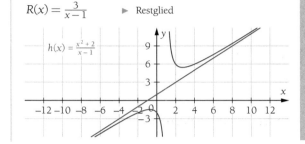

$(x^2 + 0x + 2) : (x - 1) = x + 1 + \dfrac{3}{x-1}$

$y_A(x) = x + 1$ ▶ Asymptote

$R(x) = \dfrac{3}{x - 1}$ ▶ Restglied

- **Asymptoten** sind Näherungsgeraden oder allgemein Näherungskurven.
- Gilt für eine gebrochen-rationale Funktion f der Form $f(x) = \dfrac{z(x)}{n(x)}$
  - Zählergrad < Nennergrad, so ist die x-Achse die Asymptote.
  - Zählergrad = Nennergrad, so ist eine Parallele zur x-Achse die Asymptote.
  - Zählergrad > Nennergrad, so liegt eine schiefe Asymptote oder asymptotische Kurve vor.
- Gilt $R(x) < 0$ für $x \to \pm\infty$, so nähert sich der Funktionsgraph der Asymptote von unten.
  Gilt $R(x) > 0$ für $x \to \pm\infty$, so nähert sich der Funktionsgraph der Asymptote von oben.

Ermitteln Sie jeweils die Gleichung der Asymptote sowie die Art der Annäherung.

a) $f(x) = \dfrac{3x - 5}{x^2}$ 　　　　 b) $f(x) = \dfrac{4x - 3}{2x + 5}$ 　　　　 c) $f(x) = \dfrac{x^2 - 2x + 1}{2x + 3}$

Skizze des Graphen

Für die Funktion f mit $f(x) = \dfrac{2x + 3}{x - 3} = 2 + \dfrac{9}{x - 3}$ sind die Nullstelle $x_N = -1{,}5$, der y-Achsenschnittpunkt $S_y(0 \mid -1)$, die Polstelle $x = 3$ und die Asymptote $y_A(x) = 2$ bekannt.

Skizzieren Sie den Verlauf des Graphen von f mithilfe dieser Informationen.

Die Skizze beginnt mit der Zeichnung von Asymptote und Polgerade als Hilfslinien im Koordinatensystem. An diese Hilfslinien nähern sich die Äste der Hyperbel an. Der Graph nähert sich seiner Asymptote von unten, da für das Restglied gilt: $R(x) < 0$ für $x \to -\infty$. Aus $R(x) > 0$ für $x \to \infty$ folgt, dass der Graph sich von oben seiner Asymptote nähert. Die Schnittpunkte mit den Koordinatenachsen helfen, den Verlauf zu vervollständigen.

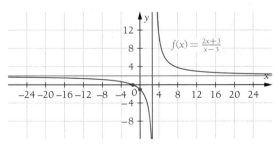

Skizzieren Sie den Graphen einer gebrochen-rationalen Funktion, die eine Polstelle bei $x = -2$, eine Asymptote mit $y_A(x) = -0{,}5x - 3$ und Nullstellen bei $x_{N_1} = 0$ und $x_{N_2} = -8$ besitzt.

(20) Änderung der Geschwindigkeit

Die Funktion v mit $v(t) = \frac{60}{t}$ $(t > 0)$ beschreibt die Geschwindigkeit einer Montagestraße (▶ Beispiel 14, Seite 230). Ermitteln Sie die mittlere Änderungsrate der Geschwindigkeit v, falls die Zeiten $t_1 = 10$ und $t_2 = 30$ zur Herstellung des Produktes auf der Montagestraße zur Verfügung stehen. Bestimmen Sie die lokale Änderung der Geschwindigkeit zum Zeitpunkt $t = 20$.

Wir können die **mittlere Änderungsrate** mithilfe des Differenzenquotienten ermitteln:

$$\frac{\text{Änderung der Geschwindigkeit}}{\text{Änderung der Zeit}} \quad \blacktriangleright \text{ Seite 213}$$

Sie beträgt $-0{,}2 \frac{m}{min^2}$. Geometrisch ist dies die Steigung der Geraden durch die beiden zugehörigen Punkte.

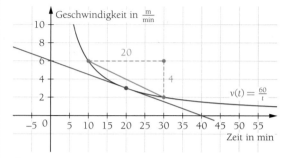

Die **lokale Änderungsrate** ist geometrisch die Steigung der Tangente zum gefragten Zeitpunkt t (▶ Seite 214). Diese Tangentensteigung erhalten wir mithilfe der **Ableitung** von v. Wir formen den Bruch mit den Potenzgesetzen um und leiten mit der Potenzregel ab (▶ Seite 227). Die lokale Änderungsrate zum Zeitpunkt $t = 20$ beträgt $-0{,}15 \frac{m}{min^2}$.

$$\frac{\text{Änderung der Geschwindigkeit}}{\text{Änderung der Zeit}} = \frac{v(t_2) - v(t_1)}{t_2 - t_1}$$

$$= \frac{2 - 6}{30 - 10} = \frac{-4 \frac{m}{min}}{20 \, min} = -0{,}2 \frac{m}{min^2}$$

$$v(t) = \frac{60}{t} = 60 \cdot t^{-1} \Rightarrow v'(t) = -60 \cdot t^{-2} = \frac{-60}{t^2}$$

$$v'(20) = -\frac{60}{20^2} = -0{,}15 \frac{m}{min^2}$$

Manche gebrochen-rationalen Funktionen können nicht so einfach mit der Potenzregel abgeleitet werden. Es ist eine weitere Ableitungsregel erforderlich: die **Quotientenregel**.

> $f(x) = \frac{8 + 2x^2}{x} = \frac{8}{x} + \frac{2x^2}{x} = 8x^{-1} + 2x$ kann **ohne** Quotientenregel abgeleitet werden.

(21) Quotientenregel

Ermitteln Sie die Ableitung der Funktion f mit $f(x) = \frac{3x - 2}{4x + 1}$; $D_f = \mathbb{R} \setminus \{-\frac{1}{4}\}$.

Besitzt eine Funktion f die Form $f(x) = \frac{u(x)}{v(x)}$ mit $v(x) \neq 0$, so berechnet sich die Ableitung nach der **Quotientenregel**: $f'(x) = \frac{u'(x) \cdot v(x) - u(x) \cdot v'(x)}{[v(x)]^2}$.

$$f(x) = \frac{3x - 2}{4x + 1} \quad u(x) = 3x - 2 \Rightarrow u'(x) = 3$$
$$v(x) = 4x + 1 \Rightarrow v'(x) = 4$$

$$f'(x) = \frac{3 \cdot (4x + 1) - (3x - 2) \cdot 4}{[4x + 1]^2}$$

$$= \frac{12x + 3 - (12x - 8)}{[4x + 1]^2} = \frac{11}{16x^2 + 8x + 1}$$

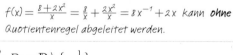

Eine gebrochen-rationale Funktion f mit $f(x) = \frac{u(x)}{v(x)}$ mit $v(x) \neq 0$ kann mit der **Quotientenregel** abgeleitet werden: $f'(x) = \frac{u'(x) \cdot v(x) - u(x) \cdot v'(x)}{[v(x)]^2}$

Leiten Sie die folgenden Funktionen mit der Quotientenregel oder ggf. mit der Potenzregel ab.

a) $f(x) = \frac{2x + 4}{x - 2}$

b) $f(x) = \frac{6x - 3}{x + 1}$

c) $f(x) = \frac{3x}{x - 4}$

d) $f(x) = 3x + \frac{1}{x}$

e) $f(x) = \frac{5x - 3}{x}$

f) $f(x) = \frac{2x^2 + 3x}{x - 4}$

g) $f(x) = \frac{x + 5}{x^2 - 9}$

h) $f(x) = 3x^2 + \frac{8}{x}$

Tangentensteigung (22)

Gegeben ist die Funktion f mit $f(x) = \frac{2x-3}{2x-4}$; $D_f = \mathbb{R} \setminus \{2\}$.

a) Bestimmen Sie für die Funktion f die Steigung im Punkt $P(2,5 \mid 2)$.

b) Ermitteln Sie die Punkte des Graphen von f, an denen die Steigung $-0,5$ vorliegt.

c) Zeichnen Sie den Graphen von f für $-3 \leq x \leq 4$ und verdeutlichen Sie die Steigung in den in a) und b) betrachteten Punkten durch das Einzeichnen der Tangenten.

a) Um die Steigung im Punkt P angeben zu können, benötigen wir die Ableitung von f, die wir mit der Quotientenregel bilden.

Wir berechnen damit die Steigung $f'(2,5) = -2$.

$$f(x) = \frac{2x-3}{2x-4} \quad u(x) = 2x-3 \Rightarrow u'(x) = 2$$
$$v(x) = 2x-4 \Rightarrow v'(x) = 2$$
$$f'(x) = \frac{2 \cdot (2x-4) - (2x-3) \cdot 2}{(2x-4)^2} = \frac{4x-8-4x+6}{(2x-4)^2}$$
$$= \frac{-2}{(2x-4)^2}$$
$$f'(2,5) = -2$$

b) Ist die Steigung einer Funktion vorgegeben, so ermitteln wir den zugehörigen Punkt, indem wir den Term der Ableitung mit der gegebenen Steigung gleichsetzen und die Bruchgleichung nach x auflösen. Der Graph von f besitzt die Steigung $-0,5$ in den beiden Punkten $Q_1(3 \mid 1,5)$ und $Q_2(1 \mid 0,5)$.

$$f'(x) = -0,5 \Rightarrow -0,5 = \frac{-2}{(2x-4)^2} \quad | \cdot (2x-4)^2$$
$$-0,5 \cdot (2x-4)^2 = -2 \quad | : (-0,5)$$
$$(2x-4)^2 = 4$$
$$2x-4 = \pm 2$$
$$\Rightarrow x_1 = 3; \; x_2 = 1 \Rightarrow Q_1(3 \mid 1,5); \; Q_2(1 \mid 0,5)$$

c) Die rote Tangente im Punkt P besitzt die Steigung -2, deshalb hat auch der Graph von f an dieser Stelle die Steigung -2. Die beiden grünen Tangenten an den Stellen $x_1 = 3$ und $x_2 = 1$ verlaufen parallel. Dies zeigt, dass beide die gleiche Steigung $-0,5$ besitzen.

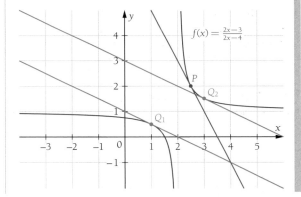

1. Ermitteln Sie die Steigung der Funktion f im Punkt P.

a) $f(x) = \frac{3x+1}{2x-2}$ $P(0,5 \mid f(0,5))$ c) $f(x) = 3x + \frac{1}{x}$ $P(1 \mid f(1))$

b) $f(x) = \frac{4(4x-1)}{x^2+2}$ $P(2 \mid f(2))$ d) $f(x) = \frac{x-6}{(x+2)^2}$ $P(-1 \mid f(-1))$

2. Ein Teil einer Gletscherspalte kann durch den Graphen von f mit $f(x) = \frac{-9}{(x-4)^2}$ beschrieben werden.

a) Zeichnen Sie den Graphen von f im Intervall $[-3; 10]$. Geben Sie den Definitionsbereich an.

b) Ermitteln Sie die Steigung der Gletscherspalte an der Stelle $x = 7$.

c) Bestimmen Sie den Punkt des Graphen von f, der eine Steigung von 100 % aufweist.

d) Verdeutlichen Sie die Steigungen aus b) und c) in der Zeichnung.

Übungen zu 5.1.5

1. Ermitteln Sie Definitionslücken, Polstellen, Nullstellen und den y-Achsenschnittpunkt sowie die Gleichung der Asymptote und die Art der Annäherung.

   a) $f(x) = \frac{3x-6}{2x+4}$

   b) $f(x) = \frac{4}{(x-4)^2}$

   c) $f(x) = \frac{2x^2-3x-1}{x-2}$

   d) $f(x) = \frac{8x-24}{x^2+4}$

2. Ermitteln Sie für f mit $f(x) = \frac{x+3}{x+2}$ die Polgerade und Asymptote. Skizzieren Sie damit den Verlauf des Graphen im Intervall $[-5; 5]$.

3. Geben Sie eine mögliche Funktionsgleichung für eine gebrochen-rationale Funktion f an, die folgende Eigenschaften besitzt:

   • eine Polgerade bei $x = 4$
   • eine Nullstelle bei $x_N = 2$
   • die Asymptote mit $y_A(x) = -2$

4. Ordnen Sie den Graphen die richtigen Funktionsgleichungen zu. Führen Sie die verschiedenen Merkmale auf, die Sie aus den Schaubildern für die Zuordnung entnehmen können, und begründen Sie Ihre Entscheidung.

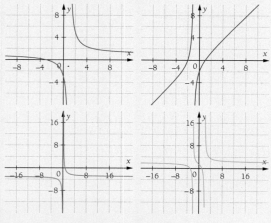

$$f(x) = \frac{-3x+2}{x} \qquad h(x) = \frac{2x^2+4x-6}{x^2-4}$$

$$g(x) = \frac{x^2+x-2}{x+1} \qquad i(x) = \frac{x+3}{x-1}$$

5. Formen Sie den Funktionsterm um und leiten Sie ihn ohne die Quotientenregel ab.

   a) $f(x) = \frac{4x+6}{x}$

   b) $f(x) = \frac{1}{x} + 3x$

   c) $f(x) = \frac{2x^3+3x}{x^2}$

   d) $f(x) = \frac{ax^2+bx}{x}$

6. Leiten Sie mit der Quotientenregel ab.

   a) $f(x) = \frac{0{,}5x+3}{x-2}$

   b) $f(x) = \frac{x^3-4}{x^2+3}$

   c) $f(x) = \frac{x^2+2x+1}{4x-1}$

   d) $f(x) = \frac{3x-0{,}25}{4x^2-2}$

7. Ermitteln Sie die Steigung der Funktion f mit $f(x) = \frac{4-x}{x-4}$ im Punkt $P(6\,|-4)$. Berechnen Sie die Koordinaten des Punktes Q, der auf dem Graphen von f liegt und die Steigung 4 besitzt.

8. Die Dehnbarkeit eines 1 m langen Gummiseils (Strecke s in Abhängigkeit von der Kraft F) kann näherungsweise bis zum Zerreißpunkt durch die gebrochen-rationale Funktion f mit

   $$f(x) = \frac{1{,}5x^2-3x}{0{,}05x^2-0{,}05x-0{,}1};\ D_f = \mathbb{R}_0^+$$

   beschrieben werden, wobei $f(x)$ für die Strecke s und die Variable x für die Kraft F stehen.

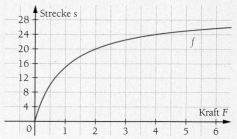

   Berechnen Sie die maximale Dehnungsstrecke s (in cm), an deren Wert sich die Funktion bei zunehmender Kraft annähert.

9. Entlang der Neubaustrecke einer Autobahn soll ein Lärmschutzwall errichtet werden. Das Profil des Querschnitts wird beschrieben durch die Funktion f mit $f(x) = \frac{80}{x^2+10} - 3$ und $f(x) \geq 0$ (x und $f(x)$ in Metern).

   a) Bestimmen Sie den Definitionsbereich und die Asymptoten von f.

   b) Skizzieren Sie den Graphen von f in $[-6; 6]$.

   c) Ermitteln Sie die Breite des Lärmschutzwalls am Fuße des Walls.

   d) Der Wall soll auf 4 m Höhe abgetragen werden, um darauf einen gemeinsamen Fuß- und Radweg anzulegen. Laut Straßenverkehrsordnung müssen Wege dieser Art mindestens 2,50 m breit sein. Prüfen Sie, ob diese Breite erfüllt ist.

Exkurs: Stetigkeit und Differenzierbarkeit

Wir haben gesehen, dass wir ganzrationale Funktionen mithilfe der Ableitungsregeln differenzieren können. Auch die untersuchten gebrochen-rationalen Funktionen konnten wir in ihrem Definitionsbereich ableiten. Allerdings gibt es auch Funktionen, die nicht differenzierbar sind.

Nicht differenzierbare Funktion

Gegeben ist die abschnittsweise definierte Funktion f; $D_f = \mathbb{R}$ mit:

$$f(x) = \begin{cases} 0 & \text{für } x \leq 0 \\ 1 & \text{für } x > 0 \end{cases}$$

Wir können uns beispielsweise vorstellen, dass f den Schaltungszustand in Abhängigkeit von der Zeit angibt: Bis zum Zeitpunkt 0 würde kein Strom fließen, kurz danach wäre das der Fall.
Untersuchen Sie, ob diese Funktion an der Stelle $x = 0$ differenzierbar ist.

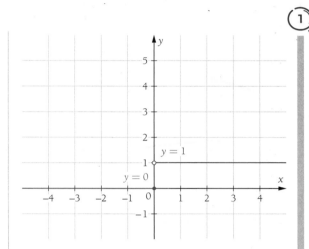

Betrachten wir den Graphen, so sehen wir, dass er außer an der Stelle $x = 0$ überall die Steigung null hat. Wir könnten f also über die Tangentensteigung leicht ableiten. Nur an der Stelle $x = 0$ macht der Graph einen „Sprung". Hier lässt sich nicht so einfach eine Tangente anlegen.

Deswegen versuchen wir, die Ableitung mithilfe des Differenzialquotienten zu bestimmen (▶ Seite 217). Da die Funktion abschnittsweise definiert ist und wir den Grenzwert genau an der „Abschnittsgrenze" betrachten, müssen wir zwei Fälle betrachten:
1. Wir nähern uns der Grenze $x = 0$ von rechts (**rechtsseitiger Grenzwert**).
2. Wir nähern uns der Grenze $x = 0$ von links (**linksseitiger Grenzwert**).

Wir erhalten zwei unterschiedliche Ergebnisse. Zudem existiert der rechtsseitige Grenzwert nicht. Damit existiert an der Stelle $x = 0$ kein Differenzialquotient und damit auch keine Ableitung. Die Funktion f ist somit nicht auf dem gesamten Definitionsbereich differenzierbar.

Rechtsseitiger Grenzwert ($x > 0$):

$$\lim_{x \to 0^+} D(0; x)$$
$$= \lim_{x \to 0^+} \frac{f(x) - f(0)}{x - 0}$$
$$= \lim_{x \to 0^+} \frac{1 - 0}{x - 0} \quad \blacktriangleright \ x > 0 \Rightarrow f(x) = 1$$
$$= \lim_{x \to 0^+} \frac{1}{x} \to \infty$$

Linksseitiger Grenzwert ($x < 0$):

$$\lim_{x \to 0^-} D(0; x)$$
$$= \lim_{x \to 0^-} \frac{f(x) - f(0)}{x - 0}$$
$$= \lim_{x \to 0^-} \frac{0 - 0}{x - 0} \quad \blacktriangleright \ x < 0 \Rightarrow f(x) = 0$$
$$= \mathbf{0}$$

Ein wesentlicher Grund dafür, dass die Funktion f im obigen Beispiel nicht differenzierbar ist, ist die „Sprungstelle" bei $x = 0$. Anschaulich gesprochen müssten wir beim Zeichnen des Graphen von f „den Stift absetzen". Eine Funktion mit solch einer Stelle heißt nicht stetig. Eine Funktion, die wir „ohne Absetzen" zeichnen können, heißt dagegen **stetig**.
Allgemein lässt sich zeigen, dass eine nicht stetige Funktion an der Unstetigkeitsstelle nicht differenzierbar ist. Auf den genauen Beweis und eine mathematisch exakte Definition des Begriffs „Stetigkeit" soll hier aber verzichtet werden.

2 Betragsfunktion

Untersuchen Sie, ob die **Betragsfunktion** f mit $f(x) = |x|$; $D_f = \mathbb{R}$ an der Stelle $x = 0$ differenzierbar ist (▶ Seite 152).

$$f(x) = \begin{cases} -x & \text{für } x < 0 \\ x & \text{für } x \geq 0 \end{cases}$$

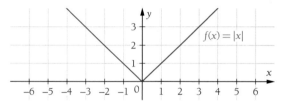

Anhand des Graphen erkennen wir, dass die Betragsfunktion stetig ist. Wir können sie „ohne Absetzen" durchzeichnen, sie hat keine „Sprungstelle".
Allerdings ist f an der Stelle $x = 0$ nicht differenzierbar, da rechtsseitiger und linksseitiger Grenzwert des Differenzenquotienten nicht den gleichen Wert liefern. Da der Grenzwert aber eindeutig sein müsste, existiert der Differenzialquotient in diesem Fall nicht.
Anschaulich wird dies deutlich, da es im Ursprung keine eindeutige Tangente an den Graphen gibt. Der Graph hat an dieser Stelle einen „Knick".

Rechtsseitiger Grenzwert ($x > 0$):
$$\lim_{x \to 0+} D(0; x)$$
$$= \lim_{x \to 0+} \frac{f(x) - f(0)}{x - 0} = \lim_{x \to \infty+} \frac{x - 0}{x - 0} \quad \blacktriangleright x > 0 \Rightarrow f(x) = x$$
$$= \lim_{x \to 0+} \frac{x}{x} = 1$$

Linksseitiger Grenzwert ($x < 0$):
$$\lim_{x \to 0-} D(0; x)$$
$$= \lim_{x \to 0-} \frac{f(x) - f(0)}{x - 0} = \lim_{x \to 0-} \frac{-x - 0}{x - 0} \quad \blacktriangleright x < 0 \Rightarrow f(x) = -x$$
$$= \lim_{x \to 0-} \frac{-x}{x} = -1$$

Das Beispiel zur Betragsfunktion zeigt, dass eine Funktion, die an einer Stelle oder auf einem Intervall stetig ist, dort nicht differenzierbar sein muss. Aus Stetigkeit folgt also nicht die Differenzierbarkeit.
Im Beispiel 1 auf der vorigen Seite haben wir aber gesehen, dass aus Nicht-Stetigkeit die Nicht-Differenzierbarkeit folgt. Und diese Aussage ist äquivalent zu der Aussage:
Ist eine Funktion an einer Stelle differenzierbar, so ist sie dort auch stetig.

- Ist eine Funktion an einer Stelle nicht stetig, so ist sie dort auch nicht differenzierbar.
- Ist eine Funktion an einer Stelle differenzierbar, so ist sie dort auch stetig.
- Ist eine Funktion an einer Stelle stetig, so braucht sie dort nicht differenzierbar zu sein.

1. Zeichnen Sie jeweils den Graphen einer auf $\mathbb{R}$ stetigen und einer nicht stetigen Funktion.

2. Zeichnen Sie den Graphen der Funktion f mit $f(x) = \begin{cases} x & \text{für } x \leq 0 \\ x^2 & \text{für } x > 0 \end{cases}$.

   Begründen Sie anhand des Graphen, dass f auf ganz $\mathbb{R}$ stetig ist.
   Zeigen Sie, dass f an der Stelle $x = 0$ nicht differenzierbar ist.

Übungen zum Exkurs

1. Untersuchen Sie die Funktion f mit $f(x) = |x - 3| + 1$ an der Stelle $x = 3$ graphisch auf Stetigkeit sowie graphisch und rechnerisch auf Differenzierbarkeit.

2. Gegeben ist die Funktion f mit $f(x) = \begin{cases} x^2 + 2x & \text{für } x \leq 0 \\ -x^2 + 2x & \text{für } x > 0 \end{cases}$.

a) Zeichnen Sie den Graphen von f (z. B. mithilfe einer Wertetabelle).
b) Begründen Sie anhand des Graphen, dass f auf ganz $\mathbb{R}$ stetig ist.
c) Prüfen Sie, ob f an der Stelle $x = 0$ differenzierbar ist, und geben Sie ggf. die Steigung an.

Übungen zu 5.1

1. Der Regional-Express fährt auf der Strecke Köln – Dortmund nach nebenstehendem Fahrplan (Stand 2012).

a) Berechnen Sie die Durchschnittsgeschwindigkeit des Zuges zwischen den angegebenen Städten und die Durchschnittsgeschwindigkeit insgesamt.

b) Machen Sie Aussagen über die errechneten Durchschnittsgeschwindigkeiten und die tatsächlich erreichten Geschwindigkeiten während der Fahrt.

Bahnhof	Ankunft	Abfahrt	Entfernung in km
Köln Hbf	–	15:49	1
Köln Messe/Deutz	15:51	15:52	5
Köln-Mülheim	15:56	15:57	9
Leverkusen Mitte	16:03	16:04	17
Düsseldorf Benrath	16:12	16:13	10
Düsseldorf Hbf	16:19	16:22	7
Düsseldorf Flughafen	16:27	16:28	17
Duisburg	16:36	16:38	10
Mülheim	16:42	16:44	10
Essen	16:50	16:53	10
Wattenscheid	16:58	16:59	6
Bochum	17:03	17:05	19
Dortmund	17:15	–	–

2. Ordnen Sie die Funktionen f, k, h und g mit $f(x) = 5x^2 - 2x + 3$, $k(x) = -2x^2 + 5$, $h(x) = -2x^3 + 5x$ und $g(x) = 3x^3 - 3x^2 - 12x + 12$ den abgebildeten Funktionsgraphen zu.

Berechnen Sie die Steigung der einzelnen Graphen jeweils an den Stellen $x_1 = -1{,}4$; $x_2 = -1$; $x_3 = 0$ und $x_4 = 0{,}5$.

a)

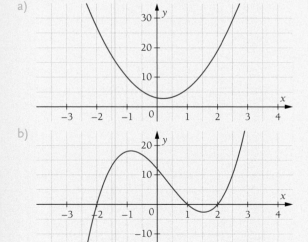

c)

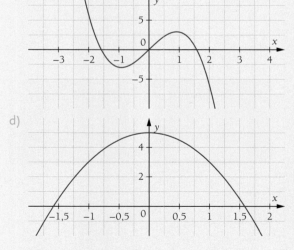

b)

d)

3. Ermitteln Sie jeweils die Funktionsgleichung von f' mithilfe des Differenzialquotienten.

Berechnen Sie die Punkte, in denen der Graph von f jeweils die angegebene Steigung m besitzt.

Ermitteln Sie jeweils die Steigung im Punkt $P(2 \mid f(2))$.

a) $f(x) = 5x^2$; $m = 4$

b) $f(x) = 2x^2 - 1$; $m = 2$

c) $f(x) = -3x^2 - 12x + 12$; $m = 6$

d) $f(x) = -5x^2 + 10x$; $m = 30$

4. Herr Söst macht einen Wochenendausflug von Bielefeld nach Düsseldorf. Er möchte benzinsparend fahren und im Durchschnitt nicht mehr als 9 ℓ pro 100 km verbrauchen.

Nach 150 km Fahrt lässt er sich von seinem Bordcomputer eine Graphik zum Benzinstand während der bisherigen Fahrt geben.

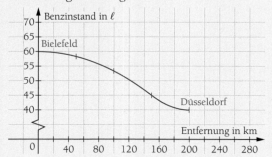

In dem Streckenabschnitt 0 km bis 150 km kann der Benzinstand durch die Funktion f mit $f(x) = -\frac{1}{1500}x^2 + 60$ beschrieben werden.

Herr Söst wundert sich über den hohen durchschnittlichen Verbrauch auf den ersten 150 km. Als er zwischen 20 km und 80 km den Verbrauch überprüfte, lag dieser doch unter 9 ℓ pro 100 km.
Erklären Sie den unterschiedlichen Benzinverbrauch. Beraten Sie Herrn Söst bezüglich seiner Fahrweise.

a) Berechnen Sie den durchschnittlichen Benzinverbrauch im Streckenabschnitt 0 km bis 150 km.
b) Berechnen Sie den lokalen Benzinverbrauch an der Stelle 50 km.
c) Interpretieren Sie Ihre Ergebnisse aus a) und b). Erklären Sie den unterschiedlichen Benzinverbrauch.

5. Beim Bau eines Straßendamms wird zur Verdichtung der einzelnen Schüttlagen ein Vibrations-Walzenzug eingesetzt.

Das Erdbaugerät kann nach Herstellerangabe Steigungen bis max. 40° überwinden.
Die Böschung des Straßendammes lässt sich annähernd durch die Funktion f mit $f(x) = -\frac{1}{500}x^3 - \frac{1}{50}x + 12$; $D_f = [0; 18]$ beschreiben.

Nach Beendigung der Erdbauarbeiten muss der Walzenzug von der Dammkrone zur Verladung auf einen Tieflader verbracht werden, der am Dammfuß steht. Beraten Sie den Bauleiter, wie dies möglich ist.

a) Berechnen Sie die maximale Steigung der Dammböschung und entscheiden Sie, ob der Walzenzug ohne Hilfsmittel die Böschung gefahrlos herunter fahren kann.
b) Bestimmen Sie die Stelle an der Böschung, die vom Walzenzug gerade noch befahren werden kann.
c) Mit einer Hilfsrampe, die bis zur zuvor bestimmten Stelle an die Dammböschung geschüttet wird, kann die Walze wieder zum Dammfuß gebracht werden. Ermitteln Sie die Funktionsgleichung der Hilfsrampe.
d) Um die Hilfsrampe abstecken zu können, benötigt der Vermesser noch weitere Angaben. Berechnen Sie den Startpunkt der Rampe auf dem Niveau des Dammfusses.

Ich kann ...

... die Formel für die **mittle-re Änderungsrate** angeben.
▶ Test-Aufgaben 1, 6

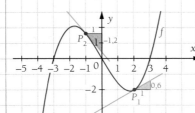

mittlere Änderungsrate im Intervall $[a;b]$:

$$m_s = \frac{f(b)-f(a)}{b-a} \quad \blacktriangleright \text{ Differenzenquotient}$$

... die Formel für die **lokale Änderungsrate** anwenden.
▶ Test-Aufgabe 6

lokale Änderungsrate an einer Stelle x_0:

$$m_t = \lim_{x \to x_0} \frac{f(x)-f(x_0)}{x-x_0} \quad \blacktriangleright \text{ Differenzialquotient}$$

... den Zusammenhang zwischen **Sekantensteigung** und **Tangentensteigung** erläutern.
▶ Test-Aufgabe 6

Sekantensteigung:
mittlere Änderungsrate
Tangentensteigung:
lokale Änderungsrate

Durch Annäherung des Punktes $P(x|f(x))$ an P_0 nähert sich die Sekante P_0P der Tangente in P_0.

5

... im Punkt eines Graphen eine **Tangente nach Augenmaß** anlegen und deren Steigung angeben.
▶ Test-Aufgabe 2

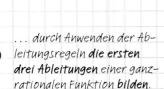

1. Tangente durch den Punkt zeichnen
2. Mithilfe eines Steigungsdreiecks die Steigung der Tangente feststellen

... zu einem Funktionsgraphen den zugehörigen **Graphen der Ableitungsfunktion** skizzieren.
▶ Test-Aufgabe 2

1. Punkte des Graphen mit waagrechten Tangenten aufsuchen
2. Diese Stellen auf der x-Achse markieren $\Rightarrow$ Nullstellen von f'
3. Steigung des Graphen vor und nach den waagrechten Tangenten prüfen $\Rightarrow$ Vorzeichen der Funktionswerte von f'
4. Graphen von f' skizzieren

... durch Anwenden der Ableitungsregeln **die ersten drei Ableitungen** einer ganzrationalen Funktion **bilden**.
▶ Test-Aufgabe 4

$f(x) = 0{,}25x^4 + 0{,}5x^3 + 4x^2 + 6x + 2$
$f'(x) = x^3 + 1{,}5x^2 + 8x + 6$
$f''(x) = 3x^2 + 3x + 8$
$f'''(x) = 6x + 3$

Summenregel: Jeder Summand kann für sich abgeleitet werden
Faktorregel: Konstante Faktoren bleiben beim Ableiten erhalten
Potenzregel: Zahl im Exponenten vorziehen und Exponenten um 1 verringern

... einfache **gebrochen-rationale** Funktionen ableiten
▶ Test-Aufgabe 5

$f(x) = \frac{3x-2}{4x+1}$
$u(x) = 3x - 2 \Rightarrow u'(x) = 3$
$v(x) = 4x + 1 \Rightarrow v'(x) = 4$
$f'(x) = \frac{3 \cdot (4x+1) - (3x-2) \cdot 4}{[4x+1]^2}$
$\quad\;\; = \frac{11}{16x^2 + 8x + 1}$

Quotientenregel:
$f(x) = \frac{u(x)}{v(x)}$
$f'(x) = \frac{u'(x) \cdot v(x) - u(x) \cdot v'(x)}{[v(x)]^2}$

Test zu 5.1

1. Die Abbildung zeigt eine Prognose über den Anteil der wirtschaftlich Abhängigen (Kinder, Jugendliche, Rentner) an der Bevölkerung im erwerbsfähigen Alter.

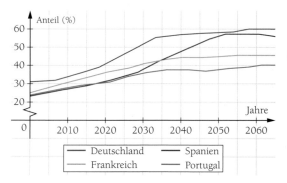

a) In welchem Jahrzehnt nimmt der Anteil der wirtschaftlich Abhängigen in Deutschland am stärksten zu?

b) Bestimmen Sie die durchschnittliche Änderungsrate in den Jahren von 2010 bis 2060 für Deutschland.

2. Zeichnen Sie zu den gegebenen Funktionsgraphen jeweils den Graphen der Ableitungsfunktion f'.

a)   b)   c)

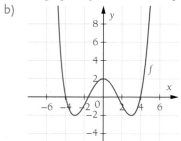 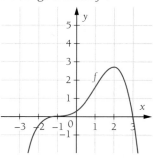

3. Bestimmen Sie mithilfe des Differenzialquotienten die Ableitung der Funktion f mit $f(x) = x^3$.

4. Gegeben sind die Funktionen f und g mit $f(x) = -x^2 + 6x$ und $g(x) = 0,5x^3 - 4$.

a) Bestimmen Sie jeweils die Ableitungsfunktion von f und g.

b) Berechnen Sie die Steigung von f und g an der Stelle $x = -2$.

c) In welchen Punkten haben die Graphen von f und g die Steigung 6?

5. Gegeben ist die Funktion f mit $f(x) = \frac{x+1}{x-2}$.

a) Untersuchen Sie f auf Polstellen und Asymptoten.

b) Zeichnen Sie den Graphen.

c) Bilden Sie die erste Ableitung und bestimmen Sie die Steigung bei $x = 0$.

6. Wahr oder falsch? Begründen Sie Ihre Entscheidung (wenn nötig mithilfe einer Skizze).

a) Die lokale Änderungsrate stellt die durchschnittliche Steigung des Graphen dar.

b) Differenzen- und Differenzialquotient sind verschiedene Bezeichnungen für die gleiche Rechenoperation.

c) Eine Funktion ist in ihrem Definitionsbereich D_f an jeder Stelle differenzierbar.

d) Ableiten und Differenzieren sind unterschiedliche Bezeichnungen für die gleiche Rechenoperation.

e) Beim graphischen Differenzieren wird die Sekantensteigung nach Augenmaß verwendet.

f) Der Grenzwert des Differenzialquotienten gibt die Steigung der Tangente am Graphen in P_0 an.

5.2 Untersuchung ganzrationaler Funktionen

Bisher haben wir die Graphen von ganzrationalen Funktionen auf ihren globalen Verlauf, Symmetrieeigenschaften und Schnittpunkte mit den Koordinatenachsen untersucht. Durch die Differenzialrechnung ist es nun möglich, weitere Eigenschaften des Funktionsgraphen genau bestimmen zu können:

- Wo steigt bzw. fällt der Graph? → Steigungs- bzw. Monotonieverhalten
- Wo hat der Graph seine höchsten bzw. tiefsten Punkte? → Extrempunkte
- Wo ist die Steigung des Graphen am größten oder kleinsten? → Wendepunkte
- Wo ändert sich die Krümmung des Graphen? → Wendepunkte

Charakteristische Punkte eines Graphen

Ein Punkt T ist **Tiefpunkt** eines Funktionsgraphen, wenn der Graph links von T fällt und rechts von T steigt. Ein Punkt H ist **Hochpunkt** eines Funktionsgraphen, wenn der Graph links von H steigt und rechts von H fällt. Die Hoch- und Tiefpunkte gliedern einen Funktionsgraphen in steigende und fallende Abschnitte. Hoch- und Tiefpunkte eines Funktionsgraphen werden unter dem Begriff **Extrempunkte** zusammengefasst. Die Koordinaten eines Extrempunkts werden allgemein mit x_E und y_E bezeichnet. x_E heißt **Extremstelle** von f, und y_E heißt **Extremwert**.

Der Graph der Funktion f hat die beiden Tiefpunkte T_1 und T_2.

Die Stellen x_E, an denen ein **relatives** (T_1) oder **absolutes** (T_2) **Minimum** vorliegt, heißen **Minimalstellen** der Funktion f.

Der Punkt H liegt höher als die Punkte des Graphen in der „näheren Umgebung" von H. Deshalb ist H ein Hochpunkt des Graphen. Allerdings ist der y-Wert von H nur ein **relatives Maximum** von f, denn der Graph hat auch Punkte, die noch höher liegen als H. Also hat f kein **absolutes Maximum**.

Der x-Wert x_E eines Hochpunkts $H(x_E \mid y_E)$ heißt **Maximalstelle** von f.

Wir stellen uns nun vor, dass der Graph eine Straße auf einer Landkarte ist. Auf dieser Straße fahren wir von links nach rechts mit einem Auto.

Auf dem abgebildeten Graphen besitzt die Straße zunächst eine Linkskurve bis zur Stelle $x \approx -0,91$. Dann geht sie in eine Rechtskurve über. An der Stelle $x \approx 1,43$ müssen wir schließlich das Lenkrad wieder nach links einschlagen.

Punkte, in denen ein Graph sich von einer Linkskurve in eine Rechtskurve bzw. umgekehrt „wendet", heißen **Wendepunkte** und werden mit W bzw. W_1, W_2 usw. bezeichnet.

Die x-Werte der Wendepunkte heißen **Wendestellen** der Funktion und werden mit x_W bezeichnet.

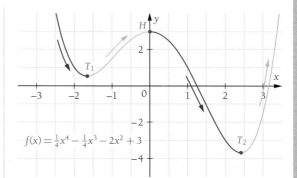

$$f(x) = \tfrac{1}{4}x^4 - \tfrac{1}{4}x^3 - 2x^2 + 3$$

▶ Statt *relatives* Maximum bzw. Minimum sagt man auch *lokales* Maximum bzw. Minimum.
Statt *absolutes* Maximum bzw. Minimum sagt man auch *globales* Maximum bzw. Minimum.

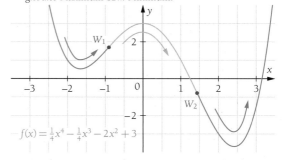

$$f(x) = \tfrac{1}{4}x^4 - \tfrac{1}{4}x^3 - 2x^2 + 3$$

▶ Eine *Linkskurve* bzw. *Rechtskurve* wird auch mit **Links-** bzw. **Rechtskrümmung** des Graphen bezeichnet.

- In einem **Extrempunkt** ändert der Graph einer Funktion sein Steigungsverhalten.
- In einem **Wendepunkt** ändert der Graph einer Funktion sein Krümmungsverhalten.

2 Monotonie und Tangentensteigung

Gegeben ist die ganzrationale Funktion f mit $f(x) = 0{,}125x^3 - 0{,}375x^2 - 1{,}125x + 2{,}375$; $D_f = \mathbb{R}$.
Untersuchen Sie das Steigungsverhalten des Graphen von f und bestimmen Sie die Steigungsintervalle.

Steigungsverhalten:
Im Intervall $M_1 =]-\infty; -1]$ haben die Tangenten an den Graphen von f eine **positive Steigung**. Dort **steigt** der Graph von f bis zu seinem Hochpunkt H.
Am Hochpunkt H verläuft die Tangente an den Graphen von f horizontal, ihre Steigung ist also null.

Im Intervall $M_2 = [-1; 3]$ haben die Tangenten an den Graphen von f eine **negative Steigung**. Dort **fällt** auch der Graph von f bis zu seinem Tiefpunkt T.
Am Tiefpunkt T verläuft die Tangente an den Graphen von f horizontal, ihre Steigung ist null.

Im Intervall $M_3 = [3; \infty[$ haben die Tangenten an den Graphen von f eine **positive Steigung**, dort **steigt** der Graph von f wieder.
Das Steigungsverhalten des Graphen von f entspricht dem **Monotonieverhalten** von f.

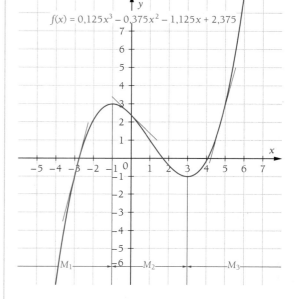

$f(x) = 0{,}125x^3 - 0{,}375x^2 - 1{,}125x + 2{,}375$

Sind die Tangentensteigungen in einem Intervall M nur positiv, so ist f in M **streng monoton steigend**.

Sind die Tangentensteigungen in einem Intervall M nur negativ, so ist f in M **streng monoton fallend**.

Ist die Tangentensteigung an einem Punkt E des Graphen null, so ist E ein möglicher **Extrempunkt**.

▶ vgl. Beispiel 4, Seite 246

$M_1 =]-\infty; -1[$: Tangentensteigung in M_1 positiv
$\Rightarrow f$ steigt in M_1 streng monoton

$M_2 =]-1; 3[$: Tangentensteigung in M_2 negativ
$\Rightarrow f$ fällt in M_2 streng monoton

$M_3 =]3; \infty[$: Tangentensteigung in M_3 positiv
$\Rightarrow f$ steigt in M_3 streng monoton

Zeichnen Sie den Graphen von f mit $f(x) = -0{,}5x^3 + 0{,}5x^2 + 3x$; $D_f = \mathbb{R}$.
Untersuchen Sie das Steigungsverhalten und bestimmen Sie die Monotonieintervalle mithilfe der Tangentensteigung.
Tipp: Schrittweite 0,5 für x; Intervall $x \in [-3; 4]$

Monotonie und Ableitung

Untersuchen Sie das Monotonieverhalten von f mit $f(x) = 0,125x^3 - 0,375x^2 - 1,125x + 2,375$; $x \in \mathbb{R}$ und bestimmen Sie die Monotonieintervalle mithilfe der ersten Ableitung f'.

Monotonieverhalten:

Im Intervall $M_1 =]-\infty; -1[$ verläuft der Graph von f' oberhalb der x-Achse ($f'(x) > 0$). Dort ist f **streng monoton steigend**.

Im Intervall $M_2 =]-1; 3[$ verläuft der Graph von f' unterhalb der x-Achse ($f'(x) < 0$). Dort ist f **streng monoton fallend**.

Im Intervall $M_3 =]3; \infty[$ verläuft der Graph von f' wieder oberhalb der x-Achse ($f'(x) > 0$). Dort ist f **streng monoton steigend**.

$$f'(x) = 0,375x^2 - 0,75x - 1,125$$

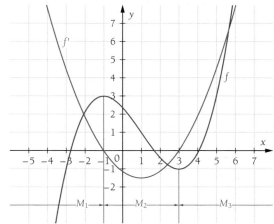

Aus $f'(x) \geq 0$ für alle $x \in M$ können wir schließen, dass f im Intervall **monoton steigt**.

Aus $f'(x) > 0$ für alle $x \in M$ können wir schließen, dass f im Intervall **streng monoton steigt**.

Aus $f'(x) \leq 0$ für alle $x \in M$ können wir schließen, dass f im Intervall **monoton fällt**.

Aus $f'(x) < 0$ für alle $x \in M$ können wir schließen, dass f im Intervall **streng monoton fällt**.

$M_1 =]-\infty; -1]$:
  z. B.: $f'(-2) = 1,875$ ▶ Vorzeichen „+"
  $\Rightarrow f$ steigt in M_1 monoton

$M_2 = [-1; 3]$:
  z. B.: $f'(0) = -1,125$ ▶ Vorzeichen „−"
  $\Rightarrow f$ fällt in M_2 monoton

$M_3 = [3; \infty[$:
  z. B.: $f'(4) = 1,875$ ▶ Vorzeichen „+"
  $\Rightarrow f$ steigt in M_3 monoton

Wissen wir umgekehrt, dass M ein Monotonieintervall der Funktion f ist, so muss dort entweder $f'(x) \geq 0$ oder $f'(x) \leq 0$ für alle $x \in M$ gelten.

Die beiden aus der Zeichnung ersichtlichen Extremstellen von f bilden die Grenzen der Monotonieintervalle $M_1 =]-\infty; -1]$, $M_2 = [-1; 3]$ und $M_3 = [3; \infty[$.

Für eine reelle Funktion f gilt: Die **Extremstellen** der Funktion f bilden Grenzen der **Monotonieintervalle** M von f. Diese Monotonieintervalle zerlegen den Definitionsbereich von f in „Abschnitte", in denen der Graph von f entweder steigt oder fällt.

$f'(x) \geq 0$ für alle $x \in M$ $\Leftrightarrow$ f ist im Intervall M **monoton steigend**.
$f'(x) > 0$ für alle $x \in M$ $\Rightarrow$ f ist im Intervall M **streng monoton steigend**.
$f'(x) \leq 0$ für alle $x \in M$ $\Leftrightarrow$ f ist im Intervall M **monoton fallend**.
$f'(x) < 0$ für alle $x \in M$ $\Rightarrow$ f ist im Intervall M **streng monoton fallend**.

Untersuchen Sie das Monotonieverhalten von f mit $f(x) = -0,5x^3 + 0,5x^2 + 3x$; $D_f = \mathbb{R}$ und bestimmen Sie die Monotonieintervalle mithilfe der ersten Ableitung f'.

5.2.1 Rechnerische Bestimmung von Extrempunkten

(4)   Notwendige Bedingung für die Existenz einer Extremstelle

Der abgebildete Graph zeigt eine prognostizierte Hochwasserwelle bei Frankfurt am Main (▶ Seite 212). Die kritische Marke, bei der eine partielle Überflutung der Altstadt droht, liegt bei 440 cm über Pegelnullpunkt (ü PN). Bestimmen Sie den Zeitpunkt, wann mit dem Maximum der Hochwasserwelle zu rechnen ist und ob die Altstadt nach der Prognose überflutet wird.

Aus dem Graphen können wir ablesen, dass etwa bei $x = 13$ der Wasserstand des Mains am höchsten ist und er zu diesem Zeitpunkt mehr als 400 cm ü PN beträgt. Die genauen Werte ermitteln wir nun rechnerisch.

Wir bestimmen zunächst die Maximalstelle x_E von f im Bereich $[0;20]$.

An der gesuchten Maximalstelle hat der Graph eine **waagerechte Tangente**, also die Steigung 0. Demnach hat auch die erste Ableitung von f an dieser Stelle den Wert 0.

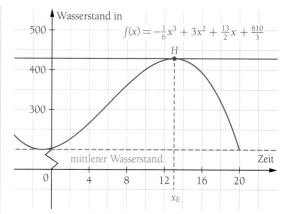

$$f(x) = -\tfrac{1}{6}x^3 + 3x^2 + \tfrac{13}{2}x + \tfrac{610}{3}$$
für $x \in [0;20]$

Für die gesuchte Stelle x_E muss somit *notwendigerweise* die Bedingung $f'(x_E) = 0$ erfüllt sein. Sie heißt deshalb **notwendige Bedingung** für die Existenz einer Extremstelle x_E.

In der konkreten Rechnung setzen wir den Funktionsterm von f' gleich null und lösen die quadratische Gleichung.
Wir erhalten zwei Lösungen. Da uns aber nur der Zeitraum von $x = 0$ bis $x = 20$ interessiert, betrachten wir nur die Lösung $x_{E_1} = 13$.

Wie bereits vermutet, ist die Hochwasserwelle nach 13 Std. am höchsten.
Um den genauen Pegelstand zu diesem Zeitpunkt zu berechnen, setzen wir den berechneten Wert 13 in die Funktionsgleichung von f ein.
Die Hochwasserwelle hat bei $x = 13$ einen Pegelhöchststand von etwa 428,67 cm ü PN. Die Altstadt wird somit nicht überflutet.

1. Ableitung: $f'(x) = -\tfrac{1}{2}x^2 + 6x + \tfrac{13}{2}$
Notwendige Bedingung: $f'(x_E) = 0$
$$-\tfrac{1}{2}x_E{}^2 + 6x_E + \tfrac{13}{2} = 0$$
$$\Leftrightarrow \quad x_E{}^2 - 12x_E - 13 = 0$$
$$\Rightarrow \quad x_{E_{1,2}} = 6 \pm \sqrt{36 - (-13)} = 6 \pm 7$$
Lösungen:
$x_{E_1} = 13; \quad x_{E_2} = -1$

$$f(13) = -\tfrac{1}{6} \cdot 13^3 + 3 \cdot 13^2 + \tfrac{13}{2} \cdot 13 + \tfrac{610}{3}$$
$$= \tfrac{1286}{3} \approx 428,67$$

Wir haben nachgewiesen, dass an den Stellen -1 und 13 die Steigung des Graphen gleich null ist. Aus der Abbildung haben wir geschlossen, dass es sich bei der Stelle $x_{E_1} = 13$ um eine Maximalstelle und nicht etwa um eine Minimalstelle handelt.

Bei einigen Graphen gibt es außer Extremstellen auch andere Stellen, an denen eine waagerechte Tangente vorliegen kann. Wir müssen also prüfen, ob eine Stelle mit der genannten Eigenschaft tatsächlich eine Extremstelle ist und ob es sich bei dieser um eine Maximalstelle oder eine Minimalstelle handelt. Dazu benötigen wir ein zusätzliches Kriterium.

Ein zusätzliches Kriterium ist erforderlich

Da sich die tatsächlichen Regenmengen im Vergleich zur ersten Hochwasserprognose (▶ Beispiel 4) geändert haben, wurde für den Pegel eine aktualisierte Hochwasserwarnung zum Zeitpunkt $x = 3$ veröffentlicht. Für die bevorstehende Hochwasserwelle ist nun mit folgender Funktion zu rechnen:

$$f(x) = -\tfrac{1}{80}x^4 + \tfrac{2}{3}x^3 - \tfrac{25}{2}x^2 + 100x + 100$$

Ermitteln Sie, zu welchem Zeitpunkt die Rettungskräfte den Höchstwasserstand erwarten können und wie hoch dieser ist.

Analog zum vorigen Beispiel nutzen wir die notwendige Bedingung, um die Extremstellen zu berechnen. Zur Ermittlung der Nullstellen der 1. Ableitung zerlegen wir zunächst den Funktionsterm von f' mittels Polynomdivision in einen linearen und einen quadratischen Term. Den quadratischen Term können wir mithilfe der 2. binomischen Formel vereinfachen.

▶ Polynomdivision Seite 190

Wir wenden den Satz vom Nullprodukt an und erhalten $x_{E_1} = 10$ und $x_{E_2} = 20$ als mögliche Extremstellen.

Die Abbildung zeigt jedoch, dass $x_{E_1} = 10$ keine Extremstelle ist. Dort liegt weder ein Hochpunkt noch ein Tiefpunkt vor.

Hingegen befindet sich an der Stelle $x_{E_2} = 20$ ein Hochpunkt mit dem Maximalwasserstand $433{,}33$ cm ü PN.

$$f'(x) = -\tfrac{1}{20}x^3 + 2x^2 - 25x + 100$$

Notwendige Bedingung: $\quad f'(x_E) = 0$

$$-\tfrac{1}{20}x_E^3 + 2x_E^2 - 25x_E + 100 = 0$$

$$\Leftrightarrow \quad (x_E - 20) \cdot \left(x_E^2 - 20x_E + 100\right) = 0$$

$$\Leftrightarrow \quad\quad (x_E - 20) \cdot (x_E - 10)^2 = 0$$

$$\Rightarrow x_{E_1} = 10; \quad x_{E_2} = 20$$

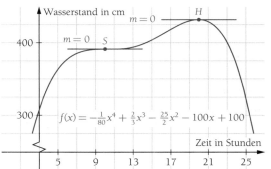

247-1

Die notwendige Bedingung ist zwar für beide Werte erfüllt, sie ist jedoch offensichtlich *nicht hinreichend* für den Nachweis einer Extremstelle. Sie liefert nur mögliche „Kandidaten" für Extremstellen.

Für das Vorliegen einer Extremstelle lässt sich aber eine **hinreichende Bedingung** finden. Dazu betrachten wir das Steigungsverhalten des vorigen Graphen in der Umgebung der „Kandidaten".

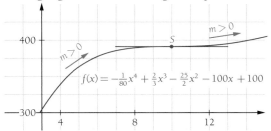

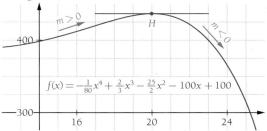

Die Steigung des Graphen ist sowohl links als auch rechts von S positiv ($m > 0$).
Das Vorzeichen wechselt nicht.

Die Steigung des Graphen ist links von H positiv ($m > 0$) und rechts von H negativ ($m < 0$).
Das Vorzeichen wechselt von „$+$" nach „$-$".

Durch Verallgemeinerung der Beobachtungen erhalten wir das **Vorzeichenwechselkriterium (VZW-Kriterium)** als **hinreichende Bedingung** für die Existenz von Extremstellen:

Wenn an einer Stelle x_E die Steigung eines Funktionsgraphen gleich null ist ($f'(x_E) = 0$) und die Steigungswerte links von x_E ein anderes Vorzeichen haben als rechts von x_E, so ist x_E eine Extremstelle.

Entsprechend gilt: Wenn an einer Stelle x_E die Steigung eines Funktionsgraphen gleich null ist ($f'(x_E) = 0$) und die Steigungswerte links und rechts von x_E das gleiche Vorzeichen haben, so ist x_E *keine* Extremstelle. Solche Stellen heißen **Sattelstellen** (▶ Seite 255).

Mit dem Vorzeichenwechselkriterium können wir auch die **Art der Extremstelle** bestimmen:
- Bei einem Vorzeichenwechsel von „+" nach „−" liegt eine **Maximalstelle** vor.
- Bei einem Vorzeichenwechsel von „−" nach „+" liegt eine **Minimalstelle** vor.

Das VZW-Kriterium lässt sich auch gut am Graphen der Ableitungsfunktion nachvollziehen. Wir betrachten dazu noch einmal den Graphen von f sowie den der Ableitungsfunktion f'.

Der Graph von f' liegt links und rechts von der Stelle 10 oberhalb der x-Achse, d. h. der Graph von f' berührt die x-Achse, ohne sie zu schneiden. Somit findet an der Stelle 10 kein Vorzeichenwechsel bei der ersten Ableitung statt. Also ist 10 keine Extremstelle von f, und S ist kein Extrempunkt.

Punkte, in denen der Graph die Steigung null hat, die aber keine Extrempunkte sind, heißen **Sattelpunkte**.

Links der Stelle 20 liegt der Graph von f' oberhalb und rechts von 20 unterhalb der x-Achse. Also findet dort ein Vorzeichenwechsel der ersten Ableitung von „+" nach „−" statt. Damit ist 20 Maximalstelle von f.

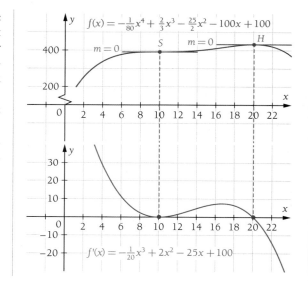

Kein Extrempunkt ohne Vorzeichenwechsel in der Steigung.

⭐ **Notwendige Bedingung für Extremstellen:**
x_E ist Extremstelle von f $\Rightarrow f'(x_E) = 0$

Hinreichende Bedingung für Extremstellen (mit dem Vorzeichenwechselkriterium):
$f'(x_E) = 0 \wedge f'(x)$ wechselt bei x_E sein Vorzeichen von „+" nach „−"
$\Rightarrow x_E$ ist lokale Maximalstelle von f.
$f'(x_E) = 0 \wedge f'(x)$ wechselt bei x_E sein Vorzeichen von „−" nach „+"
$\Rightarrow x_E$ ist lokale Minimalstelle von f.

Wichtig: Ist für eine Stelle x_E die notwendige Bedingung erfüllt, das VZW-Kriterium jedoch nicht, so ist x_E *keine* Extremstelle von f.

Untersuchen Sie die Funktion f auf Extrempunkte des Graphen. Verwenden Sie bei der hinreichenden Bedingung das Vorzeichenwechselkriterium. Skizzieren Sie den Graphen.

a) $f(x) = -x^2 + 6x - 4$ b) $f(x) = x^3 + 3x^2 - 24x$ c) $f(x) = 0{,}25x^3 - 1{,}5x^2 + 3x - 2$

Hinreichende Bedingung mit Verwendung der zweiten Ableitung

Untersuchen Sie die Funktion f mit $f(x) = \frac{1}{12}x^3 - x^2 + 3x + \frac{1}{3}$ auf Extremstellen. Betrachten Sie dabei genau die Graphen von f, f' und f''.

Der Graph von f hat den Hochpunkt $H(2\,|\,3)$ und den Tiefpunkt $T(6\,|\,0,\overline{3})$.

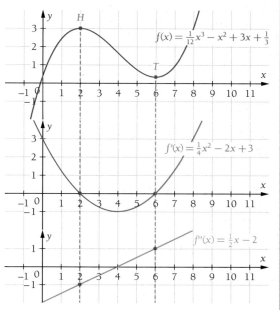

Nach der notwendigen Bedingung hat f' somit die Nullstellen 2 und 6. Der VZW von „+" nach „−" bei 2 weist darauf hin, dass f hier eine Maximalstelle hat. Der VZW von „+" nach „−" bedeutet aber auch, dass der Graph von f' an der Stelle 2 fällt.

Die zweite Ableitung f'', die gleichzeitig die Änderungsrate, also Steigungsfunktion von f' ist, hat damit an dieser Stelle einen negativen Wert.

Entsprechend zeigt der VZW von „−" nach „+" bei 6 eine Minimalstelle der Funktion f an. Hier steigt der Graph von f', also hat f'' als Steigungsfunktion von f' an der Stelle 6 einen positiven Wert.

Durch Verallgemeinerung dieser Zusammenhänge erhalten wir eine weitere **hinreichende Bedingung** für die Bestimmung von Extremstellen:

- Gilt an einer Stelle x_E sowohl $f'(x_E) = 0$ *als auch* $f''(x_E) < 0$, so ist x_E eine **Maximalstelle** von f. f hat hier ein lokales Maximum und der Graph von f einen **Hochpunkt**.
- Gilt an einer Stelle x_E sowohl $f'(x_E) = 0$ *als auch* $f''(x_E) > 0$, so ist x_E eine **Minimalstelle** von f. f hat hier ein lokales Minimum und der Graph von f einen **Tiefpunkt**.

Hinreichende Bedingung für Extremstellen (mit der zweiten Ableitung):

$f'(x_E) = 0 \land f''(x_E) < 0 \Rightarrow x_E$ ist Maximalstelle von f.

$f'(x_E) = 0 \land f''(x_E) > 0 \Rightarrow x_E$ ist Minimalstelle von f.

Wichtig: Ist für eine Stelle x_E die notwendige Bedingung erfüllt, die Bedingung $f''(x_E) \neq 0$ jedoch nicht, so bedeutet dies nicht, dass x_E keine Extremstelle von f ist. Eine weitere Klärung ist mit dem VZW-Kriterium möglich.

---

1. Erstellen Sie ein Ablaufdiagramm, wie bei der Suche nach Extremstellen mithilfe der zweiten Ableitung vorzugehen ist.

2. Untersuchen Sie die Funktion f auf Extrempunkte des Graphen. Verwenden Sie bei der hinreichenden Bedingung die zweite Ableitung. Skizzieren Sie den Graphen.

   a) $f(x) = 2x^2 + 6x + 1$
   b) $f(x) = \frac{1}{12}x^3 - x^2 + 3x + 13$
   c) $f(x) = \frac{1}{5}x^3 + \frac{3}{5}x^2 + \frac{9}{5}x + 2$
   d) $f(x) = \frac{1}{3}x^3 - 2x^2 + \frac{16}{3}$
   e) $f(x) = -x^3 + 6x^2 - 18x + 18$
   f) $f(x) = \frac{1}{4}x^4 - 2x^2 + 3$

249-1

(7) Extrempunktbestimmung mit der hinreichenden Bedingung $f'(x_E) = 0 \wedge f''(x_E) \neq 0$

Untersuchen Sie die Funktion f mit $f(x) = \frac{1}{4}x^4 + \frac{7}{4}x^3 + \frac{5}{2}x^2$ auf Extrempunkte des Graphen.

Wir bestimmen die ersten beiden Ableitungen:

$$f'(x) = x^3 + \frac{21}{4}x^2 + 5x$$

$$f''(x) = 3x^2 + \frac{21}{2}x + 5$$

Hinreichende Bedingung:

$$f'(x_E) = 0 \wedge f''(x_E) \neq 0$$

Setze $f'(x_E) = 0$:

$$f'(x_E) = 0$$

$$x_E^3 + \frac{21}{4}x_E^2 + 5x_E = 0$$

$$\Leftrightarrow \quad \left(x_E^2 + \frac{21}{4}x_E + 5\right) \cdot x_E = 0$$

$$\Leftrightarrow \quad x_E^2 + \frac{21}{4}x_E + 5 = 0 \vee x_E = 0$$

Der erste Teil der hinreichenden Bedingung ist für die möglichen Extremstellen $x_{E_1} = -4$; $x_{E_2} = -\frac{5}{4}$ und $x_{E_3} = 0$ erfüllt.

$$x_{E_{1,2}} = -\frac{21}{8} \pm \sqrt{\frac{441}{64} - 5} = -\frac{21}{8} \pm \frac{11}{8}$$

mögliche Extremstellen:

$$x_{E_1} = -4; \, x_{E_2} = -\frac{5}{4}; \, x_{E_3} = 0$$

Für $x_{E_1} = -4$ ist mit $f''(-4) = 11$ auch die Bedingung $f''(x_E) > 0$ erfüllt. Also hat f an der Stelle -4 ein lokales Minimum und der Graph den (absoluten) Tiefpunkt T_1.

Für $x_{E_2} = -\frac{5}{4}$ ist mit $f''\left(-\frac{5}{4}\right) = -\frac{55}{16}$ die Bedingung $f''(x_E) < 0$ erfüllt. Also hat f an dieser Stelle einen Hochpunkt H.

Für $x_{E_3} = 0$ ist mit $f''(0) = 5$ außerdem die Bedingung $f''(x_E) > 0$ erfüllt. Also hat f an dieser Stelle ein lokales Minimum und der Graph den (relativen) Tiefpunkt T_2.

Prüfe, ob $f''(x_E) \neq 0$:

$$x_{E_1} = -4: \, f''(-4) = 11 > 0$$

$$\Rightarrow \quad x_{E_1} = -4 \text{ Minimalstelle}$$

$$x_{E_2} = -\frac{5}{4}: \, f''\left(-\frac{5}{4}\right) = -\frac{55}{16} < 0$$

$$\Rightarrow \quad x_{E_2} = -\frac{5}{4} \text{ ist Maximalstelle}$$

$$x_{E_3} = 0: \, f''(0) = 3 \cdot 0^2 + \frac{21}{2} \cdot 0 + 5 = 5 > 0$$

$$\Rightarrow \quad x_{E_3} = 0 \text{ ist Minimalstelle}$$

Durch Einsetzen der x_E-Werte in die Gleichung von f erhalten wir die entsprechenden Funktionswerte und damit die gesuchten Extrempunkte:

$$f(-4) = -8 \quad \Rightarrow \quad T_1(-4 \,|\, -8)$$

$$f\left(-\frac{5}{4}\right) \approx 1{,}1 \quad \Rightarrow \quad H\left(-\frac{5}{4} \,\middle|\, 1{,}1\right)$$

$$f(0) = 0 \quad \Rightarrow \quad T_2(0 \,|\, 0)$$

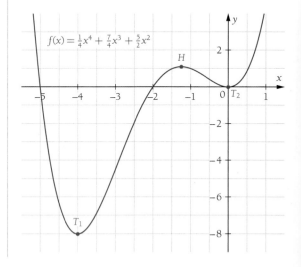

Untersuchen Sie die Funktion f auf Extrempunkte des Graphen. Skizzieren Sie den Graphen.

a) $f(x) = x^4 - 4x^3 + 6x^2 - 4x + 2$ \qquad b) $f(x) = x^4 - 2$

1. Skizzieren Sie jeweils den Funktionsgraphen einer ganzrationalen Funktion 3. Grades mit folgenden Eigenschaften:

a) Der Graph hat in $H(-2|1)$ einen Hochpunkt und in $T(2|-3)$ einen Tiefpunkt.

b) Der Graph ist punktsymmetrisch zum Ursprung und hat den Tiefpunkt $T(-2|-4)$.

c) Der Graph hat in $W(2|1)$ seinen Wendepunkt, besitzt keine Extrempunkte und schneidet die y-Achse bei 5.

d) Der Graph hat im Ursprung einen Tiefpunkt und in $W(2|3)$ seinen Wendepunkt.

2. Untersuchen Sie die folgenden Funktionen auf Extrema. Geben Sie die Art der Extrema an, skizzieren Sie den Graphen und geben Sie die Monotonieintervalle an. Stellen Sie anhand der Zeichnung fest, welche der ermittelten lokalen Extremwerte auch globale Extremwerte sind.

a) $f(x) = x^2 - 3x - 4$

b) $f(x) = -\frac{3}{2}x^2 + x$

c) $f(x) = 8x^3 - 3x^2$

d) $f(x) = -x^3 + 12x$

e) $f(x) = x^3 + 3x^2 - 9x$

f) $f(x) = \frac{1}{8}x^3 + x$

g) $f(x) = -x^3 + 4,5x^2 - 6x + 2$

h) $f(x) = x^4 - 6x^2 + 4$

i) $f(x) = -0{,}75x^4 - 2x^3 + 12x^2$

j) $f(x) = \frac{1}{4}x^4 - x^3 + x^2$

k) $f(x) = x^4 - 4x^3 + 6x^2 - 4x$

l) $f(x) = \frac{1}{5}x^4 + x^2$

3. Die Abbildungen zeigen jeweils die Graphen von f' und f'' zu einer ganzrationalen Funktion f. Ermitteln Sie, an welchen Stellen f eine Extremstelle hat, und stellen Sie auch fest, ob es sich um eine Maximal- oder eine Minimalstelle handelt.

a)
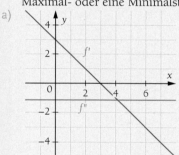

c)
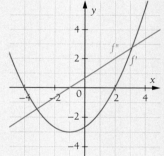

e)
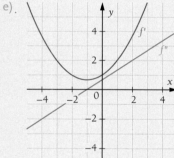

b)
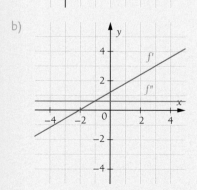

d)
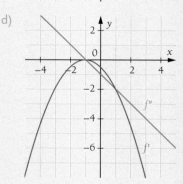

f)
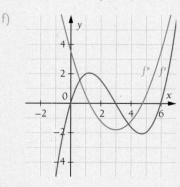

4. In welchen Punkten hat der Graph der reellen Funktion f mit $f(x) = \frac{2}{3}x^3 - 2x^2 - 1$

a) eine waagerechte Tangente;

b) eine Tangente mit der Steigung -2;

c) eine Tangente mit der Steigung 6?

5.2.2   Rechnerische Bestimmung von Wendepunkten

8 Bestimmung der maximalen Steigung

Im Beispiel zur Bestimmung von Extrempunkten (▶ Seite 246) haben wir berechnet, ob die Frankfurter Altstadt durch eine Hochwasserwelle überflutet wird. Ermitteln Sie nun, zu welchem Zeitpunkt die Zunahme des Pegelstands am größten war bzw. ab wann die Zunahme geringer wurde.

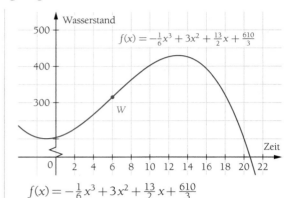

Wir sehen, dass bis $x = 6$ der Graph zunehmend steiler wird und danach immer weniger steigt. Bei $x = 6$ hat der *Anstieg* des Hochwasserpegels offensichtlich sein Maximum erreicht.

Dies prüfen wir rechnerisch:
Da die Steigung durch die erste Ableitung beschrieben wird, suchen wir die Maximalstelle von f'.

Notwendig für eine Maximalstelle ist die Bedingung, dass die Ableitung den Wert 0 hat. Die Ableitung von f' ist f''. Daraus ergibt sich für die Maximalstelle von f' die notwendige Bedingung: $f''(x) = 0$.

$$f(x) = -\frac{1}{6}x^3 + 3x^2 + \frac{13}{2}x + \frac{610}{3}$$

$$f'(x) = -\frac{1}{2}x^2 + 6x + \frac{13}{2}$$
$$f''(x) = -x + 6 \qquad \blacktriangleright \text{ 1. Ableitung von } f'$$
$$f'''(x) = -1 \qquad \blacktriangleright \text{ 2. Ableitung von } f'$$

Mit der hinreichenden Bedingung klären wir, ob bei $x = 6$ tatsächlich eine Maximalstelle von f' vorliegt. Die zweite Ableitung von f' ist f'''. Da f''' hier stets kleiner als null ist, ist 6 Maximalstelle von f'.

Hinreichende Bedingung: $f''(x) = 0 \ \land \ f'''(x) \neq 0$
Setze $f''(x) = 0$:
$$f''(x) = 0$$
$$-x + 6 = 0$$
$$\Leftrightarrow \qquad x = 6$$

Die Steigung des Graphen ist an der Stelle 6 maximal. Somit ist um 6 Uhr der Anstieg der Hochwasserwelle am größten. Bis 6 Uhr nimmt der Hochwasseranstieg immer mehr zu, danach schwächt er sich ab.

Prüfe, ob $f'''(6) \neq 0$:
$$f'''(6) = -1 < 0$$

9 Notwendige Bedingung für die Existenz einer Wendestelle: $f''(x_W) = 0$

Wenn wir den Graphen von f über dem erweiterten Definitionsbereich $D_f = \mathbb{R}$ betrachten, erkennen wir, dass er links von der Stelle 6 eine Linkskurve und rechts von $x = 6$ eine Rechtskurve bildet.
Somit hat f bei $x = 6$ nicht nur die **lokal größte Steigung** sondern der Graph geht an dieser Stelle zudem von einer Links- in eine Rechtskurve über.

Eine solche Stelle heißt **Wendestelle**, da der Graph dort „wendet".

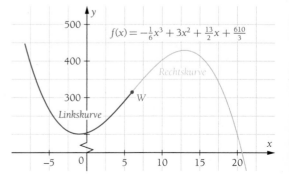

Im Wendepunkt hat der Graph seine größte oder kleinste Steigung.

Wir haben festgestellt:

- An Wendestellen besitzt die Steigung des Graphen ein lokales Extremum.
- Wendestellen einer Funktion f sind zugleich die Extremstellen ihrer Ableitungsfunktion f'.
- Die **notwendige Bedingung** für die Existenz einer Wendestelle x_W ist demnach $f''(x_W) = 0$.
- Für die Bestimmung der Extrema von f' gilt: $\left[f'(x) \right]' = 0 \ \wedge \ \left[f'(x) \right]'' \neq 0$
- Somit ist $f''(x_W) = 0 \ \wedge \ f'''(x_W) \neq 0$ eine **hinreichende Bedingung** für den Nachweis der Existenz und Art von Wendestellen der Funktion f.

Wendestellenbestimmung mit der hinreichenden Bedingung $f''(x_W) = 0 \ \wedge \ f'''(x_W) \neq 0$

Die Funktion f mit $f(x) = \frac{1}{4}x^4 + \frac{7}{4}x^3 + \frac{5}{2}x^2$ haben wir bereits auf Extrempunkte untersucht (▸ Seite 250).
Bestimmen Sie nun die Wendestellen und Wendepunkte.

Die ersten drei Ableitungen sind:

$$f'(x) = x^3 + \frac{21}{4}x^2 + 5x$$
$$f''(x) = 3x^2 + \frac{21}{2}x + 5$$
$$f'''(x) = 6x + \frac{21}{2}$$

Der erste Teil der hinreichenden Bedingung ist für $x_{W_1} \approx -2{,}93$ und $x_{W_2} \approx -0{,}57$ erfüllt.

Wir überprüfen die „Kandidaten" mit dem zweiten Teil der Bedingung. Beide erfüllen diese und sind somit tatsächlich Wendestellen.

Wir berechnen schließlich die Funktionswerte der beiden Wendestellen. Der Graph hat somit die Wendepunkte $W_1(-2{,}93 \,|\, -4{,}14)$ und $W_2(-0{,}57 \,|\, 0{,}51)$.

Im Hinblick auf die Art der Wendepunkte überlegen wir Folgendes:
Aus $f''(-2{,}93) = 0$ und $f'''(-2{,}93) < 0$ folgt, dass f' an der Stelle $x_{W_1} = -2{,}93$ ein lokales Maximum hat. Das ist gleichbedeutend mit einem Übergang von einer Linkskurve in eine Rechtskurve.
Also ist W_1 ein **Links-Rechts-Wendepunkt** (kurz: L-R-Wendepunkt).

Aus $f''(-0{,}57) = 0$ und $f'''(-0{,}57) > 0$ folgt, dass f' an der Stelle $-0{,}57$ ein lokales Minimum hat, d.h., die Steigung des Graphen von f' ist an dieser Stelle lokal minimal. Dort haben wir einen Übergang von einer Rechtskurve in eine Linkskurve.
Also ist W_2 ein **Rechts-Links-Wendepunkt** (kurz: R-L-Wendepunkt).

Hinreichende Bedingung:

$f''(x_W) = 0 \ \wedge \ f'''(x_W) \neq 0$

Setze $f''(x_W) = 0$:

$$f''(x_W) = 0$$
$$3x_W^2 + \frac{21}{2}x_W + 5 = 0$$
$$\Leftrightarrow x_W^2 + \frac{21}{6}x_W + \frac{5}{3} = 0 \quad \blacktriangleright \text{ } p\text{-}q\text{-Formel}$$
$$\Rightarrow x_{W_1} \approx -2{,}93; \quad x_{W_2} \approx -0{,}57$$

Prüfe, ob $f'''(x_W) \neq 0$:

$x_{W_1} \approx -2{,}93: \quad f'''(-2{,}93) \approx -7{,}08 > 0$
$x_{W_2} \approx -0{,}57: \quad f'''(-0{,}57) \approx +7{,}08 < 0$
$\Rightarrow \quad x_{W_1}$ und x_{W_2} sind Wendestellen.

$$f(-2{,}93) \approx -4{,}14 \quad f(-0{,}57) \approx 0{,}51$$

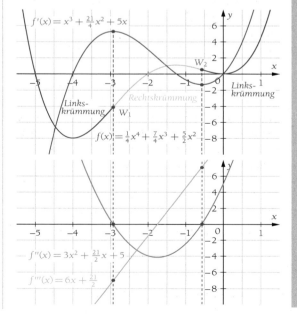

253-1

In diesem Zusammenhang betrachten wir die zweite Ableitung f'' nochmals genauer:
Während die erste Ableitung f' die *Steigung* des Graphen, also die Änderungsrate des Graphen, repräsentiert, stellt f'' die *Änderungsrate der Steigung*, also die **Krümmung** des Graphen dar. Im Wendepunkt findet somit ein Krümmungswechsel beim Graphen von f statt (VZW von f'').

Mit dieser geometrischen Deutung von f'' fällt es leichter, die hinreichende Bedingung für Extremstellen $f'(x_E) = 0 \land f''(x_E) \neq 0$ zu verstehen:
Eine Extremstelle kann man am Graphen vorfinden, wenn an der betrachteten Stelle die Steigung null und gleichzeitig ein positiver bzw. negativer Wert der Krümmung vorhanden ist.

Hierdurch kann man das **Krümmungsverhalten** des Graphen näher bestimmen:

- falls $f''(x) < 0$, ist der Graph **rechtsgekrümmt**. ▸ Hochpunkt
- falls $f''(x) > 0$, ist der Graph **linksgekrümmt**. ▸ Tiefpunkt

> *Ein Extrempunkt kann nur dort vorliegen, wo der Graph gekrümmt ist.*

Notwendige Bedingung für Wendestellen:

x_W ist Wendestelle von f $\qquad\qquad \Rightarrow f''(x_W) = 0$

Hinreichende Bedingung für Wendestellen (mit dem Vorzeichenwechselkriterium):

$f''(x_W) = 0 \land$ VZW bei $f''(x_W)$ von „+" nach „–" $\Rightarrow x_W$ ist Wendestelle von f
mit einem L-R-Übergang und Maximalstelle von f'.

$f''(x_W) = 0 \land$ VZW bei $f''(x_W)$ von „–" nach „+" $\Rightarrow x_W$ ist Wendestelle von f
mit einem R-L-Übergang und Minimalstelle von f'.

Wichtig: Ist für eine Stelle x_W die notwendige Bedingung erfüllt, das VZW-Kriterium jedoch nicht, so ist x_W keine Extremstelle von f' und somit *keine* Wendestelle von f.

Hinreichende Bedingung für Wendestellen (mit der dritten Ableitung):

$f''(x_W) = 0 \land f'''(x_W) < 0$ $\Rightarrow x_W$ ist Wendestelle von f
mit einem L-R-Übergang und Maximalstelle von f'.

$f''(x_W) = 0 \land f'''(x_W) > 0$ $\Rightarrow x_W$ ist Wendestelle von f
mit einem R-L-Übergang und Minimalstelle von f'.

Wichtig: Ist für eine Stelle x_W die notwendige Bedingung erfüllt, die Bedingung $f'''(x_W) \neq 0$ jedoch nicht, so bedeutet dies nicht, dass x_W keine Wendestelle von f ist. Eine weitere Klärung ist mithilfe des VZW-Kriteriums möglich.

1. Bestimmen Sie die Wendepunkte und das Krümmungsverhalten der Graphen der Funktionen.
   a) $f(x) = x^3 + 6x^2 + 9x + 2$
   b) $f(x) = -x^3 + 3x^2 - 3x$
   c) $f(x) = \frac{1}{18}x^4 + \frac{1}{3}x^3 + 3$
   d) $f(x) = x^4 + x^2$

2. Untersuchen Sie die Funktion f auf Wendepunkte des Graphen. Skizzieren Sie den Graphen.
   a) $f(x) = x^3 - 3x^2 + 4x - 1$
   b) $f(x) = x^5 - 2$

3. Formen Sie mit einem DIN-A4-Blatt einen Hochpunkt bzw. Tiefpunkt und erklären Sie Ihrem Tischnachbarn den Zusammenhang zwischen dem Krümmungsverhalten und der Art der Extremstelle.

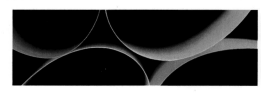

Wendepunkte und Sattelpunkte

In Beispiel 5 (▶ Seite 247) wurde eine aktualisierte Hochwasserprognose für Frankfurt am Main erstellt. Die neue Hochwasserwelle entspricht der Funktion f mit $f(x) = -\frac{1}{80}x^4 + \frac{2}{3}x^3 - \frac{25}{2}x^2 + 100x + 100$, deren Graph im Intervall $[3; 25]$ dargestellt ist.

Berechnen Sie, zu welchem Zeitpunkt und auf welchem Stand die Zunahme der Hochwassermenge stagnierte und wann die Zunahme der Hochwassermenge am größten war.

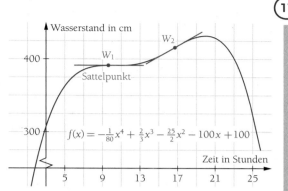

Am Graphen erkennen wir, dass wir die Wendestellen bestimmen müssen, und bilden zunächst die Ableitungen von f.

Zur Bestimmung der Wendestellen nutzen wir die hinreichende Bedingung und berechnen zunächst die Nullstellen der zweiten Ableitung.

Mögliche Wendestellen sind $x_{W_1} = 10$ und $x_{W_2} = \frac{50}{3}$.

Für diese Werte ist auch der zweite Teil der hinreichenden Bedingung erfüllt. Somit besitzt der Graph die Wendepunkte $W_1(10|391{,}67)$ und $W_2(16{,}67|416{,}36)$
Die Stelle $x_{W_1} = 10$ haben wir bereits bei der Bestimmung der Extrema kennengelernt. An dieser Stelle war die Steigung des Graphen gleich null. Dort lag keine Extremstelle vor, da das VZW-Kriterium versagte.
Jedoch ist an dieser Stelle ein Wendepunkt, dessen Tangente waagerecht ist. Solche speziellen Wendepunkte heißen **Sattelpunkte**.

$$f'(x) = -\frac{1}{20}x^3 + 2x^2 - 25x + 100$$
$$f''(x) = -\frac{3}{20}x^2 + 4x - 25$$
$$f'''(x) = -\frac{3}{10}x + 4$$

Hinreichende Bed.: $f''(x_W) = 0 \;\wedge\; f'''(x_W) \neq 0$

Setze $f''(x_W) = 0$:
$$f''(x_W) = 0$$
$$-\frac{3}{20}x_W^2 + 4x_W - 25 = 0$$
$$\Leftrightarrow \quad x_W^2 - \frac{80}{3}x_W + \frac{500}{3} = 0$$
$$\Rightarrow \quad x_{W_1} = 10; \; x_{W_2} = \frac{50}{3} \approx 16{,}67 \;\blacktriangleright\; p\text{-}q\text{-Formel}$$

Prüfe, ob $f'''(x_W) \neq 0$:
$x_{W_1} = 10: f'''(10) = 1 > 0$
$x_{W_2} = \frac{50}{3}: f'''\left(\frac{50}{3}\right) = -1 < 0$
$f(10) \approx 391{,}67$ und $f\left(\frac{50}{3}\right) \approx 416{,}36$

Zunahme Pegelstand (Steigung des Graphen):
$f'(10) = 0 \;\blacktriangleright\;$ Beispiel 5, Seite 247
$\Rightarrow$ Sattelpunkt, da Steigung gleich null
$f'\left(\frac{50}{3}\right) \approx 7{,}41$

Bezogen auf die Fragestellung bedeutet dies, dass um 10 Uhr für einen kurzen Augenblick kein Anstieg des Hochwassers zu verzeichnen ist. Zu diesem Zeitpunkt beträgt die Pegelhöhe etwa 391,67 cm ü PN. Gegen 16:40 Uhr hat die Zunahme des Pegelstands ihr lokales Maximum mit ca. 7,41 $\frac{\text{cm}}{\text{h}}$ erreicht.

- Ein **Sattelpunkt** ist ein Wendepunkt, in dem die Tangente an den Graphen waagerecht ist.
- **Hinreichende Bedingung für Sattelpunkte**: $f'(x_S) = 0 \;\wedge\; f''(x_S) = 0 \;\wedge\; f'''(x_S) \neq 0$

1. Erstellen Sie ein Ablaufdiagramm, wie bei der Suche nach Wende- und Sattelstellen vorzugehen ist.
2. Bestimmen Sie die Wendepunkte. Prüfen Sie, ob es sich um Sattelpunkte handelt.

   a) $f(x) = \frac{1}{3}x^3 - x^2$ 　　　　 b) $f(x) = 0{,}2x^3 - 1$ 　　　　 c) $f(x) = -\frac{1}{4}x^4 + x^3 - 4x + 4$

Übungen zu 5.2.2

1. Die Abbildungen enthalten jeweils die Graphen der Ableitungsfunktionen f', f'' und f''' einer ganzrationalen Funktion f.
   (1) Prüfen Sie, ob f eine Wendestelle oder mehrere Wendestellen hat, und geben Sie ggf. die Stelle(n) an.
   (2) Untersuchen Sie, ob der Graph von f im zugehörigen Wendepunkt von einer Links- in eine Rechtskurve oder von einer Rechts- in eine Linkskurve übergeht.
   (3) Lesen Sie für jede ermittelte Wendestelle die Steigung des Graphen von f ab.
   (4) Prüfen Sie für jede ermittelte Wendestelle, ob es sich um eine Sattelstelle handelt.

a) 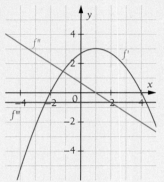 b) 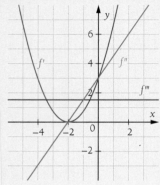 c)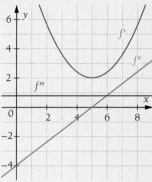

2. Bestimmen Sie die Wende- bzw. Sattelpunkte der folgenden Funktionen.
   a) $f(x) = x^3 + 3x^2$
   b) $f(x) = -0{,}3x^3 + 8{,}1$
   c) $f(x) = \frac{1}{3}x^3 - 4x$
   d) $f(x) = -\frac{1}{9}x^3 - x^2$
   e) $f(x) = x^3 - 9x^2 + 27x - 19$
   f) $f(x) = -0{,}2x^3 + 3x^2 - 9{,}6x$
   g) $f(x) = \frac{1}{8}x^4 - 3x^2$
   h) $f(x) = 0{,}25x^4 - 2x^3 + 4{,}5x^2$
   i) $f(x) = \frac{1}{5}x^5 + \frac{1}{3}x^3$
   j) $f(x) = \frac{1}{2}x^5 - 2x^3 + \frac{1}{4}x$

3. Untersuchen Sie die Funktionen im Hinblick auf Wendepunkte. Ermitteln Sie die Steigung und Funktionsgleichungen der einzelnen Wendetangenten.
   ▶ Die Tangente an den Graphen von f im Wendepunkt heißt **Wendetangente**.

   a) $f(x) = \frac{1}{3}x^3 - 1$
   b) $f(x) = \frac{1}{3}x^3 - x^2$
   c) $f(x) = \frac{1}{6}x^4 - \frac{1}{3}x^3$
   d) $f(x) = \frac{1}{12}x^4 - \frac{1}{2}x^2$
   e) $f(x) = x^3 - 6x^2 + 15x + 32$
   f) $f(x) = 0{,}5x^3 - 4x^2 + 8x$
   g) $f(x) = \frac{1}{12}x^4 - \frac{1}{6}x^3 - 3x^2 + x$
   h) $f(x) = \frac{1}{5}x^5 + \frac{1}{3}x^3$
   i) $f(x) = \frac{1}{2}x^5 - 2x^3 + 0{,}25x$

4. Ermitteln Sie, in welchen Punkten der Graph der Funktion f mit $f(x) = \frac{1}{12}x^4 - \frac{1}{3}x^3 + \frac{1}{2}x^2 + \frac{2}{3}x$ die Krümmung 1 besitzt.

5. Untersuchen Sie, in welchen Punkten der Graph der reellen Funktion f mit $f(x) = x^3 - x$
   a) eine Wendetangente;
   b) den Krümmungsgrad 2 hat.

5.2.3 Kurvendiskussion

Um eine Funktion bzw. ein dadurch repräsentiertes Modell beurteilen zu können, interessieren uns die charakteristischen Punkte wie Achsenschnittpunkte, Extrem- und Wendepunkte sowie der qualitative Verlauf des Graphen. Solch eine vollständige **Funktionsuntersuchung** bezeichnet man auch als **Kurvendiskussion**.

1. Definitionsbereich

Der Definitionsbereich ist bei ganzrationalen Funktionen $D_f = \mathbb{R}$.

2. Symmetrieeigenschaften

Achsensymmetrie zur y-Achse: $f(-x) = f(x)$
oder: nur gerade Exponenten im Funktionsterm vorhanden
Punktsymmetrie zum Ursprung: $f(-x) = -f(x)$
oder: nur ungerade Exponenten im Funktionsterm vorhanden

257-1

3. Globalverlauf

Verhalten von $f(x)$ für $x \to -\infty$ und $x \to +\infty$ ▶ Seite 183

4. Achsenschnittpunkte

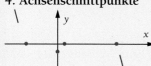

Schnittpunkt mit der y-Achse
$f(0)$ bzw. $x_{S_y} = 0$ $\Rightarrow S_y(0\,|\,f(0))$
Nullstellen $\Rightarrow$ Schnittpunkte mit der x-Achse
$f(x_N) = 0$ $N(x_N\,|\,0)$

5. Ableitungen

f', f'' und f'''

6. Extrempunkte

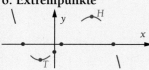

Hinreichende Bedingung: $f'(x_E) = 0 \;\wedge\; f''(x_E) \neq 0$
$f'(x_E) = 0 \;\wedge\; f''(x_E) < 0 \;\Rightarrow\;$ lokales Maximum $H(x_E\,|\,f(x_E))$
$f'(x_E) = 0 \;\wedge\; f''(x_E) > 0 \;\Rightarrow\;$ lokales Minimum $T(x_E\,|\,f(x_E))$
(falls $f''(x_E) = 0$, muss das VZW-Kriterium verwendet werden)

7. Wendepunkte

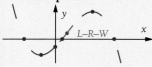

Hinreichende Bedingung: $f''(x_W) = 0 \;\wedge\; f'''(x_W) \neq 0$
$f''(x_W) = 0 \;\wedge\; f'''(x_W) < 0 \;\Rightarrow\;$ L-R-Wendepunkt $W(x_W\,|\,f(x_W))$
$f''(x_W) = 0 \;\wedge\; f'''(x_W) > 0 \;\Rightarrow\;$ R-L-Wendepunkt $W(x_W\,|\,f(x_W))$
Für Sattelpunkte gilt: $f'(x_S) = 0 \;\wedge\; f''(x_S) = 0 \;\wedge\; f'''(x_S) \neq 0$
(falls $f'''(x_W) = 0$, muss das VZW-Kriterium verwendet werden)

8. Skizze des Graphen

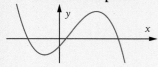

Die ermittelten Punkte in ein Koordinatensystem eintragen und den Graphen skizzieren.

12 Diskussion einer quadratischen Funktion

Untersuchen Sie die Funktion f mit $f(x) = -0,5x^2 + 3x - 2,5$ vollständig.

1. Definitionsbereich

Für ganzrationale Funktionen sind üblicherweise alle reellen Zahlen als x-Werte zugelassen: $D_f = \mathbb{R}$

2. Symmetrieeigenschaften

Wir betrachten die Exponenten in der Funktionsgleichung der ganzrationalen Funktion:
$f(x) = -0,5x^2 + 3x - 2,5$ enthält Potenzen sowohl mit ungeraden als auch mit geraden Exponenten.
Der Graph ist hier weder punktsymmetrisch zum Ursprung noch symmetrisch zur y-Achse.

3. Globalverlauf

Für den Globalverlauf entscheidend ist der Summand mit der höchsten Potenz, hier $-0,5x^2$.
Für diesen Term gilt:

$f(x) \to -\infty$ für $x \to -\infty$
$f(x) \to -\infty$ für $x \to +\infty$

Der Graph verläuft also vom III. Quadranten in den IV. Quadranten.

4. Achsenschnittpunkte

Der Schnittpunkt mit der y-Achse hat die x-Koordinate 0 und als y-Koordinate die Zahl „ohne x" aus dem Funktionsterm: $S_y(0\,|\,{-2,5})$
Die Bedingung für Nullstellen ist $f(x_N) = 0$. Die erhaltene Gleichung können wir mit der p-q-Formel lösen:

$$f(x_N) = 0$$
$$-0,5x_N^2 + 3x_N - 2,5 = 0$$
$$\Leftrightarrow \quad x_N^2 - 6x_N + 5 = 0$$
$$x_{N_{1,2}} = 3 \pm \sqrt{9 - 5} = 3 \pm 2$$
$$x_{N_1} = 5;\ x_{N_2} = 1$$

Die beiden Schnittpunkte mit der x-Achse sind hier $N_1(5\,|\,0)$ und $N_2(1\,|\,0)$.

5. Ableitungen

In der Regel berechnen wir die Ableitungen bis zur dritten Ableitung.

$$f(x) = -0,5x^2 + 3x - 2,5$$
$$f'(x) = -x + 3$$
$$f''(x) = -1$$
$$f'''(x) = 0$$

6. Extrempunkte

Mithilfe von $f'(x_E) = 0$ erhalten wir einen „Kandidaten" für die Extremstelle, den wir mit der zweiten Ableitung prüfen:

Hinreichende Bedingung: $f'(x_E) = 0 \ \wedge \ f''(x_E) \neq 0$

Setze $f'(x_E) = 0$:
$$f'(x_E) = 0$$
$$-x_E + 3 = 0$$
$$\Leftrightarrow \quad x_E = 3$$

Prüfe, ob $f''(x_E) \neq 0$:
$f''(3) = -1 < 0$
$\Rightarrow x_E = 3$ ist Maximalstelle

Wegen $f''(3) < 0$ hat der Graph also einen Hochpunkt bei $x_E = 3$.

Wir berechnen die y-Koordinate durch Einsetzen in die Funktionsgleichung und erhalten:

$$f(3) = -0,5 \cdot 9 + 3 \cdot 3 - 2,5 = 2$$
$$\Rightarrow H(3\,|\,2)$$

6. Wendepunkte

Der Graph von f hat keine Wendepunkte, da die zweite Ableitung keine Nullstellen besitzt:

$$f''(x) = -1 \neq 0$$

Die notwendige Bedingung $f''(x_W) = 0$ ist nicht erfüllt.

7. Graph

Der Graph von f ist eine nach unten geöffnete Parabel. Wir erkennen hier, dass im Punkt H ein globales Maximum vorliegt.

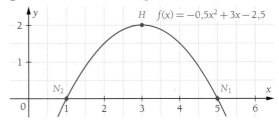

Diskussion einer Funktion dritten Grades

Untersuchen Sie die Funktion f mit $f(x) = 0{,}125x^3 - 0{,}75x^2 + 4$ vollständig.

(13)

1. Definitionsbereich

Für ganzrationale Funktionen sind üblicherweise alle reellen Zahlen als x-Werte zugelassen: $D_f = \mathbb{R}$.

2. Symmetrieeigenschaften

In der Funktionsgleichung treten die Potenzen von x mit geraden und ungeraden Exponenten auf. Somit besitzt der Graph keine elementare Symmetrie.

3. Globalverlauf

Entscheidend für den Verlauf ist hier $0{,}125x^3$. Für diesen Term gilt:
$f(x) \to -\infty$ für $x \to -\infty$ und $f(x) \to +\infty$ für $x \to +\infty$
Der Graph verläuft vom III. in den I. Quadranten.

4. Achsenschnittpunkte

Den Schnittpunkt mit der y-Achse können wir anhand der Funktionsgleichung ablesen: $S_y(0\,|\,4)$

Für die Nullstellen müssen wir hier die Polynomdivision anwenden:
$$f(x_N) = 0$$
$$0{,}125x_N^3 - 0{,}75x_N^2 + 4 = 0$$

Durch Ausprobieren erhalten wir $x_{N_1} = -2$ als erste Nullstelle.
Polynomdivision:
$$(0{,}125x^3 - 0{,}75x^2 + 4):(x+2) = 0{,}125x^2 - x + 2$$
$$\underline{-(0{,}125x^3 + 0{,}25x^2)}$$
$$\qquad\qquad -x^2$$
$$\qquad\quad \underline{-(-x^2 - 2x)}$$
$$\qquad\qquad\qquad 2x + 4$$
$$\qquad\qquad\quad \underline{-(2x + 4)}$$
$$\qquad\qquad\qquad\qquad 0$$

Für die Nullstellenberechnung beim Restterm können wir die 2. binomische Formel nutzen:
$$0{,}125x_N^2 - x_N + 2 = 0 \quad |\cdot 8$$
$$\Leftrightarrow \qquad x_N^2 - 8x_N + 16 = 0$$
$$\Leftrightarrow \qquad\quad (x_N - 4)^2 = 0$$
$$\Rightarrow \qquad\qquad\quad x_N = 4 \quad \blacktriangleright \text{ doppelte Nullstelle}$$
Die Nullstellen lauten also $x_{N_1} = -2$ und $x_{N_2} = 4$, wobei $x_{N_2} = 4$ eine doppelte Nullstelle ist.

Eine doppelte Nullstelle ist gleichzeitig ein lokaler Extrempunkt.

Die Schnittpunkte von f mit der x-Achse sind $N_1(-2\,|\,0)$ und $N_2(4\,|\,0)$.

5. Ableitungen

$$f(x) = 0{,}125x^3 - 0{,}75x^2 + 4$$
$$f'(x) = 0{,}375x^2 - 1{,}5x$$
$$f''(x) = 0{,}75x - 1{,}5$$
$$f'''(x) = 0{,}75$$

6. Extrempunkte

Hinreichende Bed.: $f'(x_E) = 0 \wedge f''(x_E) \neq 0$
Setze $f'(x_E) = 0$: $\quad f'(x_E) = 0$
$$0{,}375x_E^2 - 1{,}5x_E = 0$$
$$\Leftrightarrow \quad x_E \cdot (0{,}375x_E - 1{,}5) = 0$$
$$\Rightarrow \qquad x_{E_1} = 0; \quad x_{E_2} = 4$$

Prüfe, ob $f''(x_E) \neq 0$:
$f''(0) = -1{,}50 < 0 \Rightarrow x_{E_1}$ ist Maximalstelle
$f''(4) = +1{,}50 > 0 \Rightarrow x_{E_2}$ ist Minimalstelle

Berechne y-Koordinaten der Extrema:
$f(0) = 0{,}125 \cdot 0^3 - 0{,}75 \cdot 0^2 + 4 = 4$
$f(4) = 0{,}125 \cdot 4^3 - 0{,}75 \cdot 4^2 + 4 = 0$
Die Extrempunkte sind $H(0\,|\,4)$ und $T(4\,|\,0)$.

7. Wendepunkte

Hinreichende Bed.: $f''(x_W) = 0 \wedge f'''(x_W) \neq 0$

Setze $f''(x_W) = 0$: $\qquad f''(x_W) = 0$
$$0{,}75x_W - 1{,}5 = 0 \Rightarrow x_W = 2$$

Prüfe, ob $f'''(x_W) \neq 0$:
$f'''(2) = 0{,}75 > 0 \Rightarrow x_W$ ist R-L-Wendestelle

Berechne y-Koordinate des Wendepunkts:
$f(2) = 0{,}125 \cdot 2^3 - 0{,}75 \cdot 2^2 + 4 = 2$
Der Wendepunkt ist $W(2\,|\,2)$.

8. Graph

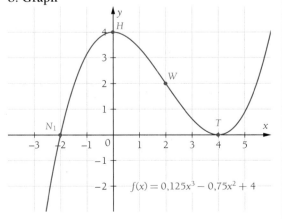

(14)   Diskussion einer Funktion mit Sattelstelle

Untersuchen Sie die Funktion f mit $f(x) = 2 - \frac{1}{3}x^3$ vollständig.

1. Definitionsbereich
Für ganzrationale Funktionen sind üblicherweise alle reellen Zahlen als x-Werte zugelassen: $D_f = \mathbb{R}$

2. Symmetrieeigenschaften
Wegen $2 = 2x^0$ gibt es in der Funktionsgleichung von f sowohl x-Potenzen mit geraden als auch mit ungeraden Exponenten. Der Graph ist deshalb weder punktsymmetrisch zum Ursprung noch symmetrisch zur y-Achse.

3. Globalverlauf
Entscheidend für den Verlauf ist der Summand mit der höchsten x-Potenz, hier also $-\frac{1}{3}x^3$.
Daraus folgt:
$f(x) \to +\infty$ für $x \to -\infty$ und $f(x) \to -\infty$ für $x \to +\infty$
Der Graph verläuft vom II. in den IV. Quadranten.

4. Achsenschnittpunkte
Wenn wir die Gleichung von f umschreiben als $f(x) = -\frac{1}{3}x^3 + 2$, können wir den Schnittpunkt mit der y-Achse wie bisher ablesen: $S_y(0|2)$

Die Nullstellen erhalten wir hier durch Wurzelziehen:
$$f(x_N) = 0$$
$$\Leftrightarrow \quad 2 - \tfrac{1}{3}x_N^3 = 0$$
$$\Leftrightarrow \quad -\tfrac{1}{3}x_N^3 = -2$$
$$\Leftrightarrow \quad x_N^3 = 6$$
$$x_N = \sqrt[3]{6} \approx 1{,}82$$
Der einzige Schnittpunkt mit der x-Achse ist $N(\sqrt[3]{6}|0)$.

5. Ableitungen
$$f(x) = 2 - \tfrac{1}{3}x^3$$
$$f'(x) = -x^2$$
$$f''(x) = -2x$$
$$f'''(x) = -2$$

6. Extrempunkte
Hinreichende Bedingung: $f'(x_E) = 0 \;\wedge\; f''(x_E) \neq 0$

Setze $f'(x_E) = 0$:
$$f'(x_E) = 0$$
$$-x_E^2 = 0$$
$$\Leftrightarrow x_E = 0$$

Prüfe, ob $f''(x_E) = 0$:

$$f''(0) = 0$$

Mithilfe der zweiten Ableitung können wir also keine Aussage darüber treffen, ob bei $x_E = 0$ ein Extremum vorliegt.

Im Prinzip müssten wir nun das VZW-Kriterium anwenden, um entscheiden zu können, ob hier ein Extremwert vorliegt. Wir prüfen aber zunächst, ob bei $x_E = 0$ neben der waagerechten Tangente auch ein Wendepunkt vorliegt.

7. Wendepunkte
Hinreichende Bedingung:
$f''(x_W) = 0 \;\wedge\; f'''(x_W) \neq 0$
Setze $f''(x_W) = 0$:
$$f''(x_W) = 0$$
$$-2x_W = 0$$
$$\Leftrightarrow \quad x_W = 0$$
Prüfe, ob $f'''(x_W) \neq 0$:
$f'''(0) = -2 < 0 \;\Rightarrow\; x_W$ ist L-R-Wendestelle
Berechne y-Koordinate des Wendepunkts: $f(0) = 2$

Es liegt also an der Stelle $x_W = 0$ ein Wendepunkt vor, der zugleich eine waagerechte Tangente hat. Somit liegt am Schnittpunkt mit der y-Achse ein Sattelpunkt vor: $S(0|2)$. Der Graph von f hat aber keinen Extrempunkt.

8. Graph
Wertetabelle als Zeichenhilfe:

x	-2	-1	0	1	2
y	$\frac{14}{3}$	$\frac{7}{3}$	2	$\frac{5}{3}$	$-\frac{2}{3}$

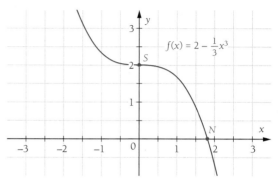

Diskussion einer Funktion vierten Grades

Untersuchen Sie die Funktion f mit $f(x) = 0{,}25x^4 - 2x^2 - 2{,}25$ vollständig.

1. Definitionsbereich

Für ganzrationale Funktionen sind üblicherweise alle reellen Zahlen als x-Werte zugelassen:
$D_f = \mathbb{R}$

2. Symmetrieeigenschaften

In der Funktionsgleichung haben alle Potenzen von x nur gerade Exponenten. Somit ist der Graph achsensymmetrisch zur y-Achse.

3. Globalverlauf

Entscheidend für den Verlauf ist der Summand mit der höchsten x-Potenz, hier $0{,}25x^4$.
Dafür gilt:
$f(x) \to +\infty$ für $x \to -\infty$ und $f(x) \to +\infty$ für $x \to +\infty$
Der Graph verläuft also vom II. in den I. Quadranten.

4. Achsenschnittpunkte

Den Schnittpunkt mit der y-Achse lesen wir ab:
$S_y(0 \,|\, -2{,}25)$

Die Nullstellen bestimmen wir bei einer geraden Funktion 4. Grades mithilfe des Substitutionsverfahrens:

$$f(x_N) = 0$$
$$0{,}25x_N^4 - 2x_N^2 - 2{,}25 = 0 \qquad \blacktriangleright \text{ Substituiere } x_N^2 = z$$
$$0{,}25z^2 - 2z - 2{,}25 = 0$$
$$z^2 - 8z - 9 = 0$$
$$z_{1,2} = 4 \pm \sqrt{16+9} = 4 \pm 5$$
$$z_1 = -1; \ z_2 = 9 \qquad \blacktriangleright \text{ Resubstituiere } z = x_N^2$$
$$x_{N_1} = 3; \ x_{N_2} = -3 \qquad \blacktriangleright \ x_N^2 = -1 \text{ hat keine Lösung}$$

Schnittpunkte mit der x-Achse: $N_1(-3 \,|\, 0)$; $N_2(3 \,|\, 0)$

5. Ableitungen

$$f(x) = 0{,}25x^4 - 2x^2 - 2{,}25$$
$$f'(x) = x^3 - 4x$$
$$f''(x) = 3x^2 - 4$$
$$f'''(x) = 6x$$

6. Extrempunkte

Hinreichende Bed.: $f'(x_E) = 0 \ \wedge \ f''(x_E) \neq 0$

Setze $f'(x_E) = 0$:
$$f'(x_E) = 0$$
$$x_E^3 - 4x_E = 0$$
$$\Leftrightarrow \qquad x_E \cdot (x_E^2 - 4) = 0$$
$$\Rightarrow \quad x_{E_1} = 0; \quad x_{E_2} = -2; \quad x_{E_3} = 2$$

Prüfe, ob $f''(x_E) \neq 0$:
$f''(0) = -4 < 0 \ \Rightarrow \ x_{E_1}$ ist Maximalstelle
$f''(-2) = 8 > 0 \ \Rightarrow \ x_{E_2}$ ist Minimalstelle
Wegen der Achsensymmetrie muss bei $x_{E_3} = 2$ ebenfalls ein Minimum sein.

Berechne y-Koordinaten der Extrema:
$$f(0) = -2{,}25 \quad \Rightarrow \qquad H(0 \,|\, -2{,}25)$$
$$f(-2) = -6{,}25 \quad \Rightarrow \quad T_1(-2 \,|\, -6{,}25)$$
$$f(2) = -6{,}25 \quad \Rightarrow \quad T_2(2 \,|\, -6{,}25)$$

7. Wendepunkte

Hinreichende Bed.: $f''(x_W) = 0 \ \wedge \ f'''(x_W) \neq 0$

Setze $f''(x_W) = 0$:
$$f''(x_W) = 0$$
$$3x_W^2 - 4 = 0$$
$$\Leftrightarrow \qquad x_W^2 = \frac{4}{3}$$
$$\Rightarrow \quad x_{W_1} = -\frac{2}{\sqrt{3}}; \quad x_{W_2} = \frac{2}{\sqrt{3}}$$

Prüfe, ob $f'''(x_W) \neq 0$:
$$f'''\left(\frac{-2}{\sqrt{3}}\right) = \frac{-12}{\sqrt{3}} < 0 \Rightarrow \text{L-R-Wendestelle.}$$
$$f'''\left(\frac{2}{\sqrt{3}}\right) = \frac{12}{\sqrt{3}} > 0 \Rightarrow \text{R-L-Wendestelle.}$$

Berechne y-Koordinate des Wendepunkts:
Aufgrund der Achsensymmetrie haben beide Wendestellen den gleichen Funktionswert:

$$f\left(\frac{-2}{\sqrt{3}}\right) = f\left(\frac{2}{\sqrt{3}}\right) = -\frac{161}{36}$$

Der Wendepunkte sind mit gerundeten Zahlenwerten $W_1(-1{,}15 \,|\, -4{,}47)$ und $W_2(1{,}15 \,|\, -4{,}47)$.

8. Graph

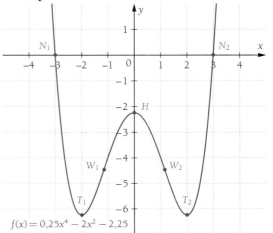

$f(x) = 0{,}25x^4 - 2x^2 - 2{,}25$

Übungen zu 5.2.3

1. Untersuchen Sie die folgenden ganzrationalen Funktionen ($D_f = \mathbb{R}$) in Bezug auf ihre Symmetrieeigenschaften, Globalverhalten, Achsenschnittpunkte, lokale Extrem- und Wendepunkte sowie ihr Steigungs- und Krümmungsverhalten.
Skizzieren Sie danach die Graphen der Funktionen auf Grundlage Ihrer Funktionsuntersuchungen.

a) $f(x) = 2x^2 + 8x - 3$

b) $f(x) = -x^2 + 2x + 4$

c) $f(x) = 0{,}5x^2 - 4x$

d) $f(x) = \frac{1}{3}x^3 - x$

e) $f(x) = \frac{1}{2}x^3 - 4x^2 + 8x$

f) $f(x) = x^3 - 2x^2 - 3x$

g) $f(x) = x^3 - 6x^2 + 12x - 8$

h) $f(x) = \frac{1}{6}x^3 + x^2 + 2x$

i) $f(x) = x^4 + x^2$

j) $f(x) = \frac{1}{4}x^4 - \frac{1}{4}x^3 - 2x^2 + 3x$

k) $f(x) = \frac{1}{4}x^4 - \frac{13}{4}x^2 + 9$

l) $f(x) = \frac{1}{4}x^4 - x^3 + x^2$

m) $f(x) = 2x^5 - 6x^4 + 4x^3$

n) $f(x) = -x^6 + 6x^4 - 9x^2 + 4$

2. Entscheiden Sie, ob folgende Aussagen wahr oder falsch sind. Begründen Sie jeweils Ihre Entscheidung, ggf. durch ein Gegenbeispiel.

a) Der Graph einer ganzrationalen Funktion 3. Grades ist punktsymmetrisch zu seinem Wendepunkt.

b) Der Graph einer ganzrationalen Funktion 3. Grades hat entweder zwei Extrempunkte oder einen Sattelpunkt.

c) Der Graph einer ganzrationalen Funktion 4. Grades hat drei Extrempunkte.

d) Zwischen zwei Extrempunkten liegt immer ein Wendepunkt.

e) Zwischen zwei Wendepunkten liegt immer ein Extrempunkt.

f) Wenn für eine Stelle x_E die notwendige Bedingung nicht erfüllt ist, ist x_E keine Extremstelle.

g) Wenn für eine Stelle x_E die hinreichende Bedingung $f'(x_E) = 0 \,\wedge\, f''(x_E) \neq 0$ nicht erfüllt ist, ist x_E keine Extremstelle.

h) Der Graph einer ganzrationalen Funktion 4. Grades besitzt immer vier Nullstellen.

i) Wenn für eine Stelle x_E die notwendige Bedingung $f'(x_E) = 0$ erfüllt und das VZW-Kriterium nicht erfüllt ist, ist x_E keine Extremstelle.

j) Der Graph einer ganzrationalen Funktion ist im Bereich eines Hochpunkts immer linksgekrümmt.

k) Besitzt der Graph einer ganzrationalen Funktion in der ersten Ableitung eine doppelte Nullstelle so ist dies ein Hinweis auf eine Sattelstelle.

l) Der Globalverlauf des Graphen einer ganzrationalen Funktion 5. Grades erfolgt grundsätzlich vom II. in den I. Quadranten oder vom II. in den IV. Quadranten.

3. Ein Auto bewegt sich entsprechend der Funktion f mit $f(t) = -0{,}05t^3 + 0{,}75t^2$. Dabei steht t für die Zeit in Minuten und $f(t)$ für den zurückgelegten Weg in km.

a) Zeichnen Sie den Graphen von f im Intervall $[0; 10]$.

b) Beschreiben Sie den innerhalb von 10 Minuten zurückgelegten Weg des Fahrzeugs.

c) Ermitteln Sie, welche Wegstrecke das Auto nach 7 Minuten zurückgelegt hat.

d) Lesen Sie aus der Zeichnung ab, nach wie vielen Minuten das Auto 12,5 km zurückgelegt hat.

e) Äußern Sie sich zur Bedeutung für die Autofahrt, dass der Graph von f zunächst linksgekrümmt und nach 5 Minuten rechtsgekrümmt verläuft.

f) Erörtern Sie das Fahrverhalten des Wagens nach 10 Minuten.

g) Bestimmen Sie einen sinnvollen Definitionsbereich für f und erklären Sie, warum eine Erweiterung des Definitionsbereichs über 10 Minuten hinaus nicht sinnvoll ist.

Exkurs: Das Newton'sche Näherungsverfahren

Durch die Nullstellen einer Funktion f und ihrer Ableitungsfunktionen f' und f'' können wir den Verlauf des Graphen von f im Wesentlichen beschreiben. Die Bestimmung von Nullstellen spielt also eine besondere Rolle. Für quadratische Funktionen bestimmen wir die Nullstellen mithilfe der p-q-Formel. Schon bei Funktionen dritten Grades haben wir keine Formel parat, sondern müssen oft eine erste Nullstelle durch Probieren finden. Dies kann schwierig sein, vor allem bei Funktionen noch höheren Grades. Daher benötigen wir ein alternatives Verfahren.

Das **Iterationsverfahren** ermöglicht uns eine schrittweise Annäherung an die Nullstelle mithilfe der Ableitung einer differenzierbaren Funktion f. Mit diesem Verfahren berechnen wir die Nullstelle mit beliebiger Genauigkeit, indem wir den gleichen Rechenvorgang auf einen zuvor ermittelten Wert wiederholen.
Die grundlegende Idee ist dabei folgende:

1. Wir suchen uns Punkte a und b auf der x-Achse, sodass die Werte $f(a)$ und $f(b)$ unterschiedliche Vorzeichen haben. Wenn, wie hier, $f(a)$ negativ und $f(b)$ positiv ist, muss der Graph von f die x-Achse schneiden. Die Funktion besitzt also im Intervall $[a;b]$ mindestens eine Nullstelle x_N.
Ab jetzt nehmen wir an, dass die Funktion f im Intervall $[a;b]$ genau eine Nullstelle besitzt und im Intervall $[a;b]$ streng monoton ist. Streng monoton heißt, dass der Graph in $[a;b]$ entweder nur steigt oder nur fällt. Zudem soll $f'(x) \neq 0$ für $x \in [a;b]$ gelten.

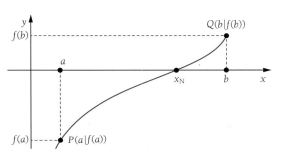

263-1

5

2. An den Graphen von f legen wir nun im Punkt $P(a\,|\,f(a))$ die Tangente an. Diese kann nicht parallel zur x-Achse sein, da die Funktion f im Intervall $[a;b]$ nicht die Steigung null haben soll.
Die Tangente schneidet also die x-Achse in $[a;b]$. Diesen Schnittpunkt bezeichnen wir mit x_1.
Die Nullstelle x_N von f liegt dann im Teilintervall $[a;x_1]$ oder $[x_1;b]$ von $[a;b]$. Wir haben uns der Nullstelle x_N ein Stück genähert.

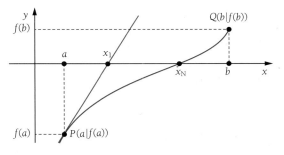

3. Wir setzen im Teilintervall $[x_1;b]$ das Tangentenverfahren fort, indem wir im Punkt $P(x_1\,|\,f(x_1))$ die Tangente an den Graphen von f anlegen. So erhalten wir die Schnittstelle x_2 der neuen Tangente mit der x-Achse. Mit x_2 haben wir uns der Nullstelle x_N wieder etwas angenähert.

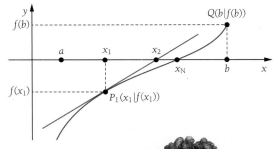

Das Verfahren der schrittweisen Annäherung an die Nullstelle durch Tangenten wird nach Isaac Newton **Newton'sches Näherungsverfahren** genannt.

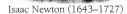

Isaac Newton (1643–1727)

Wir bestimmen die Gleichung der Tangenten t_0 mit $t_0(x) = mx + n$ im Punkt $P(a \mid f(a))$. Die Steigung m der Tangente berechnen wir über die erste Ableitung. Wir erhalten eine Gleichung, die nach der Unbekannten n aufgelöst und in die Tangentengleichung eingesetzt die **Tangentenfunktion** t_0 ergibt:

$$t_0(x) = f'(a) \cdot (x - a) + f(a)$$

Ihre Nullstelle und damit die Schnittstelle der Tangente mit der x-Achse ist Lösung der Gleichung $t_0(x) = 0$.

$t_0(x) = m \cdot x + n; \quad P(a \mid f(a)); \quad m = f'(a)$
▸ Ausgangswert $x_0 = a$

$$f(a) = f'(a) \cdot a + n \Rightarrow n = f(a) - f'(a) \cdot a$$

$$t_0(x) = f'(a) \cdot x + f(a) - f'(a) \cdot a$$
$$\Leftrightarrow t_0(x) = f'(a) \cdot (x - a) + f(a)$$
▸ Tangentenfunktion von f im Punkt $P(a \mid f(a))$

$t_0(x) = 0$
$\Leftrightarrow f'(a)(x - a) + f(a) = 0$
$\Leftrightarrow f'(a)(x - a) = -f(a)$
$\Leftrightarrow x - a = -\dfrac{f(a)}{f'(a)}$
$\Leftrightarrow x = a - \dfrac{f(a)}{f'(a)}$

Lösung: $\quad x_1 = a - \dfrac{f(a)}{f'(a)}$ ▸ 1. Näherung

Die Tangente durch den Punkt $P_1(x_1 \mid f(x_1))$ ist der Graph der Tangentenfunktion t_1 mit

$$t_1(x) = f'(x_1) \cdot (x - x_1) + f(x_1)$$

Ihre Nullstelle und damit die Schnittstelle des Graphen von t_1 mit der x-Achse ist Lösung der Gleichung $t_1(x) = 0$.

$t_1(x) = f'(x_1) \cdot (x - x_1) + f(x_1)$
▸ Tangentenfunktion von f im Punkt $P_1(x_1 \mid f(x_1))$

$t_1(x) = 0 \Leftrightarrow x = x_1 - \dfrac{f(x_1)}{f'(x_1)}$

Lösung: $\quad x_2 = x_1 - \dfrac{f(x_1)}{f'(x_1)}$ ▸ 2. Näherung

Wiederholen wir das Verfahren $(n - 1)$-mal, so legen wir im n-ten Schritt die Tangente an den Graphen von f durch den Punkt $P_{n-1}(x_{n-1} \mid f(x_{n-1}))$.
Wir erhalten als Schnittstelle dieser Tangente mit der x-Achse die Stelle x_n. ▸ $n \in \mathbb{N} \setminus \{0\}$

$t_{n-1}(x) = f'(x_{n-1}) \cdot (x - x_{n-1}) + f(x_{n-1})$
▸ Tangentenfunktion von f im Punkt $P_{n-1}(x_{n-1} \mid f(x_{n-1}))$
$t_{n-1}(x) = 0 \Leftrightarrow x = x_{n-1} - \dfrac{f(x_{n-1})}{f'(x_{n-1})}$

Lösung: $\quad x_n = x_{n-1} - \dfrac{f(x_{n-1})}{f'(x_{n-1})}$ ▸ n-te Näherung

Besitzt die Funktion z. B. an den Stellen x_{n-1} und x_n Funktionswerte mit unterschiedlichen Vorzeichen, so hat man die Nullstelle x_N zwischen den Stellen x_{n-1} und x_n eingeschlossen.

① Iteration einer Nullstelle

Bestimmen Sie mithilfe des Newton'schen Näherungsverfahrens die Nullstellen der reellen Funktion f mit $f(x) = x^3 - 2x - 5$ auf vier Nachkommastellen genau.

Als ganzrationale Funktion ungeraden Grades muss die Funktion f mindestens eine Nullstelle x_N besitzen. Anhand des Graphenverlaufs wird klar, dass die Funktion f auch nur *eine* Nullstelle hat.
Wegen $f(2) = -1 < 0$ und $f(3) = 16 > 0$ liegt diese Nullstelle im Intervall $[2; 3]$.

$\lim\limits_{x \to -\infty} f(x) = -\infty$ und $\lim\limits_{x \to \infty} f(x) = \infty$
$\Rightarrow f$ besitzt mindestens eine Nullstelle

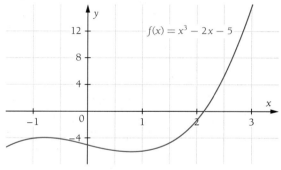

Wir berechnen mithilfe der Ableitungsfunktion f' mit $f'(x) = 3x^2 - 2$ und der Tangentenfunktion t_0 mit $t_0(x) = f'(2) \cdot (x-2) + f(2)$ eine erste Näherung x_1 der Nullstelle x_N.

Wegen $f(2) < 0$ und $f(2{,}1) > 0$ liegt die Nullstelle im Intervall $[2; 2{,}1]$. Dieses Intervall hat die Intervalllänge 0,1. Deshalb weicht die erste Näherung auch höchstens um 0,1 von dem Wert für die Nullstelle x_N ab. Damit haben wir die Nullstelle auf die Vorkommastelle 2 genau bestimmt.

Mit $x_1 = 2{,}1$ als neuem Startwert wird das Verfahren wiederholt; man erhält als zweite Näherung für die Nullstelle x_N den Wert 2,094 mit drei Dezimalstellen nach dem Komma.

Die Genauigkeit dieses Ergebnisses können wir testen, indem wie die letzte Ziffer um 1 vermindern bzw. erhöhen. Für diese neuen Werte berechnen wir dann die Funktionswerte. Wenn das Vorzeichen wechselt, haben wir die Nullstelle eingeschlossen.

Wiederholen wir das Verfahren mit dem neuen Startwert $x_2 = 2{,}094$, erhalten wir den Wert $x_3 = 2{,}09455$ mit fünf Dezimalstellen nach dem Komma.

Setzen wir in eine Excel-Tabelle die Zahl 2 als Startwert in Zelle A2, so ist x_N mit $x_3 = 2{,}094551482$ sogar auf acht Nachkommastellen genau berechnet.
Die Annäherung an die Nullstelle x_N mithilfe des Newton-Verfahrens gelingt mit Excel einfach durch Kopieren ab der 2. Zeile.
Wenn beispielsweise 0 als Startwert etwas weiter von der gesuchten Nullstelle entfernt liegt, sind die umfangreichen Berechnungen trotzdem sehr einfach.
Mit dem Startwert 0 wird hier die Nullstelle $x_N \approx 2{,}094551482$ nach dem 18. Iterationsschritt auf acht Nachkommastellen genau gefunden.
In Spalte A steht der Startwert, in Spalte B der jeweilige Funktionswert, in Spalte C der Wert der Ableitung an dieser Stelle und in Spalte D die Newton'sche Näherungsformel. Das Ergebnis von Spalte D wird als Startwert in die nächste Zeile in Spalte A kopiert.

$$x_1 = 2 - \frac{f(2)}{f'(2)}$$
$$= 2 - \frac{-1}{10}$$
$$= \mathbf{2{,}1} \qquad \blacktriangleright \ \text{1. Näherung}$$

$f(2) = -1$
$f(2{,}1) \approx 0{,}061$
$\blacktriangleright$ unterschiedliche Vorzeichen

$$\Rightarrow x_N \in [2; 2{,}1]$$

$$x_2 = 2{,}1 - \frac{f(2{,}1)}{f'(2{,}1)}$$
$$\approx 2{,}1 - \frac{0{,}061}{11{,}23}$$
$$\approx \mathbf{2{,}094} \qquad \blacktriangleright \ \text{2. Näherung}$$

$f(2{,}093) \approx -0{,}0173; \quad f(2{,}095) \approx 0{,}0050$
$\Rightarrow$ Die Nullstelle liegt im Intervall $[2{,}093; 2{,}095]$.

$\Rightarrow$ Die Nullstelle x_N ist durch x_2 auf zwei Nachkommastellen genau bestimmt.

$f(2{,}094) \approx -0{,}0062$
$x_3 \approx \mathbf{2{,}09455}$

$\blacktriangleright$ 3. Näherung

265-1

	A	B	C	D
1	x_{n-1}	$f(x_{n-1})$	$f'(x_{n-1})$	x_n
2	0	-5,00	-2,00	-2,5
3	-2,5	-15,63	16,75	-1,56716418
4	-1,5671642	-5,71	5,37	-0,50259245
5	-0,5025924	-4,12	-1,24	-3,82070647
6	-3,8207065	-53,13	41,79	-2,54939339
7	-2,5493934	-16,47	17,50	-1,6081115
8	-1,6081115	-5,94	5,76	-0,57610043
9	-0,5761004	-4,04	-1,00	-4,59770958
10	-4,5977096	-93,00	61,42	-3,08354315
11	-3,0835431	-28,15	26,52	-2,02219426
12	-2,0221943	-9,22	10,27	-1,12376411
13	-1,1237641	-4,17	1,79	1,20865161
14	1,20865161	-5,65	2,38	3,58079004
15	3,58079004	33,75	36,47	2,6552332
16	2,6552332	8,41	19,15	2,21610631
17	2,21610631	1,45	12,73	2,10212502
18	2,10212502	0,08	11,26	2,09458358
19	2,09458358	0,00	11,16	2,09455148
20	2,09455148	0,00	11,16	2,09455148
21	2,09455148	0,00	11,16	2,09455148

	A	B	C	D
1	x_{n-1}	$f(x_{n-1})$	$f'(x_{n-1})$	x_n
2	0	=A2^3-2*A2-5	=3*A2^2-2	=A2-B2/C2
3	=D2	=A3^3-2*A3-5	=3*A3^2-2	=A3-B3/C3
4	=D3	=A4^3-2*A4-5	=3*A4^2-2	=A4-B4/C4

Newton'sches Näherungsverfahren:

Besitzt eine differenzierbare Funktion f im Intervall $[a;b]$ eine Nullstelle x_N, so kann man zu ihrer Berechnung die Rekursionsformel mit dem Ausgangswert $x_0 = a$ und $x_n = x_{n-1} - \frac{f(x_{n-1})}{f'(x_{n-1})}$ mit $n \in \mathbb{N} \setminus \{0\}$ verwenden.

▶ Wegen des Auftretens der ersten Ableitung der Funktion f im Nenner der Rekursionsformel von Newton ist das Verfahren immer dann durchführbar, falls f der Bedingung $f'(x) \neq 0$ im Intervall $[a;b]$ genügt. Dann ist f in $[a;b]$ auch streng monoton.

Bestimmen Sie mithilfe des Newton'schen Näherungsverfahrens die einzige Nullstelle der reellen Funktion $f(x) = x^5 - x^3 - 1$ im Intervall $I = [1;2]$ auf acht Dezimalstellen genau.

Übungen zum Exkurs

1. Begründen Sie, dass die Funktionen mindestens *eine* Nullstelle besitzen. Bestimmen Sie nach dem Newton'schen Näherungsverfahren jeweils die Nullstelle der reellen Funktionen auf mindestens drei Nachkommastellen genau.
   Tipp: Untersuchen Sie die Funktion im angegebenen Intervall.

   a) $f(x) = x^3 - 2x^2 - 5x - 3$ $I = [3;4]$

   b) $f(x) = x^3 - x^2 - 8x - 7$ $I = [3;4]$

   c) $f(x) = 0{,}5x^3 - x^2 + x - 1$ $I = [1;2]$

   d) $f(x) = 0{,}25x^3 - 0{,}25x^2 + 1{,}25x - 1$ $I = [0;1]$

   e) $f(x) = -x^3 + 2x^2 + 2$ $I = [2;3]$

   f) $f(x) = x^5 - 3x^3 + 5$ $I = [-2;-1]$

   g) $f(x) = x^5 + x^3 - 4$ $I = [1;2]$

   h) $f(x) = 0{,}1x^5 - 0{,}2x^4 + 3x^3 - 1$ $I = [0;1]$

2. Die Gerade g mit der Gleichung $g(x) = x$ teilt den rechten Winkel des I. Quadranten des Koordinatensystems in zwei Hälften und wird deshalb auch 1. Winkelhalbierende genannt. Zeigen Sie rechnerisch, dass die Gerade g und die Funktion f mit $f(x) = 0{,}5x^3 - 1$ einen Schnittpunkt im Intervall $[1;2]$ besitzen.
   Berechnen Sie die Koordinaten dieses Schnittpunktes mit dem Newton'schen Verfahren auf zwei Nachkommastellen genau.

3. Gegeben ist die Funktion f mit
   $f(x) = -\left(\frac{1}{6}x^3 - \frac{1}{2}x^2 - 3\right)$.

   a) Ermitteln Sie die Lage und Art der Extrempunkte.

   b) Skizzieren Sie den Graphen von f für $-2 \leq x \leq 5$.

   c) Berechnen Sie die Nullstelle von f mit dem Newton'schen Verfahren auf drei Nachkommastellen genau.

4. Der Zu- und Ablauf eines Regenrückhaltebeckens an einer Autobahn kann näherungsweise durch die ganzrationale Funktion f mit $f(t) = \frac{2}{5}t^3 - 20t^2 + 180t$ beschrieben werden. Dabei gibt t die Zeit in Stunden zu Beginn eines Regenschauers an, $f(t)$ die Wassermenge im Becken in m^3. Bestimmen Sie das Zeitintervall, in dem die Funktion f als Modell sinnvoll genutzt werden kann.

5. Begründen Sie durch eine Rechnung und anhand einer Skizze des Graphen von f, dass der Startwert $x_0 = 1$ nicht geeignet ist, um mithilfe des Newton'schen Verfahrens für die Funktion f mit $f(x) = \frac{1}{3}x^3 + \frac{1}{2}x^2 - 2x + 1$ die Nullstelle im Intervall $[1;2]$ zu ermitteln.

Übungen zu 5.2

1. Die Garten- und Landschaftsbaufirma Grünwelt hat den Auftrag erhalten, das Außengelände der Kita „Kleine Wale" gemäß untenstehendem Entwurf neu zu gestalten.

Den krummlinigen Begrenzungen der Sandfläche liegen die beiden Funktionen f und g mit den Gleichung $f(x) = \frac{1}{24}x^2 - \frac{1}{3}x + 2$ und $g(x) = \frac{1}{48}x^3 - \frac{1}{4}x^2 + \frac{28}{3}$ zugrunde.

Die geplante Sitzinsel hat einen Durchmesser von 2 m. Ihr Mittelpunkt liegt bei $x = 0$ und ist 6 m von der Hauswand entfernt. Der rechte Randpunkt der Sandfläche unterhalb der Sitzbank liegt bei $x = 20$. Der Zugang zur Sandfläche befindet sich bei der Minimalstelle von f.

a) Zur Absteckung der Sandfläche benötigt der Vermesser noch weitere Angaben. Berechnen Sie hierfür die charakteristischen Punkte.

b) Für die Materialbestellung fehlen noch verschiedene Maßangaben. Berechnen Sie die Länge des Zugangs, der Querung, der beiden Stege und der beiden Wege.

c) Der Architekt wünscht, dass die Querung der Sandfläche senkrecht zur Hauswand und so kurz wie möglich erfolgt. Überprüfen Sie anhand der Abbildung, ob dies der Falls ist. Berechnen Sie gegebenenfalls eine optimale Lösung.

d) Am Schnittpunkt von Weg 1 und der Sitzbank stellt der Vermesser fest, dass ihm zur Absteckung der Sitzbankfundamente der Richtungswinkel zwischen Sitzbank und Weg 1 fehlt. Bestimmen Sie diesen analytisch.
Tipp: Berechnen Sie die jeweiligen Tangentensteigungen und anschließend den Schnittwinkel zwischen den Tangenten

2. Die Abbildung zeigt das Höhenprofil einer Bergbesteigung. Die Kurve entspricht näherungsweise dem Graphen der Funktion f mit der Gleichung $f(x) = -1{,}5x^4 + 24x^3 - 108x^2 + 192x$.

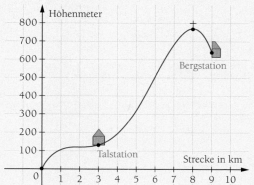

a) Berechnen Sie die Zahl der zu überwindenden Höhenmeter und geben Sie an, welche Strecke in waagerechter Richtung bis zum Gipfel zurückgelegt werden muss.

b) Die Wanderung endet nach genau 9 km an der Bergstation der Seilbahn, welche die Wanderer wieder ins Tal bringt. Auf welcher Höhe befindet sich die Bergstation?

c) 192 m oberhalb der Talstation kreuzt die Seilbahn den Wanderweg. Lesen Sie aus der Zeichnung ab, nach welcher Wegstrecke dies geschieht, und bestätigen Sie den abgelesenen Wert durch Rechnung.
Wie müsste man den gesuchten Wert ohne Zuhilfenahme der Zeichnung berechnen?
Führen Sie auch diese Rechnung aus.

d) Ermitteln Sie, wo die steilste Stelle des Weges zwischen Talstation und Gipfel erreicht wird. Berechnen Sie den Anstieg an dieser Stelle und geben Sie auch an, wie viele Höhenmeter bis dort geschafft werden müssen.

e) Ermitteln Sie, an welcher Stelle des Aufstiegs (vom Startpunkt bis zum Gipfel) die geringste Steigung vorliegt. Berechnen Sie diese und geben Sie auch an, auf welcher Höhe (vom Startpunkt aus gemessen) sich diese Stelle befindet.

f) Ermitteln Sie die mittlere Steigung des Aufstiegs und diejenige der gesamten Wanderung.

3. Durch die Funktion f mit
$f(t) = 0{,}125\,t^3 - 3\,t^2 + 18\,t; \; D_f = [0;12]$ wird die Konzentration eines Medikaments im Blut eines Patienten beschrieben, wobei t für Stunden und $f(t)$ für die Konzentration des Medikaments in $\frac{mg}{l}$ steht.

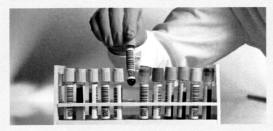

a) Äußern Sie sich zum Zeitraum, in dem das Medikament im Blut nachgewiesen werden kann.

b) Beschreiben Sie den Verlauf der Medikamentenkonzentration im Blut in Bezug auf ihr Zu- und Abnahmeverhalten sowie ihre maximale Ausprägung.

c) Ermitteln Sie den Zeitpunkt des größten Konzentrationszuwachses sowie den Zeitpunkt des größten Konzentrationsrückgangs und bewerten Sie Ihre Berechnungen.

d) Ab dem Zeitpunkt des größten Konzentrationsrückgangs soll das Medikament schneller abgebaut werden. Die Konzentration im Blut wird dann näherungsweise durch die Tangente an den Graphen von f an der Wendestelle von f beschrieben. Bestimmen Sie den Funktionsterm dieser Tangente und den Zeitpunkt, an dem das Medikament vollständig abgebaut ist.

e) Zeichnen Sie den Graphen von f in D_f.

4. Der Verlauf der diesjährigen Grippewelle in Hessen wurde vom hessischen Sozialministerium umfangreich dokumentiert und kann durch die Funktion n mit $n(t) = -15\,t^3 + 90\,t^2$ beschrieben werden. Hierbei ist t die Zeit seit Beginn der Grippewelle in Wochen und $n(t)$ die Anzahl der erkrankten Patienten.

Analysieren Sie den Verlauf der Grippewelle und stellen Sie dar, welche Erkenntnisse für die Erhöhung von Impfquoten gewonnen werden können.

a) Berechnen Sie, wann die maximale Anzahl an Erkrankten vorlag und wie groß diese war.

b) Ermitteln Sie, wann die Grippewelle beendet war.

c) Berechnen Sie den Zeitpunkt und Wert der maximalen Zunahme der Erkrankungen pro Woche.

d) Skizzieren Sie die Graphen von n und n' und beschreiben Sie deren Verlauf.

e) Die Zeitspanne von Impfung bis zum vollständigen Impfschutz beträgt etwa zwei Wochen. Ermitteln Sie anhand der Graphen, bis zu welchem Zeitpunkt eine Impfung sinnvoll war.

5. Die Geschäftsleitung eines mittelständischen Unternehmens möchte von der Personalabteilung Informationen zur Prognose des Krankenstandes bei den Mitarbeitern, um einen effektiven Personaleinsatz zu gewährleisten. Die Personalabteilung hat über viele Jahre den Krankenstand erfasst und für jeden Tag des Jahres Mittelwerte gebildet. Danach kann der Krankenstand mit folgender Funktionsgleichung vorhergesagt werden:
$f(x) = 0{,}01\,x^3 - 0{,}16\,x^2 + 0{,}48\,x + 1{,}61; \; x \in [0;12]$
Dabei gibt x die Zeit in Monaten an und $x = 0$ entspricht dem Jahresbeginn (1. Januar).
Der „Krankenstand" ist der prozentuale Anteil der Mitarbeiter, die aus gesundheitlichen Gründen dem Arbeitsplatz fernbleiben.

Der Geschäftsführung reicht die Funktionsgleichung nicht aus. Sie bittet um eine ausführliche und informative Erläuterung. Außerdem möchte sie wissen, in welchem Zeitraum der Krankenstand mehr als 1,5 % beträgt.

a) Wann gab es den höchsten, wann den geringsten Krankenstand?

b) Wann betrug der Krankenstand 1,5 %?

c) Wann gab es die größte Zunahme des Krankenstandes, wann die stärkste Abnahme?

d) Dokumentieren Sie die unter a) – c) errechneten Ergebnisse in einer Skizze.

Ich kann ...

... den **Definitionsbereich** einer Funktion bestimmen. ▶ Test-Aufgabe 3	z. B. $f(x) = \frac{1}{3}x^3 - 3x$ $\Rightarrow D_f = \mathbb{R}$	Welche x-Werte sind im Kontext der Aufgabenstellung zugelassen / sinnvoll?
... Aussagen zum **Symmetrieverhalten** treffen. ▶ Test-Aufgaben 1, 3, 4	$f(-x) = \frac{1}{3}(-x)^3 - 3(-x)$ $= -\frac{1}{3}x^3 + 3x = -f(x)$ $\Rightarrow$ Punktsymmetrie zum Ursprung	Symmetrie zur y-Achse: $f(-x) = f(x)$ nur gerade Exponenten im Funktionsterm Punktsymmetrie zu $(0\,|\,0)$: $f(-x) = -f(x)$ nur ungerade Exponenten im Funktionsterm
... den **Globalverlauf** des Graphen angeben. ▶ Test-Aufgaben 3, 4	Der Graph verläuft vom III. in den I. Quadranten	Der Globalverlauf wird durch $a_n \cdot x^n$ bestimmt ▶ Globalverlauf
... die **Schnittpunkte** mit den Koordinatenachsen berechnen. ▶ Test-Aufgaben 1, 3, 4	y-Achse: $f(0) = 0 \Rightarrow (0\,|\,0)$ Nullstellen: $f(x_N) = 0$ $\frac{1}{3}x_N^3 - 3x_N = 0 \Leftrightarrow \left(\frac{1}{3}x_N^2 - 3\right) \cdot x_N = 0$ $\Rightarrow x_{N_1} = -3; \, x_{N_2} = 0; \, x_{N_3} = 3$	y-Achse: $f(0)$ x-Achse: $f(x_N) = 0$ (Nullstellen)
... die ersten drei **Ableitungen** bestimmen. ▶ Test-Aufgaben 3, 5, 6	$f'(x) = x^2 - 3$ $f''(x) = 2x$ $f'''(x) = 2$	▶ Ableitungsregeln
... **Extrempunkte** berechnen. ▶ Test-Aufgaben 3, 5	$f'(x_E) = 0 \Leftrightarrow x_E^2 - 3 = 0$ $x_{E_1} = \sqrt{3}; \, x_{E_2} = -\sqrt{3}$ $f''(x_{E_1}) = 2\sqrt{3} \quad > 0 \Rightarrow$ Minimum $f''(x_{E_2}) = -2\sqrt{3} \quad < 0 \Rightarrow$ Maximum $f(\sqrt{3}) = -2\sqrt{3}; \, f(-\sqrt{3}) = 2\sqrt{3}$ Tiefpunkt $T(\sqrt{3}\,|\,{-2\sqrt{3}})$ Hochpunkt $H(-\sqrt{3}\,|\,2\sqrt{3})$	Hinreichende Bedingung: $f'(x_E) = 0 \,\wedge\, f''(x_E) \neq 0$ 1. Setze $f'(x_E) = 0$ 2. Prüfe, ob $f''(x_E) \neq 0$ 3. Berechne y-Koordinaten
... **Wendepunkte** berechnen. ▶ Test-Aufgaben 3, 6	$f''(x_W) = 0$ $2x_W = 0 \Rightarrow x_W = 0$ $f'''(x_W) = 2 > 0 \Rightarrow$ R-L-Wendepunkt $f(0) = 0$ R-L-Wendepunkt $W(0\,|\,0)$	Hinreichende Bedingung: $f''(x_W) = 0 \,\wedge\, f'''(x_W) \neq 0$ 1. Setze $f''(x_W) = 0$ 2. Prüfe, ob $f'''(x_W) \neq 0$ 3. Berechne y-Koordinaten
... feststellen, ob ein Wendepunkt ein **Sattelpunkt** ist. ▶ Test-Aufgaben 3, 7	$f'(0) = -3 \neq 0$ $\Rightarrow W$ ist kein Sattelpunkt	Sattelpunkte: Wendepunkte mit $f'(x_W) = 0$
... den **Funktionsgraphen** skizzieren. ▶ Test-Aufgaben 1, 2, 3, 4	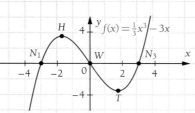	Die zuvor ermittelten Punkte in ein Koordinatensystem übertragen und unter Berücksichtigung von Globalverlauf und Symmetrie den Graphen skizzieren.

Test zu 5.2

1. Skizzieren Sie jeweils den Funktionsgraphen einer ganzrationalen Funktion dritten Grades mit folgenden Eigenschaften.

a) Der Graph ist punktsymmetrisch zum Ursprung, schneidet die y-Achse bei -2 und hat in $E(3|-1)$ einen Extrempunkt.

b) Der Graph besitzt einen Wendepunkt bei $W(-2|2)$ und berührt bei 1 die x-Achse.

c) Der Graph besitzt ein absolutes Maximum im Ursprung.

d) Der Graph besitzt nur ein Extremum bei $E(2|2)$.

2. Gegeben sind die Graphen von ganzrationalen Funktionen dritten bzw. vierten Grades. Skizzieren Sie sowohl den Verlauf der Graphen von f' und von f'' sowie von g' und von g''. Kennzeichnen Sie jeweils die Monotonie- und Krümmungsintervalle.

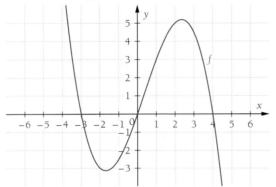
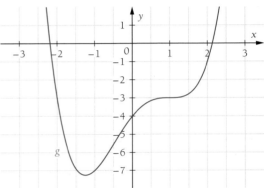

3. Führen Sie eine vollständige Funktionsuntersuchung für f mit $f(x) = x^3 - 1{,}5x^2 - 6x$ durch.

4. Gegeben ist die Funktion f mit $f(x) = x^4 + 29x^2 - 100$.
   Ermitteln Sie das Symmetrieverhalten, den Globalverlauf sowie die Achsenschnittpunkte und zeichnen Sie den Graphen, so genau dies mit den ermittelten Werten möglich ist.

5. Von der Funktion f mit $f(x) = \frac{1}{4}x^4 - x^3 - 9x^2 + 40x - \frac{3}{2}$ ist bereits der Hochpunkt $H_1(5|4{,}75)$ bekannt. Ermitteln Sie die übrigen Extrempunkte.

6. Gegeben ist die Funktion f mit $f(x) = \frac{1}{4}x^4 - \frac{1}{2}x^3 - 3x^2 + 2x - 1$, deren Graph in $K_1 = \,]-\infty; -1[$ eine Linkskrümmung aufweist. In welchem weiteren Intervall besitzt der Graph ebenfalls eine Linkskrümmung?

7. Wahr oder falsch? Begründen Sie Ihre Entscheidung kurz (gegebenenfalls mit einer Skizze).

a) Es gibt ganzrationale Funktionen vierten Grades, die nur einen Extrempunkt besitzen.

b) Der Graph einer Funktion ist im Bereich eines Hochpunktes immer linksgekrümmt.

c) An einem Wendepunkt darf die Änderungsrate der Steigung des Graphen niemals null sein.

5.3 Anwendung der Differenzialrechnung

5.3.1 Bestimmen von Funktionsgleichungen

Brückenbogen

Im Zuge der verkehrstechnischen Erschließung eines neuen Stadtteils in Frankfurt muss die Honsellbrücke am Osthafen statisch gefestigt werden. Die denkmalgeschützte Stahlkonstruktion ist dem heutigen Schwerlastverkehr nicht mehr gewachsen. Die beiden Brückenbögen müssen mit einem zusätzlichen Stahlüberbau verstärkt werden.
Ermitteln Sie für die weiteren Planungen die Funktionsgleichung des neuen Überbaus.

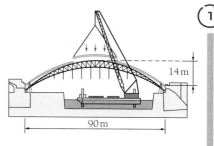

Zunächst legen wir für die weiteren Berechnungen ein Koordinatensystem fest.
Der Brückenbogen ist parabelförmig. Wir gehen also in einer ersten Annäherung von einer ganzrationalen Funktion 2. Grades aus.

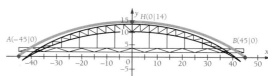

Die Funktionsgleichung einer ganzrationalen Funktion 2. Grades geben wir in allgemeiner Form an.

1. Allgemeine Funktionsgleichung angeben

$f(x) = ax^2 + bx + c$

Anhand der Abbildung können wir die Koordinaten der charakteristischen Punkte des neuen Brückenbogens bestimmen. Die Koordinaten setzen wir in die allgemeine Funktionsgleichung ein.

2. Bestimmungsgleichungen ermitteln

$A(-45\,|\,0) \Rightarrow \qquad f(-45) = 0$
$\qquad a \cdot (-45)^2 + b \cdot (-45) + c = 0 \quad \text{(I)}$

$B(45\,|\,0) \quad \Rightarrow \qquad f(45) = 0$
$\qquad a \cdot 45^2 + b \cdot 45 + c = 0 \quad \text{(II)}$

$H(0\,|\,14) \quad \Rightarrow \qquad f(0) = 14$
$\qquad a \cdot 0^2 + b \cdot 0 + c = 14 \;\text{(III)} \Leftrightarrow \mathbf{c = 14}$

Die erhaltenen **Bestimmungsgleichungen** (I), (II) und (III) bilden ein lineares Gleichungssystem.
Durch das unmittelbare Einsetzen von $c = 14$ in Gleichung (I) und (II) bleibt nur noch ein System mit zwei Variablen. Dieses lösen wir mithilfe des Gauß'schen Algorithmus. ▶ Seite 22

3. Gleichungssystem aufstellen und lösen

(I) $\quad 2025a - 45b + 14 = 0$
(II) $\quad 2025a + 45b + 14 = 0 \quad |\cdot(-1)$

(I) $\quad 2025a - 45b + 14 = 0$
(IV) $\qquad\qquad -90b = 0$

Aus (IV) folgt: $-90b = 0 \Leftrightarrow \mathbf{b = 0}$
$b = 0$ in (I): $2025a - 45 \cdot 0 + 14 = 0 \Leftrightarrow a = -\dfrac{14}{2025}$

4. Funktionsgleichung angeben

$f(x) = -\dfrac{14}{2025} \cdot x^2 + 0 \cdot x + 14 = -\dfrac{14}{2025} x^2 + 14$

Die ermittelten Werte für a, b und c setzen wir in die allgemeine Funktionsgleichung ein und erhalten die gesuchte Gleichung des Brückenbogens.

Ermitteln Sie die Funktionsgleichung des Brückenbogens, wenn
a) Sie den Ursprung des Koordinatensystems in den Verankerungspunkt A legen, die Koordinaten von A und H nutzen sowie zusätzlich die Eigenschaft verwenden, dass in H ein Extremum vorliegt.
b) das Koordinatensystem wie in a) wählen, aber nur die Koordinaten von A und B verwenden und die Eigenschaft nutzen, dass bei H ein Extremum liegt. Was fällt Ihnen auf?

2 Skisprungschanze

Die Mühlenkopfschanze in Willingen ist die größte Skisprung-Großschanze der Welt. Zur Nachwuchsförderung möchte der Skiclub Willingen eine weitere Übungsschanze mit folgenden Abmessungen errichten: Höhe der Schanze 15 m, Länge 30 m. Die Tangentensteigung am Schanzentisch soll $-\frac{1}{4}$ betragen, was ca. $-8,5°$ entspricht.
Entwerfen Sie den Verlauf der Schanze als Funktionsgleichung.

Wir legen den Ursprung des Koordinatensystems so, dass die Startposition des Skispringers auf der y-Achse und die tiefste Stelle des Schanzentischs auf der x-Achse liegen.
Die Schanzenform soll dem Graph einer ganzrationalen Funktion 3. Grades folgen.
Wir geben die Funktionsgleichung einer ganzrationalen Funktion 3. Grades in allgemeiner Form an und bilden die erste Ableitung.

Eine allgemeine Funktionsgleichung 3. Grades besitzt 4 unbekannte Parameter, zu deren Berechnung wir 4 Bestimmungsgleichungen benötigen.

Im Koordinatensystem können wir zwei charakteristische Punkte der Schanze ablesen: die Nullstelle und den Schnittpunkt mit der y-Achse. Damit erhalten wir zwei Bestimmungsgleichungen.

Die Schanze verläuft oben ganz flach und hat einen sanften Übergang zur Startposition des Skispringers. Da dieser Übergang ohne Knick ist, muss die Steigung an dieser Stelle null sein. Somit ergibt sich die Bestimmungsgleichung (III).
Die letzte Bestimmungsgleichung erhalten wir aus der Vorgabe, dass die Steigung am Ende des Schanzentisches $-\frac{1}{4}$ betragen soll.

Durch Einsetzen der bereits berechneten Variablen c und d in die Gleichungen (II) und (IV) bleibt ein Gleichungssystem mit zwei Variablen übrig. Dieses lösen wir mit dem Gauß'schen Algorithmus.

Das Einsetzen der berechneten Werte liefert die gesuchte Funktionsgleichung der Skisprungschanze.

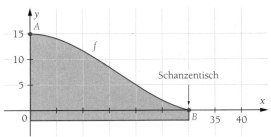

1. Allgemeine Funktionsgleichung angeben
$f(x) = ax^3 + bx^2 + cx + d$
$f'(x) = 3ax^2 + 2bx + c$

2. Bestimmungsgleichungen ermitteln
$A(0|15)$ $\quad\Rightarrow f(0) = 15$ (I)
$\quad\Leftrightarrow d = 15$
$B(30|0)$ $\quad\Rightarrow f(30) = 0$
$\Leftrightarrow 27000a + 900b + 30c + d = 0$ (II)
Stelle mit Steigung 0:
$f'(0) = 0$ $\quad\Leftrightarrow c = 0$ (III)
Stelle mit Steigung $-\frac{1}{4}$:
$f'(30) = -\frac{1}{4} \Leftrightarrow 2700a + 60b + c = -\frac{1}{4}$ (IV)

3. Gleichungssystem aufstellen und lösen
(II) $\quad 27000a + 900b = -15 \quad \cdot(-1)$
(IV) $\quad 2700a + 60b = -\frac{1}{4} \quad \cdot 10$

(II) $\quad 27000a + 900b = -15$
(V) $\quad -300b = \frac{25}{2}$

Aus (V) folgt: $-300b = \frac{25}{2} \Leftrightarrow b = -\frac{1}{24}$

$b = -\frac{1}{24}$ in (II):

$27000a + 900 \cdot \left(-\frac{1}{24}\right) = -15 \Leftrightarrow a = \frac{1}{1200}$

4. Funktionsgleichung angeben
$f(x) = \frac{1}{1200}x^3 - \frac{1}{24}x^2 + 15$

Funktionsgleichung gesucht

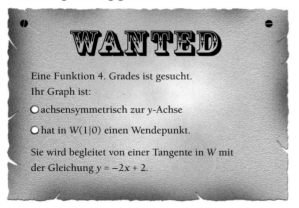

Eine Funktion 4. Grades ist gesucht.
Ihr Graph ist:

○ achsensymmetrisch zur y-Achse

○ hat in W(1|0) einen Wendepunkt.

Sie wird begleitet von einer Tangente in W mit der Gleichung y = −2x + 2.

Der Steckbrief enthält drei Angaben, die sich auf die Stelle 1 beziehen:
- $W(1|0)$ ist ein Punkt des Graphen.
- $W(1|0)$ ist ein Wendepunkt.
- Die Tangente in $W(1|0)$ hat die Steigung -2.

Das erhaltene Gleichungssystem können wir mithilfe des Gauß'schen Algorithmus lösen. Damit bestimmen wir alle Koeffizienten der Funktionsgleichung.

Zuletzt können wir die Funktionsgleichung angeben und den Graphen zeichnen.

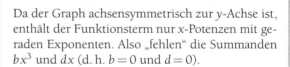

1. Allgemeine Funktionsgleichungen angeben
$$f(x) = ax^4 + bx^3 + cx^2 + dx + e$$

Da der Graph achsensymmetrisch zur y-Achse ist, enthält der Funktionsterm nur x-Potenzen mit geraden Exponenten. Also „fehlen" die Summanden bx^3 und dx (d. h. $b = 0$ und $d = 0$).

Allgemeine Gleichungen (unter Berücksichtigung der Symmetrie):
$$f(x) = ax^4 + cx^2 + e$$
$$f'(x) = 4ax^3 + 2cx$$
$$f''(x) = 12ax^2 + 2c$$

2. Bedingungsgleichungen ermitteln
$$f(1) = 0 \quad \Leftrightarrow a \cdot 1^4 + c \cdot 1^2 + e = 0 \quad\quad\text{(I)}$$
$$f''(1) = 0 \quad \Leftrightarrow \quad\quad 12a \cdot 1^2 + 2c = 0 \quad\quad\text{(II)}$$
$$f'(1) = -2 \Leftrightarrow \quad 4a \cdot 1^3 + 2c \cdot 1 = -2 \quad\text{(III)}$$

3. Gleichungssystem aufstellen und lösen
(I) $\quad a + c + e = \quad 0$
(II) $\quad 6a + c \quad\quad = \quad 0$
(III) $\quad 2a + c \quad\quad = -1 \quad | \cdot (-1)$ +

(I) $\quad a + c + e = \quad 0$
(II) $\quad 6a + c \quad\quad = \quad 0$
(IV) $\quad 4a \quad\quad\quad = \quad 1 \Leftrightarrow a = \frac{1}{4}$

$a = \frac{1}{4}$ in (II):
$$6 \cdot \frac{1}{4} + c = 0 \Leftrightarrow c = -\frac{3}{2}$$
$a = \frac{1}{4}; c = -\frac{3}{2}$ in (I):
$$\frac{1}{4} - \frac{3}{2} + e = 0 \Leftrightarrow e = \frac{5}{4}$$

4. Funktionsgleichung angeben
$$f(x) = \frac{1}{4}x^4 - \frac{3}{2}x^2 + \frac{5}{4}$$

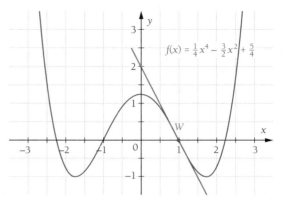

$$f(x) = \frac{1}{4}x^4 - \frac{3}{2}x^2 + \frac{5}{4}$$

Um die Funktionsgleichung einer ganzrationalen Funktion zu bestimmen, geht man folgendermaßen vor:

1. Man gibt die **allgemeine Funktionsgleichung** an.
   Dabei entspricht die höchste x-Potenz dem Grad der gesuchten Funktion.
   Symmetrieeigenschaften sollten bei der Angabe der Gleichung ausgenutzt werden.
   Gegebenenfalls bildet man die erste und zweite Ableitung ebenfalls in allgemeiner Form.
2. Man entnimmt der Aufgabe (mindestens) so viele verschiedene Angaben, wie Koeffizienten in der Funktionsgleichung vorhanden sind. Aus jeder Angabe ermittelt man eine **Bedingungsgleichung**.
3. Man löst das **Gleichungssystem**, das sich aus den Bedingungsgleichungen ergibt.
4. Die für die Koeffizienten berechneten Werte setzt man in die allgemeine Gleichung von f ein.

Für die Angabe der Bedingungsgleichungen ist Folgendes zu beachten:
- Die Koordinaten gegebener Punkte werden in die *allgemeine Gleichung* von f eingesetzt.
- Bei Aussagen über Steigungen oder Extremstellen wird die *erste Ableitung* in allgemeiner Form verwendet.
- Bei Aussagen über Wende- bzw. Sattelstellen wird die *zweite Ableitung* in allgemeiner Form benötigt.

Einige Formulierungen und deren „Übersetzung" in die Funktionsschreibweise liefert folgende Übersicht.

> In der folgenden Tabelle stehen a und b für konkrete Zahlen.

Formulierung:

Der Graph der Funktion f

	Funktionsschreibweise:		
	$f(x)$	$f'(x)$	$f''(x)$
• schneidet die x-Achse an der Stelle a (Nullstelle).	$f(a)=0$		
• berührt die x-Achse an der Stelle a.	$f(a)=0$	$f'(a)=0$	
• schneidet die y-Achse an der Stelle b.	$f(0)=b$		
• geht durch den Punkt $P(a\,|\,b)$.	$f(a)=b$		
• hat einen Hochpunkt/Tiefpunkt an der Stelle a.		$f'(a)=0$	
• hat den Hochpunkt/Tiefpunkt $P(a\,|\,b)$.	$f(a)=b$	$f'(a)=0$	
• hat an der Stelle a die Steigung m.		$f'(a)=m$	
• hat einen Wendepunkt an der Stelle a.			$f''(a)=0$
• hat die stärkste Steigung/das größte Gefälle an der Stelle a.			$f''(a)=0$
• hat in $P(a\,|\,b)$ einen Wendepunkt.	$f(a)=b$		$f''(a)=0$
• hat im Punkt $P(a\,|\,b)$ einen Sattelpunkt.	$f(a)=b$	$f'(a)=0$	$f''(a)=0$
Die Tangente in $P(a\,|\,b)$ hat die Steigung m.	$f(a)=b$	$f'(a)=m$	
Die Tangente im Wendepunkt $W(a\,|\,b)$ hat die Steigung m.	$f(a)=b$	$f'(a)=m$	$f''(a)=0$

Bestimmen Sie jeweils die Funktionsgleichung.

a) Der Graph einer ganzrationalen Funktion 2. Grades schneidet bei $x=-1$ die x-Achse und hat im Punkt $P(3\,|\,2)$ eine waagerechte Tangente.

b) Der Graph einer ganzrationalen Funktion 3. Grades hat einen Extrempunkt in $E(-1\,|\,5)$ und den Wendepunkt $W(1\,|\,3)$.

c) Der Graph einer ganzrationalen Funktion 3. Grades ist punktsymmetrisch zum Ursprung und hat den Hochpunkt $H\left(-\frac{1}{2}\,\middle|\,1\right)$.

Übungen zu 5.3.1

1. Gesucht sind die Funktionsgleichungen zu den abgebildeten Graphen. Ermitteln Sie diese ausschließlich mithilfe der rot gekennzeichneten Merkmale des Graphen.

a)

b)
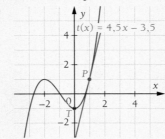

c)
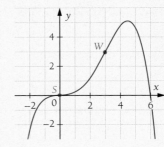

2. In den folgenden Teilaufgaben wird jeweils der Graph einer ganzrationalen Funktion beschrieben. Fertigen Sie zunächst eine Skizze des beschriebenen Graphen an.
   Stellen Sie die Funktionsgleichung auf und prüfen Sie anschließend, ob der Graph der ermittelten Funktion tatsächlich die gegebenen Eigenschaften hat.

a) Der Graph einer ganzrationalen Funktion 3. Grades ist punktsymmetrisch zum Punkt $P(-1\,|\,0)$ und schneidet die x-Achse bei 2 unter einem Winkel von 45° (siehe nebenstehende Abbildung).

b) Der Graph einer ganzrationalen Funktion 3. Grades ist punktsymmetrisch zum Ursprung und hat den Tiefpunkt $T(2\,|-4)$.

c) Der Graph einer ganzrationalen Funktion 3. Grades geht durch den Koordinatenursprung und hat an der Stelle 2 eine waagerechte Tangente. Die Tangente im Wendepunkt $W(4\,|\,y_W)$ hat die Steigung -4.

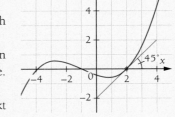

d) Der Graph einer ganzrationalen Funktion 3. Grades hat den Hochpunkt $H(0\,|\,7{,}2)$. Die Funktion hat die Nullstellen $x_{N_1} = -2$ und $x_{N_2} = 3$.

e) Der Graph einer ganzrationalen Funktion 4. Grades ist symmetrisch zur y-Achse. Im Punkt $P(2\,|\,0)$ hat der Graph die Steigung 2, und bei $x_W = -1$ befindet sich eine Wendestelle.

f) Der Graph einer ganzrationalen Funktion 5. Grades ist punktsymmetrisch zum Koordinatenursprung, hat in $T(-1\,|-2)$ einen Tiefpunkt und verläuft durch den Punkt $P(2\,|-13{,}25)$.

g) Der Graph einer ganzrationalen Funktion 3. Grades geht durch den Ursprung des Koordinatensystems und hat in $S(1\,|\,2)$ einen Sattelpunkt.

h) Der Graph einer ganzrationalen Funktion 3. Grades ist punktsymmetrisch zum Ursprung und schneidet die x-Achse an der Stelle 6. Die Tangente im Wendepunkt hat die Gleichung $t(x) = 2x$.

i) Der Graph einer ganzrationalen Funktion 4. Grades berührt sowohl im Ursprung als auch an der Stelle 4 die x-Achse. Im Punkt $P(1\,|\,y_1)$ hat der Graph die Steigung 12.

j) Der Graph einer ganzrationalen Funktion 4. Grades ist achsensymmetrisch zur y-Achse und schneidet die x-Achse bei -2. Die Tangente an den Graphen im Punkt $P(1\,|-3)$ hat die Steigung -1.

k) Eine ganzrationale Funktion 3. Grades hat die Nullstellen $x_{N_1} = 0$ und $x_{N_2} = -3$. An der Stelle $x_E = 3$ hat sie ein lokales Minimum mit dem Wert -6.

l) Eine ganzrationale Funktion 3. Grades hat bei $x_N = 4$ eine doppelte Nullstelle und bei $x_W = \frac{8}{3}$ ihre Wendestelle. Die Tangente im Wendepunkt des Graphen hat die Steigung $-\frac{4}{3}$.

m) Eine ganzrationale Funktion 4. Grades hat bei $x_N = -1$ eine doppelte Nullstelle und an der Stelle 2 eine Sattelstelle. Die Tangente im Sattelpunkt hat die Gleichung $t(x) = 6{,}75$.

5.3.2 Extremwertberechnung

Viele Probleme technischer, naturwissenschaftlicher, ökonomischer und mathematischer Art bestehen darin, eine Fläche, ein Volumen, den Materialverbrauch oder die Kosten zu optimieren. Dazu bestimmt man für gewisse Funktionen einen maximalen oder minimalen Funktionswert. Diese Berechnungen bezeichnet man als **Extremwertberechnungen**.

4   Baustelleneinrichtung

Im Zuge der Arbeitsvorbereitung plant Polier Hubert für die Baustelle „Erschließung Südwerk" die Baustelleneinrichtung.

Für die Einzäunung hat der Bauhof 100 laufende Meter Bauzaunelemente geliefert. Die Lagerfläche soll möglichst groß werden.

Per Skizze probiert Hubert verschiedene Möglichkeiten aus. Er merkt, dass die Lagerfläche unterschiedlich groß wird. Um die größtmögliche Fläche zu finden, rechnet er einige Beispiele durch und erfasst die Seitenlängen und zugehörigen Flächen in einer Tabelle.

a	5	10	15	20	35	48
b	45	40	35	30	15	2
$a \cdot b$	225	400	525	600	525	96

276-1

Für den Flächeninhalt eines Rechtecks mit den Seitenlängen a und b gilt $A = a \cdot b$. Wir können den Flächeninhalt als Funktion mit den Variablen a und b auffassen. Diese Funktionsgleichung wird **Hauptbedingung** für a und b genannt.

$$A(a,b) = a \cdot b \qquad \blacktriangleright \text{ Hauptbedingung}$$

Damit wir die Funktion A untersuchen und den Graphen zeichnen können, müssen wir die Anzahl der Variablen auf eine Variable reduzieren.

Wir nutzen aus, dass für eine gewählte Seitenlänge a die andere Seitenlänge b mithilfe des Umfangs berechnet werden kann. Die Gleichung für den Umfang U eines Rechtecks liefert eine weitere Bedingung für a und b. Sie wird **Nebenbedingung** genannt.

$$U(a,b) = 2a + 2b$$
$$100 = 2a + 2b$$
$$\Leftrightarrow \quad 2b = 100 - 2a$$
$$\Leftrightarrow \quad b = 50 - a \qquad \blacktriangleright \text{ Nebenbedingung}$$

Ersetzen wir im Funktionsterm von A die Variable b durch den Term $50 - a$, so erhalten wir eine Funktion, die nur noch von der Variablen a abhängig ist. Sie wird **Zielfunktion** genannt.

$$A(a) = a \cdot (50 - a) = -a^2 + 50a \qquad \blacktriangleright \text{ Zielfunktion}$$

Da a eine Seitenlänge der Lagerfläche ist, gilt $a \geq 0$. Andererseits gilt $a \leq 50$, da nur 100 m Bauzaun vorhanden sind. Daraus ergibt sich für die Zielfunktion der **Definitionsbereich**.

$$a \geq 0 \ \wedge \ b \geq 0 \ \Rightarrow \ 50 - a \geq 0$$
$$\Rightarrow \ 50 \geq a$$
$$\Rightarrow \ D_A = [0; 50]$$

Anhand des Graphen von A können wir zu jeder „zulässigen" Seitenlange a den Flächeninhalt des Rechtecks ablesen. Insbesondere erkennen wir, dass aufgrund der Symmetrie des Graphen der größte Funktionswert an der Stelle $a = 25$ vorliegt.

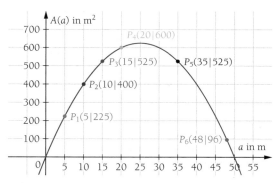

> *Lösen wir Extremwertaufgaben rechnerisch, benötigen wir keinen Graphen. Die analytische Lösung ist immer viel genauer!*

Um dies rechnerisch zu bestätigen, führen wir eine **Extremwertberechnung** durch. Zunächst bilden wir die ersten beiden Ableitungen von A.

$$A'(a) = -2a + 50$$
$$A''(a) = -2$$

Mit der hinreichenden Bedingung für Extrema ermitteln wir analytisch das lokale Maximum der Flächeninhaltsfunktion. Wie bereits vermutet, erhalten wir das Maximum der Lagerfläche, wenn die Seite a eine Länge von 25 m aufweist.

Wir berechnen den entsprechenden Funktionswert und erhalten den zugehörigen, maximalen Flächeninhalt.

Wir müssen prüfen, dass A bei $a_E = 25$ nicht nur ein lokales, sondern das globale Maximum in D_A annimmt. Dazu betrachten wir das Verhalten des Funktionsgraphen an den **Rändern des Definitionsbereichs**.

Die Funktionswerte sind in beiden Fällen kleiner als 625. Bei $a_E = 25$ liegt also das globale Maximum von A.

Mithilfe der Nebenbedingung ermitteln wir den zugehörigen Wert für die **übrigen Größen**, hier die Seitenlänge b.

Hinreichende Bedingung für Extrema:
$$A'(a_E) = 0 \ \wedge \ A''(a_E) \neq 0$$

Setze $A'(a_E) = 0$:
$$-2a_E + 50 = 0 \ \Rightarrow \ \boldsymbol{a_E = 25}$$

Prüfe, ob $A''(a_E) \neq 0$:
$$A''(25) = -2 < 0 \ \Rightarrow \ a_E = 25 \text{ ist Maximalstelle}$$

Berechne Funktionswert:
$$A(25) = 625$$

$$A(0) = -0^2 + 50 \cdot 0 = 0 < 625$$
$$A(50) = -50^2 + 50 \cdot 50 = 0 < 625$$

Der maximale Flächeninhalt der Baustelleneinrichtung beträgt 625 m² bei den Abmessungen:
$$a = 25 \,\text{m}$$
$$b = 50 - a = 25 \,\text{m}$$

Die Lagerfläche für die Baustelleneinrichtung wird maximal, wenn beide Seiten 25 m lang sind. Von allen Rechtecken mit einem Umfang von 100 m hat das Quadrat mit der Seitenlänge 25 m den größten Inhalt. Allgemein hat von allen Rechtecken mit dem Umfang U das Quadrat mit der Seitenlänge $\frac{U}{4}$ den größten Inhalt.

1. Die JoRo GmbH möchte eine große Werbefläche an ihrem Gebäude befestigen. Diese Werbefläche soll rechteckig sein.
Für den Rahmen dieses Werbereiters hat die Werbeabteilung 20 Meter eines besonders schönen Kunststoffs gekauft.
Berechnen Sie die Breite und Länge der Werbefläche, wenn diese möglichst groß sein soll.

2. Die Zahl 20 soll so in zwei Summanden zerlegt werden, dass
a) ihr Produkt möglichst groß wird.
b) die Summe ihrer Quadrate möglichst klein wird.

277-1

5 Baustelleneinrichtung mit „Randextremum"

Polier Hubert möchte wie berechnet die Lagerfläche für die Baustelle „Erschließung Südwerk" einzäunen. Vor Ort stellt er fest, dass auf dem Werksgelände bereits $50\,\text{m}$ alter Zaun vorhanden ist. Hubert fügt die $100\,\text{m}$ neuen Bauzaun so hinzu, dass eine möglichst große rechteckige Lagerfläche entsteht.
Berechnen Sie den maximalen Flächeninhalt des neuen Lagers.

Um den Sachverhalt besser zu verstehen, erstellen wir zunächst eine **Skizze**. Demnach wird der vorhandene Zaun, also eine Seite der Lagerfläche, um x Meter verlängert.

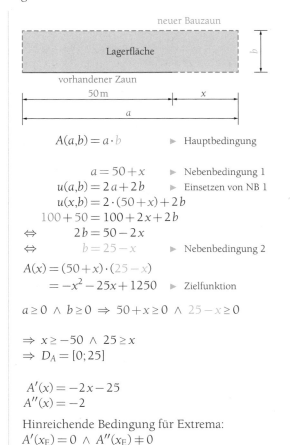

Die Lagerfläche soll maximal werden. Somit lautet die **Hauptbedingung** $A(a,b) = a \cdot b$.

$$A(a,b) = a \cdot b \qquad \blacktriangleright \text{ Hauptbedingung}$$

Da die Hauptfunktion von zwei Variablen abhängt, können wir sie nicht so einfach ableiten. Außerdem haben wir in der Skizze als veränderliche Größe x gewählt. Somit müssen wir mit (mindestens) einer **Nebenbedingung** versuchen, a und b durch x auszudrücken.

Die erste Nebenbedingung ergibt sich aus der Verlängerung des vorhandenen Zauns, die zweite aus dem Umfang der Lagerfläche. Durch Einsetzen der Nebenbedingungen in die Hauptbedingung erhalten wir die **Zielfunktion**.

$$a = 50 + x \qquad \blacktriangleright \text{ Nebenbedingung 1}$$
$$u(a,b) = 2a + 2b \qquad \blacktriangleright \text{ Einsetzen von NB 1}$$
$$u(x,b) = 2 \cdot (50 + x) + 2b$$
$$100 + 50 = 100 + 2x + 2b$$
$$\Leftrightarrow \qquad 2b = 50 - 2x$$
$$\Leftrightarrow \qquad b = 25 - x \qquad \blacktriangleright \text{ Nebenbedingung 2}$$
$$A(x) = (50 + x) \cdot (25 - x)$$
$$= -x^2 - 25x + 1250 \qquad \blacktriangleright \text{ Zielfunktion}$$

Den **Definitionsbereich** erhalten wir aus folgender Überlegung: x hat einen positiven Wert, da der vorhandene Zaun verlängert und nicht abgerissen werden soll. Es gilt $x \geq 0$. Wenn die Seite b null wird, nimmt x als maximalen Wert 25 an.

$$a \geq 0 \,\wedge\, b \geq 0 \,\Rightarrow\, 50 + x \geq 0 \,\wedge\, 25 - x \geq 0$$
$$\Rightarrow x \geq -50 \,\wedge\, 25 \geq x$$
$$\Rightarrow D_A = [0;25]$$

Zunächst bilden wir die erste und zweite Ableitung von A und nutzen die hinreichende Bedingung zur **Extremwertberechnung**.

$$A'(x) = -2x - 25$$
$$A''(x) = -2$$

Hinreichende Bedingung für Extrema:
$$A'(x_E) = 0 \,\wedge\, A''(x_E) \neq 0$$

Der berechnete Extremwert ist negativ und liegt nicht im Definitionsbereich. Bei der **Randwertbetrachtung**, erkennen wir, dass der Maximalwert der Lagerfläche bei $x = 0$ liegt. Den Sachverhalt können wir am Graphen erkennen.
Dies bedeutet, dass das bestehende Zaunstück nicht verlängert werden muss. Es stellt bereits die Seite a der Lagerfläche dar. Für die Seite b ergibt sich somit eine Länge von $25\,\text{m}$.

Der maximale Flächeninhalt der Baustelleneinrichtung beträgt $1\,250\,\text{m}^2$.

Setze $A'(x_E) = 0$:
$$-2x_E - 25 = 0 \Rightarrow \boldsymbol{x_E = -12{,}5 \notin D_A}$$

$$A(0) = -0^2 - 25 \cdot 0 + 1250 = 1250 = A_{\max}$$
$$A(25) = -25^2 - 25 \cdot 25 + 1250 = 0$$

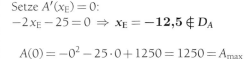

Bei der Lösung von Extremwertaufgaben empfiehlt sich folgende Vorgehensweise:

1. **Skizze** erstellen
2. **Hauptbedingung** aufstellen: Formel für die zu optimierende Größe als Funktion mit zwei oder mehr Variablen
3. **Nebenbedingung(en)** auffinden: Gleichung(en) mit weiterer Beziehung zwischen den Variablen der Hauptbedingung aufstellen
4. **Zielfunktion** aufstellen: Variablen in der Hauptbedingung durch Einsetzen der Nebenbedingung(en) auf eine Variable reduzieren
5. **Definitionsbereich** festlegen: alle möglichen Werte der Zielfunktionsvariablen
6. Zielfunktion auf **lokale Extremwerte** innerhalb des Definitionsbereichs untersuchen
7. **Randwerte** berechnen und mit lokalem Extremwert vergleichen
8. **Übrige** gesuchte **Größen** bestimmen
9. Gegebenenfalls den **Graphen** der Zielfunktion zeichnen
10. **Ergebnis** formulieren

In vielen Sportstadien wird die Rasenfläche von einer 400 m langen Laufbahn umgeben.

a) Berechnen Sie die Länge der Parallelstrecken und den Radius der Halbkreise, wenn bei einer solchen Laufbahn die rechteckige Rasenfläche einen möglichst großen Flächeninhalt haben soll.

b) Überprüfen Sie, ob das Fußballfeld, das sich innerhalb der Laufbahn befindet, bei Ihrer Lösung für internationale Spiele geeignet ist.

Gleichschenklig-rechtwinkliges Dreieck

Ermitteln Sie, welches gleichschenklige Dreieck mit einer Schenkellänge von 10 cm den größten Flächeninhalt hat.

Wir erstellen zunächst eine **Skizze**: Die Höhe h eines gleichschenkligen Dreiecks teilt dessen Grundseite g in zwei gleich große Teile.
Der maximale Flächeninhalt des Dreiecks ist gesucht.

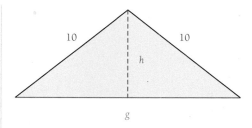

Als **Hauptbedingung** ergibt sich:

$A(g,h) = \frac{1}{2} \cdot g \cdot h$

Der Flächeninhalt ist von zwei Variablen abhängig. Wir nutzen die Schenkellänge und den Satz des Pythagoras, um eine **Nebenbedingung** zu formulieren. Mit dieser Nebenbedingung lässt sich die Abhängigkeit auf eine Variable reduzieren.

Durch Einsetzen der Nebenbedingung in die Hauptbedingung erhalten wir die **Zielfunktion**.

$A(g,h) = \frac{1}{2} \cdot g \cdot h$

$\left(\frac{g}{2}\right)^2 + h^2 = 10^2$ ▶ Satz des Pythagoras

$\Leftrightarrow \left(\frac{g}{2}\right)^2 = 10^2 - h^2 = 100 - h^2$

$\frac{g}{2} = \sqrt{100 - h^2}$

$g = 2 \cdot \sqrt{100 - h^2}$ ▶ Nebenbedingung

$A(h) = \frac{1}{2} \cdot (2 \cdot \sqrt{100 - h^2}) \cdot h$

$A(h) = \sqrt{100 - h^2} \cdot h$ ▶ Zielfunktion

Die Höhe h des Dreiecks ist immer positiv. Sie ist maximal so lang, wie eine Kathete, wenn die Grundseite die Länge null hätte. Somit gilt: $0 \leq h \leq 10$.

$$D_A = [0; 10]$$

Die Ableitung von A können wir mithilfe der Produktregel bestimmen. Außerdem ist es möglich, den Wurzelterm als Potenzterm auszudrücken.
Allerdings ist das Lösen der Gleichung $A'(h) = 0$ recht aufwendig.

$$A(h) = \sqrt{100 - h^2} \cdot h$$

Mit einer Überlegung vereinfachen wir diesen Vorgang erheblich: Anstelle der Funktion A wird die Funktion A^2 auf Extremstellen untersucht, denn Sie besitzt ebenfalls alle Extremstellen von A.

$$A^2(h) = [\sqrt{100 - h^2} \cdot h]^2 = (100 - h^2) \cdot h^2$$

$$A^2(h) = -h^4 + 100h^2$$
$$(A^2)'(h) = -4h^3 + 200h$$
$$(A^2)''(h) = -12h^2 + 200$$

> Die Funktion f^2 hat die gleichen Extrema wie f und evtl. zusätzliche.

Wir bilden die ersten beiden Ableitungen von A^2 und nutzen die hinreichende Bedingung zur **Extremwertberechnung**.

Hinreichende Bedingung für Extrema:
$(A^2)'(h_E) = 0 \ \wedge \ (A^2)''(h_E) \neq 0$

Setze $(A^2)'(h_E) = 0$:
$$(A^2)'(h_E) = 0$$
$$-4h_E^3 + 200h_E = 0$$
$$\Leftrightarrow \quad -4h_E \cdot (h_E^2 - 50) = 0$$
$$\Leftrightarrow \quad h_E = 0 \vee h_E^2 - 50 = 0$$
$$\Leftrightarrow h_{E_1} = 0; h_{E_2} = \sqrt{50}; h_{E_3} = -\sqrt{50} \notin D_A$$

Es gibt keine Dreiecke, deren Höhe h kleiner oder gleich null ist. Darum ist von den ermittelten Lösungen ausschließlich $h_{E_2} = \sqrt{50} \approx 7{,}07 \, \text{cm}$ sinnvoll.

Prüfe, ob $(A^2)''(h_E) \neq 0$:
$$(A^2)''(\sqrt{50}) = -12(\sqrt{50})^2 + 200 = -400 < 0$$
$$\Rightarrow h_{E_2} \text{ ist Maximalstelle}$$

Wir berechnen das Maximum wieder mit der Ausgangsfunktion A.

Berechne Funktionswert:
$$A(\sqrt{50}) = \sqrt{100 - (\sqrt{50})^2} \cdot \sqrt{50} = (\sqrt{50})^2 = 50$$

Durch die **Randwertbetrachtung** wird das absolute Maximum der Dreiecksfläche bei $h_{E_2} = \sqrt{50}$ bestätigt. Der maximale Flächeninhalt des Dreiecks beträgt also tatsächlich $50 \, \text{cm}^2$.

$$A(0) = \sqrt{100 - 0^2} \cdot 0 = 0 < 50$$
$$A(10) = \sqrt{100 - 10^2} \cdot 10 = 0 < 50$$

Die Länge der zugehörigen Grundseite können wir über die Nebenbedingung ermitteln.

$$g = 2 \cdot \sqrt{100 - h_{E_2}^2} = 2 \cdot \sqrt{50} \approx 14{,}14 \, \text{cm}$$

Mit gerundeten Werten lässt sich folgender **Schlusssatz** formulieren:
Das gleichschenklig-rechtwinklige Dreieck mit einer Schenkellänge von $10 \, \text{cm}$, der Grundseitenlänge von $14{,}14 \, \text{cm}$ und der Höhe von $7{,}07 \, \text{cm}$ hat den größten Flächeninhalt von $50 \, \text{cm}^2$.

1. Ein Rechteck besitzt eine Diagonale von $15 \, \text{cm}$.
   Bestimmen Sie das Rechteck mit dem größten Flächeninhalt.

2. Zeichnen Sie die Graphen der Funktionen f mit $f(x) = \frac{x}{4} \cdot \sqrt{400 - x^2}$ und f^2 mit $f^2(x) = \frac{x^2}{16} \cdot (400 - x^2)$. Zeigen Sie am Beispiel der beiden Funktionen, dass die Funktion f^2 an denselben Stellen Extrema der gleichen Art besitzt wie die Funktion f.

1. Ein Rechteck mit dem Umfang 20 cm soll so gestaltet werden, dass die Diagonale möglichst klein wird. Bestimmen Sie die Abmessungen.

2. Ein gleichseitiges Dreieck mit dem Umfang 120 m soll so gewählt werden, dass der Flächeninhalt maximal ist. Bestimmen Sie die Seitenlängen und den Flächeninhalt.

3. Ein Rechteck besitzt eine Fläche von 120 cm². Bestimmen Sie das Rechteck mit der kleinsten Diagonallänge d.

4. Ein rundum gemauerter unterirdischer Abwasserkanal in Form eines Rechtecks mit aufgesetztem Halbkreis hat einen Gesamtumfang von 5 m. Um günstige Strömungsverhältnisse zu erreichen, soll der Kanal einen möglichst großen Querschnitt aufweisen. Bestimmen Sie die Abmessungen.

5. Der Besitzer eines Campingplatzes möchte zwischen den Wegen auf einer freien Parzelle einen möglichst großen rechteckigen Kiosk bauen. Wählen Sie die Abmessungen des Gebäude so, dass die Grundfläche maximal wird.

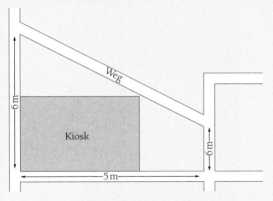

6. Ein Kraftwerk steht direkt an der Küste. Um eine in der Nähe gelegene Insel mit Strom zu versorgen, muss ein Kabel vom Kraftwerk zur Insel gelegt werden. Ein Unterwasserkabel kostet 11 000 € pro km während ein Erdkabel nur 7 000 € pro km kostet. Ermitteln Sie, wie die Kabel verlegt werden sollen, sodass die Kosten so gering wie möglich sind.

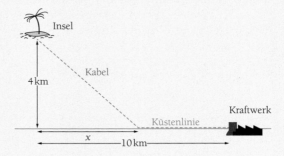

7. Ein Designer soll ein Sektglas mit kegelförmigem Füllbereich entwerfen. Die Seitenlinie s des Füllbereichs ist mit einer Länge von 12 cm vorgegeben.

a) Wie müssen die übrigen Maße des Füllbereichs gewählt werden, damit das Volumen maximal wird?

b) Wie groß ist das maximale Volumen?

c) Ein anderer Auftrag lautet, ein Sektglas mit kegelförmigem Füllbereich zu entwerfen, dessen kreisförmige Öffnung einen Durchmesser von 6 cm hat. Auch hier soll der Füllbereich maximales Volumen haben. Erläutern Sie, warum der Designer diesen Auftrag nicht ausführen kann.

8. Stellen Sie aus einem DIN-A4-Blatt eine oben offene, quaderförmige Schachtel her, deren Volumen möglichst groß ist. Als Hilfsmittel stehen Ihnen Schere und Klebstoff zur Verfügung. Prüfen Sie, ob es mehr als eine Lösung gibt.

5.3.3 Physikalisch-technische Anwendungen

Bei technischen Anwendungen sind viele Größen oft vom Zeitpunkt des Betrachtens abhängig. Häufig können sie als Funktion abhängig von der Zeit dargestellt werden. Das ist beispielsweise der Fall bei Bewegungsabläufen, bei Mehrkörpersystemen in der Mechanik, aber auch in der Wechselstromtechnik, etwa in Schwingkreisen oder an elektronischen Bauteilen wie Spule, Kondensator und Widerstand.

(7)   Testfahrt

Während der Entwicklung und Erprobung eines neuen Fahrzeugmodells werden vom Hersteller umfangreiche Testfahrten durchgeführt. Hierzu werden die Fahrzeuge mit verschiedenen Sensoren bestückt, die zahlreiche Werte aufzeichnen können. Der Fahrtenschreiber hat den zurückgelegten Weg bei einer Testfahrt als Weg-Zeit-Funktion s mit $s(t) = \frac{1}{125}t^4 - \frac{6}{25}t^3 + \frac{12}{5}t^2 + 20t$ in $I = [0; 15]$ dokumentiert (s in Metern, t in Sekunden).

Ermitteln Sie für die weitere Analyse der Testfahrt die Teilintervalle, in denen das Fahrzeug beschleunigte bzw. abbremste, sowie den maximalen Bremswert und die Geschwindigkeit zu diesem Zeitpunkt.

Im Allgemeinen sind bei Bewegungsvorgängen die Geschwindigkeit und die Beschleunigung zeitabhängig. So ist die Geschwindigkeit die (lokale) Änderung des Weges in Abhängigkeit von der Zeit.

Mathematisch ist dies nichts anderes als die erste Ableitung des Weges nach der Zeit:

$$v(t) = s'(t)$$

Die Beschleunigung ist die (lokale) Änderung der Geschwindigkeit in Abhängigkeit von der Zeit. Die Ableitung der Geschwindigkeit nach der Zeit ist die Beschleunigung:

$$a(t) = v'(t) = s''(t)$$

Nach dieser Vorüberlegung bilden wir nun zuerst die ersten drei Ableitungen der Ausgangsfunktion.

Wir wollen die Beschleunigungs- und Bremsintervalle bestimmen. Dazu müssen wir herausfinden, an welchen Stellen die Beschleunigung ihr Vorzeichen wechselt. Dies entspricht der Bestimmung der Nullstellen von a.

Wir nutzen die p-q-Formel und erhalten als Nullstellen der Beschleunigungsfunktion a die Werte $t_{N_1} = 5$ und $t_{N_2} = 10$.

Somit können wir im Intervall $I = [0; 15]$ drei Teilintervalle bestimmen. Die Beschleunigungsintervalle werden durch die Nullstellen begrenzt.

Im nächsten Schritt überprüfen wir das Beschleunigungsverhalten des Fahrzeugs im ersten Teilintervall.
Wir setzen dazu einen beliebigen t-Wert aus dem Teilintervall in die Beschleunigungsfunktion ein.

$$s(t) = \frac{1}{125}t^4 - \frac{6}{25}t^3 + \frac{12}{5}t^2 + 20t$$
$$s'(t) = \frac{4}{125}t^3 - \frac{18}{25}t^2 + \frac{24}{5}t + 20 = v(t)$$
$$s''(t) = \frac{12}{125}t^2 - \frac{36}{25}t + \frac{24}{5} \qquad = v'(t) = a(t)$$
$$s'''(t) = \frac{24}{125}t - \frac{36}{25} \qquad\qquad = v''(t) = a'(t)$$

$$a(t_N) = 0$$
$$\Leftrightarrow \frac{12}{125}t_N{}^2 - \frac{36}{25}t_N + \frac{24}{5} = 0$$
$$\Leftrightarrow \quad t_N{}^2 - 15t_N + 50 = 0$$
$$\Leftrightarrow t_{N_{1,2}} = -\frac{-15}{2} \pm \sqrt{\left(-\frac{15}{2}\right)^2 - 50}$$
$$\Rightarrow t_{N_1} = 5; \; t_{N_2} = 10$$

$$I_{B_1} = \,]0; 5[; \; I_{B_2} = \,]5; 10[; \; I_{B_3} = \,]10; 15[$$

$$I_{B_1} = \,]0; 5[$$
$$a(3) = \frac{12}{125} \cdot 3^2 - \frac{36}{25} \cdot 3 + \frac{24}{5} = \frac{168}{125} = 1{,}344\,\tfrac{m}{s^2} > 0$$
$$\Rightarrow \text{In } I_{B_1} \text{ beschleunigt das Fahrzeug.}$$

In den anderen beiden Teilintervallen gehen wir analog vor.

$I_{B_2} =]5; 10[$

$a(8) = \frac{12}{125} \cdot 8^2 - \frac{36}{25} \cdot 8 + \frac{24}{5} = -\frac{72}{125} = -0,576 \frac{m}{s^2}$

$\Rightarrow$ In I_{B_2} bremst das Fahrzeug.

$I_{B_3} =]10; 15[$

$a(12) = \frac{12}{125} \cdot 12^2 - \frac{36}{25} \cdot 12 + \frac{24}{5} = \frac{168}{125} = 1,344 \frac{m}{s^2}$

$\Rightarrow$ In I_{B_3} beschleunigt das Fahrzeug.

Wir wollen nun die maximale Bremswirkung bestimmen. Dazu ermitteln wir das Minimum von a mit der hinreichenden Bedingung. Als mögliche Extremstelle erhalten wir $t_E = 7,5$.

Hinreichende Bedingung für Extrema:

$a'(t_E) = 0 \;\wedge\; a''(t_E) \neq 0$

Setze $a'(t_E) = 0$:

$$\frac{24}{125} t_E - \frac{36}{25} = 0$$

$$\Leftrightarrow 24 t_E - 180 = 0 \Leftrightarrow \mathbf{t_E = 7{,}5}$$

Die Überprüfung mit dem zweiten Kriterium der hinreichenden Bedingung bestätigt t_E als lokale Minimalstelle von a.

Prüfe, ob $a''(t_E) \neq 0$:

$a''(t_E) = \frac{24}{125} > 0 \Rightarrow t_E$ ist Minimalstelle

Den Wert der maximalen Bremswirkung berechnen wir, indem wir t_E in die Funktionsgleichung von a einsetzen. Die zugehörige Geschwindigkeit erhalten wir durch das Einsetzen von t_E in die Gleichung von v. Das Ergebnis für die Geschwindigkeit rechnen wir von $\frac{m}{s}$ in $\frac{km}{h}$ um, indem wir mit 3,6 multiplizieren.

Berechne Funktionswert:

$a(7,5) = -0,6 \frac{m}{s^2}$

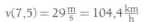

Bremsen bedeutet negative Beschleunigung.

$v(7,5) = 29 \frac{m}{s} = 104,4 \frac{km}{h}$

Das Fahrzeug bremst im angegebenen Intervall nach 7,5 s am stärksten. Die maximale Bremswirkung beträgt $-0,6 \frac{m}{s^2}$ bei einer Geschwindigkeit von ca. $105 \frac{km}{h}$.

Oftmals wird die erste Ableitung einer Funktion nach der Zeit t statt mit einem kleinen Strich mit einem Punkt über dem Funktionsnamen gekennzeichnet. Die höheren Ableitungen werden demnach mit mehreren Punkten versehen. Man schreibt: $\mathbf{v(t) = \dot{s}(t)}$ bzw. $\mathbf{a(t) = \dot{v}(t) = \ddot{s}(t)}$

1. Zeigen Sie, dass bei einer Bewegung mit $s(t) = \frac{1}{2} a \cdot t^2$ eine konstante Beschleunigung vorliegt, und geben Sie die zugehörige Geschwindigkeitsfunktion v an.

2. Untersuchen Sie mithilfe eines Funktionsplotters, in welchen charakteristischen Punkten einer beliebigen Weg-Zeit-Funktion s die maximale Geschwindigkeit vorliegt. Begründen Sie Ihre Vermutung.

3. Bei einem Fahrzeug wurde die Geschwindigkeit v mit $v(t) = -\frac{2}{45} t^2 + \frac{4}{3} t$ in $I = [0; 20]$ ermittelt.
   a) Berechnen Sie, wann der Fahrer den Bremsvorgang beginnt.
   b) Bestimmen Sie die Funktionsgleichung einer möglichen Weg-Zeit-Funktion s für die Fahrt das Fahrzeugs.

In der Physik und Technik lassen sich weitere Beziehungen finden, die mithilfe der Differenzialrechnung beschrieben werden können. Nicht alle Zusammenhänge lassen sich durch ganzrationale Funktionen erfassen, sondern gehören zu weiteren Funktionsklassen.

▶ Trigonometrische Funktionen, gebrochen-rationale Funktionen und Exponentialfunktionen

Ausgangsfunktion	Ableitung	Zusammenhang
elektrische Ladung $q(t)$	$i(t) = \dot{q}(t)$	Beim Stromfluss durch einen elektrischen Leiter ist die **Stromstärke $i(t)$** die erste Ableitung der elektrischen Ladung $q(t)$ nach der Zeit t.
elektrische Stromstärke $i(t)$	$u(t) = L \cdot i'(t)$	Fließt durch eine Spule der Induktivität L ein zeitlich veränderter Strom der Stromstärke $i(t)$, so ergibt sich die **elektrische Spannung $u(t)$** als Produkt aus Induktivität und der Ableitung der Stromstärke nach der Zeit t.
elektrische Spannung $u(t)$	$i(t) = C \cdot \dot{u}(t)$	Liegt an einem Kondensator eine zeitlich veränderte elektrische Spannung $u(t)$ an, so ergibt sich die **Stromstärke $i(t)$** als Produkt aus Kapazität C und der Ableitung der Spannung nach der Zeit t.
Drehwinkel $\varphi(t)$	$\omega(t) = \dot{\varphi}(t)$	Die augenblickliche Lage eines Massenpunktes wird durch den zeitabhängigen Winkel $\varphi(t)$ beschrieben. Die **Winkelgeschwindigkeit $\omega(t)$** ist die erste Ableitung des Drehwinkels $\varphi(t)$ nach der Zeit t.
Winkelgeschwindigkeit $\omega(t)$	$\alpha(t) = \dot{\omega}(t)$	Die **Winkelbeschleunigung $\alpha(t)$** ist die erste Ableitung der Winkelgeschwindigkeit $\omega(t)$ nach der Zeit t.
mechanische Arbeit $W(x)$	$F(x) = W'(x)$	Die Ableitung der vom Anfangspunkt bis zur Wegstelle x verrichteten mechanischen Arbeit $W(x)$ entspricht der an dieser Stelle wirkenden **Kraftkomponente $F(x)$**.
Biegemoment $M(x)$	$Q(x) = M'(x)$	In der Statik gibt es bei der Schnittgrößenermittlung am geraden Balken folgenden Zusammenhang zwischen äußerer Belastung und den inneren Kräften: Die **Querkraft $Q(x)$** an der Stelle x im Balken entspricht der ersten Ableitung des Biegemoments $M(x)$.
Querkraft $Q(x)$ bzw. Biegemoment $M(x)$	$q(x) = Q'(x)$ bzw. $q(x) = M''(x)$	Die **äußere Belastung $q(x)$** auf einen geraden Balken entspricht der ersten Ableitung der Querkraft $Q(x)$ bzw. der zweiten Ableitung des Biegemoments $M(x)$.
Durchbiegung $w(x)$	$M(x) = -EI \cdot w''(x)$	Der Verlauf des **Biegemoments $M(x)$** in einem geraden Balken entspricht der zweiten Ableitung der Durchbiegung $w(x)$ des Balkens multipliziert mit einer Materialkonstante EI.
Volumen eines Körpers $V(h)$	$A_Q(h) = V'(h)$	Die **Querschnittfläche $A_Q(h)$** eines Körpers bis zur Höhe h entspricht der ersten Ableitung des Volumens eines Körpers nach der Höhe h.
Volumen einer Kugel $V(r)$	$A_O(r) = V'(r)$	Die **Oberfläche $A_O(r)$** einer Kugel mit dem Radius r entspricht der ersten Ableitung des Volumens der Kugel nach dem Radius r.

Übungen zu 5.3.3

1. Ein Pkw beschleunigt aus dem Stand sechs Sekunden lang mit der Beschleunigung $5\frac{m}{s^2}$ und fährt dann mit gleichförmiger Bewegung weiter. Die funktionale Abhängigkeit zwischen dem Weg s und der Zeit t lässt sich dann durch die Funktion s beschreiben:

$$s(t) = \begin{cases} 2{,}5t^2 & \text{für } x \in [0;6] \\ 30t - 90 & \text{für } x \in]6;\infty[\end{cases}$$

a) Berechnen Sie die Geschwindigkeit zu den Zeitpunkten $t_{0_1} = 5$ und $t_{0_2} = 7$ (Zeiteinheit: Sekunden).

b) Zeigen Sie, dass die Funktion s an der Stelle $t_0 = 6$ differenzierbar ist, geben Sie die Geschwindigkeit zu diesem Zeitpunkt an und zeichnen Sie den Graphen von v.

2. Bei einer U-Bahn-Fahrt zwischen zwei Haltestellen wird der zurückgelegte Weg s als Funktion der Zeit t untersucht (Weg in Meter, Zeit in Sekunden). Dabei ergibt sich folgender Zusammenhang:

$$s(t) = \begin{cases} 0{,}5t^2 & \text{für } 0 \leq t \leq 12 \\ 0{,}2(t+18)^2 - 108 & \text{für } 12 < t \leq 35 \\ 21{,}2(t-35) + 453{,}8 & \text{für } 35 < t \leq 38 \\ -0{,}48(t-60)^2 + 749{,}72 & \text{für } 38 < t \leq 60 \end{cases}$$

a) Zeichnen Sie den Graphen von s für $0 \leq t \leq 60$.

b) Bestimmen Sie die maximale Geschwindigkeit und Beschleunigung der U-Bahn.

3. Aus dem Weg-Zeit-Gesetz $s(t)$ einer Bewegung kann man die Momentangeschwindigkeit $v(t)$ und die Momentanbeschleunigung $a(t)$ berechnen. Es gilt: $v(t) = \dot{s}(t)$ und $a(t) = \ddot{s}(t)$.
Ermitteln Sie zu dem gegebenen Term $s(t)$ die Funktionsterme $v(t)$ und $a(t)$.

a) $s(t) = 3\frac{m}{s} \cdot t + 2\,m$ b) $s(t) = 4\frac{m}{s^2} \cdot t^2 + 10\frac{m}{s} \cdot t + 1\,m$ c) $s(t) = v_0 \cdot t - \frac{1}{2}g \cdot t^2$
Zeichnen Sie zu den Teilaufgaben a) und b) jeweils das Weg-Zeit-, das Geschwindigkeit-Zeit- sowie das Beschleunigung-Zeit-Diagramm.

4. Das Volumen eines Getränks, das in einem Glas bis zur Höhe h steht, wird durch die Funktion V ausgedrückt. Beschreiben Sie, welche Bedeutung die Ableitung V' hat.

5. Bestätigen Sie das Ergebnis von Aufgabe 4) durch Rechnung mithilfe von Volumenformen für die nachfolgenden Glasformen:

a) Kegel mit der Höhe H und dem Grundkreisradius R

b) Zylinder mit einem Grundkreisradius R

c) Abschnitt einer Kugel vom Radius R

d) Paraboloid mit Höhe H und Grundkreisradius R

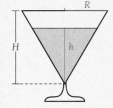 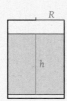  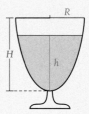

6. Für die Stromstärke gilt $i(t) = \dot{q}(t)$, wobei $q(t)$ die elektrische Ladung ist, die durch einen Leitungsquerschnitt zu einem bestimmten Zeitpunkt t fließt. Es ist nun $q(t) = 2 - 2t + t^2$ gegeben (Zahlenwertgleichung). Bestimmen Sie die Stromstärke und die zeitliche Änderung der Stromstärke zum Zeitpunkt $t = 5$.

7. Bestimmen Sie näherungsweise die Steigung an jeweils drei verschiedenen Stellen der folgenden Kennlinien. Beachten Sie dabei die Achseneinteilung.

a)

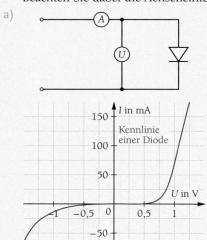

b)

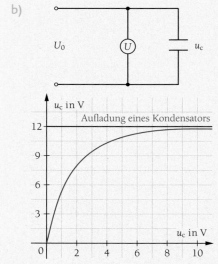

8. Ein Träger ist an einem Ende fest eingespannt und liegt an seinem anderen Ende fest auf. Infolge seines Eigengewichts biegt sich der Träger nach unten durch. Die Lage der neutralen Faser des Trägers ist durch die folgende Gleichung gegeben:

$y = -k \cdot \left(\frac{3x^3}{a^2} + \frac{2x^4}{a^3} \right)$ Dabei ist $a = 8\,\text{m}$ die Länge des Trägers und k eine positive dimensionslose Konstante.

a) Bestimmen Sie die Stelle, an der der Träger am weitesten durchhängt.

b) Bestimmen Sie k, wenn der Winkel zwischen der Kurventangente im Auflagepunkt und der Horizontalen 1° beträgt.

9. Der dargestellte Träger auf zwei Stützen besitzt folgende Momentenverteilung:

$M(x) = \frac{1}{6 \cdot EI} \cdot (x^3 - 4x); \quad EI = \text{const.}$

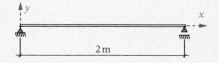

a) Berechnen Sie, an welcher Stelle die größte Momentenbelastung auftritt.

b) Ermitteln Sie die zugehörige äußere Belastung $q(x)$ auf den Träger.

286-1
286-2

10. Ein linksseitig eingespannter Träger wird mit einer Gleichstreckenlast q_0 belastet. Die Gleichung der Durchbiegung lautet:

$w(x) = \frac{1}{24 \cdot EI} \cdot (q_0 x^4 - 12\,q_0 x^3 + 54\,q_0 x^2); EI = \text{const.}$

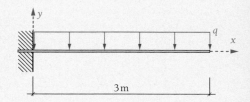

a) Bestimmen Sie Betrag und Stelle der maximalen Durchbiegung.

b) Ermitteln Sie die Momenten- und Querkraftlinien $M(x)$ bzw. $Q(x)$.

Übungen zu 5.3

1. Das Weg-Zeit-Gesetz für den senkrechten Wurf lässt sich durch die ganzrationale Funktion s mit $s(t) = v_0 t - 0{,}5\,g\,t^2$; $D_s = \mathbb{R}$ beschreiben, wobei v_0 die Anfangsgeschwindigkeit (z. B. eines Balles beim Verlassen der Hand) und g die Gravitationskonstante ($\approx 10\,\frac{m}{s^2}$) bezeichnet. Die Anfangsgeschwindigkeit, mit der ein Ball senkrecht nach oben geworfen wird, soll $30\,\frac{m}{s}$ betragen.

a) Bestimmen Sie die Höhe des Balles nach 2 s, 4 s, 6 s.

b) Berechnen Sie die Ballgeschwindigkeit nach 2 s, 4 s, 6 s.

c) Wie groß ist die Geschwindigkeit des Balles zu dem Zeitpunkt, zu dem er seine höchste Flughöhe erreicht hat, und wie hoch fliegt der Ball dann?

2. Die Tragseile einer Hängebrücke sind bei den Punkten A und B an den Brückenpfeilern befestigt. Sie tragen über senkrecht verlaufende Spannseile die Brücke und bilden durch diese Befestigung die Form einer quadratischen Parabel. Deren tiefster Punkt liegt 50 m unterhalb der beiden Aufhängungspunkte. Berechnen Sie den Winkel, den das Tragseil und ein Brückenpfeiler einschließen.

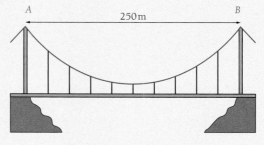

3. Die Stadt Münster plant um den Ort Wolbeck, durch den eine gerade Straße führt, eine Umgehungsstraße zu bauen. Zur Modellierung wurde die Situation so in ein Koordinatensystem übertragen, dass die Umgehungsstraße in den Punkten $A(0\,|\,8)$ und $C(8\,|\,0)$ „ohne Knick" in die alte Straße führt. Weiterhin soll die Umgehungsstraße durch den Punkt $B(4\,|\,2)$ verlaufen. Gesucht ist eine ganzrationale Funktion vierten Grades, mit der man den Verlauf der Umgehungsstraße näherungsweise beschreiben kann.

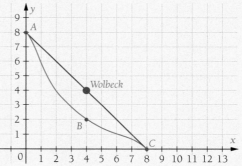

4. Es soll eine Hochspannungsleitung über eine Schlucht zwischen den Masten A und B gelegt werden. A ist 120 m von B in waagerechter Richtung entfernt und liegt 40 m höher. Der Verlauf der Leitung kann näherungsweise durch eine quadratische Funktion beschrieben werden. Der tiefste Punkt der Leitung ist in waagerechter Richtung 30 m von B entfernt.

a) Wählen Sie ein geeignetes Koordinatensystem, um die Problemstellung wiederzugeben.

b) Bestimmen Sie die Funktionsgleichung.

c) Bestimmen Sie den größten Abstand zwischen dem Durchhang und der Geraden durch A und B.

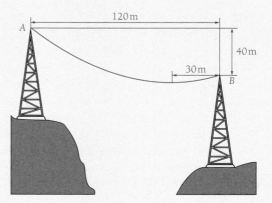

5. Ein Bücherbrett liegt an zwei Punkten symmetrisch auf und wird mit Büchern gleichen Gewichts belastet. Die Biegelinie ist gegeben durch die Funktion $f_{L,c}$ mit $f_{L,c}(x) = c \cdot x(2Lx^2 - x^3 - L^3)$; $0 \leq x \leq L$ (x in Metern). L gibt die Entfernung der zwei Punkte an, c ist eine materialspezifische Konstante.

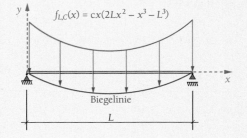

$$f_{L,C}(x) = cx(2Lx^2 - x^3 - L^3)$$

Biegelinie

L

a) Bestimmen Sie zunächst konkret die Nullstellen, Extrema und Wendepunkte für $c = 1$ und $L = 0{,}8$.

b) Bestimmen Sie die Stelle, an dem das Bücherbrett am tiefsten durchhängt in Abhängigkeit von c und L.

6. Die Biegefestigkeit eines Balkens hängt von der Form seines Querschnitts ab. Für die Belastbarkeit eines Balkens mit rechteckigem Querschnitt gilt die Formel $M = \sigma \cdot \frac{b \cdot h^2}{6}$, wobei b die Breite und h die Höhe des Querschnittsrechtecks ist; $\sigma > 0$ ist eine Materialkonstante.

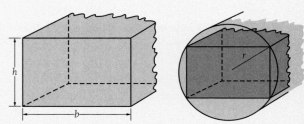

a) Bestimmen Sie, wie man einen Baumstamm mit kreisförmigem Querschnitt (Radius r) zuschneiden muss, um einen Balken mit größtmöglicher Festigkeit zu erhalten.

b) Bestimmen Sie, welchen Durchmesser ein Baumstamm mindestens haben müsste, wenn die schmale Seite des optimalen Balkens 12 cm betragen soll.

7. Die Querschnittsfläche eines Bauelements wird durch die Graphen der Funktionen f mit $f(x) = \frac{1}{9}x^3 - \frac{5}{4}x^2 + \frac{14}{3}x^5$ und g mit $g(x) = -0{,}25x^2 + 2x$ im Intervall $[0; 8]$ begrenzt. Bestimmen Sie die maximale und die minimale Ausdehnung des Bauelements.

8. Der Zu- und Ablauf eines Abwasserauffangbeckens lässt sich für $t \in [0; 12]$ annähernd durch eine ganzrationale Funktion dritten Grades beschreiben. Zum Zeitpunkt $t = 0$ enthält das Becken 300 m³ Wasser. Nach 12 Stunden ist das Becken leer. Nach 4 Stunden hat der Wasserstand seinen höchsten Wert erreicht. Er liegt bei 500 m³. Geben Sie die Funktionsgleichung an.

9. Gegeben ist ein Kreis mit dem Radius r.

a) Zeigen Sie, dass die Ableitung des Flächeninhalts des Kreises nach dem Radius r den Kreisumfang ergibt.

b) Begründen Sie, ohne die Formeln zu benutzen, warum die Änderungsrate des Kreisflächeninhalts der Umfang ist. Stellen Sie sich vor, der Kreis wird von der Mitte aus aufgeblasen.

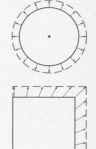

10. Diskutieren Sie die Bedeutung der Ableitung als lokale Änderungsrate bei folgenden Flächen:

   a) Quadrat: Ableitung des Flächeninhalts nach der Seitenlänge

   b) Quadrat: Ableitung des Flächeninhalts nach dem Radius des Inkreises

   c) regelmäßiges Sechseck: Ableitung des Flächeninhalts nach dem Radius des Inkreises

   (Zeigen Sie zunächst: Das regelmäßige Sechseck hat den Flächeninhalt $A(r) = 2r^2 \cdot \sqrt{3}$ und die Seitenlänge $l(r) = \frac{2r}{\sqrt{3}}$.)

Ich kann ...

... die allgemeine Funktions-gleichung einer ganzratio-nalen Funktion n-ten Grades angeben und ableiten. ▶ Test-Aufgaben 1, 2	Grad 4: $f(x) = ax^4 + bx^3 + cx^2 + dx + e$ $f'(x) = 4ax^3 + 3bx^2 + 2cx + d$ $f''(x) = 12ax^2 + 6bx + 2c$	
*... Angaben über **Punkte, Extrem- und Wendepunkte** sowie Steigung und Krüm-mung in Bedingungsgleichun-gen übersetzen.* ▶ Test-Aufgaben 1, 2	Extrempunkt $E(1\mid 5)$: $\Rightarrow f(1) = 5; f'(1) = 0$ Der Graph von f hat in $x = 3$ die Steigung 4: $f'(3) = 4$	$P(a\mid b)$: a für x und b für $f(x)$ in f einsetzen
*... ein **LGS aufstellen und lösen**, um die **Funktionsglei-chung zu bestimmen**.* ▶ Test-Aufgaben 1, 2	1. Lineares Gleichungssystem lösen 2. Funktionsgleichung angeben	• Gauß'schen Algorithmus, Additions- oder Einsetzungsverfahren anwenden. • Ermittelte Koeffizienten in $f(x)$ einset-zen.
*... zu **Extremwertaufga-ben** eine **Skizze** anfertigen und die gegebenen Variablen festlegen.* ▶ Test-Aufgabe 5	An ein Rechteck wird ein Halbkreis angelegt. Der Umfang ist 10 m. Be-stimmen Sie die Maße, bei denen die Fläche maximal wird.	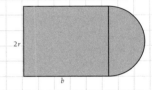
*... die **Haupt- und Nebenbe-dingung** aufstellen.* ▶ Test-Aufgabe 5	Hauptbedingung: $A = 2r \cdot b + 0,5\pi r^2$ Nebenbedingung: $10 = 2r + 2b + \pi r$	**Hauptbedingung:** Formel für die zu maxi-mierende (minimierende) Größe **Nebenbedingung:** Formel, die zusätzlich erfüllt sein muss
*... die **Zielfunktion** ermit-teln.* ▶ Test-Aufgabe 5	$A\quad = 2r \cdot b + 0,5\pi r^2;\quad 5 - r - \frac{\pi r}{2} = b$ $A(r) = 2r \cdot \left(5 - r - \frac{\pi r}{2}\right) + 0,5\pi r^2$ $\quad\ = (-2 - 0,5\pi)r^2 + 10r$	Nebenbedingung nach einer Variablen um-stellen und in Hauptbedingung einsetzen. Zielfunktion hängt von einer Variablen ab.
*... einen sinnvollen **Definiti-onsbereich** angeben.* ▶ Test-Aufgabe 5	$r \in [0; 2,8]$	Grenzen werden berechnet oder ergeben sich aus der Situation.
*... die **Extremstellen** der Zielfunktion ermitteln und Extremwert(e) mit **Randwer-ten** vergleichen.* ▶ Test-Aufgabe 5	$A'(r) = 10 - 4r - \pi r$; $A''(r) = -4 - \pi$ $10 - 4r_E - \pi r_E = 0 \Rightarrow r_E \approx 1,4$ $A'(1,4) = 0 \ \wedge \ A''(1,4) \approx -7,14 < 0$ $\Rightarrow$ relatives Maximum bei 1,4 Randwerte: $A(0) = 0;\ A(2,8) \approx 0$ $\qquad\qquad\qquad A(1,4) \approx 7,0$ $\Rightarrow$ globales Maximum bei 1,4	Extremwerte ermitteln. Hinreichende Bedingung: $f'(x_E) = 0 \ \wedge \ f''(x_E) < 0 \Rightarrow$ rel. Max. $f'(x_E) = 0 \ \wedge \ f''(x_E) > 0 \Rightarrow$ rel. Min. Bei Extremwerten, die am Rand der Defini-tionsmenge liegen, muss die Ableitung der Zielfunktion nicht zwangsläufig null sein.
*... die **übrigen Variablen** bestimmen und einen **Ant-wortsatz** formulieren.* ▶ Test-Aufgabe 5	$10 = 2,8 + 2b + \pi \cdot 1,4 \Rightarrow \quad b = 1,4$ Bei einer Breite von 1,4 m und ei-nem Radius von 1,4 m wird die Fläche mit etwa 7 m² maximal.	Ermittelte Größe in die Nebenbedingung einsetzen, um die weiteren Größen zu be-rechnen

Test zu 5.3

1. Eine ganzrationale Funktion 5. Grades f ist punktsymmetrisch zum Ursprung. Sie hat in $W(1|1)$ einen Wendepunkt. Die Steigung der Wendetangente beträgt -9. Bestimmen Sie die Funktionsgleichung von f.

2. Die Ausbreitung einer Infektion lässt sich anhand der Anzahl der neu erkrankten Personen in Abhängigkeit von der Zeit dokumentieren.

a) Skizzieren Sie den Verlauf der Ausbreitung eines Virus im Wohngebiet einer Stadt mithilfe der folgenden Angaben: Am ersten Tag wurden bereits 500 Krankheitsfälle gemeldet. Noch am Tag zuvor hatte es keine Meldung dieser Erkrankung gegeben. Der größte Anstieg an Neuerkrankungen war am zweiten Tag zu verzeichnen. Nach fünf Tagen wurde die größte Zahl an neuerkrankten Personen registriert. Danach ging die Zahl der Neuerkrankungen deutlich zurück.

b) Modellieren Sie die Verbreitung des Virus durch eine geeignete ganzrationale Funktion 3. Grades.

c) Zeichnen Sie den Graphen der in b) ermittelten Funktion. Prüfen Sie sowohl anhand der Zeichnung als auch mit der aufgestellten Gleichung, ob die Funktion tatsächlich die unter a) genannten Fakten darstellt.

d) Berechnen Sie die Höchstzahl der an einem Tag gemeldeten Neuerkrankungen.

e) Berechnen Sie, um wie viele Neuerkrankungen die Zahl der Infizierten maximal an einem Tag zunahm.

f) Berechnen Sie, nach wie vielen Tagen nicht mehr mit Neuerkrankungen zu rechnen war.

3. Für den freien Fall gilt $s(t) = \frac{1}{2} g \cdot t^2$.

a) Wie groß ist die Auftreffgeschwindigkeit bei einem Fall aus einer Höhe von 20 m (40 m)?

b) Aus welcher Höhe muss ein Stein fallen, wenn er mit 50 $\frac{km}{h}$ auftreffen soll?

4. Das Weg-Zeit-Gesetz für die Bewegung eines Massenpunktes soll $s(t) = 2t^2 - 12t^2 + 18t + 8$ lauten.

a) Bestimmen Sie s und a für $v = 0$.

b) Bestimmen Sie s und v für $a = 0$.

c) In welchem Bereich wächst s?

d) In welchem Bereich wächst v?

e) Wann wechselt die Bewegungsrichtung?

5. Als Werbegag verteilt ein Schulbuchverlag Schultüten für Berufsschüler, die gerade ihre Ausbildung begonnen haben oder bald beginnen werden. Dazu beauftragt der Verlag ein Schreibwarengeschäft, Kegel mit Seitenkante 24 cm und maximalem Volumen zu erstellen. Dem Schulbuchverlag werden Schultüten mit einem Volumen von 5 125 cm³ geliefert.
Stellen Sie die Berechnungen auf, die das Schreibwarengeschäft zuvor gemacht hat, um das maximale Volumen der Schultüten zu bestimmen. Prüfen Sie, ob der Verlag mit dem Ergebnis des Auftrages zufrieden sein kann.

5.4 Einführung in die Integralrechnung

5.4.1 Die Flächenmaßzahlfunktion

Näherungsweise Bestimmung einer Grundstücksfläche

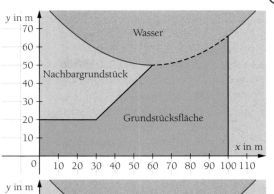

Einem Bauunternehmen wird das abgebildete Bauland zu einem Preis von 195 000 € angeboten. Der durchschnittliche Quadratmeterpreis liegt derzeit bei 50 €. Ermitteln Sie, ob dem Bauunternehmen ein faires Kaufangebot unterbreitet wurde.

Zur Vereinfachung unterteilen wir das Grundstück in mehrere Teilstücke. Die Maßzahlen der Flächeninhalte A_1 bis A_4 sind einfach zu bestimmen:

$A_1 = 30\,\text{m} \cdot 20\,\text{m} = 600\,\text{m}^2$ ▶ $A_{\text{Rechteck}} = \text{Breite} \cdot \text{Höhe}$

$A_2 = A_1 = 600\,\text{m}^2$

$A_3 = \frac{1}{2} \cdot 30\,\text{m} \cdot 30\,\text{m} = 450\,\text{m}^2$

▶ $A_{\text{Dreieck}} = \frac{1}{2} \cdot \text{Grundlinie} \cdot \text{Höhe}$

$A_4 = 40\,\text{m} \cdot 50\,\text{m} = 2\,000\,\text{m}^2$

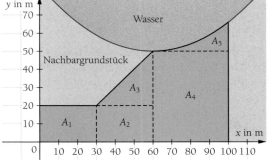

Die Maßzahl des Flächeninhalts von A_5 können wir bisher nur näherungsweise bestimmen. Dazu verschieben wir den Scheitelpunkt des Parabelbogens in den Koordinatenursprung und erhalten so den Graphen der Funktion f mit $f(x) = 0{,}01x^2$. Das Inhaltsmaß der Fläche zwischen diesem Graphen und der x-Achse im Intervall $[0; 40]$ entspricht dem Inhaltsmaß von A_5.

Diese Fläche bedecken wir nun mit vier senkrechten Streifen, die jeweils 10 m breit sind. Die dritte Zeichnung zeigt zwei verschiedene Möglichkeiten dieser Abdeckung: mit langen Streifen (grün) bzw. mit kurzen Streifen (blau).

Der Verkäufer würde die Fläche der grünen und der Käufer die Fläche der blauen Streifen wählen. Für beide Flächen berechnen wir den Inhalt:

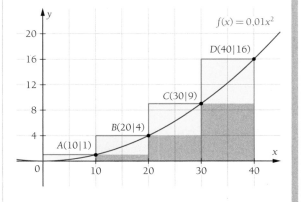

Lange Streifen:	Kurze Streifen:
$L_1 = 10 \cdot 1 = 10$	$K_1 = 10 \cdot 0 = 0$
$L_2 = 10 \cdot 4 = 40$	$K_2 = 10 \cdot 1 = 10$
$L_3 = 10 \cdot 9 = 90$	$K_3 = 10 \cdot 4 = 40$
$L_4 = 10 \cdot 16 = 160$	$K_4 = 10 \cdot 9 = 90$
Summe: $L = 300$	Summe: $K = 140$

Da wir versuchen einen möglichst genauen Wert für den Flächeninhalt A_5 zu ermitteln, bilden wir den Mittelwert aus L und K. Die Größe der Grundstücksfläche ergibt sich als die Summe der fünf Teilflächen. Das Grundstück hat einen Wert von 193 500 € und wird somit zu einem überteuerten Preis angeboten.

$A_5 = (300\,\text{m}^2 + 140\,\text{m}^2) \cdot \frac{1}{2} = 220\,\text{m}^2$ ▶ Mittelwert

Größe des Grundstücks:

$A = A_1 + A_2 + A_3 + A_4 + A_5 = 3\,870\,\text{m}^2$

Kosten: $3\,870\,\text{m}^2 \cdot 50\,\frac{€}{\text{m}^2} = 193\,500\,€$

2   Ober- und Untersumme für $n = 4$

Am Beispiel der Funktion f mit $f(x) = x^2$ und der Fläche A zwischen der x-Achse und dem Graphen von f im Intervall $[0;2]$ machen wir uns mit der im vorigen Beispiel genutzten **Streifenmethode** näher vertraut.

Wir zerlegen das Intervall $[0;2]$ in 4 gleiche Teile und zeichnen über jedem Teilintervall ein Rechteck, dessen rechter oberer Eckpunkt auf dem Graphen von f liegt. Die Rechtecksbreite beträgt $\frac{2}{4} = 0{,}5$; die Höhe ist jeweils durch den Funktionswert von f bestimmt. Da die Rechtecke teilweise oberhalb des Graphen liegen, wird die Summe ihrer Flächeninhalte **Obersumme** genannt und für den Fall $n = 4$ mit O_4 bezeichnet. Entsprechend zeichnen wir Rechtecke ein, deren linker oberer Eckpunkt auf dem Graphen von f liegt. Die entstehende Treppenfläche liegt unterhalb des Graphen und heißt daher **Untersumme**. Im Fall $n = 4$ schreiben wir U_4.

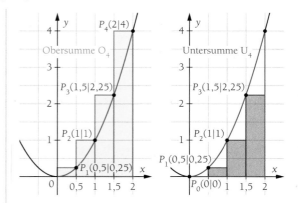

Da das erste Rechteck von U_4 einen Flächeninhalt der Größe 0 hat, unterscheiden sich U_4 und O_4 nur durch den letzten Summanden von O_4.

$$O_4 = 0{,}5 \cdot 0{,}25 + 0{,}5 \cdot 1 + 0{,}5 \cdot 2{,}25 + 0{,}5 \cdot 4 = 3{,}75$$
$$U_4 = 0{,}5 \cdot 0 + 0{,}5 \cdot 0{,}25 + 0{,}5 \cdot 1 + 0{,}5 \cdot 2{,}25 = 1{,}75$$

Da die Obersumme mehr und die Untersumme weniger als die gesuchte Fläche abdeckt, liegt der zu bestimmende Flächeninhalt A zwischen U_4 und O_4, d. h. es gilt: $1{,}75 < A < 3{,}75$.

3   Ober- und Untersumme für $n = 8$

Um eine genauere Eingrenzung für den gesuchten Flächeninhalt A zu erhalten, halbieren wir die Teilintervalle, d. h. wir wählen $n = 8$ und erhalten folglich 8 Rechtecke mit der Breite $0{,}25$.
Die Höhe entspricht jeweils dem Funktionswert an der rechten bzw. linken Grenze des Teilintervalls.

Analog zur Berechnung von O_4 und U_4 erhalten wir $O_8 = 3{,}1875$ und $U_8 = 2{,}1875$.

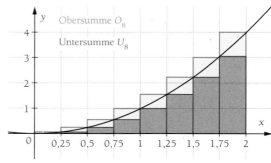

$$\begin{aligned}
O_8 &= 0{,}25 \cdot f(0{,}25) + 0{,}25 \cdot f(0{,}5) + 0{,}25 \cdot f(0{,}75) \\
&\quad + 0{,}25 \cdot f(1) + 0{,}25 \cdot f(1{,}25) + 0{,}25 \cdot f(1{,}5) \\
&\quad + 0{,}25 \cdot f(1{,}75) + 0{,}25 \cdot f(2) \\
&= 0{,}25 \cdot \tfrac{1}{16} + 0{,}25 \cdot \tfrac{1}{4} + 0{,}25 \cdot \tfrac{9}{16} + 0{,}25 \cdot 1 \\
&\quad + 0{,}25 \cdot \tfrac{25}{16} + 0{,}25 \cdot \tfrac{9}{4} + 0{,}25 \cdot \tfrac{49}{16} + 0{,}25 \cdot 4 \\
&= \tfrac{51}{16} = \mathbf{3{,}1875}
\end{aligned}$$

$$\begin{aligned}
U_8 &= 0{,}25 \cdot f(0) + 0{,}25 \cdot f(0{,}25) + 0{,}25 \cdot f(0{,}5) \\
&\quad + 0{,}25 \cdot f(0{,}75) + 0{,}25 \cdot f(1) + 0{,}25 \cdot f(1{,}25) \\
&\quad + 0{,}25 \cdot f(1{,}5) + 0{,}25 \cdot f(1{,}75) \\
&= 0{,}25 \cdot 0 + 0{,}25 \cdot \tfrac{1}{16} + 0{,}25 \cdot \tfrac{1}{4} + 0{,}25 \cdot \tfrac{9}{16} \\
&\quad + 0{,}25 \cdot 1 + 0{,}25 \cdot \tfrac{25}{16} + 0{,}25 \cdot \tfrac{9}{4} + 0{,}25 \cdot \tfrac{49}{16} \\
&= \tfrac{35}{16} = \mathbf{2{,}1875}
\end{aligned}$$

Damit haben wir im Vergleich zum vorhergehenden Beispiel eine genauere Eingrenzung für A gefunden. Es gilt nämlich: $2{,}1875 < A < 3{,}1875$.

Je größer die Anzahl der Recktecke ist, umso besser können wir den gesuchten Flächeninhalt A zwischen Unter- und Obersumme einschachteln. Durch eine Verallgemeinerung unseres Vorgehens können wir sogar für Unter- und Obersumme denselben Wert erreichen, so dass A auch diesen Wert haben muss.

Ober- und Untersumme für $n \to \infty$

Im Beispiel 2 erhielten wir bei $n = 4$ Teilintervallen eine Breite von $\frac{2}{4} = 0{,}5$ für jedes Rechteck. Bei $n = 8$ Teilintervallen (Beispiel 3) betrug die Länge der Teilintervalle und damit die Breite der Streifen $\frac{2}{8} = 0{,}25$. Teilen wir das Intervall $[0;2]$ allgemein in n Teilintervalle, so beträgt die Länge jedes Teilintervalls und damit die Streifenbreite $\frac{2}{n}$.

Die Höhe der Streifen ist durch den Funktionswert von f an den jeweiligen Stellen festgelegt.

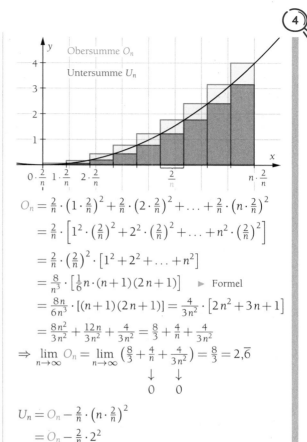

Stelle x	$0 \cdot \frac{2}{n}$	$1 \cdot \frac{2}{n}$	$2 \cdot \frac{2}{n}$	...	$n \cdot \frac{2}{n}$
Höhe $f(x)$	$\left(0 \cdot \frac{2}{n}\right)^2$	$\left(1 \cdot \frac{2}{n}\right)^2$	$\left(2 \cdot \frac{2}{n}\right)^2$	...	$\left(n \cdot \frac{2}{n}\right)^2$

Wir berechnen zunächst die Obersumme und klammern so viel wie möglich aus.

Für die Summe in der eckigen Klammer gibt es eine Formel: $1 + 2^2 + 3^3 + \ldots + n^2 = \frac{1}{6} n \cdot (n+1)(2n+1)$

Wir fassen nun so weit wie möglich zusammen.

Wenn wir für n immer größere Werte einsetzen, werden die Werte des zweiten und dritten Summanden immer kleiner, so dass sie das Ergebnis schließlich nicht mehr beeinflussen. Also erhalten wir als Grenzwert (Limes) für O_n den Wert $\frac{8}{3} = 2{,}\overline{6}$.

Die Treppenfläche der Untersumme unterscheidet sich von der Treppenfläche der Obersumme nur um den Flächeninhalt zweier Rechtecke: Neu hinzu kommt bei U_n das erste Rechteck, das hier jedoch einen Flächeninhalt der Größe 0 hat. Dafür „fehlt" das n-te Rechteck von O_n. Wir erhalten folglich U_n, indem wir von O_n den Flächeninhalt des n-ten Rechtecks subtrahieren. Dieser beträgt $\frac{8}{n}$. Wenn wir für n immer größere Werte einsetzen, wird der Summand $\frac{8}{n}$ immer kleiner und strebt gegen 0.

Daher stimmen die Grenzwerte für die Ober- und die Untersumme überein. Wenn dies der Fall ist, heißt eine Funktion f **integrierbar**.

$$O_n = \frac{2}{n} \cdot \left(1 \cdot \frac{2}{n}\right)^2 + \frac{2}{n} \cdot \left(2 \cdot \frac{2}{n}\right)^2 + \ldots + \frac{2}{n} \cdot \left(n \cdot \frac{2}{n}\right)^2$$

$$= \frac{2}{n} \cdot \left[1^2 \cdot \left(\frac{2}{n}\right)^2 + 2^2 \cdot \left(\frac{2}{n}\right)^2 + \ldots + n^2 \cdot \left(\frac{2}{n}\right)^2\right]$$

$$= \frac{2}{n} \cdot \left(\frac{2}{n}\right)^2 \cdot \left[1^2 + 2^2 + \ldots + n^2\right]$$

$$= \frac{8}{n^3} \cdot \left[\frac{1}{6} n \cdot (n+1)(2n+1)\right] \quad \blacktriangleright \text{ Formel}$$

$$= \frac{8n}{6n^3} \cdot \left[(n+1)(2n+1)\right] = \frac{4}{3n^2} \cdot \left[2n^2 + 3n + 1\right]$$

$$= \frac{8n^2}{3n^2} + \frac{12n}{3n^2} + \frac{4}{3n^2} = \frac{8}{3} + \frac{4}{n} + \frac{4}{3n^2}$$

$$\Rightarrow \lim_{n \to \infty} O_n = \lim_{n \to \infty} \left(\frac{8}{3} + \frac{4}{n} + \frac{4}{3n^2}\right) = \frac{8}{3} = 2{,}\overline{6}$$
$$\qquad\qquad\qquad\qquad \downarrow \quad \downarrow$$
$$\qquad\qquad\qquad\qquad 0 \quad 0$$

$$U_n = O_n - \frac{2}{n} \cdot \left(n \cdot \frac{2}{n}\right)^2$$

$$= O_n - \frac{2}{n} \cdot 2^2$$

$$= O_n - \frac{8}{n}$$

$$\Rightarrow \lim_{n \to \infty} U_n = \lim_{n \to \infty} \left(O_n - \frac{8}{n}\right) = \lim_{n \to \infty} O_n = \frac{8}{3} = 2{,}\overline{6}$$
$$\qquad\qquad\qquad\qquad\qquad \downarrow$$
$$\qquad\qquad\qquad\qquad\qquad 0$$

- Um die Fläche zu bestimmen, die der Graph einer Funktion f oberhalb der x-Achse mit dieser im Intervall $[0;b]$ einschließt, verwendet man die **Streifenmethode**.
- Die Treppenfläche, die vollständig unterhalb des Funktionsgraphen liegt, heißt **Untersumme**. Die Treppenfläche, deren Rechtecke zum Teil oberhalb des Graphen liegen, heißt **Obersumme**.
- Falls die Grenzwerte der Ober- und Untersumme für die Streifenanzahl $n \to \infty$ existieren und übereinstimmen, so heißt die Funktion f **integrierbar**.

Zeichnen Sie den Graphen der Funktion f mit $f(x) = -x^2 + 6x$. Teilen Sie das Intervall $[0;6]$ in acht gleich große Teilintervalle und zeichnen Sie die Treppenflächen der Unter- und Obersumme.

293-1

(5) Flächenmaßzahlfunktion der Normalparabel

Am Beispiel der Funktion f mit $f(x) = x^2$ bestimmen wir nun die **Flächenmaßzahlfunktion**, welche es uns ermöglicht, durch Einsetzen eines einzigen Werts die Größe jedes Flächeninhalts A zwischen der x-Achse und dem Graphen von f im Intervall $[0;x]$ mit $x > 0$ zu berechnen.

Dabei gehen wir ganz analog wie im vorigen Beispiel vor: Wir berechnen zunächst die Obersumme. Dazu teilen wir das Intervall $[0;x]$ in n Streifen der Breite $\frac{x}{n}$; die Höhe ist jeweils durch den Funktionswert von f an den jeweiligen Stellen festgelegt.

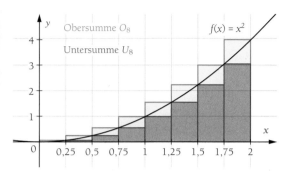

Stelle x	$\frac{x}{n}$	$\frac{2x}{n}$	$\frac{3x}{n}$	$\cdots$	$\frac{nx}{n}$
Höhe $f(x)$	$\left(\frac{x}{n}\right)^2$	$\left(\frac{2x}{n}\right)^2$	$\left(\frac{3x}{n}\right)^2$	$\cdots$	$\left(\frac{nx}{n}\right)^2$

Nun addieren wir die Flächeninhalte der n Streifen und klammern so weit wie möglich aus.

Für die Summe in der eckigen Klammer wenden wir die gleiche Summenformal an wie zuvor. Weiteres Umsortieren liefert:

$O_n = x^3 \cdot \left(\frac{1}{3} + \frac{1}{2n} + \frac{1}{6n^2}\right)$

$$
\begin{aligned}
O_n &= \frac{x}{n} \cdot \left(\frac{x}{n}\right)^2 + \frac{x}{n} \cdot \left(\frac{2x}{n}\right)^2 + \frac{x}{n} \cdot \left(\frac{3x}{n}\right)^2 + \cdots + \frac{x}{n} \cdot \left(\frac{nx}{n}\right)^2 \\
&= \frac{x}{n} \cdot \left[\left(\frac{x}{n}\right)^2 + \left(\frac{2x}{n}\right)^2 + \left(\frac{3x}{n}\right)^2 + \cdots + \left(\frac{nx}{n}\right)^2\right] \\
&= \frac{x}{n} \cdot \left[1^2 \cdot \left(\frac{x}{n}\right)^2 + 2^2 \cdot \left(\frac{x}{n}\right)^2 + 3^2 \cdot \left(\frac{x}{n}\right)^2 + \cdots + n^2 \cdot \left(\frac{x}{n}\right)^2\right] \\
&= \frac{x}{n} \cdot \left(\frac{x}{n}\right)^2 \cdot \left[1^2 + 2^2 + 3^2 + \cdots + n^2\right] \quad \blacktriangleright \text{ Formel} \\
&= \frac{x}{n} \cdot \left(\frac{x}{n}\right)^2 \cdot \left[\frac{1}{6} n \cdot (n+1) \cdot (2n+1)\right] \\
&= x^3 \cdot \frac{1}{6n^2} \cdot (n+1) \cdot (2n+1) \\
&= x^3 \cdot \frac{1}{6n^2} \cdot (2n^2 + 3n + 1) \\
&= x^3 \cdot \left(\frac{1}{3} + \frac{1}{2n} + \frac{1}{6n^2}\right)
\end{aligned}
$$

Für eine beliebige Verfeinerung der Streifen bilden wir jetzt den Grenzwert für $n \to \infty$ und erhalten die allgemeine **Flächenmaßzahlfunktion** zur unteren Grenze null:

$A_0(x) = \frac{1}{3} x^3$

$$
\begin{aligned}
A_0(x) &= \lim_{n \to \infty} O_n \\
&= \lim_{n \to \infty} \left[x^3 \cdot \left(\frac{1}{3} + \underbrace{\frac{1}{2n}}_{\to 0} + \underbrace{\frac{1}{6n^2}}_{\to 0}\right)\right] = \frac{1}{3} x^3
\end{aligned}
$$

Die Treppenfläche der Untersumme unterscheidet sich von der Treppenfläche der Obersumme nur um den Flächeninhalt zweier Rechtecke: Neu hinzu kommt bei U_n das erste Rechteck mit einem Flächeninhalt der Größe 0. Dafür „fehlt" das letzte, also das n-te Rechteck von O_n. Wir erhalten folglich U_n, indem wir von O_n den Flächeninhalt des n-ten Rechtecks subtrahieren. Dieser beträgt $\frac{x^3}{n}$.

$$
\begin{aligned}
U_n &= O_n - \frac{x}{n} \cdot \left(\frac{nx}{n}\right)^2 \\
&= O_n - \frac{x^3}{n}
\end{aligned}
$$

Wenn wir für n immer größere Werte einsetzen, wird der Summand $\frac{x^3}{n}$ immer kleiner und strebt gegen 0. Daher stimmen die Grenzwerte für die Ober- und die Untersumme überein. Somit ist die Funktion f an jeder Stelle x integrierbar.

$$
\begin{aligned}
\lim_{n \to \infty} U_n &= \lim_{n \to \infty} \left(O_n - \underbrace{\frac{x^3}{n}}_{\to \infty}\right) \\
&= \lim_{n \to \infty} O_n = \frac{1}{3} x^3 = A_0(x)
\end{aligned}
$$

Mithilfe der Funktionsgleichung $A_0(x) = \frac{1}{3} x^3$ können wir die Größe jedes Flächeninhalts zwischen dem Funktionsgraphen und der x-Achse unter der Parabel $f(x) = x^2$ einfach berechnen. Beispielsweise können wir so die Maßzahl des Flächeninhalts über dem Intervall $[0;2]$ bestätigen ($\blacktriangleright$ Beispiel 4, Seite 293): $A_0(2) = \frac{1}{3} \cdot 2^3 = \frac{8}{3}$.

Die Bestimmung des Flächeninhalts einer krummlinig begrenzten Fläche mit der Streifenmethode ist sehr aufwendig. Um einen weiteren Lösungsansatz zu finden, betrachten wir die Flächen A_1, A_2 und A_3 aus Beispiel 1 (▶ Seite 291), die geradlinig begrenzt sind, d. h. deren **Randfunktion** jeweils eine lineare Funktion ist. Als Intervall wählen wir auch hier $[0;x]$ mit $x>0$, um die Flächenmaßzahlfunktion zu bestimmen.

Flächen unter dem Graphen

Bestimmen Sie die Flächenmaßzahlfunktion zur Funktion f mit $f(x)=x+20$.

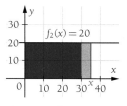

Die zu bestimmenden Flächen setzen sich jeweils aus einer rechteckigen Fläche A_{blau} sowie einer dreieckigen Fläche $A_{\text{grün}}$ zusammen.
Zur einfacheren Betrachtung teilen wir die Gesamtfläche in zwei Flächen auf, die durch die Funktionen f_1 und f_2 mit $f_1(x)=x$ und $f_2(x)=20$ begrenzt werden. Zur Vereinfachung haben wir den Funktionsgraphen, der die dreieckige Fläche begrenzt, wieder in den Koordinatenursprung verschoben. Es ergibt sich:

$$A = A_{\text{blau}} + A_{\text{grün}} = a \cdot b + \tfrac{1}{2} \cdot g \cdot h$$
$$= 20x + \tfrac{1}{2} x^2 = \tfrac{1}{2} x^2 + 20x$$

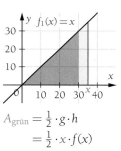

$$A_{\text{blau}} = a \cdot b$$
$$= x \cdot f(x)$$
$$= x \cdot 20$$
$$= 20x$$

$$A_{\text{grün}} = \tfrac{1}{2} \cdot g \cdot h$$
$$= \tfrac{1}{2} \cdot x \cdot f(x)$$
$$= \tfrac{1}{2} \cdot x \cdot x$$
$$= \tfrac{1}{2} x^2$$

Die gesuchte Flächenmaßzahlfunktion hat die Form:

$$A_0(x) = \tfrac{1}{2} x^2 + 20x$$

Nun können wir beispielsweise das Inhaltsmaß der Fläche zwischen dem Graphen von f und der x-Achse über dem Intervall $[0;30]$ berechnen:

$$A_0(30) = \tfrac{1}{2} \cdot 30^2 + 20 \cdot 30 = 1\,050$$

Wir fassen unsere Ergebnisse aus den vorherigen Beispielen zusammen:

Bei der Betrachtung der Randfunktion f und der zugehörigen Flächenmaßzahlfunktion A_0 fällt auf, dass f die Ableitung von A_0 ist.
Für eine Funktion f, deren Graph im Intervall $[0;x]$ oberhalb der x-Achse liegt, gilt:

$$A_0'(x) = f(x) \quad \text{und} \quad A_0(0) = 0$$

▶ Die Einschränkung, dass der Funktionsgraph oberhalb der x-Achse liegen muss, heben wir in Abschnitt 5.5 auf.

Randfunktion	Flächenmaßzahlfunktion
$f(x) = 20$	$A_0(x) = 20x$
$f(x) = x$	$A_0(x) = \tfrac{1}{2} x^2$
$f(x) = x+20$	$A_0(x) = \tfrac{1}{2} x^2 + 20x$
$f(x) = x^2$	$A_0(x) = \tfrac{1}{3} x^3$

1. a) Betrachten Sie obige Tabelle. Welcher Zusammenhang zwischen Flächenmaßzahlfunktion A_0 und zugehöriger Randfunktion f fällt Ihnen auf?

b) Erläutern Sie ihr Vorgehen beim Bestimmen der Flächenmaßzahlfunktionen und stellen Sie hierfür eine allgemeine Formel auf.

2. Bestimmen Sie die Flächenmaßzahlfunktionen A_0 zu den folgenden Randfunktionen f.

a) $f(x) = -x+5$ b) $f(x) = -\tfrac{3}{4} x^2 + 4x + 1$ c) $f(x) = 0{,}1x^3 + 0{,}5$

Bisher haben wir nur Flächen über einem Intervall $[0;b]$ bzw. $[0;x]$ bestimmt. Nun verallgemeinern wir auch die linke Intervallgrenze und betrachten Flächen über dem Intervall $[a;b]$.

7 Fläche über einem Intervall $[a;b]$

Bestimmen Sie das Inhaltsmaß der Fläche zwischen der x-Achse und dem Graphen der Funktion f mit $f(x) = x^2$ im Intervall $[1;2]$.

Die Fläche über dem Intervall $[0;1]$ und auch über dem Intervall $[0;2]$ können wir bereits bestimmen. Der gesuchte Flächeninhalt über dem Intervall $[1;2]$ ist die Differenz von $A_0(2)$ und $A_0(1)$.
Mit der Flächenmaßzahlfunktion A_0 mit $A_0(x) = \frac{1}{3}x^2$ erhalten wir:

$$A = A_0(2) - A_0(1)$$
$$= \frac{1}{3} \cdot 2^3 - \frac{1}{3} \cdot 1^3$$
$$= \frac{8}{3} - \frac{1}{3} = \frac{7}{3}$$

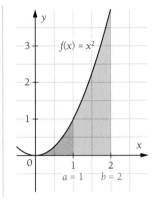

Übungen zu 5.4.1

1. Zeichnen Sie den Graphen der linearen Funktion f mit $f(x) = 1{,}5x + 4$ für $0 \le x \le 4$ in ein Koordinatensystem. Der Graph schließt mit der x-Achse im Bereich von $[0;x]$ ein Trapez ein. Unterteilen Sie dieses Trapez in ein Dreieck und ein Rechteck. Ermitteln Sie die Flächenmaßzahlfunktion mit den Ihnen bekannten Formeln.

2. Bestimmen Sie die Ober- und Untersumme für f mit $f(x) = x + 1$, indem Sie das Intervall $[0;2]$ in vier Teilintervalle aufteilen. Kontrollieren Sie Ihr Ergebnis mithilfe der Formel für Flächeninhalte von Trapezen und erläutern Sie die Abweichung.

3. Ermitteln Sie für die Funktion f mit $f(x) = x + 1$ die Grenzwerte von Ober- und Untersumme für $n \to \infty$, wenn das Intervall $[0;2]$ in n Teilintervalle aufgeteilt ist.
   ▸ Summenformel: $1 + 2 + 3 + \cdots + n = \frac{n(n+1)}{2}$

4. Bestimmen Sie mittels der Streifenmethode die Flächenmaßzahlfunktion zur Randfunktion $f(x) = x^3$.
   ▸ Formel: $1^3 + 2^3 + 3^3 + \cdots + n^3 = \frac{n^2 \cdot (n+1)^2}{4}$

5. Bestimmen Sie, welcher Preis für das Grundstück in Beispiel 1 (▸ Seite 291) bezahlt werden müsste, wenn das Teilstück $(A_4 + A_5)$ von der Randfunktion f mit $f(x) = 0{,}01x^2 - 1{,}2x + 86$ begrenzt wird.

6. Skizzieren Sie den Graphen der Funktion f. Markieren Sie die Fläche, die im angegebenen Intervall I vom Funktionsgraphen und der x-Achse eingeschlossen wird. Berechnen Sie diese Fläche mithilfe der Flächenmaßzahlfunktion A_0.
   a) $f(x) = \frac{1}{4}x^2$; $I = [0;5]$
   b) $f(x) = \frac{1}{3}x^2 + 1$; $I = [0;3]$
   c) $f(x) = -\frac{1}{2}x^2 + 3$; $I = [0;2]$
   d) $f(x) = 2x^3$; $I = [0;1]$

7. Skizzieren Sie die Graphen und berechnen Sie jeweils das Maß der Fläche über dem Intervall $[2;4]$.
   a) $f(x) = -x + 5$
   b) $f(x) = -\frac{3}{4}x^2 + 4x + 1$
   c) $f(x) = 0{,}1x^3 + 0{,}5$
   d) $f(x) = 0{,}01x^4 + 1$

5.4.2 Stammfunktionen und unbestimmte Integrale

In der Differenzialrechnung werden zur Untersuchung einer gegebenen Funktion f die erste Ableitung f' sowie weitere Ableitungsfunktionen gebildet. Die Funktion f bildet dabei den „Stamm", von dem f', f'', f''' usw. abstammen. Bildet man zu einer gegebenen Funktion f diejenige Funktion F, von der f selbst „abstammt", so heißt diese Funktion F deshalb **Stammfunktion von f**.
Im vorherigen Abschnitt haben wir festgestellt, dass die Flächenmaßzahlsfunktion A_0 eine solche Stammfunktion ist. Das Bilden von Stammfunktionen ist daher in der Integralrechnung von besonderer Bedeutung.

Stammfunktion

Als die Klasse FOS 12b einen Unterrichtsraum betritt, ist das Tafelbild der vorhergehenden Mathematikstunde noch erhalten. Malte betrachtet den Tafelanschrieb und sagt: „Wenn es eine Ableitung gibt, muss es doch eigentlich auch eine Aufleitung geben. Dann könnte ich auch sagen, um welche Funktion es bei der Aufgabe geht." Malte vermutet richtig:

Wir können zu einer gegebenen Funktion f überlegen, von welcher Funktion F sie abstammt.

Um zu f eine Stammfunktion F zu finden, müssen wir den Vorgang der Ableitung umkehren, also eine „Aufleitung" bilden.

$$f(x) = \underbrace{\quad\quad\quad}$$
$$f'(x) = 3x^2 + 2x$$

f'	$\xleftarrow[\text{abgeleitet zu}]{\text{stammt von}}$	f	$\xleftarrow[\text{abgeleitet zu}]{\text{stammt von}}$	F
0		2		$2x$
2		$2x$		x^2
$2x$		x^2		$\frac{1}{3}x^3$
$6x$		$3x^2$		x^3

Bei ganzrationalen Funktionen bilden wir eine Stammfunktion folgendermaßen:

- Der Exponent jeder x-Potenz wird um 1 erhöht.
- Der Koeffizient der x-Potenz wird durch den um 1 erhöhten Exponenten dividiert.

$$f(x) = 2x^1 \rightarrow F(x) = \frac{2}{1+1}x^{1+1} = x^2$$
$$f(x) = 1x^2 \rightarrow F(x) = \frac{1}{2+1}x^{2+1} = \frac{1}{3}x^3$$
$$f(x) = 3x^2 \rightarrow F(x) = \frac{3}{2+1}x^{2+1} = x^3$$

> Eine differenzierbare Funktion F heißt **Stammfunktion** einer gegebenen Funktion f, falls gilt: $F'(x) = f(x)$.
> Das Bilden der Stammfunktion ist die Umkehrung der Ableitung.

1. Prüfen Sie, ob F eine Stammfunktion von f ist.

   a) $F(x) = 2,5x^2$; $\quad f(x) = 5x$
   b) $F(x) = 0,25x^4$; $\quad f(x) = x^3$
   c) $F(x) = 6x^3$; $\quad f(x) = 2x^2$
   d) $F(x) = -0,4x^5$; $\quad f(x) = -2x^4$

2. Geben Sie zu folgenden Funktionen eine Stammfunktion an.
   a) $f(x) = 0,6x$
   b) $f(x) = -4$
   c) $f(x) = 2x^3$
   d) $f(x) = -\frac{1}{5}x^2$
   e) $f(x) = 2,6x^4$
   f) $f(x) = \frac{4}{5}x^3$
   g) $f(x) = -1$
   h) $f(x) = x^5$

Während die Ableitung einer Funktion f stets eindeutig bestimmt werden kann, ist dies bei der Bildung von Stammfunktionen nicht der Fall.

> *Eine Zahl ohne x fällt beim Ableiten weg. Im umgekehrten Fall weiß man aber nicht, was vorher da gestanden hat.*

 Eine Funktion – viele Stammfunktionen

Ist die Funktion f mit $f(x) = x^3$ gegeben, so ist F_1 mit $F_1(x) = 0{,}25x^4$ eine Stammfunktion von f.

Ebenso ist etwa F_2 mit $F_2(x) = 0{,}25x^4 + 1$ eine Stammfunktion von f, da der Summand 1 beim Ableiten 0 wird.
Statt 1 können wir jede beliebige reelle Zahl addieren und erhalten immer eine Stammfunktion von f.

Also sind alle Funktionen F mit $F(x) = 0{,}25x^4 + C$ mit $C \in \mathbb{R}$ Stammfunktionen der gegebenen Funktion f.

$F_1(x) = 0{,}25x^4$
$\Rightarrow F_1'(x) = x^3 \qquad \Rightarrow F_1'(x) = f(x)$
$\qquad\qquad\qquad \Rightarrow F_1$ ist Stammfunktion von f

$F_2(x) = 0{,}25x^4 + 1$
$\Rightarrow F_2'(x) = x^3 + 0 \Rightarrow F_2'(x) = f(x)$
$\qquad\qquad\qquad \Rightarrow F_2$ ist Stammfunktion von f

$F_3(x) = 0{,}25x^4 - 17$
$\Rightarrow F_3'(x) = x^3 + 0 \Rightarrow F_3'(x) = f(x)$
$\qquad\qquad\qquad \Rightarrow F_3$ ist Stammfunktion von f

Allgemein:
$F(x) = 0{,}25x^4 + C$
$\Rightarrow F'(x) = x^3 + 0 \Rightarrow F'(x) = f(x)$
$\qquad\qquad\qquad \Rightarrow F$ ist Stammfunktion von f

Während die Bildung von Ableitungen einer Funktion als Differenzieren bezeichnet wird, nennt man das Bilden von Stammfunktionen **Integrieren**.
Wir schreiben: $\int f(x)\,dx = F(x) + C$. Wir lesen: **Unbestimmtes Integral** f von x dx.
Das Symbol dx heißt **Differenzial** und gibt an, nach welcher Variablen integriert wird. Das ist wichtig, wenn der **Integrand**, also unsere Funktion f, mehrere Variablen enthält. ▶ Seite 299, Aufgabe 2
C heißt **Integrationskonstante**. Da C jede beliebige reelle Zahl sein kann, gibt es zu jeder Funktion, wenn sie integrierbar ist, unendlich viele Stammfunktionen.
Das unbestimmte Integral entspricht somit der Menge aller Stammfunktionen von f.

> Ist F eine Stammfunktion von f, dann ist $F(x) + C; C \in \mathbb{R}$ die Menge aller Stammfunktionen von f. Sie heißt auch **unbestimmtes Integral**. Schreibweise: $\int f(x)\,dx = F(x) + C$

Da das Integrieren die Umkehrung des Differenzierens ist, können wir die Ableitungsregeln „umkehren" und erhalten damit Regeln für das Integrieren von Funktionen.
Anhand der folgenden Beispiele lernen wir einige Integrationsregeln und deren Anwendung kennen.

Integrationsregeln

Potenzregel
Für die Funktion f mit $f(x) = x^n$ gilt:
$\int x^n\,dx = \frac{1}{n+1}x^{n+1} + C$

$\int x^4\,dx = \frac{1}{4+1}x^{4+1} + C = \frac{1}{5}x^5 + C$

Faktorregel
Für jede integrierbare Funktion f gilt:
$\int a \cdot f(x)\,dx = a \int f(x)\,dx$

$\int 5 \cdot x^3\,dx = 5 \int x^3\,dx = 5 \cdot \frac{1}{4}x^4 + C = \frac{5}{4}x^4 + C$

Summenregel
Sind f und g integrierbare Funktionen, dann gilt:
$\int (f(x) + g(x))\,dx = \int f(x)\,dx + \int g(x)\,dx$

$\int (x^2 + x)\,dx = \int x^2\,dx + \int x\,dx = \frac{1}{3}x^3 + \frac{1}{2}x^2 + C$

▶ Die beiden Teilintegrale ergeben bei der Summenregel die Integrationskonstanten C_1 bzw. C_2, die sich zu $C = C_1 + C_2$ zusammenfassen lassen.

Durch Kombinieren der Summen-, Faktor- und Potenzregel können wir zu jeder ganzrationalen Funktion das unbestimmte Integral, d. h. die Menge ihrer Stammfunktionen angeben.

$$\int (2x^3 + 3x^2 - x + 4)\, dx$$
$$= \tfrac{1}{2}x^4 + x^3 - \tfrac{1}{2}x^2 + 4x + C$$

Auch zur Produktregel und Kettenregel für Ableitungen gibt es entsprechende Integrationsregeln, die man jedoch für die Integration ganzrationaler Funktionen nicht benötigt.

Es gelten folgende **Integrationsregeln**:

- Potenzregel: $\int x^n dx = \frac{1}{n+1} x^{n+1} + C$
- Faktorregel: $\int a \cdot f(x)\, dx = a \cdot \int f(x)\, dx$
- Summenregel: $\int (f(x) + g(x))\, dx = \int f(x)\, dx + \int g(x)\, dx$

5

1. Geben Sie die Menge aller Stammfunktionen an.

   a) $f(x) = 5x$

   b) $f(x) = 8x^3 + 2x$

   c) $f(x) = 4x^3 - 2x^2 + 5$

   d) $f(a) = ax^2 + 7$

   e) $f(x) = \frac{1}{x^3}$ ▶ $\frac{1}{x^3} = x^{-3}$

   f) $f(x) = 3x^n - x^{n-1}$

2. Bestimmen Sie diejenige Stammfunktion F zur Funktion f mit $f(x) = x^2 + 2x - \frac{1}{3}$, die durch den Punkt $P(1\,|\,4)$ geht.

Übungen zu 5.4.2

1. Die Abbildungen zeigen vier Funktionen und ihre zugehörigen Stammfunktionen. Bilden Sie Paare und begründen Sie Ihre Zuordnung.

a)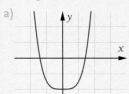

c)

e)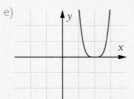

g)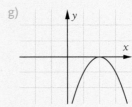

b)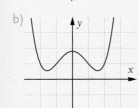

d)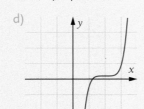

f)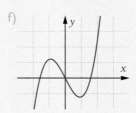

h)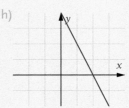

2. Berechnen Sie das unbestimmte Integral.

a) $\int (2ax^2 + 5)\, dx$ b) $\int (2ax^2 + 5)\, da$ c) $\int (7ax^3 + ax + 5b)\, da$

3. Geben Sie zu folgenden Funktionen jeweils zwei verschiedene Stammfunktionen an.

a) $f(x) = 4$

b) $f(x) = -3x + 8$

c) $f(x) = \frac{1}{2}x^2 + 2x$

d) $f(x) = 1 - 4x^3$

e) $f(x) = 2x^4 - x$

f) $f(x) = -\frac{4}{5}x^3 + 10x$

4. Begründen Sie, warum eine Funktion *unendlich viele* Stammfunktionen besitzt, wenn sie *eine* Stammfunktion hat.

5.4.3   Flächeninhalt und bestimmtes Integral

In Abschnitt 5.4.1 (► Seite 291) haben wir festgestellt, dass wir das Inhaltsmaß einer Fläche unterhalb eines nicht negativen Graphen f über dem Intervall $[a;b]$ mithilfe einer besonderen Stammfunktion (der Flächenmaßzahlfunktion) bestimmen können.
Diese Maßzahl ist eindeutig bestimmt und wird das **bestimmte Integral** von f genannt.

obere Grenze   Integrand

Wir schreiben: $\int\limits_a^b f(x)\, dx$ Wir lesen: „Integral f von x dx von a bis b"

untere Grenze   Differenzial: x ist
Integrationsvariable

10   **Frontfläche des Berliner Bogens**

Der Querschnitt des „Berliner Bogens" in Hamburg hat die Form einer Parabel, die sich annähernd durch die Funktionsgleichung $f(x) = -\frac{1}{42}x^2 + 36$ darstellen lässt. Ein Teil der Glasfläche über dem Intervall $I = [15;39]$ muss erneuert werden. Bestimmen Sie, wie viele m^2 Glas hierfür benötigt werden.

Mithilfe des **bestimmten Integrals** schreiben wir:

$A = \int\limits_{15}^{39} \left(-\frac{1}{42}x^2 + 36\right) dx$

Der gesuchte Flächeninhalt ist die Differenz von $A_0(39)$ und $A_0(15)$. Statt A_0 schreiben wir nun aber F, um zu verdeutlichen, dass wir mit einer Stammfunktion arbeiten.

Wir bilden also zunächst die gewohnte Stammfunktion:

$F(x) = -\frac{1}{126}x^3 + 36x$

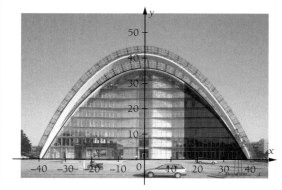

Anschließend setzen wir die Intervallgrenzen 39 und 15 in die Stammfunktion ein und bilden die Differenz:

$A = F(39) - F(15)$
$\quad = \frac{13065}{14} - \frac{7185}{14} = \mathbf{420}$

Es werden $420\,\text{m}^2$ Glas benötigt.

Die Differenz $F(39) - F(15)$ schreibt man verkürzt auch als $[F(x)]_{15}^{39}$.

$A = \int\limits_{15}^{39} \left(-\frac{1}{42}x^2 + 36\right) dx$

$\quad = \left[-\frac{1}{126}x^3 + 36x\right]_{15}^{39}$

$\quad = F(39) - F(15)$

$\quad = \left(-\frac{59319}{126} + 1404\right) - \left(-\frac{3375}{126} + 540\right)$

$\quad = -\frac{55944}{126} + 864$

$\quad = \mathbf{420}$

Durch Verallgemeinerung erhalten wir den **Hauptsatz der Differenzial- und Integralrechnung**:

$$\int\limits_a^b f(x)\, dx = [F(x)]_a^b = F(b) - F(a)$$

Für den Fall, dass der Graph von f im Intervall $[a;b]$ oberhalb der x-Achse liegt, entspricht der Wert des Integrals dem Inhaltsmaß der Fläche zwischen der x-Achse und dem Graphen von f über $[a;b]$.

Anwendung des Hauptsatzes

Bestimmen Sie die Größe der Fläche zwischen der x-Achse und dem Graphen der Funktion f mit $f(x) = -3x^2 + 30$ über dem Intervall $[2;3]$.

Für die Berechnung nutzen wir das bestimmte Integral und den Hauptsatz:

$$\int\limits_a^b f(x)\,dx = [F(x)]_a^b = F(b) - F(a)$$

Wir ersetzen $f(x)$ unter dem Integralzeichen durch den Funktionsterm. Da der Term eine Summe ist, muss eine Klammer gesetzt werden. Wir setzen 2 für die untere und 3 für die obere Grenze ein.

Die Stammfunktion schreiben wir hier mit der allgemeinen Integrationskonstanten C.

Wir setzen zuerst die obere und dann die untere Grenze in den Funktionsterm von F ein und subtrahieren die beiden entstehenden Terme. Dabei ist zu beachten, dass der Term $F(a) + C$ in Klammern gesetzt werden muss. Beim Zusammenfassen wird $+C - C$ zu null. Deshalb ist die Wahl der Integrationskonstante beim bestimmten Integral nicht von Bedeutung. Wir können somit statt der Flächenmaßzahlfunktion jede beliebige Stammfunktion von f wählen.

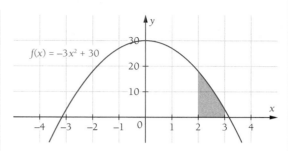

$$A = \int\limits_2^3 (-3x^2 + 30)\,dx = [-x^3 + 30x + C]_2^3$$
$$= -3^3 + 30 \cdot 3 + C - (-2^3 + 30 \cdot 2 + C)$$
$$= -3^3 + 30 \cdot 3 + C + 2^3 - 30 \cdot 2 - C$$
$$= 63 + C - 52 - C$$
$$= 63 - 52$$
$$= 11$$

Die Fläche ist 11 FE groß.

Ist F eine Stammfunktion von f, dann gilt der **Hauptsatz der Differenzial- und Integralrechnung**:

$$\int\limits_a^b f(x)\,dx = [F(x)]_a^b = F(b) - F(a)$$

Der Wert des bestimmten Integrals entspricht dem Inhaltsmaß des Flächenstücks zwischen x-Achse und dem Graphen von f im Intervall $[a;b]$ (wenn der Graph oberhalb der x-Achse liegt).

---

1. Berechnen Sie das Inhaltsmaß der angegebenen Fläche.

a)
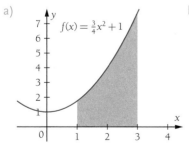

b)
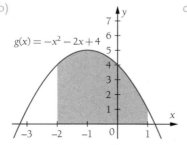

c)
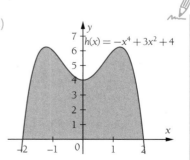

2. Skizzieren Sie die Fläche, die der Graph von $f(x) = -x^2 + 8x$ und die x-Achse im Intervall $[2;8]$ einschließen. Berechnen Sie den Flächeninhalt wie in Beispiel 11.

3. Bestimmen Sie zu folgenden Funktionen die Fläche über dem Intervall $[1;5]$. Benutzen Sie zur Berechnung den Hauptsatz. Skizzieren Sie die Graphen und markieren Sie die zu berechnenden Flächen.

a) $f(x) = -x + 5$ b) $f(x) = 0{,}2x^2 + 2$ c) $f(x) = x^3 + 1$ d) $f(x) = -\frac{3}{4}x^2 + 27$

12 Fläche unterhalb einer zur y-Achse symmetrischen Funktion

Berechnen Sie die Fläche zwischen der x-Achse und dem Graphen der Funktion f mit $f(x) = \frac{1}{2}x^4 - \frac{3}{2}x^2 + 3$ über dem Intervall $[-2; 2]$.

Betrachten wir den Graphen der Funktion f, erkennen wir, dass dieser symmetrisch zur y-Achse verläuft. Durch die betragsmäßig gleichen Intervallgrenzen sind also auch die Flächen rechts bzw. links der y-Achse gleich groß.

Diese Erkenntnis machen wir uns zunutze und vereinfachen damit unsere Rechnung.

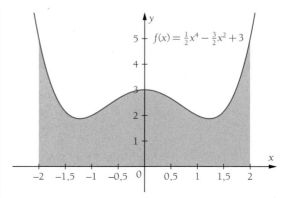

$$A = \int_{-2}^{2} \left(\tfrac{1}{2}x^4 - \tfrac{3}{2}x^2 + 3\right) dx = 2 \cdot \int_{0}^{2} \left(\tfrac{1}{2}x^4 - \tfrac{3}{2}x^2 + 3\right) dx$$

$$= 2 \cdot \left[\tfrac{1}{10}x^5 - \tfrac{3}{6}x^3 + 3x\right]_{0}^{2} = 2 \cdot \tfrac{26}{5} = \mathbf{\tfrac{52}{5}}$$

Im Folgenden sind einige Integrationsregeln zusammengestellt, die weitere Rechenvorteile ermöglichen. Sie sind auf die Rechenregeln für Stammfunktionen (▶ Seite 298) oder den Hauptsatz zurückzuführen und wurden bereits zum Teil in den vorherigen Beispielen angewendet.

Integrationsregeln für bestimmte Integrale

Faktorregel für bestimmte Integrale

Ist f im Intervall $[a;b]$ integrierbar, so auch $c \cdot f$ mit $c \in \mathbb{R}$. Es gilt:

$$\int_{a}^{b} c \cdot f(x)\, dx = c \cdot \int_{a}^{b} f(x)\, dx$$

$$\int_{1}^{4} 7x^2\, dx = 7 \cdot \int_{1}^{4} x^2\, dx = 7 \cdot \left[\tfrac{1}{3}x^3\right]_{1}^{4}$$

$$= 7 \cdot \left(\tfrac{64}{3} - \tfrac{1}{3}\right) = 7 \cdot 21 = 147$$

Summenregel für bestimmte Integrale

Sind f und g im Intervall $[a;b]$ integrierbar, so auch $f + g$ mit $(f+g)(x) = f(x) + g(x)$. Es gilt:

$$\int_{a}^{b} (f(x) + g(x))\, dx = \int_{a}^{b} f(x)\, dx + \int_{a}^{b} g(x)\, dx$$

Anwendung der Regel „von rechts nach links":

$$\int_{2}^{3} (3x^2 + 4x)\, dx + \int_{2}^{3} (2x^2 - 4x)\, dx$$

$$= \int_{2}^{3} (3x^2 + 4x + 2x^2 - 4x)\, dx$$

$$= \int_{2}^{3} 5x^2\, dx = \left[\tfrac{5}{3}x^3\right]_{2}^{3} = 45 - \tfrac{40}{3} = \tfrac{95}{3}$$

Intervalladditivität

Ist f in den Intervallen $[a;b]$ und $[b;c]$ integrierbar, so auch im Intervall $[a;c]$. Es gilt:

$$\int_{a}^{b} f(x)\, dx + \int_{b}^{c} f(x)\, dx = \int_{a}^{c} f(x)\, dx$$

$$\int_{-1}^{2} 6x^2\, dx + \int_{2}^{5} 6x^2\, dx = \int_{-1}^{5} 6x^2\, dx = \left[2x^3\right]_{-1}^{5}$$

$$= 250 - (-2) = 252$$

Vertauschen der Integrationsgrenzen

Ist f im Intervall $[a;b]$ integrierbar, so gilt:

$$\int_{a}^{b} f(x)\, dx = -\int_{b}^{a} f(x)\, dx$$

Links: $\int_{1}^{4} x^3\, dx = \left[\tfrac{1}{4}x^4\right]_{1}^{4} = 64 - \tfrac{1}{4} = 63{,}75$

Rechts: $-\int_{4}^{1} x^3\, dx = -\left[\tfrac{1}{4}x^4\right]_{4}^{1} = -\left(\tfrac{1}{4} - 64\right) = 63{,}75$

Daraus folgt: $\int_{1}^{4} x^3\, dx = -\int_{4}^{1} x^3\, dx$

Faktorregel für bestimmte Integrale: $\int\limits_{a}^{b} c \cdot f(x)\, dx = c \cdot \int\limits_{a}^{b} f(x)\, dx$

Summenregel für bestimmte Integrale: $\int\limits_{a}^{b} (f(x) + g(x))\, dx = \int\limits_{a}^{b} f(x)\, dx + \int\limits_{a}^{b} g(x)\, dx$

Intervalladditivität: $\int\limits_{a}^{b} f(x)\, dx + \int\limits_{b}^{c} f(x)\, dx = \int\limits_{a}^{c} f(x)\, dx$

Vertauschen der Integrationsgrenzen: $\int\limits_{a}^{b} f(x)\, dx = -\int\limits_{b}^{a} f(x)\, dx$

Berechnen Sie die folgenden Integrale und geben Sie die dabei angewendeten Integrationsregeln an.

a) $\int\limits_{1}^{4} 3(5x - x^2)\, dx$

b) $16 \cdot \int\limits_{2}^{6} \frac{1}{16} x^3\, dx$

c) $\int\limits_{-2}^{3} (x^3 + 2x + 3)\, dx - \int\limits_{-2}^{3} (x^3 + 2x - 7)\, dx$

d) $\int\limits_{0}^{3} (-x^3 + 6x^2)\, dx + \int\limits_{3}^{4} (-x^3 + 6x^2)\, dx$

e) $\int\limits_{0}^{1} (0{,}5x^4 + 2)\, dx + \int\limits_{-1}^{0} (0{,}5x^4 + 2)\, dx + \int\limits_{1}^{2} (0{,}5x^4 + 2)\, dx$

f) $\int\limits_{3}^{7} (0{,}25x^5 + x^2)\, dx + \int\limits_{7}^{3} (0{,}25x^5 + x^2)\, dx$

Übung zu 5.4.3

1. Berechnen Sie die Größe der Fläche zwischen dem Graphen von f und der x-Achse über dem angegebenen Intervall. Skizzieren Sie den Graphen und markieren Sie die Fläche.

a) $f(x) = \frac{2}{3} x^2$; $[1; 4]$

b) $f(x) = -x^2 + 2$; $[0; 1]$

c) $f(x) = -x^2 + x + 20$; $[-3; 3]$

d) $f(x) = -2x^2 + 2x + 6$; $[-1; 2]$

e) $f(x) = 2x^3 - 2x^2 + 4x + 4$; $[0; 3]$

f) $f(x) = \frac{1}{3} x^3 - 3x$; $[-2; -1]$

2. Die Landschaftsgärtnerei Pfeifer wirbt mit dem Slogan „Sie zahlen nur, was wir wirklich verbrauchen". Familie Kalweit möchte ihre Terrasse mit Eichenholz-Terrassendielen anlegen lassen. Sie reicht der Gärtnerei eine Planskizze ein und bittet um einen Kostenvoranschlag, in dem die Materialkosten (ohne Unterkonstruktion) gesondert aufgelistet werden. Eine Diele hat die Maße $25 \times 140 \times 4000$ mm.
Ermitteln Sie die Materialkosten, wenn der Preis pro Diele $31{,}60$ € beträgt. ▶ 7,90 €/lfm

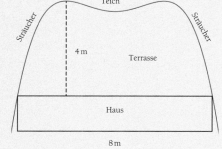

3. Die parabelförmige Rückwand eines Spielzelts ist beschädigt und soll erneuert werden. Für die Berechnung der Materialkosten wird die Größe der Fläche benötigt.
Der Parabel kann die Funktionsgleichung $f(x) = -\frac{16}{9} x^2 + \frac{8}{3} x$ für $0 \le x \le 1{,}5$ zugrunde gelegt werden.

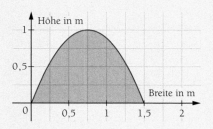

Übungen zu 5.4

1. Geben Sie jeweils die Menge aller Stammfunktionen an. Benennen Sie die benutzten Integrationsregeln.

a) $f(x) = x + 5$ c) $f(x) = x^5$ e) $f(x) = -\frac{1}{6}x^2 + 81$ g) $f(x) = 2{,}5x^4 - 12x^2 + 4$

b) $f(x) = 5x$ d) $f(x) = 2{,}7x^2 - 6x$ f) $f(x) = 3{,}5x - 4{,}8x^3$ h) $f(x) = \frac{1}{8}x^3 - \frac{1}{2}x^2 - 6x$

2. Gegeben ist die Funktion f mit der Gleichung $f(x) = -0{,}25x^2 + 9$. Gesucht ist die Größe der Fläche zwischen dem Graphen von f und der x-Achse im Intervall $[0; 6]$.

a) Zeichnen Sie den Graphen von f und markieren Sie die zu berechnende Fläche.

b) Ermitteln sie eine Annäherung an den gesuchten Flächeninhalt mithilfe der Streifenmethode. Wählen Sie zunächst drei und dann sechs Streifen. Vergleichen Sie die Ergebnisse.

c) Berechnen Sie die Grenzwerte von Obersumme und Untersumme für $n \to \infty$.

3. Berechnen Sie das Inhaltsmaß der Fläche, die im I. und II. Quadranten des Koordinatensystems vom Graphen der Funktion f und der x-Achse eingeschlossen wird.

a) $f(x) = -x^2 + 5x - 4$ d) $f(x) = x^3 - 6x^2 - 4x + 24$ g) $f(x) = x^3 - 9x$

b) $f(x) = -3x^2 + 18x + 48$ e) $f(x) = -x^3 + x^2 + 12x$ h) $f(x) = 2x^4 - 17x^2 + 16$

c) $f(x) = -0{,}75x^2 - 6x$ f) $f(x) = 3x^3 + 6x^2 - 33x - 36$ i) $f(x) = -\frac{2}{3}x^4 + 6x^2$

4. Berechnen Sie die Nullstellen der Funktion. Skizzieren Sie den Graphen. Berechnen Sie die Größe der Fläche, die von der x-Achse und dem Graphen von f oberhalb der x-Achse umschlossen wird.

a) $f(x) = 4x - x^2$ c) $f(x) = -x^3 + 2x^2$ e) $f(x) = \frac{1}{3}x^4 - 2x^3 + 3x^2$

b) $f(x) = -x^2 + 4x - 3$ d) $f(x) = \frac{3}{2}x^3 - 6x^2 + 6x$ f) $f(x) = -x^4 + 0{,}75x^2 + 0{,}25$

5. Im Außengelände einer Tageseinrichtung für Kinder soll gemäß nebenstehender Skizze ein Blumenbeet angelegt werden. Wie viel m³ Saaterde werden benötigt, wenn eine 10 cm dicke Schicht aufgebracht werden soll?
Anleitung: Legen Sie in geeigneter Form ein Koordinatensystem über die Fläche und ermitteln Sie zunächst die Funktionsgleichung der Parabel.

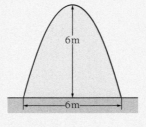

6. Aus einer rechteckigen Spiegelplatte mit den Abmessungen 2 m und 3 m soll ein parabelförmiger Spiegel so ausgeschnitten werden, dass möglichst wenig Verschnitt entsteht.
Geben Sie an, welche Grundkante der Spiegel haben muss.
Berechnen Sie auch die Fläche des Spiegels und den Verschnitt.

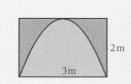

7. Gegeben sind die Funktionen f, g und h mit den Gleichungen $f(x) = -0{,}25x^3 + x^2$, $g(x) = -0{,}25x^3 + x^2 + 1$ und $h(x) = -0{,}25x^3 + x^2 + 3$.
Gesucht ist die Größe der Fläche, die von der x-Achse und dem Graphen von f, g und h jeweils über dem Intervall $[0; 4]$ umschlossen wird.

a) Überlegen Sie zunächst anhand der Abbildung, um welchen Betrag sich die Flächeninhalte unterscheiden.

b) Berechnen Sie die Größe der drei Flächen und vergleichen Sie die Ergebnisse.

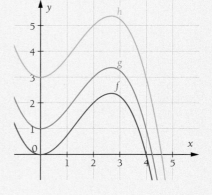

Ich kann ...

| ... *Ober-* und *Unter-summen* berechnen. ▶ Test-Aufgabe 1 | Ermitteln Sie O_4 und U_4 für f mit $f(x) = 0{,}25x^2 + 2$ im Intervall $[0;4]$.
• Intervall in vier Teile der Länge 1 zerlegen → Rechtecksbreite 1 LE
• Die Rechteckshöhe mithilfe des zugehörigen Funktionswertes bestimmen
• Die Flächeninhalte der Rechtecke aufsummieren | Obersumme: Untersumme: |

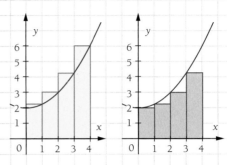

x	0	1	2	3	4
$f(x)$	2	2,25	3	4,25	6

$$O_4 = f(1)\cdot1 + f(2)\cdot1 + f(3)\cdot1 + f(4)\cdot1$$
$$= 2{,}25 + 3 + 4{,}25 + 6 = 15{,}5$$

$$U_4 = f(0)\cdot1 + f(1)\cdot1 + f(2)\cdot1 + f(3)\cdot1$$
$$= 2 + 2{,}25 + 3 + 4{,}25 = 11{,}5$$

Die Fläche, die der Graph von f mit der x-Achse einschließt, liegt zwischen der Ober- und Untersumme.

... die Begriffe *Stammfunktion*, *Integrationskonstante* und *unbestimmtes Integral* erklären.
▶ Test-Aufgaben 2, 3

F mit $F(x) = x^2 + 4x$ ist eine Stammfunktion von f mit $f(x) = 2x + 4$, denn:
$F'(x) = 2x + 4 = f(x)$

F_2 mit $F_2(x) = x^2 + 4x + 2$ ist ebenso eine Stammfunktion von f, denn: $F_2'(x) = 2x + 4 = f(x)$

$\int 2x + 4\,dx = x^2 + 4x + C$ ist das unbestimmte Integral von f.

F ist eine Stammfunktion von f, falls gilt:
$F'(x) = f(x)$

Zwei Stammfunktionen F_1 und F_2 unterscheiden sich nur durch die Integrationskonstante C:
$F_1(x) - F_2(x) = C$ mit $C \in \mathbb{R}$

Die Menge aller Stammfunktionen einer Funktion f heißt unbestimmtes Integral.

... mithilfe von *Integrationsregeln* eine Stammfunktion von f angeben.
▶ Test-Aufgaben 2, 3, 5, 6

$$\int x^5\,dx = \frac{1}{5+1}x^{5+1} + C$$
$$= \frac{1}{6}x^6 + C$$

Potenzregel:
$$\int x^n\,dx = \frac{1}{n+1}x^{n+1} + C$$

$$\int 7\cdot x^3\,dx = 7\cdot\int x^3\,dx$$
$$= 7\cdot\frac{1}{4}x^4 + C$$
$$= \frac{7}{4}x^4 + C$$

Faktorregel:
$$\int a\cdot f(x)\,dx = a\cdot\int f(x)\,dx$$

$$\int (x^2 + x)\,dx = \int x^2\,dx + \int x\,dx$$
$$= \frac{1}{3}x^3 + \frac{1}{2}x^2 + C$$

Summenregel:
$$\int (f(x) + g(x))\,dx = \int f(x)\,dx + \int g(x)\,dx$$

... den *Hauptsatz* der *Differenzial-* und *Integralrechnung* nennen und anwenden.
▶ Test-Aufgaben 5, 6

$$\int_1^3 (x^2 + 3x)\,dx = \left[\frac{1}{3}x^3 + \frac{3}{2}x^2\right]_1^3$$
$$= \frac{1}{3}\cdot3^3 + \frac{3}{2}\cdot3^2 - \left(\frac{1}{3}\cdot1^3 + \frac{3}{2}\cdot1^2\right)$$
$$= \frac{62}{3}$$

Hauptsatz der Differenzial- und Integralrechnung:
$$\int_a^b f(x)\,dx = [F(x)]_a^b = F(b) - F(a)$$

Test zu 5.4

1. Ermitteln Sie O_4 und U_4 für die Funktion f mit $f(x) = x^3 + x$

a) über dem Intervall $[0; 4]$.   b) über dem Intervall $[4; 6]$.

2. Geben Sie die Menge aller Stammfunktionen an.

a) $f(x) = -\frac{1}{2}x^2 + 1$ c) $f(x) = \frac{1}{5}x^4 + \frac{2}{x^3};\ x \neq 0$ e) $f(x) = \sqrt{x};\ x \geq 0$

b) $f(x) = 4x^3 + 2x^2 + x$ d) $f(x) = ax^{n+1} - bx^n$ f) $f(x) = x^{-2}$

3. Bestimmen Sie die Stammfunktion F der Funktion f mit $f(x) = 4x^3 + 2x^2 + 2$, die durch den Punkt $P(2|27)$ verläuft.

4. Übertragen Sie die Graphen in Ihre Unterlagen und skizzieren Sie eine mögliche Stammfunktion.

a)

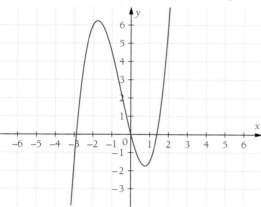

b)

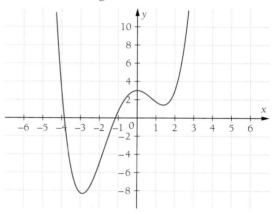

5. Berechnen Sie das bestimmte Integral.

a) $\int_0^3 \left(\frac{1}{3}x^4 + 2x^2\right) dx$

b) $\int_1^3 \left(x^3 + 0{,}5x^2 + 1{,}5\right) dx + \int_3^4 \left(x^3 + 0{,}5x^2 + 1{,}5\right) dx$

6. Berechnen Sie das Inhaltsmaß der angegebenen Fläche.

a)

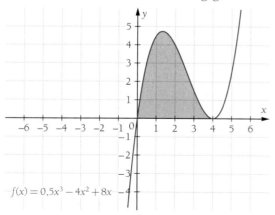

$f(x) = 0{,}5x^3 - 4x^2 + 8x$

b)

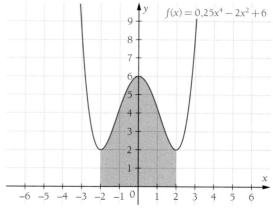

$f(x) = 0{,}25x^4 - 2x^2 + 6$

5

5.5 Anwendung der Integralrechnung

5.5.1 Flächen zwischen Funktionsgraph und x-Achse

Flächen unterhalb und oberhalb der x-Achse

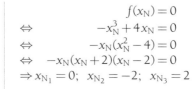

Eine 12. Klasse soll das Inhaltsmaß der Fläche bestimmen, die der Graph von f mit $f(x) = -x^3 + 4x$ mit der x-Achse einschließt.

Da die Integrationsgrenzen den Nullstellen entsprechen, müssen wir diese zunächst bestimmen. Hierfür faktorisieren wir den Funktionsterm durch Ausklammern und mithilfe der 3. binomischen Formel.
Mit dem Satz vom Nullprodukt erhalten wir die Nullstellen -2, 0 und 2.

$$f(x_N) = 0$$
$$\Leftrightarrow \quad -x_N^3 + 4x_N = 0$$
$$\Leftrightarrow \quad -x_N(x_N^2 - 4) = 0$$
$$\Leftrightarrow \quad -x_N(x_N + 2)(x_N - 2) = 0$$
$$\Rightarrow x_{N_1} = 0; \quad x_{N_2} = -2; \quad x_{N_3} = 2$$

Da es verschiedene Herangehensweisen gibt, teilt sich die Klasse jetzt in Gruppen auf.

Gruppe 1 fertigt zunächst eine Skizze des Graphen an. Dafür nutzt sie, dass der Graph
- durch den Ursprung geht (Absolutglied $= 0$),
- punktsymmetrisch zum Ursprung ist (nur ungerade Exponenten) und
- vom II. in den IV. Quadranten verläuft (negativer Leitkoeffizient). ▶ Seite 182

Beim Betrachten der Skizze fällt ihnen auf, dass aufgrund der Symmetrie die beiden Flächen zwischen Graph und x-Achse gleich groß sind.
Also berechnen sie das bestimmte Integral über dem Intervall $[0; 2]$ und verdoppeln dann ihr Ergebnis.

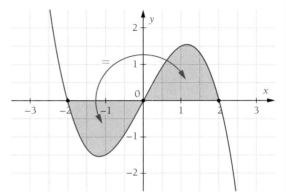

$$A = 2 \cdot \int_0^2 (-x^3 + 4x)\, dx = 2 \cdot \left[-\tfrac{1}{4}x^4 + 2x^2 \right]_0^2$$
$$= 2 \cdot \left(-\tfrac{1}{4} \cdot 2^4 + 2 \cdot 2^2 - 0 \right)$$
$$= 2 \cdot (-4 + 8)$$
$$= 2 \cdot 4 = \mathbf{8}$$

Gruppe 2 überlegt sich, dass durch diese drei Nullstellen zwei Flächenstücke entstehen, daher betrachten Sie die Intervalle $[-2; 0]$ und $[0; 2]$.

$$A_1 = \int_0^2 (-x^3 + 4x)\, dx = \mathbf{4}$$

$$A_2 = \int_{-2}^0 (-x^3 + 4x)\, dx = \left[-\tfrac{1}{4}x^4 + 2x^2 \right]_{-2}^0$$

Da die Gruppenmitglieder wissen, dass ein Flächeninhalt nicht negativ sein kann vermuten sie einen Rechenfehler bei der Bestimmung von A_2.

$$= 0 - \left(-\tfrac{1}{4} \cdot 2^4 + 2 \cdot 2^2 \right)$$
$$= -(-4 + 8) = \mathbf{-4}$$

Gruppe 3 überlegt sich, dass -2 und 2 die beiden äußeren Nullstellen sind und wählt daher diese als Integrationsgrenzen. Für das Integral ermittelt sie den Wert 0. Darüber wundern sich die Gruppenmitglieder, da die Fläche in einer Skizze deutlich erkennbar ist.

$$\int_{-2}^2 (-x^3 + 4x)\, dx = \left[-\tfrac{1}{4}x^4 + 2x^2 \right]_{-2}^2$$
$$= -\tfrac{1}{4} \cdot 2^4 + 2 \cdot 2^2 - \left(-\tfrac{1}{4} \cdot (-2)^4 + 2 \cdot (-2)^2 \right)$$
$$= -4 + 8 - (-4 + 8)$$
$$= \mathbf{0}$$

Warum kann das nicht sein?

Wir werten die Ergebnisse der Gruppen aus:

Wenn man die Integrale für die beiden Teilflächen A_1 und A_2 einzeln berechnet, erhält man die Werte 4 und -4. ▶ Gruppe 2

Für das Flächenstück unterhalb der x-Achse hat das bestimmte Integral also einen negativen Wert. Dies wird klar, wenn wir uns daran erinnern, dass wir Flächen oberhalb der x-Achse näherungsweise mithilfe von Rechtecken berechnet haben, deren Höhe jeweils durch einen Funktionswert von f gegeben war. Bei einem Flächenstück unterhalb der x-Achse wären diese Funktionswerte negativ. Flächen, die unterhalb der x-Achse liegen, heißen deshalb **negativ orientiert**, solche oberhalb der x-Achse entsprechend **positiv orientiert**.

Da der Graph punktsymmetrisch zum Ursprung ist, stimmen die Flächenstücke über $[-2;0]$ und $[0;2]$ in ihrer Größe überein. ▶ Gruppe 1

Also hat auch die negativ orientierte Teilfläche die Größe 4. Um die Größe des Flächeninhalts für solche Flächen anzugeben, benötigen wir also vom Wert des bestimmten Integrals den Betrag, hier: $|-4| = 4$. Das entspricht graphisch einer Spiegelung der Fläche an der x-Achse.

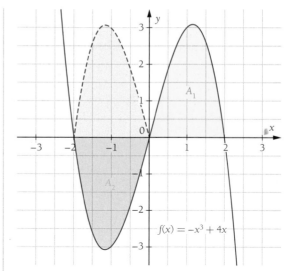

$$A = A_1 + A_2$$
$$= \int_0^2 (-x^3 + 4x)\,dx + \left| \int_{-2}^0 (-x^3 + 4x)\,dx \right|$$
$$= 4 + |-4|$$
$$= \mathbf{8}$$

Das Integral in den Grenzen -2 und 2 hat den Wert 0, da 4 und -4 sich aufheben (▶ Gruppe 3). Das Ergebnis heißt **Flächenbilanz**, weil positiv und negativ orientierte Teilflächen gegeneinander aufgerechnet werden. Die Flächenbilanz in Beispiel 1 ist null; sie kann auch einen positiven oder einen negativen Wert haben.

Wenn wir die Größe einer Fläche zwischen x-Achse und einem Funktionsgraphen über einem Intervall $[a;b]$ bestimmen wollen, dürfen wir also nicht die Flächenbilanz bestimmen. Deswegen müssen wir uns zunächst Klarheit darüber verschaffen, ob die Fläche in mehrere Teilflächen zerfällt und ob diese oberhalb oder unterhalb der x-Achse liegen. Mehrere Teilflächen ergeben sich immer dann, wenn die Funktion im Intervall $[a;b]$ Nullstellen hat. Diese sind dann zusammen mit a und b die Integrationsgrenzen für die zu berechnenden Integrale.

Mithilfe einer Skizze oder der Berechnung einzelner Funktionswerte zwischen den Nullstellen stellen wir fest, ob eine Teilfläche positiv oder negativ orientiert ist. In jedem Fall entspricht der Flächeninhalt dem Betrag des Integrals. Bei positiv orientierten Flächen *können*, bei negativ orientierten *müssen* wir Betragsstriche setzen.

Sollte es zu aufwendig sein, die Orientierung der Teilflächen festzustellen, so müssen „auf Verdacht" alle Integrale in Betragsstriche gesetzt werden.

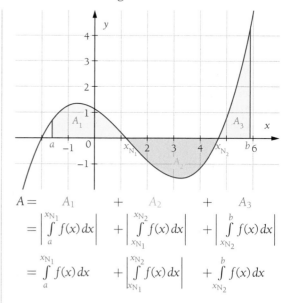

$$A = \quad A_1 \qquad\quad + \qquad A_2 \qquad\quad + \qquad A_3$$
$$= \left| \int_a^{x_{N_1}} f(x)\,dx \right| + \left| \int_{x_{N_1}}^{x_{N_2}} f(x)\,dx \right| + \left| \int_{x_{N_2}}^b f(x)\,dx \right|$$
$$= \int_a^{x_{N_1}} f(x)\,dx + \left| \int_{x_{N_1}}^{x_{N_2}} f(x)\,dx \right| + \int_{x_{N_2}}^b f(x)\,dx$$

Berechnung einer geteilten Fläche

Berechnen Sie das Inhaltsmaß der Fläche, welche über dem Intervall $[-2; 3]$ zwischen dem Graphen von f mit $f(x) = x^4 - 10x^2 + 9$ und der x-Achse liegt.

Um die Integrationsgrenzen zu finden, ermitteln wir zunächst die Nullstellen von f.
Diese biquadratische Gleichung lösen wir mittels Substitution und erhalten die Nullstellen $x_{N_1} = 3$, $x_{N_2} = -3$, $x_{N_3} = 1$ und $x_{N_4} = -1$.

▶ Substitution, Seite 191

Durch das gegebene Intervall und die Nullstellen sind die Integrationsintervalle festgelegt:

$$I_1 = [-2; -1]; \quad I_2 = [-1; 1]; \quad I_3 = [1; 3]$$

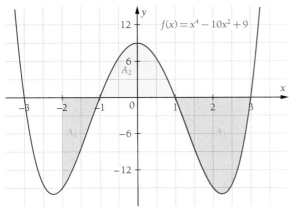

Bei der Berechnung der Teilflächen A_1 und A_3 müssen Betragsstriche gesetzt werden, da diese Flächen negativ orientiert sind. Die Teilfläche A_2 dagegen ist positiv orientiert und daher kann bei der Berechnung ihres Inhalts auf Betragsstriche verzichtet werden.

$$f(x_N) = 0$$
$$\Leftrightarrow \quad x_N^4 - 10x_N^2 + 9 = 0 \quad \blacktriangleright \text{Substitution } x_N^2 = z$$
$$\Leftrightarrow \quad z^2 - 10z + 9 = 0$$
$$\Rightarrow z_{1,2} = 5 \pm \sqrt{25 - 9} = 5 \pm 4$$
$$\Rightarrow z_1 = 9; \; z_2 = 1$$

Resubstitution: $x_N^2 = z$

$$z_1 = 9 \Rightarrow x_{N_1} = 3; \; x_{N_2} = -3$$
$$z_2 = 1 \Rightarrow x_{N_3} = 1; \; x_{N_4} = -1$$

$$A = A_1 + A_2 + A_3$$
$$= \left| \int_{-2}^{-1} f(x)\,dx \right| + \int_{-1}^{1} f(x)\,dx + \left| \int_{1}^{3} f(x)\,dx \right|$$
$$= \left| \left[\tfrac{1}{5}x^5 - \tfrac{10}{3}x^3 + 9x \right]_{-2}^{-1} \right|$$
$$\quad + \left[\tfrac{1}{5}x^5 - \tfrac{10}{3}x^3 + 9x \right]_{-1}^{1}$$
$$\quad + \left| \left[\tfrac{1}{5}x^5 - \tfrac{10}{3}x^3 + 9x \right]_{1}^{3} \right|$$
$$= \left| -\tfrac{88}{15} - \tfrac{34}{15} \right| + \left(\tfrac{88}{15} - \left(-\tfrac{88}{15} \right) \right) + \left| -\tfrac{72}{5} - \tfrac{88}{15} \right|$$
$$= \left| -\tfrac{122}{15} \right| + \tfrac{176}{15} + \left| -\tfrac{304}{15} \right|$$
$$= \tfrac{122}{15} + \tfrac{176}{15} + \tfrac{304}{15}$$
$$= \tfrac{602}{15} \approx \mathbf{40{,}13}$$

Die Fläche, die von dem Graphen von f und der x-Achse über dem Intervall $[-2; 3]$ eingeschlossen wird, ist ca. 40,13 Flächeneinheiten (FE) groß.

- Flächen zwischen der x-Achse und dem Graphen einer Randfunktion f über einem Intervall $[a; b]$ heißen **positiv orientiert**, wenn sie oberhalb der x-Achse liegen, und **negativ orientiert**, wenn sie unterhalb der x-Achse liegen. Das bestimmte Integral hat bei positiv orientierten Flächen einen positiven Wert und bei negativ orientierten Flächen einen negativen Wert.

- Für den Flächeninhalt gilt stets: $A = \left| \int_a^b f(x)\,dx \right| = \left| \left[F(x) \right]_a^b \right| = |F(b) - F(a)|$

  Bei positiv orientierten Flächen können die Betragsstriche weggelassen werden.

- Bei mehreren Teilflächen im Intervall $[a; b]$ müssen deren Flächeninhalte getrennt berechnet werden. Die Integrationsgrenzen sind die Nullstellen der Funktion f.
  Ist x_N die einzige Nullstelle von f im Intervall $[a; b]$, so gilt für die Fläche: $A = \left| \int_a^{x_N} f(x)\,dx \right| + \left| \int_{x_N}^b f(x)\,dx \right|$
  (Bei mehreren Nullstellen erhöht sich die Anzahl der Integrale.)

- Die Summe der bestimmten Integrale ohne Betragsstriche ergibt die **Flächenbilanz**.

1. Bestimmen Sie die Größe der Fläche, die von der x-Achse und dem Graphen der Funktion f vollständig umschlossen wird. Skizzieren Sie den Graphen und markieren Sie die Fläche.

    a) $f(x) = x^2 + 3x - 10$ b) $f(x) = 2x^3 + 8x^2 + 8x$ c) $f(x) = (x^2 - 4)(x - 4)$

2. Bestimmen Sie die Größe der Fläche zwischen x-Achse und Graph von f über dem Intervall.

    a) $f(x) = -x^2 + 4$; $[0;3]$ b) $f(x) = 0{,}5x^2 + 2x$; $[-2;3]$ c) $f(x) = -x^3 + 6x^2 - 5x$; $[-1;4]$

Lärmschutzwall

Bei Lärmschutzwällen an Autobahnen sind Abflussgräben an beiden Seiten des Walls erforderlich. Für einen Wall, der 8 m breit und 4 m hoch ist und dessen Abflussgräben jeweils 1 m breit sein sollen, arbeitet ein Bauunternehmer daher mit einem Profil, das durch die Funktion f mit $f(x) = \frac{1}{100}x^4 - \frac{41}{100}x^2 + 4$ beschrieben werden kann.

Beim Bau des Lärmschutzwalls wird der Aushub der Abflussgräben verwendet, um den eigentlichen Wall aufzuschütten. Berechnen Sie das Volumen des Materials in Kubikmetern, das zusätzlich angeliefert werden muss, um 100 m des Lärmschutzwalls herzustellen.

Variante 1: ▶ Seite 312, Aufgabe 6

Wir könnten zunächst das Volumen des Walls sowie das Volumen des Abflussgrabens berechnen. Die Differenz der beiden Werte ergibt dann das Volumen des Materials, welches zusätzlich angeliefert werden muss. Für das Volumen $V = $ Grundfläche $\cdot$ Höhe entspricht die Querschnittsfläche der Grundfläche und die Höhe ergibt sich durch die Länge des Walls.

Variante 2:

Wir berechnen zunächst die Flächenbilanz der Querschnittsfläche unseres Walls.

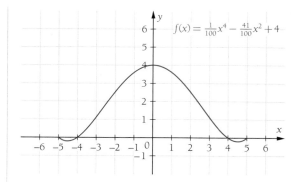

Wegen der Achsensymmetrie genügt es das Intervall $[0;5]$ zu betrachten und das Ergebnis anschließend zu verdoppeln.

$$2 \cdot \int_0^5 \left(\frac{1}{100}x^4 - \frac{41}{100}x^2 + 4\right) dx$$

$$= 2 \cdot \left[\frac{1}{500}x^5 - \frac{41}{300}x^3 + 4x\right]_0^5$$

$$= 2 \cdot \left[\left(\frac{1}{500} \cdot 5^5 - \frac{41}{300} \cdot 5^3 + 4 \cdot 5\right) - 0\right]$$

$$= 2 \cdot \frac{55}{6} = \frac{55}{3}$$

Jetzt müssen wir diese Flächenbilanz nur noch mit der Länge des Walls multiplizieren und erhalten somit das Volumen des fehlenden Materials.
Es müssen also noch rund $1833\,\text{m}^3$ Material angeliefert werden.

$$V_{\text{Materialbedarf}} = \frac{55}{3} \cdot 100 = \frac{5500}{3} = \mathbf{1833{,}\overline{3}}$$

Berechnen Sie das Volumen des Materials in Kubikmetern, das zusätzlich angeliefert werden muss, um 100 m des Lärmschutzwalls herzustellen, wenn der Wall 8 m breit und 6 m hoch und die Abflussgräben jeweils 2 m breit sein sollen.

Bestimmung der Intervallgrenze b bei gegebenem Flächeninhalt

Gegeben ist die Funktion f mit $f(x) = 0{,}04x^3$.
Bestimmen Sie, wie die Intervallgrenze b mit $b > 2$ gewählt werden muss, damit die Größe der Fläche zwischen dem Graphen von f und der x-Achse auf dem Intervall $[2; b]$ den Wert 2,4 Flächeneinheiten (FE) annimmt.

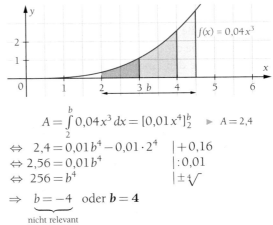

Da die Fläche oberhalb der x-Achse liegt, können wir bei der Flächenberechnung auf die Betragsstriche verzichten.
Wir ersetzen A durch den gegebenen Wert 2,4 und lösen die Gleichung nach b auf.
Von den beiden Lösungen erfüllt nur $b = 4$ die Bedingung $b > 2$.

$$A = \int_2^b 0{,}04x^3\, dx = [0{,}01x^4]_2^b \quad \blacktriangleright \quad A = 2{,}4$$

$$\Leftrightarrow \quad 2{,}4 = 0{,}01b^4 - 0{,}01 \cdot 2^4 \quad | +0{,}16$$
$$\Leftrightarrow \quad 2{,}56 = 0{,}01b^4 \quad | :0{,}01$$
$$\Leftrightarrow \quad 256 = b^4 \quad | \pm\sqrt[4]{}$$
$$\Rightarrow \quad \underbrace{b = -4}_{\text{nicht relevant}} \quad \text{oder} \quad \mathbf{b = 4}$$

Steckbriefaufgabe mit gegebenem Flächeninhalt

Der Graph einer Funktion f vierten Grades ist symmetrisch zur y-Achse und verläuft durch den Ursprung sowie den Punkt $N(4\,|\,0)$. Im I. Quadranten schließt der Graph von f mit der x-Achse eine Fläche mit dem Inhalt $A = \frac{64}{15}$ FE ein. Bestimmen Sie die zugehörige Funktionsgleichung.

Eine Skizze verdeutlicht die im Aufgabentext beschriebenen Bedingungen.
Als Ansatz wählen wir einen Funktionsterm, der eine zur y-Achse symmetrische Funktion 4. Grades beschreibt, d. h., ausschließlich aus Summanden mit geraden Exponenten besteht. Der konstante Summand e ist gleich 0, da der Graph durch den Ursprung läuft.
Die gesuchte Funktion f besitzt eine Nullstelle bei $N(4\,|\,0)$. Mit dieser Information erhalten wir eine Gleichung mit zwei Unbekannten.
Die gegebene Fläche liegt im I. Quadranten oberhalb der x-Achse. Somit ist das zugehörige Integral positiv. Der Funktionsgraph hat im Intervall $[0; 4]$ keine weitere Nullstelle, weil f aufgrund der Symmetrie zur y-Achse eine Nullstelle bei $N(-4\,|\,0)$ und eine doppelte Nullstelle im Ursprung besitzt.
Wir erhalten ein lineares Gleichungssystem mit zwei Gleichungen und zwei Unbekannten, das wir mit dem Additionsverfahren lösen. $\blacktriangleright$ Grundlagen, Seite 21
Mit den Ergebnissen für a und c erhalten wir die gesuchte Funktionsgleichung $f(x) = -\frac{1}{32}x^4 + \frac{1}{2}x^2$.

$$f(x) = ax^4 + cx^2 + e$$
$$a, c, e \in \mathbb{R}, a \neq 0$$

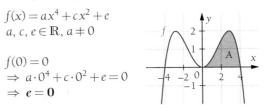

$$f(0) = 0$$
$$\Rightarrow a \cdot 0^4 + c \cdot 0^2 + e = 0$$
$$\Rightarrow \mathbf{e = 0}$$

$$f(4) = 0 \Rightarrow 256a + 16c = 0 \quad \blacktriangleright \text{ Gleichung (I)}$$

$$A = \int_0^4 (ax^4 + cx^2)\, dx = \frac{64}{15}$$

$$\Leftrightarrow \quad \left[\tfrac{1}{5}ax^5 + \tfrac{1}{3}cx^3\right]_0^4 = \frac{64}{15}$$

$$\Leftrightarrow \quad \tfrac{1}{5}a \cdot 4^5 + \tfrac{1}{3}c \cdot 4^3 - 0 + 0 = \frac{64}{15}$$

$$\Leftrightarrow \quad \frac{1024}{5}a + \frac{64}{3}c = \frac{64}{15} \quad \blacktriangleright \text{ Gleichung (II)}$$

$$\text{(I)} \quad 256a + 16c = 0 \quad \left| \cdot \left(-\tfrac{4}{5}\right)\right.$$
$$\text{(II)} \quad \frac{1024}{5}a + \frac{64}{3}c = \frac{64}{15}$$
$$\Rightarrow \quad \frac{128}{15}c = \frac{64}{15} \Rightarrow c = \frac{1}{2}$$

$$c = \tfrac{1}{2} \text{ in (I)}: 256a + 16 \cdot \tfrac{1}{2} = 0 \Rightarrow \mathbf{a = -\frac{1}{32}}$$

Bestimmen Sie für die Funktion f und die Fläche zwischen x-Achse und dem Graphen von f über $[1; b]$ die Intervallgrenze $b > 0$ so, dass die Fläche den angegebenen Flächeninhalt A (in FE) hat. Skizzieren Sie den Funktionsgraphen und markieren Sie die genannte Fläche.

a) $f(x) = x^3; A = 63{,}75$ b) $f(x) = -1{,}5x^2; A = 62$ c) $f(x) = \frac{1}{4}x^4; A = 12{,}1$

Übungen zu 5.5.1

1. Gegeben ist die Funktion f mit $f(x) = -\frac{1}{3}x^3 + 2x^2 - \frac{5}{3}x$.
   a) Bestimmen Sie die Nullstellen und das Grenzverhalten der Funktion f.
   b) Skizzieren Sie den Graphen der Funktion in ein Koordinatensystem und schraffieren Sie die Flächen, die vom Funktionsgraphen und der x-Achse eingeschlossen werden.
   c) Berechnen Sie die Inhalte der in Aufgabenteil b) schraffierten Flächen.

2. Bestimmen Sie die Nullstellen der folgenden ganzrationalen Funktionen ($D_f = \mathbb{R}$) und berechnen Sie jeweils die Inhalte der vom Graphen von f und der x-Achse begrenzten Fläche.
   a) $f(x) = x^2 + 3x - 10$
   b) $f(x) = x^2 - 2{,}5x + 1{,}5$
   c) $f(x) = -x^2 + 5x + 14$
   d) $f(x) = 2x^2 - 12x + 16$
   e) $f(x) = 0{,}5x^2 - 2x - 2{,}5$
   f) $f(x) = 0{,}2x^2 + x + 1{,}2$
   g) $f(x) = 0{,}5x^3 - 4x^2 + 8x$
   h) $f(x) = x^3 - 2x^2 - 3x$
   i) $f(x) = 0{,}25x^3 + x^2$

   j) $f(x) = x^3 - 6x^2 + 12x - 8$
      ▶ nur 1 Nullstelle
   k) $f(x) = 0{,}2x^3 + 0{,}6x^2 - 2{,}6x - 3$
   l) $f(x) = -0{,}2x^3 + 0{,}6x^2 + 1{,}8x + 1$
   m) $f(x) = 0{,}2x^3 - 2{,}4x^2 + 9x - 10$
   n) $f(x) = -x^4 + 2x^3$
   o) $f(x) = -0{,}2x^3 - x^2 + 0{,}2x + 1$
   p) $f(x) = -0{,}25x^3 + 1{,}5x - 6$
      ▶ nur 1 Nullstelle
   q) $f(x) = -0{,}5x^3 - 2x^2 - 0{,}5x + 3$

   r) $f(x) = -0{,}5x^3 + 2{,}5x^2 - x - 4$
   s) $f(x) = -0{,}25x^3 - 2x^2 + 0{,}25x + 2$
   t) $f(x) = 0{,}25x^4 - 3x^3 + 9x^2$
   u) $f(x) = 0{,}25x^4 - 0{,}25x^3 - 2x^2 + 3x$
   v) $f(x) = 0{,}25x^4 - 3{,}25x^2 + 9$
   w) $f(x) = \frac{1}{48}x^4 - x^2 + 9$
   x) $f(x) = -x^4 + 3x^2 + 4$
   y) $f(x) = 0{,}25x^4 - 1{,}25$
   z) $f(x) = -0{,}5x^4 + 5x^2 - 4{,}5$

3. Bestimmen Sie die Zahlen für $a \in \mathbb{R}$ so, dass die Funktionen f_a jeweils bei -3 eine Nullstelle haben. Berechnen Sie anschließend den Inhalt der Fläche, die der Funktionsgraph von f_a mit der x-Achse einschließt.
   a) $f_a(x) = x^2 + ax - 3; D_{f_a} = \mathbb{R}$
                                        b) $f_a(x) = ax^2 + 3{,}5x + 6; D_{f_a} = \mathbb{R}$

4. Bestimmen Sie für die Funktion f und die Fläche zwischen x-Achse und dem Graphen von f über $[1; b]$ die Intervallgrenze $b > 0$ so, dass die Fläche den angegebenen Flächeninhalt hat.
   Skizzieren Sie den Funktionsgraphen und markieren Sie die genannte Fläche.
   a) $f(x) = x^3; A = 63{,}75$
            b) $f(x) = -1{,}5x^2; A = 62$
            c) $f(x) = \frac{1}{4}x^4; A = 12{,}1$

5. Bestimmen Sie für die Funktion f und die Fläche zwischen x-Achse und dem Graphen von f über $[a; 0]$ die Intervallgrenze $a < 0$ so, dass die Fläche den angegebenen Flächeninhalt hat.
   Skizzieren Sie den Funktionsgraphen und markieren Sie die genannte Fläche.
   a) $f(x) = 0{,}3x^2; A = 34{,}3$
        b) $f(x) = -0{,}25x^3; A = 104{,}8576$
        c) $f(x) = -1{,}2x^2; A = 168{,}75$

6. Berechnen Sie das Volumen des Materials aus Beispiel 3 (▶ Seite 310), das noch zusätzlich angeliefert werden muss, nach Variante 1.

7. Ermitteln Sie die ganzrationale Funktion 3. Grades, die symmetrisch zum Ursprung ist, durch den Punkt $N(2 \mid 0)$ verläuft und mit den Koordinatenachsen im I. Quadranten den Flächeninhalt $A = 2$ FE einschließt.

8. Eine zur y-Achse symmetrische Funktion 2. Grades besitzt in $N(2 \mid 0)$ eine Nullstelle und schließt im IV. Quadranten mit den Koordinatenachsen eine Fläche mit dem Inhalt $A = \frac{16}{3}$ FE ein.
   Bestimmen Sie die zugehörige Funktionsgleichung.

9. Aus einem randvoll gefüllten Löschwasserteich muss wegen dringender Reparaturen das Wasser abgelassen werden. Die pro Stunde abfließende Wassermenge $w(t)$ (w in m³ pro Stunde) wird im Verlauf der Zeit t (t in Stunden) immer geringer. Sie kann annähernd durch die Funktion w mit $w(t) = 1{,}2t^2 - 24t + 120$ beschrieben werden. Berechnen Sie das Fassungsvermögen des Teichs.

5.5.2 Flächen zwischen Funktionsgraphen

Hochbeet

Ein Hausbesitzer plant zur Abgrenzung seiner höher gelegenen Terrasse zum Garten hin ein sichelförmiges Hochbeet (Höhe: 80 cm), dessen Berandung durch die Funktion f mit $f(x) = -\frac{2}{9}x^2 + 8$ und die Funktion g mit $g(x) = -\frac{1}{6}x^2 + 6$ bestimmt ist (1 LE = 1 m). Nachdem die Randbefestigung bereits gebaut ist, muss die Erde zum Befüllen des Beetes bestellt werden. Ermitteln Sie, wie viele m^3 Erde benötigt werden.

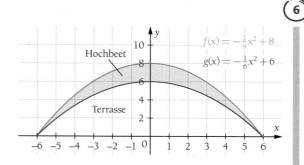

Die gesuchte Grundfläche des Hochbeetes ergibt sich aus der Differenz von

- A_1 (Fläche zwischen x-Achse und dem Graphen von f) und
- A_2 (Fläche zwischen x-Achse und dem Graphen von g).

Aufgrund der Symmetrie zur y-Achse genügt es das Intervall $[0;6]$ zu betrachten und das Ergebnis anschließend zu verdoppeln.

Nach der Summenregel können wir die beiden Funktionsterme unter ein gemeinsames Integral schreiben. Jetzt fassen wir die gleichartigen Terme zusammen und nennen das Ergebnis $d(x)$, weil es der Differenz von $f(x)$ und $g(x)$ entspricht. Nun bilden wir die Stammfunktion der **Differenzfunktion** d und berechnen das Integral.

Die Grundfläche des Hochbeetes hat eine Größe von $16\,\text{m}^2$.

Als letztes müssen wir noch das Volumen bestimmen. Zur Füllung des Beetes werden $12,8\,\text{m}^3$ Erde benötigt.

$$A_{\text{Grundfläche}} = A_1 - A_2$$
$$= \int_{-6}^{6}\left(-\tfrac{2}{9}x^2+8\right)dx - \int_{-6}^{6}\left(-\tfrac{1}{6}x^2+6\right)dx$$
$$= 2\cdot\left(\int_{0}^{6}\left(-\tfrac{2}{9}x^2+8\right)dx - \int_{0}^{6}\left(-\tfrac{1}{6}x^2+6\right)dx\right)$$
$$= 2\cdot\int_{0}^{6}\left(\left(-\tfrac{2}{9}x^2+8\right)-\left(-\tfrac{1}{6}x^2+6\right)\right)dx$$
$$= 2\cdot\int_{0}^{6}\underbrace{\left(-\tfrac{1}{18}x^2+2\right)}_{d(x)}dx$$
$$= 2\cdot\left[-\tfrac{1}{54}x^3+2x\right]_0^6$$
$$= 2\cdot\left(-\tfrac{1}{54}\cdot 6^3 + 2\cdot 6 - 0\right)$$
$$= 16$$

$$V_{\text{Beet}} = \text{Grundfläche}\cdot\text{Höhe}$$
$$= 16\,\text{m}^2 \cdot 0{,}8\,\text{m}$$
$$= 12{,}8\,\text{m}^3$$

Anmerkung: Durch das Zusammenfassen der Funktionsterme von f und g verringert sich der Rechenaufwand: Bei f und g hätten wir sonst vier Summanden berücksichtigen müssen, während der Term der Differenzfunktion d nur zwei Summanden enthält.

Gilt $f(x) \geq g(x)$ für alle $x \in [a;b]$, dann berechnet man die Größe der Fläche zwischen den beiden Funktionsgraphen auf dem Intervall $[a;b]$ mithilfe des Integrals:

$$\int_{a}^{b}(f(x)-g(x))\,dx$$

(7) Fläche zwischen den Graphen zweier Funktionen

Gesucht ist die Größe der Fläche, die von den Graphen der Funktionen f mit $f(x) = -\frac{1}{4}x^2 + 2x + 4$ und g mit $g(x) = x + \frac{11}{4}$ umschlossen wird.

Der Abbildung entnehmen wir, dass das Intervall, über dem die Fläche liegt, durch die Schnittstellen von f und g festgelegt ist. Diese sind zugleich die Nullstellen der Differenzfunktion d, denn es gilt:

$$f(x) = g(x) \quad \blacktriangleright \text{ Schnittstellenbedingung}$$
$$\Leftrightarrow f(x) - g(x) = 0$$
$$\Leftrightarrow d(x) = 0 \quad \blacktriangleright \text{ Nullstellenbedingung}$$

Die beiden markierten Flächen haben aber nicht nur dieselben Grenzen, sondern sie sind auch gleich groß. Das können wir daran sehen, dass sie an jeder Stelle x dieselbe „Höhe" haben. Der senkrechte Abstand zwischen den Graphen von f und g ist stets gleich dem entsprechenden Abstand zwischen dem Graphen von d und der x-Achse.

Wenn die beiden Flächen also gleich groß sind, können wir statt der gesuchten Fläche zwischen den Graphen von f und g auch die Fläche zwischen der x-Achse und dem Graphen von d berechnen.

Dazu bestimmen wir zunächst die Nullstellen der Differenzfunktion d.

Da zwischen den Schnittstellen die Funktionswerte von f größer sind als die von g, ist die Differenz $d(x) = f(x) - g(x)$ dort positiv. Also liegt die zu bestimmende Fläche zwischen der x-Achse und dem Graphen von d auf jeden Fall oberhalb der x-Achse. Somit können wir auf Betragsstriche verzichten.
Das bestimmte Integral liefert uns einen Flächeninhalt von 9 FE.

Differenzfunktion:
$$d(x) = f(x) - g(x)$$
$$= -\frac{1}{4}x^2 + 2x + 4 - \left(x + \frac{11}{4}\right)$$
$$= -\frac{1}{4}x^2 + x + \frac{5}{4}$$

An den Schnittstellen ist die Differenz null.

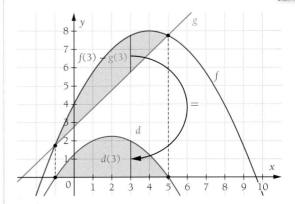

$$d(x_N) = 0$$
$$\Leftrightarrow -\frac{1}{4}x_N^2 + x_N + \frac{5}{4} = 0 \Leftrightarrow x_N^2 - 4x_N - 5 = 0$$
$$\Rightarrow x_{N_{1,2}} = 2 \pm \sqrt{4+5} = 2 \pm 3$$
$$\Rightarrow x_{N_1} = -1; \ x_{N_2} = 5$$

$$A = \int_{-1}^{5} d(x)\,dx$$
$$= \int_{-1}^{5} \left(-\frac{1}{4}x^2 + x + \frac{5}{4}\right) dx = \left[-\frac{1}{12}x^3 + \frac{1}{2}x^2 + \frac{5}{4}x\right]_{-1}^{5}$$
$$= -\frac{1}{12}\cdot 5^3 + \frac{1}{2}\cdot 5^2 + \frac{5}{4}\cdot 5$$
$$\qquad - \left(-\frac{1}{12}\cdot(-1)^3 + \frac{1}{2}\cdot(-1)^2 + \frac{5}{4}\cdot(-1)\right)$$
$$= -\frac{125}{12} + \frac{25}{2} + \frac{25}{4} - \frac{1}{12} - \frac{1}{2} + \frac{5}{4} = \mathbf{9}$$

Man bestimmt die Größe der Fläche zwischen den Graphen zweier Funktionen f und g, indem man
1. die **Differenzfunktion** d mit $d(x) = f(x) - g(x)$ bildet und
2. die Fläche zwischen dem Graphen von d und der x-Achse berechnet.
Die Integrationsgrenzen sind die Schnittstellen von f und g, die auch die Nullstellen von d sind.

Bestimmen Sie die Größe der Fläche, die von den Graphen der gegebenen Funktionen f und g umschlossen wird. Zeichnen Sie die Graphen und markieren Sie die Fläche.

a) $f(x) = x^2 - 6x + 5$; $g(x) = x - 1$

b) $f(x) = x^2 - 4$; $g(x) = -0{,}5x^2 + 3x + 0{,}5$

Mehrere Teilflächen zwischen zwei Funktionsgraphen

Gegeben sind die zwei Funktionen f und g mit den Gleichungen $f(x) = 0{,}25x^3 - 0{,}5x^2 - 1{,}25x + 3$ und $g(x) = -0{,}75x^3 + 1{,}5x^2 + 3{,}75x - 3$.
Bestimmen Sie die Größe der Fläche A, die von den beiden Funktionsgraphen vollständig umschlossen wird.

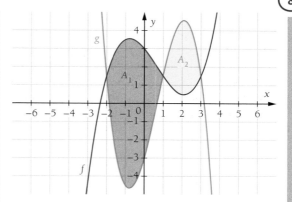

Die Lösung erfolgt in drei Arbeitsschritten:
1. Ermitteln der Differenzfunktion d
2. Bestimmen der Nullstellen von d
3. Berechnen des Flächeninhalts von A unter Berücksichtigung der Teilflächen

Zu 1. Wir erhalten die Gleichung der Differenzfunktion d, indem wir die Funktionsterme von f und g subtrahieren.

$$\begin{aligned} d(x) &= f(x) - g(x) \\ &= 0{,}25x^3 - 0{,}5x^2 - 1{,}25x + 3 \\ &\quad - (-0{,}75x^3 + 1{,}5x^2 + 3{,}75x - 3) \\ &= x^3 - 2x^2 - 5x + 6 \end{aligned}$$

Zu 2. Wir bestimmen die Nullstellen der Funktion d mithilfe der Bedingung $d(x_N) = 0$. Durch Ausprobieren finden wir die erste Nullstelle $x_{N_1} = 1$ und führen eine Polynomdivision durch. Die Nullstellen der Restfunktion bestimmen wir mit der p-q-Formel.

$$d(x_N) = 0 \Leftrightarrow x_N^3 - 2x_N^2 - 5x_N + 6 = 0$$

$$f(1) = 1^3 - 2 \cdot 1^2 - 5 \cdot 1 + 6 = 0$$
$$\Rightarrow \text{Nullstelle: } x_{N_1} = 1$$

Polynomdivision:

$$\begin{array}{l}
(x^3 - 2x^2 - 5x + 6) : (x-1) = x^2 - x - 6 \\
\underline{-(x^3 - x^2)} \\
\quad\; - x^2 - 5x \\
\quad\; \underline{-(-x^2 + x)} \\
\qquad\qquad -6x + 6 \\
\qquad\qquad \underline{-(-6x + 6)} \\
\qquad\qquad\qquad\quad 0
\end{array}$$

$$x_N^2 - x_N - 6 = 0$$
$$x_{N_{2,3}} = -(-0{,}5) \pm \sqrt{0{,}5^2 - (-6)} = 0{,}5 \pm 2{,}5$$
$$\Rightarrow \text{weitere Nullstellen: } x_{N_2} = -2 \text{ und } x_{N_3} = 3$$

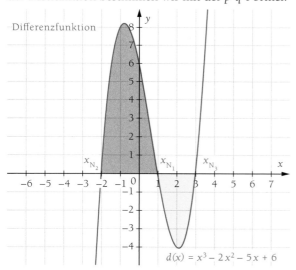

Differenzfunktion

$d(x) = x^3 - 2x^2 - 5x + 6$

Zu 3. Wir berechnen die gesuchte Fläche A als Summe der Teilflächen A_1 und A_2. Diese Teilflächen entsprechen den Größen der beiden Flächen zwischen dem Graphen der Differenzfunktion d und der x-Achse über den Intervallen $[-2;1]$ und $[1;3]$.
Die Fläche A hat einen Inhalt von ca. 21 FE.

$$\begin{aligned} A &= A_1 + A_2 \\ &= \left| \int_{-2}^{1} (x^3 - 2x^2 - 5x + 6)\,dx \right| \\ &\quad + \left| \int_{1}^{3} (x^3 - 2x^2 - 5x + 6)\,dx \right| \\ &= \left| \left[\tfrac{1}{4}x^4 - \tfrac{2}{3}x^3 - \tfrac{5}{2}x^2 + 6x \right]_{-2}^{1} \right| \\ &\quad + \left| \left[\tfrac{1}{4}x^4 - \tfrac{2}{3}x^3 - \tfrac{5}{2}x^2 + 6x \right]_{1}^{3} \right| \\ &= \left| \tfrac{63}{4} \right| + \left| -\tfrac{16}{3} \right| = \tfrac{63}{4} + \tfrac{16}{3} = \tfrac{253}{12} \approx \mathbf{21{,}08} \end{aligned}$$

Bestimmen Sie die Größe der Fläche, die von den Graphen von f und g umschlossen wird.
a) $f(x) = 0{,}2x^3 - 0{,}4x^2 - 3x$; $g(x) = 1{,}8x$ b) $f(x) = 0{,}1x^3$; $g(x) = 0{,}2x^2 + 0{,}8x$

Bei der Berechnung von Flächen zwischen zwei Funktionsgraphen ist Folgendes zu beachten:

- Wir können die *gesamte* Fläche berechnen, die von zwei Funktionsgraphen umschlossen wird (Bild links), oder die Fläche zwischen zwei Graphen *über einem Intervall* $[a;b]$ (Bild rechts).
- Es ist nicht von Bedeutung, ob die Fläche oberhalb, unterhalb oder teilweise oberhalb und teilweise unterhalb der x-Achse liegt. Die Lage hat keinen Einfluss auf die Größe der Fläche.
- Je nach Anzahl der Schnittstellen von f und g ergeben sich mehrere Teilflächen.
- Je zwei benachbarte Schnittstellen bilden die Integrationsgrenzen bei der Berechnung der Teilflächen.
- Die Nullstellen der Randfunktionen f und g sind nicht von Bedeutung.
- Die Teilflächen können positiv oder negativ orientiert sein, je nachdem, welche der beiden Randfunktionen f und g die größeren Funktionswerte hat.

Deshalb müssen die Teilflächen getrennt berechnet und die Integrale in Betragsstriche gesetzt werden:

$$A = \left| \int_{x_{N_1}}^{x_{N_2}} d(x)\,dx \right| + \left| \int_{x_{N_2}}^{x_{N_3}} d(x)\,dx \right| + \left| \int_{x_{N_3}}^{x_{N_4}} d(x)\,dx \right|$$

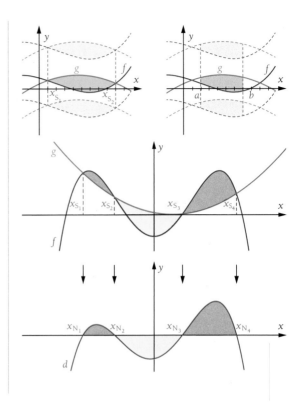

 Haben zwei Funktionen mehr als zwei Schnittstellen, so zerfällt die von den Graphen umschlossene Fläche in mehrere Teilflächen. Diese müssen getrennt berechnet werden.

Folgende Arbeitsschritte sind erforderlich:

1. Bestimmung der Differenzfunktion d ($\rightarrow$ Integrand)
2. Bestimmung der Nullstellen von d ($\rightarrow$ Integrationsgrenzen)
3. Berechnung des Integrals bzw. der Integrale ($\rightarrow$ Fläche ggf. als Summe von Teilflächen)

Übungen zu 5.5.2

1. Bestimmen Sie die Größe der Fläche, die von den Graphen der gegebenen Funktionen f und g im angegebenen Intervall umschlossen wird. Zeichnen Sie die Graphen und markieren Sie die Fläche.
   a) $f(x) = 0{,}3x^2 + 0{,}6x - 2{,}4$; $g(x) = -0{,}3x + 3$; $[-5;1]$
   b) $f(x) = -0{,}15x^3 + 2{,}4x$; $g(x) = -0{,}25x^2 + 0{,}5x - 2$; $[-2;4]$

2. Der Querschnitt eines Wassergrabens kann durch die Parabel mit der Gleichung $f(x) = 1{,}125x^2 - 0{,}72$ dargestellt werden. Vor einer Brücke soll ein Gitter eingelassen werden, das verhindern soll, dass sperrige Gegenstände unter die Brücke gespült werden und dort stecken bleiben. Der Brückenbogen ist ebenfalls parabelförmig und entspricht dem Graphen zu $g(x) = -0{,}75x^2 + 0{,}48$.
   Ermitteln Sie, welchen Flächeninhalt das Gitter mindestens haben muss, wenn es den gesamten Durchlass verschließen soll.

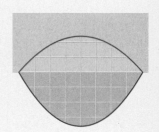

5.5.3 Physikalisch-technische Anwendungen

Der Wert des bestimmten Integrals $\int_a^b f(x)\,dx$ gibt im Fall $f(x) > 0$ das Inhaltsmaß der Fläche an, die vom Graphen der Funktion f, von der x-Achse und den Geraden mit $x = a$ und $x = b$ begrenzt wird. Dieser Flächeninhalt hat bei einigen physikalischen Problemen eine bestimmte Bedeutung. Das Integral kann deshalb ähnlich wie die Ableitung ($\blacktriangleright$ Abschnitt 5.3.3, Seite 282) in verschiedenem Sinne physikalisch interpretiert werden.

Geschwindigkeit und Weg

Auf einem Firmengelände sind mehrere Standorte durch eine geradlinig verlaufende Schiene verbunden. Die Geschwindigkeit des Schienenfahrzeugs wird über ein Messgerät festgestellt (in Meter pro Minute) und in Abhängigkeit von der vergangenen Zeit (in Minuten) in ein Koordinatensystem eingetragen. Fährt das Fahrzeug rückwärts, wird dabei die Geschwindigkeit mit einem negativen Vorzeichen versehen.

Die Geschwindigkeit v kann durch die Funktion $v(t) = -\frac{5}{12}t^4 + \frac{15}{2}t^3 - \frac{130}{3}t^2 + 80t$ in Abhängigkeit von der Zeit t beschrieben werden.

Ermitteln Sie die Länge des Wegs, den das Fahrzeug nach acht Minuten insgesamt zurückgelegt hat und bestimmen Sie, wie weit entfernt es zu diesem Zeitpunkt vom Startpunkt ist.

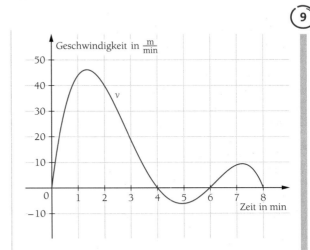

Wie wir schon aus der Differenzialrechnung wissen, ergibt die erste Ableitung der Weg-Zeit-Funktion nach der Zeit die Geschwindigkeit-Zeit-Funktion ($\blacktriangleright$ Beispiel Testfahrt, Seite 282). Für die Funktionsgleichung gilt: $s'(t) = v(t)$. Umgekehrt gilt: $s(t) = \int_{t_0}^t v(z)\,dz + s_0$, wobei s_0 den zu Beginn der Zeitzählung (Zeitpunkt t_0) bereits zurückgelegten Weg angibt (im Beispiel gelten $t_0 = 0$ und $s_0 = 0$). Als Integrationsvariable wurde z verwendet, um hier Verwechslungen mit der Funktionsvariablen t zu vermeiden.

Der insgesamt zurückgelegte Weg:

Der zurückgelegte Weg kann also durch Integration der Geschwindigkeit nach der Zeit berechnet werden, er entspricht der Summe der Flächeninhalte der drei Flächen zwischen dem Graphen der Funktion v und der x-Achse im Intervall $[0; 8]$. Da eine der Flächen unterhalb der x-Achse liegt, müssen wir für dieses Intervall den Betrag bestimmen, um den Flächeninhalt zu erhalten.

Die Grenzen der Teilintegrale entsprechen den Nullstellen der Funktion v, wir entnehmen sie der Skizze. Das Fahrzeug hat also nach acht Minuten insgesamt ca. 130 m zurückgelegt.

$$
\begin{aligned}
s &= A_1 + A_2 + A_3 \\
&= \int_0^4 v(t)\,dt + \left| \int_4^6 v(t)\,dt \right| + \int_6^8 v(t)\,dt \\
&= \left[-\tfrac{1}{12}t^5 + \tfrac{15}{8}t^4 - \tfrac{130}{9}t^3 + 40t^2 \right]_0^4 \\
&\quad + \left| \left[-\tfrac{1}{12}t^5 + \tfrac{15}{8}t^4 - \tfrac{130}{9}t^3 + 40t^2 \right]_4^6 \right| \\
&\quad + \left[-\tfrac{1}{12}t^5 + \tfrac{15}{8}t^4 - \tfrac{130}{9}t^3 + 40t^2 \right]_6^8 \\
&= \tfrac{992}{9} + \left| -\tfrac{74}{9} \right| + \tfrac{106}{9} \\
&= \tfrac{992}{9} + \tfrac{74}{9} + \tfrac{106}{9} = \tfrac{1172}{9} = \mathbf{130{,}\overline{2}}
\end{aligned}
$$

Die Entfernung zum Startpunkt:

Die Entfernung zum Startpunkt entspricht der Summe der orientierten Flächeninhalte, also der Flächenbilanz, d. h., wir integrieren über dem Intervall $[0; 8]$. Nach acht Minuten ist das Fahrzeug ca. 114 m vom Startpunkt entfernt.

$$
\begin{aligned}
a &= \int_0^8 v(t)\,dt \\
&= \left[-\tfrac{1}{12}t^5 + \tfrac{15}{8}t^4 - \tfrac{130}{9}t^3 + 40t^2 \right]_0^8 \\
&= \tfrac{1024}{9} = \mathbf{113{,}\overline{7}}
\end{aligned}
$$

(10) Kraft und mechanische Arbeit

Eine Feder, deren Konstante $D = 12 \frac{N}{cm}$ beträgt, wird erst 4 cm aus der Ruhelage gedehnt und anschließend 5 weitere Zentimeter.
Ermitteln Sie die Arbeit, die bei der zweiten Dehnung verrichtet wird.

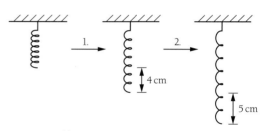

Für die Federspannkraft einer Feder gilt in Abhängigkeit der Verlängerung $F(s) = D \cdot s$.

$$F(s) = 12 \frac{N}{cm} \cdot s$$

Ist die Kraft als Funktion F des Weges s gegeben und wirkt sie zu diesem gleichsinnig parallel, so lässt sich die längs des Weges verrichtete Arbeit W durch

$$W = \int_{s_1}^{s_2} F(s)\,ds$$

beschreiben. Die Integrationsgrenzen s_1 und s_2 sind dabei Anfangs- und Endpunkt des Weges.
Um die zweite Dehnung von 5 cm herbeizuführen, ist eine Arbeit von $390\,N \cdot cm$ notwendig.

$$W = \int_{4\,cm}^{9\,cm} F(s)\,ds$$
$$= \int_{4\,cm}^{9\,cm} \left(12 \frac{N}{cm} \cdot s\right) ds$$
$$= 12 \frac{N}{cm} \cdot \int_{4\,cm}^{9\,cm} s\,ds$$
$$= 12 \frac{N}{cm} \cdot \left[\frac{1}{2} s^2\right]_{4\,cm}^{9\,cm}$$
$$= 12 \frac{N}{cm}(40{,}5\,cm^2 - 8\,cm^2) = 390\,N \cdot cm$$

In der folgenden Übersicht sind noch einige Zusammenhänge dargestellt, jedoch lassen sich nicht alle durch ganzrationale Funktionen erfassen, sondern gehören zu weiteren Funktionsklassen.

▶   Trigonometrische und gebrochen-rationale Funktionen

Ausgangsfunktion	Integral	Zusammenhang
Geschwindigkeit $v(t)$	$s = \int_{t_1}^{t_2} v(t)dt$	Das Integral der Geschwindigkeit $v(t)$ über einem definierten Zeitintervall $[t_1; t_2]$ entspricht dem zurückgelegten **Weg s**.
Beschleunigung $a(t)$	$v = \int_{t_1}^{t_2} a(t)dt$	Das Integral der Beschleunigung $a(t)$ über einem definierten Zeitintervall $[t_1; t_2]$ entspricht der erreichten **Geschwindigkeit v**.
Stromstärke $i(t)$	$Q = \int_{t_1}^{t_2} i(t)dt$	Das Integral der Stromstärke $i(t)$ über einem definierten Zeitintervall $[t_1; t_2]$ entspricht der transportierten **elektrischen Ladung Q**.
Leistung $P(t)$	$E = \int_{t_1}^{t_2} P(t)dt$	Das Integral der Leistung $P(t)$ über einem definierten Zeitintervall $[t_1; t_2]$ entspricht der umgewandelten **Energie E**.
Kraft $F(s)$	$W = \int_{s_1}^{s_2} F(s)ds$	Das Integral der Kraft $F(s)$ über einem definierten Wegintervall $[s_1; s_2]$ entspricht der verrichteten **mechanischen Arbeit W**.
Streckenlast $q(x)$	$F_R = \int_{x_1}^{x_2} q(x)dx$	Durch die Integration einer äußeren Streckenlast $q(x)$ auf einen geraden Balken kann eine **resultierende Einzellast F_R** berechnet werden.

Übungen zu 5.5.3

1. Ein Transportroboter fährt geradlinig von einem Startpunkt zu einem Zielpunkt. Die Geschwindigkeit wird in Abhängigkeit von der Zeit gemessen. Bei einer Rückwärtsbewegung wird sie mit einem negativem Vorzeichen versehen. Die Funktion f mit $f(t) = -\frac{17}{7500} t^4 + \frac{34}{125} t^3 - \frac{748}{75} t^2 + \frac{544}{5} t$ beschreibt die gemessene Geschwindigkeit (in Meter pro Minute), wobei t die Zeit (in Minuten) angibt. Nach 60 Minuten hat der Roboter sein Ziel erreicht. Berechnen Sie den insgesamt zurückgelegten Weg sowie die Entfernung zwischen Start- und Zielpunkt.

2. Die Konstante einer Feder beträgt $D = 14 \frac{\text{N}}{\text{cm}}$.
a) Berechnen Sie die Arbeit, die verrichtet wird, wenn die Feder um 8 cm aus der Ruhelage gedehnt wird.
b) Berechnen Sie die Arbeit, die verrichtet wird, wenn die bereits um 8 cm gedehnte Feder weitere 4 cm gedehnt wird.
c) Begründen Sie die Formel $W = \frac{1}{2} D \cdot s^2$ für die Federspannarbeit.

3. Nach der Renovierung eines Feuerlöschteichs soll dieser wieder befüllt werden. Der Wasserzufluss wird über die Fließgeschwindigkeit geregelt, die in Litern pro Stunde gemessen wird. Die Fließgeschwindigkeit wird durch eine ganzrationale Funktion 3. Grades beschrieben, die im Koordinatenursprung beginnt und nach neun Stunden mit 8 748 Litern pro Stunde den höchsten Wert erreicht; nach 27 Stunden ist die Fließgeschwindigkeit auf 0 gesunken. Der Löschteich fasst 132 192 Liter. Berechnen Sie, in wie vielen Stunden der Teich vollgelaufen ist.

4. Zum Bau einer Straße mit Radweg benötigt die Stadt Münster einen 10 m breiten durch zwei Grundstücke verlaufenden Streifen. Der Grenzverlauf zwischen den beiden Grundstücken kann näherungsweise durch die ganzrationale Funktion f mit $f(x) = 0{,}1\,x(x - 7{,}5)^2$ beschrieben werden (x in m). Links und rechts werden die Grundstücke durch die zur y-Achse parallelen Geraden durch $x = 0$ und $x = 1$ begrenzt.
Der für den Bau benötigte Streifen lässt sich durch die Graphen zu $g(x) = 7$ und $h(x) = -3$ beschreiben.
a) Fertigen Sie eine Skizze des Sachverhalts an.
b) Ermitteln Sie jeweils die Grundstücksfläche, die jeder der beiden Grundbesitzer verliert.

5. In die 8 m breite und 12 m hohe parabelförmige Wand einer Kirche soll ein rechteckiges Fenster eingebaut werden (s. Abbildung). ▸ Extremwertaufgaben, Seite 276
a) Geben Sie an, wie die Breite und die Höhe des Fensters zu wählen sind, damit die Fensterfläche möglichst groß ist.
b) Die restliche Wand soll gelb gestrichen werden. Bestimmen Sie die zu streichende Fläche, wenn die Fensterfläche maximal ist.

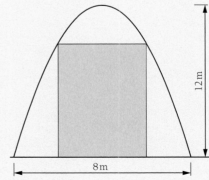

12 m

8 m

5.5.4   Rotationskörper

Im täglichen Leben begegnet man häufig geometrischen Körpern, z. B. Zylindern (Konservenbüchsen) oder Kegeln (Eistüten). Die Integralrechnung ermöglicht nun nicht nur die Flächenberechnung, sondern auch die Berechnung von Rauminhalten, also der Volumina solcher Körper. Dazu müssen wir uns diese als **Rotationskörper** vorstellen, die durch Drehung einer Fläche z. B. um die x-Achse entstehen.

Den Graphen einer im Intervall $[a;b]$ stetigen Funktion f kann man aus der Zeichenebene heraus um die x-Achse rotieren lassen. Betrachtet man nur den im Intervall $[a;b]$ definierten Abschnitt des Graphen von f, so überstreicht dieser während der Rotation um 360° die Mantelfläche eines sogenannten **Rotationskörpers**.

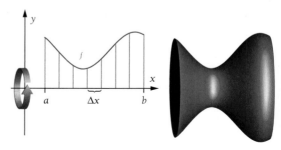

 Volumen eines Rotationskörpers

Um das Volumen eines Rotationskörpers zu bestimmen, unterteilen wir den Körper in Zylinderscheiben. Leiten Sie eine Formel zur Bestimmung des Rotationsvolumens her.

Betrachten wir den Körper, der entsteht, wenn wir den Graphen der Funktion f über dem Intervall $[a;b]$ um die x-Achse rotieren lassen.   ▸ blauer Körper

Das Volumen V dieses Rotationskörpers lässt sich durch n Zylinder annähern, welche alle dieselbe Höhe Δx besitzen. Zusammengenommen bilden die n Zylinder einen **Treppenkörper**.   ▸ grüner Körper

Die Grundfläche eines einzelnen Zylinders ist ein Kreis, dessen Radius durch den zugehörigen Funktionswert $f(x)$ bestimmt ist, also: $r = f(x)$. Der Inhalt der Grundfläche lässt sich daher mithilfe der bekannten Formel $A_{Kreis} = \pi \cdot r^2$ berechnen.

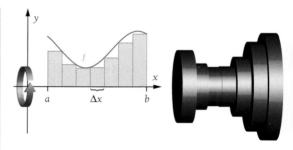

$$A_{Kreis} = \pi \cdot r^2 = \pi \cdot (f(x))^2$$

Um das Volumen eines Zylinders berechnen zu können, benötigen wir noch seine Höhe, also Δx.

$$V_{Zylinder} = \text{Grundfläche} \cdot \text{Höhe} = \pi \cdot (f(x))^2 \cdot \Delta x$$

Das Volumen des grünen Treppenkörpers entspricht der Summe aller Zylindervolumina. Es ist jedoch lediglich eine Annäherung an das gesuchte Volumen des blauen Rotationskörpers.

Um das genaue Volumen des Rotationskörpers zu erhalten, müssen wir das Intervall $[a;b]$ in feinere Streifen zerlegen, also die Höhe Δx der einzelnen Zylinder gegen null streben lassen. Bei dieser Grenzwertbildung strebt das Volumen des Treppenkörpers gegen das Volumen des Rotationskörpers. Der gesuchte Grenzwert entspricht

$$\int_a^b \left(\pi \cdot (f(x))^2 \right) dx = \pi \cdot \int_a^b (f(x))^2 \, dx$$

Das Vorgehen ähnelt der Streifenmethode aus Beispiel 2, Seite 292.

 Rotiert der Graph einer Funktion f über dem Intervall $[a;b]$ um die x-Achse, so entsteht ein **Rotationskörper** mit dem Volumen $V = \pi \cdot \int_a^b (f(x))^2 dx$.

Volumen eines Reflektionskörpers

Zur Herstellung von Reflektionskörpern für LEDs werden Glasrohlinge in Form von Paraboloiden benötigt. Hierzu wird eine Gussform verwendet, deren Randkurvenprofil dem Graphen von f mit $f(x) = \frac{1}{2}\sqrt{x}$ entspricht.
Bestimmen Sie das Volumen eines 3 cm hohen Glasrohlings.

Lässt man den Graphen der Funktion f um die x-Achse rotieren, entsteht ein Paraboloid. Wir setzen die Funktionsgleichung von f in die Formel für das Rotationsvolumen ein und quadrieren $f(x)$. Jetzt integrieren wir und müssen dann das Ergebnis noch mit π multiplizieren, um das Volumen zu erhalten.
Der Glasrohling hat ein Volumen von circa 3,53 cm^3.

$$V = \pi \cdot \int_0^3 \left(\tfrac{1}{2}\sqrt{x}\right)^2 dx$$
$$= \pi \cdot \int_0^3 \tfrac{1}{4} x \, dx$$
$$= \pi \cdot \left[\tfrac{1}{8} x^2\right]_0^3$$
$$= \pi \cdot \left(\tfrac{1}{8} \cdot 9 - 0\right)$$
$$= \tfrac{9}{8}\pi \approx 3,53$$

Volumenformel eines Kreiskegels

Bestimmen Sie die allgemeine Formel für das Volumen eines Kreiskegels mit Radius r und Höhe h.

Lässt man den Graphen einer Ursprungsgeraden um die x-Achse rotieren, erhalten wir einen Kreiskegel. Um die Funktionsgleichung f dieser linearen Funktion zu ermitteln benötigen wir nur die Steigung m, da $b = 0$.

$$m = \frac{\Delta y}{\Delta x} = \frac{r}{h} \Rightarrow f(x) = \frac{r}{h} x$$

Anhand der Skizze erkennen wir, dass das Intervall abhängig von der Höhe des Kegels ist; daher betrachten wir das Intervall $[0;h]$.

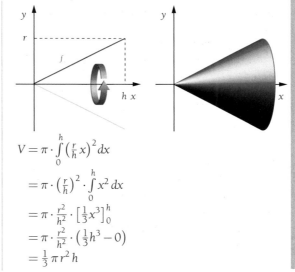

Setzen wir nun diese Funktionsgleichung und die beiden Intervallgrenzen in die Volumenformel für Rotationskörper ein, erhalten wir die altbewährte Formel für das Kegelvolumen.

$$V = \pi \cdot \int_0^h \left(\tfrac{r}{h} x\right)^2 dx$$
$$= \pi \cdot \left(\tfrac{r}{h}\right)^2 \cdot \int_0^h x^2 \, dx$$
$$= \pi \cdot \tfrac{r^2}{h^2} \cdot \left[\tfrac{1}{3} x^3\right]_0^h$$
$$= \pi \cdot \tfrac{r^2}{h^2} \cdot \left(\tfrac{1}{3} h^3 - 0\right)$$
$$= \tfrac{1}{3}\pi r^2 h$$

Ermitteln Sie das Volumen des Körpers, der durch Rotation des Funktionsgraphen von f um die x-Achse zwischen den Schnittpunkten des Graphen mit der x-Achse entsteht.

a) $f(x) = x^2 - 4$

b) $f(x) = 0{,}5x^3 - 2x^2$

c) $f(x) = -0{,}5x^3 + x^2 + 1{,}5x$

d) $f(x) = 0{,}5x^3 + 4x^2 - 0{,}5x - 4$

Übungen zu 5.5.4

1. Der Graph der Funktion f schließt mit der x-Achse eine Fläche ein, welche um die x-Achse rotiert. Berechnen Sie zunächst die Nullstellen und dann das Rotationsvolumen.

a) $f(x) = -x^2 + 4$ c) $f(x) = -2x^2 + 0{,}5x$

b) $f(x) = x^2 - 3$ d) $f(x) = 3x^2 - 6x$

2. Auf dem Intervall I rotiert die Randfunktion f um die x-Achse. Berechnen Sie das Volumen des entstehenden Körpers.

a) $f(x) = 2x - 3; I = [2; 5]$

b) $f(x) = x^2 + 2 ; I = [-1; 3]$

c) $f(x) = 3x^2 - x; I = [1; 6]$

3. Gegeben ist die ganzrationale Funktion 3. Grades mit $f(x) = -2x^3 + 4x^2$.

a) Berechnen Sie die Nullstellen der Funktion f.

b) Ermitteln Sie die Hoch- und Tiefpunkte.

c) Zeichnen Sie den Funktionsgraphen in ein Koordinatensystem.

d) Berechnen Sie die Fläche, die der Funktionsgraph mit der x-Achse komplett einschließt.

e) Die Fläche aus d) rotiert um die x-Achse. Weisen Sie nach, dass das Rotationsvolumen $4{,}88\pi$ VE beträgt.

4. Die markierte Fläche rotiert um die x-Achse. Berechnen Sie das zugehörige Rotationsvolumen.

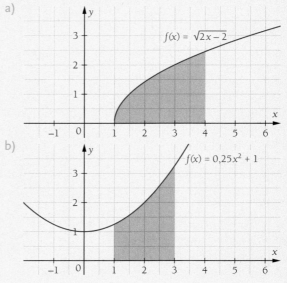

a) $f(x) = \sqrt{2x - 2}$

b) $f(x) = 0{,}25x^2 + 1$

Übungen zu 5.5

1. Berechnen Sie den Inhalt der Fläche zwischen der x-Achse und dem Graphen von f über dem angegebenen Intervall. Skizzieren Sie den Funktionsgraphen und markieren Sie die gesuchte Fläche.

a) $f(x) = 6x - x^2; [2; 5]$ c) $f(x) = \frac{1}{6}x^3 - x^2; [0; 6]$ e) $f(x) = (x - 2)(x + 1)x; [1; 2]$

b) $f(x) = 0{,}5x^2 - 0{,}1x^3; [1; 4]$ d) $f(x) = -\frac{1}{8}x^4 + \frac{1}{2}x^2; [2; 4]$ f) $f(x) = \frac{1}{2}x^2 - 4{,}5; [2; 4]$

2. Berechnen Sie den Inhalt der farbig gekennzeichneten Fläche.

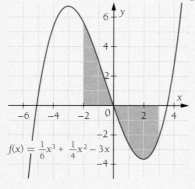

$f(x) = \frac{1}{6}x^3 + \frac{1}{4}x^2 - 3x$

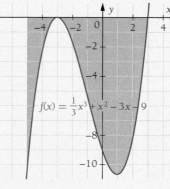

$f(x) = \frac{1}{3}x^3 + x^2 - 3x - 9$

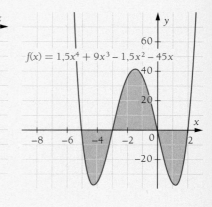

$f(x) = 1{,}5x^4 + 9x^3 - 1{,}5x^2 - 45x$

3. Berechnen Sie den Inhalt der Fläche, die von der x-Achse und dem Graphen von f vollständig umschlossen wird. Skizzieren Sie den Graphen und markieren Sie die gesuchte Fläche.

a) $f(x) = -x^2 + 6x + 7$ c) $f(x) = -1,2x^3 + 6x^2$ e) $f(x) = 3x^4 - 15x^2 + 12$

b) $f(x) = 1,5x^3 - 13,5x$ d) $f(x) = 0,8x^3 - 6x^2 + 10x$ f) $f(x) = 2x^4 - 2x^3 - 18x^2 + 18x$

4. Bestimmen Sie den Inhalt der Fläche, die von den Graphen der Funktionen f und g jeweils vollständig umschlossen wird. Prüfen Sie zunächst, ob die Fläche in Teilflächen zerfällt, und skizzieren Sie die Graphen.

a) $f(x) = \frac{1}{8}x^2 - 3$; $g(x) = \frac{1}{2}x + 1$ e) $f(x) = -0,2x^4 + 0,2x^3 + 1,2x^2 + 2$; $g(x) = 2$

b) $f(x) = 0,2x^2 - 0,4x - 3$; $g(x) = \frac{1}{9}(x-1)^2$ f) $f(x) = 0,25x^4 - x^3 + 2x$; $g(x) = x^2 - 2x$

c) $f(x) = \frac{1}{24}x^3 - \frac{5}{6}x$; $g(x) = \frac{2}{3}x$ g) $f(x) = -0,2x^4 + 7,4x^2 - 7,2$; $g(x) = 12x^2 + 24x - 36$

d) $f(x) = x^3 - 2x^2 - 10x$; $g(x) = -2x$ h) $f(x) = 0,5x^4 - x^3 - 4x^2 + 8x$; $g(x) = -x + 4,5$

5. Berechnen Sie jeweils den Inhalt der eingefärbten Fläche.

a)

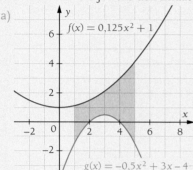

c)

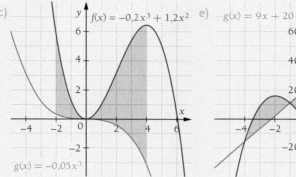

e)

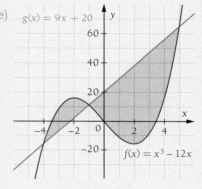

b)

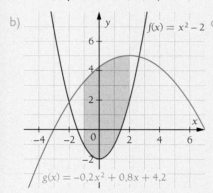

d)

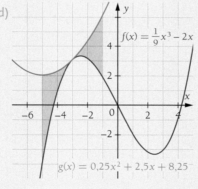

f)

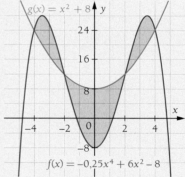

6. Für ein Mobile im Eingangsbereich werden in der Holzwerkstatt der Kita Niederfischbach Tierfiguren mit der Laubsäge ausgesägt. Ein mathematisch interessierter Praktikant hat am Computer den nebenstehenden Entwurf erstellt. Er hat für die krummlinigen Ränder die Graphen der Funktionen mit folgenden Gleichungen gewählt:

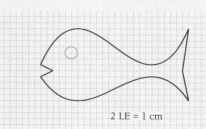

2 LE = 1 cm

$f(x) = -\frac{1}{54}x^3 + \frac{1}{3}x^2 - \frac{3}{2}x + 2$; $g(x) = \frac{1}{36}x^3 - \frac{1}{2}x^2 + \frac{9}{4}x + 3$

a) Übertragen Sie die Zeichnung und ergänzen Sie die Koordinatenachsen so, dass der Fisch „richtig" liegt.

b) Wie schwer ist ein ausgesägter Fisch mit aufgemaltem Auge, wenn eine 1 m² große Platte des verwendeten Sperrholzes 2 kg wiegt? Wie schwer ist er bei einem „ausgesägtem Auge"?

7. Aufgrund der steigenden Heizkosten soll in einer Tennis-
   halle eine Zwischendecke eingezogen werden. Die origi-
   nale Halle ist im Querschnitt parabelförmig gewölbt (siehe Abbildung), die maximale Höhe beträgt 15 m, die Breite 20 m und die Länge 50 m. Die Zwischendecke soll
   ebenfalls parabelförmig gewölbt sein und bis zum Boden
   reichen. Durch die Zwischendecke soll die Querschnittsfläche um 80 m² verringert werden.

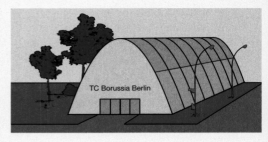

a) Ermitteln Sie die Funktionsgleichung der Zwischendecke.

b) Der Einbau der Zwischendecke würde 20 000 € kosten. Die Heizkosten betragen zurzeit 1,67 € pro m³
   und Jahr. Berechnen Sie den Zeitpunkt, ab dem durch den Einbau effektiv Geld gespart werden würde.
   Empfehlen Sie den Einbau?

c) Durch den Einbau der Zwischendecke verringert sich die Höhe der Halle. Berechnen Sie die verbleibende
   Raumhöhe 1 m vom Rand der Halle entfernt.

d) Um die Höhe der Halle an den Längsseiten nicht zu stark zu verringern, könnte alternativ zu der parabel-
   förmigen Zwischendecke eine gerade Zwischendecke eingezogen werden. Berechnen Sie, um wie viel Kubikmeter das Volumen verringert werden kann, wenn die gerade Zwischendecke in einer Höhe von 7,5 m
   angebracht wird. Geben Sie auch für diesen Fall die Raumhöhe 1 m von Rand der Halle entfernt an.

8. In einem statischen System wird ein Einfeldträger durch
   eine Streckenlast $q(x) = 0,01 x^4 - 0,15 x^3 + 0,5 x^2 + 0,1 x + 2$
   belastet. Zur einfacheren Bestimmung der Auflagerkräfte A
   und B wird zunächst die Streckenlast q in eine resultierende
   Einzellast F_R überführt.

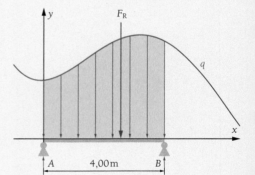

a) Berechnen Sie die Größe der resultierenden Einzellast F_R.

b) Die resultierend Einzellast F_R greift im Schwerpunkt der Fläche an, die von der Funktion q und der x-Achse eingeschlossen wird. Berechnen Sie die Stelle x_s, an der F_R auf den Träger
   einwirkt.

   ▶ Hinweis: x-Koordinate des Schwerpunkts $x_s = \dfrac{\int\limits_A^B (x \cdot q(x)) dx}{\int\limits_A^B q(x) dx}$

9. Der Graph der Funktion f mit $f(x) = 3$ rotiert um die x-Achse.

a) Skizzieren Sie den entstehenden Rotationskörper. Um welche Art Körper handelt es sich?

b) Berechnen Sie das Volumen des Rotationskörpers über dem Intervall $[1; 5]$.

c) Leiten Sie die allgemeine Volumenformel für einen Zylinder mit dem Radius r und der Höhe h her.

10. Eine Brauerei hat von einem Designer ein Bierglas in der nebenstehenden Form
    mit einer inneren Höhe von 12 cm entwerfen lassen. Der Verlauf der Innenwand
    lässt sich bei geeigneter Darstellung im Koordinatensystem durch die Funktion f
    mit $f(x) = 0,02 x^2 - 0,25 x + 3,2$ und dem Definitionsbereich $D_f = \mathbb{R}_0^+$ beschrei-
    ben.

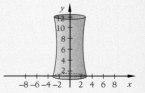

    ▶ Der Ordinatenabschnitt von f entspricht dem Bodenradius des Bierglases bezogen auf cm.

a) Bestimmen Sie die Volumenmaßzahl des Glases.

b) Der Designer nimmt an, dass der Eichstrich für 0,2 l in einer Höhe von ca. 10 cm anzubringen ist. Überprüfen
   Sie diese Vermutung.

Ich kann ...

... den **Flächeninhalt** der Fläche berechnen, die zwischen der **x-Achse** und dem Graphen einer **Funktion mit positiven Funtionswerten** liegt.

▶ Test-Aufgaben 1, 5

$f(x) = x^2$ im Intervall $I = [1; 4]$

$$A = \int_1^4 x^2\, dx = \left[\tfrac{1}{3}x^3\right]_1^4 = \tfrac{64}{3} - \tfrac{1}{3} = 21$$

Keine Nullstellen von f im Intervall I:
1. Stammfunktion bestimmen
2. Integrationsgrenzen einsetzen und Flächeninhalt berechnen

$$A = \int_a^b f(x)\, dx = [F(x)]_a^b = F(b) - F(a)$$

... den **Unterschied zwischen** **Flächeninhalt** und **Flächenbilanz** erklären.

▶ Test-Aufgabe 2

$f(x) = x^3 - 4x$
und $I = [-1; 1]$

Flächeninhalt: positiv ($A_1 + A_2$)
Flächenbilanz: null ($A_1 - A_2$)

Flächeninhalt: $A = \left|\int_a^{x_N} f(x)\, dx\right| + \left|\int_{x_N}^b f(x)\, dx\right|$

mit Nullstelle x_N

Flächenbilanz: $\int_a^b f(x)\, dx$

5

... den **Flächeninhalt** der Fläche berechnen, die zwischen dem **Graphen einer Funktion** und der **x-Achse** liegt. Die Funktion kann dabei auch mehrere Nullstellen haben.

▶ Test-Aufgaben 1, 2

$f(x) = x^3 - 5x^2 + 6x$
Nullstellen: $f(x_N) = 0$
$\Leftrightarrow x_N(x_N^2 - 5x_N + 6) = 0$
$x_{N_1} = 0$, $x_{N_2} = 2$ und $x_{N_3} = 3$ (Satz vom Nullprodukt und p-q-Formel)

Stammfunktion:
$F(x) = \tfrac{1}{4}x^4 - \tfrac{5}{3}x^3 + 3x^2$
$A = A_1 + A_2$
$= \left|\int_0^2 f(x)\, dx\right| + \left|\int_2^3 f(x)\, dx\right|$
$= |F(2) - F(0)| + |F(3) - F(2)|$
$= \left|\tfrac{8}{3} - 0\right| + \left|\tfrac{9}{4} - \tfrac{8}{3}\right| = \tfrac{8}{3} + \tfrac{5}{12} = \tfrac{37}{12}$

1. Nullstellen von f bestimmen
   → Integrationsgrenzen
2. Stammfunktion ermitteln
3. Integrationsgrenzen einsetzen und Flächeninhalt(e) berechnen

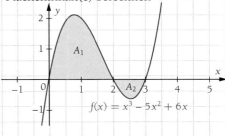

$f(x) = x^3 - 5x^2 + 6x$

... den **Flächeninhalt** der Fläche berechnen, die zwischen den Graphen von **zwei Funktionen** liegt.

▶ Test-Aufgaben 3, 4

$f(x) = x^2 - 1$ und $g(x) = x + 1$
$d(x) = (x^2 - 1) - (x + 1)$
$\quad = x^2 - x - 2$
Nullstellen: $d(x_N) = 0$
$x_{N_1} = -1$ und $x_{N_2} = 2$ (p-q-Formel)
Stammfunktion:
$D(x) = \tfrac{1}{3}x^3 - \tfrac{1}{2}x^2 - 2x$
$A = \left|\int_{-1}^2 d(x)\, dx\right|$
$= |D(2) - D(-1)|$
$= \left|-\tfrac{10}{3} - \tfrac{7}{6}\right|$
$= \tfrac{27}{6} = \tfrac{9}{2}$

1. Differenzfunktion d bilden:
   $d(x) = f(x) - g(x)$
2. Nullstellen von d bestimmen
   → Integrationsgrenzen
3. Stammfunktion von d ermitteln
4. Integrationsgrenzen einsetzen und Flächeninhalt(e) berechnen

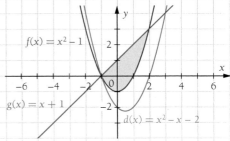

$f(x) = x^2 - 1$

$g(x) = x + 1$

$d(x) = x^2 - x - 2$

... das **Volumen** eines **Rotationskörpers** berechnen.

▶ Test-Aufgabe 6

$V = \pi \cdot \int_0^4 \left(\sqrt{x}\right)^2 dx = \pi \cdot \int_0^4 x\, dx$
$= \pi \cdot \left[\tfrac{1}{2}x^2\right]_0^4 = \pi \cdot \left(\tfrac{1}{2} \cdot 16 - 0\right)$
$= 8\pi \approx 25{,}13$

1. Funktion quadrieren
2. Integrieren
3. Mit π multiplizieren

Test zu 5.5

1. Skizzieren Sie den Verlauf des Funktionsgraphen zu $f(x) = -0,5x^3 + x^2 + 2,5x - 3$ qualitativ korrekt. Berechnen Sie die Fläche, die der Funktionsgraph mit der x-Achse komplett einschließt.

2. Gegeben ist die ganzrationale Funktion f mit $f(x) = 0,25x^4 - 0,5x^2$.
a) Ermitteln Sie die Nullstellen, Extrem- und Wendepunkte und zeichnen Sie den Graphen der Funktion f.
b) Bestimmen Sie den Inhalt der Fläche, die der Graph der Funktion f mit der x-Achse einschließt.
c) Bestimmen Sie den Inhalt der Fläche, die die Gerade durch die beiden Tiefpunkte mit dem Graphen der Funktion einschließt.

3. Berechnen Sie den Inhalt der Fläche zwischen den Graphen der Funktionen f und g mit $f(x) = -0,125x^4 + 2x^2$ und $g(x) = -0,25x^2 + 7$.

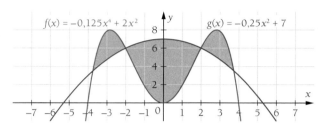

4. Gegeben sind die Scharfunktionen f_t mit $f_t(x) = -\frac{1}{t^2}x^2 + 1$ und g_t mit $g_t(x) = -\frac{1}{t}x^2 + t$ für $0 < t < 1$.
a) Bestimmen Sie jeweils die Nullstellen und Extrempunkte der Scharfunktionen und skizzieren Sie die Graphen für $t = 0,5$.
b) Ermitteln Sie den Inhalt der zwischen den Funktionsgraphen eingeschlossenen Fläche in Abhängigkeit von t.
c) Für welchen Wert von t wird der Flächeninhalt maximal?

5. Im botanischen Garten werden zum Schutz empfindlicher Pflanzen Zelte aus Folie aufgestellt. Bestimmen Sie das Volumen eines Zeltes, wenn die Querschnittsfläche des Zeltes parabelförmig begrenzt wird (s. Abbildung).

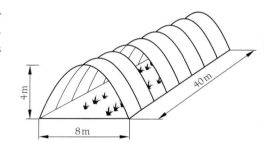

6. Das abgebildete Fassmodell entsteht durch die Rotation eines Funktionsgraphen f um die x-Achse.
a) Bestimmen Sie die Funktionsgleichung einer geeigneten Funktion f.
b) Berechnen Sie das Volumen des Fasses.

In CAD-Systemen und in Software für Gestalter spielen Vektorgrafiken eine wichtige Rolle.
- Wie lässt sich eine Strichzeichnung beschreiben, ohne jedes einzelne Pixel der Grafik zu definieren?
- Warum kann deswegen eine Vektorgrafik ohne Qualitätsverlust vergrößert und verkleinert werden?

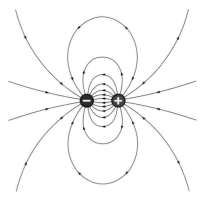

In der Elektrotechnik werden elektrische bzw. magnetische Felder durch Pfeile dargestellt.
- Wie lässt sich daraus die Stärke eines Magnetfeldes ablesen?
- In welchem Verhältnis stehen Pfeile zueinander, die „spiegelverkehrt" verlaufen?

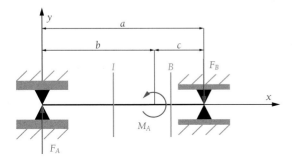

In der Physik und in der Bautechnik werden Kräfte, Geschwindigkeiten und Momente nicht allein durch Zahlen beschrieben, sondern durch gerichtete Größen unterschiedlicher Stärke.
- Welche resultierende Kraft wirkt auf ein Objekt, wenn mehrere einzelne Kräfte zusammenwirken?
- Welche Rolle spielt der Winkel zwischen den einzeln wirkenden Kräften?

6.1   Vektoren

6.1.1   Punkte im Raum

Punkte in der Ebene haben wir bisher in einem Koordinatensystem mit zwei Achsen dargestellt. Viele technische Probleme spielen sich aber nicht in der Ebene, sondern im dreidimensionalen Raum ab.

Koordinatendarstellung von Punkten

Beschreiben Sie, wie Punkte durch Koordinaten im Raum dargestellt werden können.

Die Lage eines Punktes in der Ebene beschreiben wir in einem zweidimensionalen **kartesischen Koordinatensystem** durch die Angabe seiner Koordinaten p_1 und p_2 als geordnetes Zahlenpaar $P(p_1 | p_2)$. Die x-Achse verläuft dabei waagerecht, die y-Achse senkrecht.

Im dreidimensionalen Koordinatensystem beschreiben wir die Lage durch drei Koordinaten p_1, p_2 und p_3 als geordnetes Zahlentripel $P(p_1 | p_2 | p_3)$.
Für die Darstellung auf Papier zeichnen wir die y-Achse als Horizontale und die z-Achse als Vertikale. Die x-Achse bildet *in der Zeichnung* einen Winkel von $135°$ zur y-Achse.
Körper erscheinen unserem Auge natürlich bei folgender Skaleneinteilung: Wenn auf kariertem Papier die Einheit auf der y-Achse und z-Achse jeweils 1 cm ist, wird als die Einheit auf der x-Achse eine Kästchendiagonale gewählt.

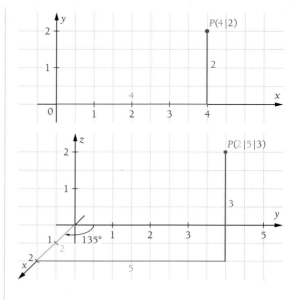

> Für die räumliche Vorstellung zeichne ich die Pfade zu den Punkten ein.

Koordinaten im Raum

Die untenstehende Zeichnung zeigt ein Werkstück, bei dem einige Kantenlängen gegeben sind. Zusätzlich ist ein Koordinatensystem eingezeichnet.
Bestimmen Sie die Koordinaten der Punkte A und B.

Zum Punkt A gelangen wir, indem wir 30 Einheiten „nach vorne" (x-Richtung), 20 Einheiten „nach oben" (z-Richtung) und 20 Einheiten „nach rechts" gehen (y-Richtung).
Der Punkt A hat also die Koordinaten $A(30 | 20 | 20)$.
Analog erhalten wir B: 25 Einheiten „nach rechts", 10 Einheiten „nach vorne", 15 Einheiten „nach oben". Die Koordinaten lauten somit $B(10 | 25 | 15)$.

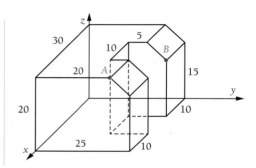

Abstand von Punkten im Raum

Tragen Sie die Punkte $A(-2\,|\,2\,|\,-1)$ und $B(4\,|\,-1\,|\,1)$ in ein Koordinatensystem ein. Berechnen Sie deren Abstand.

Der Punkt A hat die x-Koordinate -2, die y-Koordinate 2 und die z-Koordinate -1. Das heißt, wir gehen vom Ursprung 2 Einheiten „nach hinten", 2 Einheiten „nach rechts" und 1 Einheit „nach unten". Entsprechend gehen wir bei B vor.
Eine Formel für den Abstand der beiden Punkte erhalten wir über die zweifache Anwendung des Satzes des Pythagoras. Die Abstandsformel lautet allgemein für die Punkte $A(a_1\,|\,a_2\,|\,a_3)$ und $B(b_1\,|\,b_2\,|\,b_3)$:

$$d(A;B) = \sqrt{(b_1-a_1)^2+(b_2-a_2)^2+(b_3-a_3)^2}$$

In unserem Fall erhalten wir für den gesuchten Abstand:

$$d(A;B) = \sqrt{(4-(-2))^2+(-1-2)^2+(1-(-1))^2}$$
$$= \sqrt{6^2+(-3)^2+2^2} = \sqrt{49} = 7$$

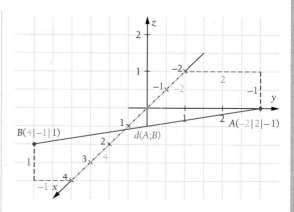

▶ In einem zweidimendionalen Koordinatensystem lautet die Formel:

$$d(A;B) = \sqrt{(b_1-a_1)^2+(b_2-a_2)^2}$$

Zwei Punkte $A(a_1\,|\,a_2\,|\,a_3)$ und $B(b_1\,|\,b_2\,|\,b_3)$ haben im Raum den **Abstand** d mit:
$$d(A;B) = \sqrt{(b_1-a_1)^2+(b_2-a_2)^2+(b_3-a_3)^2}$$

Zeichnen Sie das Viereck $ABCD$ mit $A(1\,|\,1\,|\,0)$, $B(1\,|\,4\,|\,0)$, $C(0\,|\,1\,|\,3)$ und $D(0\,|\,4\,|\,3)$ in ein Koordinatensystem und bestimmen Sie die Längen der Viereckseiten.

Übungen zu 6.1.1

1. Gegeben ist das abgebildete Werkstück
   (▶ Beispiel 2).

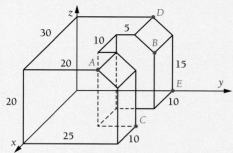

a) Berechnen Sie die Koordinaten der angegebenen Punkte C, D und E.

b) Berechnen Sie die Längen der Strecken $\overline{AB}$, $\overline{CE}$ und $\overline{AD}$.

2. In einer Lehrwerkstatt soll eine quadratische Pyramide als Modellkörper gefertigt werden. Die Maßhaltigkeit muss überprüft werden.

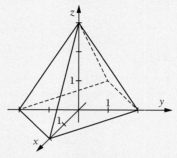

a) Bestimmen Sie die Koordinaten der Eckpunkte.

b) Berechnen Sie alle Kantenlängen.

6.1.2 Vektoren in Ebene und Raum

Wegweiser zeigen uns die Richtung und die Entfernung zu unserem Ziel an. Die Strecke ist also eindeutig durch ihre Richtung, Orientierung und ihre Länge bestimmt. Im Alltag werden viele Größen aus der Physik und Technik durch ihre Richtung und ihre Länge charakterisiert.

 4 Vektorbegriff

Eine Segelflotte wird innerhalb eines bestimmten Zeitraums vom Wind in gleicher Weise abgetrieben. Die Verschiebung jedes einzelnen Schiffes kann durch einen Pfeil dargestellt werden. Die Pfeile haben aufgrund der gleich wirkenden Windstärke die gleiche *Länge*. Alle Pfeile liegen zudem auf parallelen Geraden: Sie haben die gleiche *Richtung*. Da der Wind nur in eine Richtung bläst, haben alle Pfeilspitzen den gleichen Richtungssinn bzw. die gleiche *Orientierung*. Daher reicht uns nur ein einzelner der Pfeile $\overrightarrow{A_1B_1}$, $\overrightarrow{A_2B_2}$, $\overrightarrow{A_3B_3}$, um die Verschiebung darzustellen.

Alle Pfeile gleicher Länge, gleicher Richtung und gleicher Orientierung fassen wir zu einer Klasse zusammen und nennen diese **Vektor**. Ein Pfeil dieser Klasse heißt **Repräsentant**. Vektoren werden durch Kleinbuchstaben mit einem Pfeil bezeichnet: $\vec{a}, \vec{b}, \vec{c}, \ldots$

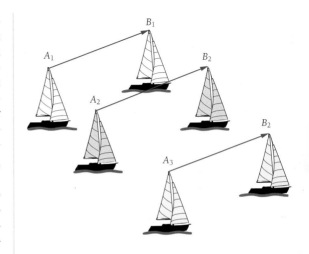

- Ein **Vektor** $\vec{a}$ ist die Menge aller Pfeile mit gleicher Länge, gleicher Orientierung und gleicher Richtung.
- Ein **Pfeil** $\overrightarrow{AB}$ wird durch einen Anfangspunkt A und eine Spitze B bestimmt.

▸ **Hinweis:** Ein Vektor ist also schon durch einen Pfeil $\overrightarrow{AB}$ festgelegt. Deswegen identifiziert man oft auch den Vektor mit diesem Repräsentanten und schreibt auch $\overrightarrow{AB} = \vec{a}$.

Vektoren sind also Größen, die durch eine Richtung und Länge gekennzeichnet sind. Sie unterscheiden sich damit von Größen, die durch eine reelle Zahl und eine Einheit beschrieben werden. Reelle Größen nennt man im Unterschied zu Vektoren auch **Skalare**.

Beispiele für Skalare	Beispiele für Vektoren
Masse	Kraft
Zeit	Weg
Temperatur	Beschleunigung

 Geben Sie jeweils alle Pfeile an, die ein Repräsentant des Vektors $\vec{a}$ sind.

a) $\vec{a} = \overrightarrow{DH}$ c) $\vec{a} = \overrightarrow{CF}$

b) $\vec{a} = \overrightarrow{HG}$ d) $\vec{a} = \overrightarrow{EB}$

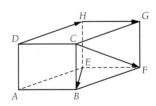

Koordinaten eines Vektors

5

Beschreiben Sie den abgebildeten Vektor $\vec{a}$.

Wir können in einem Koordinatensystem einen Vektor beschreiben, indem wir die zugehörige Verschiebung in Richtungen parallel zu den Achsen aufteilen.
Den Vektor $\vec{a}$ können wir durch eine Verschiebung um 6 Einheiten in Richtung der x-Achse und um 1 Einheit in Richtung der y-Achse beschreiben. Man sagt, der Vektor hat die **x-Koordinate** 6 und die **y-Koordinate** 1.

Man schreibt $\vec{a} = \begin{pmatrix} 6 \\ 1 \end{pmatrix}$ und nennt solch einen Vektor **Spaltenvektor**.

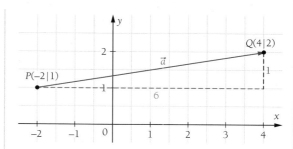

▶ Analog beschreiben wir einen Vektor im Raum durch drei Koordinaten: $\vec{a} = \begin{pmatrix} a_1 \\ a_2 \\ a_3 \end{pmatrix}$

6

Oft ist die Verschiebung durch den Anfangspunkt P und den Endpunkt Q gegeben. Dann erhalten wir die Koordinaten des entsprechenden Vektors $\vec{a}$ durch die Differenz der Punktkoordinaten.

$P(-2\,|\,1)$ und $Q(4\,|\,2)$:
$$\vec{a} = \overrightarrow{PQ} = \begin{pmatrix} 4-(-2) \\ 2-1 \end{pmatrix} = \begin{pmatrix} 6 \\ 1 \end{pmatrix}$$

▶ Analog gilt im Raum
$$\vec{a} = \overrightarrow{PQ} = \begin{pmatrix} q_1 - p_1 \\ q_2 - p_2 \\ q_3 - p_3 \end{pmatrix} = \begin{pmatrix} a_1 \\ a_2 \\ a_3 \end{pmatrix}$$

Spitze minus Fuß

Ortsvektor

6

Bestimmen Sie den Spaltenvektor, der durch den Pfeil vom Ursprung zum Punkt $P(2\,|\,5\,|\,3)$ gegeben ist.

Wir wählen als Repräsentanten des gesuchten Vektors den Pfeil, der vom Koordinatenursprung aus zum Punkt P geht. Solch ein Vektor heißt **Ortsvektor $\vec{p}$ zum Punkt P**.

Wir bestimmen die Koordinaten des Vektors $\vec{p}$:

$$\vec{p} = \overrightarrow{OP} = \begin{pmatrix} 2-0 \\ 5-0 \\ 3-0 \end{pmatrix} = \begin{pmatrix} 2 \\ 5 \\ 3 \end{pmatrix}$$

Diese entsprechen den Koordinaten des Punktes P.

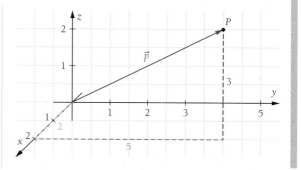

1. Gegeben sind die Punkte $A(3\,|\,4\,|\,5)$ und $B(1\,|\,-2\,|\,6)$.
   a) Zeichnen Sie die Punkte in ein Koordinatensystem.
   b) Bestimmen Sie rechnerisch den Spaltenvektor $\overrightarrow{AB}$.
   c) Zeichnen Sie diesen in das Koordinatensystem ein.

2. Ein Punkt $P(6\,|\,u\,|\,-2)$ soll den Abstand 7 vom Ursprung haben. Berechnen Sie den Ortsvektor $\vec{p}$ zum Punkt P.

7 Betrag eines Vektors in Ebene und Raum

a) Bestimmen Sie die Länge des Pfeils, der den Punkt $P(-2|1)$ in den Punkt $Q(4|2)$ verschiebt.

b) Bestimmen Sie die Länge des Vektors $\vec{b} = \begin{pmatrix} -2 \\ 5 \\ 3 \end{pmatrix}$.

Mit der gleichen Idee wie beim Abstand zweier Punkte können wir nun die Länge l des Pfeils $\overrightarrow{PQ}$ bestimmen. In der Ebene erhalten wir diese durch die Anwendung des Satzes von Pythagoras:

$$l = \sqrt{6^2 + 1^2} = \sqrt{37} \approx 6{,}08$$

Der Pfeil $\overrightarrow{PQ}$ hat eine Länge von ca. 6,08 LE. Alle Repräsentanten eines Vektors $\vec{a}$ haben die gleiche Länge. Daher nennt man diese auch den **Betrag des Vektors** und schreibt dafür $|\vec{a}|$:

$$|\vec{a}| = \left| \begin{pmatrix} a_1 \\ a_2 \end{pmatrix} \right| = \sqrt{a_1^2 + a_2^2}$$

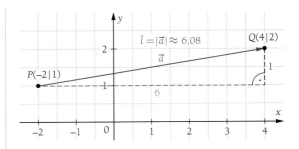

Im Raum erhalten wir durch nochmalige Anwendung des Satzes des Pythagoras:

$$|\vec{a}| = \left| \begin{pmatrix} a_1 \\ a_2 \\ a_3 \end{pmatrix} \right| = \sqrt{a_1^2 + a_2^2 + a_3^2}$$

Für den Vektor $\vec{b} = \begin{pmatrix} -2 \\ 5 \\ 3 \end{pmatrix}$ gilt:

$$|\vec{b}| = \left| \begin{pmatrix} -2 \\ 5 \\ 3 \end{pmatrix} \right| = \sqrt{(-2)^2 + 5^2 + 3^2} = \sqrt{38} \approx 6{,}16$$

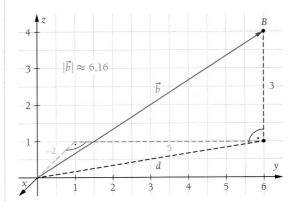

- Ein Vektor $\vec{a}$ wird als **Spaltenvektor** durch seine **Koordinaten** beschrieben:

  $\vec{a} = \begin{pmatrix} a_1 \\ a_2 \end{pmatrix}$ ▸ in der Ebene $\qquad$ $\vec{a} = \begin{pmatrix} a_1 \\ a_2 \\ a_3 \end{pmatrix}$ ▸ im Raum

- Ein Vektor $\vec{p}$, der durch einen Pfeil vom Ursprung O des Koordinatensystems zum Punkt P repräsentiert wird, heißt **Ortsvektor** von P. Er hat dieselben Koordinaten wie der Punkt P.
- Der **Betrag $|\vec{a}|$ eines Vektors** gibt die Länge der zugehörigen Pfeile an.

  $\vec{a} = \begin{pmatrix} a_1 \\ a_2 \end{pmatrix} \Rightarrow |\vec{a}| = \sqrt{a_1^2 + a_2^2}$ ▸ in der Ebene $\qquad$ $\vec{a} = \begin{pmatrix} a_1 \\ a_2 \\ a_3 \end{pmatrix} \Rightarrow |\vec{a}| = \sqrt{a_1^2 + a_2^2 + a_3^2}$ ▸ im Raum

1. Gegeben sind die Punkte $A(-2|1)$, $B(1|-1)$, $C(2|4)$, $D(5|2)$, $O(0|0)$ und $P(3|-2)$.
   a) Zeigen Sie durch Bestimmung der Vektorkoordinaten, dass die Pfeile $\overrightarrow{AB}$, $\overrightarrow{CD}$ und $\overrightarrow{OP}$ alle denselben Vektor $\vec{a}$ repräsentieren.
   b) Berechnen Sie die Länge des Vektors $\vec{a}$.

2. Berechnen Sie die Länge der Raumdiagonalen eines Quaders mit der Grundfläche $ABCD$ und einer Höhe von 5 LE. Gegeben sind $A(3|0|0)$, $B(3|2{,}5|0)$, $C(0|2{,}5|0)$, $D(0|0|0)$.

Bestimmen von Materialbedarf

Ein Regenschutz in Form eines Parallelogramms soll zwischen vier Befestigungspunkten gespannt werden. Die Koordinaten zweier Befestigungspunkte sind mit $A(4|2|3)$ und $B(10|6|4)$ festgelegt. Der Regenschutz soll 3 Meter in der Breite überspannen, an der gegenüberliegenden Seite 2 Meter weiter nach vorne reichen und 2 Meter an Höhe gewinnen. Der Hersteller möchte wissen, wie viel Meter Stahlseil er für die Strecken zwischen den Befestigungspunkten benötigt.

Die Koordinaten der nicht gegebenen Befestigungspunkte $C(12|9|6)$ und $D(6|5|5)$ erhalten wir, indem wir die Punkte A und B jeweils um 2 Einheiten nach vorne (x-Koordinate), um 3 nach rechts (y-Koordinate) und um 2 nach oben verschieben (z-Koordinate). Nun können wir die Seitenkanten durch Spaltenvektoren darstellen.

Der Materialbedarf setzt sich aus den Längen der vier Vektoren, die die Seitenkanten beschreiben, zusammen. Wir berechnen damit den Umfang des Parallelogramms. Der Hersteller benötigt ca. 22,81 m Stahlseil.

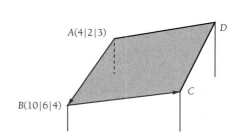

$$\overrightarrow{AB} = \begin{pmatrix} 10-4 \\ 6-2 \\ 4-3 \end{pmatrix} = \begin{pmatrix} 6 \\ 4 \\ 1 \end{pmatrix}$$

$$\overrightarrow{BC} = \begin{pmatrix} 12-10 \\ 9-6 \\ 6-4 \end{pmatrix} = \begin{pmatrix} 2 \\ 3 \\ 2 \end{pmatrix}$$

$$|\overrightarrow{AB}| = \sqrt{6^2 + 4^2 + 1^2} = \sqrt{53}$$

$$|\overrightarrow{BC}| = \sqrt{2^2 + 3^2 + 2^2} = \sqrt{17}$$

$$u = 2 \cdot \sqrt{53} + 2 \cdot \sqrt{17} \approx 22{,}81$$

▸ Bei einem Parallelogramm sind gegenüberliegende Seiten gleich lang.

Übungen zu 6.1.2

1. Geben Sie die Pfeile mit
   a) gleicher Länge
   b) gleicher Orientierung
   c) gleicher Richtung
   an.

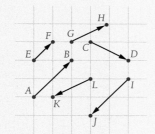

2. Zeichnen Sie folgende Vektoren in ein Koordinatensystem. Zeichnen Sie auch die Pfade ein. Bestimmen Sie die Länge der Vektoren.

a) $\vec{a} = \begin{pmatrix} 5 \\ 4 \\ 6 \end{pmatrix}$ b) $\vec{b} = \begin{pmatrix} -2 \\ 4 \\ -5 \end{pmatrix}$ c) $\vec{c} = \begin{pmatrix} -1 \\ -5 \\ -3 \end{pmatrix}$

3. Gegeben sind folgende Punkte. Geben Sie die zugehörigen Ortsvektoren an.

a) $P(5|7|1)$ b) $Q(-3|4|2)$ c) $R(0|-3|3)$

4. Gegeben ist das Dreieck ABC mit $A(4|-2|2)$, $B(0|2|2)$ und $C(2|-1|4)$. Stellen Sie die Seitenkanten des Dreiecks als Spaltenvektoren dar. Berechnen Sie den Umfang des Dreiecks.

5. Prüfen Sie, ob das Viereck $ABCD$ mit $A(2|1)$, $B(4|-1)$, $C(7|2)$, $D(1|4)$ ein Parallelogramm ist.

6. Berechnen Sie, wie a gewählt werden muss, damit $A(2|1|2)$ und $B(3|a|10)$ den Abstand 9 besitzen.

7. Die Pfeile $\overrightarrow{AB}$ und $\overrightarrow{CD}$ sollen zum gleichem Vektor gehören. Bestimmen Sie die Koordinaten des jeweils fehlenden Punktes.

a) $A(-3|4)$, $B(5|-7)$, $D(8|11)$
b) $A(1|8|7)$, $B(0|0|0)$, $D(3|3|7)$

8. Dargestellt ist eine regelmäßige Pyramide. Sie ist 5 LE hoch. Geben Sie die eingezeichneten Pfeile als Spaltenvektoren an.

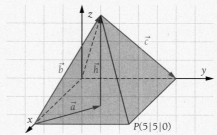

6.1.3 Vektoroperationen und lineare Abhängigkeit

9 Summe von Vektoren

Ein Fluss weist eine Strömungsgeschwindigkeit von $v_1 = 4 \frac{km}{h}$ auf. Ein Kapitän möchte mit seinem Boot, das eine Höchstgeschwindigkeit von $v_2 = 10 \frac{km}{h}$ hat, den Fluss überqueren. Dazu will er das Boot schräg zur Strömung ausrichten.

a) Bestimmen Sie, in welcher Richtung und mit welcher Geschwindigkeit sich das Boot aus der Sicht eines am Ufer stehenden Beobachters bewegt.

b) Untersuchen Sie die gleiche Situation, wenn ein starker Seitenwind mit der Geschwindigkeit $v_3 = 4 \frac{km}{h}$ hinzukommt.

Der Vektor $\vec{v}_1$ gibt die Richtung und durch seine Länge die Geschwindigkeit des Stromes an. Dabei entspricht 1 cm einer Geschwindigkeit von $3 \frac{km}{h}$.
Der Vektor $\vec{v}_2$ gibt die Richtung und Geschwindigkeit des Bootes an.
Da die resultierende Geschwindigkeit $\vec{v}_G$ das Zusammenwirken der beiden Geschwindigkeiten $\vec{v}_1$ und $\vec{v}_2$ darstellt, können wir $\vec{v}_G$ durch $\vec{v}_1$ und $\vec{v}_2$ beschreiben. Das Schiff wird sowohl um den Vektor $\vec{v}_1$ als auch durch den Vektor $\vec{v}_2$ verschoben. Diese Hintereinanderausführung von Parallelverschiebungen fassen wir als die **Summe zweier Vektoren** auf:
$$\vec{v}_G = \vec{v}_1 + \vec{v}_2$$

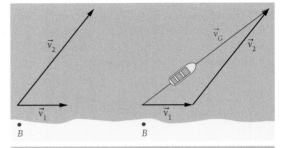

Die Länge des ermittelten Vektors $\vec{v}_G$ entspricht dann der resultierenden Geschwindigkeit. In unserem Beispiel bewegt sich das Boot mit einer Geschwindigkeit von etwa $12,8 \frac{km}{h}$ in die Richtung von $\vec{v}_G$.

Kommt noch zu den beiden Geschwindigkeiten ein starker Seitenwind hinzu, der das Boot in Richtung $\vec{v}_3$ mit der Geschwindigkeit $v_3 = 4 \frac{km}{h}$ abtreiben lässt, dann ergibt sich die resultierende Geschwindigkeit $\vec{v}_G$ als Vektorsumme aus den drei Geschwindigkeitskomponenten $\vec{v}_1$, $\vec{v}_2$, $\vec{v}_3$. Durch maßstäbliches Ausmessen erhalten wir eine resultierende Geschwindigkeit von etwa $15,6 \frac{km}{h}$.

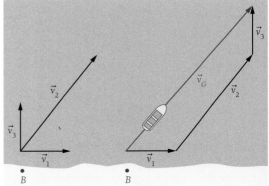

Allgemein gilt:

Man bildet die Summe zweier Vektoren $\vec{a}$ und $\vec{b}$, also $\vec{a} + \vec{b}$, indem ein Repräsentant von $\vec{b}$ so an einen Repräsentanten $\overrightarrow{AB}$ von $\vec{a}$ verschoben (gehängt) wird, dass sein Anfangspunkt an der Spitze B von $\overrightarrow{AB}$ liegt und im Punkt C endet. Dann versteht man unter der Summe von $\vec{a} + \vec{b}$ den Vektor, der durch den Pfeil $\overrightarrow{AC}$ repräsentiert wird.

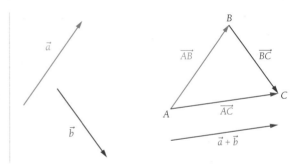

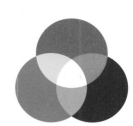

Rechnerisches Addieren

In Monitoren werden die Farben durch additive Farbmischung erzeugt. Aus den Grundfarben Rot, Grün und Blau werden durch Addition alle darstellbaren Farben erzeugt. Dieses Farbmodell können wir durch Spaltenvektoren beschreiben, bei der jede der drei Koordinaten für den Anteil der Grundfarben steht:

$$\vec{w} = \begin{pmatrix} 255 \\ 255 \\ 255 \end{pmatrix} \begin{matrix} \leftarrow \text{ rot} \\ \leftarrow \text{ grün} \\ \leftarrow \text{ blau} \end{matrix}$$ ▶ Die Mischung der drei Grundfarben ergibt Weiß.

Die Helligkeit jeder Grundfarbe wird bei 8-bit-Darstellung durch einen Wert von 0 bis 255 angegeben. Orange erhält man durch das additive Mischen von Rot und einem dunklen Grün. Geben Sie den zugehörigen Spaltenvektor an.

Den Vektor für Orange erhalten wir, indem wir die Farben Rot und Grün additiv mischen, d. h. die zugehörigen Koordinaten addieren.

$$\vec{r} = \begin{pmatrix} 255 \\ 0 \\ 0 \end{pmatrix}$$ ▶ Rot $$\quad \vec{g} = \begin{pmatrix} 0 \\ 102 \\ 0 \end{pmatrix}$$ ▶ dunkles Grün

$$\vec{o} = \vec{r} + \vec{g}$$
$$= \begin{pmatrix} 255 \\ 0 \\ 0 \end{pmatrix} + \begin{pmatrix} 0 \\ 102 \\ 0 \end{pmatrix} = \begin{pmatrix} 255+0 \\ 0+102 \\ 0+0 \end{pmatrix} = \begin{pmatrix} 255 \\ 102 \\ 0 \end{pmatrix}$$

Das angewendete Verfahren gilt auch allgemein: Man addiert zwei Vektoren, indem man die zugehörigen Vektorkoordinaten addiert.

$$\vec{a} + \vec{b} = \begin{pmatrix} a_1 \\ a_2 \\ a_3 \end{pmatrix} + \begin{pmatrix} b_1 \\ b_2 \\ b_3 \end{pmatrix} = \begin{pmatrix} a_1+b_1 \\ a_2+b_2 \\ a_3+b_3 \end{pmatrix}$$

Für die **Addition** von Vektoren $\vec{a}$ und $\vec{b}$ gilt:

$$\vec{a} + \vec{b} = \begin{pmatrix} a_1 \\ a_2 \end{pmatrix} + \begin{pmatrix} b_1 \\ b_2 \end{pmatrix} = \begin{pmatrix} a_1+b_1 \\ a_2+b_2 \end{pmatrix}$$ ▶ in der Ebene $$\qquad \vec{a} + \vec{b} = \begin{pmatrix} a_1 \\ a_2 \\ a_3 \end{pmatrix} + \begin{pmatrix} b_1 \\ b_2 \\ b_3 \end{pmatrix} = \begin{pmatrix} a_1+b_1 \\ a_2+b_2 \\ a_3+b_3 \end{pmatrix}$$ ▶ im Raum

Berechnen Sie im RGB-Modell gemäß Beispiel 10 den Spaltenvektor für die Farbe Pink. Mischen Sie diese aus den Farben Orange und Blau.

Gegenvektor und Nullvektor

Mithilfe eines Vektors kann man den Weg zu einem Ziel beschreiben. Der Vektor $\vec{a} = \begin{pmatrix} 3 \\ 2 \end{pmatrix}$ soll eine solche Wegbeschreibung darstellen. Bestimmen Sie den Vektor, der den Rückweg beschreibt.

Der gesuchte Vektor hat die gleiche Richtung, gleiche Länge, aber eine entgegengesetzte Orientierung wie der Vektor $\vec{a}$. Solch ein Vektor heißt **Gegenvektor** $-\vec{a}$. Der Gegenvektor macht eine Verschiebung um $\vec{a}$ wieder rückgängig. Um die Koordinaten des Gegenvektors zu berechnen, ändern wir die Vorzeichen jeder Koordinate von $\vec{a}$. Addieren wir einen Vektor und seinen Gegenvektor, so erhalten wir den **Nullvektor** $\vec{0}$. Alle Koordinaten des Nullvektors sind 0.

$$\vec{a} = \begin{pmatrix} a_1 \\ a_2 \end{pmatrix} = \begin{pmatrix} 3 \\ 2 \end{pmatrix}$$
$$-\vec{a} = \begin{pmatrix} -a_1 \\ -a_2 \end{pmatrix} = \begin{pmatrix} -3 \\ -2 \end{pmatrix}$$

$$\vec{a} + (-\vec{a}) = \vec{0}$$
$$\Leftrightarrow \begin{pmatrix} a_1 \\ a_2 \end{pmatrix} + \begin{pmatrix} -a_1 \\ -a_2 \end{pmatrix} = \begin{pmatrix} 0 \\ 0 \end{pmatrix}$$

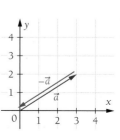

12 Differenz von Vektoren

Stellen Sie den Vektor $\vec{c}$ mithilfe der Vektoren $\vec{a}$ und $\vec{b}$ dar und berechnen Sie die Koordinaten des Vektors $\vec{c}$.

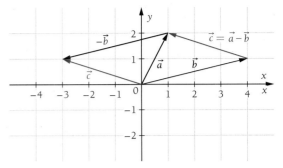

Um den Vektor $\vec{c}$ durch die Vektoren $\vec{a}$ und $\vec{b}$ darzustellen, benötigen wir einen Weg entlang der Vektoren vom Fuß zur Spitze des Vektors $\vec{c}$. Wir „laufen" also vom Ursprung aus zunächst entlang des Vektors $\vec{a}$ und „laufen" dann entlang $\vec{b}$, aber in entgegengesetzter Richtung.

Wir addieren also zum Vektor $\vec{a}$ den Gegenvektor des Vektors $\vec{b}$. Die Addition von Vektor und Gegenvektor fassen wir als **Subtraktion zweier Vektoren** auf.

$$\vec{c} = \vec{a} + (-\vec{b}) = \vec{a} - \vec{b}$$

Zur Berechnung des Spaltenvektors von $\vec{c}$ benötigen wir zunächst die Koordinaten der Vektoren $\vec{a}$ und $\vec{b}$. Diese lesen wir aus der Zeichnung ab.

$$\vec{a} = \begin{pmatrix} 1 \\ 2 \end{pmatrix}; \vec{b} = \begin{pmatrix} 4 \\ 1 \end{pmatrix}$$

Da die Subtraktion durch eine Addition des Gegenvektors dargestellt werden kann, können wir beim rechnerischen Subtrahieren auch direkt die entsprechenden Koordinaten subtrahieren, um das Ergebnis als Spaltenvektor zu erhalten.

$$\vec{c} = \begin{pmatrix} 1 \\ 2 \end{pmatrix} - \begin{pmatrix} 4 \\ 1 \end{pmatrix} = \begin{pmatrix} 1 \\ 2 \end{pmatrix} + \begin{pmatrix} -4 \\ -1 \end{pmatrix}$$
$$= \begin{pmatrix} 1-4 \\ 2-1 \end{pmatrix} = \begin{pmatrix} -3 \\ 1 \end{pmatrix}$$

Für die **Subtraktion** von Vektoren $\vec{a}$ und $\vec{b}$ gilt:

$$\vec{a} - \vec{b} = \vec{a} + (-\vec{b}) = \begin{pmatrix} a_1 \\ a_2 \end{pmatrix} + \begin{pmatrix} -b_1 \\ -b_2 \end{pmatrix} = \begin{pmatrix} a_1 - b_1 \\ a_2 - b_2 \end{pmatrix} \quad \blacktriangleright \text{ in der Ebene}$$

$$\vec{a} - \vec{b} = \vec{a} + (-\vec{b}) = \begin{pmatrix} a_1 \\ a_2 \\ a_3 \end{pmatrix} + \begin{pmatrix} -b_1 \\ -b_2 \\ -b_3 \end{pmatrix} = \begin{pmatrix} a_1 - b_1 \\ a_2 - b_2 \\ a_3 - b_3 \end{pmatrix} \quad \blacktriangleright \text{ im Raum}$$

---

1. Addieren und subtrahieren Sie die Vektoren $\vec{a} = \begin{pmatrix} 5 \\ 1 \\ 6 \end{pmatrix}$ und $\vec{b} = \begin{pmatrix} -1 \\ 2 \\ 2 \end{pmatrix}$ rechnerisch.

2. Gegeben ist der Vektor $\vec{a} = \begin{pmatrix} 2 \\ 5 \\ 3 \end{pmatrix}$. Bilden Sie dessen Gegenvektor und damit den Nullvektor.

3. a) Begründen Sie anhand der Figur die Gültigkeit des Assoziativgesetzes der Addition für Vektoren im Raum: $(\vec{a} + \vec{b}) + \vec{c} = \vec{a} + (\vec{b} + \vec{c})$
   b) Begründen Sie graphisch die Gültigkeit des Kommutativgesetzes für die Vektoraddition: $\vec{a} + \vec{b} = \vec{b} + \vec{a}$
   Fertigen Sie dazu eine zweidimensionale Skizze an.

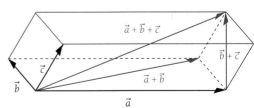

Vielfache eines Vektors

Ein Flugzeug setzt auf einer Landebahn zum Start-
vorgang an. Es hebt im Punkt $R(50\,|\,700\,|\,-10)$ ab.
Der Tower liegt bei $O(0\,|\,0\,|\,0)$ (Angaben in m). Das
Flugzeug bewegt sich nach dem Start in jeder Sekunde mit nahezu konstanter Geschwindigkeit entlang

des Vektors $\vec{v} = \begin{pmatrix} 2 \\ 28 \\ 3 \end{pmatrix}$.

Bestimmen Sie die Position des Flugzeugs nach drei
Sekunden.

Wir bestimmen zunächst den Vektor $\vec{a}$, der den Weg
des Flugzeugs in den drei Sekunden nach dem Start
beschreibt. Dazu addieren wir $\vec{v}$ dreimal. Wir fassen $\vec{a}$
als **Vielfaches** von $\vec{v}$ auf und schreiben $3 \cdot \vec{v}$. Wir multiplizieren also den Vektor $\vec{v}$ mit der reellen Zahl 3.

In der Rechnung ergibt sich aus der koordinatenwei-
sen Addition der Spaltenvektor für $3 \cdot \vec{v}$, indem wir jede Koordinate von $\vec{v}$ mit 3 multiplizieren.

Nach drei Sekunden befindet sich das Flugzeug im
Punkt $P(56\,|\,784\,|\,-1)$, also noch einen Meter unter-
halb des Towers.

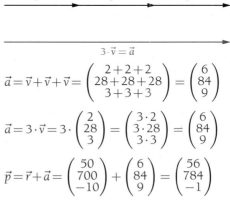

$$\vec{a} = \vec{v} + \vec{v} + \vec{v} = \begin{pmatrix} 2+2+2 \\ 28+28+28 \\ 3+3+3 \end{pmatrix} = \begin{pmatrix} 6 \\ 84 \\ 9 \end{pmatrix}$$

$$\vec{a} = 3 \cdot \vec{v} = 3 \cdot \begin{pmatrix} 2 \\ 28 \\ 3 \end{pmatrix} = \begin{pmatrix} 3 \cdot 2 \\ 3 \cdot 28 \\ 3 \cdot 3 \end{pmatrix} = \begin{pmatrix} 6 \\ 84 \\ 9 \end{pmatrix}$$

$$\vec{p} = \vec{r} + \vec{a} = \begin{pmatrix} 50 \\ 700 \\ -10 \end{pmatrix} + \begin{pmatrix} 6 \\ 84 \\ 9 \end{pmatrix} = \begin{pmatrix} 56 \\ 784 \\ -1 \end{pmatrix}$$

Die Multiplikation einer Zahl s (**Skalar**) mit einem Vektor $\vec{a}$ heißt **Skalarmultiplikation** (S-Multiplikation).
Sie gilt nicht nur für ganzzahlige Werte, sondern für beliebige reelle Zahlen.

Die Pfeile des Vektors $s \cdot \vec{a}$ sind parallel zu denen von
$\vec{a}$ und haben die s-fache Länge.
Bei $s < 0$ kehrt sich die Orientierung um.
Bei Multiplikation mit -1 ergibt sich der Gegenvek-
tor: $-\vec{a} = -1 \cdot \vec{a} = \begin{pmatrix} -a_1 \\ -a_2 \end{pmatrix}$
Bei Multiplikation mit 0 ergibt sich der Nullvektor:
$0 \cdot \vec{a} = \begin{pmatrix} 0 \cdot a_1 \\ 0 \cdot a_2 \end{pmatrix} = \begin{pmatrix} 0 \\ 0 \end{pmatrix} = \vec{0}$

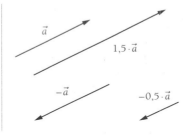

Bei der **Skalarmultiplikation** wird ein Vektor mit einer reellen Zahl s multipliziert, indem jede der Koordinaten mit s multipliziert wird:

$s \cdot \vec{a} = s \cdot \begin{pmatrix} a_1 \\ a_2 \end{pmatrix} = \begin{pmatrix} s \cdot a_1 \\ s \cdot a_2 \end{pmatrix}$ ▶ in der Ebene $\qquad$ $s \cdot \vec{a} = s \cdot \begin{pmatrix} a_1 \\ a_2 \\ a_3 \end{pmatrix} = \begin{pmatrix} s \cdot a_1 \\ s \cdot a_2 \\ s \cdot a_3 \end{pmatrix}$ ▶ im Raum

---

Berechnen Sie für $\vec{a} = \begin{pmatrix} 2 \\ 3 \\ 4 \end{pmatrix}$ und $\vec{b} = \begin{pmatrix} -1 \\ 5 \\ -3 \end{pmatrix}$.

a) $4\vec{a}$ $\qquad$ b) $-2{,}5\vec{b}$ $\qquad$ c) $\vec{a} + 3\vec{b}$ $\qquad$ d) $2\vec{a} - \vec{b}$ $\qquad$ e) $3\vec{a} - 2\vec{b}$ $\qquad$ f) $-2\vec{a} - 3\vec{b}$

14 Vektorzug

Gegeben sind die dargestellten Vektoren $\vec{u}$, $\vec{v}$, $\vec{w}$. Bestimmen Sie sowohl zeichnerisch als rechnerisch den Vektor $\vec{x} = \vec{u} + \vec{v} + 2\vec{w}$.

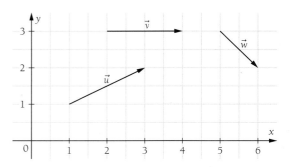

Zeichnerisch lösen wir die Aufgabe, indem wir die Vektoren $\vec{u}$, $\vec{v}$ und $2\vec{w}$ aneinander setzen. Dabei verdoppeln wir die Länge des Vektors $\vec{w}$. Es entsteht ein **Vektorzug**. Die Vektoren werden wie die Waggons eines Zuges aneinandergereiht. Der gesuchte Vektor $\vec{x}$ führt vom Anfang zum Ende des Vektorzugs, d. h. vom Anfangspunkt des ersten Pfeils zur Spitze des letzten. Der Vektor $\vec{x}$ bewirkt die gleiche Verschiebung wie die drei Vektoren $\vec{u}$, $\vec{v}$ und $2\vec{w}$ zusammen.

Um rechnerisch das Ergebnis zu bestimmen, müssen wir zunächst die Koordinaten der drei gegebenen Vektoren aus der Abbildung ablesen.
Diese setzen wir dann in den Vektorterm ein und berechnen den gesuchten Vektor $\vec{x}$.

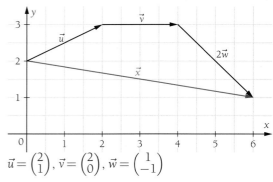

$$\vec{u} = \begin{pmatrix} 2 \\ 1 \end{pmatrix}, \vec{v} = \begin{pmatrix} 2 \\ 0 \end{pmatrix}, \vec{w} = \begin{pmatrix} 1 \\ -1 \end{pmatrix}$$

$$\vec{x} = \vec{u} + \vec{v} + 2\vec{w}$$
$$= \begin{pmatrix} 2 \\ 1 \end{pmatrix} + \begin{pmatrix} 2 \\ 0 \end{pmatrix} + 2 \cdot \begin{pmatrix} 1 \\ -1 \end{pmatrix} = \begin{pmatrix} 6 \\ -1 \end{pmatrix}$$

Durch Vervielfachen und Addieren von zwei oder mehr Vektoren $\vec{a}$, $\vec{b}$, … können wir also neue Vektoren $\vec{x}$ erzeugen: $\vec{x} = r \cdot \vec{a} + s \cdot \vec{b} + \ldots$ Solch eine Summe heißt **Linearkombination**.

15 Teilungsverhältnis

Gegeben ist die Strecke $\overline{AB}$ mit den Endpunkten $A(1|6)$ und $B(9|2)$. Der Punkt P teilt die Strecke im Verhältnis 3:1.
Bestimmen Sie die Koordinaten des Punktes P.

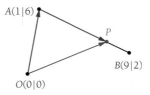

Wir können die Lage des Punktes P im Koordinatensystem vektoriell durch den Ortsvektor $\overrightarrow{OP}$ des Punktes P eindeutig erfassen.
Wir stellen $\overrightarrow{OP}$ als Linearkombination des Vektors $\overrightarrow{OA}$ und des Vektors $\overrightarrow{AP}$ dar. Da der Punkt P die Strecke im Verhältnis 3:1 teilt, gilt $\overrightarrow{AP} = \frac{3}{4} \cdot \overrightarrow{AB}$.
Wir setzen die Koordinaten der Vektoren ein und berechnen den Spaltenvektor von $\overrightarrow{OP}$. Wir erhalten als Resultat $P(7|3)$.

$$\overrightarrow{OP} = \overrightarrow{OA} + \overrightarrow{AP}$$
$$= \overrightarrow{OA} + \frac{3}{4}\overrightarrow{AB}$$
$$= \begin{pmatrix} 1 \\ 6 \end{pmatrix} + \frac{3}{4} \cdot \begin{pmatrix} 9-1 \\ 2-6 \end{pmatrix}$$
$$= \begin{pmatrix} 1 \\ 6 \end{pmatrix} + \frac{3}{4} \cdot \begin{pmatrix} 8 \\ -4 \end{pmatrix}$$
$$= \begin{pmatrix} 1 \\ 6 \end{pmatrix} + \begin{pmatrix} 6 \\ -3 \end{pmatrix}$$
$$= \begin{pmatrix} 7 \\ 3 \end{pmatrix}$$

Darstellung als Linearkombination

In einem mechanischen System lässt sich jede angreifende Kraft als Linearkombination der Querkräfte und der Normalkraft beschreiben. Der Vektor $\vec{a} = \begin{pmatrix} 1 \\ 2 \\ 3 \end{pmatrix}$ soll die Normalkraft und der Vektor $\vec{b} = \begin{pmatrix} 4 \\ 1 \\ 4 \end{pmatrix}$ die Querkraft darstellen.

Zeigen Sie, dass die angreifende Kraft $\vec{c} = \begin{pmatrix} 9 \\ 4 \\ 11 \end{pmatrix}$ Element des mechanischen Systems ist.

Die Kraft $\vec{c}$ ist Element des mechanischen Systems, wenn sie als Linearkombination der Querkraft und der Normalkraft darstellbar ist. Um herauszufinden, ob sich $\vec{c}$ durch $\vec{a}$ und $\vec{b}$ darstellen lässt, müssen wir reelle Zahlen r und s finden, die die Gleichung $\vec{c} = r \cdot \vec{a} + s \cdot \vec{b}$ erfüllen.

Aus dieser Gleichung ergibt sich ein lineares Gleichungssystem mit drei Gleichungen und zwei Variablen. Nun lösen wir beispielsweise die erste Gleichung nach r und die zweite Gleichung nach s auf. Dann setzen wir in die zweite Gleichung $r = 9 - 4s$ ein. Daraus ergibt sich, dass $s = 2$ ist. Wir erhalten damit $r = 1$. Da $r = 1$ und $s = 2$ auch die dritte Gleichung erfüllen, ist das Gleichungssystem lösbar.

Somit lässt sich der Vektor $\vec{c}$ durch die Vektoren $\vec{a}$ und $\vec{b}$ darstellen. Man sagt auch, dass sich der Vektor $\vec{c}$ aus $\vec{a}$ und $\vec{b}$ **linear kombinieren** lässt.
Eine Probe bestätigt unser Ergebnis.

$$\vec{c} = r \cdot \vec{a} + s \cdot \vec{b}$$

$$\begin{pmatrix} 9 \\ 4 \\ 11 \end{pmatrix} = r \cdot \begin{pmatrix} 1 \\ 2 \\ 3 \end{pmatrix} + s \cdot \begin{pmatrix} 4 \\ 1 \\ 4 \end{pmatrix}$$

(I) $\quad 9 = r + 4s$

(II) $\quad 4 = 2r + s$

(III) $\quad 11 = 3r + 4s$

(I) $\quad r = 9 - 4s$

(II) $\quad s = 4 - 2r$

(I) in (II): $\quad s = 4 - 2 \cdot (9 - 4s) \Leftrightarrow s = 2$

$\Rightarrow \quad r = 9 - 4 \cdot 2 \quad \Leftrightarrow r = 1$

$s = 2; r = 1$ in (III):

$\quad 11 = 3 \cdot 1 + 4 \cdot 2 \Leftrightarrow 11 = 11$ (w)

Probe:

$$\begin{pmatrix} 9 \\ 4 \\ 11 \end{pmatrix} = 1 \cdot \begin{pmatrix} 1 \\ 2 \\ 3 \end{pmatrix} + 2 \cdot \begin{pmatrix} 4 \\ 1 \\ 4 \end{pmatrix}$$

Eine Summe der Form $r_1 \cdot \vec{a}_1 + r_2 \cdot \vec{a}_2 + \ldots + r_n \cdot \vec{a}_n$ mit $r_i \in \mathbb{R}$ heißt **Linearkombination** der Vektoren $\vec{a}_1, \vec{a}_2, \ldots, \vec{a}_n$.

---

1. Gegeben sind die Vektoren $\vec{a} = \begin{pmatrix} 2 \\ -2 \\ 1 \end{pmatrix}$ und $\vec{b} = \begin{pmatrix} 1 \\ 0 \\ 1 \end{pmatrix}$.

   Bestimmen Sie rechnerisch den Spaltenvektor $\vec{c} = 2\vec{a} + \vec{b}$.

2. Untersuchen Sie, ob sich der Vektor $\vec{d}$ aus den Vektoren $\vec{a}$, $\vec{b}$ und $\vec{c}$ linear kombinieren lässt.

   $\vec{a} = \begin{pmatrix} 1 \\ 0 \\ 0 \end{pmatrix}, \vec{b} = \begin{pmatrix} 1 \\ 1 \\ 0 \end{pmatrix}, \vec{c} = \begin{pmatrix} 1 \\ 1 \\ 2 \end{pmatrix}, \vec{d} = \begin{pmatrix} 9 \\ 3 \\ 4 \end{pmatrix}$

3. Prüfen Sie, ob der Vektor $\vec{d} = \begin{pmatrix} 8 \\ 2 \\ 2 \end{pmatrix}$ Element des mechanischen Systems aus Beispiel 16 ist.

Lässt sich ein Vektor $\vec{a}$ als Vielfaches eines anderen Vektors $\vec{b}$ darstellen, so verlaufen die Vektoren parallel. Es gilt dann $\vec{a} = r \cdot \vec{b}$ bzw. $\vec{b} = s \cdot \vec{a}$.

Sie haben dann die gleiche Richtung, können aber eine unterschiedliche Orientierung und Länge haben. Solche Vektoren bezeichnet man als **kollinear**.

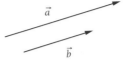

Kollineare Vektoren   **Nicht kollineare Vektoren**

(17) **Kollineare Vektoren**

Die Punkte $A(8|0|0)$, $B(8|8|0)$, $C(4|6|5)$ und $D(4|2|5)$ sind die Eckpunkte eines Vierecks. Zeigen Sie, dass das Viereck $ABCD$ ein Trapez ist.

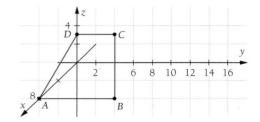

Wir stellen die Seiten des Vierecks durch Vektoren dar und überprüfen, ob zwei gegenüberliegende Seiten kollinear sind.
Dazu stellen wir die Gleichungen $\vec{AB} = r \cdot \vec{CD}$ und $\vec{BC} = s \cdot \vec{DA}$ auf und überprüfen, ob reelle Zahlen r bzw. s existieren, die die jeweilige Gleichung erfüllen.

Für $r = -2$ ist die erste Gleichung erfüllt, somit sind die Vektoren $\vec{AB}$ und $\vec{CD}$ kollinear.
Um einen möglichen Wert für s zu bestimmen, stellen wir aus der Vektorgleichung ein lineares Gleichungssystem auf. Die drei Gleichungen liefern aber nicht die gleiche Lösung für s. Somit existiert kein $s \in \mathbb{R}$, das die Gleichung erfüllt. Daher sind die Vektoren $\vec{BC}$ und $\vec{DA}$ nicht kollinear.

Das Viereck ist ein Trapez, weil nur ein Paar von gegenüberliegenden Seiten parallel ist.

$$\vec{AB} = \begin{pmatrix} 0 \\ 8 \\ 0 \end{pmatrix}; \quad \vec{BC} = \begin{pmatrix} -4 \\ -2 \\ 5 \end{pmatrix};$$

$$\vec{CD} = \begin{pmatrix} 0 \\ -4 \\ 0 \end{pmatrix}; \quad \vec{DA} = \begin{pmatrix} 4 \\ -2 \\ -5 \end{pmatrix}$$

$$\vec{AB} = r \cdot \vec{CD} \Leftrightarrow \begin{pmatrix} 0 \\ 8 \\ 0 \end{pmatrix} = r \cdot \begin{pmatrix} 0 \\ -4 \\ 0 \end{pmatrix}$$

Gleichung für $r = -2$ erfüllt $\Rightarrow \vec{AB}; \vec{CD}$ kollinear

$$\vec{BC} = s \cdot \vec{DA} \Leftrightarrow \begin{pmatrix} -4 \\ -2 \\ 5 \end{pmatrix} = s \cdot \begin{pmatrix} 4 \\ -2 \\ -5 \end{pmatrix}$$

(I) $-4 = 4s \Leftrightarrow s = -1$
(II) $-2 = -2s \Leftrightarrow s = 1$
(III) $5 = -5s \Leftrightarrow s = -1$

Vektorgleichung für kein $s \in \mathbb{R}$ erfüllt
$\Rightarrow \vec{BC}$ und $\vec{DA}$ nicht kollinear

- Zwei Vektoren $\vec{a}$ und $\vec{b}$ heißen **kollinear**, wenn einer der Vektoren ein Vielfaches des anderen ist: $\vec{a} = r \cdot \vec{b}$ oder $\vec{b} = s \cdot \vec{a}$
- Kollineare Vektoren sind parallel.

Prüfen Sie, ob die folgenden Vektoren kollinear sind. $\vec{a} = \begin{pmatrix} 1 \\ -4 \\ 2,5 \end{pmatrix}, \vec{b} = \begin{pmatrix} 2 \\ 8 \\ 5 \end{pmatrix}$

Lassen sich die Pfeile dreier Vektoren $\vec{a}$, $\vec{b}$ und $\vec{c}$ in einer Ebene darstellen, so heißen diese Vektoren **komplanar**.

Mindestens einer der drei Vektoren ist dann eine Linearkombination der anderen beiden Vektoren. Es muss also gelten:
$\vec{a} = r \cdot \vec{b} + s \cdot \vec{c}$ oder
$\vec{b} = r \cdot \vec{a} + s \cdot \vec{c}$ oder
$\vec{c} = r \cdot \vec{a} + s \cdot \vec{b}$

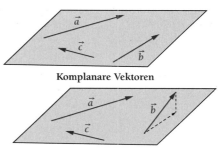

Komplanare Vektoren

Nicht komplanare Vektoren

Komplanare Vektoren

Überprüfen Sie, ob die gegebenen Vektoren komplanar sind.

$$\vec{a} = \begin{pmatrix} 2 \\ -1 \\ 1 \end{pmatrix}, \vec{b} = \begin{pmatrix} 1 \\ 7 \\ 2 \end{pmatrix}, \vec{c} = \begin{pmatrix} 1 \\ 2 \\ 1 \end{pmatrix}$$

Wir überprüfen zunächst, ob sich $\vec{a}$ aus den anderen beiden Vektoren linear kombinieren lässt.
Wir suchen also reelle Zahlen r und s, die die Gleichung $\vec{a} = r \cdot \vec{b} + s \cdot \vec{c}$ erfüllen.
Wir stellen dazu ein lineares Gleichungssystem auf und lösen dieses. Mithilfe der ersten und der dritten Zeile erhalten wir $r = -1$ und $s = 3$.

$$\vec{a} = r \cdot \vec{b} + s \cdot \vec{c} \Leftrightarrow \begin{pmatrix} 2 \\ -1 \\ 1 \end{pmatrix} = r \cdot \begin{pmatrix} 1 \\ 7 \\ 2 \end{pmatrix} + s \cdot \begin{pmatrix} 1 \\ 2 \\ 1 \end{pmatrix}$$

(I) $\quad 2 = r + s$
(II) $-1 = 7r + 2s$
(III) $\quad 1 = 2r + s$

(I) $-$ (III) $\quad 1 = -r \Rightarrow r = -1$

$r = -1$ in (I):
$2 = -1 + s \Rightarrow s = 3$

Diese Lösungen erfüllen auch die zweite Gleichung. Somit ist der Vektor $\vec{a}$ durch die Vektoren $\vec{b}$ und $\vec{c}$ darstellbar und die drei Vektoren sind komplanar.

$r = -1$; $s = 3$ in (II):
$\quad -1 = 7 \cdot (-1) + 2 \cdot 3$
$\Leftrightarrow -1 = -1$ (w)
$\Rightarrow$ Die Vektoren sind komplanar.

- Drei Vektoren $\vec{a}$, $\vec{b}$, $\vec{c}$ heißen **komplanar**, wenn einer der Vektoren als Linearkombination der beiden anderen dargestellt werden kann:
$\vec{a} = r \cdot \vec{b} + s \cdot \vec{c}$ oder $\vec{b} = r \cdot \vec{a} + s \cdot \vec{c}$ oder $\vec{c} = r \cdot \vec{a} + s \cdot \vec{b}$
- Komplanare Vektoren liegen in einer Ebene.

---

1. Untersuchen Sie, ob die Vektoren $\vec{a} = \begin{pmatrix} 4 \\ 2 \\ -6 \end{pmatrix}$, $\vec{b} = \begin{pmatrix} 2 \\ 4 \\ 8 \end{pmatrix}$ und $\vec{c} = \begin{pmatrix} 10 \\ 8 \\ 2 \end{pmatrix}$ komplanar sind.

2. Zeigen Sie, dass drei Vektoren immer komplanar sind, wenn ein Vektor der Nullvektor ist.

3. Geben Sie eine Bedingung an, wann zwei Vektoren komplanar sind.

(19) Kollineare bzw. komplanare Vektoren nennt man auch **linear abhängig**, da sich mindestens ein Vektor aus den anderen linear kombinieren lässt. Sind Vektoren nicht linear abhängig, so heißen sie **linear unabhängig**. Bei linear unabhängigen Vektoren ist also keiner der Vektoren eine Linearkombination der anderen.

Graphisch erkennen wir die lineare Abhängigkeit, wenn sich ein geschlossener Vektorzug ergibt: Der Vektor $\vec{w}$ ist linear abhängig von den Vektoren $\vec{u}$ und $\vec{v}$, da er dargestellt werden kann, indem wir die Vektoren $3\vec{u}$ und $4\vec{v}$ aneinandersetzen.

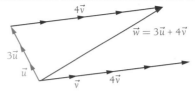

(20) Prüfen auf lineare Abhängigkeit

Untersuchen Sie, ob die Vektoren $\vec{a} = \begin{pmatrix} 2 \\ 2 \\ 4 \end{pmatrix}$, $\vec{b} = \begin{pmatrix} 4 \\ 1 \\ 1 \end{pmatrix}$ und $\vec{c} = \begin{pmatrix} 1 \\ 1 \\ 3 \end{pmatrix}$ linear unabhängig sind.

Zur Prüfung der linearen Unabhängigkeit untersuchen wir die Gleichung $r \cdot \vec{a} + s \cdot \vec{b} + t \cdot \vec{c} = \vec{0}$. Besitzt diese Gleichung Lösungen für r, s und t, von denen mindestens eine ungleich null ist, dann lässt sich einer der drei Vektoren als Linearkombination der anderen beiden darstellen. Die Vektoren sind **linear abhängig**. Erhalten wir nur die triviale Lösung $r = s = t = 0$, so sind die Vektoren **linear unabhängig**.

Wir lösen das sich ergebende LGS mithilfe des Gauß'schen Algorithmus in der vereinfachten Matrixschreibweise (▶ Seite 172). Um die Stufenform der Matrix zu erhalten, multiplizieren wir die erste Zeile mit -1 und addieren das Ergebnis zur zweiten Zeile. Gleichzeitig multiplizieren wir die erste Zeile mit -2 und addieren das Ergebnis zur dritten Zeile. Danach addieren wir das (-7)-fache der neuen zweiten Zeile zum 3-fachen der neuen dritten Zeile.

Aus der Stufenform können wir nun die Lösung des LGS ermitteln. Das Gleichungssystem besitzt nur die (triviale) Lösung $r = s = t = 0$.

Die Vektoren sind also linear unabhängig.

$$r \cdot \begin{pmatrix} 2 \\ 2 \\ 4 \end{pmatrix} + s \cdot \begin{pmatrix} 4 \\ 1 \\ 1 \end{pmatrix} + t \cdot \begin{pmatrix} 1 \\ 1 \\ 3 \end{pmatrix} = 0$$

(I) $2r + 4s + t = 0$
(II) $2r + s + t = 0$
(III) $4r + s + 3t = 0$

$$\begin{array}{ccc|c} 2 & 4 & 1 & 0 \\ 2 & 1 & 1 & 0 \\ 4 & 1 & 3 & 0 \end{array} \quad \begin{array}{l} |\cdot(-1) \\ \\ \end{array}$$

$$\begin{array}{ccc|c} 2 & 4 & 1 & 0 \\ 0 & -3 & 0 & 0 \\ 0 & -7 & 1 & 0 \end{array} \quad \begin{array}{l} \\ |\cdot(-7) \\ |\cdot 3 \end{array}$$

$$\begin{array}{ccc|c} 2 & 4 & 1 & 0 \\ 0 & -3 & 0 & 0 \\ 0 & 0 & 3 & 0 \end{array}$$

$$3t = 0 \Leftrightarrow \qquad\qquad t = \mathbf{0}$$
$$-3s = 0 \Leftrightarrow \qquad\qquad s = \mathbf{0}$$
$$2r + 4s + t = 0 \Leftrightarrow 2r + 4 \cdot 0 + 0 = 0 \Leftrightarrow r = \mathbf{0}$$

* Die Vektoren $\vec{a}_1$, $\vec{a}_2$, …, $\vec{a}_n$ heißen **linear unabhängig**, wenn die Vektorgleichung $r_1 \cdot \vec{a}_1 + r_2 \cdot \vec{a}_2 + \cdots + r_n \cdot \vec{a}_n = \vec{0}$ nur die triviale Lösung $r_1 = r_2 = \ldots = r_n = 0$ besitzt.
* Ansonsten sind die Vektoren **linear abhängig**.
* Linear abhängige Vektoren lassen sich als Linearkombination voneinander darstellen.
* Zwei linear abhängige Vektoren sind kollinear und drei linear abhängige Vektoren komplanar.

1. Untersuchen Sie, ob die Vektoren $\vec{a} = \begin{pmatrix} 1 \\ 2 \\ 2 \end{pmatrix}$, $\vec{b} = \begin{pmatrix} 4 \\ 5 \\ 6 \end{pmatrix}$ und $\vec{c} = \begin{pmatrix} 7 \\ 8 \\ 9 \end{pmatrix}$ linear unabhängig sind.

2. Zeigen Sie, dass zwei kollineare Vektoren bzw. drei komplanare Vektoren stets linear abhängig sind.

Übungen zu 6.1.3

1. Ein Schiff wird von zwei Schleppern jeweils mit einer Kraft von 12 kN in Seilrichtung gezogen. Die beiden Seile der Schlepper bilden einen Winkel von 55 °. Bestimmen Sie zeichnerisch die resultierende Kraft.

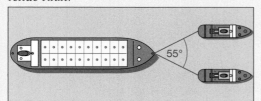

2. Die Diagonale im Kräfteparallelogramm wird resultierende Kraft genannt. Bestimmen Sie durch eine Zeichnung die resultierende Kraft.
Für die beiden wirkenden Kräfte gilt $\vec{F}_1 = 40\,\mathrm{N}$ und $\vec{F}_2 = 30\,\mathrm{N}$; der Winkel zwischen den beiden wirkenden Kräften ist $\alpha = 35\,°$.

3. Die Brüder Dirk und Jörg wollen mit ihren Freunden Sven und Christian ihre Kräfte messen und haben sich folgendes Spiel überlegt: An einer Kugel sind vier Seile befestigt, jeder von ihnen zieht an einem der Seile. Die Zugkräfte sind maßstäblich eingezeichnet. Ein Team hat gewonnen, wenn sich die Kugel auf dessen Seite befindet.

a) Welches Team gewinnt bei folgender Aufstellung?

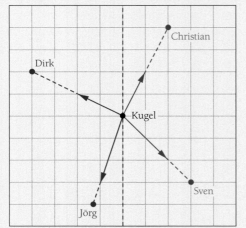

b) Welches Team ist das vermeintlich schwächere? Hat dieses Team eine Chance zu gewinnen, wenn das andere Team seine Position beibehält?

4. Bestimmen Sie rechnerisch und zeichnerisch.
a) $\vec{a} + \vec{b}$
b) $\vec{a} + \vec{b} + \vec{c}$
c) $\vec{a} - \vec{c}$
d) $\vec{a} - \vec{b} - \vec{c}$
e) $-\vec{b} + \vec{c} + \vec{a}$
f) $2\vec{a} + \vec{b}$
g) $\vec{a} - 0{,}5\vec{b} + 3\vec{c}$
h) $2\vec{a} - 3\vec{b} + 0{,}5\vec{c}$

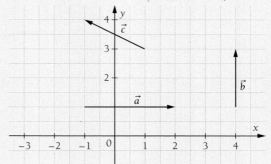

5. Gegeben sind die Vektoren $\vec{a} = \begin{pmatrix} -1 \\ 0{,}5 \\ 6 \end{pmatrix}$, $\vec{b} = \begin{pmatrix} 0{,}75 \\ 10 \\ 0 \end{pmatrix}$ und $\vec{c} = \begin{pmatrix} -2 \\ -4 \\ -1 \end{pmatrix}$.
Berechnen Sie folgende Spaltenvektoren.
a) $\vec{a} + \vec{b}$
b) $\vec{a} - \vec{c}$
c) $-4\vec{a}$
d) $\vec{a} + 3\vec{b}$
e) $-0{,}5\vec{a} + \vec{c}$
f) $-\vec{b} + \frac{2}{3}\vec{c}$
g) $\vec{a} + 2\vec{b} - \vec{c}$
h) $-3\vec{a} + 2\vec{b} + 4\vec{c}$

6. Gegeben sind $\vec{a} = \begin{pmatrix} 1 \\ 0 \\ 0 \end{pmatrix}$, $\vec{b} = \begin{pmatrix} 0 \\ 1 \\ 0 \end{pmatrix}$ und $\vec{c} = \begin{pmatrix} 0 \\ 0 \\ 1 \end{pmatrix}$.
Zeichnen Sie deren Ortsvektoren in ein Koordinatensystem. Ergänzen Sie folgende Ortsvektoren.
a) $\vec{r} = \vec{a} + \vec{b} + \vec{c}$
b) $\vec{r} = \vec{a} + 2\vec{b} + \vec{c}$
c) $\vec{r} = \vec{a} - 2\vec{b} + \vec{c}$
d) $\vec{r} = 1{,}5\vec{a} - 2\vec{b} + 3\vec{c}$

7. Berechnen Sie die Koordinaten des Mittelpunktes M der Strecke $\overline{PQ}$ mit $P(3\,|\,6\,|\,7)$ und $Q(7\,|\,2\,|\,5)$ mithilfe der Ortsvektoren von P und Q.

8. Die vier Eckpunkte eines Würfels sind $O(0\,|\,0\,|\,0)$, $A(4\,|\,0\,|\,0)$, $B(0\,|\,4\,|\,0)$ und $C(0\,|\,0\,|\,4)$.
a) Zeichnen Sie den Würfel in ein Koordinatensystem.
b) Ergänzen Sie die Diagonalen der Seitenflächen. Geben Sie jeweils die Koordinaten der Schnittpunkte der Diagonalen an.

6

9. In einem Quader sind die Vektoren $\vec{a} = \overrightarrow{AB}$, $\vec{b} = \overrightarrow{BC}$ und $\vec{c} = \overrightarrow{CG}$ gegeben. S ist der Schnittpunkt der Diagonalen im Rechteck $DCGH$. M ist der Mittelpunkt von $\overline{BC}$.

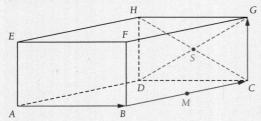

a) Geben Sie mithilfe von $\vec{a}$, $\vec{b}$ und $\vec{c}$ die Vektoren $\overrightarrow{AC}$, $\overrightarrow{AG}$, $\overrightarrow{AH}$, $\overrightarrow{HA}$ und $\overrightarrow{DF}$ an.

b) Stellen Sie $\overrightarrow{AM}$, $\overrightarrow{AS}$ und $\overrightarrow{SE}$ mit den gegebenen Vektoren dar.

c) Geben Sie den Vektor $\overrightarrow{MS}$ durch die Vektoren $\vec{a}$, $\vec{b}$ und $\vec{c}$ an.

10. Geben Sie die Koordinaten des Vektors $\overrightarrow{AB}$ an, der durch $A(1\,|\,4\,|\,5)$ und $B(-2\,|\,5\,|\,8)$ bestimmt ist. Geben Sie den Gegenvektor an.

11. Gegeben ist ein Viereck mit den Punkten $A(2\,|\,3\,|\,4)$, $B(1\,|\,2\,|\,3)$, $C(5\,|\,6\,|\,7)$ und $D(4\,|\,6\,|\,7)$. Untersuchen Sie, ob es sich bei dem Viereck $ABCD$ um ein Parallelogramm handelt.

12. Zeigen Sie für Vektoren $\vec{a}$, $\vec{b}$ in Koordinatenform, dass die folgenden Regeln gelten ($r, s \in \mathbb{R}$).

a) $r(s\vec{a}) = (rs)\vec{a}$

b) $r(\vec{a} + \vec{b}) = r\vec{a} + r\vec{b}$

c) $(r+s)\vec{a} = r\vec{a} + s\vec{a}$

13. Berechnen Sie den Wert der Variablen x, sofern eine Lösung existiert.

a) $x \cdot \begin{pmatrix} 3 \\ 5 \\ 1 \end{pmatrix} = \begin{pmatrix} 1 \\ 2 \\ 1 \end{pmatrix} - \begin{pmatrix} 7 \\ 12 \\ -1 \end{pmatrix}$

b) $\begin{pmatrix} 20 \\ 4 \\ -14 \end{pmatrix} = x \cdot \begin{pmatrix} 12 \\ 4 \\ 4 \end{pmatrix} - 2x \cdot \begin{pmatrix} 1 \\ 1 \\ 3 \end{pmatrix}$

c) $\begin{pmatrix} 4 \\ x \\ 2 \end{pmatrix} + 2\begin{pmatrix} 1 \\ 2 \\ 3 \end{pmatrix} = \begin{pmatrix} x \\ 10 \\ x+2 \end{pmatrix}$

14. Gegeben sind die Punkte $P(2\,|\,2\,|\,1)$, $Q(5\,|\,10\,|\,25)$, $R(3\,|\,a\,|\,0)$ und $S(4\,|\,6\,|\,5)$.

Bestimmen Sie a so, dass die Differenz der Vektoren $\overrightarrow{PQ}$ und $\overrightarrow{RS}$ den Betrag 11 besitzt.

15. Bestimmen Sie s und r so, dass gilt:

a) $r \cdot \begin{pmatrix} -2 \\ 1 \end{pmatrix} + s \cdot \begin{pmatrix} 1 \\ 1 \end{pmatrix} = \begin{pmatrix} 4 \\ 1 \end{pmatrix}$

b) $\begin{pmatrix} 9 \\ -8 \end{pmatrix} + s \cdot \begin{pmatrix} -1 \\ 4 \end{pmatrix} = r \cdot \begin{pmatrix} 3 \\ 2 \end{pmatrix}$

16. Entscheiden Sie, welche der angegebenen Vektoren sich aus $\vec{a} = \begin{pmatrix} 3 \\ 4 \\ -2 \end{pmatrix}$ und $\vec{b} = \begin{pmatrix} 2 \\ -2 \\ 1 \end{pmatrix}$ linear kombinieren lassen.

a) $\begin{pmatrix} 6 \\ 22 \\ 5 \end{pmatrix}$ c) $\begin{pmatrix} 4 \\ -2 \\ 3 \end{pmatrix}$ e) $\begin{pmatrix} -2 \\ -12 \\ 6 \end{pmatrix}$

b) $\begin{pmatrix} 9{,}5 \\ 1 \\ -0{,}5 \end{pmatrix}$ d) $\begin{pmatrix} 6 \\ 2{,}5 \\ 3 \end{pmatrix}$

17. Prüfen Sie rechnerisch, ob die drei Vektoren linear unabhängig sind.

a) $\begin{pmatrix} 3 \\ 0 \\ 4 \end{pmatrix}, \begin{pmatrix} 2 \\ 1 \\ 0 \end{pmatrix}, \begin{pmatrix} 0 \\ 4 \\ -2 \end{pmatrix}$ c) $\begin{pmatrix} 2 \\ 1 \\ -1 \end{pmatrix}, \begin{pmatrix} 6 \\ 4 \\ 1 \end{pmatrix}, \begin{pmatrix} 2 \\ 2 \\ 3 \end{pmatrix}$

b) $\begin{pmatrix} -2 \\ 1 \\ 0 \end{pmatrix}, \begin{pmatrix} 3 \\ 3 \\ 0 \end{pmatrix}, \begin{pmatrix} 8 \\ 14 \\ 0 \end{pmatrix}$ d) $\begin{pmatrix} 1 \\ 0 \\ 1 \end{pmatrix}, \begin{pmatrix} 0 \\ 1 \\ 0 \end{pmatrix}, \begin{pmatrix} 2 \\ 1 \\ 2 \end{pmatrix}$

18. Zeigen Sie, dass sich der Vektor $\begin{pmatrix} 1 \\ 6 \\ 4 \end{pmatrix}$ auf unendlich viele Arten als Linearkombination der Vektoren $\begin{pmatrix} 1 \\ 2 \\ 0 \end{pmatrix}, \begin{pmatrix} 3 \\ 8 \\ 2 \end{pmatrix}$ und $\begin{pmatrix} 1 \\ 4 \\ 2 \end{pmatrix}$ darstellen lässt.

19. Bestimmen Sie diejenigen reellen Zahlen für den Parameter a, für die der jeweils letzte Vektor eine Linearkombination der vorherigen Vektoren ist.

a) $\begin{pmatrix} 1 \\ 0 \\ 0 \end{pmatrix}, \begin{pmatrix} 2 \\ a \\ 0 \end{pmatrix}$

b) $\begin{pmatrix} 1 \\ 1 \\ a \end{pmatrix}, \begin{pmatrix} 1 \\ a \\ -1 \end{pmatrix}, \begin{pmatrix} 2a \\ 2 \\ -1 \end{pmatrix}$

c) $\begin{pmatrix} 0 \\ 1 \\ 0 \end{pmatrix}, \begin{pmatrix} 0 \\ 1 \\ a \end{pmatrix}, \begin{pmatrix} a \\ 0 \\ 1 \end{pmatrix}$

20. Untersuchen Sie, ob die Vektoren $\begin{pmatrix} 6 \\ 3 \\ -9 \end{pmatrix}, \begin{pmatrix} 3 \\ 6 \\ 12 \end{pmatrix}$ und $\begin{pmatrix} 15 \\ 12 \\ 3 \end{pmatrix}$ komplanar sind.

21. Zeigen Sie, dass kollineare Vektoren auch komplanar sind.

6.1.4 Skalar- und Vektorprodukt

Zwei Vektoren können nicht nur addiert oder voneinander subtrahiert werden; sie können auch auf zwei verschieden Arten miteinander multipliziert werden.

Verrichtete Arbeit als Skalarprodukt

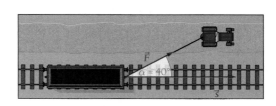

Ein Wagon wird gleichmäßig von einem Traktor gezogen. Dabei wird eine Kraft in Richtung des Traktors aufgebracht, die sich durch den Kraftvektor $\vec{F}$ darstellen lässt. Der zurückgelegte Weg lässt sich vektoriell durch den Wegvektor $\vec{s}$ darstellen. Der von beiden Vektoren eingeschlossene Winkel sei α. Berechnen Sie für $|\vec{F}| = 200\,\text{N}$, $|\vec{s}| = 30\,\text{m}$ und $\alpha = 40°$ die verrichtete Arbeit W.

Wenn $\vec{F}$ mit dem Weg gleichgerichtet wäre, ist die am Wagon verrichtete Arbeit W das Produkt aus den Beträgen von $\vec{F}$ und $\vec{s}$. Hier wirkt die Kraft $\vec{F}$ allerdings unter dem Winkel α längs des Weges. Daher ist nur die in Wegrichtung wirkende Kraft $\vec{F}_s$ bedeutsam für die Arbeit W.

Anhand der Abbildung erkennen wir, dass wir $|\vec{F}_s|$ im rechtwinkligen Dreieck mithilfe des Kosinus darstellen können. Wir erhalten als Formel für die Arbeit: $W = |\vec{F}| \cdot |\vec{s}| \cdot \cos(\alpha)$.

Setzen wir die gegebenen Werte ein, so erhalten wir die verrichtete Arbeit $W \approx 4\,596{,}27\,\text{J}$.

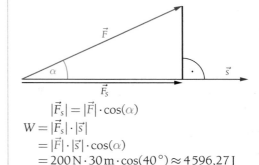

$$|\vec{F}_s| = |\vec{F}| \cdot \cos(\alpha)$$
$$W = |\vec{F}_s| \cdot |\vec{s}|$$
$$= |\vec{F}| \cdot |\vec{s}| \cdot \cos(\alpha)$$
$$= 200\,\text{N} \cdot 30\,\text{m} \cdot \cos(40°) \approx 4\,596{,}27\,\text{J}$$

Den Ausdruck $|\vec{F}| \cdot |\vec{s}| \cdot \cos(\alpha)$ bezeichnet man allgemein als **Skalarprodukt** der Vektoren $\vec{F}$ und $\vec{s}$, da das Ergebnis kein Vektor sondern ein Skalar ist, also eine reelle Zahl. Für das Skalarprodukt $|\vec{F}| \cdot |\vec{s}| \cdot \cos(\alpha)$ schreibt man kurz $\vec{F} \cdot \vec{s}$.

Skalarprodukt der Vektoren $\vec{F}$ und $\vec{s}$:

$$\vec{F} \cdot \vec{s} = |\vec{F}| \cdot |\vec{s}| \cdot \cos(\alpha)$$

Senkrechte Vektoren

Berechnen Sie das Skalarprodukt für die Situation aus Beispiel 21, wenn die Zugrichtung des Traktors im 90°-Winkel zum Weg des Wagons steht.

Setzen wir die Werte $|\vec{F}| = 200\,\text{N}$, $|\vec{s}| = 30\,\text{m}$ und $\alpha = 90°$ in die Definition des Skalarprodukts ein, so erhalten wir $\vec{F} \cdot \vec{s} = 0$, denn der Kosinus von 90° ist null.

Anschaulich wird dies klar, da durch den 90°-Winkel die Zugkraft des Traktors keine Auswirkung auf den Weg des Wagons hat.

Allgemein gilt:

Das Skalarprodukt zweier **orthogonaler Vektoren** ist stets null.

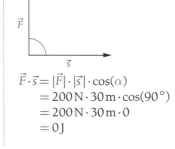

$$\vec{F} \cdot \vec{s} = |\vec{F}| \cdot |\vec{s}| \cdot \cos(\alpha)$$
$$= 200\,\text{N} \cdot 30\,\text{m} \cdot \cos(90°)$$
$$= 200\,\text{N} \cdot 30\,\text{m} \cdot 0$$
$$= 0\,\text{J}$$

Oft ist der Winkel zwischen zwei Vektoren nicht bekannt und es ist trotzdem nach dem Skalarprodukt gefragt. Selbst wenn der Winkel und zwei Spaltenvektoren gegeben sind, müssten in einem ersten Schritt die Beträge der Vektoren berechnet werden, bevor man das Skalarprodukt berechnen kann.

Daher nutzt man oft eine weitere Möglichkeit, das Skalarprodukt zweier gegebener Spaltenvektoren zu berechnen: die **Koordinatenform des Skalarprodukts**. Diese lässt sich mithilfe des Kosinussatzes aus der Definition des Skalarprodukts herleiten. Darauf verzichten wir an dieser Stelle und konzentrieren uns auf die Anwendung.

(23) **Koordinatenform des Skalarprodukts**

Berechnen Sie die Skalarprodukte $\vec{a} \cdot \vec{b}$ und $\vec{c} \cdot \vec{d}$.

Gegeben sind $\vec{a} = \begin{pmatrix} 1 \\ 2 \end{pmatrix}$ und $\vec{b} = \begin{pmatrix} 3 \\ 4 \end{pmatrix}$ sowie $\vec{c} = \begin{pmatrix} 2 \\ -1 \\ 3 \end{pmatrix}$ und $\vec{d} = \begin{pmatrix} 1 \\ 0 \\ -1 \end{pmatrix}$.

Man bildet das Skalarprodukt, indem die entsprechenden Koordinaten der beiden Vektoren multipliziert und diese Produkte dann addiert werden.
Dies gilt sowohl in der Ebene als auch im Raum.

Die gesuchten Skalarprodukte sind $\vec{a} \cdot \vec{b} = 11$ und $\vec{c} \cdot \vec{d} = -1$.

$$\vec{a} \cdot \vec{b} = \begin{pmatrix} 1 \\ 2 \end{pmatrix} \cdot \begin{pmatrix} 3 \\ 4 \end{pmatrix} = 1 \cdot 3 + 2 \cdot 4 = 11$$

$$\vec{c} \cdot \vec{d} = \begin{pmatrix} 2 \\ -1 \\ 3 \end{pmatrix} \cdot \begin{pmatrix} 1 \\ 0 \\ -1 \end{pmatrix}$$

$$= 2 \cdot 1 + (-1) \cdot 0 + 3 \cdot (-1) = -1$$

- Das **Skalarprodukt** zweier Vektoren $\vec{a}$ und $\vec{b}$, die den Winkel α einschließen, ist $\vec{a} \cdot \vec{b} = |\vec{a}| \cdot |\vec{b}| \cdot \cos(\alpha)$.
- Für das Skalarprodukt gilt:

$$\vec{a} \cdot \vec{b} = \begin{pmatrix} a_1 \\ a_2 \end{pmatrix} \cdot \begin{pmatrix} b_1 \\ b_2 \end{pmatrix} = a_1 \cdot b_1 + a_2 \cdot b_2 \quad \blacktriangleright \quad \text{in der Ebene}$$

$$\vec{a} \cdot \vec{b} = \begin{pmatrix} a_1 \\ a_2 \\ a_3 \end{pmatrix} \cdot \begin{pmatrix} b_1 \\ b_2 \\ b_3 \end{pmatrix} = a_1 \cdot b_1 + a_2 \cdot b_2 + a_3 \cdot b_3 \quad \blacktriangleright \quad \text{im Raum}$$

- Zwei Vektoren $\vec{a}$ und $\vec{b}$ sind genau dann **orthogonal**, wenn gilt: $\vec{a} \cdot \vec{b} = 0$.

1. Berechnen Sie das Skalarprodukt $\vec{u} \cdot \vec{v}$ für $|\vec{u}| = 15$, $|\vec{v}| = 13$ und $\alpha = 27°$.

2. Bestimmen Sie das Skalarprodukt der Vektoren $\vec{a}$ und $\vec{b}$.
   Messen Sie die benötigten Längen und Winkel.

a)
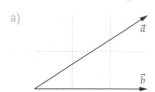

b)
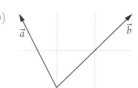

3. Berechnen Sie das Skalarprodukt der Vektoren $\vec{a} = \begin{pmatrix} 3 \\ -2 \\ 1 \end{pmatrix}$ und $\vec{b} = \begin{pmatrix} 1 \\ 1 \\ -2 \end{pmatrix}$.

4. Zeigen Sie, dass für das Skalarprodukt gilt: $\vec{a} \cdot \vec{b} = \vec{b} \cdot \vec{a}$.

5. Zeigen Sie, dass die Vektoren $\vec{a} = \begin{pmatrix} -5 \\ 2 \\ -1 \end{pmatrix}$ und $\vec{b} = \begin{pmatrix} -1 \\ -2 \\ 1 \end{pmatrix}$ orthogonal zueinander stehen.

Winkelberechnung

Eine Gartenbaufirma bietet Sonnensegel in individuellen Formen und Größen an. Sie erhält den Auftrag, ein dreieckiges Segel herzustellen. Die genauen Winkel zwischen den Seiten des Segels werden durch die Lage der Befestigungspunkte bestimmt, denn über sie werden die Zugkräfte auf die Segelfläche übertragen und das Segel kann faltenfrei gespannt werden. Nach Absprache mit dem Kunden wurden folgende Befestigungspunkte festgelegt: $A(2\,|\,1\,|\,1)$, $B(5\,|\,3\,|\,8)$ und $C(3\,|\,3\,|\,4)$. Damit das Segel faltenfrei aufgespannt werden kann, muss für den von den Seitenkanten $\overline{AB}$ und $\overline{AC}$ eingeschlossenen Winkel $\alpha = 18°$ gelten.

Überprüfen Sie, ob die Befestigungspunkte richtig gewählt wurden.

Wir stellen zunächst die Seitenkanten AB und AC mithilfe der Regel „Spitze minus Fuß" durch Vektoren dar.

Wegen $\overrightarrow{AB} \neq 0$ und $\overrightarrow{AC} \neq 0$ können wir die Gleichung $\overrightarrow{AB} \cdot \overrightarrow{AC} = |\overrightarrow{AB}| \cdot |\overrightarrow{AC}| \cdot \cos(\alpha)$ nach $\cos(\alpha)$ auflösen. Mithilfe der Spaltenvektoren von $\overrightarrow{AB}$ und $\overrightarrow{AC}$ lassen sich sowohl das Skalarprodukt $\overrightarrow{AB} \cdot \overrightarrow{AC}$ als auch die Beträge $|\overrightarrow{AB}|$ und $|\overrightarrow{AC}|$ berechnen. Um α zu berechnen, nutzen wir die Taste $\boxed{\cos^{-1}}$ des Taschenrechners.

Wir erhalten als Ergebnis $\alpha \approx 18°$.
Die Befestigungspunkte wurden also richtig gewählt.

$$\overrightarrow{AB} = \begin{pmatrix} 3 \\ 2 \\ 7 \end{pmatrix}; \quad \overrightarrow{AC} = \begin{pmatrix} 1 \\ 2 \\ 3 \end{pmatrix}$$

$$\overrightarrow{AB} \cdot \overrightarrow{AC} = |\overrightarrow{AB}| \cdot |\overrightarrow{AC}| \cdot \cos(\alpha)$$

$$\Leftrightarrow \cos(\alpha) = \frac{\overrightarrow{AB} \cdot \overrightarrow{AC}}{|\overrightarrow{AB}| \cdot |\overrightarrow{AC}|}$$

$$\Leftrightarrow \cos(\alpha) = \frac{3 \cdot 1 + 2 \cdot 2 + 7 \cdot 3}{\sqrt{3^2 + 2^2 + 7^2} \cdot \sqrt{1^2 + 2^2 + 3^2}}$$

$$\Leftrightarrow \cos(\alpha) = \frac{28}{\sqrt{62} \cdot \sqrt{14}}$$

$$\Rightarrow \alpha \approx 18{,}12°$$

Sind $\vec{a}$ und $\vec{b}$ zwei vom Nullvektor verschiedene Vektoren, dann gilt für den zwischen ihnen eingeschlossenen Winkel α: $\cos(\alpha) = \frac{\vec{a} \cdot \vec{b}}{|\vec{a}| \cdot |\vec{b}|}$

---

1. Berechnen Sie die Größe der Innenwinkel des Dreiecks ABC mit $A(2\,|\,1\,|\,0)$, $B(1\,|\,4\,|\,1)$ und $C(0\,|\,3\,|\,6)$.

2. Überprüfen Sie, ob die Vektoren $\vec{b} = \begin{pmatrix} 4 \\ -3 \end{pmatrix}$ bzw. $\vec{c} = \begin{pmatrix} 7 \\ 0 \end{pmatrix}$ senkrecht zum Vektor $\vec{a} = \begin{pmatrix} 6 \\ 8 \end{pmatrix}$ sind.

3. Ein Schiff verbindet zwei gegenüberliegende Städte am Amazonas. Der Amazonas ist an dieser Stelle 50 km breit. Durch die starke Strömung wird das Schiff abgetrieben und kommt in einem Dorf an, das 30 km vom eigentlichen Ziel entfernt ist.
Bestimmen Sie mithilfe des Skalarprodukts den Winkel, unter dem das Schiff flussaufwärts steuern muss, um seinen Zielhafen zu erreichen.

Vektorprodukt

25   Lorentzkraft

Befindet sich ein stromdurchflossener Leiter in einem Magnetfeld, so wirkt auf ihn die **Lorentzkraft**, vorausgesetzt der Leiter liegt quer zur Magnetfeldrichtung.

Die Richtung der Lorentzkraft kann mithilfe der Drei-Finger-Regel der rechten Hand bestimmt werden: Der Daumen zeigt in Richtung der technischen Stromrichtung $\vec{l}_I$, der Zeigefinger in Richtung der magnetischen Feldlinien des Magnetfeldes mit der Flussdichte $\vec{B}$ und der Mittelfinger gibt die Richtung der Lorentzkraft $\vec{F}_L$ an.

Beschreiben Sie, wie man den Vektor $\vec{F}_L$ der Lorentzkraft beschreiben kann, wenn die Flussdichte und die Stromrichtung gegeben sind.

Anhand der obigen Skizzen sehen wir, dass bei der Bestimmung der Lorentzkraft ein Vektor gesucht ist, der zu zwei gegebenen Vektoren orthogonal ist.
Solch einen Vektor erhält man über das **Vektorprodukt**.

Dieses können wir bei zwei gegebenen Spaltenvektoren $\vec{a}$ und $\vec{b}$ mithilfe der nebenstehenden Formel berechnen. Die Bezeichnung Vektorprodukt ist dadurch begründet, dass wir als Ergebnis einen Vektor erhalten (anders als beim Skalarprodukt). Weil dabei die Koordinaten „über Kreuz" multipliziert werden, bezeichnet man das Vektorprodukt häufig auch als **Kreuzprodukt**.

Es kann gezeigt werden, dass der Vektor $\vec{a} \times \vec{b}$ senkrecht auf $\vec{a}$ und $\vec{b}$ steht und so orientiert ist, wie es die Rechte-Hand-Regel fordert.

Damit können wir den Betrag der Lorentzkraft berechnen, wenn ein Leiter der Länge $l = 0{,}1\,\text{m}$ vom Strom der Stärke $I = 1\text{A}$ in einem Magnetfeld der Flussdichte $B = 5\,\frac{\text{Vs}}{\text{m}^2}$ (repräsentiert durch den Vektor $\vec{B}$) durchflossen wird.
Für die Lorentzkraft gilt $\vec{F}_L = \vec{l}_I \times \vec{B}$.

Wir erhalten $|\vec{F}_L| = 0{,}3\,\text{N}$.

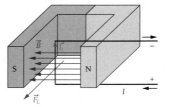

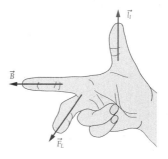

▶ Der Vektor $\vec{l}_I$ beschreibt den mit der Stromstärke I durchflossenen Leiter der Länge l.

$$\vec{a} = \begin{pmatrix} a_1 \\ a_2 \\ a_3 \end{pmatrix}; \quad \vec{b} = \begin{pmatrix} b_1 \\ b_2 \\ b_3 \end{pmatrix}$$

$$\vec{a} \times \vec{b} = \begin{pmatrix} a_2 b_3 - a_3 b_2 \\ a_3 b_1 - a_1 b_3 \\ a_1 b_2 - a_2 b_1 \end{pmatrix}$$

Gelesen: „a Kreuz b"

$$\vec{a} \times \vec{b} \perp \vec{a}; \quad \vec{a} \times \vec{b} \perp \vec{b}$$

$$\vec{l}_I = \begin{pmatrix} 0{,}1 \\ 0 \\ 0 \end{pmatrix}; \quad \vec{B} = \begin{pmatrix} 4 \\ 3 \\ 0 \end{pmatrix} \quad \blacktriangleright \ |\vec{l}_I| = I \cdot l = 0{,}1; |\vec{B}| = 5$$

$$\vec{F}_L = \vec{l}_I \times \vec{B} = \begin{pmatrix} 0{,}1 \\ 0 \\ 0 \end{pmatrix} \times \begin{pmatrix} 4 \\ 3 \\ 0 \end{pmatrix}$$

$$= \begin{pmatrix} 0 \cdot 0 - 0 \cdot 3 \\ 0 \cdot 4 - 0{,}1 \cdot 0 \\ 0{,}1 \cdot 3 - 0 \cdot 4 \end{pmatrix} = \begin{pmatrix} 0 \\ 0 \\ 0{,}3 \end{pmatrix}$$

$$\Rightarrow |\vec{F}_L| = \sqrt{0^2 + 0^2 + 0{,}3^2} = 0{,}3$$

Drehmoment

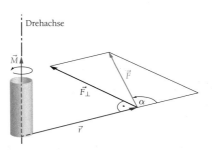

Mithilfe des Drehmoments lässt sich die Rotation eines Körpers beschreiben. Der Betrag des Drehmoments $\vec{M}$ ist abhängig von der Drehachsenentfernung des Hebelarms, der durch den Vektor $\vec{r}$ repräsentiert wird, und dem Anteil $F_{\perp}$ der Kraft $\vec{F}$, der rechtwinklig zum Hebelarm $\vec{r}$ wirkt: $|\vec{M}| = |\vec{r}| \cdot |\vec{F_{\perp}}|$
Wegen $|\vec{F_{\perp}}| = |\vec{F}| \cdot \sin(\alpha)$ erhalten wir:
$|\vec{M}| = |\vec{r}| \cdot |\vec{F_{\perp}}| = |\vec{r}| \cdot |\vec{F}| \cdot \sin(\alpha)$

Gleichzeitig wird in der Physik der Vektor des Drehmoments $\vec{M}$ als das Vektorprodukt von $\vec{r}$ und $\vec{F}$ berechnet.
Somit gilt für den Betrag des Vektorprodukts bzw. die Länge des Vektors $\vec{M}$ nebenstehende Formel.

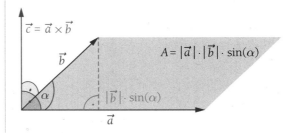

$\vec{M} = \vec{r} \times \vec{F}$ ▶ $\vec{M} \perp \vec{r};\ \vec{M} \perp \vec{F}$

$$|\vec{M}| = |\vec{r}| \cdot |\vec{F}| \cdot \sin(\alpha)$$
$$|\vec{r} \times \vec{F}| = |\vec{r}| \cdot |\vec{F}| \cdot \sin(\alpha)$$

Schließt allgemein ein Vektor $\vec{a}$ mit einem Vektor $\vec{b}$ den Winkel α ein, so gilt:
$|\vec{a} \times \vec{b}| = |\vec{a}| \cdot |\vec{b}| \cdot \sin(\alpha)$

Wie nebenstehende Abbildung verdeutlicht, kann der Betrag des Vektorprodukts $\vec{a} \times \vec{b}$ als Flächeninhalt des von $\vec{a}$ und $\vec{b}$ aufgespannten Parallelogramms gedeutet werden.

$\vec{c} = \vec{a} \times \vec{b}$

$A = |\vec{a}| \cdot |\vec{b}| \cdot \sin(\alpha)$

$|\vec{b}| \cdot \sin(\alpha)$

Das **Vektorprodukt** (oder Kreuzprodukt) zweier Vektoren $\vec{a}$ und $\vec{b}$ berechnet sich folgendermaßen:

$$\vec{a} \times \vec{b} = \begin{pmatrix} a_2 b_3 - a_3 b_2 \\ a_3 b_1 - a_1 b_3 \\ a_1 b_2 - a_2 b_1 \end{pmatrix}$$

Es gilt:
- Der Vektor des Kreuzprodukts ist orthogonal zu $\vec{a}$ und $\vec{b}$: $\vec{a} \times \vec{b} \perp \vec{a};\ \vec{a} \times \vec{b} \perp \vec{b}$
- $|\vec{a} \times \vec{b}| = |\vec{a}| \cdot |\vec{b}| \cdot \sin(\alpha)$
- Der Betrag entspricht dem Flächeninhalt des von $\vec{a}$ und $\vec{b}$ aufgespannten Parallelogramms.

---

1. Berechnen Sie das Vektorprodukt der Vektoren $\vec{a} = \begin{pmatrix} 2 \\ 4 \\ 3 \end{pmatrix}$ und $\vec{b} = \begin{pmatrix} 1 \\ -3 \\ 0 \end{pmatrix}$ sowie dessen Betrag.

2. Auf eine Kurbelwelle wirkt die Kraft $\vec{F} = \begin{pmatrix} 12 \\ -3 \\ 0 \end{pmatrix}$ N.

   Der Hebelarm wird beschrieben durch $\vec{r} = \begin{pmatrix} -2 \\ 2 \\ 3 \end{pmatrix}$ m.

   a) Berechnen Sie das wirkende Drehmoment $\vec{M}$.
   b) Berechnen Sie die Größe des Winkels α zwischen $\vec{r}$ und $\vec{F}$ mithilfe der Gleichung $|\vec{M}| = |\vec{r}| \cdot |\vec{F}| \cdot \sin(\alpha)$.

Übungen zu 6.1.4

1. Berechnen Sie mit $\vec{r} = \begin{pmatrix} 2 \\ 4 \\ 5 \end{pmatrix}$, $\vec{s} = \begin{pmatrix} 1 \\ -6 \\ 2 \end{pmatrix}$ und $\vec{u} = \begin{pmatrix} -6 \\ -9 \\ 2 \end{pmatrix}$ die Produkte.

a) $\vec{r} \cdot \vec{s}$ b) $\vec{r} \cdot \vec{u}$ c) $\vec{r} \cdot \vec{u} + \vec{s} \cdot \vec{u}$ d) $\vec{r} \times \vec{u}$

2. Bilden Sie mit den Vektoren $\vec{a} = \begin{pmatrix} 2 \\ 1 \\ 5 \end{pmatrix}$, $\vec{b} = \begin{pmatrix} -1 \\ 3 \\ 1 \end{pmatrix}$ und $\vec{c} = \begin{pmatrix} 4 \\ 5 \\ 1 \end{pmatrix}$ die folgenden Produkte:

a) $\vec{a} \cdot \vec{b}$ (Skalarprodukt)   c) $(\vec{c} \times \vec{b}) \cdot \vec{a}$

b) $\vec{a} \times \vec{b}$ (Vektorprodukt)   (sog. Spatprodukt)

3. Berechnen Sie den Winkel zwischen den Vektoren.

a) $\vec{r} = \begin{pmatrix} -2 \\ 3 \end{pmatrix}$, $\vec{s} = \begin{pmatrix} 5 \\ -7 \end{pmatrix}$ b) $\vec{r} = \begin{pmatrix} 4 \\ 1 \\ 5 \end{pmatrix}$, $\vec{s} = \begin{pmatrix} 6 \\ -2 \\ 9 \end{pmatrix}$

4. Bestimmen Sie alle Winkel des Dreiecks, das durch die Vektoren aufgespannt wird.

a) $\vec{r} = \begin{pmatrix} 4 \\ 2 \end{pmatrix}$, $\vec{s} = \begin{pmatrix} -1 \\ 3 \end{pmatrix}$ b) $\vec{r} = \begin{pmatrix} 4 \\ 3 \\ -5 \end{pmatrix}$, $\vec{s} = \begin{pmatrix} -5 \\ 0 \\ 2 \end{pmatrix}$

5. Zeigen Sie, dass das Dreieck mit den Eckpunkten $A(1|0|4)$, $B(3|2|2)$, $C(1|3|1)$ rechtwinklig ist.

6. Überprüfen Sie, ob für $\vec{a} \neq 0$ und $\vec{b} \neq 0$ die folgenden Terme eine Zahl oder einen Vektor darstellen, oder gar nicht definiert sind.

a) $\frac{\vec{a}}{\vec{a} \cdot \vec{a}}$ b) $\frac{\vec{a} \cdot \vec{a}}{\vec{a}}$ c) $\frac{\vec{a} \cdot \vec{b}}{\vec{b} \cdot \vec{b}}$ d) $\frac{(\vec{a} \cdot \vec{a}) \cdot \vec{a}}{(\vec{a} \cdot \vec{a}) \cdot (\vec{a} \cdot \vec{a})}$ e) $(\vec{a} + \vec{b})^2$

7. Zeigen Sie, dass für zwei kollineare Vektoren $\vec{a}$, $\vec{b}$ gilt: $|\vec{a} \cdot \vec{b}| = |\vec{a}| \cdot |\vec{b}|$

8. Untersuchen Sie mithilfe des Vektorprodukts, ob die Vektoren $\vec{a} = \begin{pmatrix} 1 \\ 0 \\ 0 \end{pmatrix}$ und $\vec{b} = \begin{pmatrix} 0 \\ -4 \\ 6 \end{pmatrix}$ senkrecht aufeinander stehen.

9. Ermitteln Sie zu den folgenden Vektorpaaren jeweils einen Vektor $\vec{n}$, der zu den beiden Vektoren gleichzeitig orthogonal steht.

a) $\vec{a} = \begin{pmatrix} -3 \\ 0 \\ 0 \end{pmatrix}$, $\vec{b} = \begin{pmatrix} 1 \\ -5 \\ 0 \end{pmatrix}$ b) $\vec{a} = \begin{pmatrix} 4 \\ -2 \\ 1 \end{pmatrix}$, $\vec{b} = \begin{pmatrix} 4 \\ 5 \\ 6 \end{pmatrix}$

10. Gegeben sind die Vektoren $\vec{r} = \begin{pmatrix} 0 \\ 0{,}75 \end{pmatrix}$ m und $\vec{F} = \begin{pmatrix} 3 \\ 5 \end{pmatrix}$ N. Berechnen Sie das wirkende Drehmoment $\vec{M}$ sowie dessen Betrag.

11. Berechnen Sie die potenzielle Energie, die der Wagen einer Achterbahn zusätzlich erhält, wenn er mit der Kraft $\vec{F} = \begin{pmatrix} 80 \\ 230 \end{pmatrix}$ entlang der Strecke $\vec{s} = \begin{pmatrix} 0 \\ 7 \end{pmatrix}$ angehoben wird.

Hinweis: Die Zunahme der potenziellen Energie ist gleich der verrichteten Hubarbeit.

12. Ein Körper wird mit einer Kraft von 48 N um 2 m verschoben. Die Kraftrichtung schließt mit dem zurückgelegten Weg einen Winkel von 32° ein. Berechnen Sie die verrichtete Arbeit.

13. Ein Trolley wird mit einer Kraft von 140 N auf einem ebenen Bürgersteig 300 m weit zum Taxistand gezogen. Die Teleskopstange bildet einen Winkel von 32° mit der Horizontalen.

Berechnen Sie die verrichtete Arbeit.

14. Ein Schrägaufzug wird durch ein Drahtseil bewegt. Die Kraft, die über das Seil wirkt, lässt sich in der Form $\vec{F} = \begin{pmatrix} 6\,000 \\ 2\,000 \\ 3\,000 \end{pmatrix}$ N darstellen. Der tiefste Punkt, den der Aufzug anfährt, hat die Koordinaten $P_0(550|300|150)$, der höchste Punkt ist $P_1(670|350|200)$. Berechnen Sie die Arbeit, die bei der Aufzugsfahrt erbracht wird.

15. Eine Walze wird mit einer Zugmaschine über eine Rampe auf einen Anhänger gezogen. Der Vektor $\vec{l} = \begin{pmatrix} 4 \\ 2 \end{pmatrix}$ beschreibt den Weg der Walze. Die mittlere Seilkraft $\vec{m}$ beträgt 12 kN und wirkt unter einem Winkel α von 8°.

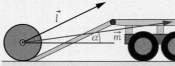

a) Berechnen Sie die Weglänge der Walze.

b) Berechnen Sie die verrichtete Arbeit W.

Übungen zu 6.1

1. Zeigen Sie: Wenn in einem Viereck ein Paar Gegenseiten gleich lang und parallel sind, dann handelt es sich um ein Parallelogramm.

2. Zeigen Sie, dass die Mittelpunkte der Seiten eines beliebigen Vierecks die Eckpunkte eines Parallelogramms bilden.

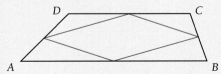

3. Zeigen Sie, dass die vektorielle Summe der Seitenhalbierenden eines Dreiecks null ergibt.

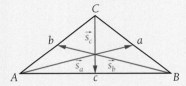

4. Ein Regenschutz soll zwischen vier Befestigungspunkten gespannt werden. Die Punkte besitzen die Koordinaten $A(4|2|3)$, $B(10|6|4)$, $C(12|9|6)$ und $D(6|5|5)$ (Bezugsmaße in m).

   ▶ Beispiel 8, Seite 333

   a) Bestimmen Sie die Winkel zwischen den Kanten des Regenschutzes

   b) Berechnen Sie mithilfe des Vektorprodukts, wieviel Quadratmeter Plane mindestens erforderlich sind.

   c) Zur Verstärkung sollen zwei Drahtseile diagonal gespannt werden.
   Bestimmen Sie deren minimale Länge.

5. Gegeben sind die Vektoren $\vec{a} = \begin{pmatrix} 2 \\ 4 \\ -1 \end{pmatrix}$, $\vec{b} = \begin{pmatrix} 6 \\ 2 \\ 0 \end{pmatrix}$.

   a) Berechnen Sie das Skalarprodukt.

   b) Berechnen Sie mithilfe des Vektorprodukts einen auf beiden Vektoren senkrecht stehenden Vektor.

   c) Zeigen Sie rechnerisch, dass dieser berechnete Vektor senkrecht auf dem Vektor $\vec{a}$ steht.

   d) Die beiden Vektoren kann man als zwei Kanten eines Parallelogramms auffassen.
   Berechnen Sie dessen Flächeninhalt.

6. Gegeben ist eine Pyramide mit rechteckiger Grundfläche durch folgende Punkte.
   Grundfläche:
   $P_1(2|1|1)$, $P_2(7|1|1)$, $P_3(7|5|1)$, $P_4(2|5|1)$
   Spitze:
   $P_5(4,5|3|6)$

   a) Zeichnen Sie die Pyramide in ein Koordinatensystem.

   b) Berechnen Sie die Spaltenvektoren $\overrightarrow{P_1P_2}$, $\overrightarrow{P_2P_3}$, $\overrightarrow{P_3P_4}$, $\overrightarrow{P_4P_5}$, $\overrightarrow{P_1P_3}$ und $\overrightarrow{P_4P_2}$.

   c) Beschreiben Sie die geometrische Bedeutung von $\overrightarrow{P_1P_3}$, $\overrightarrow{P_4P_5}$ und $\overrightarrow{P_2P_5}$.
   Ergänzen Sie diese drei Vektoren in der schon angefertigten Zeichnung.

   d) Berechnen Sie $|\overrightarrow{P_2P_5}|$.
   Beschreiben Sie die Bedeutung dieser Zahl.

   e) Berechnen Sie den Spaltenvektor $\overrightarrow{OM}$ vom Ursprung zum Mittelpunkt der Grundfläche. Zeichnen Sie den Vektor ein.

   f) Geben Sie die Höhe der Pyramide an.

   g) Berechnen Sie den Flächeninhalt der Grundfläche der Pyramide.

7. Ein Flugzeug wird durch eine Schubkraft von 5,8 kN in konstanter Flughöhe geradlinig angetrieben. Der Wind übt dabei eine gleichbleibende Kraft von 4 kN in einem Winkel von 60° zur Flugrichtung aus.

   a) Zeichnen Sie die Kräfte maßstabsgerecht in ein Koordinatensystem; legen Sie dazu das Flugzeug in den Koordinatenursprung.

   b) Bestimmen Sie graphisch die Kraft, die insgesamt auf das Flugzeug wirkt.

   c) Lesen Sie deren Größe und die Richtung zur Schubkraft ab.

   d) Geben Sie einen Vektor für die Schubkraft an.

   e) Berechnen Sie einen Vektor für die Windkraft.

   f) Berechnen Sie einen Vektor für die auf das Flugzeug wirkende Kraft sowie deren Größe.

   g) Unter welchem Winkel zur gewünschten Flugroute muss Kurs gehalten werden, damit das Flugzeug zum Zielort kommt?

6

8. Auf einer schiefen Ebene mit dem Neigungswinkel $\alpha = 25°$ liegt eine Kiste mit der Gewichtskraft von 200 N. Diese Kraft kann man in zwei Komponenten zerlegen; einerseits in die Hangabtriebskraft, die parallel zum Hang verläuft, und andererseits in die Normalkraft, die senkrecht zur schiefen Ebene wirkt.

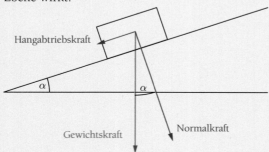

a) Berechnen Sie mithilfe der Vektorrechnung die Größe der Normalkraft und der Hangabtriebskraft.

b) Die Kiste kommt ins Rutschen, wenn die Hangabtriebskraft mehr als 0,23-mal so groß ist wie die Normalkraft.
Prüfen Sie, ob dies hier der Fall ist.

9. Die auf der Planscheibe einer Drehmaschine aufgespannten Teile wie Werkstück, Pannpratzen und Gegengewichte bewirken im Betrieb die in der Skizze dargestellten Fliehkräfte $F_1 = 1{,}4\,\text{kN}$, $F_2 = 0{,}6\,\text{kN}$, $F_3 = 0{,}9\,\text{kN}$ und $F_4 = 0{,}7\,\text{kN}$.

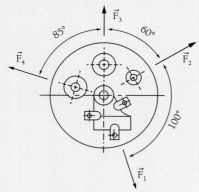

Bestimmen Sie die Koordinaten und den Betrag derjenigen Kraft zeichnerisch und rechnerisch, die auf das Radiallager der Arbeitsspindel wirkt.
Hinweis: Bei der vektoriellen Darstellung soll das Koordinatensystem als mit der Planscheibe umlaufend angenommen werden.

10. In einer Computeranimation ist der Buchstabe E gegeben. Er wird durch folgende Angaben beschrieben: $P(4\,|\,1\,|\,2)$, $Q(4\,|\,2\,|\,1)$, $R(2{,}5\,|\,1\,|\,2)$. Weiterhin ist festgelegt, dass $\overline{RS}$ halb so lang ist wie $\overline{PQ}$.

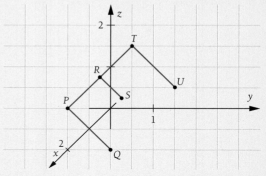

Der Buchstabe E soll nun um den Faktor 3 vergrößert werden.
Überlegen Sie, welche Informationen und Methoden Sie zur Lösung dieser Aufgabe benötigen.
Wie können die Eckpunkte des Ausgangssymbols und des vergrößerten Symbols beschrieben werden, wie die Kantenvektoren? Beschreiben Sie Ihre Lösungsideen und die Lösung.

11. Die untere Stückaufnahme eines Förderbandes liegt 1 m über dem Punkt $P_u(7\,|\,12\,|\,4)$, der auf dem waagerechten Boden einer Fertigungshalle liegt (alle Angaben in m). Ausgehend von dieser Anordnung lässt sich die Anordnung und die Länge des Bandes durch den Vektor $\vec{l} = \begin{pmatrix} 3 \\ 9 \\ 5 \end{pmatrix}$ beschreiben. Von den größten zu befördernden Teilen mit der Masse $m = 23\,\text{kg}$ können acht gleichzeitig befördert werden.

a) Fertigen Sie eine Skizze der Situation an.

b) Vergleichen Sie die notwendige maximale Hubarbeit mit der notwendigen Bandantriebsarbeit zur Überwindung der Hangabtriebskräfte.

c) Berechnen Sie die vom Motor mindestens aufzubringende Arbeit bei einer Bandgeschwindigkeit von $8\,\frac{\text{m}}{\text{min}}$.

d) Bestimmen Sie die Koordinaten des oberen Werkstückübergabepunktes.

Ich kann ...

... beschreiben, wie **Punkte im Raum** dargestellt werden.
▶ Test-Aufgabe 1

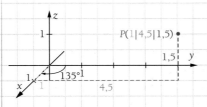

x-Koordinate: „nach vorne/hinten"
y-Koordinate: „nach rechts/links"
z-Koordinate: „nach oben/unten"

... den **Abstand** zweier Punkte im Raum bestimmen.
▶ Test-Aufgabe 1

$A(1|-1|2)$, $B(5|7|10)$
$d(A;B) =$

$$\sqrt{(5-1)^2 + (7-(-1))^2 + (10-2)^2}$$
$$= 12$$

$d(A;B) = \sqrt{(b_1-a_1)^2 + (b_2-a_2)^2 + (b_3-a_3)^2}$
„Spitze minus Fuß"

... die **Koordinaten eines Vektors** zwischen zwei Punkten berechnen.
▶ Test-Aufgaben 1, 3

$A(2|3|4)$, $E(5|-2|1)$
$$\vec{v} = \begin{pmatrix} 5-2 \\ -2-3 \\ 1-4 \end{pmatrix} = \begin{pmatrix} 3 \\ -5 \\ -3 \end{pmatrix}$$

Koordinaten des Endpunkts „minus" Koordinaten des Anfangspunkts

---

... die **Länge eines Vektors** berechnen.
▶ Test-Aufgabe 1

$$|\vec{v}| = \sqrt{3^2 + (-5)^2 + (-3)^2} \approx 6{,}56$$

$$|\vec{a}| = \left| \begin{pmatrix} a_1 \\ a_2 \\ a_3 \end{pmatrix} \right| = \sqrt{a_1^2 + a_2^2 + a_3^2}$$

... **Vektoren addieren, subtrahieren** und **mit einem Skalar multiplizieren**.
▶ Test-Aufgabe 1

$$\vec{a} = \begin{pmatrix} 2 \\ 3 \\ -1 \end{pmatrix}, \vec{b} = \begin{pmatrix} 1 \\ -2 \\ 2 \end{pmatrix}, r = 3$$

$$\vec{a} + \vec{b} = \begin{pmatrix} 2+1 \\ 3+(-2) \\ -1+2 \end{pmatrix} = \begin{pmatrix} 3 \\ 1 \\ 1 \end{pmatrix}$$

$$\vec{a} - \vec{b} = \begin{pmatrix} 1 \\ 5 \\ -3 \end{pmatrix}; \quad r \cdot \vec{a} = \begin{pmatrix} 6 \\ 9 \\ -3 \end{pmatrix}$$

- Vektoren werden addiert bzw. subtrahiert, indem die einzelnen Koordinaten der Vektoren addiert bzw. subtrahiert werden.
- Vektoren werden mit einem Skalar multipliziert, indem jede Koordinate des Vektors mit dem Skalar multipliziert wird.

... **Vektoren auf lineare Abhängigkeit** prüfen.
▶ Test-Aufgabe 4

$$\vec{a} = \begin{pmatrix} 1 \\ 2 \\ 3 \end{pmatrix}, \vec{b} = \begin{pmatrix} 4 \\ 5 \\ 6 \end{pmatrix}, \vec{c} = \begin{pmatrix} 6 \\ 9 \\ 12 \end{pmatrix}$$

$\vec{c} = 2 \cdot \vec{a} + \vec{b} \Leftrightarrow \vec{0} = 2 \cdot \vec{a} + \vec{b} - \vec{c}$
$\Rightarrow \vec{a}, \vec{b}, \vec{c}$ linear abhängig

$\vec{a}, \vec{b}, \vec{c}$ sind linear unabhängig genau dann, wenn $r \cdot \vec{a} + s \cdot \vec{b} + t \cdot \vec{c} = \vec{0}$ nur für $r = s = t = 0$ gilt; sonst linear abhängig.

... **das Skalarprodukt** und **das Vektorprodukt** zweier Vektoren berechnen.
▶ Test-Aufgaben 2, 3, 5

$$\vec{a} = \begin{pmatrix} 2 \\ 3 \\ 4 \end{pmatrix}, \vec{b} = \begin{pmatrix} 3 \\ 4 \\ -1 \end{pmatrix}$$

$\vec{a} \cdot \vec{b} = 2 \cdot 3 + 3 \cdot 4 - 4 \cdot 1 = 14$

$$\vec{a} \times \vec{b} = \begin{pmatrix} 3 \cdot (-1) - 4 \cdot 4 \\ 4 \cdot 3 - 2 \cdot (-1) \\ 2 \cdot 4 - 3 \cdot 3 \end{pmatrix} = \begin{pmatrix} -19 \\ 14 \\ -1 \end{pmatrix}$$

Das Skalarprodukt erhält man, indem die Summe der Koordinatenprodukte gebildet wird: $\vec{a} \cdot \vec{b} = a_1 \cdot b_1 + a_2 \cdot b_2 + a_3 \cdot b_3$
Für das Vektorprodukt gilt:
$$\vec{a} \times \vec{b} = \begin{pmatrix} a_2 b_3 - a_3 b_2 \\ a_3 b_1 - a_1 b_3 \\ a_1 b_2 - a_2 b_1 \end{pmatrix}$$

... den **Winkel** zwischen zwei Vektoren bestimmen.
▶ Test-Aufgabe 3

$\cos \alpha = \dfrac{\vec{a} \cdot \vec{b}}{|\vec{a}| \cdot |\vec{b}|} = \dfrac{14}{\sqrt{29} \cdot \sqrt{26}} \approx 0{,}5098$
$\Rightarrow \alpha \approx 59{,}3°$

- Mit Skalarprodukt und Beträgen der Vektoren $\cos \alpha$ berechnen
- Mit dem Taschenrechner α bestimmen

... prüfen, ob zwei Vektoren **orthogonal** zueinander stehen.
▶ Test-Aufgabe 3

$$\vec{a} = \begin{pmatrix} 2 \\ 3 \\ 4 \end{pmatrix}, \vec{b} = \begin{pmatrix} 3 \\ -2 \\ 0 \end{pmatrix}$$

$\vec{a} \cdot \vec{b} = 2 \cdot 3 - 3 \cdot 2 + 4 \cdot 0 = 0$
$\Rightarrow \vec{a}$ und $\vec{b}$ senkrecht zueinander

Zwei Vektoren stehen orthogonal zueinander, wenn deren Skalarprodukt 0 ist.

6

Test zu 6.1

1. Gegeben ist eine Pyramide mit dem Rechteck $ABCD$ als Grundfläche und S als Spitze.
Hierbei ist $A(2\,|\,2\,|-1)$, $B(2\,|\,6\,|-1)$, $C(0\,|\,6\,|-1)$ und $S(1\,|\,4\,|\,2)$.

a) Bestimmen Sie die Koordinaten von D.

b) Zeichnen Sie die Pyramide in ein räumliches kartesisches Koordinatensystem.

c) Berechnen Sie den Umfang der Grundfläche.

d) Berechnen Sie den Höhenfußpunkt F der Pyramide.

e) Berechnen Sie die Höhe der Pyramide.

2. Gegeben sind die Vektoren $\vec{a} = \begin{pmatrix} 4 \\ 6 \\ 3 \end{pmatrix}$, $\vec{b} = \begin{pmatrix} -3 \\ 1 \\ -2 \end{pmatrix}$ und $\vec{c} = \begin{pmatrix} 2 \\ 6 \\ 8 \end{pmatrix}$.

a) Zeichnen Sie die Vektoren als Ortsvektoren in ein Koordinatensystem.

b) Zeichnen und berechnen Sie $\vec{u} = 2\vec{a} - 3\vec{b} - \frac{1}{2}\vec{c}$.

c) Berechnen Sie das Skalarprodukt $(\vec{a} - \vec{c}) \cdot \vec{b}$.

d) Berechnen Sie das Vektorprodukt $\vec{a} \times \vec{b}$.

3. Gegeben ist ein Dreieck mit den Eckpunkten $A(2\,|\,3\,|-2)$, $B(3\,|\,4\,|\,5)$ und $C(-3\,|\,1\,|-1)$.

a) Geben Sie die Spaltenvektoren $\overrightarrow{AB}$, $\overrightarrow{BC}$ und $\overrightarrow{AC}$ an.

b) Zeigen Sie, dass das Dreieck rechtwinklig ist.

c) Bestimmen Sie die Koordinaten des Punktes D so, dass ein Rechteck entsteht.

d) Berechnen Sie den Schnittwinkel der Diagonalen des Rechtecks.

4. Gegeben sind die Vektoren $\vec{a} = \begin{pmatrix} 1 \\ -1 \\ 1 \end{pmatrix}$, $\vec{b} = \begin{pmatrix} 2 \\ 0 \\ 2 \end{pmatrix}$, $\vec{c} = \begin{pmatrix} 6 \\ 4 \\ 2 \end{pmatrix}$ und $\vec{d} = \begin{pmatrix} -1 \\ -2 \\ 1 \end{pmatrix}$.

a) Zeigen Sie, dass die Vektoren $\vec{b}$, $\vec{c}$ und $\vec{d}$ komplanar sind.

b) Zeigen Sie, dass die Vektoren $\vec{a}$, $\vec{b}$ und $\vec{c}$ linear unabhängig sind.

c) Bestimmen Sie einen Vektor $\vec{e}$ so, dass die Vektoren $\vec{a}$, $\vec{c}$ und $\vec{e}$ komplanar sind.

d) Bestimmen Sie einen Vektor $\vec{f}$ so, dass er orthogonal zu $\vec{a}$ und $\vec{b}$ steht.

5. Eine Person zieht einen Schlitten mit der Kraft $|\vec{F}| = 50\,\text{N}$. Die Zugstange hat eine Neigung von $\alpha = 25°$.

a) Berechnen Sie die Spaltenvektoren für die Kräfte $\vec{F}_1$ und $\vec{F}_2$.

b) Berechnen Sie die Arbeit, die die Person aufbringen muss, um den Schlitten 100 m weit zu ziehen.

6.2 Geraden und Ebenen

6.2.1 Geraden

Bohrung eines Versorgungsschachts

Bei der Renovierung eines alten Hauses soll der Anschluss an die öffentliche Kanalisation erfolgen. Der Übergabepunkt für die Versorgungsleitungen am Haus liegt bei $P(-3|0|-2,5)$. Der Anschluss an die öffentliche Kanalisation soll im Punkt $Q(1|4|-4)$ erfolgen. Für die Verlegung der Abwasserleitung soll ein geradliniger Tunnel gebohrt werden.

Nach der Hälfte der Bohrung soll überprüft werden, ob die angefangene Bohrung die richtige Richtung aufweist. Gleichzeitig interessiert den Bauherrn auch, an welchen Punkt man gelangt, wenn man die Länge der Bohrung auf das Doppelte verlängert.

Bestimmen Sie den Vektor, der die Richtung der Bohrung angibt, die Koordinaten des Punktes A, den die Bohrspitze nach der Hälfte der Bohrung erreicht, sowie die Koordinaten des Punktes B, den der Bohrer bei Verdopplung der Bohrlänge erreichen würde.

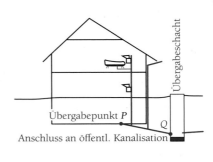

Die notwendige Richtung der Bohrung wird durch den Vektor $\vec{v} = \overrightarrow{PQ}$ beschrieben. Den Spaltenvektor von $\vec{v}$ erhalten wir als Differenz der Koordinaten von P und Q.

$$\vec{v} = \overrightarrow{PQ}$$
$$= \begin{pmatrix} 1-(-3) \\ 4-0 \\ -4-(-2,5) \end{pmatrix}$$
$$= \begin{pmatrix} 4 \\ 4 \\ -1,5 \end{pmatrix}$$

Zum Punkt A auf der Hälfte der Bohrung gelangen wir vom Übergabepunkt P aus mithilfe des Vektors $\frac{1}{2}\vec{v}$.

Analog erhalten wir den Ortsvektor zum Punkt B, indem wir vom Übergabepunkt P ausgehend zweimal den Vektor $\vec{v}$ „gehen", also zu $\vec{p}$ den Vektor $2\vec{v}$ addieren.

Wir erhalten damit die Punkte $A(-1|2|-3,25)$ und $B(5|8|-5,5)$.

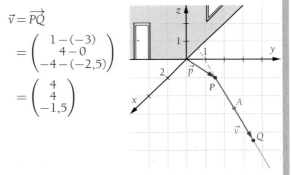

$$\vec{a} = \vec{p} + \frac{1}{2}\vec{v} = \begin{pmatrix} -3 \\ 0 \\ -2,5 \end{pmatrix} + \frac{1}{2} \cdot \begin{pmatrix} 4 \\ 4 \\ -1,5 \end{pmatrix} = \begin{pmatrix} -1 \\ 2 \\ -3,25 \end{pmatrix}$$

$$\vec{b} = \vec{p} + 2\vec{v} = \begin{pmatrix} -3 \\ 0 \\ -2,5 \end{pmatrix} + 2 \cdot \begin{pmatrix} 4 \\ 4 \\ -1,5 \end{pmatrix} = \begin{pmatrix} 5 \\ 8 \\ -5,5 \end{pmatrix}$$

Wenn wir die Bohrung als Gerade g im Raum auffassen, können wir auf die beschriebene Weise zu jedem Punkt X auf der Geraden den zugehörigen Ortsvektor angeben.

Dabei erhält man den Ortsvektor $\vec{x}$ eines beliebigen Punktes der Geraden g, indem man zum Ortsvektor $\vec{p}$ ein Vielfaches s des Vektors $\vec{v}$ addiert:

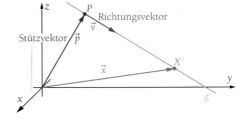

$g: \vec{x} = \vec{p} + s \cdot \vec{v}$ ▶ $\vec{v}$ darf nicht der Nullvektor sein.

Der Vektor $\vec{p}$ heißt **Stützvektor**. Der Vektor $\vec{v}$ heißt **Richtungsvektor**. Der Faktor s heißt **Parameter**.

Diese Darstellung einer Geradengleichung heißt deswegen auch **Parameterform** oder **Punkt-Richtungs-Form**.

Nun können wir auch eine Geradengleichung für die Bohrung angeben.

$$g: \vec{x} = \underbrace{\begin{pmatrix} -3 \\ 0 \\ -2,5 \end{pmatrix}}_{\text{Stützvektor}} + s \cdot \underbrace{\begin{pmatrix} 4 \\ 4 \\ -1,5 \end{pmatrix}}_{\text{Richtungsvektor}}$$

6

355

2   Zwei-Punkte-Form der Geradengleichung

Eine Gerade ist durch Stützvektor und Richtungsvektor eindeutig bestimmt. Meistens ist die Gerade aber durch zwei verschiedene Punkte gegeben. Dies war auch im Beispiel 1 mit den Punkten $P(-3\,|\,0\,|\,-2{,}5)$ und $Q(1\,|\,4\,|\,-4)$ der Fall (► Seite 355).

In einem solchen Fall lässt sich die Geradengleichung besonders einfach aufstellen. Den Ortsvektor eines der beiden Punkte wählen wir als Stützvektor. Der Differenzvektor der beiden Ortsvektoren von P und Q bildet den Richtungsvektor der Geraden.
Man erhält auf diese Weise eine andere Schreibweise für die **Parameterform** einer Geradengleichung:
$$g:\vec{x}=\vec{p}+s\cdot(\vec{q}-\vec{p}) \quad \blacktriangleright\ \vec{p}\neq\vec{q}$$

Diese Form der Geradengleichung nennt man **Zwei-Punkte-Form**.
Fasst man $(\vec{q}-\vec{p})$ zu einem Spaltenvektor zusammen, so erhält man den Richtungsvektor.

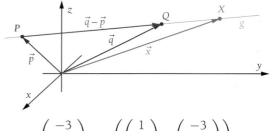

$$g:\vec{x}=\begin{pmatrix}-3\\0\\-2{,}5\end{pmatrix}+s\cdot\left(\begin{pmatrix}1\\4\\-4\end{pmatrix}-\begin{pmatrix}-3\\0\\-2{,}5\end{pmatrix}\right)$$
$$=\begin{pmatrix}-3\\0\\-2{,}5\end{pmatrix}+s\cdot\begin{pmatrix}4\\4\\-1{,}5\end{pmatrix}$$

3   Einfluss der Parameter

Gegeben ist eine Gerade g durch die Punkte P und Q. Beschreiben Sie den Einfluss des Parameters s in der Parameterform auf die Lage des Punktes X auf der Geraden.

Die Geradengleichung in der vektoriellen Parameterform lautet:
$$g:\vec{x}=\vec{p}+s\cdot\vec{v} \quad \text{mit} \quad \vec{v}=\overrightarrow{PQ}=\vec{q}-\vec{p}$$

Wir veranschaulichen uns die Lage des Punktes X graphisch in Abhängigkeit vom Richtungsvektor $\vec{v}$ und dem Parameter s:

$s>0$ X liegt in Richtung $\overrightarrow{PQ}$
$s=1$ X ist Q
$0<s<1$ X liegt zwischen P und Q
$s=0$ X ist P
$s<0$ X liegt entgegen der Richtung $\overrightarrow{PQ}$

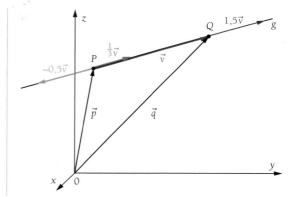

Die **vektorielle Parameterform einer Geradengleichung** lässt sich auf zwei Arten erhalten:
- Punkt-Richtungs-Form: $g:\vec{x}=\vec{p}+s\cdot\vec{v}$ ► $\vec{p}$ Stützvektor; $\vec{v}\neq\vec{0}$ Richtungsvektor
- Zwei-Punkte-Form: $g:\vec{x}=\vec{p}+s\cdot(\vec{q}-\vec{p})$ ► $\vec{q};\vec{p}$ Ortsvektoren zweier Punkte der Geraden

Die reelle Zahl s heißt Parameter.

Bestimmen Sie eine zugehörige Geradengleichung der Geraden g.

a)   Die Gerade g verläuft durch den Punkt $P(3\,|\,2\,|\,-6)$ und hat den Richtungsvektor $\vec{u}=\begin{pmatrix}-1\\3\\-2\end{pmatrix}$.
b)   Die Gerade g verläuft durch die Punkte $A(-3\,|\,2\,|\,-1)$ und $B(4\,|\,2\,|\,7)$.
c)   Die Gerade g verläuft durch die Punkte $P(0\,|\,0\,|\,0)$ und $Q(-2\,|\,3\,|\,4{,}5)$.

Punktprobe I

Zeigen Sie, dass der Punkt $A(-2|3,5|6)$ auf der Geraden $g:\vec{x}=\begin{pmatrix}4\\-1\\3\end{pmatrix}+s\cdot\begin{pmatrix}-2\\1,5\\1\end{pmatrix}$ liegt.

Wenn A auf der Geraden liegt, so muss der Ortsvektor $\vec{a}$ die Geradengleichung erfüllen.

Es muss also einen bestimmten Wert für den Parameter s geben, damit die vektorielle Gleichung $\vec{a}=\vec{p}+s\cdot\vec{v}$ gilt. Diese Gleichung führt zu einem linearen Gleichungssystem mit drei Gleichungen und einer Unbekannten s.

Wir bestimmen s aus einer dieser Gleichungen und prüfen, ob der Wert für s auch in den anderen Gleichungen zu einer wahren Aussage führt. Aus (III) folgt $s=3$. Dieser Wert führt auch in (I) und (II) zu wahren Aussagen.

Also liegt der Punkt A auf der Geraden.

$$\begin{pmatrix}-2\\3,5\\6\end{pmatrix}=\begin{pmatrix}4\\-1\\3\end{pmatrix}+s\cdot\begin{pmatrix}-2\\1,5\\1\end{pmatrix}$$

LGS:

(I) $\quad -2=\quad 4-\quad 2s$

(II) $\quad 3,5=-1+1,5s$

(III) $\quad\quad 6=\quad 3+\quad\quad s \Leftrightarrow \mathbf{s=3}$

$s=3$ in (I):
$-2=4-2\cdot 3$ (w)

$s=3$ in (II):
$3,5=-1+1,5\cdot 3$ (w)

6

Punktprobe II

Ein Flugzeug startet und passiert den Punkt $P(-2|1|0,4)$ (vom Kontrollturm aus gemessen, in km). Es fliegt gradlinig in Richtung des Vektors $\vec{v}=\begin{pmatrix}250\\0\\40\end{pmatrix}$ (in km pro Stunde). Die Spitze des Mont Blanc liegt bei $M(48|1|4,81)$. Prüfen Sie, ob Kollisionsgefahr besteht.

Zunächst prüfen wir, ob die Spitze auf der Flugbahn liegt, d. h., ob M auf der Geraden $g:\vec{x}=\vec{p}+s\cdot\vec{v}$ liegt.

Wir erhalten auch hier wieder ein Gleichungssystem. Aus (I) folgt $s=\frac{1}{5}$; dies ergibt aber in (III) keine wahre Aussage.

Also liegt der Punkt M nicht auf der Geraden, die die Flugbahn beschreibt.

Zusätzlich können wir berechnen, wie hoch das Flugzeug nach $\frac{1}{5}$h $=12$min ist. Dazu berechnen wir die Flughöhe h nach der Zeit $s=\frac{1}{5}$ mithilfe der dritten Koordinate.

$$\begin{pmatrix}48\\1\\4,81\end{pmatrix}=\begin{pmatrix}-2\\1\\0,4\end{pmatrix}+s\cdot\begin{pmatrix}250\\0\\40\end{pmatrix}$$

(I) $\quad\quad 48=-2+250s \Leftrightarrow \mathbf{s=\frac{1}{5}}$

(II) $\quad\quad 1=\quad 1$

(III) $\quad 4,81=0,4+\quad 40s$

$s=\frac{1}{5}$ in (III): $4,81=0,4+40\cdot\frac{1}{5}=8,4$ (f)

$h=0,4+\frac{1}{5}\cdot 40=8,4$

Das Flugzeug ist mit $8,4$ km ausreichend hoch über der Spitze des Mont Blanc bei $4,81$ km.

Ein Punkt A liegt genau dann auf der Geraden $g:\vec{x}=\vec{p}+s\cdot\vec{v}$, wenn die Gleichung $\vec{a}=\vec{p}+s\cdot\vec{v}$ für s eine Lösung besitzt.

Prüfen Sie, ob die Punkte auf der Geraden $g:x=\begin{pmatrix}2\\5\\3\end{pmatrix}+s\cdot\begin{pmatrix}-1\\2\\4\end{pmatrix}$ liegen.

a) $A(-2|13|19)$ b) $B(2|-13|-19)$ c) $C\left(\frac{7}{3}\left|\frac{13}{3}\right|\frac{5}{3}\right)$

6 Schnitt zweier Geraden

Bei der Hausrenovierung aus Beispiel 1 (▶ Seite 355) muss auch der Verlauf bestehender Versorgungsleitungen beachtet werden. Plänen des Stromversorgers kann man entnehmen, dass ein Stromkabel in einem geradlinigen Kanal durch die Punkte $A(1|-5|-3)$ und $B(2|6|-4)$ verläuft. Es muss sichergestellt werden, dass die Bohrung für die Abwasserleitung nicht das Stromkabel trifft.
Prüfen Sie, ob die Bohrung auf das Stromkabel trifft.

Wir untersuchen, ob die Gerade g, die die Bohrung beschreibt, und die Gerade h, die den Verlauf des Stromkabels angibt, einen gemeinsamen Punkt haben. Die Gleichung von h stellen wir in der Parameterform auf.

Wir untersuchen g und h auf einen Schnittpunkt, indem wir Folgendes prüfen: Gibt es je einen eindeutigen Wert für die Parameter s und t, sodass beide Geradengleichungen denselben Vektor liefern?
Dies wäre dann der Ortsvektor des gemeinsamen Punktes. Wir überprüfen das, indem wir die rechten Seiten der Geradengleichungen gleichsetzen.

▶ vgl. Schnittpunkt von Funktionsgraphen, Seite 150

Wir erhalten ein lineares Gleichungssystem mit drei Gleichungen und zwei Unbekannten. Über das Additionsverfahren erhalten wir aus den Gleichungen (I) und (II) die Werte $t = \frac{9}{10}$ und $s = \frac{49}{40}$.

Da diese aber nicht die dritte Gleichung erfüllen, hat das LGS keine Lösung. Damit gibt es keinen Punkt, der sowohl auf g als auch auf h liegt. Somit gibt es keinen Schnittpunkt.

Gerade der Bohrung:
$$g: \vec{x} = \begin{pmatrix} -3 \\ 0 \\ -2,5 \end{pmatrix} + s \cdot \begin{pmatrix} 4 \\ 4 \\ -1,5 \end{pmatrix}$$
Gerade des Stromkabels:
$$h: \vec{x} = \vec{a} + t \cdot (\vec{b} - \vec{a}) = \begin{pmatrix} 1 \\ -5 \\ -3 \end{pmatrix} + t \cdot \begin{pmatrix} 2-1 \\ 6-(-5) \\ -4-(-3) \end{pmatrix}$$
$$= \begin{pmatrix} 1 \\ -5 \\ -3 \end{pmatrix} + t \cdot \begin{pmatrix} 1 \\ 11 \\ -1 \end{pmatrix}$$

Gleichsetzen der rechten Seiten:
$$\begin{pmatrix} -3 \\ 0 \\ -2,5 \end{pmatrix} + s \cdot \begin{pmatrix} 4 \\ 4 \\ -1,5 \end{pmatrix} = \begin{pmatrix} 1 \\ -5 \\ -3 \end{pmatrix} + t \cdot \begin{pmatrix} 1 \\ 11 \\ -1 \end{pmatrix}$$

LGS:

(I) $\quad -3 + 4s = 1 + t \Leftrightarrow \quad 4s - t = 4$

(II) $\quad 4s = -5 + 11t \Leftrightarrow \quad 4s - 11t = -5$

(III) $-2,5 - 1,5s = -3 - t \Leftrightarrow -1,5s + t = -0,$

(I) − (II) $\quad 10t = 9 \Rightarrow t = \dfrac{9}{10} \xrightarrow{\text{Einsetzen in (I)}} s = \dfrac{49}{40}$

Probe in (III):
$$\underbrace{-1,5 \cdot \frac{49}{40} + \frac{9}{10}}_{=-0,9375} = -0,5 \text{ (f)}$$

Geraden im Raum können nicht nur einen oder keinen Schnittpunkt haben. Insgesamt gibt es vier mögliche **Lagebeziehungen** zwischen zwei Geraden. Wir stellen uns dazu die Linienführungen einer Landstraße, eines Radwegs und einer Eisenbahntrasse dargestellt durch gerichtete Geraden vor:

1. Zwei Geraden sind **identisch**:
   Sie stimmen in allen Punkten überein.
   Ihre Richtungsvektoren sind kollinear.
2. Zwei Geraden **schneiden** sich:
   Sie haben genau einen **Schnittpunkt** S.
   Ihre Richtungsvektoren sind nicht kollinear.
3. Zwei Geraden sind **echt parallel**:
   Sie haben keinen Punkt gemeinsam.
   Ihre Richtungsvektoren sind kollinear.
4. Zwei Geraden sind **windschief**: Sie sind nicht parallel, haben aber auch keinen Punkt gemeinsam.
   Ihre Richtungsvektoren sind nicht kollinear.

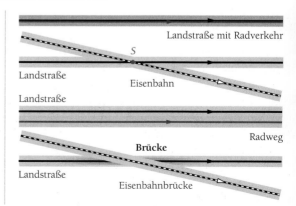

▶ **Hinweis:** Auch zwei identische Geraden sind parallel zueinander. Deswegen sprechen wir von *echt* parallelen Geraden, wenn wir zwei parallele Geraden haben, die nicht identisch sind.

Geraden mit Schnittpunkt

Untersuchen Sie die Lagebeziehung der Geraden $g: \vec{x} = \begin{pmatrix} 1 \\ 3 \\ -1 \end{pmatrix} + r \cdot \begin{pmatrix} 2 \\ 1 \\ 4 \end{pmatrix}$ und $h: \vec{x} = \begin{pmatrix} 4 \\ 2 \\ 1 \end{pmatrix} + t \cdot \begin{pmatrix} 3 \\ 4 \\ 10 \end{pmatrix}$.

Wir setzen die rechten Seiten der beiden Geradengleichungen gleich und erhalten ein lineares Gleichungssystem.

Gleichsetzen der rechten Seiten:

$$\begin{pmatrix} 1 \\ 3 \\ -1 \end{pmatrix} + r \cdot \begin{pmatrix} 2 \\ 1 \\ 4 \end{pmatrix} = \begin{pmatrix} 4 \\ 2 \\ 1 \end{pmatrix} + t \cdot \begin{pmatrix} 3 \\ 4 \\ 10 \end{pmatrix}$$

Wir formen das LGS so um, dass wir die Summanden mit Variablen auf eine Seite des Gleichheitszeichens bringen. Anschließend lösen wir dieses LGS mit drei Gleichungen und zwei Unbekannten.

LGS:

(I) $\quad 1 + 2r = 4 + 3t$

(II) $\quad 3 + r = 2 + 4t$

(III) $\quad -1 + 4r = 1 + 10t$

Dazu berechnen wir für die Parameter r und t zwei Werte aus den ersten beiden Gleichungen mithilfe des Additionsverfahrens.

(I) $\quad 2r - 3t = 3$

(II) $\quad r - 4t = -1$

(III) $\quad 4r - 10t = 2$

(I) $- 2 \cdot$ (II) $\quad 5t = 5 \Rightarrow t = 1$

$t = 1$ in (I):

$2r - 3 = 3 \Rightarrow r = 3$

Da die errechneten Werte für r und t auch beim Einsetzen in (III) zu einer wahren Aussage führen, ist das LGS eindeutig lösbar. Setzen wir $r = 3$ in die Geradengleichung von g und $t = 1$ in die Gleichung von h ein, so erhalten wir jeweils den gleichen Ortsvektor $\vec{s}$. Beide Geraden haben also den entsprechenden Punkt gemeinsam, den **Schnittpunkt** $S(7 \,|\, 6 \,|\, 11)$.

Probe in (III):

$4 \cdot 3 - 10 \cdot 1 = 2$ (w)

$r = 3$ in die Gleichung von g einsetzen:

$$\vec{s} = \begin{pmatrix} 1 \\ 3 \\ -1 \end{pmatrix} + 3 \cdot \begin{pmatrix} 2 \\ 1 \\ 4 \end{pmatrix} = \begin{pmatrix} 7 \\ 6 \\ 11 \end{pmatrix}$$

Identische Geraden

Untersuchen sie die Lagebeziehung der Geraden $g: \vec{x} = \begin{pmatrix} 1 \\ 3 \\ -1 \end{pmatrix} + r \cdot \begin{pmatrix} 2 \\ 1 \\ 4 \end{pmatrix}$ und $h: \vec{x} = \begin{pmatrix} -1 \\ 2 \\ -5 \end{pmatrix} + t \cdot \begin{pmatrix} -4 \\ -2 \\ -8 \end{pmatrix}$.

Wir setzen die rechten Seiten der beiden Geradengleichungen gleich und erhalten wieder ein lineares Gleichungssystem.

Gleichsetzen der rechten Seiten:

$$\begin{pmatrix} 1 \\ 3 \\ -1 \end{pmatrix} + r \cdot \begin{pmatrix} 2 \\ 1 \\ 4 \end{pmatrix} = \begin{pmatrix} -1 \\ 2 \\ -5 \end{pmatrix} + t \cdot \begin{pmatrix} -4 \\ -2 \\ -8 \end{pmatrix}$$

LGS:

(I) $\quad 1 + 2r = -1 - 4t$

(II) $\quad 3 + r = 2 - 2t$

(III) $\quad -1 + 4r = -5 - 8t$

Möchten wir nun einen Parameter bestimmen, indem wir z. B. bei Gleichung (I) und (II) das Additionsverfahren anwenden, so erhalten wir eine **Nullzeile**. Dies ist auch der Fall bei Gleichung (I) und (III). Wir erhalten durch Umformung ein Gleichungssystem, das aus den beiden Nullzeilen (IV) und (V) einer Gleichung mit zwei Unbekannten besteht. Um dieses Gleichungssystem zu lösen, können wir für r und t unendlich viele Werte einsetzen.

(I) $\quad 2r + 4t = -2 \quad\rule{0pt}{0pt} \;\; | \cdot (-2)$

(II) $\quad r + 2t = -1 \;\; | \cdot (-2)$

(III) $\quad 4r + 8t = -4$

(I) $\quad 2r + 4t = -2$

(IV) $\quad\quad 0 = 0$

(V) $\quad\quad 0 = 0$

Also gibt es ebenso unendlich viele Punkte, die die Geraden g und h gemeinsam haben. Daher sind die beiden Geraden **identisch**.

> *Haben zwei Geraden mehr als einen Punkt gemeinsam, sind sie identisch.*

▶ mögliche Lösungen für r und t: $r = 0$ und $t = -0,5$; $r = 1$ und $t = -1$ etc.

9 Windschiefe Geraden

Zeigen Sie, dass die Geraden $g:\vec{x} = \begin{pmatrix} -3 \\ 0 \\ -2{,}5 \end{pmatrix} + s \cdot \begin{pmatrix} 4 \\ 4 \\ -1{,}5 \end{pmatrix}$ und $h:\vec{x} = \begin{pmatrix} 1 \\ -5 \\ -3 \end{pmatrix} + t \cdot \begin{pmatrix} 1 \\ 11 \\ -1 \end{pmatrix}$ windschief sind.

Damit zwei Geraden windschief sind, muss gelten:
- Sie haben keinen gemeinsamen Schnittpunkt.
- Sie sind nicht parallel.

In Beispiel 6 (▶ Seite 358) haben wir schon gezeigt, dass g und h keinen gemeinsamen Punkt haben. Wir müssen also nur noch zeigen, dass die beiden Geraden nicht parallel sind.

Bei zwei parallelen Geraden sind die Richtungsvektoren immer kollinear. Wir prüfen also, ob die Richtungsvektoren der beiden Geraden kollinear sind:

$$\begin{pmatrix} 4 \\ 4 \\ -1{,}5 \end{pmatrix} = k \cdot \begin{pmatrix} 1 \\ 11 \\ -1 \end{pmatrix}$$

Die erste Koordinate des Richtungsvektors von g ist das 4-fache des Richtungsvektors von h. Dieser Wert passt aber nicht zu den anderen Koordinaten.

(I) $\quad 4 = 1 \cdot k \Leftrightarrow k = 4$

(II) $\quad 4 = 11 \cdot k \Leftrightarrow k = \frac{4}{11}$

(III) $\quad -1{,}5 = -1 \cdot k \Leftrightarrow k = 1{,}5$

Die Richtungsvektoren sind also nicht kollinear, die Geraden sind nicht parallel. Da es zudem keinen gemeinsamen Punkt gibt, sind sie **windschief**.

▶ Wäre der Wert für k in allen drei Koordinaten gleich, wären die Richtungsvektoren kollinear, siehe Seite 340.

10 Echt parallele Geraden

Untersuchen Sie die Lagebeziehung der Geraden $g:\vec{x} = \begin{pmatrix} 1 \\ 3 \\ -1 \end{pmatrix} + r \cdot \begin{pmatrix} 2 \\ 1 \\ 4 \end{pmatrix}$ und $h:\vec{x} = \begin{pmatrix} 1 \\ 3 \\ 6 \end{pmatrix} + t \cdot \begin{pmatrix} -4 \\ -2 \\ -8 \end{pmatrix}$.

Der erste Schritt bei der Untersuchung ist wie gehabt das Gleichsetzen der Geradengleichungen, um ein lineares Gleichungssystem zu erhalten.

Gleichsetzen der rechten Seiten:

$$\begin{pmatrix} 1 \\ 3 \\ -1 \end{pmatrix} + r \cdot \begin{pmatrix} 2 \\ 1 \\ 4 \end{pmatrix} = \begin{pmatrix} 1 \\ 3 \\ 6 \end{pmatrix} + t \cdot \begin{pmatrix} -4 \\ -2 \\ -8 \end{pmatrix}$$

LGS:

(I) $\quad 1 + 2r = 1 - 4t$

(II) $\quad 3 + r = 3 - 2t$

(III) $\quad -1 + 4r = 6 - 8t$

Beim Lösen dieses Gleichungssystems erhalten wir die Gleichung (V) $0 = 7$.
Diese Gleichung ist immer eine falsche Aussage, ganz gleich, welche Werte für r oder t eingesetzt werden. Damit ist auch das ganze lineare Gleichungssystem nicht lösbar.
Also können die Geraden g und h keinen Punkt gemeinsam haben.

(I) $\quad 2r + 4t = 0 \quad |\cdot(-2)$

(II) $\quad r + 2t = 0 \quad |\cdot(-2)$

(III) $\quad 4r + 8t = 7$

(I) $\quad 2r + 4t = -2$

(IV) $\quad 0 = 0$

(V) $\quad 0 = 7$

Um zu prüfen, ob die Geraden nun parallel oder windschief sind, prüfen wir, ob die Richtungsvektoren kollinear sind.
Durch „scharfes Hinsehen" erkennen wir, dass dies der Fall ist: Der Richtungsvektor von g ist das (-2)-fache des Richtungsvektors von h.
Die beiden Geraden sind also **echt parallel**.

$$\begin{pmatrix} -4 \\ -2 \\ -8 \end{pmatrix} = -2 \cdot \begin{pmatrix} 2 \\ 1 \\ 4 \end{pmatrix}$$

Die Lagebeziehung zwischen zwei Geraden kann nach folgendem Schema bestimmt werden.

gegeben: $g\colon \vec{x} = \vec{a} + s \cdot \vec{u}$; $h\colon \vec{x} = \vec{b} + t \cdot \vec{v}$

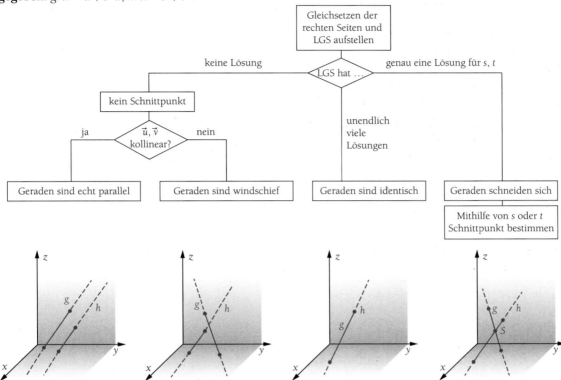

6

Zur Überprüfung der **Lagebeziehung zweier Geraden** werden deren Geradengleichungen gleichgesetzt. Man erhält ein lineares Gleichungssystem.

- Ist das LGS **eindeutig** lösbar, gibt es einen **Schnittpunkt**.
- Hat das LGS **beliebig viele** Lösungen, sind die Geraden **identisch**.
- Hat das LGS **keine** Lösung, gibt es **keinen Schnittpunkt**.
  Sind die Richtungsvektoren kollinear, so sind die beiden Geraden **echt parallel**, ansonsten **windschief**.

▶ **Hinweis:** Die oben beschriebene Vorgehensweise beginnt mit der Betrachtung, ob zwei Geraden gemeinsame Punkte haben. Alternativ ist es aber auch möglich, zunächst zu prüfen, ob zwei Geraden parallel sind oder nicht (Kollinearität der Richtungsvektoren), und anschließend zu prüfen, ob es gemeinsame Punkte gibt.

Untersuchen Sie die gegenseitige Lage der Geraden.

a) $g\colon \vec{x} = \begin{pmatrix} 4 \\ 5 \\ 0 \end{pmatrix} + r \cdot \begin{pmatrix} 3 \\ -4 \\ 2 \end{pmatrix}$; $h\colon \vec{x} = \begin{pmatrix} 6 \\ -6 \\ 23 \end{pmatrix} + t \cdot \begin{pmatrix} -2 \\ 1 \\ 3 \end{pmatrix}$

b) $g\colon \vec{x} = \begin{pmatrix} 6 \\ -6 \\ 23 \end{pmatrix} + r \cdot \begin{pmatrix} -2 \\ 1 \\ 3 \end{pmatrix}$; $h\colon \vec{x} = \begin{pmatrix} -4 \\ 3 \\ -2 \end{pmatrix} + t \cdot \begin{pmatrix} 12 \\ -6 \\ -18 \end{pmatrix}$

c) g verläuft durch $A(4\,|\,5\,|\,0)$ und $B(7\,|\,1\,|\,2)$; h verläuft durch $A(-4\,|\,3\,|\,-2)$ und $B(8\,|\,-3\,|\,-20)$.

d) $g\colon \vec{x} = \begin{pmatrix} 2 \\ 2 \\ 1 \end{pmatrix} + r \cdot \begin{pmatrix} 2 \\ -3 \\ 6 \end{pmatrix}$; $h\colon \vec{x} = \begin{pmatrix} -4 \\ 4 \\ 3 \end{pmatrix} + t \cdot \begin{pmatrix} -6 \\ 2 \\ -4 \end{pmatrix}$

11 Pfettendach I

An einem Pfettendach sollen zur Verstärkung der Sparren zwei Rispen angebracht werden. Eine soll vom Punkt $A(0|5|10)$ zum Punkt $E(-16|7,5|8)$ verlaufen. Die zweite Rispe führt von $D(-16|5|10)$ nach $B(0|10|6)$.

Damit die Rispen vor dem Einbau richtig zugeschnitten und vorbereitet werden, muss neben dem Schnittpunkt auch der Winkel bestimmt werden, unter dem sich die beiden Rispen treffen.

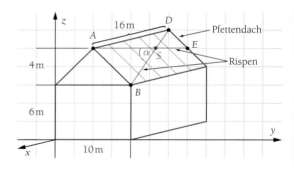

Wir stellen die Geradengleichungen auf. Dabei beschreibt die Gerade g die Rispe von B nach D; die Gerade h die Rispe von A nach E.

$$g:\vec{x}=\vec{b}+k\cdot(\vec{d}-\vec{b})=\begin{pmatrix}0\\10\\6\end{pmatrix}+k\begin{pmatrix}-16\\-5\\4\end{pmatrix}$$

$$h:\vec{x}=\vec{a}+t\cdot(\vec{e}-\vec{a})=\begin{pmatrix}0\\5\\10\end{pmatrix}+t\begin{pmatrix}-16\\2,5\\-2\end{pmatrix}$$

Den Schnittpunkt $S\left(-\frac{32}{3}\,\middle|\,\frac{20}{3}\,\middle|\,\frac{26}{3}\right)$ erhalten wir über das bekannte Verfahren.

Die Idee bei der Winkelbestimmung ist, dass die Richtung der Geraden durch ihre Richtungsvektoren angegeben wird. Der **Schnittwinkel** der Geraden entspricht also dem Winkel, den die beiden Richtungsvektoren bilden.

Den Winkel zwischen zwei Vektoren haben wir bereits mithilfe des Skalarprodukts bestimmt (▶ Skalarprodukt, Seite 347).

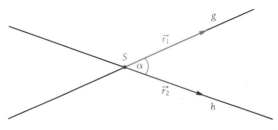

Wir setzen also die Richtungsvektoren in die Formel für den Winkel zwischen zwei Vektoren ein.

Die Richtungsvektoren von g und h sind $\vec{r}_1=\begin{pmatrix}-16\\-5\\4\end{pmatrix}$ bzw. $\vec{r}_2=\begin{pmatrix}-16\\2,5\\-2\end{pmatrix}$. Wir erhalten für den Schnittwinkel eine Größe von ca. $45°$.

$$\cos(\alpha)=\frac{\vec{r}_1\cdot\vec{r}_2}{|\vec{r}_1|\cdot|\vec{r}_2|}$$

$$=\frac{(-16)\cdot(-16)+(-5)\cdot2,5+4\cdot(-2)}{\sqrt{(-16)^2+(-5)^2+4^2}\cdot\sqrt{(-16)^2+2,5^2+(-2)^2}}$$

$$=\frac{198}{\sqrt{297}\cdot\sqrt{264,25}}$$

$$\approx0,7068$$

$$\Rightarrow\alpha\approx45,03°$$

Der **Winkel** zwischen zwei sich schneidenden Geraden ist der Winkel zwischen den beiden Richtungsvektoren der Geraden.

1. Zeigen Sie rechnerisch, dass $S\left(-\frac{32}{3}\,\middle|\,\frac{20}{3}\,\middle|\,\frac{26}{3}\right)$ der Schnittpunkt von g und h aus Beispiel 11 ist.

2. Bestimmen Sie den Schnittwinkel zwischen beiden Geraden.

   a) $g:\vec{x}=\begin{pmatrix}4\\5\\0\end{pmatrix}+s\cdot\begin{pmatrix}3\\-4\\2\end{pmatrix}$; $h:\vec{x}=\begin{pmatrix}6\\-6\\23\end{pmatrix}+t\cdot\begin{pmatrix}-2\\1\\3\end{pmatrix}$

   b) $g:\vec{x}=\begin{pmatrix}0\\1\\0\end{pmatrix}+s\cdot\begin{pmatrix}0,5\\1\\0,5\end{pmatrix}$; $h:\vec{x}=\begin{pmatrix}0\\2\\0\end{pmatrix}+t\cdot\begin{pmatrix}3\\3\\3\end{pmatrix}$

Übungen zu 6.2.1

1. Geben Sie eine Geradengleichung in Punkt-Richtungs-Form an. Die Gerade g ist gegeben durch den Punkt P und den Richtungsvektor $\vec{u}$. Beschreiben Sie die Lage der Gerade im Klassenraum, wenn die untere vordere linke Ecke der Koordinatenursprung ist.

a) $P(2|5|3);$ $\vec{u} = \begin{pmatrix} 0 \\ 0 \\ 3 \end{pmatrix}$

b) $P(4|3|4);$ $\vec{u} = \begin{pmatrix} 0 \\ 1 \\ 0 \end{pmatrix}$

c) $P(-2|-3|-2);$ $\vec{u} = \begin{pmatrix} -2 \\ -2 \\ 0 \end{pmatrix}$

2. Geben Sie eine Gleichung in Punkt-Richtungs-Form für die Gerade durch P und Q an.

a) $P(1|-3|5);$ $Q(0|-2|3)$
b) $P(-2|-2|2);$ $Q(3|0|-3)$
c) $P(0|0|1);$ $Q(1|0|0)$

3. Beschreiben Sie die Lage der folgenden Geraden.

a) $g: \vec{x} = s \cdot \begin{pmatrix} 0 \\ 1 \\ 0 \end{pmatrix}$ b) $g: \vec{x} = s \cdot \begin{pmatrix} 1 \\ 1 \\ 0 \end{pmatrix}$ c) $g: \vec{x} = s \cdot \begin{pmatrix} -1 \\ 1 \\ 1 \end{pmatrix}$

4. Prüfen Sie, ob der Punkt P auf der Geraden $g: \vec{x} = \begin{pmatrix} 2 \\ 5 \\ 3 \end{pmatrix} + s \cdot \begin{pmatrix} 3 \\ -2 \\ 5 \end{pmatrix}$ liegt.

a) $P(14|-3|23)$ b) $P(3|2|-6)$ c) $P(-4|9|-7)$

5. Prüfen Sie, ob die drei Punkte auf einer Geraden liegen oder ein Dreieck bilden. Berechnen Sie ggf. die Geradengleichungen der Dreiecksseiten.

a) $P(2|5|3);$ $Q(4|3|4);$ $R(0|7|2)$
b) $P(4|3|4);$ $Q(0|7|2);$ $R(6|1|5)$
c) $P(0|7|2);$ $Q(1|3|4);$ $R(3|4|5)$

6. Bestimmen Sie die Geradengleichungen der beiden mittleren Streckenabschnitte.

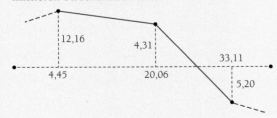

7. Für eine typografische Software wird eine mathematische Beschreibung von Buchstaben benötigt. Beschreiben Sie folgende Buchstaben mithilfe von Geraden. Legen Sie ein geeignetes Koordinatensystem fest und dimensionieren Sie die Buchstaben.

$$\mathsf{MATHE}$$

8. Untersuchen Sie die gegenseitige Lage der Geraden
$$g: \vec{x} = \begin{pmatrix} 3 \\ 2 \\ 4 \end{pmatrix} + r \cdot \begin{pmatrix} 1 \\ 3 \\ 5 \end{pmatrix} \text{ und der Geraden } h.$$

a) $h: \vec{x} = \begin{pmatrix} 5 \\ 8 \\ 14 \end{pmatrix} + t \cdot \begin{pmatrix} 0 \\ 0 \\ 1 \end{pmatrix}$

b) $h: \vec{x} = \begin{pmatrix} 4 \\ 8 \\ 14 \end{pmatrix} + t \cdot \begin{pmatrix} 0 \\ 0 \\ 1 \end{pmatrix}$

c) h verläuft durch die Punkte $A(3|2|4)$ und $B(4|5|9)$.

d) $h: \vec{x} = \begin{pmatrix} 4 \\ 8 \\ 14 \end{pmatrix} + t \cdot \begin{pmatrix} 2 \\ 6 \\ 10 \end{pmatrix}$

9. Bestimmen Sie den Schnittwinkel bei den sich schneidenden Geradenpaaren aus Aufgabe 8.

10. Drei Flugzeuge bewegen sich näherungsweise entlang der folgenden Flugbahnen:

$$g: \vec{x} = \begin{pmatrix} 450 \\ 200 \\ 300 \end{pmatrix} + s \cdot \begin{pmatrix} -50 \\ 50 \\ 50 \end{pmatrix}$$

$$h: \vec{x} = \begin{pmatrix} 50 \\ 150 \\ 550 \end{pmatrix} + s \cdot \begin{pmatrix} 100 \\ 50 \\ -50 \end{pmatrix}$$

$$k: \vec{x} = \begin{pmatrix} 450 \\ 100 \\ 300 \end{pmatrix} + s \cdot \begin{pmatrix} -50 \\ 50 \\ 50 \end{pmatrix}$$

Beschreiben Sie, wie die Flugbahnen der drei Flugzeuge zueinander stehen.
Beschreiben Sie dazu auch, ob Kollisionsgefahr besteht und in welchem Winkel die Flugzeuge aneinander vorbei fliegen.

11. Beschreiben Sie ein Vorgehen zur Prüfung der Lagebeziehung zweier Geraden, bei dem Sie zuerst die Kollinearität der Richtungsvektoren prüfen. Erstellen Sie dazu ein Schema wie auf Seite 361.

6

6.2.2 Ebenen

Flächen einer Rauminstallation

Für eine Rauminstallation soll die Leuchtwirkung einer in den Boden gelassenen Lampe verstärkt werden. Dafür soll ein Reflektor aus zwei Plexiglasteilen gefertigt werden.
Die zu verwendenden Plexiglasteile werden aus großen Plexiglasscheiben zugeschnitten. Um die Größen und Schnittkanten der Teile für die Fertigung zu berechnen, kann die Situation in einem dreidimensionalen Koordinatensystem beschrieben werden. Dabei stellen wir uns die beiden Plexiglasscheiben als Stücke zweier **Ebenen im Raum** vor.
Bestimmen Sie zwei Vektoren, die in der durch P, Q und R bestimmten Ebene E liegen, und berechnen Sie damit die Koordinaten des Punktes A, der einen Randpunkt auf der Kante der Installation darstellt.

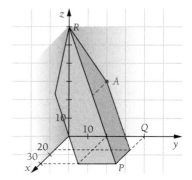

Zwei Vektoren in der Ebene sind die Vektoren $\vec{u} = \overrightarrow{PQ}$ und $\vec{v} = \overrightarrow{PR}$. Die Spaltenvektoren von $\vec{u}$ und $\vec{v}$ erhalten wir als Differenz der Koordinaten von Q und P bzw. R und P.
Die gestrichelten Linien in der Zeichnung teilen die Strecken PQ und PR genau in der Mitte. Daher gelangen wir zum Punkt A, indem wir zum Ortsvektor von P die Hälfte des Vektors $\vec{u}$ und die Hälfte von $\vec{v}$ addieren. Wir erhalten damit den Punkt $A(0\,|\,20\,|\,30)$.

$$\vec{u} = \overrightarrow{PQ} = \begin{pmatrix} 0-30 \\ 40-40 \\ 0-0 \end{pmatrix} = \begin{pmatrix} -30 \\ 0 \\ 0 \end{pmatrix}$$

$$\vec{v} = \overrightarrow{PR} = \begin{pmatrix} 0-30 \\ 0-40 \\ 60-0 \end{pmatrix} = \begin{pmatrix} -30 \\ -40 \\ 60 \end{pmatrix}$$

$$\vec{a} = \vec{p} + \tfrac{1}{2} \cdot \vec{u} + \tfrac{1}{2} \cdot \vec{v}$$

$$= \begin{pmatrix} 30 \\ 40 \\ 0 \end{pmatrix} + \tfrac{1}{2} \cdot \begin{pmatrix} -30 \\ 0 \\ 0 \end{pmatrix} + \tfrac{1}{2} \cdot \begin{pmatrix} -30 \\ -40 \\ 60 \end{pmatrix} = \begin{pmatrix} 0 \\ 20 \\ 30 \end{pmatrix}$$

Auf die beschriebene Weise können wir zu jedem Punkt X auf der „Glasscheiben-Ebene" den zugehörigen Ortsvektor angeben.
Dabei erhält man den Ortsvektor $\vec{x}$, indem man zu dem Ortsvektor $\vec{p}$ eines Ebenenpunktes ein Vielfaches s eines Vektors $\vec{u}$ der Ebene E und ein Vielfaches t eines Vektors $\vec{v}$ der Ebene addiert:

$$E: \vec{x} = \vec{p} + s \cdot \vec{u} + t \cdot \vec{v}$$

Der Vektor $\vec{p}$ heißt **Stützvektor**. Die Vektoren $\vec{u}$ und $\vec{v}$ heißen **Richtungsvektoren**. Man sagt auch, die Richtungsvektoren spannen die Ebene auf.
Diese Darstellung einer Ebenengleichung heißt **Parameterform** oder **Punkt-Richtungs-Form**.

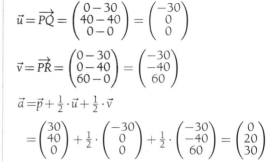

Mit den Punkten P, Q und R erhalten wir als Ebenengleichung:

$$E: \vec{x} = \underbrace{\begin{pmatrix} 30 \\ 40 \\ 0 \end{pmatrix}}_{\text{Stützvektor}} + s \cdot \underbrace{\begin{pmatrix} -30 \\ 0 \\ 0 \end{pmatrix}}_{\text{Richtungsvektor}} + t \cdot \underbrace{\begin{pmatrix} -30 \\ -40 \\ 80 \end{pmatrix}}_{\text{Richtungsvektor}}$$

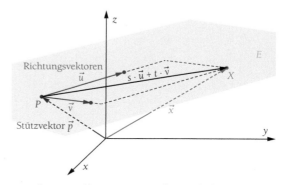

Hinweis: Die Richtungsvektoren dürfen nicht kollinear sein. Ansonsten wären die beiden Vektoren $\vec{u}$ und $\vec{v}$ Vielfache voneinander und würden keine Ebene, sondern nur eine Gerade darstellen.

Eine Ebene ist durch einen Stützvektor und zwei nicht-kollineare Richtungsvektoren eindeutig festgelegt. Aus der Elementargeometrie ist aber auch bekannt, dass eine Ebene durch drei Punkte P, Q und R eindeutig bestimmt ist. In den meisten Fällen wird eine Ebene auch durch die Angabe dreier Punkte gegeben. Das Aufstellen der Ebenengleichung in diesem Fall ist jedoch im Grunde gleich wie im Beispiel zuvor.

Drei-Punkte-Form der Ebenengleichung

⑬

Bestimmen Sie eine Gleichung der Ebene E, in der die Punkte $P(3|2|1)$, $Q(2|1|4)$ und $R(-4|3|0)$ liegen.

Als Stützvektor wählen wir den Ortsvektor eines der drei Punkte, beispielsweise $\vec{p}$. Die beiden Richtungsvektoren erhalten wir analog zu Beispiel 2 (▶ Seite 356) als Differenz von $\vec{p}$ und jeweils den „verbliebenen" beiden Ortsvektoren $\vec{q}$ und $\vec{r}$.

Wir erhalten also die Parameterform der Ebenengleichung in folgender Variante:
$$E:\vec{x}=\vec{p}+s\cdot(\vec{q}-\vec{p})+t\cdot(\vec{r}-\vec{p})$$

Diese Form der Ebenengleichung nennt man die **Drei-Punkte-Form**.

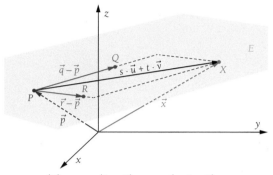

$$E:\vec{x}=\begin{pmatrix}3\\2\\1\end{pmatrix}+s\cdot\begin{pmatrix}2-3\\1-2\\4-1\end{pmatrix}+t\cdot\begin{pmatrix}-4-3\\3-2\\0-1\end{pmatrix}$$
$$=\begin{pmatrix}3\\2\\1\end{pmatrix}+s\cdot\begin{pmatrix}-1\\-1\\3\end{pmatrix}+t\cdot\begin{pmatrix}-7\\1\\-1\end{pmatrix}$$

Bevor wir sicher sein können, dass die bestimmte Gleichung eine Ebene darstellt, müssen wir prüfen, ob die Richtungsvektoren nicht parallel, also nicht kollinear sind.
Dies ist hier nicht der Fall. Damit spannen die beiden Richtungsvektoren tatsächlich die Ebene E auf. Die Gleichung der Ebene lautet:

$$E:\vec{x}=\begin{pmatrix}3\\2\\1\end{pmatrix}+s\cdot\begin{pmatrix}-1\\-1\\3\end{pmatrix}+t\cdot\begin{pmatrix}-7\\1\\-1\end{pmatrix}$$

Richtungsvektoren nicht kollinear?
$$\begin{pmatrix}-1\\-1\\3\end{pmatrix}=k\cdot\begin{pmatrix}-7\\1\\-1\end{pmatrix}$$

Die erste Koordinate liefert $k=\frac{1}{7}$, die zweite $k=-1$; also sind die Vektoren nicht kollinear.

Die **vektorielle Parameterform einer Ebenengleichung** lässt sich auf zwei Arten erhalten:

- Punkt-Richtungs-Form: $E:\vec{x}=\vec{p}+s\cdot\vec{u}+t\cdot\vec{v}$ ▶ $\vec{p}$ Stützvektor; $\vec{u}$, $\vec{v}$ nicht kollineare Richtungsvektoren
- Drei-Punkte-Form: $E:\vec{x}=\vec{p}+s\cdot(\vec{q}-\vec{p})+t\cdot(\vec{r}-\vec{p})$ ▶ $\vec{r}$; $\vec{q}$; $\vec{p}$ Ortsvektoren dreier verschiedener Punkte der Ebene

---

Bestimmen Sie eine Ebenengleichung der Ebene E.

a) E enthält den Punkt $P(3|2|-6)$. Die Vektoren $\vec{u}=\begin{pmatrix}-1\\3\\-2\end{pmatrix}$ und $\vec{v}=\begin{pmatrix}3\\7\\2\end{pmatrix}$ spannen die Ebene auf.

b) E enthält die Punkte $A(3|5|2)$, $B(-2|0|1)$ und $C(4|-2|-5)$.

(14) Punktprobe

Prüfen Sie, ob die Punkte $A(-3|0|5)$ und $B(20|3|10)$ in der Ebene $E : \vec{x} = \begin{pmatrix} 3 \\ 2 \\ 1 \end{pmatrix} + s \cdot \begin{pmatrix} -1 \\ 1 \\ 3 \end{pmatrix} + t \cdot \begin{pmatrix} -4 \\ -4 \\ -2 \end{pmatrix}$ liegen.

Falls A in der Ebene liegt, muss die Gleichung $\vec{a} = \begin{pmatrix} 3 \\ 2 \\ 1 \end{pmatrix} + s \cdot \begin{pmatrix} -1 \\ 1 \\ 3 \end{pmatrix} + t \cdot \begin{pmatrix} -4 \\ -4 \\ -2 \end{pmatrix}$ für je einen bestimmten Wert für s und t erfüllt sein. Dabei ist $\vec{a}$ der Ortsvektor von A.

$$\vec{a} = \begin{pmatrix} 3 \\ 2 \\ 1 \end{pmatrix} + s \cdot \begin{pmatrix} -1 \\ 1 \\ 3 \end{pmatrix} + t \cdot \begin{pmatrix} -4 \\ -4 \\ -2 \end{pmatrix} \quad \blacktriangleright \quad \vec{a} = \begin{pmatrix} -3 \\ 0 \\ 5 \end{pmatrix}$$

$$\begin{pmatrix} -3 \\ 0 \\ 5 \end{pmatrix} = \begin{pmatrix} 3 \\ 2 \\ 1 \end{pmatrix} + s \cdot \begin{pmatrix} -1 \\ 1 \\ 3 \end{pmatrix} + t \cdot \begin{pmatrix} -4 \\ -4 \\ -2 \end{pmatrix}$$

LGS:

(I) $-3 = 3 - s - 4t \Leftrightarrow -s - 4t = -6$

(II) $0 = 2 + s - 4t \Leftrightarrow s - 4t = -2$

(III) $5 = 1 + 3s - 2t \Leftrightarrow 3s - 2t = 4$

Die Vektorgleichung führt zu einem linearen Gleichungssystem mit drei Gleichungen und den zwei Unbekannten s und t.

Über das Additionsverfahren erhalten wir aus den Gleichungen (I) und (II) die Werte $s = 2$ und $t = 1$. Da diese Werte auch die dritte Gleichung erfüllen, besitzt das LGS die eindeutige Lösung $s = 2$ und $t = 1$. Somit liegt der Punkt A in der Ebene E.

$$(I) - (II) \qquad\qquad -2s = -4 \quad \Rightarrow \mathbf{s = 2}$$
$$s = 2 \text{ in (I):} \qquad -2 - 4t = -6 \quad \Rightarrow \mathbf{t = 1}$$
$$s = 2, t = 1 \text{ in (III):} \quad 3 \cdot 2 - 2 \cdot 1 = 4 \text{ (w)}$$

Falls B in der Ebene liegt, so muss der Ortsvektor von B die Ebenengleichung von E erfüllen.

$$\vec{b} = \begin{pmatrix} 3 \\ 2 \\ 1 \end{pmatrix} + s \cdot \begin{pmatrix} -1 \\ 1 \\ 3 \end{pmatrix} + t \cdot \begin{pmatrix} -4 \\ -4 \\ -2 \end{pmatrix}$$

$$\begin{pmatrix} 20 \\ 3 \\ 10 \end{pmatrix} = \begin{pmatrix} 3 \\ 2 \\ 1 \end{pmatrix} + s \cdot \begin{pmatrix} -1 \\ 1 \\ 3 \end{pmatrix} + t \cdot \begin{pmatrix} -4 \\ -4 \\ -2 \end{pmatrix}$$

Wir erhalten wieder ein Gleichungssystem mit drei Gleichungen und zwei Unbekannten.

LGS:

(I) $20 = 3 - s - 4t \Leftrightarrow -s - 4t = 17$

(II) $3 = 2 + s - 4t \Leftrightarrow s - 4t = 1$

(III) $10 = 1 + 3s - 2t \Leftrightarrow 3s - 2t = 9$

Über das Additionsverfahren erhalten wir aus den Gleichungen (I) und (II) die Werte $t = -\frac{9}{4}$ und $s = -8$. Diese Werte erfüllen jedoch nicht die dritte Gleichung. Das Gleichungssystem besitzt also keine Lösung. Der Punkt B liegt daher nicht in E.

$$(I) + (II) \quad -8t = 18 \Rightarrow t = -\frac{9}{4} \xRightarrow{\text{in (II)}} s = -8$$

Probe in (III): $-\frac{39}{2} = 9$ (f)

Ein Punkt A liegt in der Ebene $E : \vec{x} = \vec{p} + s \cdot \vec{u} + t \cdot \vec{v}$, wenn die Gleichung $\vec{a} = \vec{p} + s \cdot \vec{u} + t \cdot \vec{v}$ für s und t eine Lösung hat.

---

1. Überprüfen Sie, ob der Punkt $P(-4|-26|-20)$ in $E : \vec{x} = \begin{pmatrix} 3 \\ 5 \\ 2 \end{pmatrix} + s \cdot \begin{pmatrix} -5 \\ -5 \\ -1 \end{pmatrix} + t \cdot \begin{pmatrix} 1 \\ -7 \\ -7 \end{pmatrix}$ liegt.

2. Gegeben ist eine quadratische Pyramide mit Ursprung in A. Die Kantenlängen der Grundfläche und die Höhe betragen 4 LE.

   a) Geben Sie eine Ebenengleichung der Ebene M an.

   b) Zeigen Sie, dass der Mittelpunkt der Strecke $\overline{AB}$ in M liegt, die Punkte B und C aber nicht.

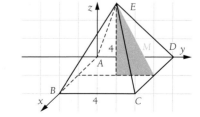

Schnitt einer Geraden mit einer Ebene

Bei einer Rauminstallation wird eine farbige Stoffplane zwischen die Ecken eines Würfels mit der Kantenlänge 3 m gespannt. Zwischen den Punkten E und C soll eine rote LED-Schnur gelegt werden.
Berechnen Sie die Koordinaten der Durchlassöffnung S in der grünen Stoffplane für die LED-Schnur.

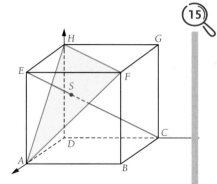

Zunächst stellen wir die Gleichungen der Ebenen AFH und der Geraden EC auf.

Ebene AFH: $\vec{x} = \begin{pmatrix} 3 \\ 0 \\ 0 \end{pmatrix} + s \cdot \begin{pmatrix} 0 \\ 3 \\ 3 \end{pmatrix} + t \cdot \begin{pmatrix} -3 \\ 0 \\ 3 \end{pmatrix}$

Gerade EC: $\vec{x} = \begin{pmatrix} 3 \\ 0 \\ 3 \end{pmatrix} + r \cdot \begin{pmatrix} -3 \\ 3 \\ -3 \end{pmatrix}$

Der Punkt S liegt sowohl in der Ebene als auch auf der Geraden. Daher muss es je genau einen Wert für die Parameter s und t bzw. r geben, sodass Ebenen- und Geradengleichung den gleichen Ortsvektor $\vec{s}$ liefern. Wir setzen daher die beiden rechten Seiten der Gleichungen gleich, um diese Werte für die Parameter zu erhalten. Durch Umformungen erhalten wir ein LGS mit drei Gleichungen und drei Unbekannten.

Mithilfe des Gauß'schen Algorithmus erhalten wir nach einigen Umformungsschritten ein LGS in Dreiecksform. Dieses liefert uns die Werte $r = \frac{1}{3}$, $s = \frac{1}{3}$ und $t = \frac{1}{3}$. Da das Gleichungssystem eindeutig lösbar ist, haben die Ebene und die Gerade einen Punkt gemeinsam, den sogenannten **Durchstoßpunkt**.
Seine Koordinaten erhalten wir, wenn wir die berechneten Werte für s und t bzw. r in die Ebenengleichung bzw. Geradengleichung einsetzen.

▶ Bei der Geradengleichung ist die Rechenarbeit geringer.

Der Durchstoßpunkt der Geraden EC durch die Ebene AFH hat die Koordinaten $S(2\,|\,1\,|\,2)$.

Gleichsetzen der rechten Seiten:

$$\begin{pmatrix} 3 \\ 0 \\ 0 \end{pmatrix} + s \cdot \begin{pmatrix} 0 \\ 3 \\ 3 \end{pmatrix} + t \cdot \begin{pmatrix} -3 \\ 0 \\ 0 \end{pmatrix} = \begin{pmatrix} 3 \\ 0 \\ 3 \end{pmatrix} + r \cdot \begin{pmatrix} -3 \\ 3 \\ -3 \end{pmatrix}$$

LGS:

(I) $\quad 3 - 3t = 3 - 3r \Leftrightarrow \quad -3t + 3r = 0$

(II) $\qquad 3s = 3r \quad \Leftrightarrow 3s \quad -3r = 0$

(III) $\quad 3s + 3t = 3 - 3r \Leftrightarrow 3s + 3t + 3r = 3$

(V) $\qquad\qquad 9r = 3 \Rightarrow r = \frac{1}{3}$

(IV) $\qquad 3t + 6r = 3 \Rightarrow t = \frac{1}{3}$

(III) $\quad 3s + 3t + 3r = 3 \Rightarrow s = \frac{1}{3}$

$r = \frac{1}{3}$ **in die Gleichung von g einsetzen:**

$$\vec{s} = \begin{pmatrix} 3 \\ 0 \\ 3 \end{pmatrix} + \frac{1}{3} \cdot \begin{pmatrix} -3 \\ 3 \\ -3 \end{pmatrix} = \begin{pmatrix} 2 \\ 1 \\ 2 \end{pmatrix}$$

$\Rightarrow S(2\,|\,1\,|\,2)$

Ebenen und Geraden besitzen nicht immer einen Durchstoßpunkt. Es gibt noch zwei weitere Möglichkeiten für die Lagebeziehung zwischen Gerade und Ebene. Es können bei der Untersuchung der Lagebeziehung zwischen einer Geraden und einer Ebene insgesamt drei Fälle auftreten:

Die Gerade liegt in der Ebene. Beide haben **unendlich viele** Punkte gemeinsam.

Die Gerade verläuft echt parallel zur Ebene. Beide haben **keinen** Punkt gemeinsam.

Die Gerade durchstößt die Ebene. Beide haben **genau einen** Punkt gemeinsam.

16 **Gerade liegt parallel zur Ebene**

Zeigen Sie, dass die Gerade g parallel zur Ebene E verläuft.

$$g:\vec{x}=\begin{pmatrix}1\\0\\1\end{pmatrix}+t\cdot\begin{pmatrix}2\\-3\\-1\end{pmatrix};\quad E:\vec{x}=\begin{pmatrix}-2\\1\\2\end{pmatrix}+r\cdot\begin{pmatrix}1\\0\\-1\end{pmatrix}+s\cdot\begin{pmatrix}4\\-6\\-2\end{pmatrix}$$

Wir prüfen, ob es einen oder mehrere gemeinsame Punkte von Gerade und Ebene gibt.
Dazu setzen wir die rechten Seiten der Geraden- und der Ebenengleichung gleich und erhalten ein lineares Gleichungssystem.

Gleichsetzen der rechten Seiten:

$$\begin{pmatrix}1\\0\\1\end{pmatrix}+t\cdot\begin{pmatrix}2\\-3\\-1\end{pmatrix}=\begin{pmatrix}-2\\1\\2\end{pmatrix}+r\cdot\begin{pmatrix}1\\0\\-1\end{pmatrix}+s\cdot\begin{pmatrix}4\\-6\\-2\end{pmatrix}$$

LGS:

(I) $\quad 1+2t=-2+r+4s \Leftrightarrow \quad 2t-r-4s=-3$

(II) $\quad -3t=1-6s \qquad \Leftrightarrow -3t\quad +6s=1$

(III) $\quad 1-t=2-r-2s \quad \Leftrightarrow \quad -t+r+2s=1$

(IV) = (I) + (III) $\qquad\qquad\qquad t\quad -2s=-2$

(V) = (II) + 3·(IV) $\quad 0=-5$ (f)

Mithilfe des Additionsverfahrens eliminieren wir r, indem wir (I) und (III) addieren. Hierdurch entsteht (IV). Wenden wir erneut das Additionsverfahren bei (II) und (IV) an, so erhalten wir die Gleichung (V) $0=-5$. Da dies aber eine falsche Aussage ist, hat das LGS keine Lösung. Die Gerade g und die Ebene E haben keinen Punkt gemeinsam. Die Gerade g verläuft parallel zur Ebene E.

▶ Ein LGS mit drei Gleichungen und drei Unbekannten lässt sich auch immer mit dem Gauß'schen Algorithmus lösen, Seite 22.

 17 **Gerade liegt in der Ebene**

Untersuchen Sie die gegenseitige Lagebeziehung der Geraden g und der Ebene E.

$$g:\vec{x}=\begin{pmatrix}3\\6\\4\end{pmatrix}+s\cdot\begin{pmatrix}4\\-8\\-6\end{pmatrix};\quad E:\vec{x}=\begin{pmatrix}4\\1\\1\end{pmatrix}+r\cdot\begin{pmatrix}1\\1\\0\end{pmatrix}+t\cdot\begin{pmatrix}-4\\2\\3\end{pmatrix}$$

Wir setzen die rechten Seiten der Geraden- und der Ebenengleichung gleich und erhalten erneut ein lineares Gleichungssystem mit drei Gleichungen und drei Unbekannten.
Das LGS lösen wir wie im obigen Beispiel mithilfe des Additionsverfahrens. Dabei erhalten wir die Gleichung (V) $0=0$. Da diese Aussage stets wahr ist, hat das LGS unendlich viele Lösungen.
Die Gerade g und die Ebene E haben also unendlich viele Punkte gemeinsam.
Somit liegt die Gerade g in der Ebene E.

Gleichsetzen der rechten Seiten:

$$\begin{pmatrix}3\\6\\4\end{pmatrix}+s\cdot\begin{pmatrix}4\\-8\\-6\end{pmatrix}=\begin{pmatrix}4\\1\\1\end{pmatrix}+r\cdot\begin{pmatrix}1\\1\\0\end{pmatrix}+t\cdot\begin{pmatrix}-4\\2\\3\end{pmatrix}$$

LGS:

(I) $\quad 3+4s=4+r-4t \Leftrightarrow \quad 4s-r+4t=1$

(II) $\quad 6-8s=1+r+2t \Leftrightarrow -8s-r-2t=-5$

(III) $\quad 4-6s=1+3t \quad \Leftrightarrow \quad -6s\quad -3t=-3$

(IV) = (I) − (II) $\qquad\qquad\qquad 12s\quad +6t=6$

(V) = 2·(III) + (IV) $\quad 0=0$ (w)

Wie bei den Geraden gehen wir bei der Untersuchung der Lagebeziehungen zwischen Gerade und Ebene von der Suche nach einem gemeinsamen Punkt aus. Deswegen setzen wir die rechten Seiten der Gleichungen gleich und stellen ein lineares Gleichungssystem auf.

Anstatt die Geraden- und Ebenengleichung gleichzusetzen, können wir uns zur Untersuchung der Lagebeziehung auch die Frage stellen: Sind der Richtungsvektor der Geraden ($\vec{u}$) und die Richtungsvektoren der Ebene ($\vec{v}$ und $\vec{w}$) komplanar? Wir müssten also überprüfen, ob es reelle Zahlen r und s gibt, die die Vektorgleichung $\vec{u}=r\cdot\vec{v}+s\cdot\vec{w}$ erfüllen. Ist dies der Fall, kann die Gerade entweder in der Ebene liegen und damit unendlich viele Punkte mit der Ebene gemeinsam haben, oder echt parallel zur Ebene sein und damit keinen Punkt mit ihr gemeinsam haben. Sind der Richtungsvektor der Geraden und diejenigen der Ebene nicht komplanar, so durchstößt die Gerade die Ebene: Beide haben genau den Durchstoßpunkt gemeinsam.

Die Lagebeziehung kann nach folgendem Schema bestimmt werden.

gegeben: $g: \vec{x} = \vec{a} + r \cdot \vec{u}$; $E: \vec{x} = \vec{b} + s \cdot \vec{v} + t \cdot \vec{w}$

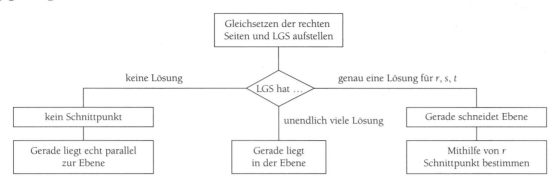

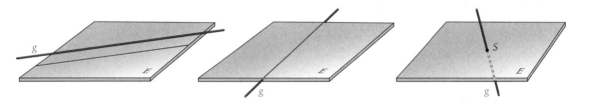

Zur Überprüfung der **Lagebeziehung zwischen Gerade und Ebene** werden die Parametergleichungen gleichgesetzt. Man erhält ein lineares Gleichungssystem.

- Ist das LGS **eindeutig** lösbar, so gibt es einen **Durchstoßpunkt**.
- Hat das LGS **unendlich viele** Lösungen, so liegt die **Gerade in der Ebene**.
- Hat das LGS **keine** Lösung, so liegt die Gerade **echt parallel zur Ebene**.

1. Untersuchen Sie die gegenseitige Lage von g und E.

   a) $g: \vec{x} = \begin{pmatrix} 2 \\ -3 \\ 2 \end{pmatrix} + r \cdot \begin{pmatrix} 1 \\ -1 \\ 3 \end{pmatrix}$; $E: \vec{x} = \begin{pmatrix} -3 \\ 1 \\ 1 \end{pmatrix} + s \cdot \begin{pmatrix} 1 \\ -2 \\ -1 \end{pmatrix} + t \cdot \begin{pmatrix} 0 \\ -1 \\ 2 \end{pmatrix}$

   b) $g: \vec{x} = \begin{pmatrix} 4 \\ 10 \\ 6 \end{pmatrix} + r \cdot \begin{pmatrix} 2 \\ 2 \\ -6 \end{pmatrix}$; $E: \vec{x} = \begin{pmatrix} 2 \\ 2 \\ 10 \end{pmatrix} + s \cdot \begin{pmatrix} 4 \\ 0 \\ 2 \end{pmatrix} + t \cdot \begin{pmatrix} -2 \\ -2 \\ 6 \end{pmatrix}$

   c) $g: \vec{x} = \begin{pmatrix} 2 \\ 0 \\ 0 \end{pmatrix} + t \cdot \begin{pmatrix} -2 \\ -8 \\ 14 \end{pmatrix}$; $E: \vec{x} = \begin{pmatrix} 4 \\ 2 \\ -6 \end{pmatrix} + m \cdot \begin{pmatrix} 2 \\ -4 \\ 2 \end{pmatrix} + n \cdot \begin{pmatrix} -4 \\ 2 \\ 4 \end{pmatrix}$

2. Gegeben sind die Ebene $E: \vec{x} = \begin{pmatrix} 4 \\ 1 \\ 1 \end{pmatrix} + r \cdot \begin{pmatrix} 1 \\ 1 \\ 0 \end{pmatrix} + s \cdot \begin{pmatrix} -4 \\ 2 \\ 3 \end{pmatrix}$ und die Gerade $g: \vec{x} = \begin{pmatrix} 1 \\ 4 \\ -5 \end{pmatrix} + t \cdot \begin{pmatrix} 4 \\ -8 \\ -6 \end{pmatrix}$.

   Zeigen Sie: Die Richtungsvektoren von g und E sind komplanar. Begründen Sie dann, dass g echt parallel zu E verläuft.

18 Pfettendach II

An einem Pfettendach muss ein Durchlass für einen Kamin geschaffen werden. Der Ofen soll auf dem Boden des Hauses im Punkt $P(-3\,|\,7\,|\,0)$ stehen.
Berechnen Sie die Koordinaten des Durchlasses K und die Länge des Kaminschachts bis zum Dach.

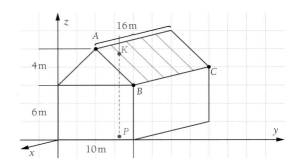

Zunächst stellen wir die Ebenengleichung des Dachs und die Geradengleichung des Kaminschachts auf. Die Ebene der betroffenen Dachfläche wird von den Punkten A, B und C aufgespannt.

$A(0\,|\,5\,|\,10)$, $B(0\,|\,10\,|\,6)$, $C(-16\,|\,10\,|\,6)$

$$E:\vec{x}=\vec{a}+s\cdot\left(\vec{b}-\vec{a}\right)+t\cdot\left(\vec{c}-\vec{a}\right)$$
$$=\begin{pmatrix}0\\5\\10\end{pmatrix}+s\cdot\begin{pmatrix}0-0\\10-5\\6-10\end{pmatrix}+t\cdot\begin{pmatrix}-16-0\\10-5\\6-10\end{pmatrix}$$
$$=\begin{pmatrix}0\\5\\10\end{pmatrix}+s\cdot\begin{pmatrix}0\\5\\-4\end{pmatrix}+t\cdot\begin{pmatrix}-16\\5\\-4\end{pmatrix}$$

Für den Richtungsvektor der Geradengleichung beachten wir, dass dieser als Kaminschacht senkrecht nach oben verlaufen muss. Damit sind alle Koordinaten außer der z-Koordinate gleich null.

$$g:\vec{x}=\vec{p}+r\cdot\begin{pmatrix}0\\0\\1\end{pmatrix}=\begin{pmatrix}-3\\7\\0\end{pmatrix}+r\cdot\begin{pmatrix}0\\0\\1\end{pmatrix}$$

Da der Durchlass K der Durchstoßpunkt der Geraden g durch die Ebene E ist, setzen wir die beiden rechten Seiten der Gleichungen gleich, stellen ein lineares Gleichungssystem auf und bestimmen dessen Lösung.

Gleichsetzen der rechten Seiten:

$$\begin{pmatrix}0\\5\\10\end{pmatrix}+s\cdot\begin{pmatrix}0\\5\\-4\end{pmatrix}+t\cdot\begin{pmatrix}-16\\5\\-4\end{pmatrix}=\begin{pmatrix}-3\\7\\0\end{pmatrix}+r\cdot\begin{pmatrix}0\\0\\1\end{pmatrix}$$

(I) $\qquad\qquad -16t=-3 \Leftrightarrow t=\dfrac{3}{16}$

(II) $\qquad 5+5s+5t=7 \quad\Leftrightarrow s=-t+\dfrac{2}{5}$

(III) $\quad 10-4s-4t=r$

$t=\dfrac{3}{16}$ in (II): $\qquad\qquad s=\dfrac{17}{80}$

$t=\dfrac{3}{16}, s=\dfrac{17}{80}$ in (III): $\quad r=\dfrac{42}{5}$

Zuletzt setzen wir die bestimmten Werte für s und t bzw. r in die Ebenen- oder Geradengleichung ein. Da dies in beiden Fällen zum gleichen Spaltenvektor führt, setzen wir den Wert für r in die Geradengleichung ein, da dies Rechenzeit spart.
Wir erhalten als Durchstoßpunkt $K\left(-3\,|\,7\,|\,\dfrac{42}{5}\right)$.

$r=\dfrac{42}{5}$ **in die Gleichung von g einsetzen:**

$$\vec{k}=\begin{pmatrix}-3\\7\\0\end{pmatrix}+\dfrac{42}{5}\cdot\begin{pmatrix}0\\0\\1\end{pmatrix}=\begin{pmatrix}-3\\7\\\frac{42}{5}\end{pmatrix}$$
$$\Rightarrow K\left(-3\,\Big|\,7\,\Big|\,\dfrac{42}{5}\right)$$

Die Länge des Kaminschachts ist der Abstand zwischen P und K.
Der Kaminschacht ist 8,40 m lang.

Länge des Kaminschachts:

$$d(P;K)=\sqrt{(-3-(-3))^2+(-7-(-7))^2+\left(0-\tfrac{42}{5}\right)^2}$$
$$=\dfrac{42}{5}=8,4$$

Spurpunkte einer Ebene

Gegeben ist die Ebene $E: \vec{x} = \begin{pmatrix} 3 \\ 2 \\ 1 \end{pmatrix} + r \cdot \begin{pmatrix} -1 \\ -1 \\ 3 \end{pmatrix} + t \cdot \begin{pmatrix} -4 \\ -4 \\ -2 \end{pmatrix}$.

Bestimmen Sie die Koordinaten des Punktes S_x, an dem die x-Achse die Ebene durchstößt.

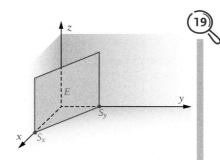

Ein mögliches Vorgehen wäre, die x-Achse als Gerade in Parameterform darzustellen und den Schnittpunkt dieser „Geraden" und der Ebenen E zu bestimmen. Schneller zum Ziel führt aber folgende Überlegung: Bei jedem Punkt auf der x-Achse sind die y-Koordinate und z-Koordinate null. Damit ist vom gesuchten Punkt nur die x-Koordinate unbekannt: $S_x(s_x|0|0)$. Damit erhalten wir ein lineares Gleichungssystem. Unser Ziel ist es nun, eine Lösung für s_x zu erhalten. Hier erhalten wir durch Subtraktion von (I) und (II) direkt die Lösung $s_x = 1$. Damit ergibt sich $S_x(1|0|0)$. Allgemein nennt man die Punkte, an denen die Koordinatenachsen eine Ebene durchstoßen, **Spurpunkte**.

$$\begin{pmatrix} s_x \\ 0 \\ 0 \end{pmatrix} = \begin{pmatrix} 3 \\ 2 \\ 1 \end{pmatrix} + r \cdot \begin{pmatrix} -1 \\ -1 \\ 3 \end{pmatrix} + t \cdot \begin{pmatrix} -4 \\ -4 \\ -2 \end{pmatrix}$$

(I) $\quad s_x = 3 - r - 4t$
(II) $\quad 0 = 2 - r - 4t$ $\left.\vphantom{\begin{matrix}a\\b\end{matrix}}\right\}$ (I) $-$ (II) $\quad \mathbf{s_x = 1}$
(III) $\quad 0 = 1 + 3r - 2t$

$\vec{s_x} = \begin{pmatrix} 1 \\ 0 \\ 0 \end{pmatrix} \Rightarrow$ Spurpunkt $S_x(1|0|0)$

Spurpunkte einer Geraden

Ermitteln Sie die Koordinaten des Punktes S_{yz}, an dem die

Gerade $g: \vec{x} = \begin{pmatrix} 4 \\ -1 \\ 3 \end{pmatrix} + r \cdot \begin{pmatrix} -2 \\ 1,5 \\ 1 \end{pmatrix}$ die y-z-Ebene

durchstößt.

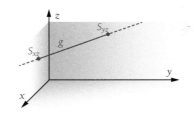

Die **Spurpunkte** einer Geraden sind genau die Punkte, an denen die Gerade die Koordinatenebenen durchstößt.

Wir suchen also einen Spurpunkt der Geraden:
In der y-z-Ebene ist die erste Koordinate aller Punkte null. Also muss r so bestimmt werden, dass die erste Koordinate des Ortsvektors von S_{yz} gleich null ist.

Dazu lösen wir das aufgestellte Gleichungssystem und erhalten den Spurpunkt $S_{yz}(0|2|5)$.

$$\begin{pmatrix} 0 \\ s_y \\ s_z \end{pmatrix} = \begin{pmatrix} 4 \\ -1 \\ 3 \end{pmatrix} + r \cdot \begin{pmatrix} -2 \\ 1,5 \\ 1 \end{pmatrix}$$

(I) $\quad -2r = -4 \Leftrightarrow \mathbf{r = 2}$
(II) $\quad 1,5r - 1 = s_y$
(III) $\quad r + 3 = s_z$

$r = 2$ in (II): $\quad s_y = 1,5 \cdot 2 - 1 = 2$
$r = 2$ in (III): $\quad s_z = 2 + 3 = 5$

Die **Spurpunkte einer Ebene** sind ihre Schnittpunkte mit den Koordinatenachsen.
Die **Spurpunkte einer Geraden** sind ihre Schnittpunkte mit den Koordinatenebenen.

Berechnen Sie die Spurpunkte S_y und S_z in Beispiel 19 sowie S_{xy} und S_{xz} in Beispiel 20.

Übungen 6.2.2

1. Geben Sie eine Ebenengleichung in Parameterform für die wie folgt definierten Ebenen an. Beschreiben Sie deren Lage im Klassenraum, wenn die untere vordere linke Ecke des Raums der Koordinatenursprung ist.

a) $P(2|5|3)$; $\vec{u} = \begin{pmatrix} -2 \\ 1 \\ 3 \end{pmatrix}$; $\vec{v} = \begin{pmatrix} 0 \\ 1 \\ 2 \end{pmatrix}$

b) $P(1|2|3)$; $\vec{u} = \begin{pmatrix} 1 \\ 0 \\ -3 \end{pmatrix}$; $\vec{v} = \begin{pmatrix} 2 \\ 2 \\ 4 \end{pmatrix}$

c) $P(-3|0|-2)$; $\vec{u} = \begin{pmatrix} 4 \\ 2 \\ 0 \end{pmatrix}$; $\vec{v} = \begin{pmatrix} 0 \\ 1 \\ 1 \end{pmatrix}$

d) $A(2|4|-2)$; $B(3|6|5)$; $C(-7|2|-1)$

e) $A(1|1|-1)$; $B(0|3|4)$; $C(3|3|4)$

f) $P(0|3|-4)$; $Q(4|6|0)$; $R(-1|-2|5)$

2. Prüfen Sie, ob die folgenden Punkte auf der Ebene
$$E: \vec{x} = \begin{pmatrix} 3 \\ 0 \\ 2 \end{pmatrix} + s \cdot \begin{pmatrix} 2 \\ 1 \\ 7 \end{pmatrix} + t \cdot \begin{pmatrix} 3 \\ 2 \\ 5 \end{pmatrix} \text{ liegen.}$$

a) $A(3|0|2)$

b) $B(8|3|14)$

c) $C(1|3|5)$

d) $D(7|-2|9)$

e) $O(0|0|0)$

f) $F(26|12|77)$

3. Prüfen Sie durch das Aufstellen einer Ebenengleichung, ob die vier Punkte in einer Ebene liegen.

a) $A(0|1|-1)$; $B(2|3|5)$; $C(-1|3|-1)$; $D(2|2|2)$

b) $A(3|0|2)$; $B(5|1|9)$; $C(6|2|7)$; $D(8|3|14)$

c) $A(5|0|5)$; $B(6|3|2)$; $C(2|9|0)$; $D(3|12|-3)$

4. Geben Sie je eine Parametergleichung der Ebenen E und F an.

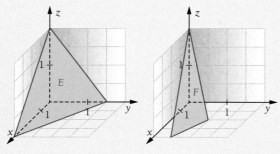

5. Berechnen Sie die Koordinaten der Spurpunkte der Ebene E.
Zeichnen Sie die Ebene mithilfe der Spurpunkte.

a) $E: \vec{x} = \begin{pmatrix} 2 \\ 3 \\ -5 \end{pmatrix} + s \cdot \begin{pmatrix} 4 \\ -2 \\ 3 \end{pmatrix} + t \cdot \begin{pmatrix} -2 \\ 1 \\ 1 \end{pmatrix}$

b) $E: \vec{x} = \begin{pmatrix} 0 \\ 4 \\ 0 \end{pmatrix} + s \cdot \begin{pmatrix} 1 \\ 1 \\ 0 \end{pmatrix} + t \cdot \begin{pmatrix} 3 \\ 0 \\ -2 \end{pmatrix}$

c) $E: \vec{x} = \begin{pmatrix} 4 \\ 4 \\ 0 \end{pmatrix} + s \cdot \begin{pmatrix} -2 \\ 4 \\ 0 \end{pmatrix} + t \cdot \begin{pmatrix} 7 \\ -3 \\ 0 \end{pmatrix}$

6. Bestimmen Sie die Gleichungen der **Spurgeraden** aus Aufgabe 5. Die Spurgeraden sind die Verbindungsgeraden der Spurpunkte in einer Koordinatenebene.

7. Berechnen Sie die Koordinaten aller Spurpunkte der Geraden g. Zeichnen Sie die Geraden.

a) $g: \vec{x} = \begin{pmatrix} 3 \\ 4 \\ -1 \end{pmatrix} + s \cdot \begin{pmatrix} 1 \\ 2 \\ -1 \end{pmatrix}$

b) $g: \vec{x} = \begin{pmatrix} 2 \\ 5 \\ 3 \end{pmatrix} + s \cdot \begin{pmatrix} 0 \\ 0 \\ 3 \end{pmatrix}$

c) $g: \vec{x} = \begin{pmatrix} 0 \\ 3 \\ 0 \end{pmatrix} + s \cdot \begin{pmatrix} 1 \\ 0 \\ 1 \end{pmatrix}$

8.

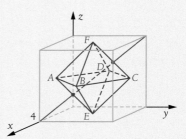

In einen Würfel mit Kantenlänge 4 ist ein Oktaeder einbeschrieben.
Entlang der roten Geraden soll eine Bohrung vorgenommen werden.

a) Geben Sie je eine Parametergleichung für die Ebenen ABE und CDF an.

b) Bestimmen Sie die Koordinaten der Punkte, an denen die Bohrung in den Oktaeder ein- und wieder austritt.

c) Bestimmen Sie die Länge der Bohrung im Oktaeder.

Übungen zu 6.2

1. Ein 12 m hohes Gebäude setzt sich aus einem Quader und einer Pyramide mit der Spitze S zusammen. Die quadratische Grundfläche hat einen Flächeninhalt von $16\,m^2$. Die Pyramide ist 3 m hoch.

   Ein Sonnenstrahl mit dem Richtungsvektor $\vec{u} = \begin{pmatrix} 4 \\ 6 \\ 4 \end{pmatrix}$ wirft

   einen Schattenpunkt der Spitze auf die x-y-Ebene. Bestimmen Sie dessen Koordinaten.

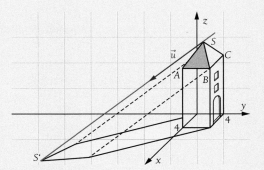

2. Beschreiben Sie verbal die Lage aller Punkte mit den angegebenen Koordinaten.
   Geben Sie ggf. eine Geraden- oder Ebenengleichung an, wenn y und z alle reellen Zahlen durchlaufen.
   a) $(0\,|\,0\,|\,z)$ b) $(0\,|\,y\,|\,z)$ c) $(5\,|\,y\,|\,z)$

3. Gegeben ist das abgebildete U-Profil.
   a) Fertigen Sie ein zweidimensionales Koordinatensystem mit der x- und z-Achse an und zeichnen Sie dort alle gegebenen Punkte ein. Stellen Sie sich vor, Sie blicken auf das Objekt entlang der y-Achse.
   b) Geben Sie eine Gleichung der Ebene durch die Punkte ABH an.
   c) Geben Sie eine Gleichung der Geraden durch die Punkte D und E an. Berechnen Sie die Länge der Strecke $\overline{DE}$.

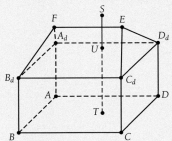

   d) Geben Sie eine Gleichung der Geraden durch die Punkte F und M an. Berechnen Sie die Länge der Strecke $\overline{FM}$.
   e) Geben Sie eine Gleichung der Geraden durch die Punkte C und J an. Berechnen Sie die Länge der Strecke $\overline{CJ}$.

4. Sie sind beim Entwurf eines Hauses mit Walmdach und rechteckiger Grundfläche beteiligt. Am Boden soll es eine Breite (Strecke $\overline{AD}$) von 12 m und eine Tiefe (Strecke $\overline{AB}$) von 8 m haben. Bis zur Dachkante (Strecke $\overline{BB_d}$) sind es 3 m. Die Oberkante des Daches (Punkte E und F) soll eine Länge von 6 m haben und das Haus soll insgesamt eine Höhe von 8 m haben.

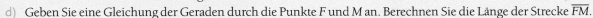

   Sie legen dem Haus ein Koordinatensystem zugrunde, bei dem der Punkt A im Ursprung, der Punkt B auf der x-Achse und der Punkt D auf der y-Achse liegt.

   a) Bestimmen Sie aus den Angaben mit einer kurzen Begründung die Koordinaten der Punkte A bis F.
   b) Begründen Sie kurz, dass die Gleichung $P:\vec{x} = \begin{pmatrix} 8 \\ 0 \\ 3 \end{pmatrix} + m \cdot \begin{pmatrix} -4 \\ 3 \\ 5 \end{pmatrix} + n \cdot \begin{pmatrix} 0 \\ 12 \\ 0 \end{pmatrix}$ eine mögliche Gleichung für

   die vordere Seitenfläche des Daches ist (Ebene B_dC_dEF).
   c) Geben Sie eine mögliche Gleichung für die rechte Stirnfläche des Daches an (Ebene C_dD_dE).
   d) Berechnen Sie die Größe des Winkels $\angle C_dED_d$.
   e) Drei Meter von den Kanten $\overline{BC}$ und $\overline{CD}$ entfernt soll ein Kaminofen gebaut werden (Punkt T). Berechnen Sie die Koordinaten des Durchstoßpunkts U des Schornsteins durch die Dachfläche.
   f) Geben Sie die Koordinaten des Punktes S an, wenn der Schornstein 2,5 m über dem Durchstoßpunkt endet.

5. Beim Neubau eines mehrstöckigen Hauses gibt es einen Rechtsstreit. Der Nachbar des Neubaus hat vor ca. fünf Jahren eine Solaranlage auf dem Dach errichtet. Das Bauamt der Stadt hat bei Erteilen der Baugenehmigung zugesichert, dass am 21. Dezember bei wolkenfreiem Himmel mindestens 60 % der Sonnenkollektorfläche schattenfrei sind – auch bei evtl. Neubauvorhaben auf Nachbargrundstücken.

Er behauptet nun, dass dies aufgrund des Neubauvorhabens nicht mehr der Fall ist und klagt.

a) Erstellen Sie eine Liste mit allen Informationen, die Sie zur Bearbeitung der Problemstellung benötigen.

b) Aus den Bauunterlagen kann man folgende Daten entnehmen:

- Solardachhaus:
  $A(12|0|0)$; $B(12|12|0)$; $C(0|12|0)$; $D(0|0|0)$; $E(12|0|6)$; $F(12|12|6)$; $G(0|12|6)$; $H(0|0|6)$; $S(12|8|10)$; $T(0|8|10)$
- Dach des Neubaus: $P(6|35|13)$; $Q(-4|35|13)$; $R(-4|25|13)$; $X(6|25|13)$
- Richtungsvektor der Sonnenstrahlen am 21. Dezember: $\vec{v} = \begin{pmatrix} 1 \\ -4 \\ -1 \end{pmatrix}$

Tragen Sie diese Punkte und den Richtungsvektor der Sonnenstrahlen in eine Modellskizze ein.

c) Berechnen Sie den Flächeninhalt der Dachfläche *FGTS* und der Fläche, die verschattet wird. Prüfen Sie, ob die Klage erfolgversprechend ist.

c) Bestimmen Sie die Schnittpunkte S_1, S_2 und S_3 der Ebene *FSG* mit den drei Geraden durch die Punkte *R*, *P* und *X* und jeweils mit dem Richtungsvektor $\vec{v}$.

d) Weisen Sie nach, dass der Punkt S_1 auf der Kante $\overline{TG}$ und der Punkt S_2 auf der Kante $\overline{SF}$ liegt.

e) Liegt S_3 oberhalb oder unterhalb der Geraden durch S_1 und S_2?

f) Berechnen Sie nun den Flächeninhalt der Dachfläche *FGTS* und der Schattenfläche. Erläutern Sie, ob die Klage erfolgversprechend ist.

6. Im Bereich der Flugsicherung Düsseldorf ist eine der zugelassenen Flugebenen E_1 durch die Punkte $A(2|4|6)$, $B(1|-2|8)$ und $C(5|6|4)$ gegeben (Angaben in km).

Zwei Flugzeuge fliegen auf einer zweiten Flugebene E_2 mit den Flugbahnen $g_1 : \vec{x} = \begin{pmatrix} 2 \\ 1 \\ 4 \end{pmatrix} + m \cdot \begin{pmatrix} -1 \\ 2 \\ -2 \end{pmatrix}$ und

$g_2 : \vec{x} = \begin{pmatrix} 1 \\ 2 \\ 1 \end{pmatrix} + n \cdot \begin{pmatrix} 4{,}4 \\ -8{,}8 \\ 8{,}8 \end{pmatrix}$.

a) Stellen Sie je eine Ebenengleichung für die beiden Flugebenen auf.

b) Beurteilen Sie die Lage der beiden Flugebenen zueinander.

Ich kann ...

...eine **Geradengleichung** in Parameterform aufstellen. ▶ Test-Aufgaben 1, 3, 4	$P(2\|3\|4),\ Q(5\|-2\|1)$ $g:\vec{x}=\vec{p}+s\cdot(\vec{q}-\vec{p})$ $=\begin{pmatrix}2\\3\\4\end{pmatrix}+s\cdot\begin{pmatrix}3\\-5\\-3\end{pmatrix}$ ▶ $\vec{p}$ Stützvektor; $(\vec{q}-\vec{p})$ Richtungsvektor	Benötigt werden: • Stützvektor (Ortsvektor eines Punktes der Geraden) • Richtungsvektor Bei zwei Punkten ist der Richtungsvektor die Differenz der Ortsvektoren.
...untersuchen, ob ein **Punkt auf einer Geraden** liegt. ▶ Test-Aufgabe 1	$g:\vec{x}=\begin{pmatrix}2\\3\\4\end{pmatrix}+s\cdot\begin{pmatrix}3\\-5\\-3\end{pmatrix};\ A(-1\|8\|7)$ $\begin{pmatrix}-1\\8\\7\end{pmatrix}=\begin{pmatrix}2\\3\\4\end{pmatrix}+s\cdot\begin{pmatrix}3\\-5\\-3\end{pmatrix}$ $s=-1$ gilt für alle Koordinaten $\Rightarrow$ A auf g	• Ortsvektor des Punktes in die Geradengleichung einsetzen und für eine Koordinate den Parameter s bestimmen • prüfen, ob dieser auch für die anderen beiden Koordinaten stimmt
...die **Lagebeziehung zweier Geraden** prüfen. ▶ Test-Aufgabe 2	$g:\vec{x}=\begin{pmatrix}2\\3\\4\end{pmatrix}+s\cdot\begin{pmatrix}3\\-5\\-3\end{pmatrix}$ $h:\vec{x}=\begin{pmatrix}1\\2\\3\end{pmatrix}+t\cdot\begin{pmatrix}-6\\10\\6\end{pmatrix}$ LGS hat keine Lösung und Richtungsvektoren sind kollinear $\Rightarrow$ g und h parallel	Es gibt vier Möglichkeiten: 1. identisch 2. genau ein Schnittpunkt 3. echt parallel 4. windschief Möglicher Ansatz: Geradengleichungen gleichsetzen und LGS lösen ▶ Seite 361
...eine **Ebenengleichung** in Parameterform aufstellen. ▶ Test-Aufgaben 1, 3, 4	$P(2\|3\|4),\ Q(5\|-2\|1),\ R(2\|0\|4)$ $E:\vec{x}=\vec{p}+s\cdot(\vec{q}-\vec{p})+t\cdot(\vec{r}-\vec{p})$ $=\begin{pmatrix}2\\3\\4\end{pmatrix}+s\cdot\begin{pmatrix}5-2\\-2-3\\1-4\end{pmatrix}+t\cdot\begin{pmatrix}2-2\\0-3\\4-4\end{pmatrix}$ $=\begin{pmatrix}2\\3\\4\end{pmatrix}+s\cdot\begin{pmatrix}3\\-5\\-3\end{pmatrix}+t\cdot\begin{pmatrix}0\\-3\\0\end{pmatrix}$ ▶ $\vec{p}$ Stützvektor; $(\vec{q}-\vec{p})$ und $(\vec{r}-\vec{p})$ Richtungsvektoren	Benötigt werden: • Stützvektor (Ortsvektor eines Punktes der Geraden) • zwei (nicht kollineare) Richtungsvektoren Bei drei gegebenen Punkten lassen sich die Richtungsvektoren mit deren Ortsvektoren berechnen.
...untersuchen, ob ein **Punkt in einer Ebene** liegt. ▶ Test-Aufgabe 1	$E:\vec{x}=\begin{pmatrix}2\\3\\4\end{pmatrix}+s\cdot\begin{pmatrix}3\\-5\\-3\end{pmatrix}+t\cdot\begin{pmatrix}0\\-3\\0\end{pmatrix};$ $A(5\|-8\|2)$ Die ersten beiden Koordinaten liefern $s=1$ und $t=2$, was aber nicht zur dritten Koordinate passt. $\Rightarrow$ A liegt nicht in E.	• Ortsvektor des Punktes in die Ebenengleichung einsetzen und die Parameter s und t aus zwei sich ergebenden Gleichungen bestimmen • prüfen, ob diese Werte auch für die dritte Gleichung stimmen
...die **Lagebeziehung von Gerade und Ebene** prüfen. ▶ Test-Aufgabe 3	$E:\vec{x}=\begin{pmatrix}2\\3\\4\end{pmatrix}+s\cdot\begin{pmatrix}3\\-5\\-3\end{pmatrix}+t\cdot\begin{pmatrix}0\\-3\\0\end{pmatrix}$ $g:\vec{x}=\begin{pmatrix}2\\3\\4\end{pmatrix}+r\cdot\begin{pmatrix}-1\\-2\\-3\end{pmatrix}$ LGS hat genau eine Lösung $(r=s=t=0)\Rightarrow g$ durchstößt E	Es gibt drei Möglichkeiten: 1. Gerade liegt in Ebene 2. Gerade echt parallel zur Ebene 3. Gerade durchstößt die Ebene Möglicher Ansatz: Ebenengleichungen gleichsetzen und LGS lösen ▶ Seite 369

6

Test zu 6.2

1. Gegeben sind die Punkte $A(3|2|1)$, $B(0|4|1)$, $C(2|3|0)$ sowie $P(10,5|-3|0)$ und $Q(0|5|-2)$.
   a) Stellen Sie eine Parametergleichung der Geraden g durch A und B auf.
   b) Stellen Sie eine Parametergleichung der Ebene E durch A, B und C auf.
   c) Prüfen Sie, ob der Punkt P auf g liegt.
   d) Prüfen Sie, ob der Punkt Q in E liegt.
   e) Bestimmen Sie die Spurpunkte von E.

2. Gegeben sind die Geraden $g:\vec{x} = \begin{pmatrix} 1 \\ 3 \\ 1 \end{pmatrix} + s \cdot \begin{pmatrix} 0 \\ 1 \\ 4 \end{pmatrix}$ und $h:\vec{x} = \begin{pmatrix} -7 \\ 6 \\ -5 \end{pmatrix} + t \cdot \begin{pmatrix} 4 \\ -2 \\ 1 \end{pmatrix}$.

   Prüfen Sie die Lagebeziehung der beiden Geraden zueinander.

3. Ein Würfel der Kantenlänge 3 wird durch die Ebene E geschnitten.
   a) Geben Sie die Koordinaten der Punkte A, B und C an.
   b) Stellen Sie eine Gleichung der Ebene E auf.
   c) Bestimmen Sie zunächst eine Parametergleichung einer Geraden g, auf der Punkt D liegt.
      Berechnen Sie dann die Koordinaten des Punktes D als Schnittpunkt von g und E.
   d) Berechnen Sie die Größe des Winkels α, den die Strecken $\overline{AD}$ und $\overline{AB}$ einschließen.
   e) Überprüfen Sie durch Rechnung, ob die Diagonalen des Vierecks $ABCD$ gleiche Länge haben, und zeigen Sie, dass sie nicht orthogonal zueinander sind.
   f) Entscheiden Sie, ob die Vierecksseiten $\overline{BC}$ und $\overline{AD}$ parallel zueinander sind.

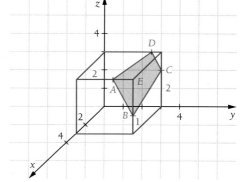

4. Eine Schwalbenschwanzführung soll für die Weiterverarbeitung in einer Grafiksoftware mit mathematischen Mitteln beschrieben werden.
   a) Beschreiben Sie die auftretenden Punkte durch Koordinaten.
   b) Stellen Sie Geradengleichungen für die schrägen Kanten auf.
   c) Berechnen Sie damit den Neigungswinkel der Kanten.
   d) Stellen Sie Ebenengleichungen für die schrägen Ebenen auf.
   e) Berechnen Sie den Flächeninhalt der Stirnseite, die Oberfläche und das Volumen der Führung.

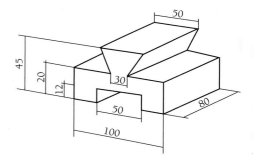

Viele komplexe Probleme und Situationen der Realität lassen sich mathematisch beschreiben.
- Wie kann man einer normalen Problembeschreibung entnehmen, welche mathematischen Werkzeuge für die Lösung zu nutzen sind?
- Gibt es für jedes reale Problem eine passende mathematische Lösung?

In vielen technischen und naturwissenschaftlichen Untersuchungen wird ein Problem in Teilschritte zerlegt, um daraus eine Gesamtlösungsstrategie zu entwickeln.
- Lässt sich auch ein komplexes mathematisches Problem in Teilschritte zerlegen?
- In welchem Zusammenhang stehen dann die einzelnen Teillösungen?

In Prüfungssituationen wird man oft mit längeren Aufgaben konfrontiert, die man in begrenzter Zeit lösen muss.
- Welches Vorgehen ist hilfreich, um an eine komplexe und umfassende Aufgabe heranzugehen?
- Auf welche Schritte kann zurückgegriffen werden, wenn man den Lösungsansatz nicht sofort erkennt?

7.1   Aufgabenanalyse und Arbeitsmethodik

In vielen beruflichen und privaten Zusammenhängen müssen wir komplexe Probleme lösen, bei denen Mittel aus verschiedenen mathematischen Themengebieten genutzt werden müssen. Auch bei Aufgaben in Prüfungssituationen müssen wir uns schnell orientieren, mit welchen mathematischen Methoden wir welche Teilaufgabe lösen.

Für die Lösung von komplexen und themenübergreifenden Aufgaben empfiehlt sich folgende Vorgehensweise in fünf Schritten:

1. **Aufgabe lesen**
   Lesen Sie die Aufgabe genau. Versuchen Sie die Situation und das dargestellte Problem zu verstehen. Fragen Sie bei Unklarheiten nach.
2. **Gesamtproblem strukturieren**
   Entnehmen Sie der Situation, nach welchen Elementen genau gefragt ist und welche Teilschritte für die Lösung des Gesamtproblems erforderlich sind. (Bei Aufgaben mit Unternummerierungen ist dieser Schritt meist einfacher.)
3. **Mathematische Themen identifizieren und Lösungsansätze bereitstellen**
   „Übersetzen" Sie die Teilprobleme in die Sprache der Mathematik: Überlegen Sie, um welches Themengebiet es sich handelt und welcher mathematische Ansatz der passende ist.
4. **Einzelne Aufgabenteile lösen**
   Führen Sie anhand des gewählten Lösungsansatzes alle nötigen mathematischen Berechnungen aus, um ein rechnerisches Ergebnis zu erhalten. Strukturieren Sie Ihre Rechnung und kommentieren Sie ggf. einzelne Schritte oder Teilergebnisse verbal.
5. **Ergebnisse reflektieren und bezogen auf das Gesamtproblem interpretieren**
   Setzen Sie die Teilergebnisse aus Schritt 4 bezogen auf das Gesamtproblem zusammen. Beurteilen Sie, welches Teilergebnis wie relevant für die Gesamtlösung ist. Weisen Sie auch darauf hin, falls einige der erhaltenen „mathematischen" Lösungen nicht zu dem echten Problem passen.

Segelflug

Tim und Ayleen haben beim Erwerb ihres Segelflugscheins das abgedruckte Informationsblatt erhalten.

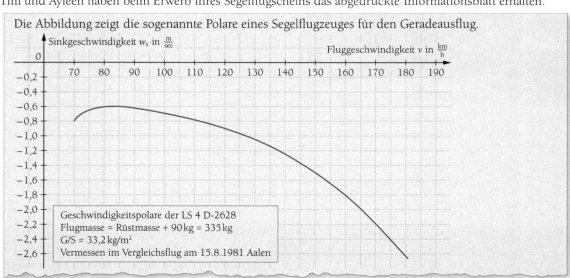

Die Abbildung zeigt die sogenannte Polare eines Segelflugzeuges für den Geradeausflug.

Sinkgeschwindigkeit w_s in $\frac{m}{sec}$

Fluggeschwindigkeit v in $\frac{km}{h}$

Geschwindigkeitspolare der LS 4 D-2628
Flugmasse = Rüstmasse + 90 kg = 335 kg
G/S = 33,2 kg/m²
Vermessen im Vergleichsflug am 15.8.1981 Aalen

Auf der waagerechten Achse ist die aktuelle Fluggeschwindigkeit, auf der senkrechten Achse die dazu von der Konstruktion und der Zuladung abhängige Sinkgeschwindigkeit abgetragen. Beide Größen wurden in ruhender Luft, also ohne horizontale oder vertikale Luftströmungen gemessen. Dabei stimmt die aktuelle Fluggeschwindigkeit in guter Näherung mit der Horizontalgeschwindigkeit überein.

Wie ein Schlitten kann ein Segelflugzeug seine Geschwindigkeit in ruhender Luft nur dann konstant halten, wenn es sich „bergab" bewegt, also Höhe verliert. Anders als beim Schlitten, der der gegebenen Hangneigung zwangsläufig folgen muss, kann ein Segelflugzeugpilot durch die Steuerung des Höhenruders die Neigung seiner Flugbahn wählen. Er kann mithilfe des Höhenruders seine Vorwärtsgeschwindigkeit im zulässigen Bereich frei bestimmen und damit sowohl die Sinkgeschwindigkeit als auch die Bahnneigung nach den Vorgaben der Polaren beeinflussen. So ergibt sich zum Beispiel für die angegebene Polare bei einer Fluggeschwindigkeit von $166 \frac{km}{h}$ eine Sinkgeschwindigkeit von $2 \frac{m}{s} = 2 \cdot 3{,}6 \frac{km}{h}$. Die Bahnneigung bei dieser Geschwindigkeit wird durch eine Gerade repräsentiert, die durch den Ursprung und den Punkt $P(166|-2)$ verläuft.

Unterhalb einer Grenzgeschwindigkeit, der sogenannten Abrissgeschwindigkeit, kann das Flugzeug aus physikalischen Gründen nicht mehr fliegen. Oberhalb der zulässigen Maximalgeschwindigkeit darf das Segelflugzeug nicht betrieben werden, da dann die Festigkeit der Konstruktion nicht mehr gewährleistet ist.

Mit Thermik bezeichnet der Segelflieger Aufwinde, die durch Temperaturunterschiede am Boden ausgelöst werden. Diese kann er nutzen, um Höhe zu gewinnen.

Tim will mit der LS 4 einen 5-Stunden-Flug absolvieren, um eine Bedingung für das Leistungszeichen Silber-C zu erfüllen. Nach 4 Stunden 32 Minuten lässt die Thermik so nach, dass er diese nicht mehr nutzen kann. Tim befindet sich in einer Höhe von 1 350 Metern. Nach 4 Stunden 58 Minuten landet er enttäuscht. Er erzählt Ayleen von seinem missglückten Versuch. Sie fragen sich, ob Tim mit zielgerichtetem Verhalten die Aufgabe hätte erfüllen können, wenn berücksichtigt wird, dass Tim für die Landephase, die 2 Minuten dauert, eine Resthöhe von 200 Metern benötigt.

Einige Tage später befindet sich Ayleen mit dem gleichen Flugzeug auf einem längeren Flug an einem windstillen Tag 35 km vom Heimatflugplatz entfernt in einer Höhe von 1 100 Metern über einem anderen Flugplatz. Aufziehende Bewölkung hat die Sonneneinstrahlung abgeschirmt und damit jedwede Thermik unterbunden. Unsicher, ob sie auch ohne Thermik die Strecke nach Hause so zurücklegen kann, dass sie in einer Sicherheitsmindesthöhe von 200 Metern über dem Heimatflugplatz ankommt, entscheidet sie sich für eine Landung auf dem auswärtigen Flugplatz. Tim holt sie mit dem Segelflugzeuganhänger ab. Auf der Heimfahrt sind sich beide einig, dass Ayleens Entscheidung aus Sicherheitsgründen richtig war. Sie fragen sich aber, ob eine sichere Rückkehr unter den gegebenen Umständen möglich gewesen wäre.

Ayleen und Tim führen abends mit anderen Segelfliegern folgendes Gespräch:

Tim: „Hier am Boden kann ich ja wunderbar überlegen. Ich kann mich entspannt an einen Tisch setzen, überlegen, zeichnen, … Während des Flugs haben wir dazu doch gar keine Zeit. Wäre es nicht toll, wenn man das irgendwie rechnen könnte?"

Ayleen: „Was soll das bringen? Dann muss ich ja im Cockpit rechnen. Die Zeit habe ich doch auch nicht!"

Tim: „Wenn man das rechnen kann, dann kann man es auch irgendwie programmieren. Das wäre doch eine gute Idee für eine App."

Ayleen: „Stimmt! So habe ich das noch gar nicht gesehen. Wissen wir, ob die Polaren parabelförmig sind?"

Tim: „Ich denke, im rechten Teil schon, aber links eher nicht."

Ayleen: „In dem Bereich fliegen wir aber auch gar nicht; sollten wir jedenfalls nicht."

1. Aufgabe lesen

Bevor wir anfangen zu rechnen, müssen wir uns zuerst klar werden, welche Probleme gelöst werden müssen. Im Laufe des Textes werden drei Fragestellungen aufgeworfen:

a) Hätte Tim es schaffen können, auch 5 Stunden zu fliegen?

b) Hätte Ayleen noch 35 km in der Luftmasse ohne Strömung fliegen können?

c) Lassen sich die Polare durch eine Parabel modellieren?

2. Gesamtproblem strukturieren

Schon im ersten Schritt haben wir drei Fragestellungen identifiziert und damit die Gesamtsituation strukturiert.

Wir können nun noch klarer machen, nach welchen Elementen in den drei Fragestellungen genau gefragt wird.

Dabei sollten wir auch wesentliche Informationen des Textes beachten, die wir jeweils für die Teilprobleme nutzen können.

3. Mathematische Themen identifizieren

a) Gesucht ist die minimale Sinkgeschwindigkeit und die Zeit, mit der Tim bei dieser in der Luft bleiben kann.

b) Damit Ayleen eine möglichst große Reichweite erzielen kann, muss die Flugneigung minimal sein.

Ausschnitte aus der Problemstellung:

a) „Tim will einen 5-Stunden-Flug absolvieren [. . .]. Nach 4 Stunden 58 Minuten landet er enttäuscht."

b) Ayleen befindet sich „35 km vom Heimatflugplatz entfernt [. . .]". Tim und Ayleen fragen sich, „ob eine sichere Rückkehr unter den gegebenen Umständen möglich gewesen wäre."

c) „Wissen wir, ob die Polare parabelförmig sind?"

a) Hätte Tim nach 4 Stunden und 32 Minuten Flug seine Sinkgeschwindigkeit so steuern können, dass er eine Gesamtflugzeit von 5 Stunden erreicht hätte?

Dabei muss berücksichtigt werden, dass er sich in einer Höhe von 1 350 m befindet und die zweiminütige Landephase in einer Höhe von 200 m beginnen muss.

Eine grundlegende Information ist, dass die Sinkgeschwindigkeit mithilfe der Polare steuerbar ist.

b) Ayleens Aufgabe ist es, in einer Luftmasse ohne Strömungen aus der vorgegebenen Ausgangshöhe von 1 100 m eine möglichst lange Strecke zurückzulegen.

Auch hier ist die Sicherheitshöhe von 200 m vor der Landung zu berücksichtigen.

c) Wenn der „rechte Teil" der Polare als Parabel dargestellt werden kann, müssen wesentliche Punkte der Polare auch durch eine quadratische Funktion abgebildet werden.

In den Polaren ist auf der waagerechten Achse die Fluggeschwindigkeit eingetragen, auf der senkrechten Achse die Sinkgeschwindgkeit. Die minimale Sinkgeschwindigkeit entspricht aufgrund der Skaleneinteilung dem Maximum in den Polaren. Mithilfe der abgelesenen Sinkgeschwindigkeit kann die maximal mögliche Zeit für den Sinkflug berechnet werden.

Die Flugneigung bei einer bestimmten Geschwindigkeit erhält man als Ursprungsgerade durch den zu der Geschwindigkeit gehörenden Punkt auf den Polaren. Gesucht ist somit die Gerade mit der betragsmäßig geringsten Steigung.

c) Sollen die Polare im relevanten Geschwindigkeitsbereich durch eine Parabel angenähert werden, können wir diese mithilfe der allgemeinen Gleichung für eine quadratische Funktion beschreiben. Um diese Gleichung aufzustellen, benötigen wir drei Punkte des Graphen. Das Gleichungssystem können wir dann mithilfe des Gauß'schen Algorithmus lösen.

Die Ergebnisse aus den Teilen a) und b) können wir nach Bestimmung der Funktionsgleichung mithilfe der Differenzialrechnung verifizieren.

4. Aufgabenteile lösen

a) Wir lesen zunächst das Maximum der in der Polare dargestellten Kurve ab: Die minimale Sinkgeschwindigkeit beträgt ca. 0,6 $\frac{m}{s}$.

Tim befindet sich in einer Höhe von 1 350 m. Er braucht in der Landephase eine Höhe von 200 m. Wir berechnen also die Zeit, die Tim benötigt, um mit 0,6 $\frac{m}{s}$ 1 150 m zu sinken.

Da für die letzten 200 m in der Landephase 2 Minuten erforderlich sind, erhalten wir als mögliche Gesamtflugdauer ca. 34 Minuten.

Tim hätte also nach 5 Stunden 6 Minuten landen können.

b) Um die Flugneigung bestimmen zu können, erweitern wir das Diagramm bis zum Koordinatenursprung. Dann können wir eine Ursprungsgerade einzeichnen. Die Gerade mit der betragsmäßig kleinsten Steigung ist diejenige, die die Polare „so weit oben" wie möglich berührt, also die Tangente an die Kurve.

Wir lesen die zugehörigen Werte ab: Das beste Gleiten wird bei einer Geschwindigkeit von ca. 100 $\frac{km}{h}$ mit einer Sinkgeschwindigkeit von ca. 0,68 $\frac{m}{s}$ erzielt.

Nun bestimmten wir das Verhältnis von geflogener Strecke zu verlorener Höhe. Bei der bestimmten Neigung fliegt Ayleen pro Meter verlorener Höhe eine horizontale Strecke von 40 m.

Mit einer Arbeitshöhe von 900 m lässt sich damit eine Strecke von 36 km zurücklegen. Eine Rückkehr wäre also möglich gewesen.

Ansatz:

$$w_s(v) = av^2 + bv + c$$

▶ Die Werte für die Variable sind die Fluggeschwindigkeiten v.
Die Funktionswerte sind die zugehörigen Sinkgeschwindigkeiten w_s.

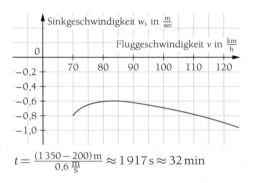

$$t = \frac{(1\,350 - 200)\,m}{0{,}6\,\frac{m}{s}} \approx 1\,917\,s \approx 32\,min$$

$$t_{ges} = 32\,min + 2\,min = 34\,min$$

$$\Rightarrow 4\,h\ 32\,min + 34\,min = 5\,h\ 6\,min$$

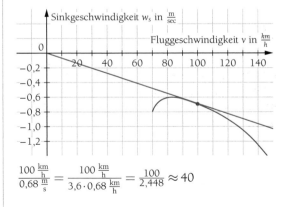

$$\frac{100\,\frac{km}{h}}{0{,}68\,\frac{m}{s}} = \frac{100\,\frac{km}{h}}{3{,}6 \cdot 0{,}68\,\frac{km}{h}} = \frac{100}{2{,}448} \approx 40$$

$$1\,100\,m - 200\,m = 900\,m$$
$$900\,m \cdot 40 = 36\,000\,m = 36\,km$$

c) Die Polare soll im relevanten Geschwindigkeitsbereich durch eine Parabel approximiert werden. Zur Bestimmung der Funktionsgleichung wählen wir drei Punkte der Polare und setzen deren Koordinaten in die allgemeine Funktionsgleichung einer quadratischen Funktion ein. Die Funktionswerte von w_s geben wir zur Vermeidung von Rundungsfehlern in $\frac{km}{h}$ an.

Damit erhalten wir drei Bedingungsgleichungen und ein lineares Gleichungssystem, das wir mithilfe des Gauß'schen Algorithmus in Dreiecksform bringen und lösen.

Es ergibt sich näherungsweise:
$$w_s(v) = -0{,}000716\,v^2 + 0{,}117506\,v - 6{,}97491$$
Diese Funktionsgleichung könnte z. B. bei der Entwicklung einer App genutzt werden.

5. Ergebnisse reflektieren

Die Ergebnisse in den Aufgabenteilen a) und b) haben gezeigt, dass Tim seine Aufgabe bzw. Ayleen den Heimflug geschafft hätten. Ein gewisser Unsicherheitsfaktor liegt aber aufgrund der rein graphischen Lösung vor. Bei Tim wäre dieser aufgrund des recht flachen Maximums der Polare nicht so groß gewesen. In beiden Fällen hätten aber unerwartet hinzukommende thermische Effekte die Berechnungen in Frage gestellt.

Inwieweit die oben ermittelte Funktionsgleichung tatsächlich geeignet ist, die Polare zu modellieren, können wir z. B. prüfen, indem wir die mithilfe des Graphen ermittelten Lösungen zu a) und b) rechnerisch bestätigen:

Wir bestimmen mithilfe der Differenzialrechnung den Scheitelpunkt der Kurve, der den abgelesenen Wert bestätigt.

Auch die Tangentengleichung bei Ayleens Flug können wir nun rechnerisch bestimmen.

Im Berührpunkt haben Polare und Tangente sowohl einen gemeinsamen Punkt als auch die gleiche Steigung. Aus diesen beiden Gleichungen können wir die Koordinaten des Berührpunktes B errechnen. Damit erhalten wir als Steigung von t den Wert $m = -42$, dessen Betrag ungefähr der Neigung entspricht, die wir bei b) graphisch ermittelt haben.

v in $\frac{km}{h}$	85	127	166
w_s in $\frac{m}{s}$	$-0{,}6$	-1	-2
w_s in $\frac{km}{h}$	$-2{,}16$	$-3{,}6$	$-7{,}2$

$$w_s(v) = av^2 + bv + c$$

(I) $\quad -2{,}16 = a \cdot 85^2 + b \cdot 85 + c$

(II) $\quad -3{,}6 = a \cdot 127^2 + b \cdot 127 + c$

(III) $\quad -7{,}2 = a \cdot 166^2 + b \cdot 166 + c$

(I) $\quad 7\,225a + 85b + c = -2{,}16 \mid \cdot (-1)$

(II) $\quad 16\,129a + 127b + c = -3{,}6$

(III) $\quad 27\,556a + 166b + c = -7{,}2$

(I) $\quad 7\,225a + 85b + c = -2{,}16$

(IV) $\quad 8\,904a + 42b = -1{,}44 \mid \cdot (-27)$

(V) $\quad 20\,331a + 81b = -5{,}04 \mid \cdot 14$

(I) $\quad 7\,225a + 85b + c = -2{,}16$

(IV) $\quad 8\,904a + 42b = -1{,}44$

(VI) $\quad 44\,226a = -31{,}68$

$$\Rightarrow a \approx -0{,}000716$$

a in (IV): $\quad b \approx 0{,}117506$

$a;b$ in (I): $\quad c \approx -6{,}97491$

$$w_s(v) = -0{,}000716\,v^2 + 0{,}117506\,v - 6{,}97491$$
$$w_s'(v) = -0{,}001432\,v + 0{,}117506$$

$$w_s'(v_E) = 0$$
$$-0{,}001432\,v_E + 0{,}117506 = 0 \Rightarrow v_E \approx 82$$

▸ Wir wissen, dass es nur einen Hochpunkt gibt, daher reicht die „notwendige Bedingung".

$$w_s(82) \approx -2{,}15\,\tfrac{km}{h} \approx -0{,}6\,\tfrac{m}{s}$$

$$t(v) = m \cdot v \qquad \text{▸ Ursprungsgerade}$$

$$w_s(v_b) = t(v_b)$$

(I) $\quad -0{,}000716\,v_b^2 + 0{,}117506\,v_b - 6{,}97491 = m \cdot v_b$

$$w_s'(v_b) = m$$

(II) $\quad -0{,}001432\,v_b + 0{,}117506 = m$

Einsetzen von (II) in (I) liefert:

$v_b \approx 98{,}7 \Rightarrow w_s(v_b) \approx -2{,}35\,\tfrac{km}{h} \Rightarrow B(98{,}7 \mid -2{,}35)$

$m = \frac{98{,}7}{-2{,}35} = -42$

7.2 Aufgaben zur Klausur- und Prüfungsvorbereitung

Analysis

1. Gegeben sind die Funktion f mit $f(x) = -0,5x^2 + 1,5x + 5$ und die Funktion g mit $g(x) = 0,25x^2 - 1$.

a) Bestimmen Sie die Scheitelpunkte auf zwei Arten:
mithilfe der quadratischen Ergänzung und mit Mitteln der Differenzialrechnung.

b) Bestimmen Sie für beide Graphen die Schnittpunkte mit den Koordinatenachsen.

c) Zeichnen Sie die Graphen der beiden Funktionen.

d) Berechnen Sie den Flächeninhalt der Fläche, die von den beiden Graphen umschlossen wird.

e) Ermitteln Sie die Gleichung der Geraden G, die durch die Schnittpunkte der Graphen von f und g geht.

f) Ermitteln Sie, in welchem Verhältnis die Gerade G die in d) berechnete Fläche teilt.

2. Gegeben sind die Funktionen f mit $f(x) = 2x^3 - 7x$ und g mit $g(x) = x$.

a) Skizzieren Sie die Graphen der Funktionen f und g. Berechnen Sie dazu die Nullstellen, die Extrempunkte und den Wendepunkt von f.

b) Bestimmen Sie den Flächeninhalt der Fläche, die von den Graphen der Funktionen f und g vollständig umschlossen wird.

3. Gegeben ist die Funktion f mit $f(x) = -\frac{5}{8}x^3 + 2x$.

a) Bestimmen Sie die Wendestelle von f und den Wendepunkt des Graphen von f.

b) Ermitteln Sie die Funktionsgleichung der Wendetangente.

c) Geben Sie die Gleichung der Geraden G an, die im Ursprung orthogonal zur Wendetangente ist.

d) Bestimmen Sie den Inhalt der Fläche, die von der Geraden G und dem Graphen von f vollständig umschlossen wird.

e) Erläutern Sie, warum die in d) betrachtete Fläche aus zwei kongruenten und daher gleich großen Teilflächen besteht.

4. Gegeben ist die Funktion f mit $f(x) = 0,125x^2(x-4)(x+4)$.

a) Führen Sie eine vollständige Funktionsuntersuchung durch.

b) Zeichnen Sie den Graphen in ein Koordinatensystem.

c) Bestimmen Sie die Gleichung der Tangente im Punkt $P(2\,|\,f(2))$ und zeichnen Sie diese Tangente ein.

d) Berechnen Sie den Flächeninhalt der Fläche, die vom Graphen der Funktion f und der x-Achse eingeschlossen wird.

5. Gegeben ist die Funktion f mit $f(x) = -0,5x^3 - 4,5x^2 - 11,5x - 7,5$.

a) Ermitteln Sie, an welcher Stelle die Funktion ein Maximum und an welcher Stelle sie ein Minimum hat. Entscheiden Sie jeweils begründet, ob es sich um einen lokalen oder einen globalen Extremwert handelt.

b) Bestimmen Sie, in welchem Punkt der Graph am stärksten steigt.

c) Ermitteln Sie die Punkte, in denen der Graph die Steigung 2 hat. Bestimmen Sie die Gleichungen der Tangenten an den Graphen in diesen Punkten.

d) Zeichnen Sie den Graphen der Funktion und die unter c) ermittelten Tangenten.

6. Gegeben ist die Funktion f mit der Gleichung $f(x) = 6x^4 - 6x^2$.

a) Führen Sie eine vollständige Funktionsuntersuchung durch.

b) Zeichnen Sie den Graphen von f.

c) Ermitteln Sie die Gleichung der Tangente an den Graphen von f im Punkt $P(1\,|\,f(1))$.

d) Berechnen Sie die Größe der durch die Tangente und den Graphen von f begrenzten Fläche.

7. Gegeben ist die Funktion f mit $f(x) = a(x-1)(x-2)^2$ und einem beliebigen Leitkoeffizienten a.

a) Begründen Sie anhand des Funktionsterms und auch rechnerisch, dass $x = 2$ unabhängig von a eine Extremstelle der Funktion f ist.

b) Bestimmen Sie einen Wert für a so, dass der Graph der Funktion f durch den Punkt $P(3\,|\,4)$ verläuft.

c) Zeichnen Sie die Funktion f für $a = 2$. Skizzieren Sie den Graphen einer Stammfunktion von f.

d) Gegeben ist außerdem die Funktion g mit $g(x) = 4x - 8$. Berechnen Sie den Flächeninhalt der Fläche, die durch den Graphen von f mit $f(x) = 2(x-1)(x-2)^2$ und den Graphen von g begrenzt wird.

8. Der Graph einer ganzrationalen Funktion 4. Grades ist symmetrisch zur y-Achse und schneidet die y-Achse bei 2,5. $W(1\,|\,0)$ ist ein Wendepunkt des Graphen.

a) Bestimmen Sie aus den Angaben die Funktionsgleichung von f (zur Kontrolle: $f(x) = 0{,}5x^4 - 3x^2 + 2{,}5$).

b) Bestimmen Sie die Achsenschnittpunkte, Extrempunkte, Wendepunkte und zeichnen Sie den Graphen der Funktion f.

c) Die Normalparabel wird an den Scheitelpunkt $S(0\,|\,-1)$ verschoben. Zeichnen Sie die verschobene Parabel in das bereits vorhandene Koordinatensystem und bestimmen Sie den Inhalt der Fläche, die von den beiden Graphen eingeschlossen wird.

d) Im I. Quadranten des Koordinatensystems soll ein Rechteck mit maximalem Flächeninhalt so eingezeichnet werden, dass ein Eckpunkt auf dem Graphen der Funktion, eine Seite auf der x-Achse und eine andere auf der y-Achse liegt.
Bestimmen Sie, wie die Maße des Rechtecks zu wählen sind, damit diese Bedingung erfüllt wird.

e) Berechnen Sie die Fläche zwischen dem Graphen von f und der x-Achse über dem Intervall $[0; 1]$. Berechnen Sie, welchen Anteil das in d) bestimmte Rechteck von der hier berechneten Fläche abdeckt (in %).

9. Der Graph einer ganzrationalen Funktion 4. Grades ist symmetrisch zur y-Achse und schneidet an der Stelle $x = 3$ die x-Achse. Im Punkt $P(1\,|\,4)$ hat die Tangente die Steigung 3.
Außerdem ist die Funktion g mit $g(x) = -0{,}5x^2 + 4{,}5$ gegeben.

a) Ermitteln Sie die Funktionsgleichung von f (zur Kontrolle: $f(x) = -0{,}25x^4 + 2x^2 + 2{,}25$).

b) Untersuchen Sie den Graphen der Funktion f auf Achsenschnittpunkte, Extrempunkte und Wendepunkte.

c) Zeichnen Sie den Graphen der Funktionen f und g.

d) Ermitteln Sie den Inhalt der von den Graphen der Funktionen eingeschlossenen Flächen.

10. Zu einer Funktion f mit dem Grad 3 ist gegeben: $f''(x) = 0{,}75x - 1{,}5$.
Der Graph besitzt den Sattelpunkt $W(2\,|\,2)$.

a) Bestimmen Sie die Funktionsgleichung von f (zur Kontrolle: $f(x) = 0{,}125x^3 - 0{,}75x^2 + 1{,}5x + 1$).

b) Zeichnen Sie den Graphen von f mithilfe einer Wertetabelle.

c) Der Graph einer linearen Funktion g hat die Steigung 1,5 und schneidet die y-Achse bei -3. Bestimmen Sie die Funktionsgleichung von g und zeichnen Sie den Graphen von g in das Koordinatensystem.

d) Ermitteln Sie den Flächeninhalt der von den beiden Funktionsgraphen vollständig umschlossenen Fläche.

e) Berechnen Sie den maximalen senkrechten Abstand der Graphen von f und g im Intervall $[-2; 4]$.

11. Gegeben ist der Graph der Funktion f.

a) Übertragen Sie den Graphen in Ihr Heft und bestimmen Sie zeichnerisch eine Stammfunktion von f. Erläutern Sie Ihre Lösung.

b) Eine mögliche Stammfunktion F hat die Funktionsgleichung
$$F(x) = 0{,}125x^4 - 1{,}5x^3 + 6x^2 - 8x + 6.$$
Ermitteln Sie die Extrem- und Wendepunkte des Graphen von F und erläutern Sie den Zusammenhang zwischen f und F.

c) Zeichnen Sie den Graphen von f'.

d) Berechnen Sie den Inhalt der Fläche, die durch die Graphen der Funktionen f und f' begrenzt wird.

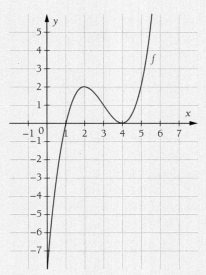

12. Am Eröffnungstag einer Messe wird ein unerwartet hoher Andrang verzeichnet. Damit alle Beteiligten für den zweiten Tag besser gewappnet sind, soll am Abend des ersten Tages eine Analyse der Besucherzahlen vorgenommen werden. Dafür stehen folgende Informationen zur Verfügung:

- Die Messe öffnete pünktlich um 9:00 Uhr.
- Der Andrang war zunächst sehr dürftig, der Besucheranstieg war also zum Zeitpunkt der Öffnung gleich 0.
- Um 11:00 Uhr hatten 11 200 Besucher die Eingangsschleusen passiert. Zu dieser Zeit hatte noch niemand die Halle verlassen.
- Obwohl die Messe eigentlich um 17:30 Uhr schließt, verließ sie der letzte Besucher erst um 18:00 Uhr.
- Der Verlauf der Besucherzahlen kann durch eine ganzrationale Funktion 3. Grades angemessen beschrieben werden.

Die Messeleitung muss nun folgende Fragen klären:

a) Die Feuerwehr will wissen, wie viele Besucher maximal gleichzeitig in der Halle waren und zu welchem Zeitpunkt diese Maximalzahl auftrat.

b) Der Sicherheitsdienst möchte wissen, wie viele Besucher zum eigentlichen Messeende um 17:30 Uhr noch in der Halle waren.

c) Für das Cateringunternehmen ist die Information wichtig, in welchem Zeitraum mehr als 30 000 Besucher in der Halle waren, weil in dieser Zeit zusätzliche Hilfskräfte eingesetzt werden müssen.

d) Die Messeleitung interessiert sich außerdem für den Zeitpunkt, an dem der Andrang am Eingang am größten war, die Änderung der Besucherzahl also ihren Maximalwert hatte. Dann sollen am nächsten Tag zusätzliche Eingangsschleusen geöffnet werden.

13. Tim arbeitet in einem Krankenhaus. Er erzählt seiner Freundin Michelle: „Wenn Du den Weg zum Krankenhaus nimmst, siehst Du ein Rasenstück, das maximal 6 m breit ist. Insgesamt sind beide an das Krankenhaus grenzenden Grünflächen ungefähr 80 m² groß."

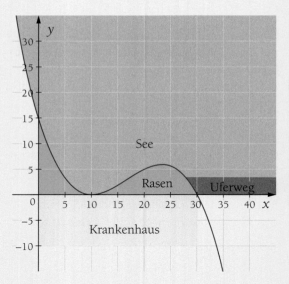

Überprüfen Sie Tims Aussagen, indem Sie

a) aus der Skizze Daten entnehmen, um die Gleichung der Funktion f zu bestimmen, deren Graph dem Verlauf des Ufers entspricht,

b) eine Funktion 3. Grades zugrunde legen und die Funktionsgleichung aufstellen (zur Kontrolle: $f(x) = -0,005x^3 + 0,25x^2 - 3,5x + 15$),

c) lokale und globale Maxima rechnerisch bestimmen und mit Tims Aussage in Verbindung setzen und schließlich

d) den Inhalt der Rasenflächen ausrechnen.

14. Der Zu- und Ablauf eines Abwasserauffangbeckens lässt sich für $t \in [0; 12]$ annähernd durch eine ganzrationale Funktion 3. Grades beschreiben. Zum Zeitpunkt $t = 0$ enthält das Becken 300 m³ Wasser. Nach 12 Stunden ist es leer. Nach 4 Stunden hat der Wasserstand seinen höchsten Wert erreicht. Er liegt bei 500 m³.

a) Geben Sie die Funktionsgleichung an.

b) Bestimmen Sie die Wassermenge, die sich nach 6 Stunden im Becken befindet.

15. Die Gesamtkosten der Firma Primasave für die Produktion von Festplatten lassen sich durch eine ganzrationale Funktion K mit $K(x) = 1,5x^3 - 12,6x^2 + 40x + 38,4$ beschreiben.

a) Prüfen Sie durch Rechnung, ob der Graph der Kostenfunktion K Extrempunkte besitzt.

b) Bestimmen Sie durch Rechnung den Wendepunkt von K.
   Zeichnen Sie den Graphen von K und markieren Sie den Wendepunkt.
   Erläutern Sie seine Bedeutung im Hinblick auf den Kostenanstieg.

c) Die Erlöse aus dem Verkauf der Festplatten lassen sich durch die Funktion E mit der Gleichung $E(x) = 40x$ beschreiben. Zeichnen Sie den Graphen von E in die Abbildung ein.

d) Geben Sie eine Funktion G an, mit deren Hilfe Sie den Gewinn der Firma bei der Produktion von Festplatten bestimmen können (zur Kontrolle: $G(x) = -1,5x^3 - 12,6x^2 - 38,4$). ▸ $G(x) = E(x) - K(x)$
   Bestimmen Sie, ab welcher Menge ein Gewinn erzielt wird.

e) Bestimmen Sie durch Rechnung die Produktionsmenge, für die der Gewinn maximal wird, und berechnen Sie auch den maximalen Gewinn.

f) Zeichnen Sie den Graphen der Gewinnfunktion in die Abbildung ein.

g) Der Mittelwert $\overline{m}$ einer Funktion f in einem Intervall $[a; b]$ kann mithilfe folgender Gleichung bestimmt werden: $\overline{m} \cdot (b - a) = \int_a^b f(x)dx$.

Bestimmen Sie mithilfe dieser Gleichung den Mittelwert der Kostenfunktion im Intervall $[2; 8]$ und erläutern Sie die Bedeutung von $\overline{m}$ im Hinblick auf die vorliegende Situation.

h) Kennzeichnen Sie in der Zeichnung mit verschiedenen Farben die Flächenstücke, die durch die linke bzw. rechte Seite der Gleichung aus Aufgabenteil g) repräsentiert werden.

16. Es soll eine Hochspannungsleitung über eine Schlucht zwischen den Masten A und B gelegt werden. A ist 120 m von B in waagerechter Richtung entfernt und liegt 40 m höher. Der Verlauf der Leitung kann näherungsweise durch eine quadratische Funktion beschrieben werden. Der tiefste Punkt der Leitung ist in waagerechter Richtung 30 m von B entfernt.

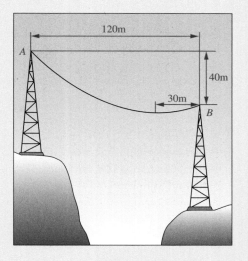

a) Wählen Sie ein geeignetes Koordinatensystem, um das Problem darzustellen.

b) Bestimmen Sie eine Funktionsgleichung, die den Verlauf der Leitung beschreibt.

c) Bestimmen Sie den größten Abstand zwischen dem Durchhang und der Geraden durch A und B.

17. Aus statistischen Untersuchungen bezüglich einer Infektionskrankheit innerhalb der Bevölkerung ergab sich, dass der Krankenstand in Prozent durch folgende Funktion f annähernd dargestellt werden kann: f mit $f(x) = -\frac{1}{400}(x^3 - 30x^2)$, wobei x die Anzahl der Tage nach dem Auftreten der ersten Erkrankten angibt.

a) Geben Sie einen sinnvollen Definitionsbereich an.

b) Ermitteln Sie, nach wie vielen Tagen der maximale Krankenstand erreicht ist. Geben Sie den Krankenstand in Prozent an.

c) Ermitteln Sie, an welchem Tag der Krankenstand maximal steigt.

18. In einem 100 m langen Tunnel mit parabelförmiger Wölbung sollen Ventilatoren angebracht werden, welche die Belüftung des Tunnels gewährleisten. Ein Ventilator ist in der Lage, pro Stunde 1 000 Kubikmeter Luft auszutauschen. Bestimmen Sie, wie viele Ventilatoren nötig sind, damit jede Stunde ein kompletter Luftaustausch stattfinden kann.

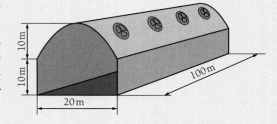

19. Auf einem Firmengelände sind mehrere Standorte durch eine geradlinig verlaufende Schiene verbunden. Die Geschwindigkeit des Schienenfahrzeugs wird über ein Messgerät festgestellt (in Meter pro Minute) und in Abhängigkeit von der vergangenen Zeit t (in Minuten) in ein Koordinatensystem eingetragen. Fährt das Fahrzeug rückwärts, wird dabei die Geschwindigkeit mit einem negativen Vorzeichen versehen. Die Geschwindigkeit v kann durch die Funktion v mit $v(t) = -\frac{5}{12}t^4 + \frac{15}{2}t^3 - \frac{130}{3}t^2 + 80t$ in Abhängigkeit der Zeit t beschrieben werden.

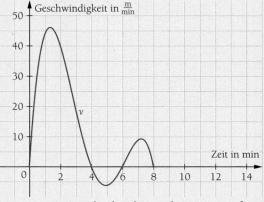

Bestimmen Sie, welchen Weg das Fahrzeug nach 8 Minuten insgesamt zurückgelegt hat und wie weit entfernt es zu diesem Zeitpunkt vom Startpunkt A ist.

20. Der Bildschirm eines Oszilloskops ist so eingestellt, dass der Breite von 10 Kästchen eine Zeit von 0,1 Sekunden entspricht. Die Spannung in y-Richtung geht von -16 Volt bis $+16$ Volt.

Die Kurve, die sich am linken Bildrand in der Nulllage befindet, stellt die Spannung dar. Die zweite Kurve beschreibt die Stromstärke. Diese wird indirekt über den Spannungsabfall an einem 100-Ω-Widerstand gemessen. Ermitteln Sie Funktionsgleichungen für die zeitlichen Verläufe von Spannung und Stromstärke.

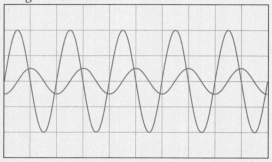

21. Ein mit Diesel betriebenes landwirtschaftliches Kombifahrzeug, dessen Kraftstoffkosten pro Stunde durch die Funktion K mit $K(v) = 0,00002 \cdot v^2 + 6$ beschrieben werden, muss zur Auslieferung von Getreide eine 120 km lange Strecke zurücklegen. Die Höchstgeschwindigkeit des Fahrzeugs liegt bei $80 \frac{\text{km}}{\text{h}}$.

a) Bestimmen Sie, mit welcher Geschwindigkeit das Fahrzeug am kostengünstigsten fahren würde.

b) Ermitteln Sie für diese Geschwindigkeit die zugehörigen Spritkosten für die 120 km lange Strecke.

22. Eine Sammellinse der Brennweite b erzeugt von einer Kerze in der Gegenstandsweite x ein Bild auf einem Schirm in der Bildweite y. Aus der Optik ist das folgende Gesetz unter der Bezeichnung „Linsengleichung" bekannt:

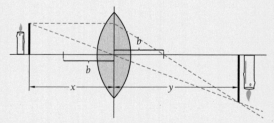

$$\frac{1}{x} + \frac{1}{y} = \frac{1}{b}$$

a) Geben Sie eine Funktionsgleichung an, die den funktionalen Zusammenhang zwischen der Gegenstandsweite x und der Bildweite y bei einer Linse mit einer Brennweite von 5 cm beschreibt.

b) Geben Sie den Definitionsbereich der Funktion an.

c) Zeichnen Sie den Graphen der Funktion mithilfe einer Wertetabelle. Überprüfen Sie Ihre Ergebnisse aus b).

23. Eine Kanne mit Kaffee wird frisch zubereitet (Temperatur 90 °C). In einer 20 °C warmen Wohnung kühlt sich der Kaffee pro Minute um 6 % der Differenz zwischen der eigenen Temperatur und der konstanten Raumtemperatur ab.

a) Geben Sie das Bildungsgesetz der zugehörigen Folge an.

b) Geben Sie eine obere und eine untere Schranke der Folge an.

c) Berechnen Sie die Temperatur des Kaffees für die ersten fünf Minuten.

24. Nach einer Lebensmittelvergiftung wird Dominique in ein Krankenhaus gebracht. Die Eltern erfahren aus dem Internet, dass sich der Verlauf der Krankheit durch die Funktion f mit $f(t) = 2\,t \cdot e^{-0,2\,t} + 38$ beschreiben lässt (t Zeitraum in Tagen, $f(t)$ Höhe des Fiebers).

a) Bestimmen Sie, wie hoch das Fieber nach 10 Tagen ist.

b) Untersuchen Sie, ob Dominique nach 14 Tagen noch Fieber hat.

c) Ermitteln Sie, in welchem Zeitraum das Fieber steigt bzw. fällt.

25. Der Abbau von Jod lässt sich durch die Funktion J mit $J(t) = a \cdot e^{-kt}$; $k > 0$ beschreiben.
Zu Beginn einer wissenschaftlichen Untersuchung in einer Klinik sind 50 mg Jod-131 im Körper eines Probanden vorhanden.
Nach zwei Tagen sind nur noch 44 mg vorhanden.

a) Zeigen Sie, dass sich der untersuchte Sachverhalt annähernd durch die Funktion J mit $J(t) = 50 \cdot e^{-0,06\,t}$ beschreiben lässt.

b) Ermitteln Sie, wie viel Jod nach 10 Tagen noch vorhanden ist.

c) Berechnen Sie die Halbwertzeit von Jod.
Hinweis: Halbwertzeit bedeutet, dass die Hälfte der Ursprungsmenge abgebaut worden ist.

26. In der Nuklearmedizin werden Bleiplatten benutzt, um Röntgenstrahlen abzuschwächen. Bei einer Strahlungsintensität von 100 % nimmt die Strahlung durch eine 1 mm dicke Platte um ca. 5 % ab.

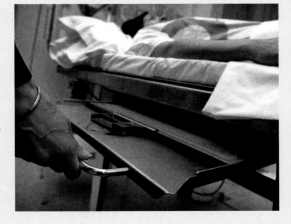

a) Geben Sie eine Funktion zur Basis e an, die diesen Sachverhalt modelliert.
(Zur Kontrolle: $f(x) = 100 \cdot e^{-0,0513x}$)

b) Ermitteln Sie, wie viel Prozent der Anfangsstrahlung nach Verwendung einer 3 mm dicken Platte noch vorhanden sind.

c) Bestimmen Sie, wie dick eine Bleiplatte sein muss, damit sich die Strahlungsintensität auf die Hälfte der Anfangsstrahlung reduziert.

27. Elektrische Energie wird in einem Wasserboiler in Wärmeenergie umgewandelt.
Bei einem Boiler wurde folgendes Verhalten beobachtet:

- In den ersten 3 Minuten arbeitete der Boiler mit seiner maximalen Leistung von 4 000 Watt (Joule/s).
- Anschließend sank die Leistung innerhalb einer Minute exponentiell auf 1 400 Watt, danach schaltete sich das Gerät ab.
- Nach einer Minute schaltete sich der Boiler erneut ein, seine Leistung stieg innerhalb von 30 Sekunden exponentiell auf 2 000 Watt an. Diese Leistung wurde dann 4 Minuten konstant gehalten.

a) Skizzieren Sie den Verlauf der Leistung in Abhängigkeit der Zeit.

b) Bestimmen Sie den Energieverbrauch des Boilers in Kilojoule.
Verwenden Sie die Ansätze $f(t) = a \cdot e^{-\alpha t}$ für $3 \leq t \leq 4$ und $g(t) = c - b \cdot e^{-t}$ für $5 \leq t \leq 5,5$.

Lineare Algebra und analytische Geometrie

28. Die Stadt Essen plant unter dem Boden zweier ebener Grundstücke geradlinige Leitungen zu verlegen. Die eine Leitung soll vom Punkt $A(-1\,|\,2\,|\,-4)$ zum Punkt $B(2\,|\,4\,|\,-4)$, die andere vom Punkt $C(10\,|\,12\,|\,-1)$ zum Punkt $D(14\,|\,16\,|\,-4)$ führen.
Entscheiden Sie, ob die Planung realistisch ist, wenn sich die beiden Leitungen nicht kreuzen dürfen.

29. In einem Computerprogramm werden zur optimalen Aufstellung von Bildern in einer Galerie verschiedene Aufstellungsmöglichkeiten erprobt.
In der Zeichnung ist die mögliche Position eines Bildes dargestellt und mit einem Koordinatensystem versehen.
Der Mittelpunkt M der oberen Leinwandkante liegt auf der z-Achse.
Die Punkte A, B und M haben folgende Koordinaten:
$A(30\,|\,0\,|\,0)$, $B(0\,|\,30\,|\,0)$ und $M(0\,|\,0\,|\,100)$.

a) Berechnen Sie die Koordinaten der Punkte D und C.

b) Bestimmen Sie eine Gleichung der Ebene E, die durch die Leinwand bestimmt wird.

c) Zur Beleuchtung der Leinwand wird eine Lichtquelle verwendet, die auf einer Schiene entlang der Geraden
$$g: \vec{x} = \begin{pmatrix} 120 \\ -30 \\ -200 \end{pmatrix} + r \cdot \begin{pmatrix} 195 \\ -105 \\ -509 \end{pmatrix}$$ verläuft. Begründen Sie, dass der Schnittpunkt der Geraden g und der Ebene E nicht auf der Leinwand liegt.

30. Ein Zelt hat die Form einer geraden quadratischen Pyramide. Die Grundfläche mit den Eckpunkten A, B, C und D besitzt einen Flächeninhalt von $16\,\text{m}^2$, die Höhe mit der Spitze S beträgt $4\,\text{m}$.

a) Zeichnen Sie das Zelt in ein räumliches Koordinatensystem. Legen Sie dabei den Punkt D in den Ursprung und die Punkte A, B, C und S so, dass keine negativen Koordinaten auftreten.

b) Bestimmen Sie die Länge der Seitenkanten.

c) Ermitteln Sie, um wie viel Prozent sich das Volumen dieses Zeltes von dem Volumen eines gleich geformten Zeltes mit gleich langen Seitenkanten, aber maximalem Volumen unterscheidet.

31. Sie sind beim Entwurf eines Nurdachhauses mit rechteckiger Grundfläche mitbeteiligt. Am Boden soll es eine Breite (Strecke $\overline{AD}$) von $12\,\text{m}$ und eine Tiefe (Strecke $\overline{AB}$) von $8\,\text{m}$ haben. Die Oberkante des Daches (Punkte E und F) soll eine Länge von $6\,\text{m}$ haben und das Haus insgesamt eine Höhe von $5\,\text{m}$. Sie legen dem Haus ein Koordinatensystem zugrunde, bei dem der Punkt A im Ursprung, der Punkt B auf der x-Achse und der Punkt D auf der y-Achse liegt.

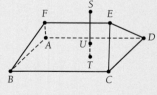

▶ Skizze nicht maßstabsgetreu

a) Bestimmen Sie aus den Angaben mit einer kurzen Begründung die Punkte A bis F.

b) Begründen Sie kurz, dass die Gleichung $P: \vec{x} = \begin{pmatrix} 8 \\ 0 \\ 0 \end{pmatrix} + m \cdot \begin{pmatrix} -4 \\ 3 \\ 5 \end{pmatrix} + n \cdot \begin{pmatrix} 0 \\ 12 \\ 0 \end{pmatrix}$ eine mögliche Gleichung für die Seitenfläche P des Daches ist (Ebene $BCEF$).

c) Drei Meter von den Kanten BC und CD entfernt soll ein Kaminofen gebaut werden (Punkt T). Berechnen Sie den Durchstoßpunkt U des Schornsteins durch die Dachfläche.

d) Fertigen Sie eine maßstäbliche Skizze an.

32. In Dubai soll für ein Touristenzentrum als Landmarke eine dreiseitige Pyramide gebaut werden. Der Architekt hat folgende Koordinaten vorgegeben: für die Grundfläche $A(0|0|0)$, $B(60|35|0)$, $C(0|70|0)$ und für die Spitze $D(20|35|50)$.

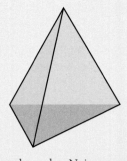

a) Zeichnen Sie die Pyramide in ein geeignetes Koordinatensystem.

b) Berechnen Sie die Längen der Kanten $\overline{AD}$ und $\overline{AB}$.
Begründen Sie damit, dass es sich nicht um ein Tetraeder handelt.

c) Bestimmen Sie die Größe der Winkel, die der Vektor $\overrightarrow{AD}$ mit den Koordinatenachsen bildet.

d) Begründen Sie, warum die Kante $\overline{BD}$ parallel zur x-z-Ebene liegt. Daher kann man dann den Neigungswinkel der Kante $\overline{BD}$ gegenüber der x-y-Ebene über den Winkel, den der Vektor $\overrightarrow{BD}$ mit der z-Achse bildet, berechnen. Berechnen Sie diesen Neigungswinkel.

e) Die Sonne scheint aus Richtung $\vec{u} = \begin{pmatrix} 10 \\ 4 \\ -5 \end{pmatrix}$. Zeigen Sie durch Berechnung, dass $S(120|75|0)$ der Schattenpunkt ist, den die Spitze in der x-y-Ebene wirft. Zeichnen Sie diesen Punkt ein.

33. Die Punkte $A(2|3|1)$, $B(1|3|1)$ und $C(1|2|1)$ bilden ein Dreieck ABC.

a) Zeigen Sie rechnerisch, dass das Dreieck ABC rechtwinklig und gleichschenklig ist.

b) Ein Punkt D soll so ergänzt werden, dass aus dem Dreieck ABC ein Quadrat $ABCD$ entsteht. Berechnen Sie die Koordinaten des Punktes D.

c) Zeigen Sie, dass sich die Diagonalen des Quadrats $ABCD$ im Punkt $P(1,5|2,5|1)$ schneiden.

d) Das Quadrat $ABCD$ bildet mit dem Punkt $S(1,5|2,5|4)$ eine senkrechte Pyramide.
Berechnen Sie das Volumen der Pyramide.

e) Bestimmen Sie die Gleichung der Geraden g_1 durch die Punkte B und S sowie der Geraden g_2 durch die Punkte C und S.

f) Überprüfen Sie für beide Geraden, ob der Punkt $Q(2|2|4)$ auf der Geraden liegt.

g) Untersuchen Sie die Lagebeziehung der Geraden g_1 mit der x-y-Ebene.

34. In einem dreidimensionalen Koordinatensystem bilden die Punkte $ABCDEFGH$ einen Quader mit folgenden Koordinaten: $A(6|0|0)$, $B(6|6|0)$, $C(0|6|0)$, $E(6|0|4)$.

a) Geben Sie die Koordinaten der fehlenden Eckpunkte D, F, G und H an.

b) Drücken Sie $\overrightarrow{AE}$ mithilfe des Kreuzprodukts der beiden Vektoren $\overrightarrow{AB}$ und $\overrightarrow{BC}$ aus. Skalieren Sie das Kreuzprodukt bei Bedarf auf die richtige Länge. Achten Sie auch auf das Vorzeichen des Vektors.

c) Der Quader bildet das Erdgeschoss eines Hauses, auf das ein nicht symmetrisches Walmdach gesetzt wird.
Vom Punkt E aus bildet sich die Kante zum Punkt I entlang des Vektors $\vec{u} = \begin{pmatrix} -1 \\ 2 \\ 1,5 \end{pmatrix}$ und vom Punkt F bildet sich die Kante zu I entlang des Vektors $\vec{v} = \begin{pmatrix} -2 \\ -2 \\ 3 \end{pmatrix}$.
Berechnen Sie die Koordinaten des Punkts I.

d) Ermitteln Sie die Größe der Innenwinkel des Dreiecks EFI.

e) Nachmittags fallen die Sonnenstrahlen entlang des Vektors $\vec{s} = \begin{pmatrix} -1 \\ 3 \\ -2 \end{pmatrix}$ auf das Haus. Ermitteln Sie den Schattenpunkt des Punkts F in der x-y-Ebene.

f) Verdeutlichen Sie die Situation mit einer Zeichnung in einem dreidimensionalen Koordinatensystem.

Stochastik

35. Das folgende Baumdiagramm zeigt Ergebnisse einer Umfrage unter Schülerinnen und Schülern zum Thema „fleischloser Tag in der Mensa" an einem Berufskolleg.

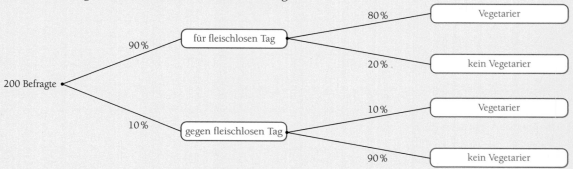

Überprüfen Sie die folgenden Aussagen durch Rechnung.

a) 180 Befragte sind für den fleischlosen Tag in der Mensa.

b) 10 Befragte sind gegen den fleischlosen Tag in der Mensa.

c) 90 % der Befragten sind Vegetarier.

d) 90 % der Befragten sind gegen den fleischlosen Tag und sind keine Vegetarier.

e) Von den Befragten, die sich für den fleischlosen Tag aussprechen, sind 30 keine Vegetarier.

f) 20 % der Befragten sind gegen den fleischlosen Tag und sind Vegetarier.

36. Vier Freunde starten mit einer Partie Mensch ärgere Dich nicht. Ziel des Spiels ist es, die eigenen vier Spielfiguren alle ins Ziel zu bringen. Eine Spielfigur darf auf das Spielfeld gesetzt werden, wenn man eine Sechs gewürfelt hat. In einer Runde hat jeder Spieler genau einen Würfelversuch, dann ist der nächste Spieler an der Reihe.

a) Bestimmen Sie die Wahrscheinlichkeiten, dass in der ersten Runde kein Spieler, ein Spieler, zwei Spieler, drei Spieler bzw. alle Spieler ihre erste Figur auf das Spielfeld setzen dürfen.

b) Geben Sie die Wahrscheinlichkeitsverteilung für die Zufallsvariable X: *Anzahl der in der ersten Runde ins Spiel gebrachten Spielfiguren* sowohl in einer Tabelle als auch in einem Histogramm an.

c) Bestimmen Sie den Erwartungswert für die Zufallsvariable X.

d) Begründen Sie, ob sich im Laufe einer Partie der Erwartungswert für die Anzahl der pro Runde neu ins Spiel kommenden Spielfiguren erhöht, verringert oder gleich bleibt.

37. Wählen Sie für die folgenden Aufgaben zunächst ein geeignetes Urnenmodell.
Berechnen Sie die Anzahl der Möglichkeiten und bestimmen Sie die gesuchten Wahrscheinlichkeiten.

a) Aus einer Urne mit den Buchstaben E, N, T und S wird viermal ein Buchstabe mit Zurücklegen gezogen. Ermitteln Sie, mit welcher Wahrscheinlichkeit das Wort ENTE gezogen wird.

b) Eine faire Münze wird fünfmal nacheinander geworfen.
Bestimmen Sie die Wahrscheinlichkeit, dass genau einmal Zahl fällt.

c) Ein Multiple-Choice-Test enthält neun Fragen mit je vier Antwortmöglichkeiten. Nur eine Antwort ist richtig. Bestimmen Sie die Wahrscheinlichkeit, dass man ohne Vorkenntnisse die Prüfung besteht, wenn dafür mindestens sechs Fragen richtig beantwortet werden müssen.

38. Bei einem Glücksspiel werden zwei Würfel geworfen. Bei einem Pasch erhält der Spieler die Augensumme der beiden Würfel in Euro ausgezahlt. Haben beide Würfel zusammen die Augensumme sieben, dann verliert der Spieler sieben Euro. In den übrigen Fällen wird kein Geld ausgezahlt.

a) Geben Sie die Wahrscheinlichkeitsverteilung der Zufallsvariablen X an, die den Gewinn bzw. Verlust des Spielers beschreibt.

b) Untersuchen Sie, ob es sich um ein faires Spiel handelt.

39. Das Betriebssystem eines Computers benötigt zum Hochfahren zwanzig verschiedene technische Vorgänge, die alle unabhängig voneinander mit der gleichen Wahrscheinlichkeit funktionieren. Fällt ein Vorgang aus, fährt das Betriebssystem nicht richtig hoch und der Computer muss neu gestartet werden. Bestimmen Sie die Wahrscheinlichkeit, mit der jeder Vorgang funktionieren muss, damit das Betriebssystem mit einer Wahrscheinlichkeit von mindestens 95 % richtig hochfährt.

40. Ein Hersteller für Autozubehör stellt Duftbäumchen her. Diese werden in Pakete zu 50 Stück verpackt und an Geschäfte geliefert. Aufgrund von Stichprobentests bei der ersten Produktionscharge wird davon ausgegangen, dass 10 % aller Duftbäumchen Mängel an der Verpackung aufweisen.

a) Bestimmen Sie die Wahrscheinlichkeit, dass in einem Paket mit 50 Duftbäumchen

a_1) sich genau 3 mit Mängeln an der Verpackung befinden,

a_2) das erste entnommene Duftbäumchen eines Pakets keine Mängel an der Verpackung aufweist,

a_3) höchstens 5 Verpackungen mangelhaft sind,

a_4) mindestens 40 Verpackungen frei von Mängeln sind,

a_5) genau 45 Verpackungen frei von Mängeln sind.

Der Hersteller untermauert seine Qualitätsanalyse graphisch mit einem Diagramm der summierten Wahrscheinlichkeiten. Dabei bezeichnet die binomialverteilte Zufallsvariable X die Anzahl der Duftbäumchen mit Mängeln an der Verpackung.

Das nebenstehende Diagramm zeigt die summierten Wahrscheinlichkeiten $P(X \leq k)$ für k mangelhafte Verpackungen von $n = 50$ Duftbäumchen. Für alle k mit $k \geq 14$ beträgt die gerundete summierte Wahrscheinlichkeit 1.

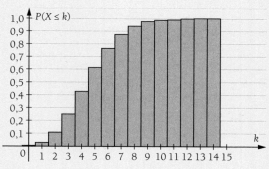

b) Beurteilen Sie anhand des Diagramms folgende Aussagen.

b_1) Die Wahrscheinlichkeit für höchstens 4 mangelhafte Verpackungen in einem Paket beträgt ca. 42 %.

b_2) Die Wahrscheinlichkeit, dass in einem Paket genau 5 Verpackungen mangelhaft sind, beträgt ca. 62 %.

b_3) Die Wahrscheinlichkeit für mehr als 2 und höchstens 7 mangelhaft verpackte Duftbäumchen pro Paket ist ca. 35 %.

b_4) Die Wahrscheinlichkeit, dass mehr als ein Duftbäumchen mangelhaft verpackt ist, beträgt über 90 %.

c) Ein Auszubildender einer belieferten Autowaschanlage möchte sichergehen und überlegt sich, wie viele Duftbäumchen er aus einem Paket entnehmen muss, um mit einer Wahrscheinlichkeit von mehr als 95 % mindestens eines mit mangelhafter Packung zu finden. Helfen Sie ihm.

d) Der Hersteller bietet den Kunden wegen der mangelhaften Verpackungen an, ein Paket nicht in Rechnung zu stellen, wenn von 50 Duftbäumchen mindestens 10 mangelhaft verpackt sind.

Ermitteln Sie die Wahrscheinlichkeit, dass ein verkauftes Paket für den Kunden kostenlos ist. Bestimmen Sie auch den Preis eines Pakets, wenn das Unternehmen im Schnitt 30 € pro Paket erlösen möchte.

41. Das Modehaus „Düsselpalais" vertreibt Bekleidung unter eigenem Markennamen. Es bietet vier verschiedene Paare Schuhe, zehn unterschiedliche Hemden und Pullover in sechs verschiedenen Farbdesigns an.

a) Der Leiter des Modehauses überlegt, wie die einzelnen Textilien im Laden ausgelegt werden können. Untersuchen Sie, wie groß der Unterschied bei den Möglichkeiten ist, wenn man alle Textilien beliebig nebeneinander ausstellt – oder wenn man Textilien einer Kategorie immer nebeneinander auslegt.

Im Schaufenster soll eine Kombination ausgestellt werden: mit einem Paar Schuhe und bis zu zwei Pullovern sowie bis zu drei Hemden. Aus Werbezwecken sollen 15 151 Kombinationen entstehen. Prüfen Sie, ob diese Anzahl der Kombinationen erreicht wird.

Schuhe	Hemden	Pullover
schwarz	weiß	dunkelblau
blau	hellblau	lila
beige	marine	anthrazit
braun	mittelblau	hellgrau
	dunkelblau	orange
	grau	rot-weiß
	anthrazit	
	blau gestreift	
	grau gestreift	
	blau kariert	

b) „Düsselpalais" untersucht das Kaufverhalten und wertet dazu die Statistik des Schuhverkaufs aus. Von besonderem Interesse sind aber die rot-weißen Pullover, da dessen Farben denen des ortsansässigen Fußballclubs entsprechen. Die Daten zeigen, dass 47 % die schwarzen Schuhe kaufen, von denen wiederum jeder Vierte den rot-weißen Pullover als Ergänzung wählt. 24 % wählen die blauen Schuhe, davon 18 % den rot-weißen Pullover. Von den 20 %, die beige Schuhe wählen, ergänzt jeder Dreißigste den rot-weißen Pullover. Vom Rest der Schuhkäufer erwirbt jeder Fünfte zusätzlich den rot-weißen Pullover.

Berechnen Sie den Anteil aller Kunden, die den rot-weißen Pullover gewählt haben. Ermitteln Sie auch den Anteil aller Kunden, die schwarze oder blaue Schuhe, aber keinen rot-weißen Pullover gekauft haben.

c) „Düsselpalais" fertigt auch eine eigene Sonderverpackung für die angebotenen Hemden an. Doch es gibt Schwierigkeiten mit der Verpackungsmaschine: Es werden $\frac{1}{6}$ der Hemden fehlerhaft verpackt.

Berechnen Sie die Wahrscheinlichkeit, dass in einem Paket mit 50 Hemden

c_1) genau 7, $\qquad$ c_2) mehr als 12, $\qquad$ c_3) höchstens 8, $\qquad$ c_4) zwischen 5 und 12

fehlerhafte Verpackungen gefunden werden.

d) Bevor eine neue Verpackungsmaschine angeschafft werden soll, möchte sich die Geschäftsleitung die Auswirkungen der fehlerhaften Verpackungen veranschaulichen.

Das nebenstehende Histogramm zeigt die Verteilung der Zufallsgröße X, die die Anzahl der fehlerhaften Verpackungen von insgesamt 50 Verpackungen zählt $\left(p = \frac{1}{6}\right)$.

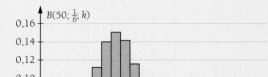
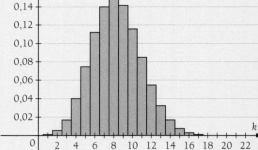

Prüfen Sie mithilfe des Histogramms folgende Aussagen der Qualitätsabteilung auf ihre Richtigkeit:

d_1) Es ist ungefähr gleichwahrscheinlich, dass 5 oder 14 Hemden fehlerhaft verpackt sind.

d_2) Die Wahrscheinlichkeit, genau 12 fehlerhaft verpackte Hemden zu erhalten, ist 4 %.

d_3) Die Wahrscheinlichkeit, zwischen 3 und 6 fehlerhaft verpackte Hemden zu finden, liegt bei 11,5 %.

d_4) Die Wahrscheinlichkeit, dass genau 8 Hemden fehlerhaft verpackt sind, ist die größte von allen auftretenden Wahrscheinlichkeiten und mit ca. 150 % auch größer als 100 %.

d_5) Die Wahrscheinlichkeit, dass weniger als 3 Hemden fehlerhaft verpackt sind, ist größer als 4 %.

d_6) Die Wahrscheinlichkeit, dass genau 18 Hemden fehlerhaft verpackt sind, ist fast null.

d_7) Die Wahrscheinlichkeit, dass mindestens 13 Hemden fehlerhaft verpackt sind, ist kleiner als 9 %.

Lösungen der „Alles klar?"-Aufgaben

Lösungen zu 1.1

Seite 26
Individuelle Lösung

Seite 27
1.

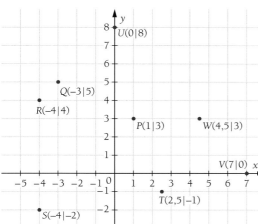

2.

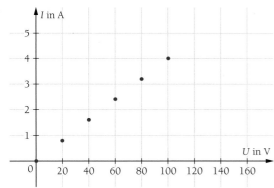

Lösungen zu 1.2

Seite 30

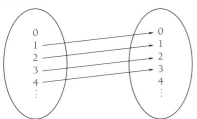

Zuordnung: Einer natürlichen Zahl ihren Vorgänger zuordnen. Die Null hat keinen Vorgänger!

Seite 31

1.
a) ja   b) ja
c) nein (Zuordnung ist bei $x=1$ nicht eindeutig)
d) nein (für $y=16$ existiert kein x-Wert)

2.
a) ja   c) nein   e) nein
b) ja   d) ja   f) nein
Die Graphen von c), e) und f) können nicht zu einer Funktion gehören, da einem x-Wert mehrere y-Werte zugeordnet sind. Damit ist die Zuordnung nicht eindeutig und es handelt sich nicht um den Graphen einer Funktion.

Seite 34

1.
a) $f(-1)=-6$; $f(0)=-5$; $f(3,5)=-1,5$
b) $g(-1)=2$; $g(0)=0$; $g(3,5)=40,25$
c) $h(-1)=15$; $h(0)=15$; $h(3,5)=15$
d) $k(-1)=2$; $k(0)$ ist nicht definiert; $k(3,5)\approx 3,29$

2.
a) $f(x)=x+1$ c) $f(x)=-x+2$
b) $g(x)=x^2$ d) $g(x)=x^2-1$

3. $f(2)=-10+14=4$; P gehört zu f
$f(-1)=19$; Q gehört nicht zu f
$g(2)=14$; P gehört nicht zu g
$g(-1)=5$; Q gehört zu g

4.
a) $D_{f\ max}=\mathbb{R}\setminus\{0\}$
b) $D_{f\ max}=\mathbb{R}\setminus\{3\}$
c) $D_{f\ max}=\mathbb{R}\setminus\{-2;2\}$

5.
a) $f(x)=1$
b) $f(x)=1+0,5x$
c) $f(x)=x^2$
d) $f(x)=-0,1x^3+x$
e) $f(x)=1,5^x$

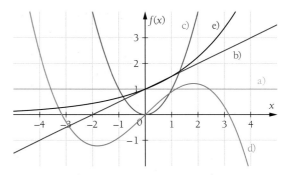

	x	-3	-2	-1	0	1	2	3
a)	$f(x) = 1$	1	1	1	1	1	1	1
b)	$f(x) = 1 + 0.5x$	-0.5	0	0.5	1	1.5	2	2.5
c)	$f(x) = x^2$	9	4	2	0	2	4	9
d)	$f(x) = -0.1x^3 + x$	-0.3	-1.2	-0.9	0	0.9	1.2	0.3
e)	$f(x) = 1.5^x$	0.2963	0.4444	0.6667	1	1.5	2.25	3.375

Lösungen zu 2.1

Seite 41

1.

a) diskrete Zuordnung

b) nicht-diskrete Zuordnung

c) diskrete (nicht eindeutige) Zuordnung.
Daher keine Folge, da es Zahlen gibt,
denen mehrere Teiler zugeordnet werden.

d) diskrete Zuordnung; Folge

e) nicht-diskrete Zuordnung

2.

a) a_0 ist nicht definiert, $a_1 = 1$; $a_2 = \frac{1}{2}$; $a_3 = \frac{1}{3}$;
$a_4 = \frac{1}{4}$; $a_5 = \frac{1}{5}$

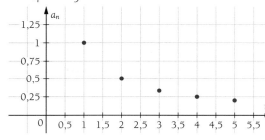

b) $b_0 = 2$; $b_1 = 1.6$; $b_2 = 1.28$; $b_3 = 1.024$; $b_4 = 0.8192$

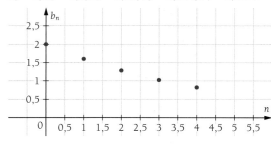

c) $c_0 = 5$; $c_1 = 5.25$; $c_2 = 5.5125$; $c_3 = 5.788125$;
$c_4 = 6.07753125$

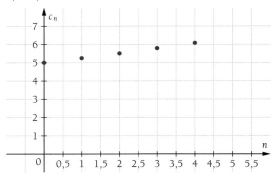

Seite 42

a) $a_0 = 20$; $a_1 = 25$; $a_2 = 30$; $a_3 = 35$; $a_4 = 40$; $a_{10} = 70$

b) $a_0 = 100$; $a_1 = 98$; $a_2 = 96$; $a_3 = 94$; $a_4 = 92$; $a_{10} = 80$

c) $a_1 = 15$; $a_2 = 15.25$; $a_3 = 15.50$; $a_4 = 15.75$; $a_5 = 16$;
$a_{10} = 17.25$

Seite 43

a) $a_0 = 2$; $a_1 = 6$; $a_2 = 18$; $a_3 = 54$; $a_4 = 162$;
$a_{10} = 118\,098$

b) $a_0 = 500$; $a_1 = 250$; $a_2 = 125$; $a_3 = 75.5$; $a_4 = 37.75$;
$a_{10} = 0.48828125$

c) $a_1 = 4$; $a_2 = 6$; $a_3 = 9$; $a_4 = 13.5$; $a_5 = 20.25$;
$a_{10} \approx 153.77$

Seite 46

a) $a_n = 20 - 13 \cdot 0.93^n$

b) obere Schranke: $S = 20$
untere Schranke: $a_0 = 7$

c) $a_1 = 7.91$; $a_2 \approx 8.76$; $a_3 \approx 9.54$; $a_4 \approx 10.28$; $a_5 \approx 10.96$

Seite 47

a) streng monoton steigend, untere Schranke $S_u = 4$, keine obere Schranke

b) streng monoton fallend, untere Schranke $S_u = 0$, obere Schranke $S_o = 2$

c) streng monoton fallend, untere Schranke $S_u = 5$, obere Schranke $S_o = 25$

Seite 50

1. $a_n = \frac{5}{n} < 0{,}002 \Rightarrow n > 2\,500$, also $n = 2501$

2. a) $g = 12$ b) $g = 4$

Seite 51

a) $g = 4$ b) $g = 5$ c) $g = 3$

Lösungen zu 2.2

Seite 57

a) stetig   e) stetig
b) diskret   f) diskret
c) diskret   g) stetig
d) diskret   h) stetig

Seite 59

1.
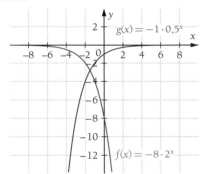

Auswirkungen:

- Der Schnittpunkt mit der y-Achse liegt im negativen Bereich der y-Achse.
- Das Steigungsverhalten ändert sich:
  - Für $b > 1$ fallen die Graphen streng monoton, und zwar umso stärker je größer b ist.
  - Für $0 < b < 1$ steigen die Graphen, und zwar umso stärker, je kleiner b ist.
- Das Grenzverhalten ändert sich nicht:
  - Für $b > 1$ gilt: Wenn $x \to -\infty$, dann $f(x) \to 0$
  - Für $0 < b < 1$ gilt: Wenn $x \to \infty$, dann $f(x) \to 0$

2. $f(x) = 50 \cdot 3^x$

Seite 60

Oben:

Die Funktionswerte der Funktion g dritteln sich jedes Mal, wenn sich die x-Werte um eine Einheit vergrößern. Die Funktionswerte nehmen somit exponentiell ab.

Der Graph von f ist achsensymmetrisch zum Graphen von g. Die y-Achse ist hierbei die Symmetrieachse. Während der Graph von f streng monoton und exponentiell mit dem Wachstumsfaktor 3 steigt, fällt der Graph von g entsprechend streng monoton und exponentiell mit dem Faktor $\frac{1}{3}$. Beide Graphen haben den y-Achsenabschnitt 4 und die x-Achse als Asymptote.

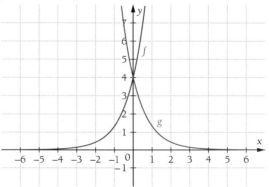

Unten:

a) Der Graph von g ist der um den Faktor 2 gestreckte Graph von f.

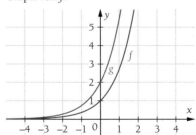

b) Der Graph von g ist der an der x-Achse gespiegelte Graph von f.

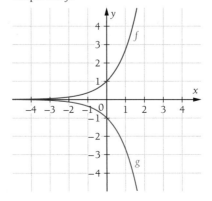

397

c) Der Graph von g ist der an der Geraden mit der Gleichung $y = 1$ gespiegelte Graph von f.

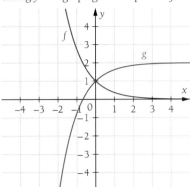

d) Der Graph von g ist der um zwei Einheiten nach links verschobene Graph von f.

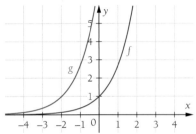

Seite 62

a) $x = 2$

b) $x = 0,5$

c) $x = -0,5$

d) $x = 7$

e) $x = 3$

f) $x = 4$

Seite 63

a) $x = \frac{7}{6}$

b) $x = 1$

c) $x \approx 1,05655$

d) $x \approx 1,59761$

Seite 64

a_0 ist die zu Beginn vorhandene Menge an Cäsium 137.
Dann gilt $f(t) = a_0 \cdot 0,977^t$.
Halbwertszeit: $t \approx 29,79$ (Jahre)

Seite 65

a) $x = \ln(2) \approx 0,69315$

b) $x = \frac{\ln(2)}{4} \approx 0,17329$

c) $x = -\frac{2}{3}\ln(3) \approx -0,73241$

d) $x = 8$

e) $x = -3$ und $x = -1$

f) $x = 2$

g) $x = -\frac{8}{3} \approx 2,66667$

h) $x = 5$

i) $x = -1$

Seite 66

a) $x > \frac{5}{14} \approx 0,35714$

b) $x > -1,5$

c) $-\frac{5}{3} < x < -1$

d) $3 < x < 1 + 2\sqrt{26} \approx 11,19804$

Seite 69

$S = 14$

$f(0) = 5 = 14 - a \cdot b^0 = 14 - a \Rightarrow a = 9$

$f(10) = 7 = 14 - 9 \cdot b^{10} \Rightarrow b = \left(\frac{7}{9}\right)^{0,1} \approx 0,9752$

$f(x) = 14 - 9 \cdot 0,9752^x$

Lösungen zu 3.1

Seite 77

a) Die Schüler und Schülerinnen der Klasse sind Merkmalsträger zum Beispiel hinsichtlich des Merkmals Körpergröße und Lieblingsfach. Da in der Regel nicht alle gleich groß sind bzw. nicht das gleiche Lieblingsfach haben, gibt es für diese Merkmale verschiedene Ausprägungen (z. B. Körpergröße: 1,67 m und Lieblingsfach: Sport).

b) qualitativ: Geschlecht, Lieblingsfach, Geburtsort
quantitativ: Geburtsjahr, Körpergröße, letzte Note im Fach Mathematik

Seite 78

1.

a) $\frac{9}{20}$; 0,45; 45 %

b) $\frac{1}{5}$; 0,2; 20 %

c) $\frac{1}{3}$; $0,\overline{3}$; $33,\overline{3}$ %

d) $\frac{2}{9}$; $0,\overline{2}$; $22,\overline{2}$ %

2. Benutzen Sie die Urliste der „Alles klar?"-Aufgabe von Seite 77.

Seite 79

1. Individuelle Lösung

2. Schäden durch Computerviren

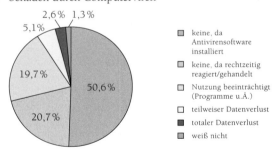

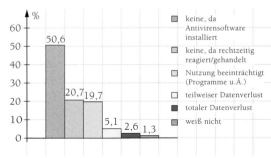

Seite 81

a)

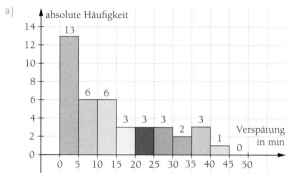

b)

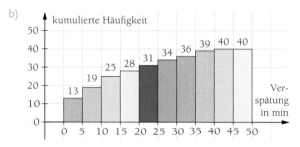

Seite 83

1. $\bar{x} = \dfrac{0+1+2+3+4+5+6+7+8+9+10}{11} = \dfrac{55}{11} = 5$

2. z. B. Geburtsort, Lieblingsfach, Geschlecht

Seite 86

1. arithmetisches Mittel: $\bar{x} \approx 17{,}71$
   Median: $\tilde{x} = 18$
   Modalwert: 18

2.
a) arithmetisches Mittel: $\bar{x} \approx 25{,}29$
   Median: $\tilde{x} = 23$
   Modalwert: 23
b) arithmetisches Mittel: $\bar{x} \approx 178{,}14$
   Median: $\tilde{x} = 176$
   Modalwert: alle
c) arithmetisches Mittel: $\bar{x} \approx 3{,}08$
   Median: $\tilde{x} = 3$
   Modalwert: 2
d) arithmetisches Mittel: $\bar{x} = 31$
   Median: $\tilde{x} = 15$
   Modalwert: 13

3. zum Beispiel:
   Kombination 1: 60; 60; 60; 40; 30
   Kombination 2: 70; 60; 60; 50; 10
   Kombination 3: 70; 60; 60; 40; 20

Seite 88

Gruppe 1:
arithmetisches Mittel: $\bar{x} \approx 17{,}71$
Median: $\tilde{x} = 18$
Spannweite: 7

Gruppe 2:
arithmetisches Mittel: $\bar{x} \approx 17{,}43$
Median: $\tilde{x} = 17$
Spannweite: 4

Seite 91

1. $s \approx 3{,}32$; $s^2 = 11$

2. $s \approx 0{,}66$; $s^2 \approx 0{,}43$. Im Vergleich zu Klasse 11 A sind Standardabweichung und Varianz deutlich geringer. Die Ergebnisse der Klasse 11 B streuen deutlich weniger um den Mittelwert.

Lösungen zu 3.2

Seite 95

1.
a), b) Zufallsexperiment: Ergebnis nicht vorhersagbar.
c) kein Zufallsexperiment: Technische Versuche laufen im Allgemeinen entsprechend bestimmter vorhersagbarer Gesetzmäßigkeiten ab.

2.
a) $\Omega = \{1; 2; 3; 4; 5; 6\}$
b) $E = \{1; 3; 5\}$

3.
a) $E = \{\text{Karo Dame}; \text{Pik Dame}; \text{Herz Dame}; \text{Kreuz Dame}\}$
b) $E = \{\text{Karo Dame}; \text{Herz Dame}; \text{Karo Bube}; \text{Herz Bube}\}$
c) $E = \{\text{Karo Dame}; \text{Herz Dame}\}$

Seite 97

a) $E_1 = \{2; 4; 6\}$; $E_2 = \{4; 5; 6\}$
b) Elementarereignisse: $\{1\}; \{2\}; \{3\}; \{4\}; \{5\}; \{6\}$
   sicheres Ereignis: $E = \Omega = \{1; 2; 3; 4; 5; 6\}$
   unmögliches Ereignis: $E = \{\}$
c) $E_1 \cap E_2 = \{4; 6\}$; $E_1 \cup E_2 = \{2; 4; 5; 6\}$; $\bar{E}_2 = \{1; 2; 3\}$

Seite 98

1. $P(E) = \dfrac{1}{2}$ 2. $P(E) = \dfrac{1}{10}$ 3. $P(E) = \dfrac{4}{6} = \dfrac{2}{3}$

Seite 99

1. Die notierten relativen Häufigkeiten der verschiedenen Gruppen sollten sich mit wachsender Anzahl der Versuche immer weniger voneinander unterscheiden.

2. Zum Beispiel Werfen einer Streichholzschachtel

3. Ergebnis ist nicht präzise vorhersehbar; Experiment lässt sich beliebig oft unter gleichen Bedingungen wiederholen

Seite 100

a) $\frac{1}{2}$ b) $\frac{1}{4}$ c) $\frac{3}{4}$ d) $\frac{1}{2}$

Lösungen zu 3.3

Seite 110

1. $9 \cdot 9 \cdot 9 = 9^3 = 729$

2. $9 \cdot 10 \cdot 10 \cdot 5 = 9 \cdot 10^2 \cdot 5 = 4500$

3. $18! \approx 6,4 \cdot 10^{15}$

4. $26 \cdot 9 \cdot 10 \cdot 10 = 23,4 \cdot 10^3 = 23\,400$

Seite 111

1. $12 \cdot 11 \cdot 10 = 1\,320$

2.

a) Variation mit Wiederholung. Urnenmodell: Aus einer Urne mit 26 unterscheidbaren Kugeln werden nacheinander 8 Kugeln mit Berücksichtigung der Reihenfolge und mit Zurücklegen gezogen.
$26^8 \approx 2,09 \cdot 10^{11}$ Möglichkeiten

b) Variation ohne Wiederholung. Urnenmodell: Aus einer Urne mit 10 unterscheidbaren Kugeln werden nacheinander 6 Kugeln mit Berücksichtigung der Reihenfolge und ohne Zurücklegen gezogen.
$10 \cdot 9 \cdot 8 \cdot 7 \cdot 6 \cdot 5 = \frac{10!}{(10-6)!} = 151\,200$ Möglichkeiten

Seite 112

$\binom{49}{6} = 13\,983\,816$

Seite 113

1.

a) $4! = 24$ c) $10^4 = 10\,000$

b) $12 \cdot 11 \cdot 10 = 1\,320$

2.

a) $\binom{6}{3} = 20$ b) $\binom{6+4-1}{4} = \binom{9}{4} = 126$

3.

a) $\binom{5}{4} = 5$ (Es gibt nur an einem der 5 Wochentage keinen Mathe-Unterricht.)

b) An einem der 5 Tage. gibt es eine Doppelstunde, von den übrigen vier Tagen werden zwei für Einzelstunden ausgewählt. Es gibt also $5 \cdot \binom{4}{2} = 15$ Möglichkeiten.

Seite 114

$P(\text{„3 Richtige"}) = \frac{\binom{6}{3} \cdot \binom{43}{3}}{\binom{49}{6}} = \frac{20 \cdot 12\,341}{13\,983\,816} \approx 0,01765$

Lösungen zu 3.4

Seite 121

1. $E(X) = 1\,€ \cdot \frac{3}{8} + 2\,€ \cdot \frac{1}{8} + 1\,€ \cdot \frac{1}{4} + 0\,€ \cdot \frac{2}{8} = \frac{7}{8}\,€ = 0,875\,€$
Das Spiel ist bei einem Einsatz von $0,875\,€$ fair.

2.

a) $E(X) = 0,50\,€$

b) Das Spiel wird bei einem Einsatz von $0,50\,€$ fair.

Seite 123

Maschine A:
$E(X) = 450$
$V(X) = 15$
$\sigma(X) = \sqrt{15} \approx 3,87$

Maschine B:
$E(X) = 450$
$V(X) = 16,25$
$\sigma(X) = \sqrt{16,25} \approx 4,03$

Maschine A arbeitet präziser.

Lösungen zu 3.5

Seite 127

Individuelle Lösung

Seite 129

1. $B\left(10; \frac{1}{6}; 2\right) \approx 0,2907$; $B\left(10; \frac{1}{6}; 5\right) \approx 0,013$;
$B\left(10; \frac{1}{6}; 7\right) \approx 0,0002$

2.

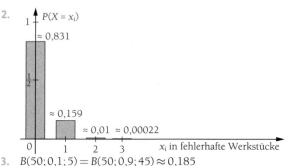

3. $B(50; 0,1; 5) = B(50; 0,9; 45) \approx 0,185$

Seite 130

1.

a) $F\left(10; \frac{1}{6}; 2\right) = B\left(10; \frac{1}{6}; 0\right) + B\left(10; \frac{1}{6}; 1\right) + B\left(10; \frac{1}{6}; 2\right)$
$\approx 0,7752$

b) $F\left(10; \frac{1}{6}; 5\right) = B\left(10; \frac{1}{6}; 0\right) + B\left(10; \frac{1}{6}; 1\right) + \cdots + B\left(10; \frac{1}{6}; 5\right)$
$\approx 0,9976$

2.

a) $F(3; 0,06; 1) \approx 0,9896$

b) $F(3; 0,06; 2) \approx 0,9998$

c) $B(3; 0,06; 3) \approx 0,0002$

Seite 132

a) $B(20; 0,25; 10) \approx 0,0099$

b) $1 - F(20; 0,25; 5) \approx 0,3828$

c) $F(20; 0,25; 10) - F(20; 0,25; 4) \approx 0,5812$

Seite 133

1. $P(X < 8) = P(X \leq 7) = F(10; 0,96; 7)$
   $= 1 - 0,9938 = 0,0062 = 0,62\%$
   ▶ Im blauen Bereich der Tabelle gilt „$1 -$ abgelesener Wert".

2.

a) $P(X \geq 4) = 1 - P(X \leq 3) = 1 - F(10; \frac{1}{6}; 3) = 6,97\%$

b) $P(2 < X < 6) = P(X \leq 5) - P(X \leq 2)$
   $= F(10; \frac{1}{6}; 5) - F(10; \frac{1}{6}; 2) = 22,24\%$

c) $P(X = 2) = B(10; \frac{1}{6}; 2) = 0,2907 = 29,07\%$

d) $P(X \leq 2) = F(10; \frac{1}{6}; 2) = 0,7752 = 77,52\%$

Seite 134

1. $P(X = 6) = B(6; p; 6) \geq 0,95$
   $\Leftrightarrow p^6 > 0,95 \Leftrightarrow p > \sqrt[6]{0,95} \approx 0,9915$

2. $P(X \geq 1) \geq 0,95 \Leftrightarrow 1 - P(X = 0) \geq 0,95$
   $\Leftrightarrow B(n; 0,1; 0) \leq 0,05 \Leftrightarrow 0,9^n \leq 0,05$
   $\Leftrightarrow n \geq 28,43 \Rightarrow$ mindestens 29 Kontrollen

Seite 136

a)
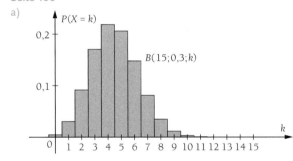

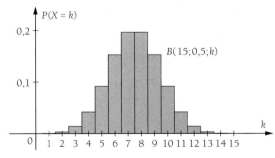

b)
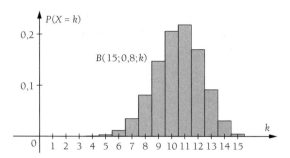

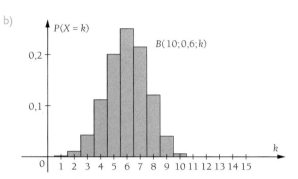

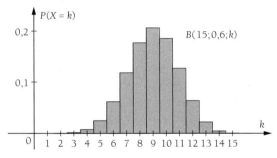

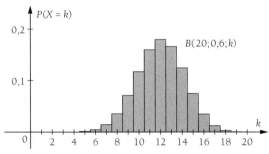

Seite 137

1. $E(X) = 30; V(X) = 21; \sigma(X) \approx 4,583$

2.

a) $E(X) = 6\,000 \cdot 0,02 = 120$
   Es ist mit 120 defekten Geräten zu rechnen.

b) $E(X) = 3000 \cdot 0,02 = 60$
   Er sollte mindestens 3 060 Geräte bestellen.

Seite 139

$E(X) = 30$; $\sigma(X) \approx 4{,}58$; gesucht ist die Wahrscheinlichkeit, mit der die Zufallsvariable einen ganzzahligen Wert zwischen 26 und 34 annimmt. Man erhält:

$F(100; 0{,}3; 34) - F(100; 0{,}3; 25) \approx 0{,}8371 - 0{,}1631$
$$= 0{,}6740$$

Sigmaregel ist hier erfüllt;
Laplace-Bedingung ($\sigma > 3$) ist erfüllt

Lösungen zu 4.1

Seite 146

Oben:

1. $f(x) = \frac{1}{2}x + 3$; $g(x) = -3x$;
   $h(x) = \frac{1}{3}x - 1{,}5$; $i(x) = -\frac{3}{4}x + 1$

2.
   a) $m = -2$; $S_y(0\,|\,5)$; Gerade fällt
   b) $m = 0{,}75$; $S_y(0\,|\,-1)$; Gerade steigt
   c) $m = 0$; $S_y(0\,|\,-16)$; Gerade parallel zur x-Achse
   d) $m = -1$; $S_y(0\,|\,2{,}5)$; Gerade fällt
   e) $m = 0{,}5$; $S_y(0\,|\,0)$; Gerade steigt
   f) $m = -120$; $S_y(0\,|\,0)$; Gerade fällt

Unten:

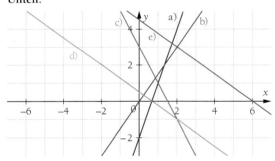

Seite 147

a) $f(x) = -x + 7$
b) $f(x) = -2{,}4x + 0{,}8$
c) $f(x) = 3x + 1$
d) $f(x) = -\frac{4}{15}x + \frac{11}{3}$
e) $f(x) = x + 2$

Seite 148

a) $f(x) = 3x - 7$
b) $f(x) = -2x + 5$
c) $f(x) = 17$
d) $f(x) = 4x + 9$

Seite 149

1.
a) $x_N = -8$
b) $x_N = 4$
c) $x_N = 0$
d) $x_N = \frac{5}{3}$
e) keine Nullstelle

2. $f(x) = -35x + 455$; $x_N = 13$; das Wasser ist in 13 Minuten vollständig abgeflossen.

3.
a) $f(x) = -\frac{11}{2}x + 11$
b) $f(x) = -0{,}5x + 2{,}5$

Seite 151

a) $S(-0{,}5\,|\,8{,}5)$; $\gamma = 45°$
b) $S\left(\frac{4}{3}\,\middle|\,-\frac{4}{3}\right)$; $\gamma = -40{,}6°$

Lösungen zu 4.2

Seite 158

1. $f(x) = -x^2$ $g(x) = 3x^2$ $h(x) = \frac{1}{2}x^2$
   $k(x) = -\frac{1}{2}x^2$ $l(x) = \frac{1}{4}x^2$

2.

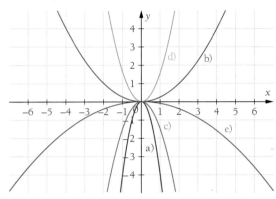

a) Gestreckt und nach unten geöffnet; $a = -4$
b) Gestaucht und nach oben geöffnet; $a = 0{,}25$
c) Gestreckt und nach unten geöffnet; $a = -1{,}5$
d) Gestreckt und nach oben geöffnet; $a = \frac{8}{5}$
e) Gestaucht und nach unten geöffnet; $a = 0{,}1$

Seite 160

1.
a) $S(2\,|\,4)$; gestaucht und nach unten geöffnet; $a = -\frac{3}{4}$
b) $S(-1{,}5\,|\,-3{,}5)$; gestreckt und nach oben geöffnet; $a = 3$
c) $S(0\,|\,5)$; gestreckt und nach unten geöffnet; $a = -1$
d) $S(-1\,|\,0)$; gestaucht und nach oben geöffnet; $a = \frac{1}{3}$

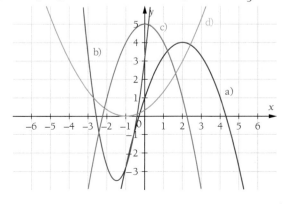

2. $f(x) = -0,5x^2 + 1,5$ $g(x) = -4(x+2)^2 + 5$

     $h(x) = (x+1,5)^2 - 4$ $k(x) = 2(x-2,5)^2 - 3$

     $l(x) = -\frac{1}{5}(x-2)^2 + 4,5$

3.

a) $f(x) = -(x+20)^2 + 10$ b) $f(x) = 0,75(x-8)^2 - 7$

Seite 161

a) $f(x) = 2x^2 + 24x + 20; S_y(0\,|\,20)$

b) $f(x) = x^2 + 10x + 20; S_y(0\,|\,20)$

c) $f(x) = -\frac{3}{4}x^2 + 6x; S_y(0\,|\,0)$

d) $f(x) = -3x^2 - 6x - 3; S_y(0\,|\,-3)$

Seite 163

Oben:

a) $f(x) = -\frac{1}{4}(x-2)^2 - 5; S(2\,|\,-5)$

b) $f(x) = 3(x-2)^2 - 7; S(2\,|\,-7)$

c) $f(x) = -(x+1,5)^2 + 3; S(-1,5\,|\,3)$

d) $f(x) = \frac{1}{3}\left(x+\frac{6}{5}\right)^2 + \frac{1}{2}; S\left(-\frac{6}{5}\,\middle|\,\frac{1}{2}\right)$

Unten:

$A(x) = -(x-5)^2 + 25; S(5\,|\,25)$

Alle Seitenlängen des Beets sind 5 m lang, um den maximalen Flächeninhalt von 25 m^2 zu erreichen.

Seite 165

a) $x_{N_1} = -4; x_{N_2} = 4$

b) $x_{N_1} = -3,5; x_{N_2} = 3,5$

c) $x_{N_1} = 0; x_{N_2} = 15$

d) $x_{N_1} = 0; x_{N_2} = \pi$

Seite 166

a) $x_{N_1} = 1; x_{N_2} = 3$

b) $x_{N_1} = \frac{1}{40}(1 - \sqrt{161}); x_{N_2} = \frac{1}{40}(1 + \sqrt{161})$

c) $x_{N_1} = -3 - \sqrt{5}; x_{N_2} = -3 + \sqrt{5}$

d) keine Nullstelle vorhanden

Seite 167

a) $x_{N_{1,2}} = -\frac{1}{3}; N\left(-\frac{1}{3}\,\middle|\,0\right)$

b) $x_{N_1} = 0; x_{N_2} = 16; N_1(0\,|\,0), N_2(16\,|\,0)$

c) keine Nullstelle vorhanden

d) $x_{N_{1,2}} = 2; N(2\,|\,0)$

e) $x_{N_1} = -1; x_{N_2} = 3; N_1(-1\,|\,0), N_2(3\,|\,0)$

f) $x_{N_1} = -5; x_{N_2} = 6; N_1(-5\,|\,0), N_2(6\,|\,0)$

g) keine Nullstelle vorhanden

h) $x_{N_{1,2}} = 0; N(0\,|\,0)$

Seite 169

1. links: $f(x_S) = g(x_S) \Rightarrow 2x_S^2 = 0 \Rightarrow x_S = 0$; nur ein Schnittpunkt

rechts: $f(x_S) = g(x_S) \Rightarrow x_S^2 = -0 \Rightarrow$ keine Lösung, es existiert kein Schnittpunkt

2.

a) $S_1(-1\,|\,9); S_2(3\,|\,5)$

b) $S_1(-6,5\,|\,-2); S_2(-1,5\,|\,3)$

c) $S_1(2\,|\,1)$

d) kein Schnittpunkt vorhanden

e) $S_1(-1\,|\,1,5); S_2(0\,|\,6)$

f) $S_1(0\,|\,0)$

Seite 172

1.

a) $f(x) = 8(x-1)^2 - 2$ c) $f(x) = -(x+5)^2 + 7$

b) $f(x) = 0,5(x-3)^2 + 7$ d) $f(x) = (x+5)^2 - 31$

2.

a) $f(x) = \frac{7}{3}x^2 + \frac{7}{3}x - 18$ c) $f(x) = -\frac{1}{3}x^2 + \frac{1}{3}$

b) $f(x) = x^2 - 7x + 8,25$ d) $f(x) = 0,5x^2 + 2x + 4,5$

Lösungen zu 4.3

Seite 180

1.

a) Ganzrationale Funktion 7. Grades; $a_7 = 7$; $a_3 = 13$; $a_1 = 11$

b) Ganzrationale Funktion 3. Grades; $a_3 = 1$; $a_2 = 7$; $a_1 = 8$; $a_0 = -16$

c) keine ganzrationale Funktion

d) keine ganzrationale Funktion

2. $V(h) = 4h^3 - 24h^2 + 35h$

Die Quadrate haben eine Größe von 0,92 cm^2.

3. $f(x) = 3x^6 - 2x^5 + 3x^4 + x^3 - 6x^2 + 8$

Seite 183

1.

a) Der Graph verläuft vom II. in den I. Quadranten.

b) Der Graph verläuft vom III. in den IV. Quadranten.

c) Der Graph verläuft vom III. in den IV. Quadranten.

d) Der Graph verläuft vom II. in den IV. Quadranten.

e) Der Graph verläuft vom III. in den I. Quadranten.

f) Der Graph verläuft vom II. in den IV. Quadranten.

2.

a) f: n ungerade und $a_n > 0$

   g: n gerade und $a_n < 0$

   h: n gerade und $a_n > 0$

b) Individuelle Lösung

L

Seite 185

1. f: Das Steigungsverhalten ändert sich in den Extrempunkten $T(-1,25\,|\,0,2)$ und $H(0,6\,|\,2,6)$, das Krümmungsverhalten im Wendepunkt $W(-0,4\,|\,1)$. $S_y(0\,|\,2)$; $x_{N_1} = -1,4$; $x_{N_2} = -1$; $x_{N_3} = 1,4$

   g: Das Steigungsverhalten ändert sich in den Tiefpunkten $T_1(-1,75\,|\,-6,75)$ und $T_2(1,75\,|\,-6,75)$ sowie im Hochpunkt $H(0\,|\,0)$, das Krümmungsverhalten in den Wendepunkten $W_1(-0,9\,|\,-3,2)$ und $W_2(0,9\,|\,-3,2)$. $S_y(0\,|\,0)$; $x_{N_1} = -2,4$; $x_{N_2} = 0$; $x_{N_3} = 2,4$

   h: Das Steigungsverhalten ändert sich in den Hochpunkten $H_1(-0,1\,|\,-3)$ und $H_2(2,9\,|\,3,3)$ sowie im Tiefpunkt $T(0,75\,|\,-3,3)$. Das Krümmungsverhalten ändert sich in den Wendepunkten $W_1(0,5\,|\,-3,25)$ und $W_2(1,9\,|\,0)$. $S_y(0\,|\,-3)$; $x_{N_1} = -1,9$; $x_{N_2} = 3,55$

2.
a) $S_y(0\,|\,-5)$ b) $S_y(0\,|\,0)$ c) $S_y(0\,|\,2)$

Seite 187

a) achsensymmetrisch zur y-Achse
b) punktsymmetrisch zum Ursprung
c) weder achsensymmetrisch zur y-Achse noch punktsymmetrisch zum Ursprung
d) punktsymmetrisch zum Ursprung
e) achsensymmetrisch zur y-Achse
f) weder achsensymmetrisch zur y-Achse noch punktsymmetrisch zum Ursprung

Seite 189

a) $x_{N_1} = -2$; $x_{N_2} = x_{N_3} = x_{N_4} = 0$
b) $x_{N_1} = -2$; $x_{N_2} = 0$; $x_{N_3} = 1$
c) $x_{N_1} = x_{N_2} = -5$; $x_{N_3} = 1$; $x_{N_4} = 1,5$
d) $x_{N_1} = x_{N_2} = 0$; $x_{N_3} = 0,5$

Seite 191

Oben:

a) $x_{N_1} = -2,5$; $x_{N_2} = 1$; $x_{N_3} = 4$
b) $x_{N_1} = -3$; $x_{N_2} = -1$; $x_{N_3} = 3$
c) $x_{N_1} = -2$; $x_{N_2} = x_{N_3} = x_{N_4} = 2$
d) $x_{N_1} = -4$; $x_{N_2} = -2$; $x_{N_3} = 6$
e) $x_{N_1} = -5$; $x_{N_2} = -2$; $x_{N_3} = 1$; $x_{N_4} = 3$
f) $x_{N_1} = -3$; $x_{N_2} = -2$; $x_{N_3} = 1$

Unten:

a) $x_{N_1} = -3$; $x_{N_2} = -2,5$; $x_{N_3} = 2,5$; $x_{N_4} = 3$
b) $x_{N_1} = -2$; $x_{N_2} = -\sqrt{3}$; $x_{N_3} = \sqrt{3}$; $x_{N_4} = 2$
c) $x_{N_1} = -5$; $x_{N_2} = -4$; $x_{N_3} = 4$; $x_{N_4} = 5$
d) $x_{N_1} = -\frac{3}{4}$; $x_{N_2} = \frac{3}{4}$

Seite 192

a) Schnittpunkte mit der x-Achse bei $x_{N_1} = -3$, $x_{N_2} = 0$ und $x_{N_3} = 4$
b) Schnittpunkte mit der x-Achse bei $x_{N_1} = -2$, $x_{N_4} = 2$ Berührpunkt bei $x_{N_2} = x_{N_3} = 0$
c) Schnittpunkt mit der x-Achse bei $x_{N_1} = x_{N_2} = x_{N_3} = -1$, der auch Wendepunkt ist, sowie Berührpunkt bei $x_{N_4} = x_{N_5} = 1$
d) einfache Nullstelle bei $x_{N_1} = -2$ sowie Berührpunkt mit der x-Achse bei $x_{N_2} = x_{N_3} = 2$

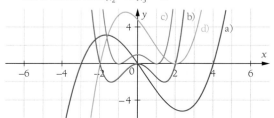

Seite 195

a) $S_1(-1\,|\,-1)$; $S_2(0\,|\,0)$; $S_3(2\,|\,32)$
b) $S_1(-4\,|\,28)$; $S_2(1\,|\,-4,5)$; $S_3(6\,|\,-112)$
c) $S_1(-1\,|\,-2)$; $S_2(0\,|\,-1)$; $S_3(2\,|\,31)$
d) $S_1(-1\,|\,0)$; $S_2(0,5\,|\,0,375)$; $S_3(1\,|\,0)$

Seite 197

1. $f(x) = -x^4 + 6x^2 - 1$; $g(x) = -0,55x^3 + 4,2x$

2.
a) $f(x) = 2x^3 - 4x^2 + 1$
b) $f(x) = -1,5x^4 + 6x^2 - 3$
c) $f(x) = -2x^3$

Lösungen zum Exkurs

Seite 202

a) $0,5$ c) 0 e) $\approx 0,8660$
b) $\approx 0,8775$ d) 1 f) $\approx 0,8191$

Seite 204

1.

a) $D_f = \mathbb{R}$: Die Sinus- und die Kosinusfunktion ist am Einheitskreis für Winkelgrößen zwischen 0 und 2π (bzw. Vielfache davon) definiert.

   $W_f = [-1; 1]$: Am Einheitskreis liegt der Wertebereich zwischen $f(x) = -1$ und $f(x) = +1$.

b) Dreht man am Einheitskreis den Winkel jeweils um $360°$ weiter, so ändert sich der Funktionswert der Sinusfunktion bzw. der Kosinusfunktion nicht.

L

c) Nullstellen der Sinusfunktion entsprechen am Einheitskreis diejenigen x-Werte, für die $f(x) = \sin(x) = 0$ gilt: $x = 0, \pi, 2\pi \ldots k\pi; k \in \mathbb{Z}$.

Nullstellen der Kosinusfunktion entsprechen am Einheitskreis diejenigen x-Werte, für die $f(x) = \cos(x) = 0$ gilt: $x = \frac{1}{2}\pi, \frac{3}{2}\pi \ldots \frac{1}{2}k\pi; k \in \mathbb{Z}$.

2. Beispielsweise ist die Darstellung von Schwingungen im Bogenmaß „handlicher".

Seite 205

1. Der Tangenswert strebt für Steigungswinkel von $-89°$ gegen minus unendlich, für $89°$ gegen unendlich und nähert sich zwischen $89°$ und $90°$ der Polstelle bei $x = \frac{1}{2}\pi$ immer weiter an.

2. Strahlensatz: $\frac{\sin(x)}{\cos(x)} = \frac{\tan(x)}{1} = \tan(x)$

Nullstelle der Tangensfunktion: $\frac{\sin(0)}{\cos(0)} = 0$

Polstelle der Tangensfunktion:
$\frac{\sin\left(\frac{\pi}{2}\right)}{\cos\left(\frac{\pi}{2}\right)} = \frac{1}{0}$ (nicht definiert)

Seite 206

1: $f(x) = \sin(x)$;
Amplitude 1

2: $f(x) = 1,5 \cdot \sin(x)$;
Amplitude 1,5

3: $f(x) = -2 \cdot \sin(x)$;
Amplitude 2

4: $f(x) = 0,5 \cdot \cos(x)$;
Amplitude 0,5

Seite 207

1. Periodenlänge von f: $\frac{2}{3}\pi$
Periodenlänge von g: $2 \cdot \pi^2$

2. Die beiden Graphen fallen zusammen; g und h sind dieselbe Funktion.
Begründung: h hat die Periode 2π. Die Funktion g entsteht durch Verschiebung von h um 2π nach rechts. Somit ändert sich die Funktion nicht.

Seite 208

a)
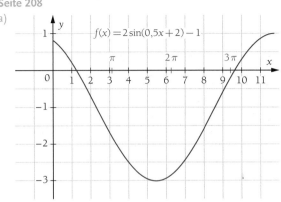

b)
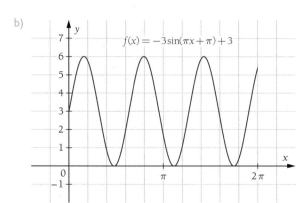

Lösungen zu 5.1

Seite 213

1.

2000–2008	2008–2009	2009–2010
38,875	−181	−146

stärkste jährliche Änderung von 2008 zu 2009

Seite 214

1.

a) Differenzenquotient:

$[-1; 2]$: $\quad \frac{f(2) - f(-1)}{2 - (-1)} = \frac{4 - 1}{3} = 1$

$[-1; 0]$: $\quad \frac{f(0) - f(-1)}{0 - (-1)} = \frac{0 - 1}{1} = -1$

$[0; 2]$: $\quad \frac{f(2) - f(0)}{2 - 0} = \frac{4 - 0}{2} = 2$

$[1; 1,1]$: $\quad \frac{f(1,1) - f(1)}{1,1 - 1} = \frac{1,21 - 1}{0,1} = 2,1$

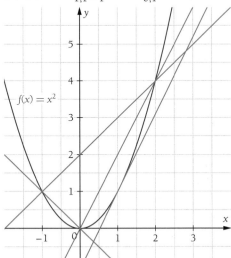

b) Die Geraden zu $[-1; 0]$ und $[1; 1,1]$ spiegeln den Verlauf des Graphen von f im jeweiligen Bereich am besten wider.

c) Die mittlere Änderungsrate 2,1 entspricht am besten der lokalen Änderungsrate von 2 an der Stelle $x = 1$.

Seite 217

1. $\lim\limits_{x\to 2}\dfrac{f(x)-f(2)}{x-2}=\lim\limits_{x\to 2}\dfrac{x^2-3-(2^2-3)}{x-2}=\lim\limits_{x\to 2}\dfrac{x^2-4}{x-2}$

$\qquad =\lim\limits_{x\to 2}\dfrac{(x-2)\cdot(x+2)}{x-2}$

$\qquad =\lim\limits_{x\to 2}(x+2)=4$

Die Steigung von f bei $x_0=2$ ist 4.

$\lim\limits_{x\to 2}\dfrac{g(x)-g(2)}{x-2}=\lim\limits_{x\to 2}\dfrac{2x^3-5x-6}{x-2}$ ▸ Polynomdivision

$\qquad =\lim\limits_{x\to 2}(2x^2+4x+3)=19$

Die Steigung von g bei $x_0=2$ ist 19.

2. $\lim\limits_{x\to 1}\dfrac{f(x)-f(1)}{x-1}$ ▸ Polynomdivision

a) $\lim\limits_{x\to 1}\dfrac{x^3-1}{x-1}=\lim\limits_{x\to 1}(x^2+x+1)=3$

b) $\lim\limits_{x\to 1}\dfrac{x^4-1}{x-1}=\lim\limits_{x\to 1}(x^3+x^2+x+1)=4$

c) $\lim\limits_{x\to 1}\dfrac{x^5-1}{x-1}=\lim\limits_{x\to 1}(x^4+x^3+x^2+x+1)=5$

Seite 218

1. $\lim\limits_{x\to -2}\dfrac{f(x)-f(-2)}{x-(-2)}=\lim\limits_{x\to -2}\dfrac{2x^2-8}{x+2}$

$\qquad =\lim\limits_{x\to -2}\dfrac{2\cdot(x-2)\cdot(x+2)}{x+2}=\lim\limits_{x\to -2}2\cdot(x-2)$

$\qquad =-8$ ▸ Steigung an der Stelle -2

$\lim\limits_{x\to 3}\dfrac{f(x)-f(3)}{x-3}=\lim\limits_{x\to 3}\dfrac{2x^2-18}{x-3}$

$\qquad =\lim\limits_{x\to 3}\dfrac{2\cdot(x-3)\cdot(x+3)}{x-3}=\lim\limits_{x\to 3}2\cdot(x+3)$

$\qquad =12$ ▸ Steigung an der Stelle 3

$\lim\limits_{x\to 0}\dfrac{f(x)-f(0)}{x-0}=\lim\limits_{x\to 0}\dfrac{2x^2-0}{x-0}=\lim\limits_{x\to 0}2x$

$\qquad =0$ ▸ Steigung an der Stelle 0

$\lim\limits_{x\to -2}\dfrac{g(x)-g(-2)}{x-(-2)}=\lim\limits_{x\to -2}\dfrac{x^3+x-10}{x+2}$

$\qquad =\lim\limits_{x\to -2}(x^2-2x+5)$

$\qquad =13$ ▸ Steigung an der Stelle -2

$\lim\limits_{x\to 3}\dfrac{g(x)-g(3)}{x-3}=\lim\limits_{x\to 3}\dfrac{x^3+x-30}{x-3}$

$\qquad =\lim\limits_{x\to 3}(x^2+3x+10)$

$\qquad =28$ ▸ Steigung an der Stelle 3

$\lim\limits_{x\to 0}\dfrac{g(x)-g(0)}{x-0}=\lim\limits_{x\to 0}\dfrac{x^3+x-0}{x}$

$\qquad =\lim\limits_{x\to 0}(x^2+1)$

$\qquad =1$ ▸ Steigung an der Stelle 0

2.
a)

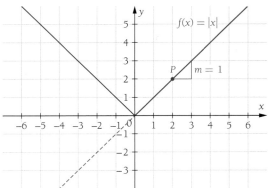

An der Stelle $x=0$ ist die Funktion nicht differenzierbar, da der Graph dort einen Knick aufweist. Der links- und rechtsseitige Grenzwert der Differenzenquotientenfunktion (Differenzialquotient) stimmen nicht überein. Der linke Ast des Graphen besitzt die Steigung -1, der rechte die Steigung $+1$.

b) Alle Funktionen, die einen Knick oder einen Sprung im Graphen aufweisen, sind nicht differenzierbar. Beispiele für eine Funktion mit Sprung: Telefontarife mit Datenflatrate (verschiedene Paketgrößen).

Seite 219

1. Die h-Methode benennt den Abstand $x-x_0$ explizit als h. Wenn $x\to x_0$ geht, dann auch $h\to 0$ und umgekehrt. Aus diesem Grund führen beide Methoden zum selben Ergebnis.

2. $\lim\limits_{x\to -3}\dfrac{f(x)-f(-3)}{x-(-3)}=\lim\limits_{x\to -3}\dfrac{x^2-(-3)^2}{x+3}$

$\qquad =\lim\limits_{x\to -3}\dfrac{(x-3)\cdot(x+3)}{x+3}=\lim\limits_{x\to -3}(x-3)=-6$

$\lim\limits_{h\to 0}\dfrac{f(-3+h)-f(-3)}{h}=\lim\limits_{h\to 0}\dfrac{(-3+h)^2-(-3)^2}{h}$

$\qquad =\lim\limits_{h\to 0}\dfrac{9-6h+h^2-9}{h}=\lim\limits_{h\to 0}(-6+h)=-6$

Seite 221

Der Graph von f ist im Intervall $[0;4]$ fallend, die Ableitungsfunktion muss in diesem Intervall negativ sein. Damit fällt der zweite Graph als Möglichkeit aus. Der erste Graph trifft nicht zu, weil er z. B. bei $x=2$ eine Steigung von -4 für den Ausgangsgraphen beschreibt. Dies trifft aber für f nicht zu. Also ist die dritte Abbildung der Graph von f'.

Seite 222

Oben:

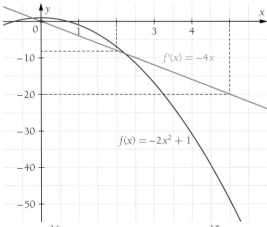

$f'(2) = \frac{-16}{2} = -8$; $f'(0) = 0$; $f'(5) = \frac{-15}{0,75} = -20$

Unten:

$f'(x) = 6x^2 - 4; f'(-1,5) = 9,5; f'(3) = 50$

Seite 227

1.

a) $f'(x) = 9x^2 + 8x$ (Faktorregel, Summenregel)

b) $f'(x) = x + 9$ (Faktorregel, Summenregel)

c) $f'(x) = \frac{1}{3}$ (Faktorregel)

d) $f'(x) = -5x^2$ (Faktor-, Konstanten-, Summenregel)

e) $f'(x) = 0$ (Konstantenregel)

f) $f'(x) = 0$ (Faktorregel)

2.

a) $f'(x) = 2$

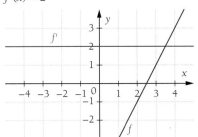

b) $f'(x) = 4x + 3$

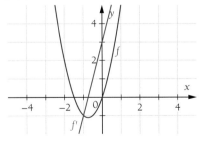

c) $f'(x) = -0,5x + 4$

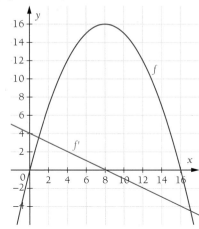

d) $f'(x) = \frac{3}{2}x^2 - 3$

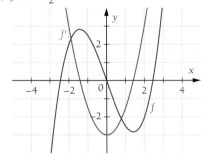

e) $f'(x) = x^3$

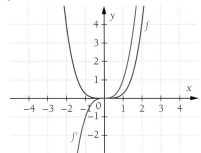

f) $f'(x) = 0$

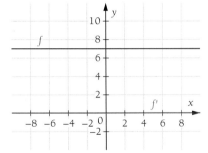

407

Seite 228

1.

a) $f'(x) = 10x^3 + 6x;$

   $f''(x) = 30x^2 + 6;$

   $f'''(x) = 60x;$

   $f^{(4)}(x) = 60;$

   $f^{(5)}(x) = 0$

b) $f'(x) = -\frac{2}{3}x^3 + \frac{5}{2}x^2 - \frac{2}{3}x - \frac{4}{3};$

   $f''(x) = -2x^2 + 5x - \frac{2}{3};$

   $f'''(x) = -4x + 5;$

   $f^{(4)}(x) = -4;$

   $f^{(5)}(x) = 0$

2. $f'(x) = -\frac{1}{2}x^2 + 6x + \frac{13}{2}$

Die erste Ableitung ist bei diesem Beispiel die Änderungsrate der Pegelhöhe nach der Zeit, also die Steiggeschwindigkeit des Hochwassers.

Seite 230

a) Definitionslücke bei $x = 0$; $D_f = \mathbb{R}\setminus\{0\}$

b) Definitionslücke bei $x = 1$; $D_f = \mathbb{R}\setminus\{1\}$

c) Definitionslücken bei $x = -4$ und $x = 2$;

   $D_f = \mathbb{R}\setminus\{-4; 2\}$

d) Definitionslücken bei $x = -3$, $x = 0$ und $x = 3$;

   $D_f = \mathbb{R}\setminus\{-3; 0; 3\}$

Seite 231

a) x-Achse: $(2 \mid 0)$

   y-Achse: $(0 \mid -0{,}4)$

   Polstelle bei $x = -5$

b) x-Achse: $(3 \mid 0)$

   y-Achse: $(0 \mid -1{,}5)$

   Polstelle bei $x = -3$

c) x-Achse: $(-3 \mid 0)$ und $(4 \mid 0)$

   y-Achse: $(0 \mid 3)$

   Polstellen bei $x = -2$ und $x = 2$

d) x-Achse: $(-\sqrt{2} \mid 0)$ und $(\sqrt{2} \mid 0)$

   y-Achse: $(0 \mid -2)$

   Polstelle bei $x = -1$

e) x-Achse: $(2 \mid 0)$

   y-Achse: $(0 \mid -0{,}44)$

   Polstelle bei $x = 3$

Seite 233

Oben:

a) $(3x - 5):x^2 = 0 + \frac{3x-5}{x^2}$

   $y_A(x) = 0$ (x-Achse)

   $x \to -\infty$: $R(x) < 0$, also Annäherung von unten

   $x \to +\infty$: $R(x) > 0$, also Annäherung von oben

b) $(4x - 3):(2x + 5) = 2 + \frac{-13}{2x+5}$

   $y_A(x) = 2$ (Parallele zur x-Achse)

   $x \to -\infty$: $R(x) > 0$, also Annäherung von oben

   $x \to +\infty$: $R(x) < 0$, also Annäherung von unten

c) $(x^2 - 2x + 1):(2x + 3) = 0{,}5x - 1{,}75 + \frac{6{,}25}{2x+3}$

   $y_A(x) = 0{,}5x - 1{,}75$

   $x \to -\infty$: $R(x) < 0$, also Annäherung von unten

   $x \to +\infty$: $R(x) > 0$, also Annäherung von oben

Unten:

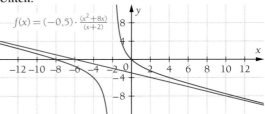

$f(x) = (-0{,}5) \cdot \frac{(x^2 + 8x)}{(x+2)}$

Seite 234

a) $f'(x) = \frac{-8}{(x-2)^2}$

b) $f'(x) = \frac{9}{(x+1)^2}$

c) $f'(x) = \frac{-12}{(x-4)^2}$

d) $f'(x) = 3 - \frac{1}{x^2}$

e) $f'(x) = \frac{3}{x^2}$

f) $f'(x) = \frac{2x^2 - 16x - 12}{(x-4)^2}$

g) $f'(x) = \frac{x^2 + 10x + 9}{(x^2 - 9)^2}$

h) $f'(x) = 6x - \frac{8}{x^2}$

Seite 235

1.

a) $f'(0{,}5) = -8$

b) $f'(2) = -\frac{4}{9}$

c) $f'(1) = 2$

d) $f'(-1) = 15$

2.

a) $D_f = \mathbb{R}\setminus\{4\}$

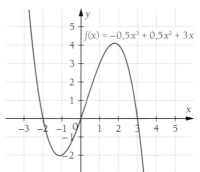

b) $f'(7) = \frac{2}{3}$

c) $f'(x) = 1 \Rightarrow x \approx 6{,}62 \Rightarrow P(6{,}62 \mid -1{,}31)$

d) siehe Aufgabenteil a)

Lösungen zu 5.2

Seite 244

$f(x) = -0{,}5x^3 + 0{,}5x^2 + 3x$

Für $x \in \ ]-\infty; -1{,}12[$ und $x \in \ ]1{,}79; \infty[$ ist die Funktion f monoton fallend.

Für $x \in \ ]-1{,}12; 1{,}79[$ ist f monoton steigend.

Seite 245

$f'(x) = -1,5x^2 + x + 3$

$f'(x_E) = 0 \Rightarrow x_{E_1} \approx -1,12; x_{E_2} \approx 1,79$

$M_1 =]-\infty; -1,12] : f'(-2) = -5 \ (<0, \text{ monoton fallend})$

$M_2 = [-1,12; 1,79] : f'(0) = 3 \ (>0, \text{ monoton steigend})$

$M_3 = [1,79; \infty[: f'(2) = -1 \ (<0, \text{ monoton fallend})$

Seite 248

a) $H(3|5)$

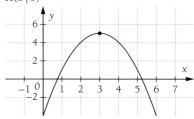

b) $T(2|-28); H(-4|80)$

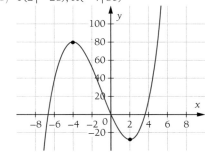

c) keine Extrempunkte

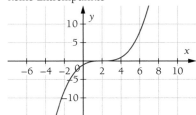

Seite 249

1. Setze $f'(x_E) = 0$

2.

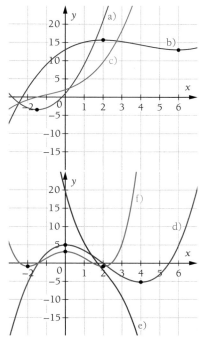

a) $T\left(-\frac{3}{2}\Big|-\frac{7}{2}\right)$

b) $H\left(2\Big|\frac{47}{3}\right); T(6|13)$

c) keine Extrempunkte

d) $H\left(0\Big|\frac{16}{3}\right); T\left(4\Big|-\frac{16}{3}\right)$

e) keine Extrempunkte

f) $H(0|3); T_1(-2|-1); T_2(2|-1)$

Seite 250

1.

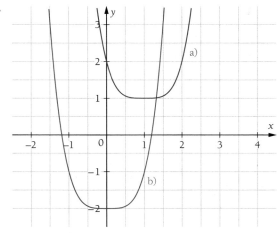

a) $T(1|1)$, Nachweis mit dem VZW-Kriterium, da $f''(x_E) = 0$

b) $T(0|-2)$, Nachweis mit dem VZW-Kriterium, da $f''(x_E) = 0$

409

Seite 254

1.

a) $W(-2|0)$, R-L-Krümmungswechsel

b) $W(1|-1)$, L-R-Krümmungswechsel

c) $W_1(-3|-1,5)$, L-R-Krümmungswechsel; $W_2(0|3)$, R-L-Krümmungswechsel

d) keine Wendepunkte

2.

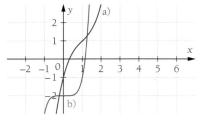

a) $W(1|1)$, R-L-Krümmungswechsel

b) $W(0|-2)$, R-L-Krümmungswechsel (W ist Sattelpunkt, da zusätzlich gilt: $f'(x_W)=0$)

3.

An einem **Hochpunkt** liegt immer eine Rechtskrümmung vor. Betrachtet man die hinreichende Bedingung für einen Hochpunkt $f'(x)=0 \land f''(x)<0$, erkennt man, dass $f''(x)<0$ eine Rechtskrümmung des Graphen beschreibt.

An einem **Tiefpunkt** liegt immer eine Linkskrümmung vor. Betrachtet man die hinreichende Bedingung für einen Tiefpunkt $f'(x)=0 \land f''(x)>0$, erkennt man, dass $f''(x)>0$ eine Linkskrümmung des Graphen beschreibt.

Seite 255

1.

$$\text{setze } f''(x_W)=0$$
$$\downarrow$$
$$x_W$$

$f'''(x_W)=0 \qquad f'''(x_W)\neq 0$

VZW $\qquad$ Wendestelle
$\downarrow$
Wendestelle

kein VZW $\qquad$ $f'(x_W)=0$
$\downarrow$ $\qquad\qquad \downarrow$
keine Wendestelle $\qquad$ Sattelstelle

2.

a) $W\left(1|-\frac{2}{3}\right)$ $\qquad$ b) $W(0|-1)$ Sattelpunkt

c) $W_1(0|4)$, $W_2(2|0)$ Sattelpunkt

Seite 266

$$f'(x)=5x^4-3x^2; \quad x_n=x_{n-1}-\frac{x_{n-1}^5-x_{n-1}^3-1}{5x_{n-1}^4-3x_{n-1}^3}$$

$f(1)=-1; f(2)=23; x_0=1;$

$x_1=1,5; x_2=1,326599327; x_3=1,25076085;$

$x_4=1,23692613; x_5=1,236506081; x_6=1,236505703;$

$x_7=1,236505703 \Rightarrow x_N=1,23650570$

Lösungen zu 5.3

Seite 271

a) $A(0|0) \qquad \Rightarrow \qquad f(0)=0$

$ H(45|14) \qquad \Rightarrow \qquad f(45)=14 \land f'(45)=0$

$\Rightarrow f(x)=-\frac{14}{2025}x^2+\frac{48}{45}x+0=-\frac{14}{2025}x^2+\frac{48}{45}x$

b) $A(0|0) \quad \Rightarrow \quad f(0)=0$

$ B(90|0) \quad \Rightarrow \quad f(90)=0$

$ x_E=45 \quad \Rightarrow \quad f'(45)=0$

Das lineare Gleichungssystem ist „unterbestimmt" und nicht eindeutig lösbar. Es existieren unendlich viele Lösungen und somit unendlich viele Funktionen, deren Graphen die beschriebenen Eigenschaften aufweisen.

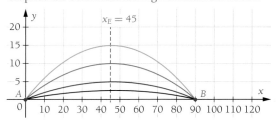

Seite 274

a) $f(x)=-0,125x^2+0,75x+0,875$

b) $f(x)=0,125x^3-0,375x^2-1,125x+4,375$

c) $f(x)=4x^3-3x$

Seite 277

1. Hauptbedingung: $A(x,y)=x\cdot y$

Nebenbedingung: $u(x,y)=2x+2y=20 \Rightarrow y=10-x$

Zielfunktion: $A(x)=x\cdot(10-x)=-x^2+10x$

$A'(x_E)=-2x+10 \Rightarrow x_E=5$

Lösung: $x=y=5; A_{max}=25\,\text{m}^2$

2.

a) Hauptbedingung: $f(a,b)=a\cdot b$

Nebenbedingung: $a+b=20 \Rightarrow b=20-a$

Zielfunktion: $f(a)=a\cdot(20-a)=-a^2+20a$

$f'(x)=-2a+20=0 \Leftrightarrow a=10$

Lösung: $a=b=10$

b) Hauptbedingung: $f(a,b)=a^2+b^2$

Nebenbedingung: $a+b=20 \Rightarrow b=20-a$

Zielfunktion: $f(a)=a^2+(20-a)^2=2a^2-40a+400$

$f'(x)=4a-40=0 \Leftrightarrow a=10$

Lösung: $a=b=10$

L

Seite 279

Zielfunktion: $A(a,b) = a \cdot b$

Nebenbedingung: $u = 2\pi r + 2a = 400$; $r = \frac{b}{2}$

$\Rightarrow u = \pi b + 2a = 400 \Rightarrow b = \frac{1}{\pi} \cdot (400 - 2a)$

$\Rightarrow A(a) = \frac{1}{\pi} \cdot (400a - 2a^2)$; $D(A) = [0; 200]$

$A'(a) = \frac{1}{\pi} \cdot (400 - 4a) = 0 \Rightarrow a = 100$

$A''(a) = -\frac{4}{\pi}$ (< 0, lok. Max.); $A(100) \approx 6366{,}2$

$A(0) = A(200) = 0 \Rightarrow$ beide Randwerte $< 6366{,}2$

$b \approx 63{,}66$; $r \approx 31{,}83$

Maximale Fläche: $6366\,\text{m}^2$ bei $a = 100$, $b \approx 63{,}66$

Nach den Regeln des Weltfußballverbandes FIFA haben Spielfelder bei internationalen Begegnungen eine Länge von 100–110 m und eine Breite von 64–75 m. Im Jahr 2008 wurden die Abmessungen von Spielfeldern für A-Länderspiele von der FIFA auf 105 m × 68 m vereinheitlicht.

Seite 280

1. Hauptbedingung: $A(a,b) = a \cdot b$

   Nebenbedingung: $a^2 + b^2 = 15^2 \Rightarrow b = \sqrt{15^2 - a^2}$

   Zielfunktion: $A(a) = a \cdot \sqrt{15^2 - a^2}$

   $\Rightarrow A^2(a) = a^2 \cdot (225 - a^2) = -a^4 + 225a^2$

   $(A^2)'(a_E) = -4a^3 + 450a = 0 \Rightarrow a_E \approx 10{,}6$

   Lösung: $a = b = 10{,}6$; $A_{\max} \approx 112{,}5\,\text{cm}^2$

2.

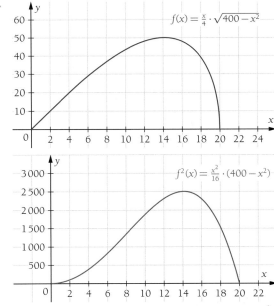

Alle Extremstellen von f sind auch Extremstellen von f^2. (Bei f^2 können neue Extremstellen hinzukommen.)

Seite 283

1. $s(t) = \frac{1}{2}a \cdot t^2$

   $v(t) = \dot{s}(t) = \frac{1}{2}a \cdot 2t = a \cdot t$

   $a(t) = \dot{v}(t) = \ddot{s}(t) = a = \text{konst.}$

2. Zum Beispiel: $s(t) = -\frac{1}{6}t^4 + \frac{4}{3}t^3$

   Da a die Ableitung von v ist, liegt die maximale Geschwindigkeit an der Nullstelle von a vor. Diese ist zugleich die Wendestelle von s. Beim gewählten Beispiel ist dies an der Stelle $t = 4$.

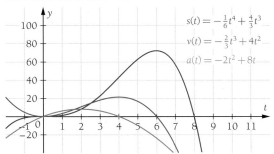

3.

a) Der Bremsvorgang (negative Beschleunigung) beginnt an der Nullstelle der Beschleunigungsfunktion a, dort wechselt die Beschleunigung ihr Vorzeichen von $+$ nach $-$:

   $a(t_N) = 0 \Rightarrow -\frac{4}{45}t_N + \frac{4}{3} = 0 \Rightarrow t_N = 15$

b) Es gilt: $v(t) = \dot{s}(t)$

   Bsp. für Weg-Zeit-Funktion: $s(t) = -\frac{2}{135}t^3 + \frac{2}{3}t^2$

Lösungen zu 5.4

Seite 293

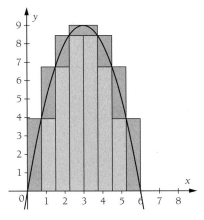

Seite 295

1.

a) Wenn man die Flächeninhaltsfunktion A_0 differenziert, erhält man die Randfunktion f.

b) Für jeden Summanden gilt:
   - man erhöht den Exponenten der x-Potenz um 1
   - der Koeffizient der x-Potenz wird durch den um 1 erhöhten Exponenten dividiert

   $f(x) = ax^n \Rightarrow A_0(x) = \frac{a}{n+1} \cdot x^{n+1}$

2.

a) $A_0(x) = -\frac{1}{2}x^2 + 5x$

c) $A_0(x) = \frac{1}{40}x^4 + 0,5x$

b) $A_0(x) = -\frac{1}{4}x^3 + 2x^2 + x$

Seite 297

1.

a) ja, denn $F'(x) = 5x = f(x)$

b) ja, denn $F'(x) = x^3 = f(x)$

c) nein, denn $F'(x) = 18x^2 \neq f(x)$

d) ja, denn $F'(x) = -2x^4 = f(x)$

2.

a) $F(x) = 0,3x^2$

b) $F(x) = -4x$

c) $F(x) = 0,5x^4$

d) $F(x) = -\frac{1}{15}x^3$

e) $F(x) = 0,52x^5$

f) $F(x) = \frac{1}{5}x^4$

g) $F(x) = -x$

h) $F(x) = \frac{1}{6}x^6$

Seite 299

1.

a) $F(x) = 2,5x^2 + C$

b) $F(x) = 2x^4 + x^2 + C$

c) $F(x) = x^4 - \frac{2}{3}x^3 + 5x + C$

d) $F(a) = \frac{1}{2}a^2x^2 + 7a + C$

e) $F(x) = -\frac{1}{2}x^{-2} + C = -\frac{1}{2x^2} + C$

f) $F(x) = \frac{3}{n+1}x^{n+1} - \frac{1}{n}x^n + C$

2. $F(x) = \frac{1}{3}x^3 + x^2 - \frac{1}{3}x + C$

$P(1|4) \Rightarrow F(1) = 4 \Rightarrow \frac{1}{3} \cdot 1^3 + 1^2 - \frac{1}{3} \cdot 1 + C = 4$

$\Rightarrow C = 3 \Rightarrow F(x) = \frac{1}{3}x^3 + x^2 - \frac{1}{3}x + 3$

Seite 301

1.

a) $A = \int_1^3 \left(\frac{3}{4}x^2 + 1\right)dx = \left[\frac{1}{4}x^3 + x\right]_1^3 = \frac{17}{2}$ [FE]

b) $A = \int_{-2}^1 (-x^2 - 2x + 4)dx = \left[-\frac{1}{3}x^3 - x^2 + 4x\right]_{-2}^1 = 12$ [FE]

c) $A = \int_{-2}^2 (-x^4 + 3x^2 + 4)dx = 2 \cdot \int_0^2 (-x^4 + 3x^2 + 4)dx$

$= 2 \cdot \left[-\frac{1}{5}x^5 + x^3 + 4x\right]_0^2 = \frac{96}{5}$ [FE]

2.

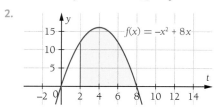

$A = \int_2^8 (-x^2 + 8x)dx = \left[-\frac{1}{3}x^3 + 4x^2\right]_2^8$

$= \frac{256}{3} - \frac{40}{3} = 72$ [FE]

3.

a) $F(x) = -\frac{x^2}{2} + 5x; A = F(5) - F(1) = 8$ [FE]

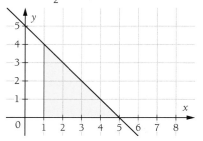

b) $F(x) = 0,2 \cdot \frac{x^3}{3} + 2x; A = F(5) - F(1) \approx 16,3$ [FE]

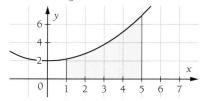

c) $F(x) = \frac{x^4}{4} + x; A = F(5) - F(1) = 160$ [FE]

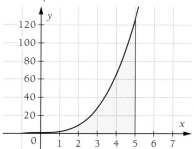

d) $F(x) = -\frac{x^3}{4} + 27x; A = F(5) - F(1) = 77$ [FE]

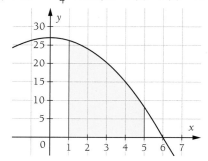

Seite 303

a) $\frac{99}{2} = 49,5$ (Faktor- und Summenregel)

b) 320 (Faktorregel)

c) 50 (Summenregel)

d) 64 (Summenregel und Intervalladditivität)

e) 9,3 (Summenregel und Intervalladditivität)

f) 0 (Vertauschen von Grenzen)

Lösungen zu 5.5

Seite 310

Oben:

1.

a) $A = 57{,}1\overline{6}$ [FE]

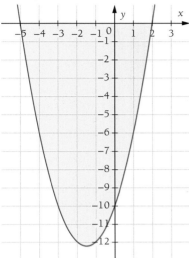

b) $A = 2{,}\overline{6}$ [FE]

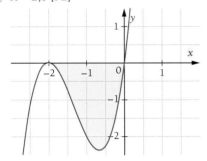

c) $A = 49{,}\overline{3}$ [FE]

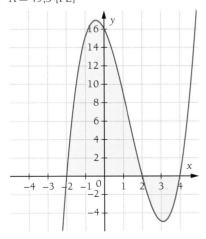

2.

a) $A = 7{,}\overline{6}$ [FE]

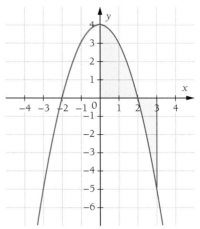

b) $A = 16{,}1\overline{6}$ [FE]

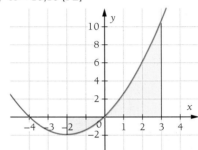

c) $A = 30{,}25$ [FE]

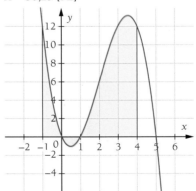

Unten:

$f(x) = ax^4 + bx^2 + c$

$f(4) = 0;\ f(6) = 0$ und $f(0) = 6$

$\Rightarrow f(x) = \frac{1}{96}x^4 - \frac{13}{24}x^2 + 6$

Mit $2 \cdot \int\limits_{0}^{6}\left(\frac{1}{96}x^4 - \frac{13}{24}x^2 + 6\right)dx = 26{,}4$ ergibt sich ein

Materialbedarf von $2640\,\mathrm{m}^3$.

Seite 311

1.

a) $b = 4$

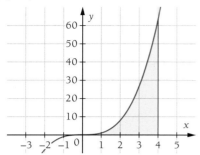

b) $b = 5$

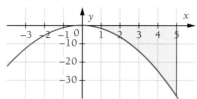

c) $b = 3$

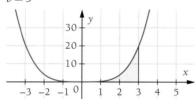

Seite 314

a) $A = 20{,}8\overline{3}$ [FE]

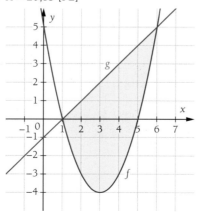

b) $A = 16$ [FE]

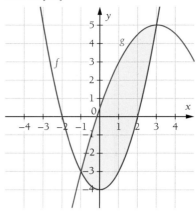

Seite 315

a) $A = 67{,}4\overline{6}$ [FE]

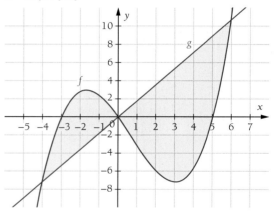

b) $A = 4{,}9\overline{3}$ [FE]

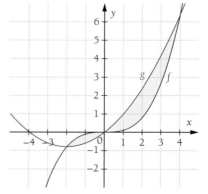

Seite 321

Nullstellen liefern Integrationsgrenzen:

a) Nullstellen: -2; 2 $V = \frac{512}{15}\pi \approx 107{,}23$ [VE]

b) Nullstellen: 0 (doppelte Nullstelle); 4
$V = \frac{4096}{105}\pi \approx 122{,}55$ [VE]

c) Nullstellen: -1; 0; 3 $V = \frac{1408}{105}\pi \approx 42{,}13$ [VE]

d) Nullstellen: -8; -1; 1
$V = \frac{157\,464}{35}\pi \approx 14\,133{,}94$ [VE]

Lösungen zu 6.1

Seite 329

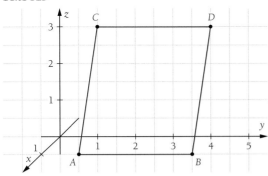

$d(A;B) = \sqrt{(1-1)^2 + (4-1)^2 + (0-0)^2} = 3$

$d(B;C) = \sqrt{(0-1)^2 + (1-4)^2 + (3-0)^2} = \sqrt{19} \approx 4{,}36$

$d(C;D) = \sqrt{(0-0)^2 + (4-1)^2 + (3-3)^2} = 3$

$d(D;A) = \sqrt{(1-0)^2 + (1-4)^2 + (0-3)^2} = \sqrt{19} \approx 4{,}36$

Seite 330

a) $\overrightarrow{CG}, \overrightarrow{AE}, \overrightarrow{BF}$

b) $\overrightarrow{DC}, \overrightarrow{AB}, \overrightarrow{EF}$

c) $\overrightarrow{DE}$

d) $\overrightarrow{HC}$

Seite 331

1.

a)

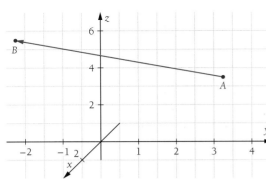

b) $\overrightarrow{AB} = \begin{pmatrix} 1-3 \\ -2-4 \\ 6-5 \end{pmatrix} = \begin{pmatrix} -2 \\ -6 \\ 1 \end{pmatrix}$

c) siehe a)

2. $7 = \sqrt{(6-0)^2 + (u-0)^2 + (-2-0)^2}$ $\Rightarrow$ $u_{1,2} = \pm 3$
$\Rightarrow \vec{p}_1 = \begin{pmatrix} 6 \\ 3 \\ -2 \end{pmatrix}$ und $\vec{p}_2 = \begin{pmatrix} 6 \\ -3 \\ -2 \end{pmatrix}$

Seite 332

1.

a) $\overrightarrow{AB} = \begin{pmatrix} 1-(-2) \\ -1-1 \end{pmatrix} = \begin{pmatrix} 3 \\ -2 \end{pmatrix}$ $\overrightarrow{CD} = \begin{pmatrix} 5-2 \\ 2-4 \end{pmatrix} = \begin{pmatrix} 3 \\ -2 \end{pmatrix}$
$\overrightarrow{OP} = \begin{pmatrix} 3-0 \\ -2-0 \end{pmatrix} = \begin{pmatrix} 3 \\ -2 \end{pmatrix}$

b) $|\vec{a}| = \sqrt{3^2 + (-2)^2} = \sqrt{13} \approx 3{,}61$

2. $E(3|0|5)$, $F(3|2{,}5|5)$, $G(0|2{,}5|5)$, $H(0|0|5)$
$\overrightarrow{AG} = \begin{pmatrix} 0-3 \\ 2{,}5-0 \\ 5-0 \end{pmatrix} = \begin{pmatrix} -3 \\ 2{,}5 \\ 5 \end{pmatrix}$
$\Rightarrow |\overrightarrow{AG}| = \sqrt{(-3)^2 + 2{,}5^2 + 5^2} = \sqrt{40{,}25} \approx 6{,}34$
$\overrightarrow{BH} = \begin{pmatrix} 0-3 \\ 0-2{,}5 \\ 5-0 \end{pmatrix} = \begin{pmatrix} -3 \\ -2{,}5 \\ 5 \end{pmatrix}$
$\Rightarrow |\overrightarrow{BH}| = \sqrt{(-3)^2 + (-2{,}5)^2 + 5^2} = \sqrt{40{,}25} \approx 6{,}34$
$\overrightarrow{CE} = \begin{pmatrix} 3-0 \\ 0-2{,}5 \\ 5-0 \end{pmatrix} = \begin{pmatrix} 3 \\ -2{,}5 \\ 5 \end{pmatrix}$
$\Rightarrow |\overrightarrow{CE}| = \sqrt{3^2 + (-2{,}5)^2 + 5^2} = \sqrt{40{,}25} \approx 6{,}34$
$\overrightarrow{DF} = \begin{pmatrix} 3-0 \\ 2{,}5-0 \\ 5-0 \end{pmatrix} = \begin{pmatrix} 3 \\ 2{,}5 \\ 5 \end{pmatrix}$
$\Rightarrow |\overrightarrow{DF}| = \sqrt{3^2 + 2{,}5^2 + 5^2} = \sqrt{40{,}25} \approx 6{,}34$

Seite 335

$\vec{b} = \begin{pmatrix} 0 \\ 0 \\ 255 \end{pmatrix}, \vec{o} = \begin{pmatrix} 255 \\ 102 \\ 0 \end{pmatrix} \Rightarrow \vec{p} = \begin{pmatrix} 0+255 \\ 0+102 \\ 255+0 \end{pmatrix} = \begin{pmatrix} 255 \\ 102 \\ 255 \end{pmatrix}$

Seite 336

1. $\vec{a} + \vec{b} = \begin{pmatrix} 5+(-1) \\ 1+2 \\ 6+2 \end{pmatrix} = \begin{pmatrix} 4 \\ 3 \\ 8 \end{pmatrix}$
$\vec{a} - \vec{b} = \begin{pmatrix} 5-(-1) \\ 1-2 \\ 6-2 \end{pmatrix} = \begin{pmatrix} 6 \\ -1 \\ 4 \end{pmatrix}$

2. $-\vec{a} = \begin{pmatrix} -2 \\ -5 \\ -3 \end{pmatrix} \Rightarrow \vec{a} + (-\vec{a}) = \vec{0} \Leftrightarrow \begin{pmatrix} 2 \\ 5 \\ 3 \end{pmatrix} + \begin{pmatrix} -2 \\ -5 \\ -3 \end{pmatrix} = \begin{pmatrix} 0 \\ 0 \\ 0 \end{pmatrix}$

3.

a) $(\vec{a} + \vec{b}) + \vec{c}$ und $\vec{a} + (\vec{b} + \vec{c})$ ergeben in jedem Fall die Raumdiagonale $\vec{a} + \vec{b} + \vec{c}$; es gilt daher:
$(\vec{a} + \vec{b}) + \vec{c} = \vec{a} + (\vec{b} + \vec{c})$

b)

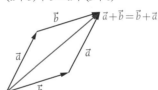

$\vec{a} + \vec{b} = \vec{b} + \vec{a}$

Seite 337

a) $4\vec{a} = \begin{pmatrix} 8 \\ 12 \\ 16 \end{pmatrix}$

d) $2\vec{a} - \vec{b} = \begin{pmatrix} 5 \\ 1 \\ 11 \end{pmatrix}$

b) $-2,5\vec{b} = \begin{pmatrix} 2,5 \\ -12,5 \\ 7,5 \end{pmatrix}$

e) $3\vec{a} - 2\vec{b} = \begin{pmatrix} 8 \\ -1 \\ 18 \end{pmatrix}$

c) $\vec{a} + 3\vec{b} = \begin{pmatrix} -1 \\ 18 \\ -5 \end{pmatrix}$

f) $-2\vec{a} - 3\vec{b} = \begin{pmatrix} -1 \\ -21 \\ 1 \end{pmatrix}$

Seite 339

1. $\vec{c} = \begin{pmatrix} 5 \\ -4 \\ 3 \end{pmatrix}$

2. $\vec{d} = r \cdot \vec{a} + s \cdot \vec{b} + t \cdot \vec{c}$

$\Leftrightarrow \begin{pmatrix} 9 \\ 3 \\ 4 \end{pmatrix} = r \cdot \begin{pmatrix} 1 \\ 0 \\ 0 \end{pmatrix} + s \cdot \begin{pmatrix} 1 \\ 1 \\ 0 \end{pmatrix} + t \cdot \begin{pmatrix} 1 \\ 1 \\ 2 \end{pmatrix}$

$\Rightarrow r = 6, s = 1, t = 2$

3. $\vec{d} = r \cdot \vec{a} + s \cdot \vec{b} \Leftrightarrow \begin{pmatrix} 8 \\ 2 \\ 2 \end{pmatrix} = r \cdot \begin{pmatrix} 1 \\ 2 \\ 3 \end{pmatrix} + s \cdot \begin{pmatrix} 4 \\ 1 \\ 4 \end{pmatrix}$

Vektorgleichung für kein $r, s \in \mathbb{R}$ erfüllt
$\Rightarrow \vec{d}$ nicht Element des mechanischen Systems

Seite 340

$\vec{a} = r \cdot \vec{b} \Leftrightarrow \begin{pmatrix} 1 \\ -4 \\ 2,5 \end{pmatrix} = r \cdot \begin{pmatrix} 2 \\ 8 \\ 5 \end{pmatrix}$ Vektorgleichung für kein $r \in \mathbb{R}$ erfüllt $\Rightarrow \vec{a}, \vec{b}$ nicht kollinear

Seite 341

1. $\vec{a} = r \cdot \vec{b} + s \cdot \vec{c} \Leftrightarrow \begin{pmatrix} 4 \\ 2 \\ -6 \end{pmatrix} = r \cdot \begin{pmatrix} 2 \\ 4 \\ 8 \end{pmatrix} + s \cdot \begin{pmatrix} 10 \\ 8 \\ 2 \end{pmatrix}$

ist für kein $r, s \in \mathbb{R}$ erfüllt.

$\vec{b} = r \cdot \vec{a} + s \cdot \vec{c} \Leftrightarrow \begin{pmatrix} 2 \\ 4 \\ 8 \end{pmatrix} = r \cdot \begin{pmatrix} 4 \\ 2 \\ -6 \end{pmatrix} + s \cdot \begin{pmatrix} 10 \\ 8 \\ 2 \end{pmatrix}$

ist für kein $r, s \in \mathbb{R}$ erfüllt.

$\vec{c} = r \cdot \vec{a} + s \cdot \vec{b} \Leftrightarrow \begin{pmatrix} 10 \\ 8 \\ 2 \end{pmatrix} = r \cdot \begin{pmatrix} 4 \\ 2 \\ -6 \end{pmatrix} + s \cdot \begin{pmatrix} 2 \\ 4 \\ 8 \end{pmatrix}$

ist für kein $r, s \in \mathbb{R}$ erfüllt.
$\Rightarrow \vec{a}, \vec{b}, \vec{c}$ nicht komplanar

2. Zwei Vektoren ungleich dem Nullvektor spannen stets eine Ebene auf. Da der Nullvektor keine Richtung besitzt, liegt er auch in derselben Ebene, also liegen dann alle drei Vektoren in derselben Ebene und sind somit komplanar.

3. Zwei Vektoren sind stets komplanar, weil sie in einer Ebene liegen.

Seite 342

1. $r \cdot \vec{a} + s \cdot \vec{b} + t \cdot \vec{c} = 0 \Leftrightarrow r \cdot \begin{pmatrix} 1 \\ 2 \\ 2 \end{pmatrix} + s \cdot \begin{pmatrix} 4 \\ 5 \\ 6 \end{pmatrix} + t \cdot \begin{pmatrix} 7 \\ 8 \\ 9 \end{pmatrix} = 0$

Das LGS besitzt nur die Lösung $r = s = t = 0 \Rightarrow$ Die Vektoren sind linear unabhängig.

2. Sind zwei Vektoren kollinear, so gilt: $\vec{a} = r \cdot \vec{b}$ für $r \neq 0$. Somit gilt auch: $\vec{a} - r \cdot \vec{b} = 0$ für $r \neq 0 \Rightarrow \vec{a}, \vec{b}$ linear abhängig
Sind drei Vektoren komplanar, so gilt: $\vec{a} = r \cdot \vec{b} + s \cdot \vec{c}$ mit $r \neq 0$ und/oder $s \neq 0$. Somit gilt auch: $\vec{a} - r \cdot \vec{b} - s \cdot \vec{c} = 0$ mit $r \neq 0$ und/oder $s \neq 0 \Rightarrow$ linear abhängig

Seite 346

1. $\vec{u} \cdot \vec{v} = 15 \cdot 13 \cdot \cos(27°) \approx 173,75$

2.

a) $|\vec{a}| \approx 3,6; |\vec{b}| \approx 3; \alpha \approx 33,7°$
$\Rightarrow \vec{a} \cdot \vec{b} = 3,6 \cdot 3 \cdot \cos(33,7°) \approx 9$

b) $|\vec{a}| \approx 2,2; |\vec{b}| \approx 2,8; \alpha \approx 71,1°$
$\Rightarrow \vec{a} \cdot \vec{b} = 2,2 \cdot 2,8 \cdot \cos(71,1°) \approx 2$

3. $\vec{a} \cdot \vec{b} = 3 \cdot 1 + (-2) \cdot 1 + 1 \cdot (-2) = -1$

4. $\vec{a} \cdot \vec{b} = \begin{pmatrix} a_x \\ a_y \\ a_z \end{pmatrix} \cdot \begin{pmatrix} b_x \\ b_y \\ b_z \end{pmatrix} = a_x \cdot b_x + a_y \cdot b_y + a_z \cdot b_z$
$= b_x \cdot a_x + b_y \cdot a_y + b_z \cdot a_z =$
$\begin{pmatrix} b_x \\ b_y \\ b_z \end{pmatrix} \cdot \begin{pmatrix} a_x \\ a_y \\ a_z \end{pmatrix} = \vec{b} \cdot \vec{a}$

5. $\vec{a} \cdot \vec{b} = (-5) \cdot (-1) + 2 \cdot (-2) + (-1) \cdot 1 = 0 \Rightarrow \vec{a}, \vec{b}$ sind orthogonal

Seite 347

1. $\cos(\alpha) = \dfrac{\overrightarrow{AB} \cdot \overrightarrow{AC}}{|\overrightarrow{AB}| \cdot |\overrightarrow{AC}|} = \dfrac{14}{\sqrt{11} \cdot \sqrt{44}} \approx 0,64 \Rightarrow \alpha \approx 50,48°$

$\cos(\beta) = \dfrac{\overrightarrow{BA} \cdot \overrightarrow{BC}}{|\overrightarrow{BA}| \cdot |\overrightarrow{BC}|} = \dfrac{-3}{\sqrt{11} \cdot \sqrt{27}} \approx -0,17 \Rightarrow \beta \approx 100,02°$

$\cos(\gamma) = \dfrac{\overrightarrow{CB} \cdot \overrightarrow{CA}}{|\overrightarrow{CB}| \cdot |\overrightarrow{CA}|} = \dfrac{30}{\sqrt{27} \cdot \sqrt{44}} \approx 0,87 \Rightarrow \gamma \approx 29,50°$

2. $\vec{b} \cdot \vec{a} = 4 \cdot 6 + (-3) \cdot 8 = 0 \Rightarrow \vec{a}, \vec{b}$ sind orthogonal
$\vec{c} \cdot \vec{a} = 7 \cdot 6 + 0 \cdot 8 = 42 \Rightarrow \vec{a}, \vec{c}$ sind nicht orthogonal

3. $\overrightarrow{AB} = \begin{pmatrix} 50 \\ 0 \end{pmatrix}, \overrightarrow{AC} = \begin{pmatrix} 50 \\ -30 \end{pmatrix}$
$\Rightarrow \cos(\alpha) = \dfrac{2500}{50 \cdot \sqrt{3400}} \approx 0,86 \Rightarrow \alpha \approx 30,96°$

Seite 349

1. $\begin{pmatrix} 2 \\ 4 \\ 3 \end{pmatrix} \times \begin{pmatrix} 1 \\ -3 \\ 0 \end{pmatrix} = \begin{pmatrix} 9 \\ 3 \\ -10 \end{pmatrix}; |\vec{a} \times \vec{b}| = \sqrt{190} \approx 13,78$

2. $\vec{M} = \vec{r} \times \vec{F} = \begin{pmatrix} -2 \\ 2 \\ 3 \end{pmatrix} \times \begin{pmatrix} 12 \\ -3 \\ 0 \end{pmatrix} = \begin{pmatrix} 9 \\ 36 \\ -18 \end{pmatrix}$;

$|\vec{M}| = 9\sqrt{21} \approx 41{,}24$; $\quad |\vec{r}| = \sqrt{17} \approx 4{,}12$;

$|\vec{F}| = 3\sqrt{17} \approx 12{,}37$;

$\sin(\alpha) = \dfrac{|\vec{M}|}{|\vec{r}| \cdot |\vec{F}|} \approx 0{,}8087 \Rightarrow \alpha \approx 126°$

Lösungen zu 6.2

Seite 356

a) $g: \vec{x} = \begin{pmatrix} 3 \\ 2 \\ -6 \end{pmatrix} + s \cdot \begin{pmatrix} -1 \\ 3 \\ -2 \end{pmatrix}$ b) $g: \vec{x} = \begin{pmatrix} -3 \\ 2 \\ -1 \end{pmatrix} + s \cdot \begin{pmatrix} 7 \\ 0 \\ 8 \end{pmatrix}$

c) $g: \vec{x} = \begin{pmatrix} 0 \\ 0 \\ 0 \end{pmatrix} + s \cdot \begin{pmatrix} -2 \\ 3 \\ 4{,}5 \end{pmatrix} = s \cdot \begin{pmatrix} -2 \\ 3 \\ 4{,}5 \end{pmatrix}$

Seite 357

a) $s = 4 \Rightarrow A$ liegt auf g

b) für kein $s \in \mathbb{R}$ lösbar $\Rightarrow B$ liegt nicht auf g

c) $s = -\frac{1}{3} \Rightarrow C$ liegt auf g

Seite 361

a) $r = 4, t = -5 \Rightarrow S(16|-11|8)$

b) Es existiert kein Schnittpunkt; die Richtungsvektoren sind kollinear. $\Rightarrow$ Geraden parallel

c) $g: \vec{x} = \begin{pmatrix} 4 \\ 5 \\ 0 \end{pmatrix} + r \cdot \begin{pmatrix} 3 \\ -4 \\ 2 \end{pmatrix}$; $h: \vec{x} = \begin{pmatrix} -4 \\ 3 \\ -2 \end{pmatrix} + t \cdot \begin{pmatrix} 12 \\ -6 \\ -18 \end{pmatrix}$

Es existiert kein Schnittpunkt; die Richtungsvektoren sind nicht kollinear. $\Rightarrow$ Geraden windschief

d) Es existiert kein Schnittpunkt; die Richtungsvektoren sind nicht kollinear. $\Rightarrow$ Geraden windschief

Seite 362

1. $\begin{pmatrix} 0 \\ 10 \\ 6 \end{pmatrix} + k \cdot \begin{pmatrix} -16 \\ -5 \\ 4 \end{pmatrix} = \begin{pmatrix} 0 \\ 5 \\ 10 \end{pmatrix} + t \cdot \begin{pmatrix} -16 \\ 2{,}5 \\ -2 \end{pmatrix}$

$\Rightarrow k = \frac{2}{3}, t = \frac{2}{3} \Rightarrow \vec{x} = \begin{pmatrix} 0 \\ 10 \\ 6 \end{pmatrix} + \frac{2}{3} \cdot \begin{pmatrix} -16 \\ -5 \\ 4 \end{pmatrix} = \begin{pmatrix} -\frac{32}{3} \\ \frac{20}{3} \\ \frac{26}{3} \end{pmatrix}$

$\Rightarrow S\left(-\frac{32}{3} \mid \frac{20}{3} \mid \frac{26}{3}\right)$

2.

a) $\cos(\alpha) = \dfrac{-4}{\sqrt{29} \cdot \sqrt{14}} \approx -0{,}20 \Rightarrow \alpha \approx 101{,}45°$;

Schnittwinkel: $\alpha' = 180° - 101{,}45° = 78{,}55°$

b) $\cos(\alpha) = \dfrac{6}{\sqrt{1{,}5} \cdot \sqrt{27}} \approx 0{,}94 \Rightarrow \alpha \approx 19{,}47°$

Seite 365

a) $E: \vec{x} = \begin{pmatrix} 3 \\ 2 \\ -6 \end{pmatrix} + s \cdot \begin{pmatrix} -1 \\ 3 \\ -2 \end{pmatrix} + t \cdot \begin{pmatrix} 3 \\ 7 \\ 2 \end{pmatrix}$

b) $E: \vec{x} = \begin{pmatrix} 3 \\ 5 \\ 2 \end{pmatrix} + s \cdot \begin{pmatrix} -5 \\ -5 \\ -1 \end{pmatrix} + t \cdot \begin{pmatrix} 1 \\ -7 \\ -7 \end{pmatrix}$

Seite 366

1. für kein $s, t \in \mathbb{R}$ lösbar $\Rightarrow P$ liegt nicht in E

2.

a) $M: \vec{x} = \begin{pmatrix} 2 \\ 2 \\ 4 \end{pmatrix} + s \cdot \begin{pmatrix} 0 \\ 0 \\ -4 \end{pmatrix} + t \cdot \begin{pmatrix} 0 \\ 2 \\ 0 \end{pmatrix}$

b) $\begin{pmatrix} 2 \\ 0 \\ 0 \end{pmatrix} = \begin{pmatrix} 2 \\ 2 \\ 4 \end{pmatrix} + s \cdot \begin{pmatrix} 0 \\ 0 \\ -4 \end{pmatrix} + t \cdot \begin{pmatrix} 0 \\ 2 \\ 0 \end{pmatrix} \Rightarrow s = 1; t = -1$

$\begin{pmatrix} 4 \\ 4 \\ 0 \end{pmatrix} = \begin{pmatrix} 2 \\ 2 \\ 4 \end{pmatrix} + s \cdot \begin{pmatrix} 0 \\ 0 \\ -4 \end{pmatrix} + t \cdot \begin{pmatrix} 0 \\ 2 \\ 0 \end{pmatrix} \Rightarrow$ keine Lösung

$\begin{pmatrix} 0 \\ 4 \\ 0 \end{pmatrix} = \begin{pmatrix} 2 \\ 2 \\ 4 \end{pmatrix} + s \cdot \begin{pmatrix} 0 \\ 0 \\ -4 \end{pmatrix} + t \cdot \begin{pmatrix} 0 \\ 2 \\ 0 \end{pmatrix} \Rightarrow$ keine Lösung

Seite 369

1.

a) $r = -3, s = 2, t = -3 \Rightarrow \vec{s} = \begin{pmatrix} 2 \\ -3 \\ 2 \end{pmatrix} - 3 \cdot \begin{pmatrix} 1 \\ -1 \\ 3 \end{pmatrix} = \begin{pmatrix} -1 \\ 0 \\ -7 \end{pmatrix}$

$\Rightarrow S(-1|0|-7)$

b) für kein $r, s, t \in \mathbb{R}$ lösbar $\Rightarrow g$ verläuft echt parallel zu E

c) für kein $t, m, n \in \mathbb{R}$ lösbar $\Rightarrow g$ verläuft echt parallel zu E

2. $\begin{pmatrix} 4 \\ -8 \\ -6 \end{pmatrix} = r \cdot \begin{pmatrix} 1 \\ 1 \\ 0 \end{pmatrix} + s \cdot \begin{pmatrix} -4 \\ 2 \\ 3 \end{pmatrix} \Rightarrow r = -4, s = -2$

$\Rightarrow$ Richtungsvektoren komplanar

$\begin{pmatrix} 4 \\ 1 \\ 1 \end{pmatrix} = \begin{pmatrix} 1 \\ 4 \\ -5 \end{pmatrix} + t \cdot \begin{pmatrix} 4 \\ -8 \\ -6 \end{pmatrix} \Rightarrow$ für kein $t \in \mathbb{R}$ lösbar

$\Rightarrow g$ und E haben keinen Punkt gemeinsam

$\Rightarrow g$ und E echt parallel

Seite 371

$\begin{pmatrix} 0 \\ s_y \\ 0 \end{pmatrix} = \begin{pmatrix} 3 \\ 2 \\ 1 \end{pmatrix} + r \cdot \begin{pmatrix} -1 \\ -1 \\ 3 \end{pmatrix} + t \cdot \begin{pmatrix} -4 \\ -4 \\ -2 \end{pmatrix} \Rightarrow r = \frac{1}{7}; t = \frac{5}{7}$

$\Rightarrow \vec{s_y} = (-1) \cdot \begin{pmatrix} 0 \\ 1 \\ 0 \end{pmatrix} = \begin{pmatrix} 0 \\ -1 \\ 0 \end{pmatrix} \Rightarrow S_y(0|-1|0)$

$\begin{pmatrix} 0 \\ 0 \\ s_z \end{pmatrix} = \begin{pmatrix} 3 \\ 2 \\ 1 \end{pmatrix} + r \cdot \begin{pmatrix} -1 \\ -1 \\ 3 \end{pmatrix} + t \cdot \begin{pmatrix} -4 \\ -4 \\ -2 \end{pmatrix}$

$\Rightarrow$ für kein $r; t \in \mathbb{R}$ lösbar $\Rightarrow$ Es gibt keinen Spurpunkt S_z.

$\begin{pmatrix} s_x \\ s_y \\ 0 \end{pmatrix} = \begin{pmatrix} 4 \\ -1 \\ 3 \end{pmatrix} + r \cdot \begin{pmatrix} -2 \\ 1{,}5 \\ 1 \end{pmatrix} \Rightarrow r = -3 \Rightarrow S_{xy}(10|-5{,}5|0)$

$\begin{pmatrix} s_x \\ 0 \\ s_z \end{pmatrix} = \begin{pmatrix} 4 \\ -1 \\ 3 \end{pmatrix} + r \cdot \begin{pmatrix} -2 \\ 1{,}5 \\ 1 \end{pmatrix} \Rightarrow r = \frac{2}{3} \Rightarrow S_{xz}\left(\frac{8}{3} \mid 0 \mid \frac{11}{3}\right)$

L

Tabellen zur Stochastik

Binomialverteilung: $B(n;p;k) = \binom{n}{k} p^k (1-p)^{n-k}$

n	k	0,02	0,03	0,04	0,05	0,10	1/6	0,20	0,25	0,30	1/3	0,40	0,50	n	
2	0	0,9604	9409	9216	9025	8100	6944	6400	5625	4900	4444	3600	2500	**2**	**2**
	1	0392	0582	0768	0950	1800	2778	3200	3750	4200	4444	4800	5000	**1**	
	2	0004	0009	0016	0025	0100	0278	0400	0625	0900	1111	1600	2500	**0**	
3	0	0,9412	9127	8847	8574	7290	5787	5120	4219	3430	2963	2160	1250	**3**	**3**
	1	0576	0847	1106	1354	2430	3472	3840	4219	4410	4444	4320	3750	**2**	
	2	0012	0026	0046	0071	0270	0694	0960	1406	1890	2222	2880	3750	**1**	
	3			0001	0001	0010	0046	0080	0156	0270	0370	0640	1250	**0**	
4	0	0,9224	8853	8493	8145	6561	4823	4096	3164	2401	1975	1296	0625	**4**	**4**
	1	0753	1095	1416	1715	2916	3858	4096	4219	4116	3951	3456	2500	**3**	
	2	0023	0051	0088	0135	0486	1157	1536	2109	2646	2963	3456	3750	**2**	
	3		0001	0002	0005	0036	0154	0256	0469	0756	0988	1536	2500	**1**	
	4					0001	0008	0016	0039	0081	0123	0256	0625	**0**	
5	0	0,9039	8587	8154	7738	5905	4019	3277	2373	1681	1317	0778	0313	**5**	**5**
	1	0922	1328	1699	2036	3281	4019	4096	3955	3602	3292	2592	1563	**4**	
	2	0038	0082	0142	0214	0729	1608	2048	2637	3087	3292	3456	3125	**3**	
	3	0001	0003	0006	0011	0081	0322	0512	0879	1323	1646	2304	3125	**2**	
	4					0005	0032	0064	0146	0284	0412	0768	1563	**1**	
	5						0001	0003	0010	0024	0041	0102	0313	**0**	
6	0	0,8858	8330	7828	7351	5314	3349	2621	1780	1176	0878	0467	0156	**6**	**6**
	1	1085	1546	1957	2321	3543	4019	3932	3560	3025	2634	1866	0938	**5**	
	2	0055	0120	0204	0305	0984	2009	2458	2966	3241	3292	3110	2344	**4**	
	3	0002	0005	0011	0021	0146	0536	0819	1318	1852	2195	2765	3125	**3**	
	4				0001	0012	0080	0154	0330	0595	0823	1382	2344	**2**	
	5					0001	0006	0015	0044	0102	0165	0369	0938	**1**	
	6							0001	0002	0007	0014	0041	0156	**0**	
7	0	0,8681	8080	7514	6983	4783	2791	2097	1335	0824	0585	0280	0078	**7**	**7**
	1	1240	1749	2192	2573	3720	3907	3670	3115	2471	2048	1306	0547	**6**	
	2	0076	0162	0274	0406	1240	2344	2753	3115	3177	3073	2613	1641	**5**	
	3	0003	0008	0019	0036	0230	0781	1147	1730	2269	2561	2903	2734	**4**	
	4			0001	0002	0026	0156	0287	0577	0972	1280	1935	2734	**3**	
	5					0002	0019	0043	0115	0250	0384	0774	1641	**2**	
	6						0001	0004	0001	0036	0064	0172	0547	**1**	
	7								0001	0002	0005	0016	0078	**0**	
8	0	0,8508	7837	7214	6634	4305	2326	1678	1001	0576	0390	0168	0039	**8**	**8**
	1	1389	1939	2405	2793	3826	3721	3355	2670	1977	1561	0896	0313	**7**	
	2	0099	0210	0351	0515	1488	2605	2936	3115	2965	2731	2090	1094	**6**	
	3	0004	0013	0029	0054	0331	1042	1468	2076	2541	2731	2787	2188	**5**	
	4		0001	0002	0004	0046	0260	0459	0865	1361	1707	2322	2734	**4**	
	5					0004	0042	0092	0231	0467	0683	1239	2188	**3**	
	6						0004	0011	0038	0100	0171	0413	1094	**2**	
	7							0001	0004	0012	0024	0079	0313	**1**	
	8									0001	0002	0007	0039	**0**	
9	0	0,8337	7602	6925	6302	3874	1938	1342	0751	0404	0260	0101	0020	**9**	**9**
	1	1531	2116	2597	2985	3874	3489	3020	2253	1556	1171	0605	0176	**8**	
	2	0125	0262	0433	0629	1722	2791	3020	3003	2668	2341	1612	0703	**7**	
	3	0006	0019	0042	0077	0446	1302	1762	2336	2668	2731	2508	1641	**6**	
	4		0001	0003	0006	0074	0391	0661	1168	1715	2048	2508	2461	**5**	
	5					0008	0078	0165	0389	0735	1024	1672	2461	**4**	
	6					0001	0010	0028	0087	0210	0341	0743	1641	**3**	
	7						0001	0003	0012	0039	0073	0212	0703	**2**	
	8								0001	0004	0009	0035	0176	**1**	
	9										0001	0003	0020	**0**	
n		0,98	0,97	0,96	0,95	0,90	5/6	0,80	0,75	0,70	2/3	0,60	0,50	k	n

Für $p \geq 0,5$ verwendet man den blau unterlegten Eingang.

Binomialverteilung: $B(n;p;k) = \binom{n}{k} p^k (1-p)^{n-k}$

n	k	0,02	0,03	0,04	0,05	0,10	1/6	0,20	0,25	0,30	1/3	0,40	0,50	k
10	0	0,8171	7374	6648	5987	3487	1615	1074	0563	0282	0173	0060	0010	10
	1	1667	2281	2770	3151	3874	3230	2684	1877	1211	0867	0403	0098	9
	2	0153	0317	0519	0746	1937	2907	3020	2816	2335	1951	1209	0439	8
	3	0008	0026	0058	0105	0574	1550	2013	2503	2668	2601	2150	1172	7
	4		0001	0004	0010	0112	0543	0881	1460	2001	2276	2508	2051	6
	5				0001	0015	0130	0264	0584	1029	1366	2007	2461	5
	6					0001	0022	0055	0162	0368	0569	1115	2051	4
	7						0002	0008	0031	0090	0163	0425	1172	3
	8							0001	0004	0014	0030	0106	0439	2
	9									0001	0003	0016	0098	1
	10											0001	0010	0
15	0	0,7386	6333	5421	4633	2059	0649	0352	0134	0047	0023	0005	0000	15
	1	2261	2938	3388	3658	3432	1947	1319	0668	0305	0171	0047	0005	14
	2	0323	0636	0988	1348	2669	2726	2309	1559	0916	0599	0219	0032	13
	3	0029	0085	0178	0307	1285	2363	2501	2252	1700	1299	0634	0139	12
	4	0002	0008	0022	0049	0428	1418	1876	2252	2186	1948	1268	0417	11
	5		0001	0002	0006	0105	0624	1032	1651	2061	2143	1859	0916	10
	6					0019	0208	0430	0917	1472	1786	2066	1527	9
	7					0003	0053	0138	0393	0811	1148	1771	1964	8
	8						0011	0035	0131	0348	0574	1181	1964	7
	9						0002	0007	0034	0116	0223	0612	1527	6
	10							0001	0007	0030	0067	0245	0916	5
	11								0001	0006	0015	0074	0417	4
	12									0001	0003	0016	0139	3
	13											0003	0032	2
	14												0005	1
	15													0
20	0	0,6676	5438	4420	3585	1216	0261	0115	0032	0008	0003	0000	0000	20
	1	2725	3364	3683	3774	2702	1043	0576	0211	0068	0030	0005	0000	19
	2	0528	0988	1458	1887	2852	1982	1369	0669	0278	0143	0031	0002	18
	3	0065	0183	0364	0596	1901	2379	2054	1339	0716	0429	0123	0011	17
	4	0006	0024	0065	0133	0898	2022	2182	1897	1304	0911	0350	0046	16
	5		0002	0009	0022	0319	1294	1746	2023	1789	1457	0746	0148	15
	6			0001	0003	0089	0647	1091	1686	1916	1821	1244	0370	14
	7					0020	0259	0545	1124	1643	1821	1659	0739	13
	8					0004	0084	0222	0609	1144	1480	1797	1201	12
	9					0001	0022	0074	0270	0654	0987	1597	1602	11
	10						0005	0020	0099	0308	0543	1171	1762	10
	11						0001	0005	0030	0120	0247	0710	1602	9
	12							0001	0008	0039	0092	0355	1201	8
	13								0002	0010	0028	0146	0739	7
	14									0002	0007	0049	0370	6
	15										0001	0013	0148	5
	16											0003	0046	4
	17												0011	3
	18												0002	2
	19													1
	20													0
n		0,98	0,97	0,96	0,95	0,90	5/6	0,80	0,75	0,70	2/3	0,60	0,50	k

Für $p \geq 0{,}5$ verwendet man den blau unterlegten Eingang.

Summierte Binomialverteilung: $F(n;p;k) = B(n;p;0) + \ldots + B(n;p;k) = \sum_{i=0}^{k} \binom{n}{i} \cdot p^i \cdot (1-p)^{n-i}$

n	k	0,02	0,03	0,04	0,05	0,10	1/6	0,20	0,25	0,30	1/3	0,40	0,50		n
2	0	0,9604	9409	9216	9025	8100	6944	6400	5625	4900	4444	3600	2500	1	2
	1	9996	9991	9984	9975	9900	9722	9600	9375	9100	8889	8400	7500	0	
3	0	0,9412	9127	8847	8574	7290	5787	5120	4219	3430	2963	2160	1250	2	3
	1	9988	9974	9953	9928	9720	9259	8960	8438	7840	7407	6480	5000	1	
	2			9999	9999	9990	9954	9920	9844	9730	9630	9360	8750	0	
4	0	0,9224	8853	8493	8145	6561	4823	4096	3164	2401	1975	1296	0625	3	4
	1	9977	9948	9909	9860	9477	8681	8192	7383	6517	5926	4752	3125	2	
	2		9999	9998	9995	9963	9838	9728	9492	9163	8889	8208	6875	1	
	3					9999	9992	9984	9961	9919	9877	9744	9375	0	
5	0	0,9039	8587	8154	7738	5905	4019	3277	2373	1681	1317	0778	0313	4	5
	1	9962	9915	9852	9774	9185	8038	7373	6328	5282	4609	3370	1875	3	
	2	9999	9997	9994	9988	9914	9645	9421	8965	8369	7901	6826	5000	2	
	3					9995	9967	9933	9844	9692	9547	9130	8125	1	
	4						9999	9997	9990	9976	9959	9898	9688	0	
6	0	0,8858	8330	7828	7351	5314	3349	2621	1780	1176	0878	0467	0156	5	6
	1	9943	9875	9784	9672	8857	7368	6554	5339	4202	3512	2333	1094	4	
	2	9998	9995	9988	9978	9842	9377	9011	8306	7443	6804	5443	3438	3	
	3				9999	9987	9830	9624	9295	8999	8208	6563		2	
	4					9999	9993	9984	9954	9891	9822	9590	8906	1	
	5						9999	9998	9993	9986	9959	9844		0	
7	0	0,8681	8080	7514	6983	4783	2791	2097	1335	0824	0585	0280	0078	6	7
	1	9921	9829	9706	9556	8503	6698	5767	4450	3294	2634	1586	0625	5	
	2	9997	9991	9980	9962	9743	9042	8520	7564	6471	5706	4199	2266	4	
	3			9999	9998	9973	9824	9667	9294	8740	8267	7102	5000	3	
	4					9998	9980	9953	9871	9712	9547	9037	7734	2	
	5						9999	9996	9987	9962	9931	9812	9375	1	
	6								9999	9998	9995	9984	9922	0	
8	0	0,8508	7837	7214	6634	4305	2326	1678	1001	0576	0390	0168	0039	7	8
	1	9897	9777	9619	9428	8131	6047	5033	3670	2553	1951	1064	0352	6	
	2	9996	9987	9969	9942	9619	8652	7969	6786	5518	4682	3154	1445	5	
	3		9999	9998	9996	9950	9693	9457	8862	8059	7414	5941	3633	4	
	4					9996	9954	9896	9727	9420	9121	8263	6367	3	
	5						9996	9988	9958	9887	9803	9502	8555	2	
	6							9999	9996	9987	9974	9915	9648	1	
	7									9999	9998	9993	9961	0	
9	0	0,8337	7602	6925	6302	3874	1938	1342	0751	0404	0260	0101	0020	8	9
	1	9869	9718	9222	9288	7748	5427	4362	3003	1960	1431	0705	0195	7	
	2	9994	9980	9955	9916	9470	8217	7382	6007	4628	3772	2318	0898	6	
	3		9999	9997	9994	9917	9520	9144	8343	7297	6503	4826	2539	5	
	4					9991	9911	9804	9511	9012	8552	7334	5000	4	
	5					9999	9989	9969	9900	9747	9576	9006	7461	3	
	6						9999	9997	9987	9957	9917	9750	9102	2	
	7								9999	9996	9990	9962	9805	1	
	8	Nicht aufgeführte Werte sind (auf 4 Dezimalstellen gerundet) 1,0000.									9999	9997	9980	0	
n		0,98	0,97	0,96	0,95	0,90	5/6	0,80	0,75	0,70	2/3	0,60	0,50	k	n

Bei blau unterlegtem Eingang, d. h. $p \geq 0,5$ gilt: $F(n;p;k) = 1 -$ abgelesener Wert.

Summierte Binomialverteilung: $F(n;p;k) = B(n;p;0) + \ldots + B(n;p;k) = \sum\limits_{i=0}^{k} \binom{n}{i} \cdot p^i \cdot (1-p)^{n-i}$

n	k	0,02	0,03	0,04	0,05	0,10	1/6	0,20	0,25	0,30	1/3	0,40	0,50	k	n
10	0	0,8171	7374	6648	5987	3487	1615	1074	0563	0282	0173	0060	0010	9	10
	1	9838	9655	9418	9139	7361	4845	3758	2440	1493	1040	0464	0107	8	
	2	9991	9972	9938	9885	9298	7752	6778	5256	3828	2991	1673	0547	7	
	3		9999	9996	9990	9872	9303	8791	7759	6496	5593	3823	1719	6	
	4				9999	9984	9845	9672	9219	8497	7869	6331	3770	5	
	5					9999	9976	9936	9803	9527	9234	8338	6230	4	
	6						9997	9991	9965	9894	9803	9452	8281	3	
	7							9999	9996	9984	9966	9877	9453	2	
	8									9999	9996	9983	9893	1	
	9											9999	9990	0	
11	0	0,8007	7153	6382	5688	3138	1346	0859	0422	0198	0116	0036	0005	10	11
	1	9805	9587	9308	8981	6974	4307	3221	1971	1130	0751	0302	0059	9	
	2	9988	9963	9917	9848	9104	7268	6174	4552	3127	2341	1189	0327	8	
	3		9998	9993	9984	9815	9044	8389	7133	5696	4726	2963	1133	7	
	4				9999	9972	9755	9496	8854	7897	7110	5328	2744	6	
	5					9997	9954	9883	9657	9218	8779	7535	5000	5	
	6						9994	9980	9925	9784	9614	9006	7256	4	
	7						9999	9998	9989	9957	9912	9707	8867	3	
	8									9994	9986	9941	9673	2	
	9										9999	9993	9941	1	
	10												9995	0	
12	0	0,7847	6938	6127	5404	2824	1122	0687	0317	0138	0077	0022	0002	11	12
	1	9769	9514	9191	8816	6590	3813	2749	1584	0850	0540	0196	0032	10	
	2	9985	9952	9893	9804	8891	6774	5583	3907	2528	1811	0834	0193	9	
	3	9999	9997	9990	9978	9744	8748	7946	6488	4925	3931	2253	0730	8	
	4			9999	9998	9957	9637	9274	8424	7237	6315	4382	1938	7	
	5					9995	9921	9806	9456	8822	8223	6652	3872	6	
	6						9987	9961	9857	9614	9336	8418	6128	5	
	7						9998	9994	9972	9905	9812	9427	8062	4	
	8							9999	9996	9983	9961	9847	9270	3	
	9									9998	9995	9972	9807	2	
	10											9997	9968	1	
	11												9998	0	
13	0	0,7690	6730	5882	5133	2542	0935	0550	0238	0097	0051	0013	0001	12	13
	1	9730	9436	9068	8646	6213	3365	2336	1267	0637	0385	0126	0017	11	
	2	9980	9938	9865	9755	8661	6281	5017	3326	2025	1387	0579	0112	10	
	3	9999	9995	9986	9969	9658	8419	7473	5843	4206	3224	1686	0461	9	
	4			9999	9997	9935	9488	9009	7940	6543	5520	3520	1334	8	
	5					9991	9873	9700	9198	8346	7587	5744	2905	7	
	6					9999	9976	9930	9757	9376	8965	7712	5000	6	
	7						9997	9988	9943	9818	9653	9023	7095	5	
	8							9998	9990	9960	9912	9679	8666	4	
	9								9999	9993	9984	9922	9539	3	
	10									9999	9998	9987	9888	2	
	11											9999	9983	1	
	12	Nicht aufgeführte Werte sind (auf 4 Dezimalstellen gerundet) 1,0000.											9999	0	
n		0,98	0,97	0,96	0,95	0,90	5/6	0,80	0,75	0,70	2/3	0,60	0,50	k	n

Bei blau unterlegtem Eingang, d. h. $p \geq 0{,}5$ gilt: $F(n;p;k) = 1 -$ abgelesener Wert.

Summierte Binomialverteilung: $F(n;p;k) = B(n;p;0) + \ldots + B(n;p;k) = \sum\limits_{i=0}^{k} \binom{n}{i} \cdot p^i \cdot (1-p)^{n-i}$

n	k	0,02	0,03	0,04	0,05	0,10	1/6	0,20	0,25	0,30	1/3	0,40	0,50	k	n
14	0	0,7536	6528	5647	4877	2288	0779	0440	0178	0068	0034	0008	0001	13	14
	1	9690	9355	8941	8470	5846	2960	1979	1010	0475	0274	0081	0009	12	
	2	9975	9923	9823	9699	8416	5795	4481	2812	1608	1053	0398	0065	11	
	3	9999	9994	9981	9958	9559	8063	6982	5214	3552	2612	1243	0287	10	
	4			9998	9996	9908	9310	8702	7416	5842	4755	2793	0898	9	
	5					9985	9809	9561	8884	7805	6898	4859	2120	8	
	6					9998	9959	9884	9618	9067	8505	6925	3953	7	
	7						9993	9976	9898	9685	9424	8499	6047	6	
	8						9999	9996	9980	9917	9826	9417	7880	5	
	9								9998	9983	9960	9825	9102	4	
	10									9998	9993	9961	9713	3	
	11										9999	9994	9935	2	
	12											9999	9991	1	
	13												9999	0	
15	0	0,7386	6333	5421	4633	2059	0649	0352	0134	0047	0023	0005	0000	14	15
	1	9647	9270	8809	8290	5490	2596	1671	0802	0353	0194	0052	0005	13	
	2	9970	9906	9797	9638	8159	5322	3980	2361	1268	0794	0271	0037	12	
	3	9998	9992	9976	9945	9444	7685	6482	4613	2969	2092	0905	0176	11	
	4		9999	9998	9994	9873	9102	8358	6865	5155	4041	2173	0592	10	
	5				9999	9978	9726	9389	8516	7216	6184	4032	1509	9	
	6					9997	9934	9819	9434	8689	7970	6098	3036	8	
	7						9987	9958	9827	9500	9118	7869	5000	7	
	8						9998	9992	9958	9848	9692	9050	6964	6	
	9							9999	9992	9963	9915	9662	8491	5	
	10								9999	9993	9982	9907	9408	4	
	11									9999	9997	9981	9824	3	
	12											9997	9963	2	
	13												9995	1	
	14													0	
16	0	0,7238	6143	5204	4401	1853	0541	0281	0100	0033	0015	0003	0000	15	16
	1	9601	9182	8673	8108	5147	2272	1407	0635	0261	0137	0033	0003	14	
	2	9963	9887	9758	9571	7892	4868	3518	1971	0994	0594	0183	0021	13	
	3	9998	9989	9968	9930	9316	7291	5981	4050	2459	1659	0651	0106	12	
	4		9999	9997	9991	9830	8866	7982	6302	4499	3391	1666	0384	11	
	5				9999	9967	9622	9183	8103	6598	5469	3288	1051	10	
	6					9995	9899	9733	9204	8247	7374	5272	2272	9	
	7					9999	9979	9930	9729	9256	8735	7161	4018	8	
	8						9996	9985	9925	9743	9500	8577	5982	7	
	9							9998	9984	9929	9841	9417	7728	6	
	10								9997	9984	9960	9809	8949	5	
	11									9997	9992	9951	9616	4	
	12										9999	9991	9894	3	
	13											9999	9979	2	
	14												9997	1	
	15	Nicht aufgeführte Werte sind (auf 4 Dezimalstellen gerundet) 1,0000.												0	
n	k	0,98	0,97	0,96	0,95	0,90	5/6	0,80	0,75	0,70	2/3	0,60	0,50	k	n

Bei blau unterlegtem Eingang, d. h. $p \geq 0{,}5$ gilt: $F(n;p;k) = 1 -$ abgelesener Wert.

Summierte Binomialverteilung: $F(n;p;k) = B(n;p;0) + \ldots + B(n;p;k) = \sum\limits_{i=0}^{k} \binom{n}{i} \cdot p^i \cdot (1-p)^{n-i}$

n	k	0,02	0,03	0,04	0,05	0,10	1/6	0,20	0,25	0,30	1/3	0,40	0,50		n
							p								
17	0	0,7093	5958	4996	4181	1668	0451	0225	0075	0023	0010	0002	0000	16	17
	1	9554	9091	8535	7922	4818	1983	1182	0501	0193	0096	0021	0001	15	
	2	9956	9866	9714	9497	7618	4435	3096	1637	0774	0442	0123	0012	14	
	3	9997	9986	9960	9912	9174	6887	5489	3530	2019	1304	0464	0064	13	
	4		9999	9996	9988	9779	8604	7582	5739	3887	2814	1260	0245	12	
	5				9999	9953	9496	8943	7653	5968	4777	2639	0717	11	
	6					9992	9853	9623	8929	7752	6739	4478	1662	10	
	7					9999	9965	9891	9598	8954	8281	6405	3145	9	
	8						9993	9974	9876	9597	9245	8011	5000	8	
	9						9999	9995	9969	9873	9727	9081	6855	7	
	10							9999	9994	9968	9920	9652	8338	6	
	11								9999	9993	9981	9894	9283	5	
	12									9999	9997	9975	9755	4	
	13											9995	9936	3	
	14											9999	9988	2	
	15												9999	1	
18	0	0,6951	5780	4796	3972	1501	0376	0180	0056	0016	0007	0001	0000	17	18
	1	9505	8997	8393	7735	4503	1728	0991	0395	0142	0068	0013	0001	16	
	2	9948	9843	9667	9419	7338	4027	2713	1353	0600	0326	0082	0007	15	
	3	9996	9982	9950	9891	9018	6479	5010	3057	1646	1017	0328	0038	14	
	4		9999	9994	9985	9718	8318	7164	5187	3327	2311	0942	0154	13	
	5				9998	9936	9347	8671	7175	5344	4122	2088	0481	12	
	6					9988	9794	9487	8610	7217	6085	3743	1189	11	
	7					9998	9947	9837	9431	8593	7767	5634	2403	10	
	8						9989	9957	9807	9404	8924	7368	4073	9	
	9						9998	9991	9946	9790	9567	8653	5927	8	
	10							9998	9988	9939	9856	9424	7597	7	
	11								9998	9986	9961	9797	8811	6	
	12									9997	9991	9943	9519	5	
	13									9999	9987	9846		4	
	14										9998	9962		3	
	15											9993		2	
	16											9999		1	
19	0	0,6812	5606	4604	3774	1351	0313	0144	0042	0011	0005	0001	0000	18	19
	1	9454	8900	8249	7547	4203	1502	0829	0310	0104	0047	0008	0000	17	
	2	9939	9817	9616	9335	7054	3643	2369	1113	0462	0240	0055	0004	16	
	3	9995	9978	9939	9868	8850	6070	4551	2631	1332	0787	0230	0022	15	
	4		9998	9993	9980	9648	8011	6733	4654	2822	1879	0696	0096	14	
	5			9999	9998	9914	9176	8369	6678	4739	3519	1629	0318	13	
	6					9983	9719	9324	8251	6655	5431	3081	0835	12	
	7					9997	9921	9767	9225	8180	7207	4878	1796	11	
	8						9982	9933	9713	9161	8538	6675	3238	10	
	9						9996	9984	9911	9674	9352	8139	5000	9	
	10						9999	9997	9977	9895	9759	9115	6762	8	
	11								9995	9972	9926	9648	8204	7	
	12								9999	9994	9981	9884	9165	6	
	13									9999	9996	9969	9682	5	
	14										9999	9994	9904	4	
	15											9999	9978	3	
	16												9996	2	
	17													1	
n		0,98	0,97	0,96	0,95	0,90	5/6	0,80	0,75	0,70	2/3	0,60	0,50	k	n

Nicht aufgeführte Werte sind (auf 4 Dezimalstellen gerundet) 1,0000.

Bottom p-Zeile: p

Bei blau unterlegtem Eingang, d. h. $p \geq 0{,}5$ gilt: $F(n;p;k) = 1$ – abgelesener Wert.

T

Summierte Binomialverteilung: $F(n;p;k) = B(n;p;0) + \ldots + B(n;p;k) = \sum\limits_{i=0}^{k} \binom{n}{i} \cdot p^i \cdot (1-p)^{n-i}$

n	k	0,02	0,03	0,04	0,05	0,10	1/6	0,20	0,25	0,30	1/3	0,40	0,50	n
20	0	0,6676	5438	4420	3585	1216	0261	0115	0032	0008	0003	0000	0000	19
	1	9401	8802	8103	7358	3917	1304	0692	0243	0076	0033	0005	0000	18
	2	9929	9790	9561	9245	6769	3287	2061	0913	0355	0176	0036	0002	17
	3	9994	9973	9926	9841	8670	5665	4114	2252	1071	0604	0160	0013	16
	4		9997	9990	9974	9568	7687	6296	4148	2375	1515	0510	0059	15
	5			9999	9997	9887	8982	8042	6172	4164	2972	1256	0207	14
	6					9976	9629	9133	7858	6080	4793	2500	0577	13
	7					9996	9887	9679	8982	7723	6615	4159	1316	12
	8					9999	9972	9900	9591	8867	8095	5956	2517	11
	9						9994	9974	9861	9520	9081	7553	4119	10
	10						9999	9994	9960	9829	9624	8725	5881	9
	11							9999	9990	9949	9870	9435	7483	8
	12								9998	9987	9963	9790	8684	7
	13									9997	9991	9935	9423	6
	14										9998	9984	9793	5
	15											9997	9941	4
	16												9987	3
	17												9998	2
50	0	0,3642	2181	1299	0769	0052	0001	0000	0000	0000	0000	0000	0000	49
	1	7358	5553	4005	2794	0338	0012	0002	0000	0000	0000	0000	0000	48
	2	9216	8108	6767	5405	1117	0066	0013	0001	0000	0000	0000	0000	47
	3	9822	9372	8609	7604	2503	0238	0057	0005	0000	0000	0000	0000	46
	4	9968	9832	9510	8964	4312	0643	0185	0021	0002	0000	0000	0000	45
	5	9995	9963	9856	9622	6161	1388	0480	0070	0007	0001	0000	0000	44
	6	9999	9993	9964	9882	7702	2506	1034	0194	0025	0005	0000	0000	43
	7		9999	9992	9968	8779	3911	1904	0453	0073	0017	0000	0000	42
	8			9999	9992	9421	5421	3073	0916	0183	0050	0002	0000	41
	9				9998	9755	6830	4437	1637	0402	0127	0008	0000	40
	10					9906	7986	5836	2622	0789	0284	0022	0000	39
	11					9968	8827	7107	3816	1390	0570	0057	0000	38
	12					9990	9373	8139	5110	2229	1035	0133	0002	37
	13					9997	9693	8894	6370	3279	1715	0280	0005	36
	14					9999	9862	9393	7481	4468	2612	0540	0013	35
	15						9943	9692	8369	5692	3690	0955	0033	34
	16						9978	9856	9017	6839	4868	1561	0077	33
	17						9992	9937	9449	7822	6046	2369	0164	32
	18						9998	9975	9713	8594	7126	3356	0325	31
	19						9999	9991	9861	9152	8036	4465	0595	30
	20							9997	9937	9522	8741	5610	1013	29
	21							9999	9974	9749	9244	6701	1611	28
	22								9990	9877	9576	7660	2399	27
	23								9997	9944	9778	8438	3359	26
	24								9999	9976	9892	9022	4439	25
	25									9991	9951	9427	5561	24
	26									9997	9979	9686	6641	23
	27									9999	9992	9840	7601	22
	28										9997	9924	8389	21
	29										9999	9966	8987	20
	30											9986	9405	19
	31											9995	9675	18
	32											9998	9836	17
	33											9999	9923	16
	34												9967	15
	35												9987	14
	36												9995	13
	37	Nicht aufgeführte Werte sind (auf 4 Dezimalstellen gerundet) 1,0000.											9998	12
n		0,98	0,97	0,96	0,95	0,90	5/6	0,80	0,75	0,70	2/3	0,60	0,50	k

Bei blau unterlegtem Eingang, d. h. $p \geq 0,5$ gilt: $F(n;p;k) = 1$ – abgelesener Wert.

Summierte Binomialverteilung: $F(n;p;k) = B(n;p;0) + \ldots + B(n;p;k) = \sum_{i=0}^{k} \binom{n}{i} \cdot p^i \cdot (1-p)^{n-i}$

Oberer Eingang: Spalte p

n	k	0,02	0,03	0,04	0,05	0,10	1/6	0,20	0,25	0,30	1/3	0,40	0,50	k	n
	0	0,1986	0874	0382	0165	0002	0000	0000	0000	0000	0000	0000	0000	79	
	1	5230	3038	1654	0861	0022	0000	0000	0000	0000	0000	0000	0000	78	
	2	7844	5681	3748	2306	0107	0001	0000	0000	0000	0000	0000	0000	77	
	3	9231	7807	6016	4284	0353	0004	0000	0000	0000	0000	0000	0000	76	
	4	9776	9072	7836	6289	0880	0015	0001	0000	0000	0000	0000	0000	75	
	5	9946	9667	8988	7892	1769	0051	0005	0000	0000	0000	0000	0000	74	
	6	9989	9897	9588	8947	3005	0140	0018	0001	0000	0000	0000	0000	73	
	7	9998	9972	9853	9534	4456	0328	0053	0002	0000	0000	0000	0000	72	
	8		9993	9953	9816	5927	0672	0131	0006	0000	0000	0000	0000	71	
	9		9998	9987	9935	7234	1221	0287	0018	0001	0000	0000	0000	70	
	10			9997	9979	8266	2002	0565	0047	0002	0000	0000	0000	69	
	11			9999	9994	8996	2995	1006	0106	0006	0001	0000	0000	68	
	12				9998	9462	4137	1640	0221	0015	0002	0000	0000	67	
	13					9732	5333	2470	0421	0036	0005	0000	0000	66	
	14					9877	6476	3463	0740	0079	0012	0000	0000	65	
	15					9947	7483	4555	1208	0161	0029	0000	0000	64	
	16					9979	8301	5664	1841	0302	0063	0001	0000	63	
	17					9992	8917	6707	2636	0531	0126	0003	0000	62	
	18					9997	9348	7621	3563	0873	0237	0007	0000	61	
	19					9999	9629	8366	4572	1352	0418	0016	0000	60	
	20						9801	8934	5597	1978	0693	0035	0000	59	
	21						9899	9340	6574	2745	1087	0072	0000	58	
	22						9951	9612	7447	3627	1616	0136	0000	57	
	23						9978	9783	8180	4579	2282	0245	0001	56	
	24						9990	9885	8761	5549	3073	0417	0002	55	
	25						9996	9942	9195	6479	3959	0675	0005	54	
	26						9998	9972	9501	7323	4896	1037	0011	53	
	27						9999	9987	9705	8046	5832	1521	0024	52	
80	28							9995	9834	8633	6719	2131	0048	51	80
	29							9998	9911	9084	7514	2860	0091	50	
	30							9999	9954	9412	8190	3687	0165	49	
	31								9978	9640	8735	4576	0283	48	
	32								9990	9789	9152	5484	0464	47	
	33								9995	9881	9455	6363	0728	46	
	34								9998	9936	9665	7174	1092	45	
	35								9999	9967	9803	7885	1571	44	
	36									9984	9889	8477	2170	43	
	37									9993	9940	8947	2882	42	
	38									9997	9969	9301	3688	41	
	39									9999	9985	9555	4555	40	
	40									9999	9993	9729	5445	39	
	41										9997	9842	6312	38	
	42										9999	9912	7118	37	
	43										9999	9953	7830	36	
	44											9976	8428	35	
	45											9988	8907	34	
	46											9994	9272	33	
	47											9997	9535	32	
	48											9999	9717	31	
	49											9999	9835	30	
	50												9908	29	
	51												9951	28	
	52												9976	27	
	53												9988	26	
	54												9995	25	
	55												9998	24	
	56												9999	23	
n		0,98	0,97	0,96	0,95	0,90	5/6	0,80	0,75	0,70	2/3	0,60	0,50	k	n

Unterer Eingang: Spalte p

Nicht aufgeführte Werte sind (auf 4 Dezimalstellen gerundet) 1,0000.

Bei blau unterlegtem Eingang, d. h. $p \geq 0{,}5$ gilt: $F(n;p;k) = 1 -$ abgelesener Wert.

Summierte Binomialverteilung: $F(n;p;k) = B(n;p;0) + \ldots + B(n;p;k) = \sum_{i=0}^{k} \binom{n}{i} \cdot p^i \cdot (1-p)^{n-i}$

Eingang oben: p von $0{,}02$ bis $0{,}50$. — Eingang unten (blau): p von $0{,}98$ bis $0{,}50$.

n	k	0,02	0,03	0,04	0,05	0,10	1/6	0,20	0,25	0,30	1/3	0,40	0,50	n	n
100	0	0,1326	0476	0169	0059	0000	0000	0000	0000	0000	0000	0000	0000	99	100
	1	4033	1946	0872	0371	0003	0000	0000	0000	0000	0000	0000	0000	98	
	2	6767	4198	2321	1183	0019	0000	0000	0000	0000	0000	0000	0000	97	
	3	8590	6472	4295	2578	0078	0000	0000	0000	0000	0000	0000	0000	96	
	4	9492	8179	6289	4360	0237	0001	0000	0000	0000	0000	0000	0000	95	
	5	9845	9192	7884	6160	0576	0004	0000	0000	0000	0000	0000	0000	94	
	6	9959	9688	8936	7660	1172	0013	0001	0000	0000	0000	0000	0000	93	
	7	9991	9894	9525	8720	2061	0038	0003	0000	0000	0000	0000	0000	92	
	8	9998	9968	9810	9369	3209	0095	0009	0000	0000	0000	0000	0000	91	
	9		9991	9932	9718	4513	0213	0023	0000	0000	0000	0000	0000	90	
	10		9998	9978	9885	5832	0427	0057	0001	0000	0000	0000	0000	89	
	11			9993	9957	7030	0777	0126	0004	0000	0000	0000	0000	88	
	12			9998	9985	8018	1297	0253	0010	0000	0000	0000	0000	87	
	13				9995	8761	2000	0469	0025	0001	0000	0000	0000	86	
	14				9999	9274	2874	0804	0054	0002	0000	0000	0000	85	
	15					9601	3877	1285	0111	0004	0000	0000	0000	84	
	16					9794	4942	1923	0211	0010	0001	0000	0000	83	
	17					9900	5994	2712	0376	0022	0002	0000	0000	82	
	18					9954	6965	3621	0630	0045	0005	0000	0000	81	
	19					9980	7803	4602	0995	0089	0011	0000	0000	80	
	20					9992	8481	5595	1488	0165	0024	0000	0000	79	
	21					9997	8998	6540	2114	0288	0048	0000	0000	78	
	22					9999	9370	7389	2864	0479	0091	0001	0000	77	
	23						9621	8109	3711	0755	0164	0003	0000	76	
	24						9783	8686	4617	1136	0281	0006	0000	75	
	25						9881	9125	5535	1631	0458	0012	0000	74	
	26						9938	9442	6417	2244	0715	0024	0000	73	
	27						9969	9658	7224	2964	1066	0046	0000	72	
	28						9985	9800	7925	3768	1524	0084	0000	71	
	29						9993	9888	8505	4623	2093	0148	0000	70	
	30						9997	9939	8962	5491	2766	0248	0000	69	
	31						9999	9969	9307	6331	3525	0398	0001	68	
	32							9985	9554	7107	4344	0615	0002	67	
	33							9993	9724	7793	5188	0913	0004	66	100
	34							9997	9836	8371	6019	1303	0009	65	
	35							9999	9906	8839	6803	1795	0018	64	
	36							9999	9948	9201	7511	2386	0033	63	
	37								9973	9470	8123	3068	0060	62	
	38								9986	9660	8630	3822	0105	61	
	39								9993	9790	9034	4621	0176	60	
	40								9997	9875	9341	5433	0284	59	
	41								9999	9928	9566	6225	0443	58	
	42									9960	9724	6967	0666	57	
	43									9979	9831	7635	0967	56	
	44									9989	9900	8211	1356	55	
	45									9995	9943	8689	1841	54	
	46									9997	9969	9070	2421	53	
	47									9999	9983	9362	3087	52	
	48									9999	9991	9577	3822	51	
	49										9996	9729	4602	50	
	50										9998	9832	5398	49	
	51										9999	9900	6178	48	
	52											9942	6914	47	
	53											9968	7579	46	
	54											9983	8159	45	
	55											9991	8644	44	
	56											9996	9033	43	
	57											9998	9334	42	
	58											9999	9557	41	
	59												9716	40	
	60												9824	39	
	61												9895	38	
	62												9940	37	
	63												9967	36	
	64												9982	35	
	65												9991	34	
	66												9996	33	
	67												9998	32	
	68												9999	31	
n		0,98	0,97	0,96	0,95	0,90	5/6	0,80	0,75	0,70	2/3	0,60	0,50	k	n

Nicht aufgeführte Werte sind (auf 4 Dezimalstellen gerundet) 1,0000.

Bei blau unterlegtem Eingang, d. h. $p \geq 0{,}5$ gilt: $F(n;p;k) = 1 - $ abgelesener Wert.

Stichwortverzeichnis

Bildquellenverzeichnis

S. 24: Fotolia / iceteastock ; S. 25/1: Fotolia / Sergey Nivens ; S. 25/2: Shutterstock / Timothy Large ; S. 26: Shutterstock / Taurus ; S. 32: iStockphoto / kokkai ; S. 34: Fotofinder / Wilhelm Mierendorf ; S. 36: Shutterstock / Jorge Moro ; S. 38: Fotolia / Günter Menzl ; S. 39/1: Shutterstock / Bildagentur Zoonar GmbH ; S. 39/2: Shutterstock / Fazakas Mihaly ; S. 42: Shutterstock / Tupungato ; S. 44: Fotolia / Rumkugel ; S. 45: Shutterstock / W7 ; S. 51: Shutterstock / Alexander Raths ; S. 53: Shutterstock / siwasasil ; S. 57/1: Shutterstock / Dmitry Kalinovsky ; S. 57/2: Shutterstock / Knorre ; S. 57/3: Fotolia / Volodymyr Krasyuk ; S. 57/4: Shutterstock / DVARG ; S. 57/5: Shutterstock / Marko Tomicic ; S. 60: Picture-Alliance / dpa ; S. 61: Fotolia / dampffuzzi ; S. 64: Fotolia / lom123 ; S. 70/1: Fotolia / WavebreakmediaMicro ; S. 70/2: Shutterstock / Chiharu ; S. 72: Shutterstock / Daniel M. Nagy ; S. 74/1: Mauritius Images / dieKleinert ; S. 74/2: Shutterstock / Michal Kowalsk ; S. 75/1: Fotolia / Deminos ; S. 75/2: Fotolia / spuno ; S. 75/3: Fotolia / Alterfalter ; S. 78: Shutterstock / Taurus ; S. 82: Picture-Alliance / dpa ; S. 83: Würschum GmbH, Ostfildern (www.wuerschum.com) ; S. 85: Shutterstock / bikeriderlondon ; S. 86: iStockphoto / tridland ; S. 87: iStockphoto / RapidEye ; S. 88: Shutterstock / Monkey Business Images ; S. 91: Shutterstock / Anna Kucherova ; S. 92: Shutterstock / EML ; S. 94/1: Fotolia / frogfisch ; S. 94/2: Shutterstock / Jim Parkin ; S. 95/1: Fotolia / Bergfee ; S. 95/2: Fotolia / Bergfee ; S. 102: Shutterstock / dipego ; S. 104: Shutterstock / beerkoff ; S. 108/1: Shutterstock / Fedorova Alexandra ; S. 108/2: Picture-Alliance / Franziska Kraufmann ; S. 110: Shutterstock / Olinchuk ; S. 111: Shutterstock / Valery Baret ; S. 112: Mauritius Images / imagebroker ; S. 114: Fotolia / Udo Kuehn ; S. 115: Shutterstock / RexRover ; S. 116/1: Shutterstock / Jmiks ; S. 116/2: Mauritius Images / Prisma ; S. 128: Shutterstock / Dimitry Kalinovsky ; S. 131: Fotolia / borissos ; S. 139: Shutterstock / Oleksiy Mark ; S. 143/1: Shutterstock / photoinnovation ; S. 143/2: Picture-Alliance / EG_Solar ; S. 144: Shutterstock / egd ; S. 152: Shutterstock / Vitalii Nesterchuk ; S. 154: Shutterstock / Steshkin Yevgeniy ; S. 157/1: Shutterstock / Amy Johansson ; S. 157/2: Fotofinder / Vario Images ; S. 164: Picture-Alliance / AP Photo/Dusan Vranic ; S. 165: D. Fruböse (Tunneleinfahrt an der Rappbodetalsperre, 2012) ; S. 171/1: Alamy / Cordula Ewerth ; S. 171/2: Shutterstock / psmphotography ; S. 175: Glow Images / StockConnectionRM ; S. 176: Shutterstock / EvrenKalinbacak ; S. 186: Shutterstock / Jakub Krechowicz ; S. 195: Fotolia / seen ; S. 200/1: Fotolia / seen ; S. 200/2: Shutterstock / ArtThailand ; S. 205: Shutterstock / aleksandr hunta ; S. 211/1: Fotolia / Luiz Rocha ; S. 211/2: Fotolia / Christian Pedant ; S. 211/3: Picture-Alliance / ZB ; S. 211/4: Shutterstock / Denis Babenko ; S. 212: Shutterstock / ER_09 ; S. 214: Fotolia / benjaminnolte ; S. 215/1: Shutterstock / Margo Harrison ; S. 215/2: Kompetenzzentrum Technik-Diversity-Chancengleichheit e.V. (www.komm-mach-mint.de) ; S. 217: Mauritius Images / United Archives ; S. 220/1: Shutterstock / Vitalinka ; S. 220/2: Shutterstock / gorillaimages ; S. 230: Mauritius Images / imagebroker ; S. 235: Shutterstock / Deborah Benbrook ; S. 239: iStockphoto / sharply_done ; S. 240/1: Sebastian Fanselow ; S. 240/2: Sebastian Fanselow ; S. 240/3: Fotolia / dieter76 ; S. 244: Mauritius Images / Alamy ; S. 247: Mauritius Images / ib ; S. 254: Shutterstock / Artography ; S. 262: Shutterstock / 2009fotofriends ; S. 263: Fotolia / nickolae ; S. 266: Shutterstock / mypokcik ; S. 268: Shutterstock / angellodeco ; S. 272: Imago Sportfoto ; S. 276: Fotolia / B. Wylezich ; S. 277: Fotolia / sorcererl1 ; S. 279: Shutterstock / Hadrian ; S. 281/1: Laif / Manfred Linke ; S. 281/2: Shutterstock / Konstantin Shishkin ; S. 282: Imago Sportfoto ; S. 283: Shutterstock / Vaclav Mach ; S. 290/1: Fotolia / norman blue ; S. 290/2: Fotolia / Christian Schwier ; S. 300: Alamy / Cordelia Ewerth ; S. 310: Imago Sportfoto ; S. 319: Göttinger Tageblatt (www goettinger-tageblatt de) / Christina Hinzmann ; S. 321: IODA s.r.l., Rubano (www.ioda-it.com) ; S. 326: Shutterstock / Veniamin Kraskov ; S. 330: Fotolia / HappyAlex ; S. 337: Fotolia / MarkusBeck ; S. 347/1: Mauritius Images / Michael Jostmeier ; S. 347/2: Shutterstock / guentermanaus ; S. 354: Mauritius Images / Alaska Stock ; S. 374: Fotolia / ArTo ; S. 377/1: Fotolia / mbongo ; S. 377/2: Shutterstock / Sergey Nivens ; S. 377/3: Shutterstock / Robert Kneschke ; S. 385: Fotolia / Aamon ; S. 388/1: Shutterstock / luchschen ; S. 388/2: Shutterstock / Nata-Lia ; S. 389: doc-stock GmbH ; S. 392: Fotolia / M. Schuppich